EXPOSITION UNIVERSELLE DE 1851.

TRAVAUX

DE

LA COMMISSION FRANÇAISE

SUR L'INDUSTRIE DES NATIONS.

EXPOSITION UNIVERSELLE DE 1851.

TRAVAUX

DE

LA COMMISSION FRANÇAISE

SUR L'INDUSTRIE DES NATIONS,

PUBLIÉS

PAR ORDRE DE L'EMPEREUR.

TOME VI.

PARIS.

IMPRIMERIE IMPÉRIALE.

M DCCC LIV.

EXPOSITION UNIVERSELLE DE 1851.

TRAVAUX
DE LA COMMISSION FRANÇAISE.

IVe GROUPE.

JURYS RÉUNIS.

XXIe, }
XXIIe, } LES MÉTAUX ;
XXIIIe, }
XXIVe. LES VERRES ET LES CRISTAUX ;
XXVe. LES POTERIES ET LES PORCELAINES.

IVE GROUPE.

PRÉSIDENT DU GROUPE :

LE DUC D'ARGYLL.

JURYS.		PRÉSIDENTS DES JURYS.
XXIe.	Coutellerie, outils d'acier.......	Lord WHARNCLIFFE.
XXIIe.	Métaux communs............	M. HORACE GREELEY.
XXIIIe.	Métaux précieux...............	Le duc DE LUYNES.
XXIVe.	Verres et cristaux..............	Lord DE MAULEY.
XXVe.	Arts céramiques...............	Le duc D'ARGYLL.

TABLE

DES MATIÈRES PRINCIPALES

CONTENUES DANS LE VIe VOLUME.

IVe GROUPE.

XXIe JURY.

COUTELLERIE ET OUTILS D'ACIER,

PAR M. F. LE PLAY,

INGÉNIEUR EN CHEF DES MINES,

PROFESSEUR DE MÉTALLURGIE À L'ÉCOLE IMPÉRIALE DES MINES DE PARIS[1].

COMPOSITION DU XXIe JURY.

Lord WHARNCLIFFE, Président	Angleterre.
MM. B. DURHAM, Vice-Président	Angleterre.
C. KARMARSCH, directeur de l'institution polytechnique[2]	Zollverein.
NUBAR-BEY	Égypte.
C. PEACE, alderman à Sheffield	Angleterre.
F. LE PLAY	France.

ASSOCIÉS AU JURY.

MM. Thomas HETHRINGTON HENRY chimiste à Londres	Angleterre.
Thomas DE LA RUE, fabricant de fournitures de bureau ornées à Londres	Angleterre.
James RAGG, fabricant de ciseaux à Sheffield	Angleterre.
C. VENABLES, fabricant de papier à High-Wicombe	Angleterre.

§ 1er. CONSIDÉRATIONS GÉNÉRALES SUR LA FABRICATION ET LE COMMERCE DE LA COUTELLERIE ET DES OUTILS D'ACIER.

Les objets qui composaient la vingt et unième classe de l'exposition de Londres forment, dans toute classification méthodique des produits de l'industrie manufacturière, un groupe naturel et d'une définition facile. Cette classe comprend les outils et les ustensiles d'acier employés dans les arts et dans

[1] Voir le sommaire placé à la fin du volume.

[2] Son suppléant était le docteur Scahfhaütl, professeur de métallurgie.

l'économie domestique pour couper, entailler ou perforer les corps; on y a rattaché spécialement tous les tranchants, à l'exception de ceux qui sont en usage dans la chirurgie et dans l'art militaire.

Les diverses subdivisions géographiques qui ont été représentées à l'exposition prennent une part fort inégale à la production et à la consommation des objets de coutellerie et des outils d'acier. Elles recherchent des formes et des qualités fort différentes : en premier lieu, parce que les convenances et les habitudes auxquelles ces objets doivent pourvoir offrent elles-mêmes de grandes différences; en second lieu et surtout, parce que les consommateurs, n'appréciant pas tous également la valeur du temps et les avantages dérivant d'une rapide exécution des travaux de l'agriculture et de l'industrie, se refusent pour la plupart à payer le prix élevé qui doit être attribué aux ustensiles et aux outils les plus parfaits. La principale distinction à établir pour ce genre de fabrication et de commerce entre les diverses contrées doit être fondée, en effet, sur l'extrême diversité existant dans les propriétés, et par suite dans la valeur intrinsèque de la matière première aciéreuse employée dans les fabriques ou servant de base aux objets de consommation : elle se remarque non-seulement entre les nations appartenant à des civilisations différentes, mais encore entre celles qui font partie de la zone manufacturière de l'Europe, et même entre les diverses provinces des États qui, sous d'autres rapports, semblent être parvenus à l'homogénéité.

L'acier diffère de tous les autres corps employés comme matière première dans l'industrie manufacturière, en ce qu'il offre, avec des apparences presque identiques, les nuances de qualité les plus extrêmes. Il en résulte que les quantités de travail qu'on juge avantageux d'appliquer à ce métal varient dans les mêmes proportions que celles qui, dans plusieurs autres branches d'activité, s'appliquent aux matières premières les plus précieuses ou les plus viles. Parmi les fabricants qui élaborent les aciers de diverses valeurs, il existe des différences aussi tranchées que celles qu'établit la nature même des choses entre les artistes et les ouvriers qui façonnent l'or ou le plomb, la soie la plus fine ou le chanvre le plus grossier.

Un autre caractère distingue les produits d'acier de tous les autres : c'est qu'il n'existe aucun moyen d'apprécier sûrement, par l'examen d'un certain nombre d'objets, l'excellence d'une fabrication. La supériorité des fabricants placés à la tête de leur art ne peut être établie d'une manière irrécusable que par l'expérience même des consommateurs qui depuis longtemps font usage de leurs produits. De là, une conséquence qu'il importe de mettre en lumière au début de ce rapport, parce qu'elle domine toutes les considérations auxquelles il faut avoir égard, pour apprécier équitablement le mérite relatif des diverses nations qui ont pris part à l'exposition.

Le fabricant qui se place au premier rang, en élaborant les matières aciéreuses de la qualité la plus exquise, supporte, en ce qui concerne l'acquisition de cette matière première, des charges plus considérables que celui qui, donnant à ses produits la même perfection apparente, se contente de mettre en œuvre un acier inférieur. Le premier ne prospérera, il n'obtiendra pour ses produits un prix en rapport avec les sacrifices qu'il a dû faire, que s'il dispose d'une clientèle assez intelligente, assez avancée elle-même dans la hiérarchie industrielle, pour apprécier à sa juste valeur la perfection qu'il donne à ses produits. D'un autre côté, une multitude d'ateliers appartenant à la grande et à la petite industrie ont un intérêt si évident à faire usage des meilleurs outils d'acier, les avantages dérivant de l'emploi de ces outils compensent si largement le supplément de frais que leur acquisition entraîne, qu'une fabrique qui s'applique à produire ces sortes d'objets doit incessamment recruter des clients chez les peuples les plus avancés en civilisation. Par les mêmes motifs, toute fabrique qui depuis plusieurs générations s'est constamment maintenue à la tête de l'art obtient sans effort pour ses produits, dans toute la région civilisée du globe, un prix plus élevé que celui qui est accordé aux produits analogues des fabriques rivales.

L'existence d'établissements jouissant de cette renommée universelle n'est pas seulement une preuve de prééminence industrielle; elle est aussi un symptôme de supériorité morale. En effet, le fabricant qui, en apposant sa marque sur un objet d'acier, lui communique par cela même une valeur marchande supérieure à celle de tous les produits analogues connus dans le commerce, pourrait augmenter immédiatement ses bénéfices ordinaires en substituant des aciers de qualité inférieure aux aciers d'élite qu'il a élaborés jusqu'alors. Cette spéculation déloyale lui serait d'autant plus facile que sa clientèle, disséminée dans toutes les régions du globe, ne constaterait qu'après un intervalle de plusieurs années la fraude dont elle aurait été victime, et qu'il n'existe d'ailleurs aucun moyen positif de constater, comme on peut le faire pour les métaux précieux par exemple, la détérioration de qualité ou de titre survenue dans la matière première. On comprend donc que le fabricant qui s'interdit un gain aussi facile doit être contenu par un sentiment élevé d'honneur et de loyauté. Le degré de probité et d'intelligence qui retient la plupart des personnes vouées à l'industrie et au commerce dans la ligne du devoir et de l'honnêteté ne suffit plus ici pour provoquer chez une nation l'essor de ces renommées d'élite et surtout pour en assurer la conservation. Dans une contrée, par exemple, où la transmission des établissements industriels ne se perpétue pas nécessairement dans les mêmes familles, où la cession d'une fabrique ou d'une clientèle n'est qu'un incident des spéculations que les personnes vouées à l'industrie contractent journellement avec des étrangers, des indifférents ou des rivaux, on ne peut toujours attendre que les fabricants se croient obligés de transmettre dans toute leur intégrité à leurs successeurs les avantages dérivant de la possession d'une marque sans reproche. Cette tendance se manifeste vivement au contraire chez les peuples où les habitudes qui se rapportent à la transmission des biens lient par une solidarité morale chaque chef d'industrie éminent aux générations qui l'ont précédé et à celles qui doivent le suivre.

Assurément plusieurs circonstances accidentelles et certaines conditions premières, indépendantes du développement intellectuel et moral des différents peuples, ont contribué à y développer inégalement la fabrication des ustensiles et des objets d'acier. La possession de minerais doués de la propension aciéreuse est, par exemple, l'un des éléments de succès, l'une des causes d'activité dont l'influence ne peut être méconnue. Néanmoins, les considérations précédentes donnent lieu de prévoir que la comparaison établie entre les différentes nations qui ont pris part à l'Exposition universelle, en ce qui concerne les industries de la XXIe classe, devrait offrir à beaucoup d'égards une appréciation exacte du développement qu'y ont reçu les arts utiles, de l'essor imprimé à l'intelligence et aux sentiments moraux, et, en général, du rang qu'elles occupent dans l'échelle de la civilisation. Ici toutefois, ainsi qu'il est arrivé pour plusieurs autres subdivisions de ce grand concours, il est à regretter que toutes les nations n'aient pas produit dans des proportions comparables les éléments qui pouvaient les recommander à l'attention du jury. L'absence des produits provenant des centres les plus importants de fabrication s'est surtout fait remarquer pour plusieurs contrées du continent européen, et en particulier pour les principaux groupes de fabriques françaises.

Toutes les nations qui ont pris part à l'Exposition universelle fabriquent pour la plupart, pour leur usage, des objets de coutellerie et des outils tranchants appropriés aux habitudes de leurs populations; mais il n'existe qu'un petit nombre de districts manufacturiers qui exportent régulièrement leurs produits dans les pays étrangers. A vrai dire, on ne peut compter que trois centres d'industrie qui exploitent sur une grande échelle le commerce d'exportation : au premier rang se placent les districts de Sheffield, en Angleterre, et de Solingen, dans la Prusse rhénane, qui exportent en grand l'un et l'autre la coutellerie et tous les outils d'acier; il convient d'y joindre également la Styrie et la Carinthie, qui depuis une époque fort ancienne ont acquis, en ce qui concerne la fabrication des faux et des limes, une renommée universelle. La France n'a exporté jusqu'à ce jour qu'une valeur peu considérable en objets d'acier; mais elle les fabrique en quantités considérables pour les besoins de son industrie et pour ceux de l'économie domestique. Placée dans une situation intermédiaire entre les pays qui exploitent surtout le commerce d'exportation et ceux qui tirent des pays étrangers la majeure partie de leur approvisionnement, elle se suffit presque complétement à elle-même, grâce à la perfection qu'elle a acquise dans la fabrication de la plupart des objets d'acier, et aussi à la faveur des prohibitions et des droits élevés imposés à l'entrée de plusieurs autres. Les États-Unis, divers États allemands, la Belgique, la Russie, la Suède, la Turquie, etc. se classent honorablement parmi les pays producteurs; néanmoins, de même que ceux qui ne sont point explicitement désignés dans cette énumération, ces pays reçoivent une quantité considérable d'outils et d'objets de coutellerie des deux principaux centres de production, c'est-à-dire de Sheffield et de Solingen.

L'opinion publique s'est vivement préoccupée du rang qu'il convient d'assigner, dans l'ordre de la prééminence industrielle, aux principaux États qui ont pris part à l'Exposition universelle; mais les lacunes nombreuses qui existaient parmi les exposants étrangers, et les principes mêmes qui ont présidé aux travaux du jury international, n'ont pas toujours permis que cette attente fût remplie. Cette remarque s'applique d'une manière toute spéciale aux industries de la XXIe classe.

Conformément aux instructions émanant du conseil des présidents, le jury de cette classe s'est interdit toutes les recherches qui auraient eu pour objet de comparer le mérite relatif des divers fabricants et, à plus forte raison, des diverses nations. Les rapprochements de ce genre qu'il a dû faire incidemment tendaient seulement à établir une certaine harmonie dans les jugements qu'il avait à porter touchant les distinctions à accorder aux divers exposants. Le jury s'est également abstenu de tout examen comparatif touchant les méthodes de fabrication propres aux divers groupes d'industrie et l'importance commerciale de leurs produits. Le même système a été suivi avec plus de rigueur encore que dans la plupart des autres classes dans le rapport anglais publié au nom du jury de la XXIe classe.

Privé des appréciations qu'il attendait, le public s'est efforcé d'y suppléer par des rapprochements indirects, et, dans cette voie, il n'a pu guère s'appuyer que sur le nombre des distinctions de chaque sorte accordées aux diverses nations. Mais cette manière d'apprécier le mérite relatif des États concurrents ne serait exacte que dans le cas où tous les centres de fabrication auraient été représentés à l'Exposition par leurs sommités; or, il n'en a point été ainsi en ce qui concerne les objets de coutellerie et les outils d'acier. Pour la France, en particulier, plusieurs groupes industriels où les fabricants se comptent par centaines n'ont point envoyé à l'Exposition un seul exposant; les autres groupes n'ont eu qu'un ou deux représentants; la France tout entière n'a été représentée que par 13 fabricants. Pour mettre l'opinion publique en garde contre les conséquences tirées de rapprochements de cette nature, il serait donc utile de faire connaître, en regard du nombre d'exposants fournis par chaque nation, la valeur des objets d'acier qu'elle livre au commerce. Manquant de données authentiques qui, à notre connaissance du moins, n'ont jamais été publiées sur cette matière, nous avons cherché à établir cette comparaison pour les quatre principaux États producteurs, à l'aide de renseignements recueillis sur les lieux, avec le concours des négociants les mieux informés. Nous ne nous hasardons à les présenter ici qu'à défaut d'informations régulières et comme le point de départ de recherches plus approfondies.

RAPPROCHEMENT ENTRE LE NOMBRE DES EXPOSANTS ENVOYÉS À L'EXPOSITION PAR LES PRINCIPAUX ÉTATS PRODUCTEURS ET LA VALEUR APPROXIMATIVE DES PRODUITS QU'ILS LIVRENT ANNUELLEMENT AU COMMERCE.

ÉTATS PRODUCTEURS classés selon l'importance des produits exportés.	NOMBRE des EXPOSANTS.	VALEUR DES PRODUITS destinés à la CONSOMMATION intérieure.	VALEUR DES PRODUITS destinés à L'EXPORTATION.	VALEUR TOTALE des produits.
Royaume-Uni	162	25,000,000f	54,000,000f	79,000,000f
Prusse	32	6,000,000	13,000,000	19,000,000
Empire autrichien	95	9,000,000	3,000,000	12,000,000
France	13	13,000,000	1,000,000	14,000,000
Autres États européens.. 34 / États-Unis et Canada... 15	49	12,500,000	500,000	13,000,900
Turquie, Asie et Afrique continentale........ 8	»	»	»	»
Archipel indien	»	»	»	»
TOTAUX	351	65,500,000	71,500,000	137,000,000

N'ayant pas la même responsabilité, et n'étant pas empêché par les obstacles qui pesaient sur le jury de l'Exposition, nous tenterons d'apprécier ici la part de prééminence qu peuvent réclamer les principaux États producteurs des objets de coutellerie et des outils d'acier. Nous appuierons cet exposé en partie sur les faits constatés par le jury, en partie sur ceux que nous avons observés nous-mêmes, depuis la clôture de l'Exposition, sur les grands centres de production de l'Angleterre et du continent. Nous essayerons de caractériser le degré de perfection auquel l'art est parvenu dans les quatre fabriques principales, en tenant compte du mouvement de progrès qui s'y manifeste en ce moment et des chances de développement prochain qu'elles semblent trouver dans les circonstances locales et surtout dans la condition des négociants, des chefs de fabrique et des ouvriers.

Pour donner plus de clarté et de précision à ces appréciations et pour rendre plus facile l'intelligence des détails qu'elles comportent, nous tracerons d'abord, en ce qui concerne la coutellerie et les outils d'acier, un aperçu sommaire de l'histoire, des moyens généraux d'action et des méthodes de travail des principales fabriques.

§ 2. APERÇU DE L'HISTOIRE ET DE L'ÉTAT ACTUEL DES FABRIQUES DE COUTELLERIE ET D'OUTILS D'ACIER.

On ne connaît pas plus l'origine de la coutellerie que celle de la plupart des arts utiles ayant pour objet de pourvoir aux besoins essentiels des populations. Liée vraisemblablement à la découverte de l'acier, cette origine se perd dans la nuit des temps. Au moyen âge, cet art s'était déjà constitué régulièrement dans presque toutes les villes de l'Europe, à la faveur de l'organisation méthodique qui avait été imprimée à l'industrie : les couteliers étaient alors représentés dans toutes les corporations d'arts et métiers, et ils y occupaient ordinairement une position influente. Dès cette époque aussi, sauf pour ce qui concerne la nature et l'origine des aciers élaborés, l'art était constitué à peu près sur les mêmes bases où il subsiste encore, pour quelques spécialités restreintes, dans plusieurs villes de l'Angleterre et du continent.

Peu à peu, cependant, on reconnut qu'il y avait avantage, non pas à disséminer les ateliers à proximité des divers groupes de consommateurs, selon l'antique organisation des corporations urbaines, mais à les concentrer dans certains districts ruraux, où les ouvriers pouvaient subsister à bas prix et se trouvaient rapprochés des principales sources de matières premières, savoir : des forges produisant les aciers, des forêts ou des mines de houille fournissant le combustible, des carrières où s'exploitent les meules destinées à l'aiguisage, etc. Par suite de cette transformation, qui s'est opérée en grande partie dans le cours du dernier siècle et qui semble devoir être prochainement accomplie, les couteliers établis dans les villes se trouvent placés dans une situation fort différente de celle qu'ils y occupaient autrefois ; ils ne prennent plus part à la fabrication que pour *monter* les lames, c'est-à-dire adapter les manches aux lames produites dans les fabriques, ou pour exécuter les travaux d'entretien réclamés par leur clientèle. Sauf dans quelques cas exceptionnels, qui tendent à disparaître, les couteliers de Londres, de Paris et des capitales du continent ne forgent plus que des lames de commande et ne montent même que les articles qui s'écartent des modèles de fabrication courante. Il est vraisemblable qu'on n'y rencontrerait plus aujourd'hui un seul ouvrier fabriquant des ciseaux. Les couteliers des villes ne sont plus, à vrai dire, que des intermédiaires entre les producteurs et les consommateurs : les plus habiles se bornent, soit à inventer les modèles, qu'ils font ensuite exécuter dans les fabriques, soit seulement à imprimer une direction intelligente aux fabricants ruraux, en les initiant incessamment au sentiment des besoins nouveaux ou des nouvelles convenances créées par le progrès de la civilisation.

L'un des caractères distinctifs de l'activité qui se manifeste dans toutes les régions de l'Europe est la tendance qui excite chaque nation à pourvoir par sa propre industrie aux besoins principaux des populations. Le mouvement de concentration qu'on vient de signaler, en ce qui concerne la coutellerie, a donc, en général, donné naissance, dans les principaux États, au moins à un groupe de fabriques agglomérées. C'est ainsi que se sont progressivement développées, en Angleterre la fabrique de Sheffield, en Prusse celle de Solingen, en Autriche celle de Steyer, en France celles de Nogent, de Thiers et de Châtellerault, en Russie celle de Worsma, près de Nijni-Novogorod, en Suède celle d'Eskilstuna, etc. Toutefois, dès le milieu du siècle dernier, et surtout depuis le rétablissement de la paix générale, ce développement des groupes nationaux d'ateliers de coutellerie a été contre-balancé dans plusieurs États par diverses influences, au premier rang desquelles figurent la suppression graduelle des entraves commerciales, le progrès des moyens de communication, une tendance générale pour le comfort et l'uniformité de goût qui ne peut toujours être satisfaite par les fabriques éloignées de la zone manufacturière de l'Occident; enfin, et surtout, les progrès immenses réalisés sous le rapport de la qualité ou du bon marché par certaines fabriques établies dans les conditions les plus favorables. C'est ainsi, par exemple, que les fabriques de Sheffield et de Solingen ont pris le développement dont témoignent les chiffres rapportés ci-dessus, et sont parvenues à fournir à presque tous les peuples la majeure partie de leur approvisionnement. De leur côté, les fabriques d'Autriche et de France, tout en se tenant en mesure de suffire à la consommation intérieure, ont profité des ressources qu'elles trouvent, soit dans la richesse minérale du pays, soit dans le génie national, pour exploiter certaines branches du commerce d'exportation, parfois même pour prendre l'initiative du progrès en ce qui concerne le goût ou la perfection du travail.

Telle est la situation générale des ateliers consacrés en Europe à l'art de la coutellerie; quelques détails d'une nature plus spéciale suffiront maintenant pour en achever le tableau.

§ 3. DESCRIPTION SOMMAIRE DES PROCÉDÉS DE FABRICATION.

Une série de traités spéciaux pourrait seule se prêter à la description des manipulations nombreuses et variées qu'entraîne la fabrication de chaque article de coutellerie. Il existe cependant, au milieu de cette complication et de cette diversité, des traits généraux qui caractérisent assez généralement toutes les subdivisions de l'art pour qu'on y puisse rattacher l'appréciation des éléments de succès propres aux principales fabriques de l'Europe.

La fabrication de la coutellerie implique quatre groupes principaux d'opérations, comprenant elles-même beaucoup de manipulations secondaires, savoir :

Le forgeage, parfois suivi d'un travail à la lime, donnant la première forme au tranchant d'acier;

La trempe et le recuit, donnant à l'acier la dureté, qui est la qualité essentielle du tranchant;

L'émoulage, l'aiguisage et le polissage, opérations qui donnent à la lame la forme définitive, la qualité tranchante et l'éclat;

Enfin le montage ou l'assemblage, opérations par lesquelles on adapte aux lames les manches et les divers appendices qui constituent chaque article.

Le forgeage et le travail à la lime sont, dans la plupart des cas, des opérations manuelles dont le succès dépend surtout de la dextérité et de l'intelligence de l'ouvrier. La principale condition de succès est d'employer l'acier brut, c'est-à-dire la matière première de la fabrication, sous la forme qui simplifie le plus possible le travail du marteau : ce travail est lui-même conduit de la manière qui convient le mieux pour diminuer le travail de la lime. En général, dans la suite de manipulations qu'exécutent les couteliers, l'art consiste surtout, d'une part, à employer à chaque échelon de la fabrication une matière dont l'élaboration soit avancée autant que possible, de l'autre, à livrer le produit qui se prête le mieux aux élaborations subséquentes. Cette convenance, qui se révèle dans la production de chaque article, pour une vingtaine de manipulations successives, fait éclore chaque jour, on le conçoit aisément, des combinaisons nouvelles, qui perfectionnent l'art de la coutellerie, et qui tendent incessamment à réduire le prix de ses produits. En ce moment, plusieurs fabricants ingénieux de Nogent, de Solingen et de Sheffield emploient les ressources de la mécanique pour atteindre le but qu'on vient d'indiquer, et surtout pour réduire le travail manuel dans les branches de fabrication, celle des ciseaux et des couteaux fermants, par exemple, qui absorbent le plus de main-d'œuvre. Dans les méthodes ordinaires et dans tous les centres importants de fabrication, le matériel nécessaire pour le forgeage et le travail à la lime est fort simple : il comprend une petite forge alimentée par un soufflet de cuir, mû à bras d'homme; une enclume avec ses appendices, ses coquilles et ses estampes; une série de marteaux, un étau et un assortiment de limes; il peut être réuni dans la plus modeste habitation, alors même que les travaux de la forge et de la lime sont pratiqués par le même ouvrier. Jusqu'à ce jour, la première subdivision du travail de la coutellerie reste donc, en Angleterre comme sur le continent, une industrie essentiellement domestique, exercée par l'ouvrier dans son ménage avec le concours d'apprentis ou d'aides, choisis ordinairement parmi ses enfants.

Le personnel d'une forge où l'on ne fabrique que de petits objets se compose d'un seul ouvrier, qui met le soufflet en action tout en chauffant l'acier. Pour le forgeage des plus grosses pièces, et, par exemple, des lames de couteaux de table, le maître, ayant seulement à régler le feu et à chauffer la barre d'acier, est assisté pour le dégrossissage de cette pièce par un aide qui manœuvre le soufflet.

Les différences qu'on remarque d'une fabrique à l'autre, dans cette première branche du travail de la coutellerie, se rattachent surtout aux divisions plus ou moins multipliées établies dans les travaux qu'on vient de mentionner : tantôt, en effet, ceux-ci sont tous exécutés successivement par le même ouvrier, qui alors se suffit à lui-même; tantôt ils sont confiés à plusieurs ouvriers, qui, pour concourir à un même but, doivent être placés sous la direction d'un fabricant. Une autre différence essentielle se trouve dans le caractère domestique ou manufacturier de la fabrication, selon que les ouvriers sont établis dans leur propre ménage ou travaillent dans de grands ateliers avec le concours de machines et de moteurs inanimés. Ainsi qu'on l'a déjà indiqué, la fabrication dans de grands ateliers, à l'aide de machines, commence seulement à prendre naissance, soit en Angleterre, soit sur le continent. La fabrication domestique est encore partout dominante, avec cette différence qu'en France et en Autriche les mêmes ouvriers exécutent toute la série des travaux, tandis qu'en Prusse et en Angleterre les fabricants, recherchant surtout les avantages qui dérivent de la division du travail, y font intervenir successivement des catégories distinctes d'ouvriers.

La trempe et le recuit, formant la seconde subdivision du travail de la coutellerie, sont souvent exécutés par le même ouvrier qui a fait le forgeage; parfois, au contraire, ils sont confiés à un ouvrier spécial. Dans tous les cas, ces opérations, qui ont une influence décisive sur la qualité des tranchants, ne peuvent être convenablement pratiquées que par des ouvriers intelligents, doués de l'esprit de précision et d'exactitude.

Les objets à tremper sont d'abord chauffés au rouge plus ou moins vif, tantôt dans le même foyer qui a servi pour le forgeage, tantôt dans un foyer spécial, tantôt enfin dans divers appareils et avec des précautions ayant pour but de conserver intacte la qualité aciéreuse à la surface de la lame. On les refroidit ensuite brusquement en les plongeant, soit dans de l'eau pure ou aiguisée de diverses substances acides ou salines, soit dans divers bains essentiellement formés de corps gras. Ces manipulations offrent une multitude de nuances qui se transmettent traditionnellement dans chaque contrée, souvent dans chaque famille, et qui se rattachent à la manière de composer le bain ou d'immerger l'objet à tremper. L'opération s'exécute ordinairement sur chaque pièce isolée; cependant pour de très-petites lames, et surtout pour les ressorts de couteaux fermants, elle a lieu souvent sur un paquet de pièces saisies dans une pince. Pour quelques articles spéciaux et dans certaines méthodes de travail, la trempe, par exception, n'est donnée que lorsque l'objet a été façonné à la meule.

Les pièces trempées ont ordinairement plus de dureté qu'il ne convient pour l'usage auquel on les destine, et par cela même elles ont une aigreur et une fragilité qui les rendraient impropres à cet usage; souvent aussi il arrive que la pièce, déformée par la trempe, ne peut être redressée au marteau que si on lui rend un peu de malléabilité. On restitue à l'acier la qualité qu'il doit avoir par le *recuit*, c'est-à-dire par une opération dans laquelle on porte lentement la pièce à une température assez élevée, mais toujours inférieure au rouge naissant. Les méthodes ingénieuses employées pour régler la température du recuit varient selon les fabriques et la nature des objets; elles sont pour la plupart fondées sur l'observation des couleurs que prend la surface de l'acier quand on le chauffe à des températures graduellement croissantes: le soin qu'on apporte à cette opération aussi bien qu'à la trempe est un sûr indice de la perfection à laquelle l'art est parvenu.

L'émoulage, l'aiguisage et le polissage, qui forment le troisième groupe de manipulations, s'exécutent au moyen d'une série de meules de diverses grandeurs, auxquelles on imprime un mouvement de rotation rapide et sur la circonférence desquelles l'ouvrier presse l'objet à façonner. Dans les opérations qui ont pour objet d'entamer fortement le métal, on agit ordinairement sur ce dernier au moyen du grès quartzeux à grains fins, qui forme la matière même de la meule; dans celles, au contraire, où il faut achever la pièce dégrossie et lui donner le poli, on agit au moyen de poudres dures plus ou moins ténues appliquées sur du bois, sur des métaux mous ou sur des peaux diversement préparées, avec intervention de corps gras favorisant l'adhérence des poudres et leur action sur le métal. Dans les centres de fabrication où la coutellerie a le caractère d'une industrie domestique, ce troisième groupe d'opérations s'exécute par la force de l'homme; dans ce cas, des ouvriers spéciaux, presque toujours des aveugles ou des idiots impropres à tout autre travail, impriment le mouvement aux grosses meules; souvent, au contraire, les petites meules qui servent à donner le poli sont mises en action par le pied de l'ouvrier même qui exécute l'opération principale. Dans quelques ateliers domestiques, et par exemple en France, on emploie, pour donner le mouvement aux meules, des chevaux attelés à un manége ou des chiens marchant à l'intérieur d'une roue. Dans les principaux groupes de fabriques on imprime le mouvement aux diverses catégories de meules au moyen de moteurs inanimés, l'eau ou la vapeur. L'introduction progressive de cette classe de moteurs dans cette branche du travail est une des circonstances qui ont le plus influé depuis un siècle sur la distribution géographique des ateliers; c'est à l'emploi de ces moteurs économiques qu'il faut surtout attribuer la prospérité des fabriques de Sheffield et de Solingen.

Le montage et l'assemblage terminent cette série de manipulations : tantôt, comme dans la fabrication des ciseaux, ils se réduisent à une révision du travail qui a dû être fait avant le polissage; tantôt, comme dans la fabrication des couteaux fermants et même des couteaux de table, ils comprennent des opérations multipliées et donnent lieu, en main-d'œuvre et en matières, à une dépense plus considérable que toutes les autres opérations. Le travail y est organisé, dans les diverses fabriques, sur des bases fort différentes : tantôt l'art du monteur comprend la fabrication des manches; tantôt, au contraire, cette fabrication est confiée à une série d'autres ouvriers qui pratiquent successivement sur les diverses sortes de matières premières le sciage, le travail de la râpe, le polissage, le ciselage, etc. Quant aux matières employées pour la fabrication des manches, elles sont moins variées qu'on ne pourrait le penser au premier aperçu. Il en existe peu, en effet, qui satisfassent convenablement aux diverses conditions de beauté, de propreté, de durée et d'économie que réclament les consommateurs. Au premier rang figurent les métaux précieux et l'ivoire, puis les cornes d'animaux et les bois denses. L'Exposition de Londres a présenté plusieurs essais intéressants de nouvelles matières, la gutta-percha par exemple : mais ces tentatives mêmes indiquent combien est restreint le cercle dans lequel les fabricants doivent se tenir. Des méthodes fort ingénieuses, et dont il sera fait mention au sujet des fabriques qui en font usage, ont singulièrement diminué, dans ces derniers temps, le prix de façon des manches communs ayant pour base les cornes d'animaux.

Le matériel nécessaire au monteur est assez compliqué; il n'exige cependant qu'un petit emplacement, et peut être mis en action en même temps que le matériel du forgeage, du limage, de la trempe et du recuit dans l'habitation même de l'ouvrier. Il comprend des fleurets et quelquefois un tour pour le perçage des manches; des meules servant à polir le manche et la garde, et à retoucher quelques parties de la lame et des ressorts; enfin, beaucoup d'outils et de matières servant à la fabrication des manches et des viroles et à leur assemblage avec la lame. Sur le continent et à Londres, le tour et les meules du monteur sont mis en mouvement par l'ouvrier lui-même, rarement par un aide; à Sheffield, grâce à une combinaison d'ateliers qu'on indiquera plus loin, ils reçoivent ce mouvement d'une machine à vapeur.

La fabrication des outils tranchants présente, dans la plupart des cas, des subdivisions analogues à celles de la coutellerie. Ainsi, la fabrication des haches comprend également le forgeage, la trempe et le recuit, l'aiguisage souvent accompagné de l'émoulage et du polissage, enfin le montage, consistant dans la révision des lames et dans l'ajustage des manches.

Le forgeage des outils tranchants offre ordinairement une particularité qui ne se présente que dans la fabrication de quelques gros articles de coutellerie, tels que les ciseaux employés pour la tonte des moutons et dans l'art du tailleur : le tranchant seul est en acier, et cette matière est soudée à une masse plus considérable de fer composant le corps de l'outil. Ce soudage est donc toujours le prélude du forgeage des gros outils, tels que les haches, les ciseaux et outils divers employés par les menuisiers et les charpentiers. Au moyen de cette combinaison, on donne à peu de frais à l'outil toute la qualité tranchante qu'il doit avoir, sans lui rien faire perdre du poids nécessaire à la mise en action. Les fabriques qui, comme celle de Sheffield, exportent beaucoup d'acier sous forme d'outils, exportent donc aussi par cela même une quantité de fer plus considérable. Sous ce rapport, on peut dire que l'importation des fers suédois employés en Angleterre pour la fabrication des bons aciers, loin de nuire aux forges indigènes, est un moyen direct d'étendre le commerce de leurs produits.

Entre tous les outils d'acier, les limes et les faux se distinguent par le rôle considérable qu'elles jouent en industrie et en agriculture : ce sont aussi ceux dont la bonne qualité importe le plus à la prospérité matérielle d'une nation. Leur fabrication comprend des manipulations très-variées et constitue ordinairement des industries spéciales, distinctes des autres élaborations de l'acier.

La fabrication des limes comprend trois groupes principaux d'opérations : 1° le forgeage, le limage, le polissage et un recuit préalable ayant pour objet de rendre facile le travail de la taille; 2° la taille, c'est-à-dire le travail par lequel on façonne dans l'acier radouci les dents de la lime avec un ciseau; 3° la trempe, qui donne à la lime toute la dureté qu'elle doit conserver, et le redressage, par lequel on rétablit la direction rectiligne altérée par la trempe. Il est digne de remarque que jusqu'à ce jour, en Angleterre comme sur le continent, on exécute exclusivement à la main toutes ces subdivisions du travail, même celles, la taille par exemple, qui, à raison de la grande quantité de main-d'œuvre et de la régularité extrême qu'elles exigent, sembleraient comporter le mieux l'intervention des machines.

La fabrication des faux est plus complexe, et présente d'une contrée à l'autre des modifications plus prononcées que le travail des limes : on y doit distinguer d'abord deux types principaux de fabrication, ayant pour origine l'un l'Allemagne, l'autre l'Angleterre.

Le système allemand consiste à étirer au martinet la lame tout entière de la faux d'un bidon composé d'acier pur ou de fer et d'acier préalablement soudés; dans ce second cas, le tranchant est toujours étiré dans la partie aciéreuse, tandis que le fer forme la base de la côte ou du dos de la lame. L'ensemble de cette fabrication, qui développe à un haut degré chez les ouvriers la dextérité et la justesse du coup d'œil, comprend environ vingt opérations successives.

En Angleterre, on fabrique également des faux formées, comme les autres gros outils tranchants, de fer et d'acier soudés; on emploie aussi un système qui consiste à former le tranchant de l'outil avec une feuille d'acier fondu très-dur, qui, à raison même de cette qualité, ne pourrait se souder avec le dos de l'outil composé de fer, mais qu'on assemble avec ce dernier au moyen de rivets.

L'exposé sommaire qu'on vient de présenter suffit, à la rigueur, pour faire apprécier les causes qui ont donné jusqu'à présent à certaines fabriques une supériorité décidée sur toutes les autres : il fait entrevoir également les moyens auxquels plusieurs de ces dernières devraient avoir recours pour regagner, au moins en partie, l'avance qu'elles ont laissé prendre à leurs rivales. Quelques détails spéciaux, concernant les quatre groupes principaux de fabrication, compléteront ces appréciations générales. Ne perdant pas de vue, d'ailleurs, que le but suprême de la civilisation est d'étendre le domaine intellectuel et moral de l'humanité en même temps que l'activité manufacturière et la richesse matérielle, nous essayerons de tracer pour chacun de ces groupes un aperçu de la condition physique et morale de la population.

§ 4. CARACTÈRE DE L'INDUSTRIE ET ÉTAT DE LA POPULATION DANS LES PRINCIPALES FABRIQUES.

ART. 1er. FABRIQUE DE SOLINGEN (PRUSSE RHÉNANE).

La fabrique de Solingen, la plus ancienne des fabriques européennes et jusqu'à ce jour la plus importante qui existe sur le continent, date du moyen âge, et doit vraisemblablement son origine aux célèbres mines d'acier du Stahlberg, situées à peu de distance, dans les montagnes contiguës à la rive droite du Rhin, à la hauteur de Coblentz. L'acier fabriqué dans ces montagnes est extrait directement, par l'affinage au charbon de bois de fontes blanches lamelleuses, et de fontes grises provenant de la fusion de minerais carbonatés spathiques. On le distingue sous le nom d'*acier naturel,* des *aciers cémentés,* dont la fabrication exige des manipulations plus nombreuses, et qui servent de matière première dans les aciéries anglaises.

L'acier brut produit dans les fonderies et les forges du Stahlberg est transporté vers Solingen, au nord de ces montagnes, dans un pays de collines sillonné d'une multitude de cours d'eau. Il y est raffiné dans de petites forges à moteurs hydrauliques qui lui donnent toutes les nuances de qualité réclamées, soit par les fabriques d'outils et d'objets de coutellerie, soit par les fabriques d'armes blanches de ce même district. Cet acier, extrait depuis un temps immémorial des mêmes minerais par des procédés invariables, offre dans sa qualité une constance, une régularité qui n'ont pas peu contribué à établir au loin la réputation de cet article et des produits qu'on en obtient, aux époques surtout où la métallurgie n'avait point encore enseigné le moyen de produire des aciers donnant des tranchants plus durs et plus parfaits. En compensation de l'infériorité qu'il a sous ce rapport, l'acier du Stahlberg se distingue par des qualités extrêmement précieuses pour le travail de la coutellerie : il peut subir beaucoup de chaudes successives sans que l'énergie aciéreuse soit amoindrie; il est d'ailleurs tellement malléable et si facile à travailler qu'on peut le porter, au moyen de chaque chaude, à un état d'élaboration fort avancé. Ces qualités spéciales de la matière aciéreuse élaborée ont déterminé plus que toute autre cause le caractère de la fabrication de Solingen, et le genre de concurrence que ce groupe exerce sur tous les marchés contre la coutellerie anglaise. Les fabriques de Solingen ne visent point en général à produire les articles de qualité supérieure, et surtout les rasoirs et les autres tranchants exquis que Sheffield obtient avec ses aciers fondus; mais elles s'attachent à tous les articles de consommation usuelle, et compensent pour chacun d'eux par une fabrication plus économique, et conséquemment par l'attrait du bon marché, la supériorité que l'article analogue d'Angleterre peut présenter sous le rapport de la qualité. Elles ont un avantage marqué dans la production de tous les articles, des ciseaux par exemple, où le travail de la forge a une grande importance, où dès lors l'ouvrier, mettant à profit l'extrême malléabilité de l'acier du Stahlberg, peut donner au métal une certaine façon en moins de temps qu'on n'en emploie ailleurs pour arriver au même résultat. Le jury a constaté dans le cours de ses recherches que les ciseaux de Solingen s'importent en Angleterre en quantités considérables, non-seulement pour la réexportation, mais encore pour la consommation intérieure.

On a commencé, dans ces derniers temps, à produire sur le bassin houiller de la Ruhr, des aciers cémentés et fondus qui sont employés avec un succès remarquable pour diverses spécialités, et surtout pour la fabrication des cylindres durs propres à laminer les métaux; mais on n'y a point encore obtenu les aciers fondus propres à la coutellerie fine. L'emploi de tels aciers est cependant aujourd'hui la principale condition des progrès ultérieurs de la fabrique.

La plupart des autres éléments de succès se trouvent également réunis dans le district de Solingen; les riches mines de houille du bassin de la Ruhr, exploitées à peu de distance, assurent aux ateliers et aux ménages un approvisionnement indéfini de combustible à bas prix. Les ateliers d'émoulage et d'aiguisage tirent d'excellentes meules de grès de carrières peu éloignées; ils trouvent la force motrice qui leur est nécessaire sur plusieurs cours d'eau, et surtout sur la Wupper, rivière importante où affluent tous les ruisseaux de ce district, et qui se courbe en demi-cercle autour de Solingen et des nombreux hameaux qui en forment la banlieue.

Les manipulations qui exigent l'intervention des meules s'exécutent dans des conditions très-économiques dans les usines hydrauliques qu'on vient de signaler, et qui contiennent ordinairement de dix à trente meules. On ne doit pas cependant considérer ces établissements comme des fabriques à travail aggloméré : chaque ouvrier y opère pour son propre compte, comme il pourrait le faire dans son ménage, en louant pour un temps déterminé le droit de faire usage d'une meule. On concilie de cette manière les avantages qui sont propres à la fois à l'industrie domestique et à l'industrie manufacturière. Les trois autres groupes de manipulations qui précèdent ou qui suivent l'aiguisage s'exécutent dans les habitations mêmes des ouvriers, concentrées en partie à Solingen et dans les villages environnants, et en partie disséminées dans la campagne. Dans ces conditions, il y a nécessité d'effectuer des transports assez considérables pour amener les lames brutes des ateliers où elles ont été trempées aux ateliers d'aiguisage, et pour ramener ces lames finies aux ateliers où elles doivent être montées. Ce service est ordinairement exécuté par les femmes et les filles des ouvriers. Ces transports donnent lieu à un travail pénible dont sont exemptes les fabriques, celle de Sheffield, par exemple, dans lesquelles l'emploi de la vapeur comme force motrice permet de rapprocher les ateliers d'aiguisage de ceux où s'exécutent les opérations du forgeage, de la trempe et du montage. Cette convenance, mieux appréciée à mesure que la concurrence intérieure et extérieure se fait plus vivement sentir, et, en second lieu, l'insuffisance des usines à moteurs hydrauliques en présence d'une fabrication incessamment croissante, ont, depuis 1849, déterminé à Solingen la création de deux ateliers recevant le mouvement de machines à vapeur. L'usine créée en dernier lieu contient 96 meules ou places de travail mues par une machine de 12 chevaux : chaque place se loue, à raison de 3 fr. 71 cent. par semaine, aux ouvriers qui viennent y travailler chacun pour son compte, exactement comme dans les usines hydrauliques. En outre, on commence à établir à Solingen de grands ateliers où s'exécutent, avec le concours de moteurs inanimés, toutes les manipulations relatives à la fabrication d'un seul article, et où le travail est encore plus subdivisé que dans les ateliers domestiques. Cette innovation s'est déjà appliquée avec succès à la production des canifs, des couteaux fermants, des manches moulés en corne, etc. Ces établissements sont le prélude d'une transformation plus radicale dans l'ancienne organisation industrielle de ce district; ils sont un des symptômes du mouvement de concentration qui s'opère, sous l'influence de la houille, dans chaque branche de l'industrie manufacturière. On peut déjà prévoir le moment où les ateliers se grouperont sur une voie économique de communication qui transportera la houille, les matières premières et les produits; où, en un mot, la fabrique de Solingen, au lieu d'être essentiellement rurale, comme elle l'a été jusqu'à ce jour, prendra, comme l'a fait depuis longtemps celle de Sheffield, le caractère d'une fabrique urbaine agglomérée.

Dans l'organisation actuelle, la situation des usines qui élaborent l'acier dans la contrée de Solingen est surtout déterminée par la distribution des cours d'eau auxquels les ateliers d'aiguisage empruntent la force motrice; considérées dans leur ensemble avec les forges qui préparent la matière première, elles forment cinq groupes principaux :

1° Le groupe de *Solingen* proprement dit, le plus important de tous et auquel s'applique la plupart des considérations précédentes; il est situé dans le premier coude que forme la Wupper à partir de son embouchure dans la rive droite du Rhin; on s'y adonne particulièrement à la fabrication des objets de coutellerie et des armes blanches;

2° Le groupe de *Reimscheid* et de *Ronsdorf,* contigu au précédent et enclavé dans le second coude que forme la Wupper au-dessus de Solingen; on y fabrique surtout les limes, les scies et les outils fins;

3° Le groupe d'*Ennceperstrasse,* longeant les deux rives de l'Ennepe, affluent de la Ruhr, où l'on fabrique principalement les faux et diverses sortes d'outils de qualité commune;

4° Le groupe de *Rade vom Wald* et de *Breckerfeld,* situé dans le plateau montueux et de forme quadrilatérale compris entre la Wupper, l'Ennepe et la Lenne; on y fabrique la grosse taillanderie d'acier, et particulièrement les pelles, les pioches et la serrurerie;

5° Enfin le groupe de *Velbert,* au nord-ouest des précédents, contigu au bassin houiller de la Ruhr, et dans lequel on fabrique avec succès plusieurs articles de quincaillerie fine.

Les trois premiers groupes fabriquent seuls sur une grande échelle les objets qui se rattachent à la XXIe classe de l'exposition; on évalue approximativement à 30,000 le nombre des ouvriers qu'ils emploient.

La condition des ouvriers du district de Solingen offre plusieurs traits remarquables, les uns spéciaux à cette contrée, les autres communs à la plupart des fabriques du même genre.

Ces ouvriers joignent ordinairement à leur industrie principale l'élevage des animaux domestiques, ainsi que la culture des plantes potagères et des pommes de terre; leurs moyens de subsistance ne tarissent donc pas complétement avec les crises commerciales qui interrompent momentanément le travail industriel. Les femmes et les jeunes filles, qui, selon une indication précédente, ont à effectuer le transport des objets en cours d'élaboration, sont spécialement chargées de l'exploitation agricole de la famille; elles ne sont jamais employées, ainsi qu'on peut l'observer en Angleterre, dans les ateliers de quincaillerie du Staffordshire méridional, au travail du fer et de l'acier.

La population suffit à peine aux demandes sans cesse croissantes de produits manufacturés; elle augmente à la fois par son propre mouvement d'expansion, et par l'arrivée incessante d'émigrants de la Hesse et du pays de Nassau. On y distingue, comme dans toutes les fabriques de coutellerie placées dans les mêmes conditions, deux catégories principales : les indigènes, qui occupent, en qualité d'ouvriers ou d'apprentis, les emplois exigeant de la dextérité et de l'intelligence; les étrangers, qui arrivent ordinairement dans le pays à l'âge adulte, et qui s'emploient surtout en qualité de manœuvres et d'aides-forgerons. Ces derniers ne peuvent se fixer dans le pays qu'autant qu'ils font preuve de moralité et de bonne conduite; les plus capables parviennent, avec le temps, à occuper dans la fabrique quelques fonctions spéciales. Les fils des ouvriers indigènes, après avoir reçu l'instruction primaire, commencent ordinairement vers quatorze ans l'apprentissage de la profession de forgeron, d'aiguiseur ou de monteur, pour l'un des articles ou l'un des groupes d'articles de la coutellerie ou des outils tranchants. Dans chaque famille, un seul garçon adopte la spécialité du père; les autres, pour ne point se faire concurrence entre eux dans la suite de leur carrière, se livrent presque tous à des spécialités différentes. Après trois ou quatre années d'apprentissage, le jeune ouvrier passe l'examen de *compagnon* (*gehülfe*), et travaille ensuite en cette qualité, pendant un an ou deux, chez son premier maître ou chez quelque autre chef d'atelier qui le rétribue déjà à prix fait. Après avoir accompli pendant une ou deux années les obligations du service militaire, et avant de travailler pour son propre compte, le compagnon doit subir l'examen de *maître* (*meister*); il s'établit enfin, dès que l'épargne ou le concours de la famille l'ont suffisamment pourvu de linge, de meubles et d'outils. Depuis l'époque de l'occupation française, à la fin du dernier siècle, il existait dans ce district une liberté absolue pour le choix et pour l'exercice des professions (*gewerbsfreiheit*). Les examens qui confèrent les grades de compagnon et de maître, sans rien supprimer de ce qu'il y avait d'utile dans cette liberté, sans poser de limites, comme le faisaient les anciennes corporations, au nombre des ouvriers à admettre, semblent donner aux intérêts généraux de la fabrique des garanties dont la convenance est généralement appréciée; ils ne sont en vigueur que depuis 1850. A Solingen, la commission d'examen se compose de vingt-cinq personnes, qui délèguent pour chaque examen un comité de cinq membres. Pour l'examen conférant le grade de compagnon, le comité se compose d'un fabricant président, de deux maîtres et de deux compagnons; pour l'examen conférant le grade de maître, le comité ne comprend que des fabricants et des maîtres. Chaque épreuve consiste, pour le candidat, à exécuter un travail sous les yeux du comité, ou à lui présenter un chef-d'œuvre dont l'origine est dûment constatée.

Les ouvriers de Solingen sont pour la plupart religieux et moraux; ils se distinguent aussi par leur docilité et leur application au travail; mais ils ont une tendance prononcée pour les liqueurs spiritueuses et pour la bonne chère, en sorte que ceux, en grand nombre, qui ne poussent pas cette inclination jusqu'à l'intempérance, y dépensent cependant toute la portion du salaire qui n'est pas absorbée par les besoins essentiels de la famille. Par ce motif, beaucoup d'ouvriers dont les recettes annuelles sont considérables ne s'élèvent jamais au-dessus de la position précaire de simple ouvrier; ils ne profitent point des nombreuses occasions qui s'offrent à eux dans le cours de leur existence laborieuse, et qui leur permettraient, s'ils avaient plus d'empire sur leurs appétits physiques, de devenir successivement chefs d'atelier, fabricants, etc. Ceux, au contraire, qui dès le début de leur carrière se constituent par l'épargne un petit capital, trouvent bientôt dans la division d'un travail essentiellement domestique et dans la situation indépendante faite aux ouvriers de toute classe, le moyen de le faire fructifier. En effet, le négociant qui s'est engagé à expédier en pays étranger une fourniture de couteaux de table, par exemple, perd improductivement une partie considérable de son temps lorsqu'il doit traiter successivement avec les huit ou dix ouvriers dont le concours est nécessaire à l'exécution de cette commande et surveiller les transports successifs des objets en cours d'élaboration chez ces divers ouvriers; il a évidemment avantage à abandonner une partie de son bénéfice à un monteur, qui, traitant avec les divers ouvriers et se chargeant du détail de la surveillance, lui remet la fourniture dans l'état où elle peut être expédiée. Les chefs d'atelier pris ainsi pour intermédiaires se bornent pour la plupart à acquérir les matières premières et à payer les ouvriers concourant à la fabrication, au moyen d'avances faites par le fabricant: les bénéfices qu'ils réalisent sur ces commandes, indépendamment de la rétribution due à leur travail personnel, ne servent point en général à former un capital; ils les considèrent comme un supplément de salaire et les emploient en acquisitions d'aliments et de spiritueux. Ces fréquentes occasions de parvenir à une condition supérieure ne laissent pas cependant que d'exercer une certaine influence sur la condition intellectuelle et morale de beaucoup d'ouvriers; de tout temps, les couteliers ont été renommés, sous ce double rapport, parmi les ouvriers des autres professions, et on en voit constamment sortir des individualités recommandables qui vont recruter le personnel des fabricants.

La situation des négociants chargés de vendre les produits de la fabrique est une conséquence de la rareté des ouvriers capables de prendre part, au moyen de leurs propres ressources, à l'exécution des commandes. Ces négociants concourent directement au progrès de la fabrique, en choisissant les qualités supérieures d'acier que comporte la production de chaque article, en provoquant l'adoption de nouveaux procédés et en exigeant des ouvriers une exécution consciencieuse. A tous ces titres, les négociants les plus capables méritent donc réellement le nom de *fabricants*. La partie inférieure de cette classe se recrute, comme on vient de le dire, parmi les ouvriers d'élite: elle s'occupe surtout de vendre les produits dans les foires et les marchés de la contrée contiguë; les plus capables et les plus entreprenants étendent peu à peu le cercle de leurs opérations dans les villes et les principaux marchés de l'Allemagne du Nord. Enfin la classe supérieure exploite, outre les principaux marchés de l'Allemagne, tous les pays étrangers. Ces fabricants de premier rang, qui sont au nombre d'une vingtaine dans les trois districts ci-dessus mentionnés, entretiennent des voyageurs et des dépositaires dans les pays consommateurs et dans les ports d'expédition, particulièrement dans l'Amérique du sud, aux États-Unis, en Suisse, en Italie, en Espagne, à Marseille, au Havre et à Liverpool. Ils trouvent tous les éléments assurés de succès dans les mœurs simples du pays et dans leur incessante application au travail. Les fabricants de premier rang expédient annuellement un million de francs de produits, n'ont ni voiture ni chevaux ; ils n'ont point le goût de la propriété territoriale, et immobilisent tout au plus le capital nécessaire à la création d'une habitation modeste, dans laquelle se concentrent d'ailleurs le comptoir, le magasin et toutes les dépendances de l'entreprise commerciale. Le fabricant de Solingen ne se retire jamais des affaires : celles-ci sont nécessaires à son existence; renoncer au travail serait pour lui non un repos, mais une privation. Une maison de commerce ne se divise donc jamais aussi longtemps que vit le père de famille; seulement celui-ci prend ses enfants pour associés et se décharge peu à peu sur eux des opérations et surtout des voyages, que l'âge ne lui permet plus d'exécuter lui-même.

Parmi les nombreux articles de Solingen, le jury a distingué d'une manière spéciale la coutellerie de M. Henkels ; le bel assortiment de couteaux, de ciseaux, de rasoirs, de canifs, de couteaux fermants et d'outils fins de MM. A. et E. Höller; les limes de M. Mannesmann; les ciseaux et autres articles de coutellerie de MM. Schmolz et Cie.

En résumé, la situation éminente que la fabrique de Solingen occupe dans la zone manufacturière de l'Occident et dans le commerce du monde doit être attribuée :

En premier lieu, à la proximité de tous les éléments essentiels de la fabrication, et surtout à la possession d'un acier naturel se prêtant mieux que la plupart des sortes connues à une production expéditive et économique;

En second lieu, à une organisation industrielle établie au milieu d'une population morale, docile et laborieuse, fondée sur la division des travaux et sur l'annexion du travail agricole au travail manufacturier;

Enfin, à l'intervention de négociants habiles dirigeant efficacement tous les détails essentiels de la fabrique, pourvus de l'activité, de l'intelligence et des capitaux nécessaires pour placer leurs produits sur tous les marchés du monde.

Malgré ces conditions favorables, Solingen ne se place cependant au premier rang ni pour l'importance de ses opérations ni pour la qualité de ses produits. La nature de l'acier ne comportant pas la production des tranchants les plus durs et les plus fins, les fabricants de ce pays ont été conduits à lutter avec leurs rivaux étrangers plutôt par l'attrait du bon marché que par la renommée qui s'attache à la qualité ou à la perfection du travail. Quelques fabricants, à la vérité, commencent à réagir contre cette tendance dominante en élaborant, à défaut de matières indigènes, des aciers fondus anglais; mais ces tentatives peu suivies n'ont encore rien produit qui puisse être comparé aux beaux articles de Sheffield et de Nogent, de Londres et de Paris.

ART. 2. FABRIQUE DE SHEFFIELD (ANGLETERRE).

Dès le moyen âge, les guildes de couteliers avaient déjà porté l'art à un certain degré de perfection dans les principales villes de la Grande-Bretagne; il existait même à Sheffield, dès le XIVe siècle, un premier rudiment de fabrique centrale; mais la réputation, d'abord toute locale des ateliers anglais ne s'étendit point au dehors aussi tôt que celle de Solingen. Cet état de choses subsista tant que les ouvriers anglais durent tirer, par l'intermédiaire de la Hollande, les aciers fins qu'ils mettaient en œuvre des aciéries allemandes, et surtout des affineries qui dès cette époque étaient déjà établies dans le district même de Solingen.

Les fabriques anglaises de coutellerie et d'outils tranchants ne commencèrent à se développer, en vue du commerce étranger, que vers la fin du XVIIe siècle; ce développement fut lui-même la conséquence des mémorables découvertes qui, à dater de cette époque, fournirent à l'industrie un nouvel acier incomparablement supérieur à tout ce qu'on avait connu jusque-là. Depuis lors, chaque progrès nouveau dans la fabrication de l'acier fut le signal d'un progrès correspondant dans l'art de la coutellerie. Il arriva même, en plusieurs cas, que le perfectionnement des aciéries fut provoqué ou réalisé par les artistes qui, mettant l'acier en œuvre, étaient plus que personne en position d'apprécier les défauts qui leur faisaient obstacle et les qualités auxquelles il fallait atteindre.

L'art de convertir le fer forgé en acier par la cémentation est connu depuis un temps immémorial. Dès que l'art de fabriquer et de façonner le fer eut fait quelques progrès, on dut constater en effet que ce métal acquérait, à une haute température, sous l'influence prolongée du charbon de bois, la qualité aciéreuse. Sans devenir la base d'une industrie spéciale, cette propriété fut souvent mise à profit, comme elle l'est encore aujourd'hui, pour la production des instruments d'agriculture et de plusieurs outils ou tranchants de qualité commune.

Telle qu'on la pratiquait dans la première partie du XVIIe siècle, la cémentation avait seulement pour objet d'aciérer ou de durcir à leur surface divers objets préalablement façonnés en fer forgé; mais il fallait recourir à l'*acier naturel* pour fabriquer les objets qui devaient être entièrement composés d'acier homogène. Les forges du Stahlberg rhénan et de la Styrie avaient seules le privilége de fournir cet acier aux artistes renommés pour la production des armes, de la coutellerie et des outils tranchants.

Vers cette époque, on commença dans les environs de Newcastle-sur-Tyne à cémenter complétement des barres de petites dimensions, qui furent employées avec succès à fabriquer à bas prix des objets communs. Vers 1660, on fit un nouveau pas en cémentant de grosses barres que l'on étirait ensuite au moyen de marteaux hydrauliques, après les avoir chauffées dans un feu de houille. En 1690, cette industrie avait déjà pris une certaine extension, et le Gouvernement anglais commença à la protéger contre la concurrence des aciéries allemandes en portant de 3 francs 52 cent. à 23 francs 38 cent. par quintal le droit de douane imposé à l'entrée des aciers étrangers.

Un demi-siècle plus tard, Crowley, de Newcastle, donna aux aciéries de cette contrée une grande impulsion, en découvrant le moyen de corroyer l'acier brut de cémentation par un procédé analogue à celui que les Allemands appliquaient depuis longtemps aux barres brutes d'acier naturel. Vers cette époque aussi, un fait encore plus important avait été constaté : les fabricants d'acier de cémentation, après avoir employé d'abord comme matière première les meilleurs fers indigènes fournis par les forges au bois des comtés de Stafford et de Lancastre, avaient été conduits à reconnaître que les fers suédois de Danemora, et à un moindre degré ceux du Wermland et de la Sibérie, l'emportaient pour cette destination sur tous les fers connus. Désormais pourvues d'une excellente matière première, parvenant sûrement, à l'aide du corroyage, à livrer des produits homogènes et malléables, protégées en outre par un droit de douane assez élevé, les aciéries purent l'emporter sur le marché national pour la production des qualités supérieures. Les importations d'aciers allemands, qui s'étaient maintenues jusqu'alors à une moyenne annuelle de 1,500 quintaux, tendirent constamment à se restreindre pendant la seconde moitié du XVIIIe siècle.

Cependant les aciers anglais produits dans les conditions qu'on vient d'indiquer ne remplissaient pas, tant s'en faut, toutes les conditions que pouvaient désirer les artistes préoccupés du progrès de leur art : ils n'avaient pas plus de dureté et n'étaient pas moins pailleux que les aciers naturels d'Allemagne; ils étaient moins malléables que ces derniers, et se prêtaient moins à des élaborations compliquées, parce qu'ils ne conservaient pas aussi bien la qualité aciéreuse dans une série de chaudes successives. Cette imperfection des aciers anglais, en stimulant le génie d'un simple ouvrier, donna naissance à l'art de fabriquer l'acier fondu, découverte mémorable qui a donné aux aciers cémentés des qualités exquises jusqu'alors inconnues, et qui a inauguré une ère de prééminence incontestable pour toutes les aciéries fondées sur ce principe. Les premières fonderies d'acier furent fondées, à dater de 1740, par Benjamin Huntsman, d'abord à Handsworth, puis à Attercliffe, près de Sheffield, où son descendant direct exploite encore la même industrie. Des traditions de loyauté commerciale qui ne se sont jamais démenties ont conservé à la marque de B. Huntsmann, dans l'opinion du monde civilisé, une supériorité incontestable. A dater de cette époque, les aciéries de cémentation exigeant une consommation considérable de houille et de matières réfractaires, trouvèrent à Sheffield des conditions plus favorables qu'à Newcastle, à Birmingham et à Bristol, où elles s'étaient d'abord simultanément développées. Les fabriques de coutellerie et d'outils d'acier ne cessèrent elles-mêmes, depuis lors, de se grouper autour des aciéries; et c'est ainsi que le bourg de Sheffield, qui au commencement du XVIIe siècle comptait à peine 2,000 habitants, en contient aujourd'hui 130,000.

La cause première de ce développement, inouï dans l'histoire de la métallurgie, se trouve dans la situation même de Sheffield au centre du bassin houiller du Yorkshire, c'est-à-dire au point le plus rapproché de Hull, qui lui-même est le mieux placé parmi les ports de la Grande-Bretagne pour recevoir les fers à acier de la Suède. Sous le bourg même de Sheffield et dans sa banlieue les couches de houille se présentent avec une abondance extraordinaire, offrant toutes les nuances de qualité qui conviennent pour chaque détail de la fabrication. Les matériaux réfractaires qu'exige la production des plus hautes températures connues en métallurgie se trouvent également soit dans le voisinage même de Sheffield, soit dans les contrées contiguës; il en est de même des matériaux propres à la confection de meules. Les premiers ateliers, exigeant des moteurs inanimés, furent d'abord établis sur le cours d'eau qui traverse la ville et sur ses affluents ; mais, depuis la découverte de la machine à vapeur, la fabrique a trouvé dans les houillères des ressources indéfinies en force motrice. Depuis cette époque, les ateliers d'aiguisage placés dans le bourg même, partout où le besoin s'en fait sentir, dispensent les ouvriers de cette multitude de transports qu'il faut faire à Solingen pour mettre en communication les moulins hydrauliques avec les ateliers domestiques qui préparent les lames brutes ou qui reçoivent les lames aiguisées. A Sheffield, tout fabricant qui désire concentrer son industrie peut, dans le moindre espace et dans toute localité qu'il lui plaît de choisir, convertir le fer de Suède en objets d'acier prêts à être livrés au commerce. Dans ses limites actuelles et avec les moyens matériels dont il dispose, Sheffield se mettrait aisément en mesure de produire la coutellerie et les outils que réclame la consommation du monde entier. Pour compléter cette énumération des moyens de développement de la fabrique, il convient de remarquer qu'elle confine à des districts éminemment agricoles, où le sol et le climat se prêtent à la production des bestiaux, des céréales, des plantes potagères, et en général des denrées nécessaires à la nourriture d'une nombreuse population. Depuis longtemps aussi des canaux et des chemins de fer mettent Sheffield en communication avec tous les points d'où les fabricants tirent les matières premières et vers lesquels ils expédient leurs produits.

La population ouvrière offre plusieurs points de ressemblance avec celle de Solingen : comme cette dernière, elle se recrute dans les campagnes environnantes, et l'analogie des conditions premières détermine le même partage de fonctions entre les ouvriers nés dans la localité et ceux qui viennent du dehors. La race est encore plus vigoureuse qu'à Solingen et plus appliquée au travail ; mais la propension à consommer sous forme d'aliments et de boissons spiritueuses les produits du travail est développée dans la même proportion que l'énergie physique. En conséquence, la masse de la population est peu disposée à s'élever par l'épargne à la possession d'un capital, puis, au moyen de celui-ci, à la condition de fabricant ou de négociant. Il existe donc, en général, une démarcation tranchée entre la classe ouvrière et les personnes qui sont aptes à occuper dans la fabrique les situations supérieures. La division du travail est poussée à ses limites extrêmes : chaque article est confié à une catégorie spéciale d'ouvriers, et dans chaque catégorie on distingue encore au moins les quatre spécialités qui ont été indiquées ci-dessus.

L'état de dépendance qu'implique toujours à un certain degré la situation de simple ouvrier est aggravé par ces conditions et par diverses causes qui ne se font pas autant sentir sur le continent. Toutes les manipulations dont les frais peuvent être réduits par l'emploi des moteurs inanimés sont ordinairement exécutées avec le concours des machines à vapeur. On groupe donc non-seulement les ouvriers qui s'occupent de l'émoulage, de l'aiguisage et du polissage, mais encore ceux qui sont chargés du montage et de l'assemblage. Ces derniers ne travaillent point ordinairement dans leur ménage : ils vont louer à la semaine leur place de travail dans des établissements où la force, imprimée par une seule machine à vapeur, se transmet à de grandes distances dans la direction horizontale et dans la direction verticale, et quelquefois dans une suite de bâtiments contigus. Cette organisation est avantageuse à tous égards, aux époques de prospérité commerciale ; mais cette location indépendante de l'habitation impose à l'ouvrier une double charge que celui-ci supporte difficilement quand l'activité de la fabrique se ralentit.

L'accumulation des ouvriers dans l'intérieur de la ville offre, à toute époque, des inconvénients d'une nature grave. La population ne peut, en général, se livrer ni à l'élevage des animaux domestiques ni à la culture des plantes potagères. Sa subsistance dépend donc exclusivement du travail industriel, et se trouve compromise dès qu'il y a ralentissement dans les travaux.

Les privations qui résultent ainsi des vicissitudes commerciales, les discussions que fait naître la fixation des salaires, enfin le relâchement que produit naturellement en Angleterre le principe de l'assistance publique dans les liens qui unissent ailleurs les classes extrêmes de la société, ont développé entre les ouvriers et les fabricants des causes permanentes de mésintelligence. De là ces formidables *Unions* d'ouvriers qui ont donné de si vives secousses à la constitution sociale de ce pays. Toutefois les Unions de Sheffield se distinguent entre toutes les autres par une organisation remarquable : malgré les inconvénients attachés au principe même qui les anime, elles ont résolu de concert avec les patrons, dans plusieurs branches de la fabrique, les principales difficultés qu'entraînait la fixation des salaires. Cet heureux résultat est dû, d'un côté, à l'esprit de conciliation qui distingue ordinairement en Angleterre les classes supérieures de la société ; de l'autre, à l'intelligence que les ouvriers ont apportée dans la défense de leurs intérêts et à la modération avec laquelle ils ont usé des concessions qui leur ont été faites.

Le principe que les Unions de Sheffield ont fait prévaloir et qui donne aux ouvriers comme aux patrons des garanties contre la brusque variation des salaires, a été signalé par quelques personnes comme une cause de décadence pour la fabrique. L'observation semble cependant démentir les craintes qui ont été émises à ce sujet. Les maisons les plus honorables, celles qui fondent leurs opérations sur la production des articles de qualité supérieure, ont évidemment rencontré dans cette organisation nouvelle de précieuses garanties : elles se trouvent soustraites en partie à la concurrence de ces fabricants peu consciencieux qui tendent incessamment à supplanter leurs rivaux par l'appât du bon marché, c'est-à-dire en avilissant le prix de la main-d'œuvre et en livrant des produits défectueux. C'est, au reste, un fait incontestable que, depuis l'époque où les Unions se sont régulièrement constituées sur ces bases par l'accord mutuel des ouvriers et des patrons, le commerce de Sheffield est devenu plus prospère qu'il ne l'avait été à aucune époque antérieure.

A Sheffield, aussi bien que dans les autres fabriques de coutellerie, l'organisation industrielle est éminemment favorable à l'élévation graduelle des ouvriers doués de qualités convenables, de ceux surtout qui ont la force de contenir leurs appétits physiques. Il se présente, en effet, à tout ouvrier, pourvu de quelques épargnes, de fréquentes occasions de s'établir comme intermédiaire entre le simple ouvrier qui concourt à une commande en exécutant un détail de la fabrication et le fabricant qui, ayant le placement assuré de cette commande, désire obtenir à un prix convenu les produits, dans l'état même où ils peuvent être livrés au commerce. Cette classe intermédiaire existe en effet ; elle joue un rôle important dans la fabrique ; elle fournit même incessamment des sujets distingués à la classe supérieure qui dirige l'ensemble des opérations industrielles et commerciales, et dont les membres réunissent pour la plupart, dans une certaine mesure, les deux spécialités du fabricant ou du négociant.

Il existe à Sheffield beaucoup de fabricants qui font exécuter dans leurs propres ateliers toutes les opérations relatives à la confection des articles formant la base de leur commerce spécial. Dans ces derniers temps, les établissements fondés sur ce principe ont pris un développement considérable. Cette tendance se manifeste particulièrement dans les branches d'industrie, telles que la fabrication des limes, des faux et des outils tranchants, qui emploient de grandes quantités d'acier, et pour lesquelles les frais de main-d'œuvre n'ont pas une influence aussi prépondérante que dans la coutellerie. Souvent même ces fabriques ont été conduites à préparer elles-mêmes les aciers qu'elles mettent en œuvre, et il en est plusieurs qui étendent le cercle de leurs opérations depuis l'achat des fers à acier dans les entrepôts suédois jusqu'à la vente de leurs produits au moyen de comptoirs et de dépôts dans les principales villes de commerce de la Grande-Bretagne et des pays étrangers.

Les principales opérations de Sheffield reposent cependant sur une organisation diamétralement opposée : dans la plupart des cas, l'importation et le commerce des fers suédois, la conversion du fer en acier, la fabrication de l'acier fondu, l'étirage, le laminage et le corroyage des aciers bruts, enfin toutes les subdivisions qu'on a distinguées précédemment dans la production des objets de coutellerie et des outils d'acier, forment des spécialités entièrement séparées. La fonction essentielle du négociant qui exploite avec distinction le commerce d'un article consiste surtout à faire converger vers un même but tant d'intérêts divers, et à conserver au produit la haute qualité qui assure la renommée et par suite la prospérité de la fabrique. Beaucoup de négociants de premier ordre qui ne possèdent pas d'ateliers en propre parviennent à ce résultat pour l'exportation d'articles de coutellerie revêtus de leur propre marque, et, en ce sens, ils méritent réellement le titre de fabricants. Après avoir acheté à leur propre compte les sortes de fers à acier qui conviennent le mieux à la production des articles de qualité supérieure, ils traitent successivement à prix fait avec les fabricants et les ouvriers qui convertissent cette matière première en produits marchands. L'intervention du chef de maison ne consiste pas seulement dans le choix de la matière première, qui détermine surtout la qualité du produit; elle se manifeste encore par la haute direction qu'il imprime aux travaux, soit pour obtenir des formes sans cesse appropriées au goût des consommateurs, soit pour maintenir dans l'exécution des commandes toute la perfection que comporte l'état actuel de l'art.

Les qualités qu'on a précédemment signalées chez les fabricants de Solingen existent chez ceux de Sheffield avec un plus haut degré de distinction et d'énergie : les affaires occupent toutes leurs pensées, et il est rare qu'une récréation vienne les en détourner. Une grande simplicité règne dans leurs habitations : on n'y trouve même pas toujours le comfort qui, dans les autres parties de l'Angleterre, est le trait distinctif de la vie bourgeoise. Les prescriptions religieuses tendant à comprimer le goût du plaisir y sont observées avec rigueur; souvent même on y ajoute des prescriptions encore plus sévères émanant de *sociétés* dite *de tempérance* et qui interdisent l'usage même modéré de toute boisson autre que le thé et l'eau. Ici encore l'exercice de la profession semble être inséparable de l'existence; chaque fabricant dirige ses affaires tant que l'âge ou les infirmités ne l'obligent pas à se décharger de ce soin sur l'un de ses enfants depuis longtemps associé à ses travaux et qui doit lui succéder. Ces qualités de la classe dirigeante produisent de plus grands résultats que dans la fabrique de Solingen, non-seulement parce qu'elles sont, comme on l'a déjà dit, plus énergiques et plus éminentes, mais encore parce qu'elles sont favorisées par les lois ou les mœurs, qui assurent dans chaque famille la perpétuité des traditions et qui maintiennent une solidarité morale entre les générations successives.

Un simple coup d'œil jeté sur le vaste espace occupé à l'exposition par les produits de Sheffield suffisait pour faire apprécier la situation éminente qu'occupent dans l'art d'élaborer l'acier les fabricants de cette ville. Les outils d'acier en particulier, indépendamment des propriétés solides qu'ils doivent à la haute qualité de la matière première, se distinguaient entre tous les produits analogues par l'éclat et l'élégance, non moins que par le bon goût qui avait présidé à leur groupement. On retrouvait, en un mot, dans cette partie de l'exposition anglaise ce cachet de distinction et de supériorité qui était si frappant dans la section française pour les étoffes, les objets d'art, etc.

Le jury a tout d'abord reconnu une prééminence marquée

aux scies de MM. Spear et Jackson, aux grosses limes de MM. Turton et fils et aux limes fines de M. P. Stubs. Cependant les principes posés par le conseil des présidents ne lui ont pas permis d'établir une démarcation tranchée entre ces habiles fabricants et ceux de leurs concurrents qui, dans l'ordre de mérite, venaient immédiatement après eux. Il a pu cependant faire une exception et accorder la médaille de conseil à MM. Spear et Jackson, à raison de l'emploi qu'ils ont fait d'une nouvelle machine pour dresser et polir les scies circulaires. Cette machine se compose, en premier lieu, d'une roue à polir à large jante; en second lieu, d'un appareil mobile qui, imprimant simultanément à la scie qu'il s'agit de dresser et de polir un mouvement de rotation dans le plan vertical et un mouvement de va-et-vient dans le sens horizontal, présente successivement toutes les parties de cette scie tangentiellement à l'un des diamètres horizontaux de la roue.

Après les fabricants qu'on vient de citer, le jury a particulièrement distingué :

Pour les limes : MM. Cocker et fils; Johnson, Cammell et Cie; Kirk et Warren; Th. Turner;

Pour les faux et faucilles : MM. Butterley; Hutton et Newton; Ibbotson frères; T. Stanniforth; Waldron et fils;

Pour les scies : MM. Blake et Parkin; J. V. Hill, R. Ibbotson; H. Peace et Cie; Slack, Sellers et Cie;

Pour les rabots, les varlopes, les vilebrequins et autres outils de menuisier, etc. : MM. Brookes et fils; W. et S. Butcher, A. Hannah; King et Peach; Marsden frères et Cie; A. Mathieson, Moseley et fils; Sorby et fils;

Pour les outils de tourneur, de graveur, de sculpteur, etc. : MM. J. B. Addis jeune; J. Buck; G. Eastwood; J. Howarth et H. Taylor;

Pour les outils de jardinage : MM. Saynor et fils et V. Thornhill;

Pour les divers outils tranchants faisant partie de grandes machines : M. V. Makin;

Pour les patins : M. W. Loy;

Pour les rasoirs : MM. F. Fenney; Hawcroft et fils, S. Martin;

Pour les canifs : M. S. Hague;

Pour les ciseaux de tout genre : MM. Gibbins et fils; G. et W. Higginbotham; E. Hunter; Steer et Webster; T. et G. Wilkinson; Tomlin et Cie; Wilkinson et fils;

Enfin pour les articles de coutellerie en général : MM. Eyre Ward et Cie; T. Hardy; Hilliard et Chapmann; W. T. Loy; Mappin frères; W. Matthews; J. et G. Morton; J. Nowill et fils; Philp et Wicker; J. Rodgers et fils; Sharp frères et Cie; Unwin et Rodgers; W. Unwin; J. Walters et Cie; Wilson et fils; G. Wostenholm et fils.

En résumé, la prééminence dont jouit la fabrique de Sheffield pour ce qui concerne l'étendue des opérations et la haute renommée acquise aux produits qu'elle expédie sur tous les marchés du monde s'expliquent par un ensemble de causes dont l'importance est évidente. Cette importance, d'ailleurs, se mesure jusqu'à un certain point par ce fait, que l'Angleterre décuple par le travail de ses ouvriers et par l'emploi de ses matières premières la valeur des huit millions de francs de fers suédois qui forment le point de départ de ce vaste mouvement d'industrie et de commerce. Ces avantages reposent en partie sur les heureuses conditions qui permettent de réunir à bas prix, dans cette localité, tous les éléments essentiels de la production, en partie sur l'habileté avec laquelle les fabricants, secondés par une population énergiquement appliquée au travail, ont su mettre tous ces éléments en œuvre; mais ils doivent être surtout attribués aux qualités morales propres à la classe qui dirige les opérations de la fabrique et à une organisation sociale qui, rendant solidaires les diverses générations, assure la loyale conservation des qualités représentées par les marques de fabrique.

Il est à remarquer néanmoins que cette prospérité ne repose pas, ainsi que cela a eu lieu jusqu'au XVIIIe siècle pour les aciéries allemandes, sur la production d'une matière première propre à la localité; cet édifice industriel, fruit de deux siècles d'efforts et de persévérance, est fondé, en définitive, sur l'élaboration des fers à acier du Nord, c'est-à-dire sur des matières premières étrangères au sol britannique. Or il existe dans d'autres contrées du monde, et particulièrement sur le continent de l'Europe, plusieurs localités offrant pour ce genre d'industrie des conditions matérielles comparables à celles qui se trouvent réunies dans le Yorkshire; en puisant les matières premières aux mêmes sources, ces localités peuvent donc prétendre au même succès que Sheffield a obtenus. Pour atteindre ce but, il suffit que les personnes appelées à y diriger le mouvement industriel, faisant effort sur elles-mêmes et s'aidant d'une organisation appropriée au génie national, s'élèvent à la hauteur intellectuelle et morale où sont parvenus les fabricants anglais. Les détails présentés ci-dessus au sujet de la fabrique de Solingen prouvent que ce but est en partie atteint dans cette contrée : la suite de cet exposé prouvera également qu'il existe ailleurs des éléments de succès non moins précieux.

ART. 3. FABRIQUES DE STYRIE, DE CARINTHIE ET DU TYROL.

Les fabriques de faux et quelques fabriques d'outils de l'empire autrichien jouissent depuis plusieurs siècles d'une réputation universelle. Jusqu'à ces derniers temps, leurs produits, préparés avec les célèbres aciers naturels de la Styrie, étaient placés au premier rang dans l'opinion des consommateurs. Cette renommée n'a commencé à s'amoindrir que depuis l'époque où les fabriques anglaises ont réussi à préparer avec les aciers cémentés et fondus des tranchants plus durs et plus parfaits.

La cause première de l'activité des fabriques autrichiennes se trouve dans les puissants dépôts de minerais de fer carbonaté spathique enclavés dans la partie centrale des Alpes, au milieu de vastes forêts d'arbres résineux, à proximité des vallées de l'Enns et de la Muhr, de l'Inn, etc. Les gîtes les plus renommés par l'abondance et par la haute qualité de leurs minerais, ceux d'Eisenertz et de Vordernberg en Styrie, celui de Huttenberg en Carinthie, alimentent de nombreux fourneaux établis dans ces deux provinces : plusieurs fonderies considérables, pourvues de minerais analogues, existent en outre dans les provinces contiguës, et particulièrement en Tyrol. Les fontes à acier provenant de la fusion de ces minerais au moyen du charbon de bois sont à leur tour converties en acier naturel par l'affinage au charbon de bois dans une multitude de forges éparses dans les forêts et sur les cours d'eau les plus éloignés des mines. Cet acier, enfin, convenablement raffiné par une série de corroyages, est élaboré dans des fabriques de faux, de limes et d'outils, placées autant que possible à proximité des forêts, des cours d'eau et des forges, dans les localités où le sol, devenant moins montagneux, se prête à la production des denrées nécessaires à une nombreuse population ouvrière.

Les principales fabriques de faux sont précisément situées dans ces conditions dans la haute et dans la basse Autriche, aux environs des petites villes de Kirchdorf et de Waidhofen, au pied de la chaîne des Alpes, à la naissance de la contrée agricole comprise entre cette chaîne et la rive droite du Danube, à l'ouest et à l'est de la vaste échancrure par laquelle les eaux de l'Enns débouchent des montagnes qui recèlent les mines d'Eisenertz et où sont établies les principales aciéries styriennes. Les autres fabriques sont disséminées près de Wolfsberg, de Neumarkt, d'Inspruck, etc., à proximité des vallées de la Drave, de la Save, de l'Inn, etc. Ces établissements ont servi de modèles à la plupart des fabriques qui fonctionnent encore aujourd'hui dans les autres États du continent, et, bien que leurs débouchés tendent à se restreindre, ils fournissent encore aux États allemands, à la Pologne, à la Russie, à la Turquie, à l'Italie, à l'Espagne et à plusieurs États des deux Amériques la majeure partie des faux que ces contrées consomment.

L'une des questions les plus épineuses qu'ait eues à examiner le jury de la XXIe classe a été de décider quel mérite relatif devait être attribué à la faux styrienne, fabriquée par l'étirage (au martinet) d'un bidon formé de fer et d'acier naturel préalablement soudés, et à la faux anglaise, formée d'un tranchant d'acier cémenté et fondu, plus ou moins soudable, mais toujours très-dur, assemblé par soudage ou au moyen de rivets à un dos de fer.

La faux styrienne jouit d'une des qualités distinctives de l'acier naturel, la malléabilité à froid : il en résulte, en premier lieu, que l'outil ne se brise pas par le choc des corps durs qui peuvent se rencontrer sur les surfaces fauchées; en second lieu, que le tranchant, ébréché par de tels chocs ou émoussé par l'usage, peut être rétabli par un martelage que l'ouvrier faucheur exécute lui-même au moyen d'un marteau à main ou d'une enclume portative. Cette qualité, qui maintiendra longtemps l'usage des faux styriennes en certaines contrées, particulièrement dans les prairies de montagnes à fonds rocheux, ne peut toutefois s'obtenir qu'aux dépens de la propriété tranchante. A la vérité, l'acier naturel de Styrie concilie mieux que toute autre sorte connue la malléabilité à froid avec un certain degré de dureté; mais cette dernière qualité y est moins éminente que dans les tranchants d'acier fondu, où les fabricants anglais s'appliquent exclusivement à développer la qualité essentielle sans se préoccuper de la malléabilité. La faux anglaise, en raison de son extrême dureté, est trop fragile pour qu'on puisse en amincir le tranchant au marteau; le tranchant s'y rétablit donc exclusivement par l'aiguisage. Employée dans des conditions semblables, dans des prairies exemptes de pierres et de roches, la faux styrienne s'émousse beaucoup plus vite que la faux anglaise; l'ouvrier doit l'aiguiser à la main plus fréquemment, et il consacre à ce travail improductif une plus grande partie de son temps. Dans les conditions les plus favorables, le tranchant de la meilleure faux styrienne soutient à peine pendant deux minutes la résistance développée par les herbes; pour les lames communes fabriquées en d'autres contrées de l'Europe sur le principe styrien, avec des aciers de qualité inférieure, la durée du travail est souvent réduite à trente secondes, et, dans ce cas, le faucheur emploie utilement à peine la moitié du temps qu'il consacre au travail. Les perfectionnements introduits depuis quelques années en Angleterre dans la fabrication des faux d'acier fondu permettent de produire des lames dont le tranchant résiste trois ou quatre fois plus longtemps que celui des faux styriennes. Il est donc aisé de prévoir que les faux anglaises seront adoptées de préférence à toutes les autres dans les contrées où les prairies se prêtent à un fauchage régulier, où les ouvriers sont assez éclairés pour apprécier la valeur du temps et pour se soustraire à l'empire de la routine. L'accroissement des exportations anglaises et l'état stationnaire de l'industrie styrienne semblent confirmer cette prévision. Il est à remarquer également que les nouvelles fabriques de faux établies depuis dix ans hors de l'Angleterre se sont fondées spécialement en vue d'employer l'acier fondu comme matière première. On y a renoncé, en général, à élaborer soit l'acier naturel, soit l'acier simplement cémenté, et on y produit des instruments qui, sur les marchés neutres, sont, à prix égal, préférés aux faux styriennes. Il est à noter, enfin, que le système anglais, exigeant moins de main-d'œuvre que le système styrien, joint aux avantages dérivant de la meilleure qualité des produits ceux qui résultent d'une fabrication plus économique. Sous ce rapport, l'emploi de l'acier naturel n'a pas même dans cette industrie l'avantage qu'il offre dans certaines branches de la coutellerie, par exemple dans la fabrication des ciseaux. Si l'expérience confirme le jugement porté, au sujet de cette classe importante d'outils, par le jury de l'Exposition, la supériorité des aciers fondus à base de fer suédois se trouverait désormais établie d'une manière absolue, même pour les spécialités qui, jusqu'à ces derniers temps, conservaient encore aux aciers naturels une certaine réputation d'excellence.

Les fabriques de limes et d'outils divers sont établies à peu près dans les mêmes localités et dans les mêmes conditions que les fabriques de faux, à proximité des forges à acier de la Styrie et de la Carinthie. Malgré leur habileté reconnue, les fabricants y luttent avec moins de succès encore que dans l'industrie des faux contre les obstacles résultant de l'imperfection de la matière première : chaque jour ils éprouvent plus de difficulté à maintenir leur antique renommée, en présence des produits analogues expédiés sur tous les marchés par les fabriques anglaises.

Beaucoup de forgerons ruraux préfèrent encore les grosses limes allemandes aux limes anglaises, bien que l'usage comme outil en soit moins avantageux. Cette préférence est fondée sur ce qu'ils peuvent aisément tirer parti d'un acier éminemment soudable et malléable, lorsqu'une fois la lime allemande est hors d'usage, tandis que leur inexpérience ne leur permet guère d'employer utilement la matière des limes d'acier fondu. Cette considération a une certaine importance dans les contrées où l'acier se maintient à un prix élevé dans le commerce de détail; néanmoins, elle repose souvent sur un calcul inexact, car l'avantage résultant de l'emploi de la matière aciéreuse compense rarement les pertes de temps qu'entraîne toujours l'usage d'un outil défectueux.

Les seules fabriques d'outils qui semblent être en progrès dans l'empire d'Autriche, et qui aient attiré d'une manière spéciale l'attention du jury, ont pour objet la production des instruments propres à planer le bois et d'une multitude d'instruments du même genre destinés aux menuisiers et aux ébénistes. Leur succès est surtout fondé sur les procédés ingénieux qu'on y emploie pour façonner le bois des outils, et pour en varier la forme à l'infini selon la convenance des ouvriers qui en font usage. Les principaux établissements, situés soit dans le voisinage de l'Enns, soit dans la ville même de Vienne, se classent au premier rang parmi ceux qui exploitent, soit en Angleterre, soit en France, cette même spécialité.

Les fabriques de coutellerie de l'Autriche ont fait jusqu'à ce jour peu de progrès, et elles n'occupent dans l'industrie européenne qu'une place fort secondaire; cependant plus de soixante d'entre elles avaient expédié à Londres leurs produits. Ce zèle honorable est bien digne de mention, lorsque l'on considère surtout que la France, où cette industrie a, sous tous les rapports, une importance considérable, n'était représentée que par cinq exposants.

La ville de Steyer, à proximité de laquelle sont groupées

presque toutes les fabriques de coutellerie et quelques fabriques d'outils tranchants, est située sur l'Enns, peu au-dessous du point où cette rivière pénètre dans cette région industrieuse qu'on a déjà signalée comme le principal centre de l'élaboration des aciers naturels de la Styrie. De même que les autres fabriques dont il a été précédemment question, elle trouve dans son territoire ou dans ceux qui y confinent l'acier, le combustible, la force motrice, la pierre à meules et les autres éléments matériels de la production. Les ouvriers s'y procurent à bas prix des moyens de subsistance, qu'ils complètent d'ailleurs pour la plupart en joignant à l'industrie manufacturière une petite exploitation agricole. Mais là s'arrête la série des conditions favorables déjà mentionnées pour d'autres fabriques.

L'imperfection de la matière aciéreuse ne comporte pas la production des tranchants de bonne qualité, et les fabricants de ce pays n'ont point encore tenté de remédier, sous ce rapport, à l'insuffisance des ressources locales par des importations d'aciers fondus anglais. En général, l'organisation industrielle de cette fabrique ne s'est pas prêtée aux innovations qui ont été si heureusement accomplies dans celles de Sheffield et de Solingen. La division du travail, par exemple, y est presque inconnue. Chaque ouvrier, établi dans l'un des hameaux de la banlieue, exécute lui-même, dans son propre ménage, toutes les manipulations qui se rattachent à la confection d'un article: il se procure ordinairement à crédit l'acier et tous les objets nécessaires soit à son industrie, soit à la subsistance de sa famille; puis, à la fin de chaque semaine, il envoie sa femme ou sa fille vendre à la ville les produits qu'il a fabriqués, et faire une nouvelle provision de matières et de denrées. N'ayant eux-mêmes que de médiocres ressources, et complétement étrangers à la connaissance du métier, les marchands qui exploitent le commerce de la coutellerie ne sont en position ni d'étendre les débouchés, ni de contribuer au progrès de la fabrication. Leur activité s'emploie ordinairement à élever autant que possible le prix des matières qu'ils livrent aux ouvriers et à réduire le prix des façons jusqu'à ses dernières limites. Dans un tel ordre de choses, l'ouvrier est sans cesse excité à produire à bas prix de mauvaises qualités, jamais à perfectionner son travail. Aucune fabrique ne pourrait vraisemblablement lutter avec celle de Steyer pour les grossiers articles que depuis un temps immémorial elle livre au commerce; mais l'avenir de ce genre de production est fort borné, même sur le marché national : le nombre des consommateurs de ces produits tend chaque jour à se restreindre par le progrès même de la civilisation, qui fait naître le besoin de formes plus commodes et de tranchants plus parfaits.

Parmi les produits qui, dans la section autrichienne, ont le plus frappé l'attention du jury, on doit surtout signaler la magnifique collection d'outils présentée par M. F. Wertheim, de Vienne. Le jury a distingué également d'une manière particulière les limes de MM. A. Fischer, de Saint-Aegydi; les faux de M. G. Weinmester, de Spital-sur-Pyhrn; quelques articles de coutellerie de MM. A. Haindl, de Steyer.

Les conclusions qui se déduisent de l'observation des fabriques autrichiennes concordent donc parfaitement avec celles qui ont été établies ci-dessus pour la principale fabrique de l'Allemagne du Nord. On ne peut plus dorénavant conserver de doutes sur la supériorité que présentent, pour la confection des tranchants de toute sorte, les aciers préparés par la double opération de la cémentation et de la fusion avec les fers à acier du Nord. Tant que ces aciers n'ont point été connus, l'Allemagne a joui sans contestation de la prééminence que lui donnaient ses deux gîtes du Stahlberg et d'Eisenertz pour la production des *aciers naturels*. Abusée par le souvenir de son antique renommée, méconnaissant l'importance des faits nouveaux qui se sont produits, l'Allemagne baisse tous les jours dans l'estime des consommateurs d'acier. Son commerce tombera de plus en plus si elle ne s'empresse de s'assimiler les moyens de succès qui donnent depuis un siècle aux aciéries et aux fabriques du Yorkshire un ascendant irrésistible.

Dès qu'elle entrera dans cette voie, l'Allemagne aura à rechercher si la qualité aciéreuse qui distingue éminemment ses minerais ne peut être mise à profit que pour la production des *aciers naturels*, ou si, au contraire, ces minerais, comme ceux de la Suède, peuvent être convertis en *fers à acier* par un traitement convenable. Le succès de ces tentatives, en ouvrant une nouvelle source de la matière dure par excellence, c'est-à-dire de celle qui aide le mieux l'homme à étendre ses conquêtes sur le monde physique, exercerait une influence considérable, non-seulement sur l'industrie allemande, mais encore sur la civilisation tout entière.

ART. 4. FABRIQUES DE PARIS ET DE NOGENT (FRANCE).

Les établissements qui s'adonnent en France à la production de la coutellerie et des outils n'ont été représentés à l'Exposition que d'une manière incomplète. Les grands centres de fabrication existant à Thiers et à Châtellerault n'ont point envoyé de produits ; les seuls représentants de la coutellerie étaient MM. Guerre, de Langres, Tabourdeau, de Moulins, Picault, Arnheiter et Lanne, de Paris. Les fabriques d'outils étaient représentées par les trois maisons d'Alsace et du Midi qui brillent ordinairement dans les expositions de Paris. En résumé, 14 fabricants seulement avaient envoyé leurs produits au concours: 11 d'entre eux ont été distingués par le jury; 7 ont reçu des *médailles de prix;* les 4 autres ont mérité la mention honorable.

Les couteliers occupaient déjà dans l'industrie française une situation éminente à l'époque où les corporations d'arts et métiers reçurent une organisation méthodique. Cette supériorité ne s'est jamais perdue. Les artistes de cette profession qui, à la fin du XVIIe siècle, furent expulsés de France par suite de la révocation de l'édit de Nantes, se classèrent, pour la plupart, au premier rang aussi bien en Angleterre que dans les autres pays étrangers. En 1851, les couteliers de toutes nations réunis à l'Exposition de Londres ont reconnu unanimement que les représentants des fabriques de Paris et de Langres marchaient de pair, pour l'esprit d'invention, l'élégance des produits et la perfection du travail, avec ce que les fabriques de Sheffield et de Londres présentaient de plus distingué. Ces qualités éminentes ont été reconnues non-seulement chez les artistes français, MM. Charrière et Luer, par exemple, qui, s'occupant surtout d'instruments de chirurgie, ont été rattachés à une autre classe, mais encore chez les couteliers proprement dits.

Nonobstant cette incontestable supériorité, les fabriques françaises n'ont jamais pris part, si ce n'est en des cas exceptionnels et dans des proportions insignifiantes, au commerce international qui s'est progressivement créé au profit de Solingen et de Sheffield. Nos fabricants n'ont eu conscience de leur valeur que dans les circonstances graves ou mémorables qu'on vient de rappeler, et ils n'ont jamais songé sérieusement à étendre leur activité au delà des limites du marché français. Cet état de choses, qui contraste d'une manière si regrettable avec les succès obtenus dans d'autres branches de production doit être attribué moins au défaut d'initiative des fabricants qu'à la direction vicieuse imprimée depuis le commencement du siècle dernier à l'industrie et au commerce des aciers.

Dès la fin du XVIIᵉ siècle on sut apprécier en France l'importance de l'art nouveau qui se créait à cette époque en Angleterre et en Italie : on comprit l'intérêt qui s'attachait à la fabrication d'aciers cémentés au moyen des fers indigènes, et l'on imposa cette donnée industrielle aux nombreux artistes que l'on fit venir à cet effet des pays étrangers. Le Gouvernement s'efforça de stimuler par des priviléges et par des secours d'argent l'essor de la nouvelle industrie. Sur le rapport qui lui fut fait des premiers succès de l'industrie naissante, il crut même devoir renoncer au principe de la législation établie, et qui consistait à maintenir les fers et les aciers à bas prix sur le marché intérieur au moyen de tarifs moins élevés pour l'entrée que pour la sortie. Dès l'année 1687, c'est-à-dire trois ans avant que l'Angleterre n'élevât le droit imposé à l'importation des aciers allemands, le droit de 2^{fr},21 par quintal métrique, prescrit par le tarif de 1664, fut porté à 12fr,41. Plusieurs fabriques établies sous cette impulsion livrèrent quelques produits au commerce : deux d'entre elles, situées dans les Pyrénées, produisirent même des qualités que les rapports officiels déclarèrent peu inférieures aux aciers naturels d'Allemagne, qui occupaient alors la première place dans l'estime des consommateurs; mais, en résumé, dans cette première période de l'histoire de nos aciéries, on ne put fonder une fabrication régulière sur l'emploi des fers indigènes. En 1701, le droit de douane imposé à l'entrée des aciers étrangers fut réduit à 6fr,21 ; trois ans plus tard, il fut ramené au taux de 1664.

Les fabricants anglais, qui à la même époque faisaient de si grands progrès dans l'art de la cémentation, n'ont jamais perdu de vue, de leur côté, l'intérêt qui leur conseillait d'employer exclusivement les fers indigènes comme matière première de la nouvelle industrie ; depuis le milieu du XVIIe siècle ils n'ont pas cessé de poursuivre des essais comparatifs sur les fers au bois produits, soit sur le territoire de la métropole, soit dans les colonies anglaises; l'Exposition de Londres a elle-même présenté, au sujet de cette question, des résultats d'un haut intérêt. Mais, en résumé, toutes ces tentatives n'ont abouti qu'à mettre en évidence l'incontestable supériorité des fers suédois. Le succès des fabricants de Sheffield est dû surtout à ce qu'ils ont constaté de bonne heure cette vérité et à ce que depuis lors ils se sont appliqués, avec une persévérance et une sûreté de coup d'œil qui ne se sont jamais démenties, à l'exploiter à leur profit.

Les mécomptes qu'on avait subis en France dans la première période de l'histoire des aciéries de cémentation avaient déjà ouvert les yeux du public sur l'insuffisance de la qualité acié-reuse des fers indigènes ; nos fabricants, s'ils eussent été abandonnés à leurs propres inspirations, seraient donc arrivés, en s'aidant des indications de l'expérience, aux mêmes conclusions que les fabricants anglais. Des aciéries fondées sur l'élaboration des fers suédois auraient eu un succès d'autant plus marqué, que, pendant toute la durée du XVIIIe siècle, les fers étrangers furent introduits en France moyennant un simple droit de balance [1], tandis qu'en Angleterre cette importation était grevée d'un droit fort élevé.

Malheureusement, un savant qui, malgré son inexpérience en fait d'industrie, jouissait alors d'une grande autorité en ces matières, vint égarer l'opinion par des expériences scientifiques qui eurent un grand retentissement parce qu'elles flattaient le préjugé national subordonnant à l'emploi des fers indigènes l'établissement des aciéries de cémentation. Réaumur, admettant comme un fait démontré l'aptitude aciéreuse des fers produits dans toutes les parties du royaume, prétendit enseigner le moyen de les convertir en aciers de qualité supérieure par l'emploi de *céments sulfureux et salins*, de nature complexe, variant selon la qualité de chaque fer. Il eût été facile de constater la fausseté de ces préceptes en étudiant le procédé qui réussissait si bien en Angleterre et qui reposait simplement sur la cémentation de bons fers au contact du charbon de bois; cependant, ils furent acceptés sans contestation, et dès lors toutes les tentatives ayant pour objet de naturaliser en France l'art de la cémentation furent frappées de stérilité. En effet, chaque fabricant qui échouait d'abord en cémentant un mauvais fer par l'une des recettes de Réaumur était naturellement conduit à entreprendre des expériences infructueuses pour trouver une recette plus appropriée à la nature de ce métal. Ces tentatives devaient infailliblement décourager les fabricants et épuiser leurs ressources, puisqu'on y faisait varier seulement celui des deux éléments de la fabrication qui devait rester invariable. La ruine des établissements

[1] Le tarif de 1664, qui a été le point de départ de la législation douanière du XVIIIe siècle, avait établi sur les fers importés en France un droit de 0^fr,62 par quintal métrique; en 1791, ce droit était de 4^fr,08 y compris le droit de marque montant à 2^fr,04, qui fut supprimé l'année suivante. En 1797, le droit était réduit à 0^fr,51. De 1701 à 1718 le droit imposé à la sortie des fers indigènes resta fixé à 4^fr,14, tandis que le droit d'entrée sur les ers étrangers n'était que de 1^fr,03.

que Réaumur avait fondés à Cosne, à Orléans et à Paris, avec le concours d'une compagnie puissante, pour appliquer ses prétendues découvertes, n'eut pas même pour résultat de rectifier l'opinion égarée par une fausse application de la science; les renseignements exacts qu'un habile métallurgiste, Gabriel Jars, publia en 1766 sur le procédé anglais qu'il avait eu mission d'observer, et les conclusions fort justes qu'il tira de ses observations, ne purent détruire la préoccupation qu'on avait fait naître en faveur des fers indigènes. Les établissements, au nombre de soixante environ, créés dans toutes les régions de la France, de 1720 à 1814, pour cémenter les fers indigènes entraînèrent tous des désastres pour leurs fondateurs. Quelques-uns, entre autres ceux de Nérouville (1770) et d'Amboise (1783), obtinrent temporairement des succès en élaborant les fers suédois; mais on ne tarda pas à détruire cette renommée naissante en les obligeant à renoncer à cette matière première. La cémentation des fers indigènes n'a pu se soutenir en France que depuis l'époque où les lois de douane de la Restauration eurent porté le droit imposé à l'entrée du quintal d'aciers bruts, du taux de 10 francs, qui n'avait jamais été dépassé sous l'ancienne monarchie, sous la République et sous l'Empire, au taux de 66fr,00 à 72fr,05 pour les aciers ordinaires et de 132fr,00 à 141fr,35 pour les aciers fondus. D'ailleurs, les seules aciéries françaises qui, depuis la même époque, aient livré aux fabricants indigènes de coutellerie et d'outils des aciers de bonne qualité sont celles qui, mettant à profit l'expérience acquise en Angleterre, se sont appliquées simplement à élaborer les fers suédois.

Cette tendance, toutefois, n'a point encore produit tous les résultats qu'on en doit attendre: l'opinion propagée par Réaumur subsiste dans beaucoup d'esprits; elle détermine encore des fabricants habiles à concentrer leurs efforts sur l'élabora-

[1] Il y a lieu de constater ici que l'état de choses signalé dans ce rapport rédigé à la fin de l'année 1851, a été modifié par un décret rendu en novembre 1853 et qui a réduit les droits d'entrée sur les fers étrangers à 13fr,20 pour 1854, et à 11fr,10 pour 1855 et les années suivantes. F. L. P.

tion des fers indigènes; ceux qui apprécient à sa juste valeur la supériorité des fers suédois sont entravés par le droit de 18fr,15 par quintal imposé aujourd'hui [1] à l'entrée de ces fers; enfin l'organisation industrielle du pays, les règlements qui concernent les marques de fabrique, et le manque de stabilité dans les intérêts qui président à la transmission des établissements industriels et de leurs clientèles, n'ont point comporté jusqu'à ce jour l'avénement de ces grandes renommées commerciales qui se fondent sur la qualité irréprochable des produits. Les fabricants français qui se sont élevés au premier rang dans leur spécialité, en mettant en œuvre quelque qualité exquise de l'acier, non-seulement dans la coutellerie, mais dans tous les arts qui se fondent sur la dureté, la résistance, l'élasticité, la sonorité et l'éclat de ce métal, ont compris presque tous qu'ils ne pouvaient conserver leur réputation qu'en se procurant à tout prix les premières marques d'aciers anglais.

Les erreurs qui pendant si longtemps ont retardé la création des aciéries n'ont pas eu seulement pour résultat de comprimer l'essor des fabriques de coutellerie et d'outils; elles ont en outre entraîné cette fâcheuse conséquence que les ateliers de ce genre qui se sont créés depuis un siècle pour subvenir aux demandes croissantes de la consommation intérieure, ne pouvant se rattacher à aucune source régulière de matière aciéreuse, ont été disséminés sur le territoire, selon le caprice de leurs fondateurs ou en vue de considérations d'une importance secondaire. C'est ainsi que la force productive des populations vouées à la fabrication de la coutellerie est dispersée en sept ou huit endroits différents, au lieu d'être concentrée, comme à Sheffield et à Solingen, dans la localité offrant les conditions les plus favorables. Quelques détails relatifs aux fabriques de Langres et de Nogent, les seules de nos grandes fabriques rurales qui fussent représentées à l'Exposition, feront comprendre comment les inconvénients résultant de cet état de choses ont balancé en partie jusqu'à ce jour les meilleurs éléments de succès.

Les deux districts contigus de Langres et de Nogent, situés aux sources de la Marne et de la Meuse, comprennent un nombre considérable de petits ateliers, les uns groupés au chef-lieu, les autres disséminés dans les campagnes environnantes. L'agglomération des premières fabriques de coutellerie remonte à une époque fort reculée[1]. On ne peut guère lui assigner d'autre cause que la proximité des carrières de meules qu'on exploite encore aujourd'hui, et peut-être le voisinage des forges de Bèze, qui produisaient autrefois des aciers naturels de qualité commune. La houille employée, à l'exclusion du combustible végétal, pour le travail de la forge est transportée d'une distance considérable, en partie par eau, en partie par charretage, des mines de Saint-Étienne et de Rive-de-Gier, dans le département de la Loire. L'acier provient en partie des aciéries établies sur les houillères de la Loire; le reste est importé d'Angleterre ou d'Allemagne. Quelques-uns des cours d'eau qui abondent dans cette contrée sont employés à donner le mouvement aux meules servant à l'aiguisage ; mais ces appareils sont pour la plupart mis en mouvement à bras d'homme, au moyen de chevaux attelés à un manége, ou même à l'aide de chiens tournant dans une roue. Les cours d'eau sont surtout utilisés par des fabriques qui commencent à se multiplier et dans lesquelles les ouvriers, soumis au principe de la division du travail, concourent chacun, pour le compte du fabricant, à un seul détail de la fabrication d'un article; les autres moteurs sont surtout employés dans des ateliers domestiques qui forment essentiellement jusqu'à ce jour la base de la fabrique. Dans ces derniers, le travail est rarement divisé : chaque ouvrier exécute successivement toutes les manipulations qui se rapportent à la production d'un article ; il n'est pas même rare de voir le même ouvrier réussir également bien dans la fabrication d'articles assez différents, soit pour la forme, soit pour la qualité. L'un des principaux moyens de succès de cette fabrique réside dans

[1] Des documents existant aux archives de la mairie de Langres prouvent que la fabrique de coutellerie de cette ville avait déjà en 1485 une organisation parfaitement régulière.

l'alliance du travail industriel avec le travail agricole, et surtout dans les habitudes de sobriété et de tempérance qui distinguent cette population entre toutes celles qui s'adonnent dans les autres contrées de l'Europe à la même profession. Les ouvriers travaillent pour la plupart au milieu de leur ménage, dans une petite habitation formée d'un rez-de-chaussée de deux pièces, dont ils jouissent en toute propriété ; souvent ils possèdent, en outre, un jardin potager de quelques ares et un terrain propre à la production des pommes de terre, des fourrages et des céréales ; presque tous élèvent des animaux domestiques qui contribuent au bien-être de la famille. Dans aucune autre fabrique on ne trouve une aussi grande proportion relative d'ouvriers dont la subsistance soit régulièrement garantie par la tendance à l'épargne et par l'amour de la propriété.

Comme Solingen et Sheffield, Nogent commence à faire intervenir les machines dans la fabrication des tranchants. C'est ainsi que tout récemment on y a créé une fabrique de ciseaux qui, avec des particularités ingénieuses, spéciales à cet article, offre une application nouvelle du principe déjà employé dans la fabrication des canifs, des rasoirs, des couteaux fermants, etc. Dans la voie nouvelle ouverte par ces machines à l'art de la coutellerie, on substitue les tôles d'acier de diverses épaisseurs aux barres de diverses formes employées jusqu'alors comme matière première. La tôle est d'abord découpée à l'emporte-pièce, en fragments, dont la forme se rapproche déjà beaucoup de celle qui doit être donnée à la lame ; on achève ensuite de façonner la lame brute à la manière ordinaire, c'est-à-dire à la forge et au marteau à main, en lui communiquant par là toute la qualité que peuvent seuls donner à l'acier l'étirage et le forgeage. Une série de machines ou de manipulations ingénieuses viennent ensuite achever l'objet trempé en diminuant la quantité de travail qu'exigeaient, par les anciens procédés, le polissage et l'assemblage.

L'un des principaux éléments de succès de Nogent se trouve dans les communications rapides qui se sont établies entre cette fabrique et Paris, qui est à la fois le principal débouché et l'entrepôt le plus important de la coutellerie. C'est à cette circonstance, plus encore qu'aux qualités de sa population et aux ressources de son territoire, que Nogent doit la prééminence qu'il a acquise en présence des fabriques rivales de Thiers et de Châtellerault. Les couteliers de Paris, renonçant à la fabrication de la plupart des articles, ont trouvé chaque jour plus d'avantages à en confier l'exécution aux ateliers de Nogent; mais, en établissant ces relations, ils ont dû développer beaucoup de sollicitude pour obtenir des produits qui pussent satisfaire le goût et les habitudes de *comfort* de leur clientèle. La direction imprimée en ce sens par les fabricants et les marchands de Paris a exercé une influence considérable sur le progrès de l'art dans les fabriques de Nogent et de Langres: c'est une des principales causes du succès que celles-ci ont obtenu à l'Exposition.

Ces relations, cependant, n'ont point amené la suppression de la fabrique de Paris: celle-ci a conservé plus d'activité que ne l'a fait la fabrique de Londres en présence de Sheffield. Il s'est même créé à Paris dans ces derniers temps des ateliers dont les meules sont mises en mouvement par des machines à vapeur. Les ouvriers qui se livrent dans leur ménage à la production des objets de coutellerie, des rasoirs par exemple, peuvent louer temporairement une place dans plusieurs de ces ateliers, comme le font les ouvriers de Sheffield ou de Solingen, et finir les lames qu'ils fabriquent à leur propre compte. A cet avantage viennent se joindre, pour les ouvriers parisiens, ceux qui résultent de leur résidence au centre d'un grand marché, et de la proximité des dépôts d'aciers étrangers où ils peuvent se procurer des matières d'une origine certaine, sans être trompés par les fausses marques provenant de quelques aciéries indigènes.

On ne peut guère signaler de loi générale dans la distribution géographique des établissements qui s'adonnent en France à la fabrication des outils d'acier. Les uns, fondés à peu près dans les mêmes conditions que ceux de l'Autriche, ont donné lieu à de grandes fabriques rurales qui, préparant elles-mêmes l'acier qu'elles mettent en œuvre, se sont placées autant que possible près des sources de cette matière première dans les localités qui offraient d'ailleurs des ressources suffisantes en force motrice, en combustible, en denrées alimentaires, etc. C'est ainsi que les grands établissements de l'Alsace, du Jura, de la Garonne, se sont fondés à proximité des fontes à acier de l'Allemagne et des fers à acier des Pyrénées. D'autres, au contraire, se sont développés à Paris à portée des consommateurs, en profitant des conditions qui favorisent l'agglomération des ouvriers dans ce grand centre de population. Entre toutes les branches de l'industrie française, la fabrication des outils d'acier est peut-être celle qui a fait le plus de progrès depuis l'établissement de la paix générale, et qui a le mieux regagné l'avance que l'organisation vicieuse de nos aciéries avait laissé prendre aux pays étrangers. Les fabriques de scies de l'Alsace, les fabriques de faux de la Garonne et de la Loire, se sont distinguées entre toutes les autres dans ce mouvement de progrès. Ces dernières en particulier sont parvenues à produire, avec un acier fondu très-doux, des faux dont le tranchant peut être martelé à froid et qui se fabriquent d'ailleurs par la méthode styrienne. Les faux françaises, fabriquées d'après ce principe, commencent à s'exporter dans les pays étrangers. Le jury a surtout remarqué dans cette subdivision de la XXIe classe une suite d'outils présentés par MM. Coulaux, et surtout une belle scie circulaire, seul produit de ce genre qui pût être comparé à ceux de MM. Spear et Jackson de Sheffield. Le jury a également distingué la plupart des produits présentés par M. Goldenberg, les belles faux de M. Talabot, les limes fines de MM. Froely et Proutat, enfin une variété remarquable d'instruments d'agriculture et de jardinage exposés par M. Arnheiter.

Les articles de coutellerie qui ont fixé le plus vivement l'attention publique dans la section française sont ceux de Paris, de Langres et de Nogent; le jury a particulièrement distingué les couteaux fermants et les ciseaux fins de M. Guerre, la coutellerie de table et les innovations ingénieuses introduites dans presque toutes les branches de la coutellerie par M. Picault.

Les comparaisons qui ont été établies pour cette dernière branche entre la France et les pays étrangers conduisent à cette conclusion, que nos ouvriers parviennent à force d'habileté, grâce surtout aux qualités intellectuelles et morales qui les distinguent entre leurs rivaux, à livrer des objets qui ne le cèdent sous aucun rapport à ce que l'Angleterre produit de plus distingué : souvent même les articles de qualité supérieure l'emportent par la modicité de leur prix sur ceux de Londres et de Sheffield. Il n'est pas douteux qu'avec une organisation commerciale plus parfaite l'exportation de ces articles pourrait, dès à présent, recevoir un développement considérable.

Malheureusement ce succès, dû exclusivement aux qualités personnelles des fabricants et des ouvriers, n'est favorisé en rien par les circonstances au milieu desquelles ils sont placés. Loin de là, pour tout ce qui concerne les conditions matérielles de la fabrication, ils sont entravés par des obstacles qui ne se font pas sentir à leurs rivaux. De fausses combinaisons ayant jusqu'à ce jour privé la France d'aciéries aussi parfaites que celles qui existent en pays étranger, les fabriques de coutellerie et d'outils n'ont point été obligées de se concentrer, ainsi que cela est arrivé à Sheffield et à Solingen, autour d'établissements produisant cette matière première. Les négociants comme les fabricants se sont affaiblis en disséminant leurs forces en sept ou huit localités différentes. En outre, par une contradiction flagrante avec les principes qui servent de base à notre système douanier, un ancien tarif, établi dans l'ignorance de faits qui sont maintenant connus de tous, frappe d'un droit élevé l'importation de la matière aciéreuse par excellence, qu'une localité privilégiée par la nature fournit seule jusqu'à ce jour, et dont ne peut se passer aucune fabrique de tranchants fins visant à donner à ses produits un haut degré de perfection. Tout progrès décisif, dans la situation actuelle des fabriques de coutellerie et d'outils d'acier, reste subordonné aux mesures qui mettront cette partie du tarif en harmonie avec l'ensemble du système.

Des modifications essentielles dans le commerce de ses produits, et, en particulier, la réforme des règlements concernant les marques de fabrique, ne sont pas moins indispensables si l'on veut enfin ouvrir à ces établissements des débouchés en rapport avec la supériorité qu'ils ont acquise. Les commerçants qui sont aujourd'hui chargés en France du placement des objets de coutellerie ne contribuent pas, comme ceux de Sheffield et de Solingen, au progrès de la fabrique, en faisant eux-mêmes le choix des meilleurs aciers et en veillant à la consciencieuse exécution des commandes : ce sont pour la plupart des intermédiaires complétement étrangers à la production des objets, et qui se préoccupent seulement de les fournir à leur clientèle au moindre prix possible, sans s'inquiéter d'ailleurs d'en vérifier la qualité. Par suite de la pression exercée sur eux par ces commerçants, les ouvriers qui fabriquent à leur propre compte se trouvent donc nécessairement excités à réaliser les économies qui altèrent le moins la qualité apparente des produits, c'est-à-dire à employer des aciers de qualité inférieure. D'ailleurs, les ouvriers qui seraient le plus enclins à se dévouer à la production des sortes supérieures sont rarement autorisés à se faire honneur de leur travail en y apposant leur marque : les commandes ne leur sont faites ordinairement qu'à la condition d'y placer le nom de l'acheteur. Enfin, les fabricants en petit nombre, pourvus des ressources nécessaires pour fonder la réputation d'une marque qui leur serait propre, ont rarement des vues d'avenir assez étendues pour surmonter les difficultés qu'une telle entreprise offre toujours à son début. Ils trouvent plus commode d'assurer tout d'abord à leurs produits un facile écoulement, en exploitant par contrefaçon une marque étrangère. Par là, ils se privent à tout jamais des avantages que leur habileté leur aurait à la longue infailliblement assurés, et de la renommée qu'ils auraient pu transmettre à leurs descendants. Par une juste compensation du tort qu'ils ont d'abord fait aux autres, les succès hors ligne qu'ils pourraient obtenir dans la suite n'auraient d'autre résultat que d'augmenter la réputation de leurs rivaux. Les prescriptions de l'équité et l'intérêt bien entendu de nos fabricants exigent donc que la loi oblige chaque chef d'atelier à revêtir de sa marque tous les produits qu'il livre au commerce. Cette simple mesure donnerait à la production des objets d'acier une impulsion que ne peuvent soupçonner les personnes qui ne sont point éclairées sur les abus qu'entraîne le régime actuel, et qui ignorent les ressources qu'on ferait naître en stimulant à la fois par le sentiment de l'intérêt et de l'honneur le génie d'une multitude de petits fabricants.

ART. 5. FABRIQUES DIVERSES.

Indépendamment des quatre États qui se sont distingués d'une manière spéciale dans les branches d'industrie de la XXIe classe, à raison de la haute qualité, de la variété et de l'importance commerciale de leurs produits, presque toutes les nations qui ont pris part à l'exposition ont présenté des articles qui témoignent d'une tendance générale à se suffire à elles-mêmes dans ces arts de première nécessité. En général, elles préludent à un plus grand développement d'industrie en s'adonnant à la production des objets qui s'adaptent spécialement aux habitudes domestiques, et surtout aux convenances locales de l'industrie et de l'agriculture. Le jury a pu même constater que plusieurs de ces nations obtiennent déjà des succès remarquables en adoptant, pour ce qui concerne le choix de la matière première aciéreuse, les traditions des fabricants de Sheffield, et qu'elles sont en voie de parvenir elles-mêmes au premier rang.

La Belgique, représentée par trois exposants, s'est hautement distinguée dans la production de tranchants employés dans ses fabriques de draps, et sortant des ateliers de MM. Troupin frères. Le jury a également remarqué quelques beaux articles de coutellerie fabriqués à Namur. Il y a lieu de remarquer, cependant, que le médiocre développement donné en ce pays aux fabriques de coutellerie et d'outils tranchants forme un contraste frappant avec l'impulsion extraordinaire qui y a été imprimée à toutes les branches de la métallurgie du fer et à plusieurs de celles qui ont pour objet l'élaboration de ce métal. Cet état de choses est dû précisément aux mêmes causes qui ont pendant si longtemps entravé l'essor des aciéries françaises. Au commencement de ce siècle, une fabrique de la ville de Liége, qui faisait alors partie de l'Empire français, obtint de remarquables succès en convertissant les fers suédois en acier fondu; mais cet établissement ne tarda pas à déchoir, en cédant à l'impulsion qui, à cette époque, subordonnait les distinctions honorifiques accordées dans les expositions nationales, à l'emploi exclusif des fers indigènes comme matière première de la fabrication de l'acier. Les résultats constatés par le jury démontrent que cette fabrique ne s'est point encore relevée au rang que lui assignent les conditions favorables au milieu desquelles elle est placée.

La Suisse, représentée par six exposants, se distingue particulièrement dans la production des limes fines nécessaires aux fabriques d'horlogerie, qui ont acquis dans ce même pays une importance de premier ordre. Le jury a surtout remarqué les articles de ce genre exposés par M. F. Stotzer; il a aussi accordé une mention honorable à deux habiles fabricants de rasoirs.

Plusieurs États allemands ont présenté au concours des objets recommandables. Le jury a particulièrement distingué les couteaux de chasse, remarquables par leur qualité et l'élégance de leur monture, exposés par MM. Dittmar frères, de Heilbronn, en Wurtemberg; il a également remarqué des faux de Stuttgard, des articles de coutellerie de Dresde et de Neustadt, en Saxe, et divers outils, fabriqués à Hambourg, pour le travail du bois et des métaux.

Le Danemark n'a été représenté dans la XXIe classe que par un exposant de Copenhague. Une série de limes présentées par ce dernier prouve que cette fabrication a déjà atteint dans ce pays un certain degré de perfection.

La Suède, qui depuis deux siècles fournit à l'Angleterre le

fer qui jusqu'à ce jour doit être considéré comme la matière aciéreuse par excellence, n'a commencé que depuis peu de temps à fabriquer l'acier sur une grande échelle; elle n'a encore entrepris que pour essai la fabrication des aciers fondus ou corroyés. Elle n'exporte jusqu'à présent que des aciers de cémentation simplement étirés, qui, à raison de leur bas prix, se placent sur tous les marchés en concurrence avec les aciers naturels de Styrie, de Carinthie et du pays brescian, qui s'expédient encore par Trieste et Venise, et dont ces ports, ainsi que ceux de la Hollande, avaient autrefois le commerce exclusif. La Suède ne produit donc point encore les matières propres à la fabrication des tranchants fins; aussi cette industrie n'y a-t-elle pas fait jusqu'à ce jour de progrès en rapport, soit avec les avantages que leur offre la proximité de la matière aciéreuse, soit avec l'excellente situation de la principale fabrique. Celle-ci, établie à Eskilstuna, sur un lac qui la met en communication facile avec l'entrepôt de fer et d'acier de Stockholm, et avec les autres sources de matières premières, réunira tous les éléments de succès lorsque la production de l'acier aura fait de nouveaux progrès. Des échantillons de coutellerie, et surtout de rasoirs, exposés par deux fabricants d'Eskilstuna et de Stockholm, prouvent que la Suède possède déjà, dans cette spécialité, des ouvriers habiles.

La Russie possède au sud, et surtout au nord des monts Ourals, des minerais propres à la production, soit des aciers naturels, soit des fers à acier. Les fontes et les fers provenant de ces minerais sont élaborés en partie sur les lieux de production, en partie dans la banlieue de Nijni-Novogorod. On en obtient des aciers d'excellente qualité, qui s'emploient avec succès pour la fabrication des faux, des outils tranchants et des objets de coutellerie. Les nombreuses fabriques créées par de simples paysans dans les villages de Worsma et de Pavlovo, à l'ouest de Nijni-Novogorod, n'ont point envoyé leurs produits à l'Exposition; mais on y a remarqué les articles de coutellerie produits à Grishina, par Mme Yakovleff, dans le gouvernement de Riazan, et les belles faux de la fabrique impériale d'Artinsk, dans la circonscription des mines de Zlatooust, au sud-ouest de l'Oural.

L'Espagne n'était représentée que par un seul exposant de Plasencia, auquel une mention honorable a été accordée pour des limes de bonne qualité. Dans ces derniers temps, une fabrique importante s'est établie dans les Asturies, sur le bassin houiller d'Oviédo, pour convertir en acier les fers produits, dans les forges catalanes du nord de l'Espagne, avec les minerais de Sommorostro, en Biscaye. Si la propension aciéreuse de la matière première répond aux soins apportés dans l'élaboration, cette fabrique exercera inévitablement une heureuse influence sur la production d'une multitude d'objets d'acier qui ont en Espagne un placement assuré.

Le Portugal n'était représenté également que par un seul exposant. Celui-ci a présenté au concours des instruments de jardinage, auxquels une mention honorable a été accordée. La matière aciéreuse, de qualité médiocre, est vraisemblablement importée des pays étrangers.

Les États de l'Orient et du nord de l'Afrique ont exposé quelques objets de peu d'importance, et différant complétement, par la forme et la nature du travail, des objets analogues produits par la civilisation européenne. Les uns, tels que les haches et les faux de Tunis, ou les couteaux de Perse, ne présentent qu'un travail assez grossier; d'autres, au contraire, tels que les ciseaux et les couteaux fabriqués en Turquie, dans les provinces d'Uscup, d'Adana et de Sophia, se distinguent par l'énorme quantité de travail qui y a été accumulée et par les matières précieuses employées pour la confection des anneaux ou des manches. Le jury a particulièrement distingué, parmi ces objets, ceux qui ont été envoyés du chef-lieu de la province d'Uscup par le fabricant Tahir.

Il est à regretter, aussi bien pour l'histoire des fabriques d'objets d'acier que pour celle des autres branches de la métallurgie, que l'industrie chinoise n'ait guère été représentée que par les produits qui se trouvent ordinairement dans les cabinets de curiosités. Les tranchants, d'acier, entre autres, y étaient nombreux, et n'ont rien ajouté aux connaissances qu'on a pu acquérir depuis plusieurs années par les collections rapportées par la dernière ambassade française et déposées au musée de l'École des mines de Paris. Les deux articles de cette dernière collection qui ont au plus haut degré le caractère d'un produit national, et qui s'écartent le plus par la forme et la nature du travail des produits analogues de l'art européen, sont les ciseaux et le rasoir dont on va donner la description.

La paire de ciseaux, de moyenne grandeur et du poids de 58 grammes, se compose de deux tranchants assez soignés, longs de 4 centimètres, assemblés par une cheville de fer grossièrement rabattue à ses deux extrémités. Ces deux lames se prolongent en deux tiges longues de 18 centimètres, qui s'amincissent graduellement et se recourbent l'une et l'autre en deux larges anneaux elliptiques dont les axes ont 55 et 33 millimètres. Les lames, comme les branches, sont à peine dégrossies à la lime; mais l'artiste, pour en rendre le toucher moins désagréable, a revêtu au moyen d'une espèce de jonc le contour des anneaux. Le polissage, qui, dans l'art européen, complète le travail du ciselier, est donc remplacé, dans le système chinois, par un travail de vannerie.

Le rasoir s'écarte encore davantage des dispositions usuellement adoptées en Europe : la lame est un véritable coin très-massif, se terminant en un mince tranchant; les deux faces de la lame ont à peu près la forme d'un triangle rectangle; le tranchant, long de 55 millimètres, est le plus grand côté de l'angle droit; l'autre côté, long de 40 millimètres, forme l'extrémité du rasoir; le dos de la lame, légèrement recourbé et où l'acier offre une épaisseur moyenne de 8 à 10 millimètres, correspond à peu près à l'hypoténuse qui réunirait ces deux côtés. Cette lame, pesant 56 grammes, se ferme sur un petit manche de bois brut qui, avec sa grossière virole de fer battu, pèse à peine 7 grammes. L'acier, fortement trempé près du tranchant, n'a guère été endurci dans la partie épaisse de la lame; par plusieurs de ses propriétés physiques il semble se rapprocher de l'acier fondu; il se distingue en tout cas par des qualités éminentes. Peut-être des observations semblables, portant sur un plus grand nombre d'objets, donneront-elles lieu de constater que les Chinois, bien qu'ils soient restés fort en arrière des Européens dans l'art d'élaborer l'acier, ont cependant découvert bien avant eux le moyen de préparer les meilleures matières premières.

Les objets de coutellerie et les outils de l'archipel Indien offrent encore une fabrication plus imparfaite que les objets chinois, et ne paraissent pas comme ces derniers racheter cette infériorité par les qualités de la matière aciéreuse. Les outils de l'archipel Indien qui figuraient à l'Exposition sont, à ce qu'il paraît, fabriqués par les naturels dans plusieurs îles d'où ils sont expédiés à Singapore. Le montage de ces outils est une de leurs particularités les plus curieuses : on y remarquait, par exemple, des haches dont le fer était assemblé au manche au moyen de liens de jonc. Le jury a également remarqué les outils employés par les sculpteurs de la presqu'île indienne pour le travail du bois et de l'ivoire, et quelques grossiers articles de coutellerie fabriqués près de la mission de Gnathendal sur la côte méridionale de l'Afrique.

Le Nouveau Monde n'était représenté dans la XXIe classe de l'Exposition que par quelques produits du Canada et des États-Unis.

A l'est du Canada, dans la Nouvelle-Écosse, il existe de beaux gîtes de minerais qui, dans des essais récents, dont les produits figuraient à l'Exposition, ont donné des indices de qualité aciéreuse ; ces tentatives intéressantes sont un nouvel exemple de la persévérance avec laquelle les Anglais cherchent depuis deux siècles, dans toutes les contrées du globe, une matière aciéreuse qui puisse au besoin remplacer les fers suédois. Il paraît toutefois que, jusqu'à ce jour, les fabricants du Canada tirent exclusivement d'Angleterre les aciers qu'ils mettent en œuvre pour produire les outils que réclame l'industrie locale. Parmi ces derniers, le jury a remarqué les haches et divers autres instruments destinés au travail du bois, présentés au concours par cinq exposants de Montréal, de Dundas et de Toronto.

Les États-Unis, qui tiraient autrefois d'Angleterre la totalité de l'acier qu'ils mettaient en œuvre, ont commencé depuis quelques années à établir des aciéries fondées sur le même principe que celles de Sheffield, et dans lesquelles on emploie comme matière première les meilleurs fers suédois. Les fabricants qui s'appliquent à produire des objets d'acier de qualité supérieure continuent, d'ailleurs, à s'approvisionner en Angleterre des meilleures qualités d'acier. Grâce au soin qu'elles apportent dans le choix des matières premières, ces aciéries et ces fabriques d'objets d'acier ont déjà obtenu des succès fort remarquables; il n'est pas douteux qu'en persévérant dans cette voie elles s'élèveront au niveau des meilleures fabriques européennes. Déjà même quelques outils fabriqués aux États-Unis, et en première ligne les haches destinées à l'abatage des arbres, ont acquis au dehors de ce pays une haute renommée. Les meilleures fabriques n'avaient pas toutes envoyé leurs produits au concours; cependant les six exposants qui ont présenté des objets de coutellerie ou des outils d'acier ont pu donner une haute idée de l'industrie américaine. Le jury a particulièrement distingué les haches et les divers outils tranchants de MM. Simmons et compagnie, les faux de la compagnie de North-Wayne, et les outils pour menuiserie et ébénisterie de MM. Brown et Wells; il a, en outre, accordé une mention honorable pour divers tranchants faisant partie d'une belle collection d'instruments d'agriculture présentés par une maison de New-York.

§ 5. DISTINCTIONS ACCORDÉES PAR LE JURY.

On complétera cet aperçu de l'état actuel des industries qui se rattachent à la XXIe classe de l'Exposition, en présentant le tableau des médailles et des mentions honorables accordées aux exposants de chaque nation. On y a classé les diverses nations selon le rang fixé par le nombre des médailles.

TABLEAU DES MÉDAILLES ET DES MENTIONS HONORABLES ACCORDÉES AUX EXPOSANTS DE CHAQUE NATION.

NUMÉROS D'ORDRE.	DÉSIGNATION DES EXPOSANTS à qui des récompenses ont été accordées.	LOCALITÉ OÙ LA FABRIQUE EST SITUÉE.	OBJETS POUR LESQUELS LES RÉCOMPENSES ont été accordées.
	ROYAUME-UNI. (162 exposants.)		
	MÉDAILLE DE CONSEIL.		
1	Spear et Jackson	Sheffield (Yorkshire)	Machine nouvelle très-ingénieuse propre à dresser et à polir les scies circulaires.
	MÉDAILLES DE PRIX.		
1	Addis (J.-B.) jeune	Londres, 17, Charlotte street, Blackfriars road.	Outils de ciseleurs et de sculpteurs.
2	Blake et Parkin	Sheffield	Scies et limes.
3	Brookes (W.) et fils	*Idem*	Outils tranchants.
4	Buck (J.)	Londres, 91, Waterloo road, Lambeth.	Outils de tourneurs et autres.
5	Butcher (W.) et fils	Sheffield	Outils tranchants et rasoirs.
6	Butterly (Richard)	*Idem*	Faucilles.
7	Cocker et fils	*Idem*	Limes et outils tranchants.
8	Eastwood (Georges)	*Idem*	Un outil à planer le bois.
9	Eyre, Ward et Cie	*Idem*	Objets de coutellerie.
10	Fenney (Frédérick)	*Idem*	Rasoirs.
11	Gibbons et fils	*Idem*	Ciseaux.
12	Hague (S.)	*Idem*	Canifs.
13	Hannah (A.)	Glasgow (Écosse)	Vrilles et outils à percer le bois.
14	Hardy (T.)	Sheffield	Ustensiles pour boîtes de toilette.
15	Hawcroft et fils	*Idem*	Rasoirs.
16	Higginbotham (G. et W.)	*Idem*	Ciseaux.
17	Hill (Joseph V.)	*Idem*	Scies.
18	Hilliard et Chapman	Glasgow (Écosse)	Objets de coutellerie.
19	Howarth (J.)	Sheffield	Outils de graveurs.
20	Hunter (Edwin)	*Idem*	Ciseaux.
21	Hutton et Newton	Highlane, près de Sheffield	Faux et faucilles.
22	Ibbotson frères	Sheffield	Faux d'acier fondu, etc.
23	Ibbotson (Richard)	*Idem*	Scies.
24	Johnson, Cammell et Cie	*Idem*	Limes.
25	King et Peach	Hull (Yorkshire)	Outils à planer le bois.
26	Kirk et Warren	Sheffield	Limes.
27	Loy (William)	Londres, 24, King street, Whitehall.	Patins.
28	Loy (W.-T.)	Londres, 60, St-Martin's lane	Objets de coutellerie.
29	Makin (W.)	Sheffield	Tranchants appartenant à des machines.
30	Mappin et frères	Sheffield et Londres	Objets de coutellerie.

NUMÉROS D'ORDRE.	DÉSIGNATION DES EXPOSANTS à qui des récompenses ont été accordées.	LOCALITÉ OÙ LA FABRIQUE EST SITUÉE.	OBJETS POUR LESQUELS LES RÉCOMPENSES ont été accordées.
		ROYAUME-UNI. (Suite.)	
	MÉDAILLES DE PRIX. (Suite.)		
31	Marsden frères et Ce	Sheffield	Outils de menuisiers.
32	Martin (Stephen)	Idem	Rasoirs.
33	Mathieson (A.)	Glasgow (Écosse)	Outils de menuisiers.
34	Matthews (W.)	Londres, 10, Portugal street, Lincoln's Inn fields.	Objets concernant la coutellerie de table.
35	Mo[illegible] (J. et G.)	Londres, 8, Great Turnstile, Lincoln's Inn field.	Couteaux de table.
36	Mos[illegible] et fils	Londres, 17 et 18, New street, Covent Garden.	Outils à planer le bois.
37	Now[illegible] (J.) et fils	Sheffield	Objets de coutellerie.
38	P[illegible] (H.) et Ce	Idem	Scies.
39	[illegible] (W.)	Londres, 67, St-James street	Objets de coutellerie.
40	Rodgers (J.) et fils	Sheffield	Idem.
41	S[illegible] et fils	Idem	Serpettes, etc.
42	Sharp frères et Ce	Londres, 5, Gough square	Couteaux de table.
43	Sla[illegible], Sellers et Ce	Sheffield	Scies.
44	S[illegible] (B.) et fils	Dronfield, près de Sheffield	Outils tranchants.
45	Stan[illegible] (Thomas)	Sheffield	Faux et faucilles.
46	Steer et Webster	Idem	Ciseaux.
47	Stubs (Peter)	Warrington et Rotherham (Yorkshire).	Petites limes, d'un excellent travail.
48	T[illegible] (Henry)	Sheffield	Outils de graveurs.
49	[illegible] (Walter)	Londres, 114, New-Bond street.	Outils de jardiniers.
50	[illegible] et Ce	Kettering (Northamptonshire)	Faucilles et grands ciseaux.
51	[illegible] (Thomas)	Sheffield	Limes, scies et objets de coutellerie.
52	[illegible] (Thomas) et fils	Idem	Limes d'excellente qualité.
53	[illegible] et [illegible]	Idem	Objets de coutellerie.
54	[illegible] (W.)	Idem	Couteaux de chasse.
55	Wa[illegible] et fils	Stourbridge (Staffordshire)	Faux.
56	Waters (J.) et Ce	Sheffield	Objets de coutellerie.
57	W[illegible] et Payne	Idem	Outils tranchants.
58	W[illegible] et fils	Idem	Ciseaux pour tondre les moutons.
59	W[illegible] (J.) et Ce	Idem	Ciseaux.
60	W[illegible] et fils	Idem	Tranchets de cordonniers et couteaux de bouchers.
61	Wostenholm (G.) et fils	Idem	Objets de coutellerie.
	MENTIONS HONORABLES.		
1	[illegible] (S. J.)	Londres, 20, Gravel lane, Southwark.	Outils de ciseleurs et de sculpteurs.
2	Alger (J.)	Sheffield	Tranchets de cordonnier.
3	[illegible] et fils		Outils de menuisiers.

NUMÉROS D'ORDRE.	DÉSIGNATION DES EXPOSANTS à qui des récompenses ont été accordées.	LOCALITÉ OÙ LA FABRIQUE EST SITUÉE.	OBJETS POUR LESQUELS LES RÉCOMPENSES ont été accordées.
	ROYAUME-UNI. (Suite.)		
	MENTIONS HONORABLES. (Suite.)		
4	Atkinson et Marriott.....	Sheffield....................	Limes.
5	Baker (William)........	Londres, Allen street.........	Alênes.
6	Barker (B.)............	Easingwold (Yorkshire).......	Pointes pour repasser les couteaux de bouchers.
7	Beach (W.)...........	....	Objets de coutellerie.
8	Bell (J.)..............	Sheffield....................	Couteaux d'argent.
9	Biggin et fils..........	*Idem*......................	Scies.
10	Bloomer et Phillips......	*Idem*......................	Outils de menuisiers.
11	Bradford (B. et W.).....	Cork (Irlande)...............	Objets de coutellerie.
12	Bradford (Samuel)......	Clonmell (Irlande)...........	*Idem.*
13	Briggs (S.)............	Sheffield....................	Alênes.
14	Brookes (J.)...........	*Idem*......................	Ustensiles pour les boîtes de toilette.
15	Brown et fils..........	*Idem*......................	Outils de menuisiers.
16	Carr (J.) et Riley........	*Idem*......................	Scies et limes.
17	Clayton (Georges).......	*Idem*......................	Objets appartenant à la coutellerie de table.
18	Cousins et fils..........	*Idem*......................	Ciseaux.
19	Cutler (John)..........	....	Outils tranchants et grands ciseaux.
20	Deakin (Georges).......	Sheffield....................	Ciseaux pour la toilette des cheveux.
21	Deakin (G.) et Cie.......	*Idem*......................	Objets appartenant à la coutellerie de table.
22	Ellin (T.) et Cie.........	*Idem*......................	*Idem.*
23	Elliott (J.).............	*Idem*......................	Rasoirs.
24	Ellis (J.)..............	*Idem*......................	Objets de coutellerie.
25	Fisher et Bramhall......	*Idem*......................	Limes.
26	Flather (B.)...........	....	Outils de menuisiers.
27	Garfit et fils...........	Sheffield....................	Faux et faucilles.
28	Gilbert frères..........	....	Rasoirs.
29	Jowitt et Battie.........	Sheffield....................	Limes.
30	Knight et fils...........	Londres, Foster lane.........	Outils de tourneurs.
31	Léon (A.).............	Sheffield....................	Couteaux de cuisine.
32	Linley (G. A. F.).......	*Idem*......................	Ciseaux pour tondre les moutons.
33	Marples (R.)...........	*Idem*......................	Outils de menuisiers.
34	Marsh frères..........	*Idem*......................	Objets de coutellerie et outils tranchants.
35	Mathieson (T. A.).......	Édimbourg (Écosse)..........	Outils à planer le bois.
36	Mac Pherson (C. et H.)....	*Idem*......................	Vilebrequins et mèches.
37	Newbould et Baildon.....	....	Objets appartenant à la coutellerie de table.
38	Nicholson (W.).........	Sheffield....................	Objets de coutellerie.
39	Parkin et Marshall......	*Idem*......................	Objets appartenant à la coutellerie de table.

NUMÉROS D'ORDRE.	DÉSIGNATION DES EXPOSANTS à qui des récompenses ont été accordées.	LOCALITÉ où la fabrique est située.	OBJETS pour lesquels les récompenses ont été accordées.
	ROYAUME-UNI. (Suite.)		
	MENTIONS HONORABLES. (Suite.)		
40	Peace (Henry)	Sheffield	Limes.
41	Saunders (G.)		Cuirs à rasoirs.
42	Sellers (J.)	Sheffield	Objets de coutellerie.
43	Slagg (H. W.)		Faucilles.
44	Stewart et Cie	Londres, 22, Charing-Cross	Rasoirs à garde.
45	Tasker (Henry)	Sheffield	Scies.
46	Taylor frères	*Idem*	*Idem.*
47	Warburton et Cie	*Idem*	Vrilles et outils à percer le bois.
48	Weiss et fils	Londres, 62, Strand	Objets de coutellerie.
49	Wanks (B.) et fils	Sheffield	Rasoirs.
50	Wood (J.)	York (Yorkshire)	*Idem.*
	FRANCE. (13 exposants.)		
	MÉDAILLES DE PRIX.		
1	Arnheiter (M.)	Paris, rue St-Germain-des-Prés, 9.	Outils de jardiniers.
2	Coulaux et Cie	Molsheim et Klingenthal (Bas-Rhin).	Scies circulaires, scies assorties, limes, faux d'acier fondu, outils divers.
3	Frœly (A.)	Besançon (Doubs)	Limes fines.
4	Goldenberg (G.) et Cie	Zornhoff, près Saverne (Bas-Rhin).	Scies, limes, outils tranchants, truelles, etc.
5	Guerre père	Langres (Haute-Marne)	Ciseaux fins, couteaux fermants et objets de coutellerie, d'un fini et d'un goût remarquables.
6	Perault (G. F.)	Paris, rue Dauphine, 16	Couteaux de table, rasoirs, couteaux de chasse, couteaux-cisailles, couteaux à huîtres et autres innovations ingénieuses.
7	Proutat et Cie	Arnay-le-Duc (Côte-d'Or)	Limes fines.
8	Talabot et Cie	Toulouse (Haute-Garonne)	Faux d'acier fondu.
	MENTIONS HONORABLES.		
1	Aleau et Locatelli	Paris, rue d'Enghien, 28	Limes.
2	Laune (E.)	Paris, rue du Temple, 130	Rasoirs et objets divers de coutellerie.
3	Tabourdeau (P.)	Moulins (Allier)	Objets divers de coutellerie.
4	Taborin (P. F.)	Paris, rue Amelot, 62	Limes.
	PRUSSE. (32 exposants.)		
	MÉDAILLES DE PRIX.		
1	Henckels (J. A.)	Berlin et Solingen	Objets de coutellerie.
2	[illegible] et fils	Remscheid	Objets de coutellerie et faux.

NUMÉROS D'ORDRE.	DÉSIGNATION DES EXPOSANTS à qui des récompenses ont été accordées.	LOCALITÉ OÙ LA FABRIQUE EST SITUÉE.	OBJETS POUR LESQUELS LES RÉCOMPENSES ont été accordées.
		PRUSSE. (Suite.)	
	MÉDAILLES DE PRIX. (Suite.)		
3	Hoeller (A. et E.)........	Solingen.....................	Objets de coutellerie.
4	Mannesmann (A.)........	Remscheid..................	Limes.
5	Schmolz (W.) et Cie.....	Solingen et Berlin............	Objets de coutellerie.
	MENTIONS HONORABLES.		
1	Bleckmann Johann-Elias	Ronsdorf.......................	Objets de coutellerie et limes.
2	Bocker (R. et H.)........	Remscheid....................	Scies, limes, etc.
3	Braunschweig (J. A.)....	*Idem*........................	Outils.
4	Coppel (A.).............	Solingen.......................	Canifs et couteaux de poche.
5	Gerresheim et Neeff.....	*Idem*........................	Objets de coutellerie.
6	Pickardt (G.)...........	Remscheid....................	Limes.
7	Schwarte (J. D.)........	Solingen.....................	Objets de coutellerie.
8	Thomas (C.)............	Remscheid....................	*Idem*.
		AUTRICHE. (95 exposants.)	
	MÉDAILLES DE PRIX.		
1	Fischer (A.)............	Saint-Aegydi (Basse-Autriche)...	Limes.
2	Haindl (A.).............	Steyer (Haute-Autriche)........	Objets de coutellerie.
3	Weinmeister (G.)........	Spital-sur-le-Pyhrn (Hte Autriche).	Faux.
4	Wertheim (F.)..........	Vienne et Scheibbs (Bse Autriche).	Suite d'outils à planer le bois, outils divers et établis de menuiserie remarquables par la qualité et le bon marché.
	MENTIONS HONORABLES.		
1	Bobevirtsch (J.)........	Hermannstadt (Transylvanie)...	Objets de coutellerie.
2	Fischer (G.)............	....	Limes.
3	Lechner (M.)...........	Steyer.......................	*Idem*.
4	Offner frères...........	Wolfsberg (Carinthie)........	Faux.
5	Pammer (S.)............	Scharnstein, près Mettgrafen...	*Idem*.
6	Perz (J.)...............	Mühlerau (Zillerthal).........	*Idem*.
7	Rossler (J.)............	Nixdorf (Bohème)............	Objets de coutellerie.
8	Stockhart (Johann)......	Steyer........................	Objets de coutellerie.
9	Weiss (J.) et fils........	Vienne.......................	Outils à planer le bois, outils divers, établis de menuisiers.
10	Zeitlinger (J. A.).......	Spital-sur-le-Pyhrn (Hte Autriche).	Faux.
		ÉTATS-UNIS. (9 exposants.)	
	MÉDAILLES DE PRIX.		
1	Brown et Wells..........	Philadelphie (Pensylvanie)....	Vrilles, vilebrequins et autres outils.
2	North-Wayne Scythe C....	South-Wayne (Massachusetts)..	Faux d'acier fondu.
3	Simmons (D.) et Cie......	New York....................	Outils tranchants.
	MENTIONS HONORABLES.		
1	Allen (A. B.) et Cie......	*Idem*........................	Outils tranchants pour l'agriculture.

NUMÉROS D'ORDRE.	DÉSIGNATION DES EXPOSANTS à qui des récompenses ont été accordées.	LOCALITÉ OÙ LA FABRIQUE EST SITUÉE.	OBJETS POUR LESQUELS LES RÉCOMPENSES ont été accordées.
	TURQUIE. (4 exposants.)		
	MÉDAILLES DE PRIX.		
1	Hassan..................	Ville et province d'Uscup.......	Couteaux de dames à manches ornés.
2	Tahir..................	*Idem*......................	Ciseaux d'un travail curieux.
	MENTIONS HONORABLES.		
1	Kirkor..................	Ville et province d'Adana.......	Ciseaux.
2	Un fabricant de Sophia..	Province de Sophia...........	*Idem.*
	RUSSIE. (3 exposants.)		
	MÉDAILLES DE PRIX.		
1	Yakovleff Mme (Catherine).	Grishina (Riazan)............	Couteaux de table.
2	Usine impériale d'Artinsk.	District de Zlatooust..........	Faux.
	WURTEMBERG. (4 exposants.)		
	MÉDAILLES DE PRIX.		
1	[illegible] frères..........	Heilbronn....................	Objets de coutellerie.
2	Haueisen et fils.........	Stuttgard....................	Faux.
	SUISSE. (6 exposants.)		
	MÉDAILLES DE PRIX.		
1	[illegible] Frédéric	Buren, canton de Berne	Limes fines.
	MENTIONS HONORABLES.		
1	[illegible] James	Zurzach, canton d'Argovie.....	Rasoirs.
2	Lecoultre [illegible]............	Sentier, canton de Vaud.......	*Idem.*
	BELGIQUE. (2 exposants.)		
	MÉDAILLES DE PRIX.		
1	[illegible] frères..........	Verviers......................	Tranchants appartenant à des machines.
	MENTIONS HONORABLES.		
1	[illegible] Joseph-Pierre.	Namur......................	Couteaux de table.
	SUÈDE ET NORWÉGE. (11 exposants.)		
	MÉDAILLES DE PRIX.		
1	[illegible] C. V.......	Eskilstuna....................	Rasoirs.
	MENTIONS HONORABLES.		
1	[illegible] A...............	Stockholm.....................	Rasoirs, etc.

NUMÉROS D'ORDRE.	DÉSIGNATION DES EXPOSANTS à qui des récompenses ont été accordées.	LOCALITÉ OÙ LA FABRIQUE EST SITUÉE.	OBJETS POUR LESQUELS LES RÉCOMPENSES ont été accordées.
	SAXE. (2 exposants.)		
	MENTIONS HONORABLES.		
1	Krumbholz et Trinks....	Neustadt....................	Objets de coutellerie.
2	Levy (H.)............	Dresde......................	Couteaux à découper.
	CANADA. (6 exposants.)		
	MENTIONS HONORABLES.		
1	Ladd (C. P.)..........	Montréal....................	Haches.
2	Leavitt (G.)...........	Dundas......................	*Idem.*
3	Scott et Glasford.......	Montréal....................	*Idem.*
4	Shaw (Samuel)........	Toronto.....................	Haches et outils de tonneliers.
5	Wallace (A.).........	Montréal....................	Outils à planer le bois.
	ESPAGNE. (1 exposant.)		
	MENTION HONORABLE.		
1	Ybarra (J.)...........	Plasencia...................	Limes.
	PORTUGAL. (1 exposant.)		
	MENTION HONORABLE.		
1	Polycarpo (A.).........	....	Couteaux de jardiniers.
	HAMBOURG. (1 exposant.)		
	MENTION HONORABLE.		
1	Ritter (W.)...........	Hambourg...................	Vrilles et outils pour le bois.
	DANEMARK. (1 exposant.)		
	MENTION HONORABLE.		
1	Naylor (J. W.)........	Copenhague..................	Limes.

MECKLEMBOURG. (1 exposant.)

ARCHIPEL DES INDES. (6 exposants.)

CEYLAN. (1 exposant.)

CAP DE BONNE-ESPÉRANCE. (1 exposant.)

CHINE. (1 exposant.)

PERSE. (1 exposant.)

TUNIS. (1 exposant.)

TABLE DES MATIÈRES.

XXIIE JURY.

OUVRAGES EN FER,

EN ACIER, EN CUIVRE, EN BRONZE, EN ZINC, ETC.,

PAR M. GOLDENBERG,

MEMBRE DU JURY CENTRAL DE FRANCE, ETC.

COMPOSITION DU XXIIe JURY.

L'honorable Horace GREELEY, Président	États-Unis.
MM. W. BIRD, marchand de fer, Vice-Président	Angleterre.
W. DYCE, Rapporteur	Angleterre.
Arthur ADAMS, commerçant en ferronnerie	Angleterre.
AUER	Autriche.
G. GOLDENBERG, manufacturier	France.
Don Manuel HEREDIA, commerçant	Espagne.
E. STIRLING HOWARD, fabricant d'argent plaqué	Angleterre.
Georges SHAW	Angleterre.
Ferdinand SPITAELS, sénateur	Belgique.
le Dr STEINBEIS, membre du conseil de commerce	Zollverein.
Henry VAN WART, commerçant	Angleterre.

ASSOCIÉS.

Sir Henry BISHOP, professeur de musique	Angleterre.
MM. HOFFMAN, professeur de chimie	Zollverein.
le chevalier NEWCOM	Zollverein.
Richard REDGRAVE, artiste	Angleterre.
WARREN DE LA RUE, fabricant de fournitures de bureau ornées	Angleterre.
le Dr SCHAFFHAUTL, professeur de géologie, etc.	Zollverein.
WYON, médailliste à la Monnaie de Londres	Angleterre.

INTRODUCTION.

La XXIIe classe, une des plus riches et des plus compliquées de l'Exposition, exigeait, de la part des membres du jury chargés de l'examen des produits qu'elle renfermait, une réunion de connaissances scientifiques, artistiques et pratiques que nous sommes loin de posséder. Aussi le sentiment de ce qui nous manquait pour accomplir cette mission difficile eût peut-être dû nous faire persister dans notre projet de décliner cet honneur; si nous ne l'avons pas fait, c'est qu'il nous a paru trop pénible de nous séparer, dans une occasion aussi solennelle et aussi importante, de collègues avec lesquels nous partageons les travaux des Expositions depuis dix ans, et que nous avons appris à aimer et à estimer à de si justes titres.

Nous avons donc besoin de réclamer une grande indulgence pour un travail qui, malgré nos efforts, laissera certainement beaucoup à désirer.

Le rapport du jury international a subdivisé les produits de la XXIIe classe en quarante-cinq catégories; mais, pour ne pas nous perdre dans les détails infinis que demanderait une classification aussi étendue, et pour pouvoir cependant donner à notre travail le développement qu'exigent certaines industries, nous avons cru bien faire en résumant en trois grandes divisions tous les produits de cette classe.

La première comprend les appareils de chauffage, la seconde les appareils d'éclairage, et la troisième les métaux ouvrés.

Pour les *appareils de chauffage* et ceux d'*éclairage*, qui intéressent si vivement toutes les classes de la société, nous avons cherché à faire l'histoire raisonnée des progrès que ces deux industries ont présentés jusqu'à ce jour, en signalant les inventeurs principaux; nous avons en outre décrit leur état actuel, en éveillant l'attention sur ce qu'il y aurait encore à faire, afin de contribuer ainsi de notre mieux à l'adoption de bons appareils et à la suppression des mauvais.

Quant aux *métaux ouvrés*, dont l'usage est moins répandu que celui des appareils ci-dessus, nous avons cru ne devoir nous occuper que des produits dont la fabrication offre une certaine importance, et, tout en évitant d'entrer dans les minutieux détails de leur fabrication, nous nous sommes cependant appliqués à relever les choses qui nous semblaient présenter de l'intérêt au point de vue français, et dont la communication peut être utile aux hommes spéciaux qui s'en occupent.

Nous espérons ainsi répondre aux vues de notre honorable président, et nous conformer au judicieux programme qu'il nous a tracé.

APPAREILS DE CHAUFFAGE.

CONSIDÉRATIONS GÉNÉRALES.

La question du chauffage, envisagée d'une manière générale, est une des plus vastes et des plus complexes. Non-seulement elle correspond à l'un des besoins les plus impérieux de la vie matérielle; mais encore, dans presque toutes les opérations industrielles, elle joue, sinon le rôle principal, du moins un rôle très-important. Son domaine est tellement étendu, il embrasse tant de cas particuliers se rapportant aux diverses industries, il comprend des inventions et des appareils si nombreux, qu'il est très-difficile de la limiter d'une manière rigoureuse.

Obligés de nous restreindre, nous n'examinerons spécialement que ce qui a rapport au chauffage domestique dans ses diverses applications; nous ne sortirons de ce cadre que lorsque le chauffage en grand, le chauffage comme opération industrielle, se relie d'une manière extrêmement intime à ce qui se passe, pour ainsi dire, au foyer de la famille.

Notre sujet ainsi limité comprend cependant encore :

1° L'examen du combustible, la manière dont il brûle et les résultats de sa combustion; 2° l'examen du corps chauffé: il est évident, d'après notre plan, que l'échauffement de l'air et de l'eau devra seul nous occuper; 3° les appareils dans lesquels et par lesquels le chauffage s'opère. Ce sont ces derniers qui doivent attirer spécialement notre attention; mais leur forme, leur structure, leur nature même, dépendent trop des deux premiers points que nous avons signalés, et surtout des propriétés physiques du combustible, pour que nous puissions nous dispenser d'en dire quelques mots.

COMBUSTIBLE.

Le combustible peut être solide, liquide ou gazeux.

Jusqu'à nos jours, on n'a employé presque exclusivement que les combustibles solides. Longtemps c'était le bois seul, et le charbon provenant de sa calcination en vases clos, qui a servi pour le chauffage; mais ce combustible devient de plus en plus rare et d'un prix plus élevé, tandis qu'au contraire la consommation va toujours croissant. Il est donc évident que l'emploi rationnel et l'économie du combustible deviennent des questions de plus en plus importantes, puisque toute perte inutile de chaleur constitue une perte véritable de richesse publique. Heureusement la houille, les lignites, la tourbe et les charbons qu'on peut préparer avec elles sont venus se substituer, dans une foule de cas, et souvent avec un très-grand avantage, à l'emploi du bois.

La grande prospérité manufacturière et industrielle de l'Angleterre est peut-être une des preuves les plus palpables de l'influence du combustible sur le développement de l'industrie et du commerce.

De nos temps, par le perfectionnement et la disposition rationnelle de certains appareils de chauffage, on est parvenu à utiliser comme combustibles des matières carbonées, telles que l'anthracite, etc., qui, par la difficulté avec laquelle elles brûlent, avaient longtemps opposé des difficultés presque insurmontables à leur emploi.

Dans les dernières expositions industrielles on a remarqué avec plaisir une économie d'un autre genre.

Les menus débris de combustibles, les poussières de charbon de bois, de coke, de houille, de lignite, qui longtemps avaient été perdus, se trouvent maintenant utilisés par leur conversion en briquettes régulières, obtenues soit en réunissant ces matières par une forte pression, soit en les moulant par l'incorporation d'une petite quantité de matières plastiques non combustibles, comme par exemple la terre glaise, soit encore, ce qui est préférable, en les collant ensemble au moyen de matières liantes, combustibles elles-mêmes, comme le goudron, l'asphalte, la résine, la houille collante.

Enfin, tout récemment, les charbons moulés ont montré quel parti on pouvait tirer des matières qui par elles-mêmes, et dans leur état naturel, constituent de très-mauvais combustibles, telles que la sciure de bois, le tan, les broussailles, qui peuvent être converties en charbons capables de rivaliser avec les meilleurs charbons de bois.

Les combustibles liquides, tels que l'alcool, les huiles soit grasses soit essentielles, les goudrons, etc., sont ceux qui sont le moins employés. Mentionnons cependant qu'on est parvenu à brûler avec assez de succès les goudrons sous les cornues de quelques usines à gaz de l'éclairage.

Déjà, dans l'antiquité, on se servait, dans quelques endroits privilégiés, des gaz hydro-carburés s'échappant du sein de la terre, tant pour l'éclairage que pour le chauffage; récemment on a essayé d'employer, en France et surtout en Angleterre, le gaz de l'éclairage pour chauffer des appareils dans les laboratoires, dans les cuisines et même dans quelques établissements industriels. On connaît l'usage par degrés plus étendu qu'on commence à faire des gaz s'échappant des hauts fourneaux ou des fours à coke, pour le chauffage des chaudières à vapeur ou de certains fours à fusion.

On peut prévoir qu'avant un temps peu éloigné, dans tous les centres un peu considérables de population, on verra s'établir des appareils simples et peu coûteux, dans lesquels, au moyen de vapeur d'eau, tous les combustibles de mauvaise qualité seront complétement transformés en gaz hydrogène, oxyde de carbone et hydrogène protocarboné. Ces gaz, qui produisent par leur combustion peu de lumière mais par contre beaucoup de chaleur, seront distribués à domicile par des tuyaux de conduite semblables à ceux du gaz de l'éclairage. Comme conséquence, simplification extraordinaire des appareils, soit culinaires, soit calorifères, facilité surprenante de régularisation du feu, utilisation presque complète du pouvoir calorifique du combustible, propreté absolue par l'absence des cendres et de la fumée (pour de grandes villes, telles par exemple que Londres, ce dernier point n'est pas sans quelque importance). Il y aura économie de combustible, car, il faut bien l'avouer, dans presque la majorité des appareils de chauffage, plus de la moitié, souvent les quatre cinquièmes du combustible, s'échappent non utilisés à l'état de fumée et de gaz combustibles. La chaleur développée par la production du gaz chauffant pourrait être facilement utilisée, du moins en partie pour des opérations industrielles. Quel que soit le combustible, lorsqu'il s'agit de chauffer des habitations, ou, pour parler plus exactement, l'air atmosphérique contenu dans des locaux fermés, l'échauffement de l'air peut se faire soit directement, par contact avec le corps solide qui constitue l'appareil de chauffage ou par irradiation de la chaleur partant du foyer incandescent, soit indirectement au moyen, d'un corps auxiliaire qui a pour fonction d'absorber d'abord la chaleur du foyer et de l'appareil de chauffage solide et de la céder ensuite à l'air: le corps auxiliaire est de l'eau, soit à l'état de vapeur, soit à l'état liquide. Nous verrons que c'est par l'emploi de l'eau, qui sert à la fois de distributeur et de régulateur de la chaleur produite par le combustible, qu'on est parvenu à chauffer régulièrement les locaux les plus considérables. En partant de ces principes, nous examinerons successivement :

Appareils pour chauffer l'air.

1° Cheminées, appareils de chauffage par rayonnement de la chaleur ou à la fois par rayonnement et par contact;

2° Calorifères, chauffant l'air par contact soit directement, soit par l'intermédiaire de l'eau à l'état liquide et à l'état de vapeur.

3° Appareils de chauffage des grands édifices, des serres et des étuves.

Appareils pour chauffer des corps solides et liquides.

4° Appareils culinaires;
5° Appareils de blanchissage et de blanchiment, buanderies.

En parlant des cheminées et des calorifères, nous aurons soin d'insister sur une des conditions essentielles que doivent présenter ces appareils, c'est-à-dire celle qui a rapport au renouvellement de l'air dans les habitations ou à la ventilation.

1° CHEMINÉES.

A. CHEMINÉES CHAUFFANT À PEU PRÈS UNIQUEMENT PAR LE RAYONNEMENT DE LA CHALEUR.

Les cheminées, surtout les cheminées simples, constituent un des appareils de chauffage les moins parfaits, qui n'utilisent qu'une proportion très-minime de la chaleur dégagée par la combustion du combustible. Cependant ces appareils les plus anciennement employés sont encore fréquemment en usage, surtout en Angleterre et en France, parce qu'ils satisfont à la condition de laisser apercevoir la flamme; c'est le désir de voir le feu, de pouvoir l'arranger, le tisonner, qui s'est opposé longtemps au perfectionnement des appareils de chauffage. On conçoit qu'en Angleterre, où le combustible est à très-bon marché, où les hivers ne sont généralement pas rigoureux, on conçoit que, dans ce pays, on se soit peu préoccupé de réaliser des conditions de chauffage moins pittoresques, mais plus économiques. Encore aujourd'hui les plus belles cheminées anglaises, les cheminées en acier poli, doré et ornementé avec un très-grand luxe, sont scientifiquement des appareils de chauffage très-imparfaits, dont l'effet utile est fort peu considérable. Mais, en France, où le combustible est d'un prix élevé, en Russie, en Suède, en Allemagne, où les hivers sont souvent très-rigoureux, on a cherché de bonne heure à employer des appareils moins imparfaits. Quelquefois on a mis complétement de côté ce que la combustion pouvait présenter de pittoresque et d'agréable, pour ne viser qu'à l'utilisation la plus rationnelle de la chaleur dégagée; d'autres fois, surtout en France et en Allemagne, on a cherché à réaliser en même temps l'agréable et l'utile. Aussi, chez nous, les cheminées simples se sont-elles transformées le plus rationnellement en cheminées-poêles ou cheminées prussiennes et en cheminées calorifères.

La cheminée primitive la plus simple consistait simplement, surtout lorsqu'on brûlait du bois, en un espace un peu enfoncé dans le mur placé en une partie quelconque du local, mais de manière à communiquer largement avec un canal qui conduisait la fumée et les vapeurs jusqu'au-dessus du toit de la maison. Quelquefois ce réduit était simplement en maçonnerie; d'autres fois il était entouré de fonte ou de marbre, suivant le plus ou le moins d'élégance de l'appartement. Des chenets facilitaient la pose du bois. Lorsque le combustible était la houille, on remplaçait les chenets par un gril arrangé et disposé d'une foule de manières différentes.

Un premier perfectionnement consiste dans les rétrécissements de l'ouverture par laquelle la flamme et les vapeurs se rendaient dans la cheminée proprement dite, rétrécissement qui provoqua immédiatement un tirage plus actif, et remédia au grave inconvénient que présentaient trop souvent les cheminées primitives, celui de fumer. En effet, lorsque l'ouverture était très-large, il s'y engouffrait, outre les gaz très-chauds et par conséquent aussi très-dilatés provenant de la flamme, une très-grande quantité d'air froid, qui abaissait la température de la colonne d'air montant par la cheminée et en diminuait la force ascensionnelle. Un canal beaucoup plus étroit, n'admettant au contraire que les gaz très-échauffés provenant du foyer, leur permettait de conserver une température très-élevée en arrivant dans la cheminée proprement dite; leur pouvoir ascensionnel restait considérable et le tirage était bien plus énergique. C'est pour atteindre le même but que M. Chaussenot inventa ses cheminées à foyer mobile, pouvant être avancées plus ou moins vers l'intérieur de l'appartement; il est évident que c'est au moment où le feu est allumé dans la cheminée, où toutes les parois sont encore froides, que le tirage est le moins considérable : aussi, dans les appareils de M. Chaussenot, le foyer est-il, au commencement, presque directement sous l'ouverture qui communique avec le canal principal : les gaz et la fumée s'y rendent par un chemin très-court, très-direct, et par conséquent sans avoir eu le temps de se refroidir. Au bout d'un certain temps, le feu étant devenu plus actif, les parois de la cheminée, l'ouverture, le canal s'étant échauffés, le tirage devient plus énergique : c'est alors que le foyer mobile peut être avancé dans l'intérieur de l'appartement ; le rayonnement se fait ainsi plus facilement et dans une direction plus étendue. La quantité de chaleur utilisée est plus considérable, et cependant la fumée est toujours attirée complétement dans le canal de dégagement, en vertu du tirage très-rapide et énergique de la cheminée. Un autre perfectionnement important fut l'invention du tablier à coulisses, qui, pouvant être descendu et monté à volonté, sert également à régulariser le tirage, à activer ou à ralentir le passage de l'air à travers le combustible, et par conséquent aussi la consommation du combustible. Lorsque le tablier est complétement abaissé, il ferme complétement le devant de la cheminée et intercepte toute communication entre l'air de l'appartement et le foyer ; la combustion est presque entièrement arrêtée. En soulevant un peu le tablier, l'air ne peut arriver dans l'ouverture et dans le canal principal qu'en passant à travers le combustible ; l'appel est alors très-énergique et la combustion se fait avec une très-grande vivacité, mais aussi le rayonnement est à peu près nul.

Plus le tablier est levé, plus le rayonnement se fait abondamment ; mais aussi la combustion et le tirage sont moins énergiques, parce que l'air froid de la chambre, au lieu de traverser le combustible, peut passer au-dessus de lui et s'engouffrer dans la cheminée sans que son oxygène ait été employé à activer la flamme.

Dans les cheminées à foyer mobile de M. Poncini, il y a un rideau en fonte à jour, mobile autour d'une charnière horizontale, de façon que le rideau se soulève de lui-même à mesure qu'on avance le foyer dans l'intérieur de l'appartement. Les parois postérieures de la cheminée absorbant une forte partie de la chaleur, on leur a donné très-rationnellement des dispositions de courbure et d'inclinaison telles, qu'une partie au moins de cette chaleur fût renvoyée dans l'intérieur de l'appartement.

Quelquefois, lorsque la disposition des locaux le permet, et surtout dans les cheminées de luxe, cette paroi postérieure est supprimée; le foyer, dans ce cas, peut être vu de deux côtés et rayonne par deux faces. Ces cheminées sont placées avantageusement au milieu des salles. On a construit de fort belles cheminées en fonte très-ornée, offrant jusqu'à quatre foyers et pouvant au besoin chauffer à la fois plusieurs locaux. Enfin M. Lassalle a construit des cheminées à système de rotation, qui permet de diriger à volonté la chaleur rayonnante et la vue du feu dans diverses pièces contiguës.

B. CHEMINÉES CHAUFFANT À LA FOIS PAR RAYONNEMENT ET PAR CONTACT.

Le premier appareil de chauffage de ce genre a été la cheminée en fonte de Désarnod. Cette cheminée, au lieu d'être adossée au mur ou enclavée dans la muraille, en est complétement séparée; la paroi postérieure du foyer est fermée par une plaque de fonte, placée à une certaine distance du mur, et les produits gazeux de la combustion communiquent avec la cheminée proprement dite au moyen d'un tuyau partant de la partie supérieure de l'appareil. L'air pouvant circuler autour de la cheminée Désarnod, il s'échauffe au contact des parois et surtout de la plaque de fonte et du tuyau de dégagement de la fumée. Cette circulation a donc pour effet d'élever la température du local, en même temps que, de son côté, la chaleur rayonnante du foyer peut se répandre par la partie antérieure ouverte de la cheminée. Une foule d'innovations et de perfectionnements ont été apportés à l'appareil Désarnod, et constituent des cheminées diverses, connues sous le nom de cheminées prussiennes, hollandaises, mignon, mylords, etc. On y a introduit les diverses dispositions dont nous avons parlé plus haut. Dans un grand nombre de cas, on a adapté ces appareils aux anciennes cheminées, et même on les a rendus mobiles et portatifs, pour pouvoir les changer de place et les transporter d'un appartement dans l'autre. Une des cheminées les plus simples de ce genre est celle de M. Delaroche. Elle est à doubles parois; une boîte en fonte fermant l'intérieur de l'appareil sert d'enveloppe au foyer, dans lequel on peut brûler la houille. L'air qui circule dans cette boîte, arrivant par la partie inférieure, s'échauffe et s'échappe dans l'appartement par des ouvertures placées à la partie supérieure.

Dans d'autres cheminées, les parois également doubles sont en fonte; souvent le tuyau servant à établir la communication entre la cheminée prussienne et la cheminée proprement dite de la maison, reçoit un développement assez considérable; il présente ainsi une surface de chauffe étendue, soit qu'il s'élève verticalement sous forme de colonne presque jusqu'au plafond de l'appartement, soit qu'il se dirige horizontalement ou se recourbe en divers sens.

Dans une cheminée de ce genre très-répandue en Belgique, la section du tuyau de communication est un rectangle ▭ beaucoup plus large que haut, et, comme il s'étend horizontalement, il constitue une espèce de boîte allongée, d'une surface assez considérable, sur laquelle on place les objets qui doivent être chauffés.

En adaptant à ces cheminées des tubes à air, on en a fait de véritables calorifères. Les dispositions employées par d'habiles constructeurs de France, d'Allemagne et d'Angleterre, sont extrêmement variées : tantôt c'est l'air de l'appartement qui circule et s'échauffe dans les caisses et tubes à air, tantôt c'est l'air frais et pur arrivant du dehors, qui se dégage par les bouches de chaleur et remplace l'air vicié de l'appartement, qui s'échappe par la cheminée. Les caisses, cloches et tubes d'air sont placés dans toutes les directions possibles autour du foyer; dans quelques appareils, ce sont ces tubes mêmes qui constituent le gril.

Une des conditions principales que doivent remplir les conduits d'air, c'est de présenter une surface assez considérable et de permettre une circulation très-rapide de l'air, pour que, dans un temps donné, il se soit dégagé dans le local à chauffer une grande quantité d'air portée à une température assez peu élevée, et non pas une petite quantité d'air, mais très-fortement chauffée.

C'est que, dans le premier cas, le mélange des couches d'air se fait facilement et donne une température moyenne très-uniforme et très-salubre, ce qui n'a pas lieu dans le second cas.

Une autre condition est celle d'un nettoyage facile : dans les appareils de M. Foudet, les tuyaux verticaux placés à la suite du foyer, et dans lesquels circule l'air qui doit venir chauffer l'appartement, ont pour soutien un carré au lieu d'un cercle, comme cela se voit ordinairement; ils sont placés à égale distance les uns des autres; les intervalles qui les séparent se trouvent disposés en lignes continues parallèles entre elles, ce qui les rend faciles à nettoyer.

Quelquefois, au lieu de tubes et de caisses à air, les cheminées renferment des tubes et caisses remplies d'eau ; en les mettant en communication avec des tuyaux de conduite également remplies de ce liquide, on a pu produire aussi une circulation qui permît de répandre une chaleur douce dans plusieurs pièces, moyennant un seul foyer.

Un perfectionnement aussi rationnel qu'ingénieux a été apporté aux cheminées par M. Descroizilles. Cet habile constructeur a eu l'idée de réduire au strict nécessaire la dépense de l'air qui est employé à la combustion, sans cependant faire perdre l'avantage de voir le feu et de sentir les effets de la chaleur rayonnante. Il y est parvenu en faisant arriver l'air par deux courants, qui sont parfaitement réglés ; l'un passe par le gril et traverse le combustible, l'autre passe par une toile métallique assez fine, qui est disposée obliquement devant le foyer et qui s'appuie sur le bord antérieur du gril. Celui-ci passe seulement sur la surface supérieure du combustible et contribue à brûler l'oxyde de carbone et les autres gaz combustibles qui s'élèvent ; en même temps la toile métallique, qui le laisse passer, n'empêche pas que la lumière du foyer et sa chaleur rayonnante ne se répandent en avant. La dépense d'air étant beaucoup moindre que dans les foyers ouverts, il est possible de réduire les dimensions des tuyaux de fumée et d'utiliser ainsi dans un moindre espace toute la chaleur des produits de la combustion. Ces cheminées ont donc tout à la fois l'avantage d'être économiques, d'occuper peu de place, et aussi d'empêcher les accidents qui résultent souvent des flammes découvertes.

La plupart des cheminées sont construites en fonte, mais il y en a aussi en faïence, et même en terre ; il faut rendre cette justice à nos principaux constructeurs français, tels que MM. Laury, Delaroche, Baudon, Porchez, Petit, etc., etc., c'est qu'ils savent allier aux dispositions les plus rationnelles l'exécution la plus élégante et la plus artistique.

Les cheminées, quelle que soit d'ailleurs leur construction, sont des appareils ventilateurs d'une grande énergie. L'air de l'appartement, étant continuellement absorbé par la cheminée, se renouvelle forcément par un nouvel air, arrivant soit par les fissures naturelles des portes, fenêtres, etc., soit par des conduits particuliers ménagés à cet effet.

La plupart du temps, lorsque les cheminées sont calorifères, c'est cet air appelé du dehors qui s'échauffe dans les tubes et ne se dégage par les bouches de chaleur qu'après avoir acquis la température convenable.

Le combustible généralement employé est la houille, le coke, puis le bois. M. Geneste a construit des cheminées à gril cylindrique, capables d'être chauffées par l'anthracite.

2° POÊLES, FOURNEAUX, CALORIFÈRES.

Le chauffage des appartements, des maisons, par les poêles, fourneaux et calorifères, quoique moins simple que le chauffage au moyen des cheminées, est cependant extrêmement ancien. Ces appareils n'élèvent plus la température de l'air par le rayonnement de la chaleur émanant du foyer incandescent, mais par le contact de l'air avec des parois solides, portées à une température élevée par l'effet d'une combustion qui a lieu dans l'intérieur. L'air échauffé, devenant plus léger, tend à s'élever, il est remplacé par un air froid, qui s'échauffe à son tour; de là résulte une circulation d'air plus ou moins rapide qui finit par élever la température de la totalité de l'air renfermé dans un local circonscrit. Ces appareils, rationnellement construits, utilisent généralement une quantité considérable de la chaleur produite par la combustion, et, en outre, ils présentent rarement l'inconvénient d'un tirage imparfait et par suite, un dégagement fâcheux de fumée et de vapeur dans les appartements.

Les poêles, fourneaux et calorifères, présentent, soit sous le rapport de la forme et de la construction, soit sous celui des matériaux qui les constituent, des différences très-nombreuses et qui, en partie, dépendent des circonstances climatologiques dans lesquelles se trouvent les différents peuples. Il est évident que les différents peuples du Nord, qui sont exposés à des hivers très-prolongés et très-rigoureux, ont besoin d'appareils de chauffage plus énergique, et d'une action plus prolongée, que les autres qui vivent sous un climat plus doux et plus tempéré. Dans les localités où la température, quoique généralement assez élevée, peut cependant subir des variations très-étendues, où un froid très-vif peut régner pendant un temps peu prolongé, on sent le besoin d'appareils pouvant remédier rapidement à cet abaissement excessif de température, quoiqu'il ne soit que de peu de durée. Enfin, la nature du combustible, la manière plus ou moins rapide avec laquelle il brûle, et, par conséquent, la chaleur plus ou moins intense qu'il dégage dans un temps donné, influent également puissamment sur le choix de la forme et des matériaux appliqués aux appareils de chauffage. Les poêles sont généralement construits, soit en pierres, en briques ou en argile réfractaire, soit en fer et en fonte, soit enfin avec ces deux matières réunies.

Les peuples du Nord, les Russes, les Suédois, etc., construisent généralement leurs poêles et fourneaux en pierres ou en briques. Les peuples du Midi emploient plus volontiers les substances métalliques; enfin, dans la zone tempérée, en France, en Allemagne, on emploie volontiers à la fois les terres argileuses calcinées et la fonte.

Le choix de ces matières s'explique facilement par la manière dont elles se comportent en présence d'une source de chaleur.

La terre, la brique, sont non-seulement mauvais conducteurs de la chaleur, mais encore ne jouissent que d'un pouvoir émissif peu considérable.

Le contraire a lieu pour les substances métalliques, de telle manière, que, dans les mêmes circonstances et dans le même temps, la tôle peut abandonner vingt-sept fois plus et la fonte seize fois plus de chaleur que la brique. Ces nombres expriment, par conséquent, aussi la rapidité avec laquelle un local peut être chauffé par des appareils construits avec ces matériaux; mais par la même raison, si les fourneaux en fer chauffent vite, ils perdent aussi rapidement leur chaleur, se refroidissent et n'entretiennent pas la température du local; le contraire a lieu pour les fourneaux en briques.

Remarquez encore que, pour les combustibles tels que le bois, la houille, le coke, qui exigent une combustion très-rapide et intense, pour dégager tout le calorique qu'ils sont capables de produire, la chaleur obtenue dans un moment donné est beaucoup plus grande que celle qui conviendrait au chauffage d'un appartement. Celui-ci exige un dégagement de chaleur modéré, mais longtemps prolongé, de manière à ne jamais chauffer l'air au-dessus de 20°. Il est évident que le fer, qui abandonne la chaleur presque aussi rapidement qu'il la reçoit, n'est pas très-apte à remédier à l'inconvénient signalé. La terre cuite, au contraire, s'y prête merveilleusement : ne conduisant la chaleur qu'avec lenteur, ne l'abandonnant qu'avec difficulté, elle emmagasine pour ainsi dire, la chaleur intense développée au foyer pendant un temps peu prolongé, puis elle l'abandonne peu à peu et sert ainsi de régulateur à la distribution de cette chaleur.

On conçoit, d'après cela, que les fourneaux russes et suédois, devant fonctionner pour ainsi dire jour et nuit, ne soient pas construits en fer, mais en briques. Ils présentent un volume et par conséquent aussi une surface considérable. Leur forme se rapproche de celle d'un cube ou d'un parallélipipède. Le foyer forme une espèce de fourneau à réverbère; la flamme, concentrée à la partie supérieure de la voûte, passe successivement à travers une série de compartiments ou carreaux, en montant et en descendant alternativement, jusqu'à ce qu'enfin, après avoir abandonné presque la totalité de sa chaleur, elle se rende dans la cheminée. Le chauffage ne se fait ordinairement qu'une seule fois par jour; mais alors on remplit complétement le foyer de bois bien sec et on ouvre largement les registres de la cheminée et la porte du foyer. Le tirage étant très-fort, la combustion devient très-vive et la chaleur dans le foyer extrêmement intense. Dès que la flamme a cessé et que le bois est carbonisé, on ferme hermétiquement toutes les ouvertures, pour ralentir le plus possible l'incinération des charbons incandescents. Lorsque, au lieu de bois, on emploie la houille, le foyer doit être muni d'un gril et d'un cendrier.

A cause du grand volume de ces fourneaux, lorsqu'on les chauffe après un complet refroidissement, l'effet de la chaleur ne se fait sentir qu'au bout d'un certain nombre d'heures.

Des fourneaux semblables, quoique plus petits, construits en carreaux vernissés, dits de faïence, se rencontrent assez fréquemment dans certaines contrées de la Suisse, de l'Allemagne et de la France.

La porte du foyer, pour l'introduction du combustible, se trouve tantôt dans l'intérieur des appartements ou des salles, tantôt à l'extérieur; ce dernier cas se présente généralement pour des fourneaux de dimensions et de masses très-considérables. Sous le rapport hygiénique, il est préférable que la porte du foyer se trouve dans l'intérieur, et que, par conséquent, l'air nécessaire à la combustion soit pris dans le local à chauffer, puisque, dans ce cas, le fourneau fait en même temps fonction de ventilateur.

Les principaux perfectionnements apportés aux fourneaux en terre à poterie consistent principalement : 1° dans l'arrangement rationnel du foyer, pour que la combustion soit vive et franche, qu'il y ait assez d'air pour brûler le plus complétement possible le combustible, en évitant en même temps qu'un excès d'air froid puisse s'introduire dans le fourneau et, sans servir à entretenir la combustion, emporter inutilement une certaine quantité de chaleur dans la cheminée; 2° dans la disposition des compartiments que doivent parcourir les produits gazeux surchauffés de la combustion, afin que ceux-ci puissent se dépouiller presque complétement de leur chaleur, sans que cependant le tirage soit trop affaibli; 3° dans l'élégance et l'ornementation des briques et carreaux vernissés ou émaillés : une des grandes difficultés à vaincre était celle que présentait la différence de dilatation de l'émail comparée à celle de la terre argileuse; il en résultait que l'émail, s'il était mince, se fendillait excessivement tout en restant collé à la substance argileuse, ou, s'il avait une certaine épaisseur, se détachait en plaques au bout d'un certain temps; 4° dans l'emploi des clefs, des valves, des registres, pour pouvoir, à volonté, activer, diminuer ou même supprimer le tirage du fourneau; 5° enfin, dans l'application des tubes à air, soit en terre, soit en fonte, se terminant par des bouches de chaleur, dispositions qui, multipliant les surfaces de chauffe, assimilent les fourneaux de faïence aux calorifères et leur permettent en même temps de produire un chauffage plus rapide.

Nous citerons, parmi les fourneaux en terre, ceux de Berlin, élégamment et rationnellement construits, et les calorifères de MM. Boissimon en terre réfractaire de Langeais.

Les poêles et fourneaux construits à la fois en terre argileuse et en fer ou fonte réunissent les avantages de ces deux matériaux. Beaucoup plus légers que les fourneaux massifs dont nous venons de parler, ils peuvent être rendus portatifs, et, dans beaucoup de cas, ils remplaceraient les poêles en fonte, s'ils n'étaient pas généralement plus fragiles, plus difficiles à manier et d'un prix plus élevé que ces derniers. L'Alsace est incontestablement une des contrées où ces fourneaux sont construits avec une grande perfection et sont très-généralement employés pour le chauffage des appartements. Les fourneaux les plus répandus de ce genre ont le corps ou la masse principale en terre faïencée, et celui-ci communique avec la cheminée au moyen de tuyaux cylindriques en tôle d'une largeur plus ou moins considérable. Souvent ces tuyaux, au lieu de monter en ligne droite jusqu'à la partie supérieure du local, où ils s'engagent ensuite dans une ouverture pratiquée dans le mur qui les fait communiquer à la cheminée, se recourbent auparavant de diverses manières en affectant des courbes plus ou moins gracieuses; souvent aussi, au lieu de monter, ils descendent dans le corps même du fourneau, pour de là se rendre à la cheminée en passant sous le plancher de la chambre. Le fourneau en faïence affecte des formes diverses, mais les formes cylindriques et parallélipipédiques sont les plus communes. Souvent il est à plusieurs étages, qui renferment un ou deux fours, c'est-à-dire des cavités garnies de plaques en terre cuite également émaillées.

Le foyer se trouve généralement à la partie inférieure; souvent il est à gril et muni d'un cendrier, surtout lorsqu'on brûle la houille ou le coke. La porte du foyer est munie d'une petite ouverture par laquelle s'introduit l'air, ouverture qui peut être plus ou moins fermée.

Les poêles en faïence de M. Huguelin, de Strasbourg, ont été signalés par la beauté des carreaux de terre incrustés et vernissés; les incrustations de pâtes de diverses couleurs qui se trouvent à la surface des carreaux produisent de beaux effets décoratifs. La porte en tôle y est remplacée par un carreau de terre vernissée, semblable à ceux qui recouvrent le reste de la surface; une seconde porte en tôle est placée derrière celle-ci, et l'air nécessaire à la combustion arrive dans l'intervalle compris entre elles. Cette disposition est de nature à éviter les accidents qui se produisent quelquefois par l'aspiration des vêtements flottants vers l'orifice du tirage. Très-souvent les portes en fer sont aussi doubles et l'air s'introduit par l'intervalle entre les deux plaques, soit par en haut, soit par en bas. On empêche ainsi la porte de devenir rouge de feu, comme cela arrive souvent lorsqu'elle est simple. Les poêles sont très-fréquemment munis de tubes à air en fonte, qui les traversent de bas en haut et débouchent sur les côtés par des bouches de chaleur, pouvant être ouvertes ou fermées à volonté.

Le tuyau en tôle est généralement muni d'une clef ou valve, qui permet de l'obturer plus ou moins complétement.

Comme dans beaucoup de contrées, on fait encore usage de cheminées très-larges, qui par conséquent ne produisent qu'un tirage très-faible par elles-mêmes; le tirage énergique des poêles en faïence est causé principalement par le tuyau, dont la section est très-exiguë comparée à celle du poêle lui-même.

L'effet de ces poêles est facile à concevoir. Après avoir allumé le combustible, la chaleur du foyer devient bientôt très-grande. Le poêle lui-même ne s'échauffe que lentement, à cause de sa masse et du peu de conductibilité et de pouvoir émissif des matériaux qui le constituent; mais, par contre, il conserve très-longtemps sa chaleur, qu'il n'abandonne à l'air que peu à peu et en entretenant une chaleur très-agréable dans l'appartement. Le tuyau, au contraire, parcouru par les produits gazeux très-chauds de la combustion, s'échauffe rapidement et très-fortement; étant en tôle noircie par la plombagine, il abandonne sa chaleur aussi rapidement qu'il la prend, et chauffe l'air avec une très-grande promptitude. Dès que le combustible a cessé de flamber, dès qu'il ne reste plus que des charbons incandescents, on ferme la petite ouverture de la porte du foyer, ainsi que l'obturateur du tuyau, et les charbons ne se consument plus qu'avec une grande lenteur. Le tuyau se refroidit alors promptement, mais par contre c'est alors que le poêle fonctionne, et l'on atteint ainsi le double but d'un chauffage à la fois rapide et prolongé et la température du local est à la fois douce et constante.

Dans les poêles en faïence de MM. Schuster et Faes, de Strasbourg, le foyer est complétement en fonte et isolé de la partie inférieure du poêle, du moins jusqu'à une certaine hauteur et sur les côtés latéraux. Les carreaux en terre émaillée sont percés à jour, vis-à-vis du foyer en fonte, ce qui permet non seulement d'apercevoir ce foyer lorsqu'il est porté au rouge et d'en recevoir la chaleur par rayonnement, mais produit encore une circulation d'air rapide qui, s'introduisant par la partie inférieure du poêle, s'échauffe en longeant les parois en fonte du foyer et sort par les carreaux en faïence percés à jour. La flamme ayant gagné la partie supérieure, c'est-à-dire les étages superposés du poêle, se rend de là dans le tuyau.

Le poêle de M. Young, également de Strasbourg, présente une disposition à peu près semblable; seulement les carreaux ne sont point à jour et la combustion se fait dans le foyer en fonte à flamme renversée. On sait que cette dernière disposition, qui a été aussi signalée dans les calorifères de M. Langelot, produit une absorption beaucoup plus complète de la fumée et des principes odorants résultant de la distillation du combustible. En effet, ces vapeurs, tendant à s'élever, se mélangent plus facilement avec l'air, et c'est ce mélange qui, ramené par le tirage dans le foyer incandescent, produit une combustion plus complète. Signalons en passant que les poêles à flamme renversée ont déjà été indiqués par Franklin.

La combinaison de la tôle et de la fonte avec la terre argileuse a été réalisée d'une autre manière dans certains calorifères assez répandus en France et en Allemagne, surtout pour le chauffage des lieux publics. Dans ces appareils, c'est l'enveloppe qui est en fonte ou en tôle, et, dans leur intérieur, se trouve le foyer à gril sous forme de creuset construit en terre réfractaire très-épaisse et présentant par conséquent une grande masse; le combustible est ordinairement du coke. L'intérieur du foyer ou creuset est porté presque au rouge blanc; mais la chaleur étant obligée de traverser toute la masse de terre réfractaire pour se communiquer par contact aux parois métalliques du calorifère, ne peut le faire que lentement et peu à peu, ce qui en régularise la distribution. D'un autre côté, les produits gazeux chauffant immédiatement la partie supérieure de ce calorifère, qui présente une grande surface avant de pénétrer dans le tuyau en tôle, l'air environnant est échauffé assez vite et par des surfaces assez étendues pour que le tambour. qui constitue la partie supérieure de ce calorifère, ne puisse acquérir une température excessive. Le calorifère, par cette disposition, chauffe donc rapidement, longtemps et d'une manière sensiblement constante. Des fourneaux semblables construits par Busch ont été très-répandus à Francfort; l'air nécessaire à l'entretien de la combustion arrive sous le gril du creuset par un tuyau s'ouvrant à la partie latérale inférieure du calorifère et est muni d'une valve régulatrice. La plupart de ces appareils sont munis de tubes à air et de bouches de chaleur.

Les *poêles, fourneaux et calorifères construits uniquement avec le fer et la fonte* sont extrêmement répandus à cause de leur solidité, de la facilité avec laquelle on peut leur donner toutes les formes voulues, et des frais relativement peu considérables qu'occasionnent leur achat et leur entretien, et malgré les inconvénients nombreux que présente l'emploi d'une substance métallique pour la propagation et la distribution de la chaleur. Aussi ont-ils été, pour cette raison même, l'objet de beaucoup de recherches, dont le résultat a été de nombreux et importants perfectionnements dans la construction des poêles en fer et en fonte; leur forme extérieure, leur construction intérieure, leur grandeur, ont été successivement variées suivant leur destination, leur position dans des localités diverses, les services qu'ils devaient rendre et la nature du combustible.

Toutes les dispositions plus ou moins ingénieuses, tous les perfectionnements plus ou moins importants dont nous avons fait mention en parlant des cheminées et des fourneaux en faïence, ont aussi été appliqués aux poêles en fonte. Dans ce qui va suivre nous ne parlerons que des perfectionnements ayant eu pour résultat de vaincre des difficultés inhérentes, surtout à la nature du fer et de la fonte.

C'est un fait bien constaté que, pour utiliser aussi rationnellement que possible un combustible brûlant avec flamme, il faut que la combustion jusqu'à carbonisation soit vive et entière, que l'air arrive en quantité suffisante, mais sans être en trop grand excès et qu'il y ait une forte chaleur développée. Il est d'autant plus important de réaliser ces conditions dans les poêles en fonte, que la température élevée nécessaire dans le foyer pour obtenir une combustion complète se trouverait inévitablement abaissée d'une manière fâcheuse par l'absorption et la déperdition facile de la chaleur, au moyen du fer ou de la fonte, si la combustion n'était pas entretenue avec une certaine vivacité. En effet, si, pour éviter les inconvénients d'un échauffement trop considérable du fourneau, on essayait de ralentir la combustion, soit en ne donnant qu'un accès d'air insuffisant, soit en ne brûlant qu'une petite quantité de combustible à la fois, on aurait, dans le premier cas, perte de combustible par suite d'une combustion très incomplète, qui occasionnerait un dégagement de gaz et de vapeurs pouvant encore brûler et qui se perdent dans l'atmosphère; dans le second cas, perte de chaleur entraînée dans la cheminée par le courant d'air froid trop abondant, et qui se chauffe en passant à travers le foyer, et souvent encore perte de combustible, puisque, si la température du foyer est trop basse, la présence même d'un excès d'oxygène n'opérera pas la combustion complète de tous les gaz et vapeurs combustibles. Malgré ces difficultés, il est cependant indispensable d'empêcher que les fourneaux en fonte servant au chauffage d'appartements, de serres, d'étuves, ne puissent acquérir une température trop élevée. Si les surfaces métalliques arrivaient à être chauffées jusqu'au rouge, elles provoqueraient dans l'air ambiant des filets et courants d'air surchauffés, qui peuvent se maintenir dans cet état pendant quelque temps avant de se mélanger avec l'air froid et constituer une atmosphère modérément chauffée. Ce sont ces filets d'air surchauffés, dont la composition est quelquefois altérée, qui exercent une action si désagréable et quelquefois même pernicieuse sur les organes de la respiration et sur l'organisme humain en général. Cet effet est surtout produit par la tendance que possède l'air très-chaud de se saturer d'humidité lorsqu'il est en contact avec nos organes et de les dessécher. Aussi a-t-on souvent placé au-dessus ou au-dessous des poêles et calorifères en fonte des vases remplis d'eau, qui fournissent l'humidité nécessaire à l'air chaud qui les entoure.

D'après ce qui précède, il est évident qu'un bon appareil de chauffage en fonte doit présenter des surfaces assez considérables pour que l'air puisse, à chaque instant, leur enlever assez de chaleur pour éviter une température trop élevée.

Dans les calorifères de M. Perrève, ce but est atteint en partie en faisant circuler la flamme et la fumée à travers des cavités lenticulaires superposées; le calorifère à ogives de M. Descroizilles a le mérite de présenter une grande surface de chauffe. sans que l'air brûlé ait à parcourir un chemin trop long avant d'arriver à la cheminée. Pour obtenir ce résultat, les canaux de la fumée contiennent des boîtes rectangulaires, aplaties, dans l'intérieur desquelles arrive l'air destiné au chauffage de l'appartement; la forme de ces caisses en ogive rend, du reste, facile le nettoyage de l'appareil.

Dans le calorifère de M. Chaussenot, la combustion s'opère dans un foyer central sous une cloche de fonte; les produits gazeux de la combustion s'élèvent d'abord verticalement, s'épanouissent dans une calotte sphérique placée au sommet, puis redescendent par une série de tuyaux en fonte disposés concentriquement dans cette calotte placée au-dessus du foyer. pour se rendre de là dans la cheminée; l'air froid arrive, au contraire, avec la calotte inférieure, et s'élève ensuite en rencontrant des surfaces de plus en plus chauffées.

Les calorifères de M. Cerbelaud ont un foyer en fonte traversé par des colonnes creuses qui entourent le combustible; l'air s'échauffe en passant sous le foyer, puis dans ces colonnes, et, suivant les contours extérieurs du foyer, il rencontre alors successivement plusieurs étages de tambours semblables en tôle, communiquant entre eux par des tubes qui les soutiennent et concourent à favoriser la circulation; au-dessus du dernier tambour, la fumée se réunit dans une cheminée centrale.

Les exemples que nous venons de citer montrent de quelle manière les constructeurs ont cherché à réaliser les conditions les plus favorables de chauffage. Généralement, dans les bons appareils, l'air à échauffer marche dans un sens inverse de celui des produits de la combustion, qui ne possèdent plus qu'une température fort peu élevée au moment où ils cessent de produire de l'effet. Les tubes à air, les bouches de chaleur, sont, en outre, disposés de manière à permettre une circulation très-facile de l'air chauffé, dont la quantité doit être assez considérable (quand il s'agit de fourneaux ou de calorifères destinés au chauffage des salles et appartements) pour que la température n'en soit pas trop élevée et pour que son mélange avec l'air environnant puisse se faire avec rapidité. Lorsqu'on fait usage de combustibles qui brûlent sans flamme et sans changer de volume, tels que le charbon de bois, le coke, l'anthracite, on peut donner aux appareils de chauffage des dispositions particulières qui permettent d'y accumuler une grande quantité de combustible. Celui-ci, contenu dans des réservoirs particuliers, ne descend dans le foyer qu'au fur et à mesure qu'il y est consumé par la combustion; il en résulte que ces fourneaux et calorifères conservateurs n'ont besoin d'être chargés qu'à des intervalles très-éloignés les uns des autres. La combustion se fait tantôt de haut en bas, mais plus souvent de bas en haut, et, dans ce dernier cas, le réservoir affecte ordinairement la forme d'un cylindre ou d'une cloche fermée à la partie supérieure, et qui, par la partie inférieure, est en communication avec le foyer.

Dans les calorifères de M. Hurez, destinés à brûler le coke ou l'anthracite, ainsi que les houilles maigres et non collantes, le combustible est chargé dans un cylindre ou dans un tronc de cône très-aigu, sur une hauteur considérable, de manière à suffire à l'alimentation du foyer pendant quinze à dix-huit heures; le cylindre est fermé à la partie supérieure et les produits de la combustion sont forcés de l'échauffer par des ouvertures latérales placées à peu de distance du gril.

Dans le calorifère conservateur, chauffé au coke, par M. Lecoq, les dimensions du foyer et des tuyaux de fumée sont entièrement réduites, tout en offrant les conditions d'une large circulation d'air. Le foyer étant protégé par des enveloppes de terre jusqu'à une certaine hauteur, les excès de température sont par là évités, et cependant le chauffage de l'air a lieu presque aussitôt que l'on allume le feu, parce qu'il peut toucher la surface nue, non protégée par la terre, des conduits supérieurs.

Un calorifère du même genre très-répandu dans les provinces rhénanes est celui construit par M. Hauff, de Darmstadt; et, en Angleterre, le poêle calorifère cylindrique du docteur Arnott est renommé à juste titre pour réaliser toutes les conditions désirables. Le foyer consiste en un cylindre d'argile capable d'absorber et de retenir très-longtemps la chaleur, tandis que, d'un autre côté, la paroi extérieure métallique, échauffée par la circulation des produits de la combustion, est repliée de manière à former un très-grand nombre de plis, ce qui permet de donner au poêle de dimensions ordinaires une surface rayonnante extrêmement considérable.

C'est dans cette espèce de calorifère qu'on a appliqué avec le plus grand avantage le système de valves régulatrices, au moyen desquelles on peut ouvrir plus ou moins le canal par lequel arrive l'air qui sert à activer la combustion dans le foyer.

Souvent ces régulateurs sont manœuvrés à la main : ordinairement on ouvre largement le canal au moment où le feu est allumé; lorsque la combustion est devenue vive, que le foyer est bien incandescent, on ferme l'ouverture peu à peu, de manière à affaiblir le courant d'air et par cela même la consommation du combustible. Mais quelquefois aussi, le régulateur est influencé par la chaleur du fourneau lui-même: ainsi, par exemple, dans le calorifère à coke de M. Barker, le régulateur se compose de deux lames métalliques, l'une en fer, l'autre en cuivre, qui sont superposées et en communication avec la soupape. Lorsque la température du fourneau s'élève au-dessus d'une certaine limite, la courbure croissante des lames ferme la soupape qui règle le tirage.

Le docteur Arnott a employé, dans plusieurs de ses calorifères, un régulateur à mercure, basé sur la dilatation de l'air. L'appareil se compose d'un siphon en verre renversé, et fermé d'un côté et renfermant le mercure. L'air emprisonné dans la branche fermée, se dilatant par la chaleur, pousse le mercure et le force de s'élever dans la branche ouverte, où se trouve un flotteur, qui s'élève en même temps que le mercure et détermine la fermeture de la soupape. L'effet inverse a lieu lorsque l'air, en se refroidissant, se contracte et détermine à la fois l'abaissement du mercure et du flotteur dans la branche ouverte du siphon; dans ce cas, la soupape s'ouvre. Quoique ingénieux, ce système nous semble présenter quelques inconvénients par suite de la fragilité du siphon, du danger de verser le mercure en déplaçant le fourneau, et de sa volatilisation très-sensible à une température dépassant 100°.

L'usage des régulateurs mérite d'être encouragé et répandu surtout pour les calorifères destinés au chauffage de locaux peu étendus. Les poêles et les calorifères en fonte ne permettant point de voir le feu, on a adapté (surtout en Russie) aux portes de ces appareils des lames de tôle ou de mica, qui sont assez transparentes, sans être très-fragiles; il paraît cependant qu'elles s'usent assez vite. Citons comme curiosité, sous ce rapport, un calorifère de M. Mathis, dont le but est d'utiliser la chaleur rayonnante, simultanément avec la chaleur qui se transmet par contact. A cet effet, le foyer est au centre d'une chambre rectangulaire dont les parois sont vitrées et autour de laquelle circule l'air.

Très-souvent les calorifères, outre le chauffage de l'air, servent encore au chauffage de l'eau et d'ustensiles, soit de cuisine, soit de métiers. Ils présentent alors des dispositions très-variées, pour devenir aptes à rendre ces différents services.

Aussi trouve-t-on maintenant très-souvent, surtout dans les petits ménages, des appareils de chauffage peu coûteux, qui fonctionnent en même temps comme âtres et appareils de cuisine, de telle manière qu'une famille tout entière peut se chauffer et préparer ses aliments avec une dépense de combustible fort peu considérable.

Ceux de ces appareils en fonte dont l'usage est le plus agréable et en même temps le moins incommode sous le rapport hygiénique, possèdent ordinairement un revêtement intérieur de terre ou de brique assez léger, qui entoure surtout le foyer et les parties exposées à l'action la plus directe de la chaleur. Les fabricants de poêles en fonte à bon marché, en n'excluant pas complétement l'emploi de la terre argileuse, ou bien en adoptant des dispositions qui permettent une application de briques légères dans l'intérieur de leurs appareils, en rehausseront beaucoup les effets utiles.

Nous rendrons encore les fabricants attentifs à la manière dont les fourneaux américains sont construits, en différentes pièces pouvant se mouvoir facilement et se remplacer aisément en cas de besoin (circonstance qui remédie à peu près complétement aux ruptures et fentes qui s'observent si souvent dans les poêles en fonte, coulés d'une seule pièce, et dans lesquels la dilatation par la chaleur produit des tiraillements considérables); ensuite la disposition et la construction des portes, et, en général, des différentes pièces qui constituent l'appareil de chauffage, sont telles, qu'elles peuvent être coulées toutes en fonte et s'adapter immédiatement les unes aux autres, sans qu'il soit nécessaire de faire la moindre dépense de main-d'œuvre et de fer pour l'ajustement et l'assemblage des différentes pièces. A l'exposition de Londres, on a pu remarquer des appareils complets de chauffage et de cuisine dans lesquels n'entre que de la fonte et pas une seule parcelle de fer doux, et cependant les portes s'adaptaient parfaitement et s'ouvraient et se fermaient avec une grande facilité. On conçoit que des appareils semblables puissent être livrés à des prix excessivement réduits. Les poêles et fourneaux en fonte d'une petite dimension sont généralement alimentés par l'air pris dans le local qu'ils chauffent, ce qui y détermine très-souvent un renouvellement d'air et une ventilation suffisante. Dans les poêles munis de tubes et réservoirs à air et de bouches de chaleur, disposition qui constitue essentiellement le poêle calorifère, la ventilation est plus parfaite lorsque l'air pur extérieur, après s'être échauffé en traversant le calorifère, est déversé dans la salle, tandis que l'air vicié s'échappe soit par les fentes des portes et fenêtres, soit par des ouvertures spéciales, et en même temps par son absorption au foyer du calorifère, dont il alimente la combustion : on remplit ainsi non-seulement un but hygiénique, mais encore on réalise une certaine économie en entretenant la combustion au moyen d'air déjà échauffé, qui absorbe moins de chaleur que ne le ferait un courant d'air froid. Il est évident que, sans modifier essentiellement cette manière de chauffer l'atmosphère d'un local, on peut en éloigner le calorifère et reléguer celui-ci dans une partie quelconque du bâtiment; c'est là, en effet, ce qui arrive fréquemment. Pour utiliser la tendance naturelle des gaz chauds à s'élever, c'est ordinairement à la partie inférieure de l'édifice qu'est placé le calorifère, et on lui donne alors des dimensions telles, qu'il puisse servir au chauffage et à la ventilation de toutes les salles de tous les appartements que renferme le bâtiment.

Nous sommes donc naturellement conduits à examiner les *appareils de chauffage des grands édifices, des palais, des églises, des serres surtout.*

3° APPAREILS DE CHAUFFAGE DES GRANDS ÉDIFICES, SERRES, ETC.

Ces appareils, dans la supposition que le chauffage primitif, c'est-à-dire la combustion, ait lieu dans un foyer unique, peuvent être rangés en trois catégories :

1° Appareils à air; 2° appareils à vapeur d'eau; 3° appareils à circulation d'eau liquide. Ce sont ces derniers qui, depuis plusieurs années, ont donné de magnifiques résultats pour ce qui concerne le chauffage des habitations et des serres.

Les calorifères à air sont surtout employés lorsque les espaces sont trop restreints pour que l'on puisse avec avantage établir des chaudières pour la vapeur ou la circulation d'eau liquide, lorsqu'il s'agit d'ateliers où des étuves plus ou moins chauffées sont nécessaires, soit pour les opérations, le séchage et la dessiccation, soit pour déterminer des réactions chimiques qui ne s'accomplissent qu'à des températures déterminées assez élevées. Les calorifères rationnellement construits, comme ceux de MM. Chaussenot, Duvoir, Hurez, etc., etc., sont établis dans des conditions telles, que toute perte inutile de chaleur, près du foyer et le long des tuyaux conduisant l'air chaud et la fumée, soit empêchée le plus possible, et ensuite que la circulation de la fumée et des gaz provenant du foyer se fasse en sens inverse de celle de l'air à échauffer, en sorte que l'air froid arrive tout d'abord en contact avec les tuyaux de fumée près du point où ceux-ci s'engagent dans la cheminée. Les inconvénients de ces calorifères sont ceux qui proviennent du contact de l'air avec des surfaces incandescentes, c'est-à-dire filets d'air surchauffé, avide d'humidité, et souvent air légèrement altéré par des émanations insalubres ou des combinaisons particulières déterminées par l'action de l'oxygène sur des matières portées au rouge.

Lorsque le calorifère doit servir pour le chauffage d'étuves ou d'appareils à dessiccation, il faut prendre les dispositions de telle manière, que l'air chaud et frais arrive d'abord en contact avec les matières déjà les plus desséchées et aille ensuite traverser des matières de plus en plus humides; de cette manière, d'abord, l'air chaud ne se dégage qu'à peu près saturé d'humidité, et, d'un autre côté, la substance à dessécher est traversée par l'air chaud et sec à plusieurs reprises, de façon à rendre la dessiccation aussi complète et aussi uniforme que possible.

Du reste, tout en reposant toujours sur les mêmes principes, il est évident que les calorifères à air et des étuves doivent présenter des dispositions variées, suivant qu'elles s'appliquent aux filatures, aux ateliers de tissage, d'apprêts d'étoffes, de blanchisserie, aux fabriques de fécules, de cuir verni, aux papeteries, aux raffineries de sucre, aux brasseries, etc.

Très-rarement les gaz échauffés provenant du foyer entrent directement dans les étuves, puisqu'il est presque impossible de les débarrasser de toute trace de fumée, de cendres et d'autres impuretés qui pourraient produire des effets nuisibles. Ordinairement ces gaz passent par un système de tuyaux qu'ils échauffent et qui ensuite servent eux-mêmes à échauffer l'air qui les entoure. Dans un grand nombre de cas, surtout lorsqu'il s'agit de produire des températures élevées, l'air extérieur, avant de pénétrer dans l'étuve, passe par des tuyaux ou par des compartiments fortement chauffés, par le feu d'un foyer spécial, comme cela a lieu, par exemple, dans les hauts fourneaux alimentés par de l'air, porté à une température de 200 à 300 degrés, et souvent même au delà.

La grande quantité de chaleur latente que renferme la vapeur d'eau a été souvent utilisée pour distribuer la chaleur, au moyen d'un foyer unique, dans des locaux très-étendus et souvent à des distances considérables. Le principe de ce chauffage, qui a donné lieu à des applications si nombreuses et si utiles dans les arts et dans l'industrie, est extrêmement simple. Une chaudière présentant les meilleures conditions de chauffage est établie dans une partie quelconque d'un édifice; elle est en partie remplie d'eau qu'on porte à l'ébullition, et la vapeur s'échappe dans des tuyaux partant de la partie supérieure de la chaudière. Ces tuyaux sont entourés d'une matière peu conductrice de la chaleur sur tous les points du trajet où ils ne doivent point servir au chauffage; au contraire, ils sont à nu, et quelquefois s'épanouissent en appareils présentant des surfaces plus ou moins considérables, là où la chaleur doit être utilisée. Presque dans tous les appareils de ce genre l'eau résultant de la condensation de la vapeur retourne par une autre série de tubes dans la chaudière. Il est évident que, dans tous les appareils bien construits, on a adapté les soupapes de sûreté, etc., qui en forment le complément indispensable. Les avantages de ce système sont de produire une chaleur uniforme extrêmement régulière, de ne point donner naissance à des filets d'air surchauffé, et de pouvoir transporter la chaleur à des hauteurs considérables, sans que la pression dans la chaudière dépasse sensiblement la pression atmosphérique. Mais par contre, si le chauffage, au lieu d'être intermittent, doit être constant, comme cela a lieu pour les serres, par exemple, il exige une surveillance continue. Dans le chauffage des serres par des tuyaux à vapeur, si malheureusement le feu sous la chaudière cessait d'être entretenu, la vapeur ne se produisant plus, la chaleur ne serait plus transportée au loin et la température de la serre s'abaisserait facilement au point de faire périr les plantes. Ce grand inconvénient ne se présente plus lorsqu'à la circulation de la vapeur d'eau on substitue la circulation de l'eau chaude.

L'emploi des calorifères à circulation d'eau s'est extrêmement répandu depuis 1844, et leurs avantages sont de jour en jour mieux appréciés pour le chauffage des grands édifices, des palais, des hôpitaux, des serres, etc. Les appareils extrêmement perfectionnés de ce genre construits par MM. Léon et René Duvoir, MM. Le Blanc, Gervais et autres, peuvent lutter avec avantage avec ceux construits en Angleterre, et c'est à un Français, M. Bonnemain, à qui revient l'honneur de la première invention. Le principe en est très-simple. Une chaudière est placée à la partie la plus basse de l'édifice à chauffer; elle est complétement remplie d'eau, ainsi que les tuyaux qui partent de la partie supérieure. Ces tuyaux, après être parvenus au point le plus élevé, se recourbent ensuite et, après un parcours plus ou moins long, redescendent pour déboucher à la partie inférieure de la chaudière. Lorsque celle-ci est chauffée, l'eau chaude plus légère s'élève, abandonne son calorique pendant le trajet de la descente et rentre refroidie dans la chaudière, pour y être chauffée de nouveau et recommencer la circulation. Dans cette application, l'eau présente sur la vapeur ce grand avantage, que sa masse, sa grande capacité pour la chaleur et sa circulation facile dans les tubes et poêles des appareils spéciaux ralentissent extrêmement le refroidissement lorsque le feu est éteint, de telle sorte que du jour au lendemain une température douce se maintient dans les appartements, dans les serres et dans les grands édifices sans que l'on soit obligé d'entretenir le feu durant la nuit.

Dans la pratique, de grandes difficultés ont été à vaincre. Lorsque la hauteur de la colonne d'eau devient considérable, elle exerce une pression très-forte sur les parois de la chaudière et sur celles des tubes placés à la partie inférieure (pour chaque hauteur verticale de 10 mètres, elle est d'une atmosphère environ); il fallait remédier aux dilatations et contractions qu'éprouvent les tuyaux métalliques par les changements de température : on y est parvenu par un système ingénieux d'emboîtement des tuyaux et en formant les coudes d'un métal ductile et résistant; il fallait se garantir contre les fuites, si faciles lorsque la pression devient considérable; il fallait se garantir contre la formation accidentelle de vapeur, par suite d'un chauffage trop énergique, et adopter des dispositions telles, que l'eau pût se dilater et se contracter, et l'air qui se dégage de l'eau chaude s'échapper dans l'atmosphère sans que jamais la circulation fût interrompue un seul instant; il fallait encore inventer des systèmes particuliers et énergiques de ventilation. Mais toutes ces difficultés ont été heureusement surmontées de telle manière que, même dans les plus grands édifices, on peut, avec une grande économie de combustible, non-seulement établir partout le chauffage et la ventilation, mais, ce qui était peut-être plus difficile, on peut, à volonté, l'établir à des degrés différents dans les diverses parties de l'édifice. Le système de la circulation d'eau chaude a même été adapté secondairement à des appareils de chauffage ordinaires, tels que poêles et cheminées, en formant, par exemple les grils au moyen de tubes creux remplis d'eau, en plaçant des tubes pareils dans l'intérieur du foyer, et en les faisant communiquer ensuite avec un réservoir rempli d'eau, d'où partent des tuyaux de chauffage pour d'autres parties du bâtiment à chauffer.

4° APPAREILS CULINAIRES, ÂTRES, FOURNEAUX DE CUISINE.

Ces appareils méritent une attention toute particulière, à cause de leur usage des plus fréquents et des plus indispensables, et parce que, rationnellement construits, ils concourent de la manière la plus efficace au bien-être de la grande masse du peuple, tout en lui permettant de réaliser de très-grandes épargnes.

Ces appareils peuvent se diviser bien naturellement en deux classes, suivant qu'ils sont destinés à l'usage du pauvre, de l'ouvrier, des petites fortunes, ou qu'ils doivent servir aux grandes maisons et aux réunions nombreuses. Dans le premier cas, l'élégance, la commodité, quelquefois même l'emploi le plus rationnel de la chaleur, doivent être sacrifiés à l'économie du combustible, au bon marché de l'achat de l'appareil, à la solidité de sa construction, au peu de frais de son entretien, à la facilité de sa réparation. Le contraire peut avoir lieu dans les appareils de la seconde classe. Dans ceux-ci, le constructeur a le champ plus libre afin de réaliser l'application de principes nouveaux et ingénieux, soit pour faire disparaître les désagréments et les petits inconvénients que peut présenter la cuisson des aliments, soit pour en rendre la préparation aussi facile et aussi parfaite que possible, soit pour réunir dans le même appareil toutes les dispositions, toutes les ressources que peut exiger la table la plus variée et la plus riche.

Ce n'est, pour ainsi dire, que depuis le commencement de notre siècle qu'on a cherché à fabriquer de petits appareils, à la fois économiques et propres, qui permissent à de petits ménages, ne possédant pas de cuisine proprement dite, de préparer leurs repas si simples avec une grande économie. C'est un Français, M. Lemare, qui, par son zèle infatigable et par son esprit inventif, a donné la première impulsion à ce genre de recherches. Avant lui, le pot au feu se faisait de la manière la plus incommode et en même temps la moins économique, en suspendant par un crochet la bouilloire au-dessus d'un feu libre de bois ou de charbon, feu qu'il fallait surveiller sans cesse et qui remplissait de fumée et de vapeur le local où se faisait la cuisine. Aussi le caléfacteur Lemare, qui réunit les avantages de l'économie, de la propreté et de la commodité, tout en fournissant un aliment des plus succulents, fut-il bientôt généralement répandu, surtout dans les grandes villes. Il se compose d'un cylindre en tôle à doubles parois, d'un petit foyer et de la bouilloire. L'air renfermé entre les deux parois du cylindre, qui sont soudées à la partie supérieure, retient la chaleur intérieure et l'empêche de rayonner à l'extérieur. Le combustible du charbon de bois est placé sur un petit gril ou sur un petit vase en tôle percé de trous à la partie inférieure. La bouilloire entre aux trois quarts dans le cylindre; elle est retenue par un rebord circulaire saillant. Ce rebord est garni de trois protubérances, qui peuvent se loger dans des ouvertures pratiquées dans le contour supérieur du cylindre. Lorsque le feu doit être actif, on détermine le courant d'air en plaçant les protubérances en dehors des ouvertures : le tirage a lieu à travers l'espace circulaire qui existe entre le rebord saillant de la bouilloire et le bord supérieur du cylindre; lorsque, au contraire, la température de l'ébullition est atteinte, en plaçant la bouilloire de manière à ce que les protubérances s'enfoncent dans les ouvertures destinées à les recevoir, alors le rebord repose complétement sur le contour du cylindre et le ferme hermétiquement. Le courant d'air est interrompu et la combustion des charbons ne se fait plus qu'avec une excessive lenteur, au moyen du renouvellement très-imparfait de l'air, qui a lieu par l'ouverture inférieure du cendrier. Le caléfacteur Lemare fut le point de départ d'une foule d'inventions du même genre faites, soit par M. Lemare lui-même, soit par d'autres constructeurs, et ces appareils furent bientôt d'un usage assez général, soit en France, soit dans d'autres pays : nous citerons comme exemple les réchauds en terre, avec deux portières, soit pour le foyer, soit pour le cendrier, pour régulariser le courant d'air; les appareils portatifs pour faire cuire, rôtir, au-dessus de lampes à huile ou à graisse; les petits fours américains et anglais pour rôtir; les chaufferettes et les tambours pour entretenir chauds, au moyen d'eau bouillante ou de lampes, les aliments déjà préparés; les nombreuses et variées collections de bouilloires à thé, de cafetières, les appareils perfectionnés et cylindriques pour le grillage du café, les petites étuves, etc., etc.

Le nombre de ces appareils est excessivement considérable, et leur force, ainsi que leurs dispositions principales, varie suivant les différents pays, surtout en raison du combustible qui y est généralement employé. Ainsi, par exemple, en France et en Allemagne, ce sont les appareils à cuisson, les appareils employant le charbon de bois et le bois lui-même qui jouent le principal rôle; en Angleterre, au contraire, où la houille est pour ainsi dire le principal combustible, ce sont les appareils à rôtir qui ont une bien plus grande importance.

Les grands appareils culinaires, les âtres et fourneaux de cuisine ont été également l'objet d'un progrès extrêmement considérable; pour s'en convaincre on n'a qu'à se rappeler qu'il n'y a pas encore si longtemps, l'emplacement d'une cuisine dans une maison exigeait des précautions particulières dans la construction du bâtiment. Le local était soigneusement désigné d'avance, et l'on y bâtissait une large et lourde cheminée s'épanouissant dans la cuisine en un manteau ou hotte d'un poids considérable et de l'aspect le plus disgracieux.

Sous le manteau de cheminée était construite une lourde et massive bâtisse en pierre ou en brique, d'un poids également des plus considérables, renfermant quelques réchauds, quelques marmites, un four et quelques plaques en fonte. Le tirage de la cheminée à cause de l'énorme ouverture inférieure n'était que fort imparfait, il arrivait trop souvent que la fumée, au lieu de se dégager, se répandait dans la cuisine, qui la plupart du temps était sombre, noire et d'un aspect repoussant. Aujourd'hui, au contraire, avec les nouveaux appareils, la cuisine peut être établie dans une chambre, dans un local pour ainsi dire quelconque d'un logement. Les âtres, tout en devenant plus petits, plus légers, sont devenus plus commodes et plus richement meublés de réchauds, de fours, de marmites, de bouilloires; plus de hotte, mais un simple tuyau qui produit un tirage énergique, condition essentielle pour l'emploi rationnel et économique du combustible.

Enfin la cuisine tout entière est devenue propre, élégante, coquette même, et constitue presque une chambre dans laquelle on trouve du plaisir à séjourner.

Les âtres peuvent se diviser facilement en deux classes : les âtres en maçonnerie, en briques, dans lesquels la fonte et le fer ne jouent qu'un rôle secondaire, et les âtres complétement en fonte et en fer, dans lesquels la terre, la brique, ne servent tout au plus que comme revêtement intérieur des parois métalliques. Ces derniers tendent de plus en plus à se substituer aux premiers, et, il faut en convenir, ordinairement avec un grand avantage pour celui qui les emploie.

Les âtres en terre argileuse ou briques réfractaires, exigeant pour leur construction des matériaux qu'on trouve à peu près partout, peuvent être établis avec une grande économie, et, en outre, présentent une certaine facilité d'arrangements que peuvent nécessiter les localités; sous ce rapport, ils l'emportent sur les âtres en fonte, qui, coulés d'avance sur des modèles ordinairement peu variés, présentent quelquefois certaines difficultés pour leur placement convenable. Mais cet avantage des âtres en maçonnerie est compensé par l'inconvénient suivant : c'est que leur bonne construction dépend trop de l'habileté de l'ouvrier chargé de les établir, et des défauts en apparence très-légers peuvent entraîner pour l'usage les plus grands désagréments.

Si le gril n'est pas placé à la hauteur convenable, s'il est trop large ou trop étroit, si les ouvertures des portières, des canaux, de la cheminée, n'ont pas les dimensions voulues, si la direction de la flamme n'a pas été bien calculée, un âtre dont les dispositions générales seraient même rationnellement imaginées et bien exécutées pourrait se montrer plein de défauts, par la manière dont le feu y brûlerait et dont la chaleur agirait sur les vases et appareils à cuisson et rôtissage.

Les âtres à parois en maçonnerie présentent à la fois l'inconvénient et l'avantage de ne pas être pénétrés facilement par la chaleur et de ne point la rayonner au dehors; c'est un inconvénient en hiver, où cette chaleur servirait à chauffer la cuisine, et un avantage en été, lorsque cette chaleur peut devenir très-incommode. Au lieu de briques, on emploie quelquefois, pour les âtres élégants, des plaques en terre cuite vernissées et incrustées (âtres en faïence) qui peuvent être lavées et nettoyées, et permettent d'en frôler les parois sans crainte de se brûler ou de se salir. Ces âtres sont, plus souvent que les fourneaux de cuisine en fonte, accompagnés de hottes ou de manteaux de cheminées; mais on a rendu les cheminées plus petites, et, en outre, elles peuvent maintenant presque toujours être fermées à volonté par une soupape. C'est là un grand perfectionnement; en effet, les feux de marmites et des fours ne sont point libres mais restent renfermés, et la fumée est dirigée par des tuyaux dans la cheminée. Or il est évident que le tirage, et, par conséquent, l'effet utile du combustible, sera d'autant plus grand, que la cheminée est plus complétement fermée à la partie inférieure. On évite par cela même l'inconvénient de la rentrée de la fumée dans la cuisine par la hotte de la cheminée.

Il est aussi très-avantageux de faire monter ces tuyaux de fumée à une certaine hauteur dans la cheminée, et de munir chacun d'un clapet qui permette de le fermer lorsqu'on ne l'utilise pas.

Souvent la surface supérieure horizontale de ces âtres est formée d'une plaque de fonte sur laquelle se placent les vases et ustensiles de cuisine. En effet, dans la plupart des âtres bien construits et surtout dans ceux dont le chauffage se fait à la houille, la flamme n'est en contact immédiat qu'avec quelques grandes marmites et avec le réservoir d'eau; c'est la plaque citée qui reçoit surtout la chaleur, et qui la transmet aux vases qui lui sont superposés. A la vérité, ce mode de chauffage exige un peu plus de combustible, mais par contre il permet le placement d'un grand nombre d'appareils, aucune fumée ne peut se répandre et la préparation des aliments se fait avec une extrême propreté. Comme les plaques de tables coulées d'une seule pièce se fendaient facilement, on leur a substitué, dans ces derniers temps, des plaques mosaïques formées de pièces diverses indépendantes pouvant se remplacer facilement, parce que le fabricant a soin de les couler toutes d'après les mêmes modèles, dans les mêmes formes et dimensions, quelle que soit la grandeur du fourneau, et, par conséquent, elles sont très-peu sensibles aux effets de la dilatation.

Cette disposition présente, en outre, ce grand avantage, qu'en enlevant une ou plusieurs de ces pièces il en résulte une ouverture dans laquelle on peut placer un vase de même dimension, qui alors est chauffé bien plus fortement, étant directement en contact avec la flamme du foyer.

Les âtres ou fourneaux de cuisine en fonte présentent les formes et dimensions les plus variées et une construction plus ou moins compliquée et ingénieuse, suivant le but qu'ils doivent remplir. Nous avons déjà dit qu'ils devenaient d'un usage de plus en plus fréquent, parce que les nouveaux appareils de ce genre, outre qu'ils présentent généralement des dispositions excellentes pour l'utilisation la plus complète de la chaleur, sont d'un prix assez réduit, renferment en un petit volume des appareils assez multiples et enfin fonctionnent en même temps comme calorifères et chauffent les appartements dans lesquels ils sont placés. La déperdition de la chaleur par les parois latérales est même quelquefois trop considérable, et il faut y remédier en garnissant ces parois intérieures de terre glaise, de briques et quelquefois même de sable; aussi est-il avantageux que ces fourneaux soient construits de telle manière, qu'une fois placés, le revêtement intérieur en argile ou en briques puisse se faire avec une grande facilité et solidité.

La plaque ou table supérieure est maintenant presque toujours en mosaïque, et, en général, il est utile que le fourneau soit composé de plusieurs pièces, pouvant s'ajuster très-facilement et sans occasionner de fuites. C'est une des conditions principales de durée de ces appareils, parce qu'on n'a plus à craindre les ruptures et les fentes provenant du tiraillement du métal, par suite des dilatations.

Pour les fourneaux économiques, il est aussi important d'éviter le plus possible le travail de serrurerie et l'emploi du fer forgé pour la pose des portières et l'ajustage des différentes pièces. Les fourneaux-âtres américains, complétement en fonte, malgré les dispositions assez variées qu'ils présentaient, ont démontré que ce but pouvait être atteint de la manière la plus complète.

Le pouvoir conducteur assez grand de la fonte et du fer a pour résultat de répartir la chaleur dans toute les parties du fourneau, à moins que ses dimensions ne soient tout à fait considérables, et d'obtenir ainsi des parties diversement chauffées au moyen d'un seul feu, suivant qu'elles se trouvent plus ou moins rapprochées du foyer. C'est là une des causes qui permettent l'utilisation la plus variée et la plus complète de la chaleur. La température est très-élevée près du foyer et dans la direction de la flamme : on y place les vases et appareils qui doivent être les plus fortement chauffés; au contraire, au-dessous du foyer ou sur le même plan la chaleur est très-modérée: on y loge les étuves, les cavités dans lesquelles les aliments déjà préparés doivent être entretenus chauds, ou dans lesquelles on veut opérer des dessiccations lentes et graduées.

La disposition du foyer varie principalement d'après la nature du combustible, tantôt le feu est entièrement renfermé: tantôt, au contraire, il peut être mis à nu, pour l'opération du grillage; mais toujours la fumée est absorbée par les canaux calorifères et aboutit au moyen d'un tuyau à la cheminée. Les fourneaux, suivant leur grandeur et leur usage, peuvent avoir un seul ou plusieurs foyers et un ou plusieurs tuyaux de fumée, garnis chacun de son obturateur. Généralement il n'y a pas de hotte ou de manteau de cheminée au-dessus de ces appareils.

Comme il est difficile de se passer complétement d'un feu libre, et que, dans ce cas, les produits de la combustion se répandent dans la cuisine, on a cherché à s'en garantir par l'emploi de tuyaux aspirateurs. A cet effet, on adapte à $0^m,4$ environ au-dessus du réchaud, par exemple, une espèce d'entonnoir renversé, dont le tuyau étroit va aboutir soit dans le tuyau à fumée de l'un des foyers, soit directement dans la cheminée. La tôle ou le fer-blanc qu'on emploie généralement pour ces entonnoirs aspirateurs ayant l'inconvénient de s'oxyder et de s'écailler, on les a remplacés, en Angleterre, par une terre à poterie à peu près inaltérable. Sans vouloir décrire les espèces et variétés si nombreuses des fourneaux de cuisine en fonte répandus en France, en Allemagne et en Angleterre, nous allons seulement jeter un coup d'œil rapide sur les principales dispositions que présentent les meilleurs appareils de ce genre actuellement en usage.

Dans presque tous, la flamme, ou les gaz échauffés de la combustion, est utilisée le mieux possible, en l'obligeant, par des diaphragmes contre lesquels elle vient se heurter, à suivre un chemin plus ou moins long, plus ou moins contourné, et à échauffer, sur son trajet, soit les marmites et les bouilloires, soit la table de fonte. Mais, comme il peut arriver bien souvent qu'on désire chauffer plus fortement certains vases et ne pas chauffer du tout certains autres, on a adapté aux fourneaux des registres, d'un maniement facile, qui permettent de changer, de modifier, d'agrandir ou de diminuer la circulation de la flamme, et même d'arrêter complétement le tirage, et avec lui la combustion.

Pour atteindre facilement ce but, les vases sont ordinairement disposés symétriquement sur les ouvertures circulaires de la plate-forme. C'est encore au moyen de registres qu'on peut, dans les fourneaux à un seul foyer, obliger la flamme à se porter tout entière sur le four, pour en envelopper les différentes parois et en élever conformément et convenablement la température.

Dans quelques fourneaux (comme, par exemple, ceux de M. Hey, à Strasbourg), on peut, au moyen d'une disposition très-simple, élever ou abaisser le foyer tout entier, et, par conséquent, approcher ou éloigner la flamme des objets à chauffer, ce qui permet de graduer la chaleur avec une grande facilité. Par cette même disposition, on peut très-aisément diriger la flamme, tantôt à la partie supérieure, tantôt à la partie inférieure du four, ou aux deux à la fois. Lorsque les fours à rôtir ou à pâtisserie sont de dimensions un peu considérables ils sont ordinairement munis d'un foyer particulier, situé à la partie inférieure.

Dans les fourneaux français et allemands, le foyer est ordinairement enfermé dans le fourneau, et, surtout lorsqu'on chauffe avec du bois, il n'y a ni gril ni cendrier. Ces derniers ne manquent jamais lorsqu'on fait usage de houille, de coke ou d'anthracite, et même pour le chauffage au bois il est reconnu que l'emploi du gril est avantageux. Ce dernier est presque toujours horizontal. Au contraire, dans les fourneaux anglais et américains, le plus souvent le feu est à nu. Alors le combustible se trouve échafaudé, pour ainsi dire, entre deux grils, l'un horizontal, l'autre vertical, et présente, lorsqu'il est en ignition, une véritable muraille de feu, très-favorable pour l'opération du grillage. Souvent aussi, on peut, par une porte, ouvrir ou fermer à volonté le devant du gril, et renfermer le feu, en empêchant ainsi la chaleur de rayonner en avant du fourneau. Ordinairement cette porte s'ouvre en se rabattant de haut en bas et s'arrête dans une position horizontale; elle constitue alors un plancher sur lequel se placent les appareils qui soutiennent les objets à rôtir ou à griller. Ces appareils sont de construction très-diverse; on sait que souvent les broches, au lieu d'être tournées à la main, sont tournées par des mécanismes divers dont les moteurs sont tantôt des poids, tantôt des ressorts, et qui présentent des dispositions plus ou moins compliquées et plus ou moins ingénieuses. Dans l'appareil à rôtir de Brown, lorsqu'il est placé devant le gril vertical, l'air ne peut plus arriver au combustible qu'en traversant un tuyau dans lequel se trouve une roue à éventail, d'une construction analogue aux ailes d'un moulin à vent. Le courant d'air fait tourner la roue, qui s'engrène avec une autre roue à axe vertical, lequel fait ensuite tourner les objets qui doivent être soumis à l'action de la chaleur rayonnante. Dans un four à rôtir anglais, chauffé à la houille, le combustible se trouve sur un gril horizontal, et les objets à rôtir sont placés au-dessus du feu; cependant ils ne sont pas exposés à être salis et noircis par la fumée. Ce résultat s'obtient d'une manière ingénieuse, en déterminant la combustion à flamme renversée. On commence par allumer le feu de la manière ordinaire, et on attend que le tirage soit bien établi; on ferme alors exactement toutes les ouvertures du foyer et du cendrier, et on ouvre la plaque de la plate-forme au-dessus du feu. L'air s'engouffre par cette ouverture, fait rentrer la flamme dans le fourneau et l'entraîne vers la cheminée; de cette manière, les vapeurs mêmes qui s'exhalent de l'objet soumis à l'action du feu, au lieu de se répandre dans la cuisine, sont entraînées dans l'intérieur du fourneau. Le chauffage à la vapeur présentant de grands avantages pour la cuisson de certains aliments, plusieurs fourneaux de cuisine de dimensions considérables renferment de véritables chaudières à vapeur, pouvant supporter des pressions souvent assez considérables. La vapeur, à une température élevée, peut servir, soit à la préparation des substances alimentaires, comme la gélatine par l'épuisement des os, qui n'a lieu facilement qu'à une température supérieure à 100°, soit au chauffage d'étuves et de chaudières à double fond, où la chaleur est élevée au-dessus de celle de l'eau bouillante.

La vapeur à la pression ordinaire sert à produire l'ébullition dans des vases couverts, ou à chauffer des étuves, à une température qui ne dépasse pas 100°. Ces derniers appareils sont surtout très-utiles dans des établissements publics, comme cafés, restaurants, où des matières alimentaires, soit solides, soit liquides, doivent constamment être maintenues presque bouillantes. La distribution de la vapeur se fait très-facilement au moyen de tuyaux munis de robinets. L'alimentation de la chaudière se fait ordinairement au moyen d'un réservoir, dans lequel on peut établir la même pression que celle existant dans la chaudière, au moyen de deux tubes à robinets qui, partant de cette dernière, se rendent l'une à la partie inférieure, l'autre à la partie supérieure du réservoir d'alimentation. La vapeur non employée est dirigée dans un grand réservoir d'eau qui est adapté à presque tous les fourneaux de cuisine, même à ceux qui n'ont pas de bouilleur proprement dit.

Ces réservoirs d'eau, destinés à fournir toujours de l'eau chaude, sont placés ordinairement ou bien sur les côtés du fourneau ou tout à fait en arrière, de manière à utiliser la chaleur des produits de la combustion avant qu'ils se dégagent dans la cheminée.

Ils sont généralement assez vastes, pour que l'eau n'arrive point tout à fait à l'ébullition. Des robinets placés à la partie inférieure permettent de la retirer au fur et à mesure qu'on en a besoin, soit pour la cuisine, soit pour des bains, etc.

Souvent cette eau chaude, circulant dans des calorifères, sert au chauffage des appartements.

Dans un fourneau de cuisine américain, le réservoir d'eau était placé immédiatement derrière le gril, de manière à être chauffé directement par la flamme, au moyen de tubes en fer partant de la partie supérieure et inférieure du réservoir; celui-ci était mis en communication avec un grand cylindre rempli d'eau et placé à côté du fourneau. De cette manière, le réservoir se remplissait complétement, et, à mesure que l'eau s'y échauffait, elle montait dans le cylindre et était remplacée par l'eau froide venant par le tube inférieur. Cette circulation, en se prolongeant, pouvait élever la température de la totalité de l'eau du réservoir et du cylindre jusqu'à l'ébullition.

Dans ce même fourneau, de même que dans des fourneaux de constructeurs français, les produits de la combustion, avant d'entrer dans la cheminée, circulent encore dans les parois doubles d'une caisse en tôle, qui est ainsi transformée en une étuve à dessiccation, pouvant présenter des applications diverses très-utiles.

C'est ici le lieu de mentionner les fourneaux de cuisine particuliers qu'exige la marine. Dans ces fourneaux il faut une installation particulière, pour que le mouvement de la mer ne puisse rien déranger. Ceux de M. Hoyot présentent une disposition particulière au moyen de laquelle il fait circuler dans ses fours à rôtir un courant d'air très-chaud dont il règle la force, qui fait cuire plus vite et d'une manière plus analogue à ce qui se passe à l'air libre. Pour faire tourner les broches, M. Hoyot a établi sur l'appareil lui-même un petit moulinet qui produit un mouvement d'une vitesse convenable. Mais les fourneaux les plus remarquables et les plus utiles sont ceux qui servent à la fois à faire la cuisine et à distiller l'eau de mer, pour fournir à l'équipage une ration suffisante d'eau douce. L'appareil de M. Rocher, de Nantes, qui a figuré à l'Exposition nous a paru remplir parfaitement ce but. La préparation des aliments se fait dans une espèce de bain-marie chauffé à la vapeur, laquelle va ensuite se condenser dans un serpentin réfrigérant. Il a fallu combiner l'appareil de manière à éviter toute fuite, toute perte inutile de chaleur, et à proportionner les surfaces de chauffe de manière à ce que la chaleur ne fût ni en excès, ni en défaut.

Quant aux appareils culinaires portatifs, qui jouent maintenant un rôle si important dans les exploitations agricoles, ils reposent presque tous sur le principe du chauffage à la vapeur. Ce principe permet, au moyen d'une chaudière d'une capacité assez petite, de porter à l'ébullition des quantités de liquide et de solide d'un poids cinq fois plus considérable et d'opérer la coction dans des vases en bois.

Ordinairement les appareils sont disposés de telle manière, qu'on puisse, à volonté, chauffer soit par circulation du liquide, soit par la vapeur à la pression ordinaire, soit par la vapeur à une pression de demie, deux et même trois atmosphères. C'est au moyen de quelques tuyaux et robinets convenablement disposés qu'on réalise ces différents modes de chauffage.

Il serait à désirer que les fours informes et grossiers pour cuire le pain, qui encore aujourd'hui, surtout dans les campagnes, se trouvent annexés presque à chaque habitation, disparussent pour faire place à des fours communaux, construits conformément aux inventions les plus récentes. Ce serait le moyen le plus efficace pour procurer aux ménages, même pauvres, un pain plus économique et cependant mieux préparé et toujours frais et de bonne qualité, en place de ce pain lourd, mal cuit, souvent imprégné de cendres et de débris de charbons, souvent même à moitié détérioré et gâté, que le campagnard cuit lui-même fort peu économiquement dans son four, lequel, devant être rempli complétement pour ne pas perdre trop de chaleur, lui fournit en une seule fois une masse de pain qui quelquefois ne dure pas moins de trois à quatre semaines. Qu'on juge de la saveur et de la facilité digestive que doit posséder un pain pareil, qui, même frais, est bien loin d'être irréprochable.

Certainement les fours des boulangers sont mieux construits et la fabrication du pain plus rationnelle; mais ici aussi de grands progrès sont à réaliser. Dans les grandes villes, à Paris, à Londres, etc., il existe des fours excellents, qui pourront être pris pour modèles : nous n'avons qu'à citer ceux de MM. Jametel, Lemare (fours aérothermes), Chatel, en France, et rappeler qu'au moyen de la houille, qui est transformée en coke, sans que le combustible pénètre dans le four à pain, sans qu'on soit obligé d'interrompre le travail, on peut avec une dépense de combustible très-minime, opérer la cuisson de quantités de pain très-considérables. Dans ces fours, le chauffage se fait à l'extérieur; le four est disposé de manière à ce que le refroidissement par les parois extérieures soit aussi faible que possible, et les gaz du combustible, l'air sec et échauffé, l'air humide qui doit s'échapper du four, circulent dans de nombreux canaux qui entourent le four.

Il nous reste à dire quelques mots des *fourneaux de cuisine chauffés au gaz*, et des appareils à gaz disposés non pour l'éclairage mais pour la chauffe de vases et d'ustensiles divers. Jusqu'ici ce mode de chauffage n'a pas encore pris beaucoup d'extension, puisqu'on est obligé de se servir du gaz de l'éclairage, lequel est encore trop cher, comparativement aux combustibles solides, et présente l'inconvénient de donner une flamme fuligineuse et déposant du carbone, lorsque l'accès de l'air n'est pas assez complet. Il est évident que cela n'arriverait pas en employant les gaz hydrogènes d'oxyde de carbone et hydrogène proto-carboné, surtout s'ils étaient mélangés d'azote. Le gaz de l'éclairage étant riche en carbone, il fallait en assurer la combustion complète en obligeant le gaz de se mélanger intimement avec une quantité d'air assez considérable: c'est pour cette raison que les fourneaux à gaz ne renferment pas de becs fournissant une grande et grosse flamme; mais le gaz sort par une multitude de petites ouvertures très-fines, percées dans des tuyaux recourbés soit en spirale, soit en cercles ou en carrés, etc., concentriques. Tout récemment, en Angleterre, on a substitué aux tuyaux métalliques, percés de petites ouvertures, des tuyaux poreux en terre qui produisent absolument le même effet, mais d'une manière bien plus économique. Les petites flammes ne doivent jamais s'allonger fortement par l'effet d'une pression trop forte, parce qu'elles pourraient se réunir, ne former plus qu'une seule flamme, et on risquerait d'avoir un feu fuligineux et déposant de la suie. On y est exposé dès que la flamme devient fortement éclairante, et c'est cet indice, le passage de la flamme bleuâtre au jaunâtre pâle, et peu lumineuse, à une lumière blanche, qui peut guider dans l'ouverture à donner au robinet réglant l'arrivée du gaz. Un second procédé pour opérer le mélange du gaz avec une quantité d'air suffisante consiste dans l'emploi d'un réseau de toile métallique placé devant les ouvertures par lesquelles s'échappe le gaz. Celui-ci se mélange avec l'air dans les mailles de la toile métallique, et, lorsqu'on l'allume à sa sortie du réseau, il ne brûle plus qu'avec une flamme pâle, peu éclairante, mais chauffant très-fortement. Il est évident que la toile métallique doit être assez serrée pour ne pas permettre à la flamme de se propager jusqu'à l'ouverture de sortie du gaz.

Les objets à chauffer sont généralement placés au-dessus des flammes; cependant on peut aussi obtenir un grillage parfait en disposant les objets devant une muraille de feu, formée soit par une plaque poreuse, soit par une série de tubes criblés de petits trous très-rapprochés. On place encore souvent des morceaux de pierre ponce au-dessus des ouvertures d'où s'échappe le gaz, parce que cette matière, se chauffant très-fortement, rayonne ensuite la chaleur reçue, et le rayonnement répartit la chaleur bien plus uniformément et peut-être plus facilement que ne pourrait le faire le jet de gaz direct.

Il est inutile d'insister sur les avantages que présente ce mode de chauffage; aucun autre ne peut lui être comparé, sous le rapport de la propreté, de la facilité à allumer, à éteindre, et surtout à graduer l'intensité du feu. En tournant plus ou moins un robinet on peut, dans l'intervalle de quelques secondes, passer depuis la température la plus faible jusqu'à la chaleur la plus intense et réciproquement, en s'arrêtant à volonté à tous les degrés intermédiaires. Plus de cendres, de fumée, de suie, circonstances si importantes, que tôt ou tard elles changeront complétement l'aménagement actuel de nos cuisines et de nos cheminées. Dans les principaux laboratoires de Londres, les feux de gaz ont remplacé presque complétement non-seulement la lampe à alcool, mais même le charbon de bois et le coke. — Nous ne devons point oublier l'application ingénieuse faite par M. Desbassayns, comte de Richemont, de la chaleur très-forte développée par la combustion de l'hydrogène mélangé d'air, pour opérer la soudure autogène, c'est-à-dire la soudure de deux plaques métalliques au moyen du métal lui-même, sans l'aide d'alliages plus fusibles. Dans les chalumeaux aérhydriques, l'hydrogène, obtenu par la réaction bien connue du zinc sur l'eau acidulée d'acide sulfurique, est poussé dans un tube flexible, au bout duquel il rencontre l'air simultanément insufflé. Les deux gaz, mêlés dans les proportions d'un volume du premier et deux du second, à l'aide de robinets, alimentent, au bout d'un troisième tube flexible, un jet de flamme ou dard de chalumeau.

C'est ce dard qui rend surtout un grand service pour la soudure de lames de plomb. Lorsqu'il est dirigé sur deux lames, au point où le bout d'une lanière du même métal suit la pointe de la flamme, la fusion des trois parties est complète; mais, en même temps, elle est tellement circonscrite, qu'elle se borne à établir la jonction, et que la consolidation s'opère en suivant de très-près la flamme qui s'éloigne. En remplaçant l'air par l'oxygène, le même procédé pourra servir à souder des métaux d'un degré de fusibilité beaucoup plus élevé.

5° APPAREILS DE BLANCHIMENT, DE BLANCHISSAGE ET DE LESSIVE.

Il existe une très-grande différence entre le blanchiment de tissus écrus, qui exige l'emploi d'agents énergiques, de l'oxygène, du chlore, des acides et des alcalis, dont l'action soutenue, souvent par une température assez élevée, est quelquefois prolongée pendant un temps assez considérable, et le blanchissage ou la lessive du linge, qui peut se faire au moyen de l'eau de savon tiède ou chaude, de solutions alcalines portées à l'ébullition, soit directement, soit au moyen de la vapeur.

Nous n'avons point à nous occuper ici des produits de blanchiment et de blanchissage, qui ont été extrêmement perfectionnés dans ces derniers temps, surtout dans les établissements qui opèrent sur une grande échelle, mais seulement de quelques appareils de chauffage et de rinçage, employés dans ces opérations.

C'est surtout par l'emploi de la vapeur qu'on est arrivé à réaliser les plus grandes économies de temps, de matières et de main-d'œuvre. Dans les ateliers bien arrangés, les toiles écrues, cousues ensemble, passent successivement par les différentes chaudières, par les lessives alcalines et les liquides acides et chlorés, sont lavées et rincées, presque sans que la main de l'homme les touche. C'est à l'aide de machines très-simples, au moyen de rouleaux et de cylindres de traction avec lanternes mobiles, que les pièces sont transportées mécaniquement d'un appareil à l'autre, pour y subir les différentes opérations nécessaires au blanchiment. Il est évident que tous les appareils sont disposés méthodiquement les uns à la suite des autres, pour éviter tout déplacement inutile dans le trajet.

L'action des lessives alcalines, de la chaux noire des potasses et soudes caustiques, étant une des plus importantes, les chaudières dans lesquelles les toiles y sont soumises ont été l'objet des recherches les plus importantes, en France comme en Angleterre. Un des appareils les plus perfectionnés et des plus ingénieux est celui de M. Gaudry; il permet de faire agir la lessive à une température supérieure à 100°, sous une pression de 5 ou 6 atmosphères, circonstances dans lesquelles la lessive agit avec beaucoup plus d'efficacité sur la fibre du tissu et la prépare mieux au blanchiment; de plus, il empêche presque complétement les fausses routes et une action inégale sur les différentes pièces ou sur les différentes parties de la même pièce; enfin il permet de soumettre les toiles successivement à l'action de plusieurs lessives différentes, et de les rincer ensuite complétement par l'eau, sans les changer de place. Cet appareil consiste en deux cylindres, renfermant jusqu'à 400 pièces de toile, communiquant entre eux avec un réservoir à lessive et avec une chaudière à vapeur. La lessive ayant été mise en contact avec les pièces renfermées dans l'un des cylindres, on l'y échauffe au moyen de la vapeur; puis, à un instant donné, sous une pression de 5 ou 6 atmosphères, on la fait passer dans le second cylindre; après un certain temps, agissant dans un sens inverse, la vapeur refoule de nouveau la lessive de ce cylindre pour la faire rentrer dans le premier, et ainsi de suite pendant toute la durée du lessivage, c'est-à-dire pendant 12 à 14 heures. On opère le rinçage des pièces en laissant écouler les lessives, et en les remplaçant par de l'eau pure, qu'on renouvelle à plusieurs reprises.

Les pièces de toile devant, après différentes opérations, être lavées et rincées à fond, on y arrive par divers procédés mécaniques suffisamment connus, tels que les roues à laver, les cylindres cannelés, les machines à battre, etc. Nous mentionnerons particulièrement le procédé par déplacement appliqué par M. Heutte, en faisant traverser les toiles de haut en bas par un courant d'eau pure, et le procédé du cylindre à force centrifuge. Cet appareil, qui consiste en un tambour en cuivre fixé à une axe central et dont la paroi verticale extérieure est criblée d'une infinité d'ouvertures, a été d'abord employé avec le plus grand succès pour remplacer l'opération si nuisible, sous tant de rapports, de tordre les toiles pour en exprimer une partie de l'eau qui les imprégnait. Les toiles mouillées étant introduites dans le cylindre, on lui communique un mouvement de rotation extrêmement rapide. La toile et l'eau, en vertu de la force centrifuge, tendent à s'éloigner du centre en se dirigeant vers la circonférence du cylindre, mais la toile est retenue par les parois, tandis que l'eau seule peut s'échapper par les petites ouvertures. Les toiles, par ce procédé, sont tellement débarrassées d'humidité, qu'il suffit d'une exposition à l'air très-courte pour les dessécher complétement. Cet ingénieux appareil a été employé plus tard dans plusieurs autres industries, par exemple, dans les raffineries de sucre, pour débarrasser des corps solides pulvérulents des matières liquides plus ou moins visqueuses qui les imprégnaient, ainsi pour séparer le sucre de la mélasse.

Enfin, récemment, ce même appareil a été appliqué avec un grand avantage au lavage et rinçage des pièces. A cet effet, pendant la rotation rapide, on n'a qu'à faire arriver au centre un courant d'eau pure pour que celle-ci, traversant rapidement les pièces et chassant devant elle les liquides qui imprégnaient les toiles, en opère le lavage le plus complet.

Le cylindre à force centrifuge devrait être d'un emploi beaucoup plus fréquent, et, dans le lessivage domestique du linge, il rendrait les plus grands services; il remplacerait très-avantageusement cette vieille routine du battage et du tordage du linge, qui, surtout pour les tissus fins, cause une détérioration et une usure plus grandes peut-être que celles qui résultent de l'usage journalier du linge. En général, on doit l'avouer, les procédés routiniers employés dans les buanderies et ménages sont presque partout les plus grossiers, les plus défectueux, et nullement en harmonie avec les perfectionnements qu'a reçus depuis longtemps le blanchissage en grand. Cependant il serait très-facile d'employer, même dans les petits ménages, des appareils simples mais rationnellement construits.

Le traitement du linge par les lessives alcalines ou l'eau de savon ne devrait plus se faire qu'au moyen de chaudières à circulation continue ou à aspersions et circulations intermittentes, s'opérant par l'ébullition même du liquide dans la chaudière. Déjà, en 1839, M. Duvoir avait présenté un cuvier séparé en deux capacités par un faux fond; la partie inférieure renferme la lessive chauffée par un foyer entièrement submergé. Lorsque le liquide est en ébullition, la pression de la vapeur le fait monter par un conduit terminé en pomme d'arrosoir; il est ainsi injecté sur le linge, dans lequel il s'infiltre; l'injection et la filtration se renouvellent spontanément chaque fois que le liquide est descendu en quantité suffisante et bouillant. Depuis, ces appareils ont encore été perfectionnés, tout en conservant le même principe; souvent la chaudière est séparée du cuvier, mais des tubes permettent une circulation continue. Il faut bien le dire, les bons procédés et appareils à lessive ne sont plus à inventer; ils existent, ils sont connus, mais ils n'ont point encore été suffisamment répandus, et il serait à désirer qu'il existât dans chaque village à côté de la boulangerie communale la buanderie communale. Ce serait une amélioration très-importante non-seulement sous le rapport de l'économie, de la propreté et de la conservation du linge, mais encore sous celui de la salubrité publique. Ce progrès ne serait pas difficile à réaliser, puisque le matériel d'une buanderie pourrait à la rigueur se réduire à deux appareils : l'appareil de lessivage et l'appareil de rinçage.

OBSERVATIONS SUR LES PRODUITS EXPOSÉS.

Après cette revue de l'industrie du chauffage en général et des progrès qu'elle a réalisés, nous avons encore à ajouter quelques observations plus spéciales concernant les produits exposés.

A ce sujet, nous croyons de notre devoir de dire que nous avons appris avec bien des regrets que le conseil des présidents n'avait pas jugé convenable de maintenir la grande médaille (council-medal) à M. Laury, pour les cheminées et les fourneaux exposés par ce fabricant. Le jury avait cependant accordé cette même récompense à deux exposants anglais dont les produits égalaient, à la vérité, en richesse et en ornementation artistique ceux de M. Laury; mais les produits de ce Français surpassaient certainement les produits anglais, de même que ceux de toutes les autres nations, par l'élégance des formes, la pureté des détails et par les perfectionnements apportés à la construction des fourneaux et des cheminées, afin de leur assurer, lors de la combustion, les meilleures conditions d'économie, de santé et de comfort. Même il est bon de faire remarquer, qu'en accordant la grande médaille à MM. Stuart, le jury de la XXIIe section l'a fait, avec une approbation particulière, pour l'application à leurs cheminées du perfectionnement inventé par M. Laury, et pour lequel ce dernier est breveté. Le Zollverein, dans son rapport, exprime, en faveur de M. Laury, le même jugement que la France.

C'est peut-être ici le cas de donner quelques détails sur la fabrication des cheminées en Angleterre. Elle y est très-importante, ainsi qu'on a pu le voir par le nombre de leurs exposants, car on ne comptait pas moins de 40 fabricants qui avaient exposé; dans ce nombre, il y en a qui occupent plus de 200 ouvriers, tels que fondeurs, mouleurs, ajusteurs et doreurs [1].

Les prix des cheminées étaient cotés à des taux très-variés, depuis 1 fr. 50 cent. pour une simple grille scellée dans le mur jusqu'à 25,000 francs. Voici, du reste, quelques exemples à ce sujet.

Un des meilleurs fabricants demandait pour une cheminée

[1] Pour ce qui concerne les appareils de chauffage en général, il y avait 149 exposants anglais et 56 exposants étrangers.

ordinaire en fonte bronzée d'un assez bel effet, avec son feudre ou devant de cheminée, son cadre non compris... 250f

Une cheminée plus belle avec ornements en fonte et plaque polie avec son feudre 500

Une des plus belles avec ornements en cuivre doré d'une grande richesse, représentant des statuettes, des oiseaux, des feuilles avec un feudre poli portant des ornements dorés 4,000

La même, y compris le cadre en marbre de Nelson de Carlisle 7,000

Une autre, avec dorure et incrustations de porcelaine, et la plus chère de son exposition, était cotée à 9,000

La cherté de la cheminée résulte principalement du polissage et des ornements en fonte, bronzés ou dorés.

On applique ce polissage fin à des pièces de seconde fusion d'un grain très-fin, mais le polissage surfin ne se donne que sur des plaques d'acier fondu.

Les ornements sont rivés sur les parois de la cheminée; mais très-souvent on ne fait que les y attacher légèrement, de façon à pouvoir les enlever facilement quand il s'agit de nettoyer la cheminée.

Cependant, lorsqu'on considère que le polissage et les ornements métalliques de ces cheminées sont sujets à l'oxydation et exigent un nettoyage journalier et très-soigné, il faut reconnaître que nous sommes beaucoup mieux avisés que les Anglais, nous qui faisons consister la principale décoration de nos cheminées dans les objets précieux, tels que vases, pendules, etc., dont nous les garnissons. En effet, comme ces objets se trouvent mieux en évidence que des ornements de détail adaptés sur les parois de la cheminée et qu'ils sont susceptibles d'un parfait état d'entretien, il nous est permis de leur donner toute la valeur intrinsèque ou artistique que notre goût exige ou que nos moyens nous permettent.

Néanmoins, si, contrairement à nos prévisions, le goût des cheminées anglaises devait se répandre en France ou à l'étranger, il nous serait facile d'en établir la fabrication chez nous;

et nous croyons même que notre main-d'œuvre à bien meilleur marché, la perfection et le goût que nous apportons dans le coulage de la fonte et le travail du bronze, compenseraient avec avantage la différence qui existe en faveur des fabricants anglais dans le bas prix de la matière première : surtout si l'on considère que la main-d'œuvre s'élève facilement au double, souvent au triple, et même au delà du décuple de la valeur des matières premières employées.

A ces avantages que possèdent les fabricants français on peut encore ajouter que leurs appareils de chauffage sont construits avec un meilleur entendement des exigences pyrotechniques; car les cheminées anglaises sont plutôt faites pour gâter le combustible que pour l'utiliser.

Si le poli brillant des cheminées anglaises nous a fort peu éblouis, et si nous ne leur avons reconnu que peu de mérite comme appareils de chauffage, nous avons par contre à constater que les Anglais cherchent à développer rapidement leur chauffage au gaz. Les faits qui nous ont passé sous les yeux nous ont montré que ce mode de chauffage prend journellement plus d'extension, surtout à Londres.

Parmi les nombreux appareils de ce genre qui figuraient à l'Exposition, les produits présentés par M. Riquet, de Londres, se distinguaient par leur variété et leur confection intelligente.

Outre ses fourneaux et cheminées de cuisine, il avait encore exposé des grils pour rôtir des côtelettes, des appareils pour chauffer les fers des tailleurs, des relieurs et des chapeliers.

Plusieurs de ses appareils de cuisine ressemblaient à de petites armoires partagées en plusieurs casiers, sur lesquels se placent les mets qu'on veut cuire ou rôtir.

M. Riquet indique que, pour rôtir un morceau de viande de 10 kilogrammes il faut deux heures et 960 litres de gaz; pour chauffer constamment pendant une heure 6 fers à repasser, il estime la dépense en gaz à 411 litres.

Il nous a été impossible de nous procurer, sur l'industrie du chauffage, des données statistiques d'une exactitude assez incontestable pour pouvoir être insérées dans ce rapport. Nous croyons néanmoins, quant à la France, rester au-dessous de la vérité en n'estimant qu'à 250 millions de francs la valeur des combustibles de toute espèce que nous consommons annuellement pour le chauffage domestique. On peut admettre encore qu'il nous faut par an pour 25 à 30 millions de francs d'appareils de chauffage avec leurs accessoires.

A la vérité, dans bien des localités en France, les anciens et vicieux appareils de chauffage sont encore en usage; cependant, chaque jour, ils font place à de meilleurs. C'est ainsi qu'en Alsace beaucoup d'adjudicataires de coupes transportent même en forêt de petits fourneaux en fonte au moyen desquels les bûcherons se chauffent et préparent bien mieux leurs aliments, tout en brûlant beaucoup moins de bois qu'auparavant à feu ouvert.

Cependant, tout en tenant compte de l'état arriéré dans lequel certaines localités peuvent encore se trouver sous le rapport du mode de chauffage, nous ne craignons pas d'affirmer que les appareils qui se fabriquent aujourd'hui, *à un tiers* et souvent même *à moitié meilleur marché qu'il y a quarante ans*, procurent, par leur construction plus rationnelle, une économie de combustible, qui ne peut être évaluée à moins du tiers de ce que l'on consommait à cette époque.

Si donc nous avions conservé les appareils en usage à la fin du siècle dernier, et qui souvent n'exploitaient d'une manière utile que le vingtième du calorique du bois, il faudrait ajouter à notre consommation actuelle plus de 100 millions de francs de combustibles et d'appareils par an. Cette importante économie a été obtenue grâce aux efforts intelligents de nos ouvriers, de nos fabricants et de nos savants.

APPAREILS D'ÉCLAIRAGE.

CONSIDÉRATIONS GÉNÉRALES.

Il est peu d'industries qui, dans l'espace d'un demi-siècle, aient acquis une importance plus grande, un développement plus considérable, que celles qui se rapportent à l'éclairage.

Il en est bien peu qui, dans un espace de temps aussi court, aient présenté un aussi grand nombre de découvertes, d'inventions et de perfectionnements.

Cela se conçoit facilement. L'éclairage, envisagé d'un point de vue général, constitue l'une des opérations domestiques et industrielles les plus indispensables, et, par conséquent aussi, les plus universellement répandues. Elle absorbe annuellement des sommes énormes, et la dépense, à cet égard, est de première nécessité, pour la chaumière la plus misérable comme pour le palais le plus splendide.

Produire la lumière nécessaire avec un minimum de dépense, obtenir d'une quantité donnée de combustible le maximum de clarté possible, transformer des produits indigènes, d'une manière économique, en matériaux propres à l'éclairage, ce sont là des problèmes dont la solution a été tentée avec succès par les arts et l'industrie, avec le concours de la science.

C'est aux progrès prodigieux de la physique et surtout de la chimie, de ces deux sciences qui font la gloire du XIXe siècle, que les méthodes d'éclairage doivent leurs perfectionnements les plus remarquables. Les découvertes de la théorie ont trouvé d'habiles interprètes, qui les ont transportées sur le domaine de l'application, et nous pouvons le dire avec bonheur, nous pouvons nous en glorifier, ce sont les inventeurs français qui tiennent le premier rang parmi ceux de toutes les nations.

Ce qui caractérise surtout les progrès en fait d'éclairage, ce qui démontre qu'ils reposent sur des principes rationnels, c'est la circonstance que la lumière, en devenant plus belle, plus brillante, est en même temps devenue plus économique; qu'il s'agisse, par exemple, d'obtenir une certaine clarté pendant un temps donné et qu'on emploie, pour la produire, une lampe carcel et une lampe de cuisine ordinaire, on trouvera que la dépense avec cette dernière est *trois fois plus forte* que celle nécessitée par l'emploi de la lampe mécanique.

En raisonnant d'après ce fait, on serait en droit de conclure que les économies obtenues par le perfectionnement des méthodes d'éclairage, étendues à tout le pays, se répartissant sur toute la consommation, ont produit l'épargne d'un capital énorme, qui, appliqué à la production, a augmenté d'autant la richesse nationale. Il en serait ainsi si les brillants et utiles appareils d'éclairage que nous admirons à juste titre et qui réalisent de si belles économies, si ces appareils avaient pu se répandre dans toutes les classes de la société, et s'ils étaient accessibles à toutes les fortunes. C'est le contraire qui a lieu : en visitant successivement la chaumière du pauvre, le logement de l'ouvrier, la maison du petit propriétaire, jusqu'au salon du millionnaire, on retrouve, de nos jours encore, tous les appareils d'éclairage, depuis les plus primitifs, les plus informes, jusqu'aux plus élégants, aux plus perfectionnés.

Pour faire l'histoire des inventions, des découvertes concernant la production de la lumière, on n'aurait qu'à dresser la statistique des appareils encore aujourd'hui en usage. Malheureusement il en résulte que c'est le pauvre qui s'éclaire de la manière la plus dispendieuse, ou pour mieux dire, la moins économique; chaque jour, il subit réellement une perte, à la vérité extrêmement petite, mais qui, se reproduisant continuellement et dans la grande masse du peuple, s'accumule en sommes très-considérables. Cet état fâcheux des choses tient surtout à deux causes : 1° les appareils d'éclairage perfectionnés, les bonnes lampes, par exemple, sont d'un prix assez élevé, tandis que les mauvaises lampes de cuisine ne coûtent que fort peu de chose; 2° les lampes bien construites n'offrent point toujours les dimensions proportionnées au besoin de lumière qui peut se rencontrer dans les diverses circonstances de la vie usuelle. Il est évident qu'un appareil qui éclaire dix fois plus que cela n'est nécessaire et dont la clarté ne peut point être diminuée, quelque avantageux qu'il soit d'ailleurs sous le rapport de la production économique de la lumière, ne pourra lutter avec un appareil plus petit, moins éclairant, mais consommant moins de matière combustible, quand même celle-ci y serait moins rationnellement brûlée.

Nous insistons sur cette remarque, parce qu'on peut reprocher avec quelque raison, à l'industrie de l'éclairage, de n'avoir pas assez dirigé son attention sur le perfectionnement des appareils d'éclairage d'un prix extrêmement réduit. Il serait à désirer que toute combustion, quelque faible que fût son pouvoir éclairant, produisît toujours une flamme blanche non fuligineuse, ne répandant point d'odeur, quand même la consommation par soirée ne devrait pas dépasser le prix de cinq ou dix centimes. Nous ne doutons nullement que nos ingénieux inventeurs, après avoir réalisé des améliorations si importantes dans l'éclairage de luxe, ne fassent faire rapidement à l'éclairage domestique et plus modeste, les progrès les plus marqués, dès qu'ils voudront s'en occuper bien sérieusement.

Envisagés d'une manière générale, les perfectionnements relatifs à l'éclairage peuvent se ranger en deux grandes catégories : la première comprend tout ce qui concerne le choix, la préparation, l'appropriation des matières combustibles; à la deuxième appartient tout ce qui a rapport aux appareils avec lesquels se fait la combustion.

1° COMBUSTIBLES D'ÉCLAIRAGE.

Quoique ce sujet appartienne plus spécialement à la technologie chimique, nous devons cependant en dire quelques mots, parce que la forme et la construction des appareils d'éclairage dépend principalement de la nature et des propriétés physiques des combustibles.

Ceux-ci se divisent tout naturellement en trois classes :

1° *Combustibles solides* : résine, suif, stéarine, acide stéarique, spermacéti, paraffine, etc.;

2° *Combustibles liquides*, qui présentent deux sous-divisions :

A. Les liquides peu fluides, volatils seulement à une haute

température et en subissant une décomposition : ce sont les huiles grasses;

B. Les liquides très-fluides, facilement volatils et distillant sans décomposition : ce sont les huiles essentielles, les naphtes, les alcools, les essences de goudron, etc.;

3° *Combustibles gazeux :* gaz de l'éclairage, hydrogènes carbonés, hydrogène, oxyde de carbone, etc.

Parmi cette nombreuse série de combustibles d'éclairage, nos ancêtres ne connaissaient et n'employaient guère que la cire, le suif et quelques huiles grasses; tous les autres matériaux sont dus aux progrès et aux découvertes de la chimie moderne. Nous citerons comme exemple, parmi les combustibles solides, la découverte de la bougie stéarique, cette belle matière qui fait une concurrence si redoutable non-seulement à la bougie de cire et de spermacéti, mais encore à la chandelle ordinaire; elle est due aux recherches remarquables de M. Chevreul sur les corps gras, recherches qui avaient appris à ce chimiste éminent que le suif pouvait être séparé en plusieurs substances, les unes solides, cristallisables, fusibles seulement vers 60° ou 70°, les autres fluides à la température ordinaire. L'industrie parvint à éliminer économiquement ces dernières, et le résidu solide, moulé en bougies stéariques, fait maintenant la base non-seulement de l'éclairage de luxe, mais encore, par la diminution extraordinaire des prix, de l'éclairage domestique, se substituant de plus en plus à la chandelle, si incommode et si désagréable, surtout dans les climats un peu chauds.

Les combustibles d'éclairage solides, pouvant recevoir et conserver toutes les formes possibles, n'exigent point d'appareils spéciaux pour leur combustion. Les chandeliers, flambeaux, etc., qui les soutiennent, reposent sur des principes tellement simples, qu'ils ne diffèrent que par leurs formes plus ou moins gracieuses, leur élégance, le travail artistique dont ils ont été l'objet, et la richesse plus ou moins grande de la matière dont ils sont formés.

Sous tous ces rapports, l'industrie française n'a presque jamais eu à redouter la concurrence étrangère.

Quant aux combustibles d'éclairage liquides, les huiles grasses déjà anciennement employées ont été rendues plus propres à cet usage par les nombreux perfectionnements apportés aux différentes méthodes d'épuration. Parmi celles-ci, la plus connue et la plus usitée, l'épuration par l'acide sulfurique, due à M. Thénard, a permis l'emploi d'une plus grande variété de produits oléagineux, ce qui a surtout été profitable à l'agriculture des pays septentrionaux. On pourrait même affirmer aujourd'hui qu'il n'y a point d'huile, soit végétale, soit animale, qui, soumise à nos procédés d'épuration, ne puisse devenir apte à servir comme excellent combustible d'éclairage dans nos diverses espèces de lampes. N'oublions pas que la fluidité et la limpidité plus grande des huiles épurées a permis d'introduire, dans la fabrication des lampes, bien des perfectionnements très-importants, qui auraient été impossibles avec des huiles denses et trop visqueuses. Nous ne citerons à l'appui que le fait suivant. L'emploi d'huiles grasses très-fluides a permis dans les lampes d'Argand, à double courant d'air et à mèche circulaire, de retrécir extrêmement la capacité annulaire dans laquelle se trouve la mèche et par laquelle s'élève l'huile en vertu de la capillarité; on a pu ainsi construire des lampes consommant fort peu d'huile et présentant cependant une flamme des plus blanches et des plus brillantes.

L'emploi des huiles volatiles, des vives essences du goudron, a donné naissance, dans ces derniers temps seulement, à une branche d'éclairage toute nouvelle, et qui, sans doute, n'a pas encore atteint son plus haut degré de perfection ni son maximum de développement.

Ces huiles, extrêmement riches en carbone, avaient longtemps résisté à tous les essais qu'on avait tentés dans le but de les faire servir à l'éclairage; on n'avait jamais obtenu que des flammes inconstantes, très-fuligineuses, répandant une très-forte odeur des plus désagréables et fournissant d'abondants dépôts de suie et de charbon. Dans les premiers essais un peu heureux qui furent réalisés d'abord en Allemagne, on avait corrigé ce défaut en les mélangeant avec de l'alcool, c'est-à-dire avec un liquide riche en oxygène et en hydrogène, peu riche en carbone, qui seul ne brûle qu'avec une flamme pâle, peu lumineuse. Cependant bientôt, en France surtout, par des dispositions particulières et très-ingénieuses de lampes d'une nouvelle espèce, on parvint à se passer de cet auxiliaire trop dispendieux; et maintenant une vaste carrière est ouverte à l'emploi de produits secondaires qui longtemps encombraient les ateliers industriels faute de débouchés. Les goudrons, provenant de la distillation des résines, des houilles, du bois, des os, des schistes bitumineux, des asphaltes, soumis à une nouvelle distillation, fournissent en abondance des hydrogènes carbonés volatils, lesquels, joints aux huiles de naphte naturelles, constituent des combustibles d'éclairage qui peuvent être fournis à des prix extrêmement réduits. Leur emploi favorisera beaucoup le développement des industries qui produisent les différentes espèces de goudron, en réalisant le désir bien légitime de tout industriel et manufacturier de trouver un débouché à tous les produits, même accessoires de sa fabrication.

L'invention du combustible d'éclairage gazeux, ou, en général, des gaz de l'éclairage, due à un Français, M. Lebon, a été le point de départ des nombreux perfectionnements qu'a subis l'industrie de l'éclairage. Le gaz, préparé d'abord avec du bois, le fut bientôt avec les résines, les huiles, la houille, les lignites, les bitumes, etc; on le produisit même par la réaction de l'eau sur le charbon, avec le concours d'huiles hydrocarburées volatiles. La fabrication du gaz de l'éclairage en grand permit d'employer des matières grasses et combustibles des plus mauvaises, et qui n'auraient point pu être utilisées en nature: ce fut par elle que l'éclairage public devint en même temps brillant et économique; enfin elle constitue en ce moment une des exploitations industrielles les plus importantes et les plus perfectionnées.

Les combustibles d'éclairage liquides et gazeux ne pouvant, à cause de leur nature, recevoir eux-mêmes une forme déterminée, il a fallu, pour leur combustion, des appareils particuliers de forme et de construction extrêmement variées, appareils qui, pour les huiles, sont des lampes, et, pour les combustibles gazeux, sont des lampes et des becs à gaz. C'est de l'histoire de leurs perfectionnements que nous devons surtout nous occuper.

2° LAMPES.

D'après ce que nous avons dit plus haut, les lampes se divisent naturellement en deux classes : celles qui servent à la combustion des huiles grasses, et celles dans lesquelles la lumière est produite au moyen d'huiles volatiles. Ces dernières forment, pour ainsi dire, le passage aux appareils à gaz; en effet, les huiles volatiles hydrocarburées étant très-facilement inflammables, même à la température ordinaire, il a fallu prendre des précautions toutes particulières pour régler leur combustion, et c'est plutôt la vapeur de ces liquides que les liquides eux-mêmes qui sort des becs de la lampe pour brûler au contact de l'air.

Nous examinerons d'abord les lampes à huiles grasses ou fixes, parce que leur usage est des plus fréquents, qu'elles sont les plus anciennement connues, et parce que leur construction a servi de base et de modèle à celle des lampes à huiles essentielles.

LAMPES À HUILES GRASSES.

Dans ces lampes, en laissant de côté la partie artistique, c'est-à-dire l'élégance plus ou moins parfaite de la forme, l'arrangement des parties extérieures, et les ornements, il y a surtout trois choses à considérer : l'alimentation, la combustion et la distribution de la lumière.

1° L'alimentation a lieu au moyen du réservoir d'huile, qui peut occuper diverses positions relativement au bec où se fait la combustion.

A. Ou bien le réservoir est de niveau avec le bec: c'est la disposition la plus simple, mais aussi la plus difficile à maintenir, à cause de la diminution de l'huile, qui peut occuper diverses positions relativement au bec où se fait la combustion.

B. Ou bien le réservoir est supérieur au bec; dans ce cas, on a fait des applications très-variées des lois de la pression atmosphérique: telles que, par exemple, le vase de Mariotte, pour empêcher l'huile de déborder par le bec et pour l'y maintenir à un niveau assez constant.

C. Ou bien enfin le réservoir est inférieur au bec: dans ce cas, on s'est servi soit des principes d'hydrostatique, soit de forces mécaniques pour faire monter l'huile depuis le réservoir jusqu'au bec. C'est à ce genre de lampes, auquel appartiennent les carcel, les modérateurs, les lampes Thilorier, que se rattachent les perfectionnements les plus importants, les inventions les plus ingénieuses.

2° La combustion se fait à l'extrémité du bec de la lampe avec le secours d'une mèche.

Les mèches ont été successivement simples et non tressées, puis tressées et plates, enfin circulaires. Les becs ont également varié de forme: d'abord simples et à courant d'air unique, ils ont bientôt dû céder, dans les bonnes lampes, aux becs à double courant d'air inventés par Argand, qui seuls peuvent donner une bonne combustion, une flamme vive, blanche, sans mélange de rouge vers le sommet. Des cheminées en verre de différentes formes servent à favoriser les courants d'air autour de la flamme, et on a fait varier les courants d'air eux-mêmes en les laissant verticaux ou en les faisant dévier, soit à l'intérieur, soit à l'extérieur, comme dans les lampes solaires, les lampes Benkler, etc.

3° La distribution de la lumière et les dispositions pour éviter l'ombre projetée par les appareils d'éclairage ont également donné lieu à des perfectionnements très-importants. Tantôt la lumière se répand naturellement par le rayonnement ordinaire, tantôt ce rayonnement est un peu modifié par des globes, des abat-jour, des réverbères, ou bien par la disposition des mèches; ces modifications se rencontrent dans les lampes ordinaires. Mais quelquefois aussi le rayonnement se fait d'une manière particulière, au moyen de miroirs, de lentilles, de prismes, comme cela a lieu dans les phares; c'est dans ces circonstances que l'on a vu les résultats les plus brillants et les plus merveilleux provenir du concours simultané de la science et de la pratique.

Toutes les inventions, tous les perfectionnements que nous aurons à signaler dans la construction des lampes se rattachent à l'un des trois points que nous venons d'indiquer. La meilleure lampe sera celle qui réunira les trois conditions, de l'alimentation, de la combustion, et de la distribution de la lumière la plus parfaite.

Avant 1783, l'éclairage à l'huile se faisait principalement au moyen de lampes, ayant la plus grande analogie avec les *lampes antiques* usitées encore aujourd'hui dans les églises, pl. I, fig. 1.

Les classes pauvres s'éclairent même de nos jours presque généralement avec des lampions en terre cuite ou en métal, sur le bord desquels est pratiqué un bec, d'où sort le bout d'une mèche formée de quelques fils de coton roulés en spirale et baignée de l'huile dont on remplit le lampion; souvent la portion allumée de la mèche est placée au centre du même lampion, pl. I, fig. 2 et 3. Ce mode d'éclairage très-peu économique, en ayant égard à la quantité d'huile consommée pour obtenir une certaine lumière, est incommode et produit presque toujours un filet de fumée d'autant plus abondant que la mèche ou le réservoir sont plus volumineux. En outre, la flamme est rougeâtre, peu brillante, et répand une odeur très-désagréable. Cela se conçoit aisément: les gaz et les vapeurs combustibles qui se dégagent de l'huile en contact avec la mèche en ignition ne peuvent brûler qu'au contact de l'oxygène de l'air; et toute la portion de vapeur qui ne parvient pas à ce contact indispensable à la production de la lumière au moment où sa température est encore suffisamment élevée pour opérer la combustion, s'échappe sous forme de fumée.

Or, surtout dans les lampions où la combustion s'opère au centre du réservoir, cet affluent de l'air est extrêmement restreint. En effet, l'air ne peut se rendre à la flamme qu'en faisant un coude, et la surface de la vapeur combustible exposée à l'action de l'oxygène est extrêmement petite relativement au volume de cette même vapeur. A mesure que la combustion de l'huile continue, le niveau baisse, et bientôt l'action capillaire de la mèche est insuffisante pour élever l'huile jusqu'au foyer de la flamme. Celle-ci, par défaut d'aliment, devient de plus en plus faible, la mèche se charbonne et enfin la lumière s'éteint. De plus, le cône d'ombre projeté par le corps de la lampe a une base très-large. L'inconvénient est un peu moindre dans les lampions qui ont la mèche sur le côté ou placée dans un bec conique soudé à la base du lampion et s'en éloignant jusqu'à une certaine distance en se recourbant vers le haut, pl. I, fig. 3 et 4. A cette classe de lampes appartiennent aussi les veilleuses, les augustines ou chaufferettes de table, la lampe de Davy, etc.

Souvent le lampion (comme en Alsace) est suspendu de manière à ce qu'il conserve sa position horizontale, même en inclinant le pied de la lampe, pl. I, fig. 5.

Un premier perfectionnement fut l'emploi de mèches plates, présentant, sur une largeur assez considérable, une épaisseur très-mince.

Par cette disposition, le même volume de mèche présente à l'air une surface bien plus grande, et les vapeurs combustibles qui s'en dégagent étant en contact avec une plus grande quantité d'oxygène, la combustion est par cela même plus complète, se fait avec moins de fumée; la flamme est plus éclairante, surtout si le courant est activé par une cheminée en verre.

L'introduction des mèches plates amena immédiatement un autre perfectionnement, c'est la mobilité de la mèche, par des dispositions mécaniques plus ou moins simples, selon la nature de l'appareil d'éclairage, destinées à pouvoir élever ou baisser la mèche à volonté. On put ainsi régulariser la combustion, en augmentant ou en diminuant l'espace dans lequel s'opérait la décomposition de l'huile, et par conséquent aussi la production d'une quantité plus ou moins grande de vapeur.

Un des mécanismes les plus simples pour mouvoir la mèche plate est le cric de Schwikardi; il est formé d'une tige portant une petite roue dentée, dont les dents pressent contre la mèche et l'entraînent dans son mouvement. On le trouve appliqué dans la lampe de cuisine en verre très-usitée en Alsace, pl. I, fig. 6. Elle se compose d'un vase ovoïde en verre, ayant un pied massif et une ouverture circulaire à la partie supérieure; dans cette ouverture se place le porte-mèche avec son cric et la mèche plate. Ordinairement, pour épargner l'huile, on remplit le vase à moitié d'eau et à moitié d'huile qui surnage et baigne la mèche. Nous retrouvons les mèches plates dans beaucoup de réverbères des petites villes de province, dans la lampe de Proust, encore très-répandue en Allemagne, fig. 8, comme lampe d'étude pour une seule personne; dans la lampe de cuisine de M. Valson, et dans une foule d'autres appareils d'éclairage encore peu perfectionnés. Dans la lampe de Proust, la mèche et le porte-mèche sont fixés à une crémaillère, qui elle-même est montée et descendue au moyen d'un pignon; elle ne diffère de la lampe d'étude allemande, fig. 7, qu'en ce que le réservoir d'huile se compose d'un flacon en verre renversé, dont le goulot plonge dans un réservoir inférieur et y maintient l'huile à l'orifice de son goulot, en vertu du principe de la pression atmosphérique et du déplacement de l'huile par l'air qui s'introduit peu à peu par bulles dans le flacon.

La lampe de cuisine de M. Valson (Exposition de 1844) se compose d'un véritable chandelier terminé par un tube de cuivre ayant la hauteur d'une chandelle moyenne, d'un petit piston mû par une crémaillère et d'un porte-mèche contenant une mèche plate. Le piston et le porte-mèche sont réunis par un cylindre de baudruche qui reçoit l'huile. Lorsque la combustion a diminué le volume de celle-ci de manière à affaiblir la lumière, on rétablit le niveau au moyen du bouton de la crémaillère et la combustion devient plus vive. Cet appareil est très-commode, très-économique et susceptible d'une grande propreté; il remplace avantageusement la lampe à pompe, forme de chandelier, en fer-blanc, qui, quoique plus compliquée, est encore très en usage dans le midi de la France.

En substituant à la mèche plate la mèche circulaire et au bec de lampe à courant d'air unique le bec de lampe à double courant d'air, Argand opéra, en 1783, une révolution complète dans l'éclairage à l'huile.

Les premiers becs à double courant d'air étaient formés, comme cela se fait encore aujourd'hui, de deux tuyaux cylindriques et concentriques réunis à leur partie inférieure. L'huile, pénétrant dans l'espace annulaire qu'ils forment ainsi, y baigne une mèche cylindrique qui occupe le même espace; enfin un cylindre de verre ou de tôle (dans ce dernier cas, placé à une certaine distance au-dessus de la flamme) enveloppait à distance le tube extérieur du bec.

Il est facile de se rendre compte des résultats avantageux de cette nouvelle disposition. Dans toutes ses parties, le courant ascendant de gaz et de vapeurs inflammables n'a plus que fort peu d'épaisseur; ses deux surfaces, intérieure et extérieure, sont constamment en contact avec un courant sans cesse renouvelé, dont la rapidité est augmentée par le cylindre de verre; enfin les différentes parties de la flamme, rayonnant mutuellement les unes sur les autres, s'échauffant de manière à favoriser notablement la combustion, on obtint pour la première fois, avec le système d'Argand, une flamme vive, blanche, bien éclairante, sans odeur ni fumée, et sur laquelle les courants d'air extérieurs et accidentels n'avaient que fort peu d'influence.

Le bec d'Argand fut longtemps connu sous le nom de quinquet.

Lange apporta plus tard un perfectionnement aux cheminées cylindriques en verre, en les rétrécissant au-dessus de la mèche. Par cette disposition, le courant d'air extérieur, gêné dans sa marche ascendante, est un peu rejeté de côté sur la flamme; la combustion devient plus complète, plus intense, et la flamme plus blanche.

En effet, dans les cheminées d'Argand, il y avait une quantité assez notable d'air qui, s'élevant le long des parois du verre, sans prendre part à la combustion, refroidissait inutilement la flamme et par là diminuait la lumière. La disposition adoptée par Lange donna une combustion tout aussi complète, avec une quantité d'air moins grande, mais d'une direction plus favorable. On peut affirmer qu'aujourd'hui encore beaucoup de nos lampes, très-perfectionnées du reste, pèchent par la surabondance d'air qui lèche la flamme et la refroidit inutilement. Il faudrait adopter des dispositions simples pour régulariser facilement les courants d'air, soit extérieurs, soit intérieurs; la flamme serait peut-être un peu moins blanche, mais son pouvoir éclairant y gagnerait beaucoup. Il existe une certaine relation entre les dimensions du canal aérien intérieur de l'espace annulaire avec la mèche, de la distance qui sépare la mèche des parois de la cheminée de verre, du diamètre et de la hauteur de cette dernière, relation qui procure un maximum de lumière pour une dépense donnée d'huile. Les constructeurs de lampes devraient s'efforcer de déterminer très-exactement ces relations et de les appliquer avec soin dans leurs différents appareils. Pour prouver l'importance qu'il faut attacher aux dimensions du bec et de la cheminée en verre, ainsi qu'à la position convenable de celle-ci vis-à-vis de la mèche et par conséquent aussi de la flamme, nous citerons les résultats avantageux obtenus d'abord dans les becs dits à fond tournant, inventés, en 1829, par MM. Coessin et Rouen, et, plus tard, dans les becs ordinaires, par M. Wiesnegg. Cet habile lampiste est parvenu à assimiler presque aux lampes mécaniques les lampes ordinaires de bureau à réservoir supérieur et à niveau constant, et cela au moyen du seul rétrécissement de l'espace annulaire compris entre les deux tubes, joint à la possibilité de monter et de descendre le verre autour de la flamme. Dans les lampes de M. Wiesnegg l'augmentation de capillarité due au rapprochement des parois de l'espace annulaire amenait, sans danger de dégorgement, l'huile à un niveau beaucoup plus élevé dans le bec; à son tour, la capillarité de la mèche s'élève notablement au-dessus des bords du bec, dont la flamme ne peut plus approcher, laissant entre elle et le bec un intervalle de 5 à 6 millimètres. Le bec, ne s'échauffant point, n'élève plus la température de l'huile ; celle-ci ne s'altère pas, n'encrasse plus la lampe, et, en outre, ne peut plus dégorger pendant la combustion et se répandre sur les objets sur lesquels repose la lampe, inconvénient des plus désagréables, qu'entraîne souvent l'usage des lampes de bureau ou d'étude à réservoir supérieur.

En France, la plupart des constructeurs de lampes ont maintenu le bec d'Argand, tel que nous venons de le décrire, avec sa cheminée de verre à coude ou rétrécissement plus ou moins brusque. En Angleterre et en Allemagne, on s'est efforcé davantage de varier les dispositions pour modifier les courants d'air et les diriger plus efficacement sur la flamme. Une des plus anciennes modifications inventées dans ce but est celle qui constitue la partie essentielle de la lampe de Liverpool, pl. I, fig. 10. Au centre de l'espace cylindrique par lequel monte le courant d'air intérieur, s'élève une tige mince qui dépasse de plusieurs millimètres la mèche et qui se termine par un petit disque en cuivre, d'un diamètre un peu supérieur à celui d'une pièce d'un centime.

Par tâtonnements, en élevant ou en abaissant un peu la tige supportant le disque, on détermine la position la plus convenable de ce dernier pour obtenir l'effet le plus utile.

Par cette disposition, le courant d'air intérieur, se heurtant dans sa marche ascensionnelle contre le disque métallique, est dévié de la direction verticale et pénètre presque horizontalement dans la flamme, ou, pour parler plus exactement, dans les gaz combustibles qui se dégagent de la mèche. Par suite, la flamme, au lieu d'affecter la forme cylindrique ordinaire, est obligée de s'étaler et présente une forme sphérique légèrement déprimée latéralement; par cela même, elle est soumise très-favorablement à l'action du courant d'air extérieur. Aussi la lampe de Liverpool bien construite présente, en vertu de la combustion parfaite de l'huile, une flamme très-blanche et très-éclatante. Il va sans dire que la forme de la flamme nécessite également un renflement sphérique correspondant à la partie inférieure de la cheminée de verre.

D'après les mêmes principes sont construites les lampes de Benkler et Ruhl, pl. I, 12, qui, produites pour la première fois en 1840, furent accueillies avec tant de faveur en Allemagne, qu'une seule fabrique de Wisbade en confectionnait par mois plus de 2,400.

Le bec n'est autre que le bec d'Argand ordinaire, mais la cheminée présente une modification importante: elle est formée de deux pièces cylindriques dont l'inférieure, plus large et plus courte, est située autour et au-dessous de la flamme, et l'autre plus longue et plus étroite est placée au-dessus de la flamme. La réunion de ces deux cylindres en verre se fait au moyen d'un disque en laiton ayant la forme d'un tronc de cône, dont l'ouverture intérieure et supérieure a le diamètre de la mèche. Le bord inférieur et extérieur du disque est fixé solidement à la partie supérieure du large cylindre de verre. Deux petits crochets fixés non loin du bord du cône métallique, et qui peuvent passer par deux échancrures pratiquées au rebord un peu évasé du cylindre du verre étroit, permettent de fixer solidement celui-ci, en lui faisant exécuter une rotation d'un quart de cercle, au disque métallique, et par conséquent aussi au cylindre inférieur.

La cheminée de Benkler offre donc, au résumé, un rétrécissement brusque du diamètre de la mèche à une distance déterminée au-dessus de la flamme.

Les conséquences de cette disposition sont faciles à concevoir: les courants d'air extérieurs et intérieurs, ainsi que les produits gazeux combustibles, sont obligés de passer simultanément à travers l'ouverture rétrécie du disque, ce qui détermine une contraction très-énergique. Le courant d'air extérieur, dévié par les parois coniques du disque, s'incline vers l'axe de la flamme et pousse celle-ci dans le courant d'air intérieur, d'où résulte un mélange très-intime de l'air et des vapeurs combustibles. Aussi la flamme est-elle contractée au-dessus du disque, mais en s'allongeant par compensation du triple de sa longueur primitive; tout l'air inutile étant écarté, la chaleur est des plus intenses et la clarté des plus blanches et des plus éclatantes. Les lampes Benkler, même d'un très-petit modèle, donnent encore une lumière assez vive, circonstance qui a contribué puissamment à leur donner la vogue dont elles ont joui; cette vogue a un peu diminué, puisqu'il a été reconnu, par des expériences comparatives et faites avec soin, que l'éclairage par ces lampes, malgré sa vivacité et son brillant, n'est pas plus économique que celui d'autres lampes rationnellement construites. A la vérité, la flamme est plus blanche, plus éclatante, mais aussi plus petite que dans les autres lampes; et ce qu'on gagne par l'intensité plus grande de la surface lumineuse, on le perd de l'autre côté par la diminution de cette surface. L'ombre projetée par le disque métallique présente aussi, dans certains cas, un inconvénient assez sensible. On a essayé, dans ces derniers temps, de nombreuses modifications de la cheminée Benkler, soit en la construisant complétement en verre, soit en variant la forme du cylindre supérieur, etc., mais sans que le principe en ait été notablement altéré, et que les résultats se fussent montrés sensiblement plus avantageux. La lampe solaire, présentée, en 1844, par MM. Chabrié et Neuburger, appartient à ce même système de lampes, dans lesquelles les courants d'air sont déviés vers la flamme pour obtenir une combustion plus complète. Dans cette lampe, la capillarité seule élève le liquide vers la mèche; le courant d'air intérieur est comme à l'ordinaire, mais le courant d'air extérieur se meut entre deux calottes hémisphériques, et, dirigé obliquement vers la flamme, y détermine un mélange intime des produits combustibles et de l'air, qui s'écoulent de l'orifice en mince paroi et donnent naissance à une flamme blanche et éclatante. La cheminée en verre de forme ordinaire est placée sur la calotte extérieure.

Déjà, en 1828, l'Anglais Upton avait inventé une lampe à mèche plate surmontée de deux calottes percées; la mèche se présentait à l'orifice de la première, la seconde conduisait l'air sur la flamme, laquelle s'échappait ensuite par son ouverture; cependant, malgré cette disposition la combustion n'était pas aussi parfaite que dans la lampe à double courant d'air. Quelques années après, l'Anglais Bynner plaça sur le bec d'une lampe à double courant une calotte métallique percée d'un trou plus petit que la mèche; l'air, obligé d'arriver latéralement sur la flamme, s'échappait avec elle par l'orifice pratiqué au sommet de la calotte que l'inventeur avait nommée déflecteur.

Plus tard, ce déflecteur fut appliqué en France et en Angleterre à des lampes de constructions diverses, mais avec cette modification qu'on avait substitué à la calotte opaque un disque métallique percé d'un trou et logé dans l'étranglement de la cheminée de verre. Enfin, M. Coignet construisit en France la première lampe dite solaire, avec sa calotte percée d'un trou plus petit que la mèche et surmontée de la cheminée de verre.

Quelque temps après, M. Levavasseur, ayant remarqué que la lampe solaire s'échauffait facilement, logea le réservoir d'huile dans une double enveloppe, refroidie constamment par le courant d'air appelé pour la combustion.

Ayant mentionné dans ce qui précède les principales modifications apportées à la construction du bec d'Argand et à la cheminée, nous reprenons l'histoire des perfectionnements de la lampe.

Pour manœuvrer la mèche logée dans l'espace annulaire compris entre les deux tuyaux concentriques qui constituent le bec d'Argand, les lampistes ont imaginé les dispositions les plus diverses. La plus ingénieuse, la plus pratique et en même temps la plus simple, celle qui est encore appliquée de nos jours, est due à M. Gagneau père. Elle consiste en plusieurs petites lames métalliques fixées par un bout au porte-mèche et faisant ressort; leur extrémité supérieure forme une portion de cercle dentée, qui se tient naturellement écartée du tube intérieur lorsque le porte-mèche est au haut du bec. La mèche est placée entre ces griffes et le porte-mèche, et, lorsque celui-ci descend au moyen d'une crémaillère mise en mouvement par une roue à pignon, le tube extérieur force les griffes à se rapprocher, et leur fait saisir la mèche de manière à l'obliger à les suivre dans l'intérieur du bec.

Dans les lampes dites sinombres, au lieu de la crémaillère et du pignon, M. Philipps a imaginé de creuser d'un pas de vis la paroi interne de l'un des deux cylindres dont le bec est formé, de faire entrer dans cette rainure en hélice, un ergot du porte-mèche, d'y ajouter un troisième tube percé d'une rainure droite et longitudinale, et de loger dans cette rainure un autre ergot du porte-mèche.

La galerie qui porte la cheminée s'agrafe aussi par un ergot à ce troisième tube, qui tourne dans le bec quand on fait tourner la galerie. Ce mouvement de rotation détermine celui du porte-mèche, ce qui ne peut avoir lieu qu'en l'élevant ou en l'abaissant, forcé qu'il est de suivre les contours du pas de vis.

Le bec sinombre, quoique ne projetant que fort peu ou point d'ombre, présente cependant deux grands inconvénients, qui doivent en faire bannir l'usage pour les bonnes lampes; ce sont :

1° Le grand écartement qu'on est obligé de laisser à l'espace annulaire qui renferme la mèche; cet écartement diminue la capillarité de cet espace, ce qui oblige à maintenir très-élevé le niveau de l'huile dans ces becs, et, par conséquent, fait dégorger cette huile par la surface de jonction entre le haut du bec et l'anneau de la galerie chargé de faire mouvoir le porte-mèche. A la vérité, un petit réservoir placé au-dessous du bec doit recueillir cette huile; mais trop souvent sa capacité est insuffisante et l'huile excédante débordant se répand sur les tables et les meubles.

2° La position de la cheminée, qui repose sur le fond de la galerie ou couronne, est invariable, quelles que soient la hauteur de la mèche au-dessus du bec et la grandeur de la flamme. Et cependant une des conditions indispensables pour une bonne combustion et pour l'obtention d'une belle lumière, c'est de pouvoir placer la cheminée dans une position convenable relativement à la mèche et à la flamme, et par conséquent de pouvoir hausser et baisser à volonté le verre de la lampe.

Après le bec, la partie la plus importante de la lampe est le réservoir d'huile chargé de l'alimentation de la combustion. La position du réservoir la plus simple à établir, la plus facile à construire, mais aussi la moins parfaite, est celle de niveau avec le bec et celle qui est supérieure au bec.

Les premières lampes d'Argand étaient à réservoir supérieur, comme on le trouve encore aujourd'hui dans les appareils d'éclairage si connus, sous le nom de *lampes de bureau ou d'étude;* leur bouteille remplie d'huile et renversée dans ce réservoir y maintient l'huile au niveau de l'orifice de son goulot, parce qu'aussitôt que ce niveau baisse d'une quantité sensible, une bulle d'air qui s'introduit dans la bouteille, y déplace une égale quantité d'huile.

Celle-ci, se répandant dans le réservoir, élève le niveau et empêche l'huile de sortir davantage de la bouteille, tant que la combustion n'a pas abaissé ce niveau dans ce réservoir, au point de permettre l'introduction dans la bouteille d'une nouvelle bulle d'air. Avec cette disposition, le niveau de l'huile dans le bec n'est point constant, mais intermittent; cependant la variation de hauteur du combustible n'étant point considérable, n'est par cela même aussi que fort peu sensible; mais, par contre, cette disposition a l'inconvénient de déterminer une projection d'ombre très-forte du côté du réservoir, et, en outre, la lampe étant portative, l'horizontalité entre le goulot de la bouteille et la partie supérieure du bec peut être altérée, soit en penchant la lampe, soit en la posant sur une surface légèrement inclinée, ce qui détermine un débordement de l'huile au haut du bec et tous les désagréments qui s'ensuivent.

Pour éviter l'ombre du réservoir, Georget avait imaginé de placer autour de la cheminée de verre un réservoir annulaire assez étroit.

Dans la lampe astrale de Bordier (Marcet), qui, comme lampe suspendue, a servi si longtemps à l'éclairage des établissements publics, la partie du réservoir tournée vers le bec est inclinée de manière à faire fonction d'abat-jour, en continuant la surface réfléchissante de l'abat-jour véritable. M. Caron a apporté à cette espèce de lampe un perfectionnement important, en y adaptant son entonnoir-robinet, qui, fonctionnant dans le réservoir comme tube de Mariotte, maintient le niveau de l'huile dans le bec, presque constant, ou du moins légèrement intermittent.

La disposition la plus avantageuse qu'on puisse donner à une lampe est évidemment celle dans laquelle le bec serait placé verticalement au-dessus du réservoir et à telle hauteur qu'on voudrait. En effet, on éviterait par là d'avoir latéralement des corps qui s'opposent à ce que la lumière se répande dans toutes les directions, et, d'un autre côté, l'huile qui déborderait tout autour du bec pourrait retomber dans le réservoir, ou bien encore dans une capacité spéciale assez grande pour qu'il n'y ait pas à craindre qu'elle ne se répande au dehors.

Toute la difficulté que l'on rencontre pour réaliser cette disposition consiste à faire monter l'huile depuis le réservoir jusqu'au bec, et surtout à l'y faire monter d'une manière régulière. Ce but a été atteint soit par l'application des principes d'hydrostatique, comme dans les lampes qui portent ce nom, soit par l'emploi des principes de mécanique, comme dans les lampes Carcel et les lampes à modérateur. L'usage de ces dernières a fait abandonner presque complétement les lampes hydrostatiques.

La première lampe hydrostatique ou plutôt hydraulique fut

inventée, en 1804, par M. Philippe de Girard (pl. I, fig 11); elle ne contenait que de l'huile et reposait sur le principe de la fontaine de Héron. L'appareil se composait essentiellement de trois compartiments fermés de toutes parts et ne pouvant communiquer, soit entre eux, soit avec l'air, que par divers tubes. On commençait par remplir d'huile les deux réservoirs supérieurs : le liquide s'écoulant du réservoir du milieu dans celui inférieur, y comprimait l'air, et la pression se transmettant par un tube au réservoir supérieur, forçait l'huile y contenue de monter dans le bec. Par des dispositions ingénieuses cette pression était maintenue constante et faisait toujours monter l'huile à une même hauteur.

Plus tard, M. Galy-Cazalat perfectionna ces lampes, en supprimant les bouchons rodés, dont les frères de Girard avaient fait usage; il enlevait ainsi toutes les chances de fuite. Dans les lampes de M. Dubain, l'huile de dégorgement rentre dans le réservoir d'alimentation.

Les principales objections à faire contre ces lampes sont : 1° l'influence qu'exercent sur la hauteur de l'huile dans le bec les variations de pression atmosphérique, et surtout de température, en entraînant des changements dans la pression que l'air comprimé exerce sur l'huile; 2° le volume considérable, soit en hauteur, soit en largeur, qu'il faut donner à la lampe pour y loger la quantité d'huile nécessaire à un éclairage prolongé pendant sept à huit heures, et, comme conséquence, la surface assez considérable de l'ombre projetée autour du pied de la lampe; 3° la complication trop grande, soit dans la structure de la lampe, soit dans les opérations nécessaires pour la disposer à un usage journalier ou pour la nettoyer.

Plusieurs de ces inconvénients ont été heureusement diminués ou même enlevés successivement par d'habiles fabricants français et anglais.

Une autre espèce de lampe hydrostatique, présentée par MM. de Girard en 1803, reposait sur le principe (d'ailleurs déjà antérieurement appliqué à l'éclairage par le Suédois Edelkrantz et l'Écossais Keir) de l'équilibre de deux liquides de densités différentes. Cette espèce de lampe fut surtout perfectionnée, en 1825, par M. Thilorier (pl. I, fig. 9), par l'heureux choix qu'il fit d'une solution saturée à froid de sulfate de zinc, d'une densité de 57 pour cent plus grande que celle de l'huile. Il s'ensuit que dans deux tubes communiquants, l'un rempli d'huile et l'autre de solution saline, l'équilibre ne s'établit que lorsque la colonne d'huile est 1 1/2 fois plus haute que la colonne de sulfate de zinc. On conçoit facilement qu'une solution saline s'écoulant d'un réservoir par un tube et déplaçant l'huile du réservoir inférieur, en l'obligeant à monter dans un second tube, puisse l'élever jusqu'au bec, quand même le réservoir du sulfate de zinc se trouve au-dessous de ce bec. Des dispositions ingénieuses ont permis de régulariser presque complétement l'élévation de l'huile et de rendre la manipulation et le remplissage de la lampe aussi facile et aussi simple que possible; mais elle présente le grand inconvénient de n'être pas très-portative, des oscillations assez considérables se produisant dans le niveau des liquides et surtout de l'huile par le ballottement ou l'inclinaison de la lampe.

Aussi les lampes hydrostatiques, malgré la belle et constante lumière qu'elles produisent, quoiqu'elles brûlent l'huile aussi avantageusement que les meilleures lampes mécaniques, ont-elles été presque abandonnées dans ces derniers temps.

Nous devons cependant mentionner l'heureuse application qu'a faite M. Robert des appareils hydrostatiques, tels que la fontaine de Héron, le tube de Mariotte, le siphon, etc., pour alimenter d'huile des becs, soit fixes, soit mobiles, placés dans les diverses pièces ou même dans des étages différents d'un édifice au moyen d'un réservoir unique, convenablement placé, qui fournit avec juste mesure à la consommation de chacun et reçoit l'excédant d'huile par des retours habilement combinés.

LAMPES À MOUVEMENT D'HORLOGERIE.

Pour faire écouler l'huile d'une manière régulière dans un bec placé au-dessus du réservoir, on emploie maintenant presque exclusivement un moteur installé dans le corps de la lampe, soit au-dessus du réservoir d'huile, soit dans le réservoir lui-même.

Les premières lampes de ce genre furent construites en 1800 : ce sont les lampes Carcel, ainsi appelées du nom de leur inventeur. Un rouage d'horlogerie, mû par un fort barillet, détermine le mouvement alternatif d'un petit piston placé dans un corps de pompe à double effet, de sorte que l'allée et le retour du piston procure l'arrivée au bec d'une quantité d'huile qui doit être plus abondante que celle employée à la combustion, de manière à produire un dégorgement constant au bec. Ce dégorgement présente le grand avantage de permettre une assez forte élévation de la mèche, de refroidir constamment le bec et d'empêcher l'huile de s'échauffer et de s'altérer, comme cela a lieu dans les lampes ordinaires. Par la même raison, une partie de la chaleur de la flamme n'étant point inutilement absorbée par le bec, sert à rendre la lumière plus blanche et plus éclatante.

Dans la lampe Carcel, le porte-verre est mobile sur le bec, ce qui permet de l'élever et de l'abaisser de manière à placer le coude de la cheminée de verre au point le plus favorable pour la combustion parfaite.

Le seul inconvénient que présente la lampe Carcel réside dans son prix élevé et dans la complication et la difficulté de réparation, pour les lampistes ordinaires, de son appareil moteur.

Beaucoup d'habiles fabricants, surtout en France et en Angleterre, se sont efforcés de perfectionner les lampes Carcel surtout en cherchant à les simplifier.

Dans la lampe Gagneau, présentée en 1817, le mouvement d'horlogerie fait mouvoir alternativement deux petits tampons qui viennent soulever le fond de deux petits sacs en baudruche, d'où cette pression fait sortir, à travers une soupape, l'huile qui s'y introduit par son propre poids, en traversant une autre soupape. Au lieu d'envoyer directement l'huile au bec, chaque pulsation la fait entrer dans un petit réservoir à air, dont la compression, réagissant sur l'huile, la fait monter d'un mouvement continu, régulier et sans intermittences.

MM. Carreau et Gotten sont parvenus à réduire les rouages de leurs appareils à un pignon. Dans la lampe de M. Carreau, l'axe du pignon porte deux excentriques embrassés chacun par une fourchette faisant levier et dont le centre de mouvement est autour de l'axe même du barillet. L'extrémité de l'autre bras de ces leviers s'articule à la tige commune de deux pistons fonctionnant chacun dans un corps de pompe séparé, de sorte qu'il y a quatre pompes d'assez grand diamètre. Les excentriques sont disposés de manière que la plus grande action de la force motrice sur l'un des leviers a lieu quand l'autre agit avec le moins d'énergie. Pour régulariser et ralentir le mouvement, l'huile est obligée de traverser, pour arriver au bec, des trous très-petits. L'écoulement se faisant d'après la loi des carrés, une variation même assez notable de la force motrice n'apporte que des différences beaucoup plus petites dans le produit de l'écoulement. Ce mode de régularisation offre cependant un grave inconvénient, en ce que l'écoulement dépend aussi, pour une bonne partie, de la viscosité de l'huile, qui est loin d'être constante, puisqu'elle peut varier, suivant la nature, l'épuration plus ou moins parfaite et même la température de l'huile.

Dans la lampe de M. Gotten, la pompe repose sur le principe de la pompe des prêtres ; elle est composée de plusieurs compartiments distincts, dont l'une des parois est fermée par une baudruche très-lâche, portant un petit disque métallique ; tous les disques portent une bielle articulée sur un des coudes d'une manivelle, qui en a depuis trois jusqu'à six et plus, de manière que, suivant la position de chaque coude, la baudruche est tirée au dehors de la capacité ou y est enfermée, alternative qui se répète pour chaque compartiment à chaque révolution de l'axe commun de toutes les manivelles. Une soupape permet à l'huile du réservoir de pénétrer dans chacun de ces corps de pompe, lorsque sa capacité augmente; lorsque, au contraire, sa capacité diminue, cette soupape se ferme, et l'huile, ouvrant une autre soupape, est refoulée dans le tube d'ascension. C'est la disposition et la multiplicité des corps de pompe qui produit, sans volant ou autre régulateur, la régularité dans le mouvement ascensionnel de l'huile. La lampe de M. Gotten présente encore une autre simplification très-importante : pour éviter des boîtes à étoupes et des soudures difficiles et souvent peu sûres, qui deviennent nécessaires lorsqu'on veut séparer le mécanisme du réservoir d'huile, M. Gotten fait plonger tout l'appareil dans l'huile, sans aucune espèce d'inconvénients.

Les modifications les plus récentes apportées à la lampe Carcel n'y ont plus opéré des changements aussi importants que ceux que nous venons de mentionner; elles ont eu principalement pour but de faciliter la pose et la réparation des organes, ainsi que le service plus égal et plus prolongé de la lampe.

Nous terminerons l'examen des lampes à huiles grasses par les lampes *à réservoir inférieur*, dont le liquide est élevé par la seule pression d'un ressort ou d'un poids, non parce que ces lampes sont les plus parfaites, mais parce que leur usage est des plus répandus et parce que les perfectionnements qui y ont été introduits en font des appareils d'éclairage excellents et dont le prix est cependant assez modique.

Déjà, en 1803, M. de Girard avait inventé des lampes à piston de constructions diverses, dans lesquelles l'ascension de l'huile était produite tantôt par le poids de la partie supérieure de la lampe, qui, reliée intimement au piston, descendait avec lui à mesure que l'huile était consumée, tantôt par l'action d'un ressort à boudin pressant sur le piston, ou sur l'air renfermé dans une espèce de soufflet. Dans cette espèce de lampes, rien de plus facile que d'obtenir, soit par le poids d'un corps pesant ou par l'élasticité d'un ressort, la compression de l'huile dans le réservoir inférieur, et, par suite, son élévation jusqu'au bec de la lampe; mais, ce qui était plus difficile à réaliser, surtout à la condition de ne point employer d'appareil compliqué et par conséquent dispendieux, c'était l'ascension toujours égale et uniforme de l'huile, malgré la diminution de l'élasticité du ressort et l'augmentation en hauteur de la colonne de liquide à soulever, à mesure que la combustion se prolongeait. Les inventeurs ont cherché à réaliser cette condition de différentes manières. Généralement le piston est construit comme celui de la pompe Letestu, c'est-à-dire au moyen d'un cuir embouti : en le faisant remonter, la pression de l'huile, jointe à celle de l'atmosphère, écarte le cuir des parois de la lampe, et l'huile passe avec facilité; au contraire, en descendant, les bords du piston se serrent contre les parois et empêchent le passage de l'huile.

M. Joanne présenta, en 1834 et en 1839, une lampe à piston flexible et pesant qui, en vertu de son poids, glissait sur une tige creuse qui faisait communiquer le réservoir avec le bec et obligeait ainsi l'huile comprimée à s'élever par la tige creuse. L'alimentation était régularisée soit par l'emploi d'un petit réservoir alimentaire du bec, qui, pouvant être rempli par l'action du piston au plus bas point de sa course, déversait son trop-plein sur le piston pendant la descente de celui-ci, soit par l'emploi d'un flotteur régulateur placé dans le réservoir de distribution interposé entre le bec et l'extrémité de la colonne comprimée.

Dans la lampe de M. Rouen, un petit piston flotteur, placé en un point convenable de la colonne liquide, déterminait par sa position celle d'une petite soupape qui ouvrait à l'huile un passage d'autant plus grand que l'action du piston était moins grande; dans d'autres lampes, on cherchait à compenser les variations de hauteur de la colonne ascendante, par suite de la descente du piston, par l'arrivée successive sur ce piston de couches d'huile égales en hauteur à la descente de celui-ci, de manière à augmenter le poids du piston et sa pression à mesure que s'allongeait la colonne d'huile à faire monter.

Dans la lampe dite Carcel perfectionnée de M. Châtel, le ressort qui presse sur le piston est à la fois en spirale et en hélice, c'est-à-dire formé d'une lame d'acier enroulée comme le ressort d'un barillet, dont elle prend tout à fait la forme à l'état comprimé, mais qui présente un cône à l'état de liberté. Cette disposition, en permettant au ressort d'occuper le moins de place possible, permet de donner plus de volume au réservoir d'huile. On augmente ainsi la durée de l'éclairage, sans qu'il soit nécessaire de remonter la lampe. D'autres inventeurs ont cherché à obtenir le même résultat en plaçant le ressort hors du réservoir et le reliant au piston à cuir embouti au moyen de chaînes et de poulies.

En enfermant l'huile dans une cavité à laquelle est adapté le tuyau ascensionnel par la partie supérieure, tandis que le piston remonte de bas en haut, la compensation a lieu tout naturellement par le jeu même de la lampe. Cette condition est réalisée dans la lampe de M. Valson. Elle se compose d'un sac à baudruche très-fort, faisant fonction de réservoir; le tuyau d'ascension part de la partie supérieure du sac; celui-ci est fixé à la partie inférieure sur une plaque métallique poussée par le ressort. Il est évident que la hauteur de la colonne du liquide à élever diminue à mesure que l'huile se consume et compense ainsi la diminution d'élasticité du ressort à mesure qu'il se détend. Cependant, pour obtenir une compensation plus exacte, les appareils de luxe construits d'après le même principe sont encore munis d'un flotteur manœuvrant par un petit levier de renvoi une soupape régulatrice. Mais, de toutes les dispositions régulatrices, celle qui a eu le plus de succès dans la pratique, c'est celle qui est appliquée aux lampes dites à modérateur, dont M. Franchot a présenté un des premiers modèles. Dans cette espèce de lampes, d'une structure élégante et d'un usage agréable, n'exigeant que peu de soins pour le remplissage et l'entretien, peu susceptibles de laisser déverser l'huile, même en les inclinant, pouvant servir également bien comme lampes suspendues ou comme lampes de bureau et ne projetant point d'ombre, le réservoir intérieur et inférieur fait fonction de corps de pompe; le piston est à cuir embouti, et un ressort à hélice, fixé d'une part à la partie supérieure du piston, d'une autre part aux parois supérieures du réservoir, et qui est comprimé lorsqu'on fait remonter le piston, exerce une forte pression descendante sur celui-ci. Le tuyau d'ascension est formé de deux parties, qui pénètrent l'une dans l'autre : la partie inférieure est fixée au piston, qu'elle traverse, et descend avec lui, sous l'action du ressort moteur; la partie supérieure, au contraire, reste immobile, et sert, pour ainsi dire de gaîne, à l'autre. Une tringle conique, qui constitue le modérateur, placée au centre de l'axe du tube ascensionnel supérieur, descend jusqu'à sa partie inférieure. Lorsque le piston est le plus élevé, et que le ressort a le plus de force, la tringle plonge tout entière dans la partie inférieure la plus étroite du tuyau d'ascension. L'huile, obligée de circuler dans l'espace annulaire très-resserré qui existe entre la tringle et les parois du tuyau, éprouve une très-grande résistance à cause du frottement; mais, à mesure que le piston descend, que le ressort s'affaiblit, la longueur de cet espace annulaire très-étroit devient de moins en moins grande, la résistance diminue et l'huile peut marcher plus facilement; les dimensions du modérateur et de la partie mobile du tuyau ascensionnel sont déterminées de manière à rendre l'écoulement de l'huile d'une très-grande régularité. Toute l'huile qui arrive au bec ne se brûle pas, mais une partie se déverse et retombe dans le réservoir, au-dessus du piston, comme cela a lieu dans les Carcel. Les lampes de ce genre les plus perfectionnées, qui ont été remarquées à l'Exposition universelle, se distinguent autant par leur simplicité, par la facilité et la solidité de leur construction que par leurs dispositions tout à fait rationnelles. Il serait cependant utile de leur appliquer encore quelques-unes des dispositions que nous avons déjà mentionnées, pour régulariser davantage la direction et diminuer l'intensité des courants d'air extérieur et intérieur, qui généralement sont trop forts et refroidissent inutilement la flamme. En conservant la même intensité lumineuse, les lampes pourront devenir d'un usage plus économique.

ÉCLAIRAGE PAR LES HUILES HYDROCARBURÉES VOLATILES.

LAMPES À GAZ LIQUIDE.

Cet éclairage, auquel paraît être réservé un bel avenir, ne date que de quelques années. A la vérité, on avait plusieurs fois essayé de brûler des huiles essentielles, comme l'essence de térébenthine et l'huile de naphte, dans des lampes d'une construction analogue à celle des lampes à huiles grasses; mais sans succès. La flamme de ces liquides d'éclairage, excessivement riche en carbone, était toujours fuligineuse et rougeâtre. La combustion, outre qu'elle était loin d'être complète, occasionnait un abondant dépôt de charbon, elle répandait une odeur pénétrante et désagréable; elle était, de plus, excessivement inégale et irrégulière. En effet, les huiles hydrocarburées, généralement très-volatiles, d'un point d'ébullition peu élevé comparativement à celui des huiles grasses, s'échauffaient dans les becs, y bouillonnaient, et occasionnaient le dégagement d'une masse de vapeurs combustibles. Les difficultés qu'on éprouvait dans l'emploi des huiles volatiles hydrocarburées étaient d'autant plus à regretter, que, par le développement de l'éclairage au gaz, par les industries basées sur la distillation des différentes espèces de goudrons, des schistes et des résines, on obtenait des masses de ces liquides combustibles, qui se vendaient à des prix extrêmement réduits.

Les premiers essais un peu heureux dans l'emploi des huiles essentielles volatiles, soit de résine, soit de goudron, soit de schiste, furent faits presque simultanément en France, en Amérique, en Angleterre et en Allemagne ; nous n'avons qu'à citer à l'appui les lampes de Beale, d'Hanen, de Lüdersdorf, etc.

Tantôt on fit passer, à travers ces huiles échauffées, des gaz peu éclairants par leur nature, tels que l'hydrogène, l'oxyde de carbone, les gaz provenant de la décomposition de l'eau par le charbon : ces gaz se chargeaient de vapeurs des huiles hydrocarburées, devenaient semblables au gaz de l'éclairage, et brûlaient avec une flamme vive et éclairante ; d'autres fois, comme dans la lampe sans mèche de Beale, de l'air comprimé traversait l'essence de goudron chauffée par la combustion même, et le mélange d'air et de vapeurs combustibles brûlait dans des becs à double courant, avec une flamme très-vive, ayant une longueur de 1/2 à 2 décimètres. Dans la lampe sans mèche de Hanen, basée sur le même principe, au lieu d'une flamme unique, le mélange d'air et de vapeurs sortant par des ouvertures très-petites et placées circulairement, formait en brûlant une belle couronne lumineuse d'une dizaine de flammes.

Ces sortes d'appareils fournissent, pendant la combustion, une lumière blanche, vive et inodore; mais, au moment d'éteindre les lampes, les vapeurs, continuant à se dégager, répandent l'odeur fétide et pénétrante de l'huile de goudron. Ce grave inconvénient, qui n'en est pas un lorsqu'il s'agit de l'éclairage des rues et des ateliers, a empêché l'emploi de ces lampes pour l'économie domestique.

C'est M. Breuzin qui essaya pour la première fois en France, en 1832, l'application de ce genre d'éclairage ; sa lampe ressemblait extrêmement à la lampe allemande de Lüdersdorf. Elle consistait dans un réservoir inférieur en métal ou en verre renfermant le liquide combustible : celui-ci était aspiré par capillarité, au moyen d'une grosse mèche dormante renfermée dans un tube métallique ouvert par en bas et fermé à la partie supérieure à l'exception de quelques petits trous capillaires. Un échauffement préalable du tube déterminait la vaporisation du liquide; la vapeur, en sortant par les ouvertures capillaires, s'enflammait au contact de l'air, et la combustion, une fois commencée, communiquait au tube la chaleur nécessaire pour vaporiser une nouvelle quantité de liquide.

Cette lampe présentait, entre autres défauts, celui de s'éteindre avec une grande facilité, dès que le tube renfermant la mèche dormante était accidentellement refroidi.

M. Breuzin perfectionna sa lampe en substituant au tube métallique fermé un tube d'une masse moindre, ouvert aux deux extrémités (ce qui permettait d'introduire plus facilement la mèche), et recouvrant l'extrémité supérieure par une calotte percée de trous capillaires et surmontée d'un champignon métallique destiné à s'échauffer très-fortement par les flammes et à communiquer sa chaleur au tube renfermant la mèche et le liquide. Ce dernier consistait primitivement en un mélange d'essence de térébenthine et d'alcool très-concentré; ce mélange était assez dispendieux.

M. Guyot, en distillant ensemble ces deux liquides, parvint à obtenir un combustible d'un prix moins élevé et cependant d'un pouvoir éclairant plus considérable. Bientôt on reconnut qu'on pouvait remplacer l'essence de térébenthine par l'huile de goudron ou par l'huile de schiste, préparées si économiquement par les procédés de M. Selligue.

Il faut cependant avouer que, tant que l'alcool, par l'effet de la législation actuelle sur les liquides alcooliques, se maintiendra à un prix aussi élevé, toutes les lampes à gaz liquide, alimentées par le mélange d'hydrocarbures volatiles, soit de goudron, soit de schistes, soit de résines et d'alcool, auront de la peine à se propager et à soutenir la concurrence avec les lampes à huiles grasses ou avec le gaz de l'éclairage. Cet état de choses est d'autant plus fâcheux et plus préjudiciable, que ce n'est pas seulement l'industrie de l'éclairage qui en souffre; mais beaucoup d'autres industries encore qui emploient l'alcool en grandes quantités, et qui, par cela même, ne peuvent presque pas concourir avec les établissements semblables de l'étranger.

Malgré divers perfectionnements dus en partie à MM. Robert, Joanne et Valson, dans le but de pouvoir régler facilement la flamme, en augmenter et en diminuer le volume, et l'éteindre sans donner lieu à un dégagement de vapeurs infectantes et désagréables; malgré les nombreuses variétés de formes du réservoir, du bec, de la mèche, du champignon métallique et de la cheminée de verre; malgré les dispositions mécaniques plus ou moins empruntées aux lampes à huile grasse, les lampes actuelles à gaz liquide ou à liquide d'hydrocarbure alcoolique reposent toujours sur le même principe que celle de M. Breuzin. Elles se composent d'un réservoir inférieur dans lequel plonge une forte mèche dormante de coton, dont la capillarité amène une certaine quantité de liquide jusqu'à la partie supérieure du bec, qui présente une série de petites ouvertures, et se compose d'une masse assez considérable d'un métal bon conducteur de la chaleur. Pour allumer la lampe, il faut, au moyen d'une source de chaleur indépendante de la lampe, échauffer préalablement le bec, pour vaporiser une certaine quantité du liquide renfermé dans l'intérieur du tube porte-mèche. La vapeur, s'échappant par les petites ouvertures, s'enflamme et brûle, en affectant des formes très-variées, suivant la disposition des trous et de la cheminée, avec un grand dégagement de lumière et de chaleur. Celle-ci, se communiquant au tube métallique, détermine une vaporisation continuelle du liquide inflammable et que la capillarité de la mèche fait remonter du réservoir au fur et à mesure de la consommation.

Le prix trop élevé des mélanges alcooliques a engagé les inventeurs à rechercher les conditions favorables pour brûler directement les essences de goudron, les huiles de schistes pures, les hydrocarbures liquides en général.

Les difficultés à vaincre étaient extrêmement grandes; mais elles ont été surmontées avec plus ou moins de succès par des dispositions diverses, qui presque toutes se fondent sur le principe suivant : lorsque des gaz ou des vapeurs s'écoulent dans l'air, ils se mélangent avec celui-ci d'une manière d'autant plus rapide et plus complète, que la vitesse d'écoulement est plus grande et que la section de l'orifice d'écoulement est plus petite. Cela provient de ce que le courant rapide de vapeur ou de gaz détermine dans l'air ambiant un courant d'air dans le même sens, en même temps qu'une espèce de succion qui tend à opérer presque instantanément un mélange très-intime. On peut s'en convaincre très-facilement en faisant écouler un filet mince de gaz de l'éclairage dans l'air. Tant que la vitesse d'écoulement est faible, le gaz brûle avec une flamme blanche et éclairante; à mesure que la vitesse augmente, le pouvoir éclairant diminue, le gaz ne brûle plus qu'avec une flamme bleuâtre, et, si la vitesse dépasse une certaine limite, le gaz, mélangé avec une trop grande quantité d'air, est refroidi au point de ne plus posséder la température nécessaire à la combustion; celle-ci cesse et la flamme s'éteint. On conçoit, d'après cela, qu'en chauffant des vapeurs, même très-riches en carbone, sous une pression suffisante dans l'air, on peut obtenir un mélange de principe comburant et de principe combustible, tel qu'il n'y ait point de dépôt de charbon à l'état de suie, que la combustion soit complète et la flamme blanche et éclairante.

Ces conditions ont été très-heureusement réalisées pour la première fois par MM. Rouen et Busson, qui ont éclairé avec un grand succès, au moyen de leurs appareils, des rues, des places et des établissements publics.

Ils placent l'huile hydrocarburée dans un réservoir supérieur, au bas duquel se trouve un tube d'une certaine longueur, qui, se recourbant ensuite verticalement sur une longueur d'un décimètre environ, se termine par un bec composé d'un très-petit trou pratiqué au sommet du tube. Ce trou est environné de toutes parts d'une enveloppe métallique, dont la partie inférieure est percée d'ouvertures convenables pour l'admission de l'air, tandis qu'à la partie supérieure il y a un certain nombre de petites ouvertures destinées à la sortie des jets lumineux.

Pour allumer la lampe on introduit une petite quantité d'huile volatile dans la partie du tube qu'avoisine le bec, en ouvrant un peu le robinet qui établit la communication avec le réservoir. On chauffe le bec (ordinairement au moyen d'une flamme à alcool, pour vaporiser le liquide; les vapeurs, sortant par la petite ouverture du bec, entraînent une certaine quantité d'air de l'enveloppe métallique et brûlent en se dégageant des orifices supérieurs. Une fois la combustion commencée, la chaleur développée chauffe fortement le tube, produit une vaporisation énergique du liquide, et, par cela même, vu l'étroitesse de l'ouverture du bec, une certaine pression sur le liquide, le robinet ayant été complétement ouvert. Il est évident que, dans ces circonstances, le liquide lui-même ne peut pas arriver jusqu'au bec; il est repoussé constamment à une distance proportionnelle à la quantité de vapeur formée, et, puisque le niveau du liquide dans le réservoir est sensiblement constant, la vapeur inflammable est toujours soumise à la même pression, se dégage toujours en quantité égale, et produit par conséquent une lumière constante. En effet, si, par une cause quelconque, le tube était refroidi ou surchauffé, le seul résultat en serait de faire diminuer ou augmenter la distance du liquide au bec : par cette ingénieuse disposition, la flamme se régularise elle-même; l'appareil permet de régler à volonté l'affluent de l'air et de le proportionner à la quantité de vapeur produite; par les raisons indiquées plus haut, cet appel de l'air extérieur est très-énergique : aussi la combustion est-elle vive, complète, et la lumière très-éclatante.

Cette lampe de MM. Rouen et Busson a servi de base et de point de départ pour la construction de la plupart des lampes à hydrocarbures liquides. Celles qu'on construit maintenant sont à la fois élégantes, solidement et rationnellement établies, et cependant d'une construction assez simple. Il est probable que l'emploi de ces lampes se généralisera, surtout pour l'éclairage public des localités trop petites pour permettre l'établissement de l'éclairage au gaz; la matière première, les hydrocarbures, peuvent être préparées très-économiquement et en très-fortes quantités, et les lampes, faciles à poser et n'exigeant qu'une première mise de fonds peu considérable, dispensent d'établir à grands frais de vastes usines à gaz, d'avoir à créer des appareils compliqués, de bouleverser le sol pour poser les tuyaux de conduite, etc.

Les perfectionnements des lampes à hydrocarbures méritent donc d'être fortement encouragés et un bel avenir semble leur être réservé.

ÉCLAIRAGE AU GAZ.

L'éclairage au gaz, dû à un Français nommé Lebon, mais qui, comme cela a malheureusement eu lieu pour plusieurs autres inventions françaises, n'a acquis une véritable importance industrielle qu'en passant entre les mains des Anglais, occupe maintenant le premier rang, comme éclairage public, dans la plupart des villes un peu considérables. Ce fut la fabrique de MM. Boulton et Watt qui fut éclairée la première, en 1789, par du gaz qu'obtenait M. Murdoch. M. Windson commença à éclairer Londres en 1812 et Paris en 1815, au moyen du gaz light; ce fut à la même époque que M. Taylor prépara pour la première fois le gaz en grand au moyen de l'huile. Depuis ce temps, un grand nombre d'inventeurs se sont occupés de la question, et on peut dire qu'aujourd'hui les procédés, soit de préparation, soit de purification, soit de distribution du gaz, ont acquis un bien haut degré de perfection.

La première matière qui servit à préparer le gaz, ce fut celle qu'employa Lebon; mais le gaz du bois, étant peu lumineux, fut bientôt abandonné; cependant, dans ces derniers temps, à Munich et à Vienne, on a fait de nouveaux essais pour utiliser le bois à la préparation du gaz light. Ce sont les houilles, surtout les houilles grasses, brûlant avec une flamme longue et lumineuse, qui, dans la grande majorité des usines, servent à produire le gaz de l'éclairage. M. Chaussenot nous apprit à le fabriquer au moyen des résines. M. Houzeau-Muiron, de Reims, utilisa dans ce but les résidus gras provenant du dégraissage des laines; M. Séguin, les produits volatils de la distillation des matières animales; enfin M. Selligue eut l'ingénieuse idée de produire le gaz en décomposant l'eau par le charbon, et en faisant intervenir dans cette réaction des huiles hydrocarburées très-riches en carbone, telles que les huiles de schiste et de goudron. La théorie et l'histoire de la production et de la purification du gaz light est principalement du domaine de la chimie; nous ne nous occuperons donc que de l'utilisation du gaz déjà préparé, comme combustible de l'éclairage.

Le gaz, recueilli dans de grands gazomètres, peut être conduit aux becs de différentes manières; la plus ordinaire, c'est celle qui a lieu au moyen de conduits en fonte, en plomb, ou en terre vernissée, qui, partant du gazomètre, distribuent, par des embranchements souvent d'une étendue en longueur fort considérable, le gaz jusqu'aux divers becs. MM. Rozé et Houzeau-Muiron, pour éviter les frais très-considérables qu'occasionnent la pose et l'ajustement des conduits, ont imaginé une distribution à domicile au moyen de récipients-soufflets. Ces récipients se composent de deux grands disques, séparés par un cylindre de toile goudronnée imperméable au gaz et qui peuvent se rapprocher ou s'écarter en plissant ou dépliant la toile. Les récipients sont disposés sur de légères voitures, qui les transportent avec facilité. Pour opérer le transport du gaz, on approche le récipient-soufflet vide, c'est-à-dire les deux disques étant presque en contact, du gazomètre principal, et au moyen de tuyaux et de robinets on établit la communication; le gaz, passant du gazomètre dans le soufflet, gonfle celui-ci, écarte les disques et efface peu à peu les plis de la toile : le remplissage étant achevé, on ferme les robinets et on sépare les tuyaux de conduite. Dans les maisons où l'éclairage se fait au moyen du gaz, de petits gazomètres, formés généralement d'une cuve à eau et d'une cloche en métal, se trouvent placés dans un endroit écarté et isolé du bâtiment. Du gazomètre part, outre les tuyaux qui se rendent aux becs, un conduit particulier qui, muni à l'extrémité d'un robinet, débouche vers la rue, dans un petit réduit pouvant être fermé à clef. La charrette portant le récipient-soufflet étant arrivée près de la maison, un tuyau flexible partant du récipient est adapté à ce conduit, et l'ouverture des robinets établit la communication avec le gazomètre. Au moyen d'une vis, l'ouvrier force l'un des disques de se rapprocher de l'autre, le gaz est comprimé dans le soufflet et va remplir le gazomètre; chaque tour de la vis expulsant une quantité connue de gaz, la distribution se fait avec autant de facilité que d'exactitude.

Un autre mode de distribution, mais qui est à peu près abandonné, est celui au moyen du gaz comprimé; on l'appliquait surtout au gaz à l'huile. Le gaz, pris dans le grand gazomètre, était comprimé au moyen de pompes foulantes dans des réservoirs particuliers, qu'on transportait ensuite à domicile et sur lesquels on vissait les becs. La pression atteignant souvent 32 atmosphères, les réservoirs devaient être assez forts pour supporter au moins une pression double. Le danger des explosions toujours imminent, ainsi que la diminution dans son pouvoir éclairant que subit le gaz à l'huile lorsqu'il est fortement comprimé, par suite de la condensation à l'état liquide d'hydrogènes carbonés particuliers, ont été les obstacles principaux à l'emploi plus général de ce mode de distribution. En outre, malgré les dispositions ingénieuses de plusieurs inventeurs, MM. Crosley, Boquillon, Barker, on éprouvait de grandes difficultés à régulariser l'écoulement du gaz, dont la pression dans le réservoir diminuait naturellement, à mesure que la consommation se prolongeait. Dans le régulateur de M. Boquillon, le gaz arrive dans le bec par une ouverture conique au devant de laquelle il rencontre une soupape qui marche à sa rencontre, pressée qu'elle est par un levier mû par le soulèvement d'une paroi mobile fermant hermétiquement le haut de l'appareil, et dont le poids ou la résistance à se mouvoir détermine la pression de l'appareil et par conséquent celle d'écoulement, quelle que soit celle du réservoir.

Les régulateurs, quoique moins indispensables, sont cependant très-utiles lorsqu'il s'agit de brûler le gaz ordinaire non comprimé. On sait, que dans le courant d'une soirée, la grandeur et la clarté d'un bec à gaz ne sont nullement constantes, et, si l'on tient à obtenir la lumière la plus intense (qui correspond à une hauteur donnée de la flamme, mais qui ne peut être sensiblement dépassée sans qu'il n'y ait immédiatement production d'odeur et de fumée), on est obligé de changer assez fréquemment la position du robinet. Cela provient de ce que la pression du gaz n'est point toujours la même; elle varie principalement au commencement et à la fin de la soirée, lorsqu'un grand nombre de becs alimentés par le même gazomètre sont successivement allumés ou éteints. En effet, quelle que soit, d'ailleurs, la régularité du mouvement de ce gazomètre, et par conséquent la constance de la pression avec laquelle il chasse le gaz dans les conduits, il est évident que si, sur un certain nombre de becs alimentés par ce gazomètre, la moitié est éteinte dans un moment donné, au même instant, par suite de l'affluent continuel du gaz, la pression augmentera dans les becs restés allumés, et, l'ouverture du robinet restant la même, il s'écoulera une plus grande quantité de gaz, la flamme sera plus haute et par suite souvent fuligineuse.

Les régulateurs destinés à obvier à cet inconvénient se composent généralement d'une cloche plongeant dans l'eau, équilibrée par un contre-poids ou un ressort. (M. Matrel, de Rouen, emploie une espèce de romaine, dont le poids curseur règle aisément à une position et pour une pression convenables.) Si la pression augmente, par une cause quelconque, la cloche se soulève; elle s'enfonce, au contraire, quand la pression diminue. Ce mouvement d'ascension et de descente se communiquant au robinet d'alimentation qui fait arriver le gaz dans la cloche, et seulement depuis la cloche jusqu'aux becs, en réduit l'ouverture dans le premier cas, l'agrandit, au contraire, dans le second cas, et maintient ainsi l'afflux du gaz aux becs dans des limites assez étroites; les changements de la flamme deviennent à peine appréciables par ce moyen. A côté des régulateurs se placent logiquement les compteurs à gaz; tandis que les premiers régularisent la dépense du gaz, les seconds la constatent et l'enregistrent.

Il y a peu d'appareils concernant l'éclairage au gaz qui aient autant exercé la sagacité des inventeurs que les compteurs à gaz. On en fait en métal, en verre, en baudruche, en toile cirée et imperméable; les uns sont à liquides, d'autres sans liquides; les uns enregistrent au moyen de roues dentées et d'aiguilles, d'autres au moyen de cylindres déroulant des bandes de papier, d'autres encore au moyen de règles ou de crayons, etc. Le compteur le plus répandu est celui qui nous vient d'Angleterre et qui consiste en une roue à compartiments plongée un peu plus qu'à moitié dans de l'eau, le tout étant renfermé dans une cage hermétiquement fermée, à l'exception des ouvertures d'entrée et de sortie du gaz. Celui-ci arrive par l'axe de la roue, remplit successivement les compartiments, lesquels, se dégageant de l'eau au fur et à mesure que le gaz s'y introduit, déterminent la rotation de la roue. Chaque compartiment, ne s'élevant au-dessus du liquide que lorsqu'il est complétement rempli, sert par cela même à mesurer la quantité de gaz qui a passé à travers l'appareil. La roue, en tournant, fait marcher par des engrenages le compteur proprement dit. Le reproche principal qu'on peut adresser à cet appareil, c'est d'offrir des indications un peu variables, suivant la hauteur des liquides dans le compteur et de déterminer une pression additionnelle qui augmente les fuites du gaz et les chances d'explosion. En outre, cet appareil n'offre aucune indication relative au temps employé pour la combustion du gaz dont il indique la quantité consommée, ni sur la qualité du gaz.

On a essayé, dans ces derniers temps, une autre espèce de compteurs qui est l'inverse du précédent. Ils n'indiquent point le volume du gaz consommé, mais le nombre d'heures écoulées pendant un éclairage par un nombre de becs connu et développant leur maximum de lumière. Ils reposent en principe sur l'emploi d'une espèce de chronomètre en communication avec les robinets à becs, et qui marche d'autant plus vite, qu'il y a plus de robinets qui ont été ouverts. Pour l'éclairage des lieux publics, où le consommateur a intérêt à produire toujours le maximum de clarté possible, cette dernière espèce de compteurs semble préférable aux premiers.

Quant aux becs de gaz, les principes en sont les mêmes que pour les becs de lampe; on observe seulement une plus grande facilité de combustion complète, même dans les becs simples, à cause de l'absence de mèches et de la facilité avec laquelle un courant de gaz léger, s'échappant sous une certaine pression, se mélange avec l'air.

En faisant sortir le gaz par une ouverture fine, on obtient une flamme conique, longue et étroite; la flamme en aile de chauve-souris, large mais mince, résulte de la sortie du gaz par une fuite étroite. Une flamme analogue et également favorable, ayant la forme d'un triangle renversé (bec à queue de poisson), s'obtient par une disposition ingénieuse : le gaz se dégage par deux ouvertures très-rapprochées, dont les canaux sont inclinés de manière à ce que les courants gazeux se croisent; dans ces circonstances, les deux courants s'aplatissent réciproquement.

Enfin, lorsqu'on veut obtenir une lumière plus éclatante et plus constante, on se sert du bec d'Argand à double courant. Le gaz sort par une série d'ouvertures très-fines, bien égales, rangées circulairement et assez rapprochées pour que les différentes petites flammes confluent en un cône unique et creux. Les verres de cheminée sont plus larges et moins hauts que ceux des lampes, les becs à gaz ayant besoin d'un courant d'air moins rapide que les becs à huile et à mèches pour obtenir une combustion complète. Un excès d'air est même le défaut ordinaire des becs à gaz, et très-récemment on a cherché avec raison à s'en garantir, en faisant passer l'air à travers des toiles métalliques (ce qui préserve en outre la flamme de l'action des courants d'air accidentels) ou en adaptant à l'appareil éclairant des dispositions qui permettent d'augmenter ou de diminuer l'accès des courants d'air, soit intérieurs, soit extérieurs.

On échauffe quelquefois le gaz avant sa combustion pour produire une lumière plus blanche; cet effet s'obtient très-facilement en faisant passer le conduit à gaz en une ou plusieurs circonvolutions au-dessous de la flamme.

Lorsque, pour des raisons particulières, au lieu de plusieurs becs ordinaires, on veut éclairer une place, un pont, par un seul appareil, mais d'une très-grande intensité lumineuse, on emploie ordinairement le bec de Garney (bec de Bude), qui est une imitation des becs à mèches multiples et concentriques, placées très-près l'une de l'autre, alimentées par des afflux d'air convenables dans les espaces annulaires qui les séparent, et qui furent inventés, en 1822, par MM. Fresnel et Arago pour le service des phares français. Par cette disposition, les cinq ou six flammes concentriques très-rapprochées augmentent réciproquement leur température à un degré remarquable, et cette augmentation de chaleur amène une augmentation proportionnelle de lumière.

Dans les becs multiples à gaz, on place ordinairement chaque réservoir annulaire intérieur avec sa couronne de petites ouvertures un peu plus haut que le réservoir annulaire concentrique extérieur. Au niveau de la flamme est placée une cheminée de verre, surmontée d'une cheminée de tôle. Un certain espace est laissé entre ces deux cheminées pour favoriser le tirage et la ventilation.

Jusqu'ici nous n'avons examiné que les procédés au moyen desquels on cherche à obtenir avec un combustible d'éclairage donné la lumière à la fois la plus vive et la plus économique; mais, dans l'éclairage domestique surtout, la distribution rationnelle de la lumière, en ayant égard à l'organisation de l'œil et aux conditions de la vision, constitue un problème des plus importants. Une lumière trop vive, trop blanche, éblouit notre organe et le fatigue à la longue; cela empêche souvent de distinguer les objets placés dans le voisinage ou dans la direction de la flamme.

Le verre dépoli ou rendu simplement translucide (verre lacteux), affectant la forme de globes, de demi-sphères, de cloches, de vases, sert généralement à préserver l'œil contre l'impression directe de la flamme. C'est à M. de Girard qu'on doit l'invention si utile des globes dépolis. La déperdition absolue de la lumière par ces appareils n'est point considérable, mais leur effet si remarquable s'explique par ce fait : que, par le croisement multiple des rayons lumineux venant de la flamme, et qui se brisent sur les surfaces dépolies, c'est le globe lui-même qui devient le corps éclairant d'où émanent les rayons de lumière.

Ce qu'on perd en intensité on le regagne par l'augmentation de la surface du foyer lumineux. Par cette même cause, les ombres des corps placés dans le voisinage des lampes ou des becs à gaz deviennent bien moins fortes et nettement dessinées, ce qui rend l'éclairage plus agréable et plus uniforme.

Très-souvent, au lieu de laisser la lumière se répandre naturellement dans tous les sens, l'éclairage ne doit se faire que dans une certaine direction, et, dans ces cas, on a intérêt à ne point perdre les rayons arrêtés, mais à les diriger, soit par réflexion, soit par réfraction vers l'endroit qui doit être éclairé. Cet effet est atteint, dans l'éclairage domestique, au moyen des abat-jour, généralement de forme conique, que l'industrie confectionne en papier, en carton, en métal, soit poli, soit verni, sur les modèles les plus variés, depuis les plus simples et les moins coûteux jusqu'aux plus riches et aux plus élégants. Pour l'éclairage public, surtout pour l'éclairage des rues au moyen de réverbères, on se sert presque toujours de miroirs métalliques, soit en fer-blanc, soit en composition, auxquels on cherche à donner une courbure aussi parabolique que possible ; généralement ces miroirs sont fort médiocres et réclament une fabrication industrielle plus parfaite, tout en restant économiques.

Nous n'avons pas à nous occuper ici des magnifiques appareils catadioptriques destinés aux phares, qui, inventés par un illustre savant français, Fresnel, et exécutés pour la première fois par des opticiens français, sont maintenant répandus dans tous les pays et construits avec une perfection et une exactitude extrêmes. Ce sont eux qui serviront de modèles pour la construction d'appareils plus modestes destinés à l'éclairage des places publiques, des rues, des théâtres, etc., où les mêmes principes scientifiques peuvent trouver une application des plus utiles.

Il nous reste à dire quelques mots sur quelques essais tentés dans le but d'obtenir une lumière extrêmement vive et pouvant éclairer à une très-grande distance. On peut réduire à deux les moyens employés dans ce but : l'un consiste dans l'emploi du *courant électrique*, et l'autre dans celui de l'*oxygène pur*.

C'est un fait bien connu qu'en faisant passer le courant d'une batterie voltaïque puissante à travers des corps conducteurs présentant une section peu considérable, ceux-ci sont échauffés à une température extrêmement élevée et deviennent par conséquent très-lumineux. Cette lumière est surtout remarquable et d'un éclat semblable à celui du soleil, lorsque les deux pôles de la pile se terminent par des pointes d'un charbon dense et bon conducteur ; il y a dans ce cas transport de molécules d'un pôle à l'autre, et l'on obtient un arc voltaïque d'une apparence lumineuse des plus éclatantes. C'est cette lumière qu'on a essayé d'utiliser pour l'éclairage.

Pour éviter la combustion du charbon et faciliter la formation de l'arc lumineux, il est nécessaire d'opérer dans le vide, au moyen d'un grand globe ou récipient ovoïde en verre ou en cristal. Par des dispositions très-ingénieuses, on est parvenu, de nos jours, à faire régler par le courant lui-même, en se servant d'un appareil électro-magnétique, l'écartement des deux cônes de charbon. Mais des inconvénients très-grands se sont opposés, jusqu'ici, à l'application industrielle de ce mode d'éclairage : d'abord il est très-dispendieux, ensuite les globes de verre se brisaient facilement par l'effet de la température extraordinaire qu'ils avaient à supporter, ou bien, s'ils ne se cassaient point, bientôt la surface se dépolissait, perdait sa transparence, devenait plus ou moins opaque par l'altération du verre ou du cristal, et, en outre, elle se recouvrait bientôt d'une couche de charbon très-fin et parfaitement opaque.

Les méthodes d'éclairage où l'on emploie l'oxygène comme corps comburant, peuvent se classer en deux séries : dans l'une, l'oxygène produit directement avec les corps combustibles une flamme très-éclatante (lumière de Bude); dans l'autre, la lumière n'est produite que par l'intermédiaire d'un corps combustible, mais qui, échauffé au rouge blanc intense, devient extrêmement lumineux (lumière de Daummond). Des combustibles d'éclairage extrêmement riches en carbone, qui avec l'air ne produisent que des flammes fuligineuses, donnant des dépôts abondants de charbon, tels que les hydrocarbures, les huiles essentielles, etc., donnent immédiatement une lumière blanche et éclatante, lorsque l'air est remplacé par de l'oxygène pur, ou par un mélange d'air et d'oxygène.

La combustion par l'oxygène produisant une température des plus élevées, les molécules de carbone, avant d'être brûlées, sont portées au rouge blanc le plus intense et donnent naissance à la lumière la plus vive. Mais il est évident que l'oxygène ne doit point être en trop grand excès pour ne pas brûler immédiatement tout le carbone, ce qui l'empêcherait de se déposer dans la flamme. S'il en était ainsi, on n'obtiendrait, malgré l'énormité de la chaleur, qu'une flamme bleue ou jaunâtre fort peu éclairante.

C'est pour cette raison qu'un bec d'Argand à gaz de l'éclairage ne donne que peu de lumière, lorsqu'on remplace le courant d'air intérieur par un courant d'oxygène; mais, si, comme l'a fait M. Gurney, on charge préalablement le gaz de l'éclairage de vapeur de naphte ou d'un autre hydrocarbure, on produit une lumière d'un éclat remarquable.

La combustion de l'hydrogène, de l'oxyde de carbone, ou des gaz formés en décomposant l'eau par le charbon chauffé au rouge au moyen de l'oxygène, fournit, comme on sait, une flamme peu lumineuse, mais d'une température extraordinairement élevée; en dirigeant cette flamme sur un morceau d'argile, M. Hare, de Philadelphie, obtint le premier une lumière d'un éclat extraordinaire, aussitôt que l'argile était suffisamment échauffée. Plus tard, MM. Gurney et Daummond substituèrent à l'argile la chaux, dont une température excessive ne fait pas changer rapidement les propriétés lumineuses; enfin, de nos jours, on a remplacé la chaux par un faisceau de fils de platine: les effets lumineux obtenus sont remarquables, mais, jusqu'ici, ces essais n'ont point encore reçu d'application industrielle. Il est bien évident, quel que soit, d'ailleurs, le mode adopté, que cette méthode d'éclairage est une question de production et de préparation économique d'oxygène. Qu'un inventeur habile et heureux parvienne à la résoudre, que l'oxygène puisse être isolé et préparé avec une dépense très-minime, et on peut prédire immédiatement une révolution, sinon dans l'éclairage domestique, du moins dans l'éclairage public. Cette invention aurait des conséquences de la plus haute importance; il est, en effet, incontestable que les huiles de goudron, de schiste, les naphtes et hydrocarbures, les résines, seraient pour l'éclairage par l'oxygène ce que les huiles grasses, les suifs, l'acide stéarique, sont actuellement pour l'éclairage par l'air.

Aux considérations qui précèdent il nous reste à ajouter quelques observations concernant plus spécialement la fabrication même des appareils, et qui n'ont pas pu trouver place dans l'exposé historique ci-dessus.

Pour la fabrication des *lampes*, la France occupe incontestablement le premier rang: aussi exportons-nous cet article avec avantage partout où les droits de douane n'y mettent pas obstacle.

Le siége principal de cette industrie en France est à Paris; et, comme elle s'y est développée sur une vaste échelle, on a pu arriver à établir une grande division dans le travail et à le répartir de façon à ce que chaque ouvrier ait sa spécialité; ce qui est une condition presque indispensable, surtout lorsqu'on veut produire bien et avec économie un article aussi compliqué que la lampe, et dont la confection exige aujourd'hui la coopération d'une vingtaine de métiers différents.

Aussi avons-nous à constater, dans cette industrie, de beaux résultats. L'usage de la lampe date à peine de quarante ans, et son emploi a été longtemps limité par l'imperfection de sa construction ou par son prix élevé. Mais, depuis une vingtaine d'années l'emploi de cet appareil s'est grandement répandu, et aujourd'hui cette industrie occupe, à Paris, environ 2,000 ouvriers et fournit par an pour plus de 8 millions de francs de produits.

Nous devons ces résultats, d'abord aux perfectionnements introduits dans cette fabrication par nos inventeurs, dont nous avons constaté le mérite plus haut, et, en outre, à la réduction des prix obtenue par la bonne organisation du travail et par l'habileté de nos ouvriers.

C'est ainsi que nous sommes parvenus à la construction de la lampe à modérateur, qui donne une lumière presque aussi belle et aussi régulière que la lampe Carcel, et qui se vend aujourd'hui à dix fois meilleur marché que la lampe Carcel ne se vendait dans le temps.

La lampe à modérateur unie de 3 centimètres, qui encore il y a six ans coûtait 15 francs, se vend en bonne qualité aujourd'hui à 10 fr. 50 cent.; en qualité ordinaire, elle a coûté 6 fr. 50 et même 6 francs.

Il serait difficile de constater, dans aucune autre industrie, de meilleurs résultats.

Quant à la fabrication des *appareils pour l'éclairage au gaz*, nous n'avons rien à envier aux étrangers en ce qui concerne les appareils ordinaires; et, dès qu'il s'agit d'articles de luxe et de goût, les produits étrangers ne peuvent soutenir la comparaison avec les nôtres.

En examinant, à l'Exposition de Londres, les appareils de luxe envoyés par l'Angleterre et les États-Unis, les deux seuls pays où cette fabrication ait acquis un certain développement, nous avons pu nous convaincre que les lustres et les candélabres de M. Lacarrière, tout en présentant par leur parfait ajustage les mêmes garanties de sécurité et de solidité que les articles similaires anglais et américains, les surpassaient de beaucoup par une construction plus élégante et d'un meilleur goût, et que, même dans les qualités qui se rapprochaient le plus entre elles, les appareils de M. Lacarrière se trouvaient être d'un quart et quelquefois même de moitié meilleur marché que ceux de ses concurrents étrangers.

M. Lacarrière a eu la médaille de prix pour ses bons et riches appareils, de même que MM. Gagneau et Hadrot pour leurs belles et excellentes lampes; et nous pouvons dire avec satisfaction que les produits exposés par ces habiles fabricants faisaient honneur à l'industrie française des appareils d'éclairage.

Au point de vue statistique, nous ne possédons, pour cette industrie, d'autres renseignements officiels que ceux ressortant de l'enquête parisienne, qui indique :

Pour la fabrication des lampes......	1,974	ouvriers et une production de	7,880,580^f
Pour celle des lanternes de voitures...	172	———	545,900
Pour les appareils d'éclairage au gaz...	590	———	2,800,000
Soit au total....	2,736	———	11,226,480

Dans ce chiffre ne sont pas compris les ouvriers fabriquant les ressorts de lampes à mouvement d'horlogerie, ni ceux qui sont occupés à la confection des abat-jour, des globes et des cheminées.

Du reste, si l'on voulait se rendre compte de l'importance totale de cette industrie en France, il faudrait pouvoir ajouter aux chiffres ci-dessus le nombre des ouvriers occupés soit à la fabrication des lustres et candélabres en bronze, soit à celle des chandeliers en cuivre, zinc, laiton, fer-blanc ou fer; des lanternes, veilleuses et autres articles d'éclairage, soit en métal, faïence, cristal, etc.

Certes, si on pouvait faire un relevé exact de toutes ces fabrications, on arriverait, nous en sommes persuadés, à une production bien supérieure à 25 millions de francs, et à une population ouvrière d'au moins 10,000 personnes.

Quant aux *combustibles d'éclairage*, il est certain que la création de nouveaux combustibles et l'emploi plus rationnel des anciens ont fait accroître la consommation de ces matières d'une manière prodigieuse, parce que chacun éprouve le besoin de s'éclairer le mieux possible. Sous ce point de vue, les progrès dans l'industrie de l'éclairage peuvent avoir des résultats encore plus féconds que les perfectionnements qu'on introduit dans le chauffage. En effet, les améliorations faites dans les appareils de chauffage tendent surtout à réduire l'emploi improductif des matières combustibles, pour arriver à une proportion plus juste entre le coût du chauffage et son emploi utile : de là résulte une consommation plus restreinte. A la vérité, on peut objecter que l'économie obtenue sous le rapport du combustible permet d'en étendre l'emploi, cela est vrai, cependant on finira bientôt par arriver à une dernière limite, parce qu'une fois qu'on est bien chauffé, il n'est plus possible d'aller au delà.

Il n'en est pas de même de l'éclairage : en admettant, sous ce rapport, comme perfection idéale et en dehors de nos atteintes la lumière du soleil, et en considérant le contraste énorme qui existe entre cette lumière et celles que nous produisons d'une manière artificielle, nous pouvons ainsi entrevoir le champ immense qui reste encore ouvert au progrès sous ce rapport. L'industrie de l'éclairage est donc susceptible d'améliorations, pour ainsi dire, illimitées; et, plus ces perfectionnements seront à la portée des masses, plus la consommation des matières combustibles deviendra considérable.

MÉTAUX OUVRÉS.

Nous réunirons sous cette dénomination diverses fabrications, dont quelques-unes, très-importantes, seraient de nature, à la vérité, à faire l'objet d'un chapitre particulier, mais que nous ne pourrions analyser dans tous leurs détails, à moins de donner à notre travail des proportions qu'il ne comporte pas.

SERRURERIE.

Les données statistiques sur la serrurerie sont excessivement difficiles à obtenir, parce qu'elle se fabrique sur tous les points du pays. Dans la statistique de l'industrie parisienne, les produits de la serrurerie en bâtiments figurent, en 1847, pour. . . . . 18,600,835^f
ceux de la serrurerie de précision pour 3,077,380
et ceux de la serrurerie de meubles pour. . . . 2,618,700

Soit au total. 24,296,915

A en juger par ce chiffre de 24 millions de francs pour Paris seul, la production totale de la France en ouvrages de serrurerie doit être des plus considérables, et cette industrie peut certainement être classée parmi les plus importantes que nous possédions.

Quant aux autres pays, nous n'avons pu nous procurer rien de précis à cet égard, et nous craindrions de commettre de trop grandes erreurs en procédant par voie d'estimation. Néanmoins on peut admettre qu'en Angleterre cette industrie est plus développée que chez nous, tandis que, dans tous les autres pays, elle l'est moins.

Cette industrie était largement représentée à l'Exposition de Londres, tant par les produits de la serrurerie ordinaire que par ceux de la serrurerie de précision. On y comptait 39 exposants anglais et 25 exposants étrangers.

Mais on se ferait une idée erronée de la situation de cette industrie dans les différents pays, si l'on prenait pour base les produits qu'ils avaient exposés.

En effet, les fabricants anglais, outre un étalage fait avec soin et tenu constamment dans un bon état de conservation, avaient donné à leurs serrures exposées au Palais de cristal un polissage et un fini de travail extraordinaires, et leur air endimanché ne les faisait guère ressembler aux serrures anglaises qu'on trouve habituellement dans le commerce; même pour rehausser encore davantage leur brillante apparence, presque toutes leurs serrures étaient fabriquées en cuivre verni, et les espèces les plus chères se trouvaient exposées de préférence.

Si les produits de ce genre exposés par l'Angleterre péchaient par le manque de sincérité et pouvaient même être accusés d'une légère teinte de charlatanisme, la serrurerie française, d'un autre côté, est tombée peut-être dans un excès contraire. Nos exposants, très-limités pour la place et le temps, se sont contentés de prendre quelques serrures dans leur magasin, et les ont envoyées à Londres, où souvent elles ont été jetées pêle-mêle avec d'autres objets sur les étalages.

Par suite de ce fâcheux désordre, le jury avait quelquefois de la peine à les découvrir, et la rouille qui recouvrait même quelques-unes d'entre elles leur donnait une apparence de ferraille ou de serrures jetées au rebut. On ne remarquait que deux étalages consacrés à cette industrie, et, à en juger par le petit nombre de serrures qui y figuraient et leur mauvais état, un séjour de près de six mois dans les caisses d'emballage leur ayant enlevé toute fraîcheur, on ne se serait guère douté que ces produits appartinssent à deux de nos principaux fabricants de serrurerie et fussent au moins égaux en mérite à ce que l'Angleterre produit de mieux en ce genre.

Ceci nous conduit naturellement à conseiller, en pareil cas, à nos fabricants en métaux bruts et ouvrés de se cotiser dans le but de réunir leurs étalages, afin de donner à l'arrangement de leurs produits cet aspect élégant et favorable que ne peuvent jamais produire les étalages isolés, quelque soin que l'on mette à y disposer les objets avec goût.

L'Allemagne avait une grande exposition de serrurerie, et, quoique plusieurs fabricants aient réuni leurs étalages, ils n'ont cependant pas réussi à exposer avantageusement leurs produits. Mais il est juste de dire que les fabricants de ce pays n'avaient pas, comme les Anglais, préparé des objets d'un travail exceptionnel, appropriés à la circonstance; leurs produits se trouvaient tels qu'on les rencontre dans le commerce : c'étaient des serrures d'une fabrication ordinaire, mais souvent à fort bon marché.

Les États-Unis avaient exposé quelques belles serrures de précision, mais d'un prix exorbitant : ainsi une serrure était cotée à 2,000 francs. L'exposant nous a dit que ce prix (qui nous semblait fabuleux) était motivé par les soins tout particuliers donnés au travail de la serrure, mais qu'il pourrait en établir, d'après le même principe, dans les prix de 15 francs à 1,500 francs.

La serrurerie ordinaire des États-Unis n'offrait rien de saillant, ni pour le travail ni pour les prix; du reste, il convient d'observer qu'ils n'avaient envoyé à l'Exposition qu'un très-petit nombre de produits de ce genre.

Les autres pays n'avaient rien envoyé qui méritât d'être cité.

Après ce court exposé de la physionomie que présentait la serrurerie à l'Exposition de Londres, nous allons essayer d'indiquer la position réelle de cette industrie dans chaque pays que nous venons de nommer, en la comparant à la nôtre.

La serrurerie anglaise se fabrique principalement à Wolverhampton, Birmingham et Londres; cette industrie est surtout très-développée à Wolverhampton et dans ses environs, et elle y occupe un nombre fort considérable d'ouvriers. Le bon marché de la houille et du fer entre naturellement pour une forte part dans ce développement; mais, à côté de ces avantages, il faut le reconnaître, les procédés mécaniques que les Anglais ont été les premiers à appliquer à cette fabrication, ainsi que les inventions et les perfectionnements dont cette industrie leur est redevable, n'ont pas moins contribué à l'asseoir chez eux sur des bases solides de prospérité.

En effet, pendant que l'Angleterre améliorait ses moyens de fabrication et perfectionnait ses produits, les serruriers allemands et français restaient pour ainsi dire stationnaires, et cela parce qu'en France, comme en Allemagne, les serrures se fabriquaient par des ouvriers isolés, uniquement à la main, et sans les secours de la mécanique.

Cependant, depuis la paix générale, cet état de choses a subi des changements, peu importants à la vérité quant à l'Allemagne, mais notoires en ce qui concerne la France, puisque la situation de cette industrie, s'y est beaucoup améliorée et modifiée. Des établissements très-importants se sont formés dans le Jura et la Picardie pour l'exploitation manufacturière de la serrurerie d'après les procédés mécaniques les plus perfectionnés. Ces établissements, non contents d'avoir réussi à dépasser en fort peu de temps la fabrication de Saint-Étienne, sont encore parvenus à élever la perfection de leurs produits au niveau de ceux des Anglais, et même souvent à se placer au-dessus de ces derniers.

C'est ainsi que nos serrures de bâtiment présentent généralement une confection et un ajustage plus parfaits que celles d'Angleterre: la disposition de nos pièces est souvent supérieure, nos ressorts sont mieux conditionnés, nos pênes à demi-tour et nos feuillots ont un mouvement plus doux; nos garnitures sont d'un meilleur assemblage et présentent plus de sécurité que les leurs. Aussi ne craignons-nous pas de dire que nos serrures de bâtiment présentent des conditions de durée plus grandes que les serrures anglaises destinées au même usage. Si, à ces qualités, on ajoute le goût que nous déployons dans la création de formes nouvelles, surtout lorsqu'il s'agit de la serrurerie de luxe, et si, en outre, on considère que nous employons habituellement pour cette fabrication des fers supérieurs aux fers anglais, on ne sera pas étonné de voir que, sur les marchés neutres, nos serrures sont souvent préférées à celles de l'Angleterre et de l'Allemagne, bien que le prix plus élevé des matières premières nous place dans des conditions de production moins avantageuses que celles de ces deux pays.

Tels sont, quant à la qualité, les résultats obtenus depuis

une vingtaine d'années, et ces résultats sont dus en grande partie à la division du travail et à la concentration des moyens de fabrication sous une direction intelligente et uniforme.

Quant aux prix, les succès ne sont pas moins remarquables, et l'on ne s'écarterait pas beaucoup de la vérité en affirmant qu'il existe une différence de près de la moitié entre les prix actuels et ceux qu'on faisait payer encore il y a douze ou quinze ans. La serrure à pêne dormant demi-tour, de 14 centimètres, se vendait 5 francs ; aujourd'hui on l'achète à 2 fr. 50 cent. La serrure demi-cloison est tombée de 12 fr. à 6 fr. 50 cent., et, indépendamment de cette grande réduction dans les prix, ces serrures sont aujourd'hui d'une confection supérieure. Nous devons faire remarquer que les perfectionnements apportés à la serrurerie de bâtiment par Sterlin, Ringé et autres, ont puissamment contribué aux résultats que nous venons de signaler.

Pour ce qui concerne la comparaison entre nos prix, et ceux de l'étranger, elle devient excessivement difficile, parce que les serrures des divers pays ont rarement une analogie complète entre elles : elles diffèrent grandement dans les dimensions, les formes, dans leur ajustement et leur confection.

Néanmoins, on peut admettre que les différences de prix entre nos serrures et celles des Anglais sont surtout sensibles dans la serrurerie commune, qui exige beaucoup de matière première et peu de main-d'œuvre; mais ces différences de prix diminuent à mesure que la qualité de ces produits va en augmentant, et enfin elles disparaissent complétement, pour la serrurerie de prix ou de luxe. Cela tient principalement à la différence qui existe dans le prix de la main-d'œuvre, qui est, en Angleterre, généralement plus élevée que chez nous.

Notre position vis-à-vis de l'Allemagne n'est pas la même; elle est, au contraire, tout opposée, et les Allemands se trouvent, sous ce rapport, vis-à-vis de nous, dans la même situation que la France vis-à-vis de l'Angleterre.

En effet, l'infériorité de la serrurerie allemande relativement à la nôtre doit être attribuée principalement à l'absence des procédés mécaniques dans leur fabrication, et à la grande habitude des fabricants de ce pays de viser avant tout à la production à bon marché.

Cependant, depuis quelque temps, on commence aussi, en Allemagne, à employer le travail mécanique dans cette industrie, et, comme la main-d'œuvre et les matières premières y sont à très-bon marché, l'importance de la serrurerie allemande augmentera certainement sur les marchés étrangers.

Nous avons dit que les États-Unis n'avaient rien envoyé de remarquable à l'Exposition, hormis quelques serrures de précision.

Cependant, si la serrurerie ordinaire de l'Amérique n'est pas encore redoutable sur le marché des étrangers, elle exploite avantageusement le sien propre, et, à l'aide des droits dont est frappée la serrurerie étrangère, les États-Unis développent de jour en jour cette industrie. C'est ainsi qu'ils font déjà usage de procédés mécaniques pour le découpage de la serrurerie en fer, et, pour remplacer la serrurerie ordinaire de l'Europe, ils font des serrures tout en fonte qui allient à une certaine solidité une marche convenable, ainsi qu'une grande modicité de prix.

En général, les Américains ont l'esprit très-inventif et cherchent toujours à innover, autant par disposition naturelle que par la nécessité de remédier à la cherté de la main-d'œuvre, conséquence de l'insuffisance des bras; toutefois, l'augmentation naturelle de la population et les émigrations nombreuses et continuelles qui affluent dans ce pays ne corrigeront que trop tôt les vices de cet état de choses.

Il nous reste à ajouter quelques mots sur la *serrurerie de précision.*

Il y a peu d'instruments dont l'existence ait été attaquée et défendue aussi vivement que la serrure, et, si les ennemis de la propriété ont déployé une adresse peu commune dans cette guerre, il faut reconnaître que, de leur côté, les fabricants ont fait les plus ingénieux efforts pour réparer et fortifier les parties faibles de leur œuvre.

Jusqu'à la fin du XVIIe siècle, on croyait ne pouvoir donner de la sûreté à une serrure qu'en cherchant à élever des obstacles au mouvement d'une clef étrangère, qu'on chercherait à y introduire, et, à cet effet, on établissait des garnitures plus ou moins compliquées dans l'intérieur de la serrure.

D'anciennes serrures qui nous tombent encore quelquefois sous la main témoignent des combinaisons ingénieuses que les ouvriers d'alors s'appliquaient à donner à ces garnitures, ainsi que des soins minutieux qu'ils apportaient dans la construction de leurs serrures.

Mais toutes ces serrures, quelque compliquées qu'elles fussent, pouvaient s'ouvrir avec une fausse clef, un crochet ou par la destruction de la garniture.

Pour obvier à cet inconvénient, un Anglais, M. Baron, prit, en 1744, un brevet pour une serrure dans laquelle des obstacles furent placés au mouvement du pêne; mais les obstacles étant visibles, le procédé de les crocheter fut bientôt découvert.

Cependant un autre Anglais, Bramah, trouva, en 1784, le moyen de cacher les obstacles par sa serrure à pompe, que Chubb perfectionna encore depuis par sa serrure à gorge et à délateur.

Il est assez remarquable, et ceci soit dit sans vouloir en rien diminuer le mérite de M. Baron, que les Égyptiens produisaient déjà, il y a quarante siècles, la serrure à combinaison avec obstacle au mouvement du pêne. Elle a été décrite très en détail par M. Denon dans son ouvrage sur l'Égypte et se trouve même parmi les bas-reliefs, qui décorent le grand temple de Karnac. Il a donc fallu quatre mille ans pour retrouver cette découverte.

En France, nous avons eu Régnier, lequel a inventé la serrure à lettres, qui se fabrique ordinairement sous forme de cadenas. Ce principe, appliqué aux coffres-forts, forme un des plus grands obstacles à leur crochetage. Malheureusement ces serrures ont l'inconvénient de ne pouvoir s'ouvrir dans l'obscurité.

C'est encore un Français, Robin de Rochefort, qui, en démontrant le peu de sécurité qu'offraient les serrures Bramah et Chubb, y apporta un perfectionnement considérable, en leur donnant une clef changeante, pouvant, avec la plus grande facilité, changer la disposition de la serrure elle-même. C'est même sur ce principe que se fonde la construction de la serrure à permutation de Day et Newell, de New-York, dont on a tant parlé lors de l'Exposition.

La serrure à pompes et à gorges mobiles passait depuis longtemps pour incrochetable, et MM. Bramah, de Londres, avaient exposé depuis une vingtaine d'années une de leurs serrures avec un écriteau, promettant 5,000 francs à qui parviendrait à l'ouvrir. M. Hobbs, habile serrurier de New-York, représentant de MM. Day et Newell, qui avaient envoyé au Palais de cristal une serrure dite à permutation, pouvant être regardée comme le plus beau travail de cette industrie à l'Exposition, mais dont la combinaison, comme nous venons de le dire, avait été empruntée à M. Robin, se présenta pour l'ouvrir. Il y parvint au bout de cinquante-deux heures et gagna ainsi les 5,000 francs, et détruisit en même temps la confiance dont jouissaient encore les serrures de ce genre.

M. Hobbs soutenait que la serrure Newell était incrochetable et promettait 10,000 francs à qui l'ouvrirait; mais un de nos habiles serruriers, M. Forestier, délégué à l'Exposition par la Picardie, après l'avoir examinée, s'étant présenté pour tenter l'opération, l'offre de la prime fut retirée.

Il est résulté de ces faits que la confiance du public dans l'inviolabilité des serrures de précision a été fortement ébranlée, sinon entièrement détruite ; car les moyens employés par M. Hobbs sont tellement simples et tellement sûrs, qu'il est probable qu'avec un peu de pratique on parviendra à crocheter cette espèce de serrure assez facilement, et, comme les journaux ont publié son procédé dans ses plus petits détails, il est à présumer que certains lecteurs intéressés à faire ces recherches sauront bientôt acquérir l'habileté nécessaire.

Ainsi, en vue des résultats ci-dessus mentionnés, nous engageons nos fabricants de serrures de précision à chercher à perfectionner la serrure à lettres de Régnier, car nous croyons que ce système d'invention française est celui qui présentera le plus de sécurité; il s'agirait toutefois de trouver une combinaison qui permît d'ouvrir ce genre de serrure facilement et sans lumière, tout en leur conservant une assez grande complication pour mettre à bout la patience du plus intrépide.

N'oublions pas de dire que M. Grangoir, de Paris, avait exposé quelques serrures de précision qui joignaient à un beau travail une combinaison des plus ingénieuses, et que M. Hobbs aurait eu probablement plus de peine à ouvrir que celle de M. Bramah. Malheureusement, ainsi que nous l'avons dit au commencement, ces serrures se trouvaient en si mauvais état, que le jury n'a voulu leur accorder que la mention honorable.

Nous nous sommes abstenus d'entrer dans des détails techniques sur la construction des serrures; car, quelle qu'eût été l'étendue que nous eussions pu donner à nos descriptions, elles auraient toujours été imparfaites, à moins d'être accompagnées de plans. D'ailleurs, chaque fabricant intéressé à connaître la construction de ces serrures peut se procurer les échantillons nécessaires avec la plus grande facilité.

Parmi les coffres-forts de l'Exposition, celui que MM. Sommermeyer et Cie, de Magdebourg, y avaient envoyé, était incontestablement le plus beau; il réunissait à une construction solide et élégante un fini de travail qui témoignait du bon goût et de l'habileté des fabricants. Son prix était de 2,500 francs.

La France comptait deux exposants de coffres-forts, M. Paublan et M. Verstaen; tous les deux ont obtenu la médaille de prix: en effet, les produits de ces fabricants se distinguaient de tous les autres par un ajustage irréprochable, et certes, parmi tous les coffres-forts de l'Exposition, il n'y en avait pas un seul dont les serrures fussent d'un travail aussi parfait et offrant plus de sûreté que ne l'étaient celles des coffres-forts français.

Les coffres-forts anglais brillaient peu par leur élégance, et leur ajustage laissait également beaucoup à désirer; leurs serrures avaient les pênes droits, ce qui permet facilement leur repoussage. Plusieurs étaient d'un poids et de dimensions énormes, et une certaine force était nécessaire pour faire tourner la porte sur les gonds : l'exposant de ces coffres leur attribue l'avantage d'écraser, en cas d'incendie, les poutres des planchers supérieurs et de tomber au rez-de-chaussée parmi les décombres; mais nous présumons qu'on montera rarement ces masses pesantes à un premier étage, et, dans tous les cas, il vaudrait mieux se borner à donner des proportions raisonnables à un coffre, sauf à le charger d'un poids plus fort si l'on tient absolument à ce qu'il possède l'avantage problématique ci-dessus indiqué.

Les fabricants anglais cherchent surtout à garantir leurs coffres-forts contre l'action du feu, en garnissant leur intérieur de matières qui sont de mauvais conducteurs de chaleur. Ils prétendent que ces matières, placées dans les cavités qui entourent le coffre, répandent, si elles sont chauffées, des vapeurs dans son intérieur et empêchent ainsi la destruction des papiers : Chubb a produit à l'Exposition un certificat déclarant qu'un de ses coffres, rempli de papiers, avait été chauffé jusqu'au rouge, et que les papiers étaient restés intacts; Milner et fils garantissent la conservation des papiers dans leurs coffres doubles, lors même que ces coffres seraient exposés à une chaleur poussée jusqu'au rouge cerise pendant vingt-quatre heures; Tann et fils avaient placé des sels dans les cavités à l'entour du coffre, afin qu'en cas d'incendie, la chaleur du feu fît fondre le sel, dont l'évaporation, pendant un certain temps, empêcherait la chaleur de s'élever outre mesure dans l'intérieur du coffre et préserverait ainsi les papiers qu'il renferme.

Nous recommandons à nos fabricants d'étudier également la construction des coffres en vue de les faire résister au feu, car, de nos jours, où chacun cherche à utiliser son argent, les coffres servent plus à la conservation des papiers qu'à celle des écus. A la vérité, bien des personnes font construire un emplacement voûté, à l'abri du feu, pour y placer la caisse renfermant leurs papiers précieux ; mais, lorsqu'on ne peut pas disposer d'un pareil emplacement, on accordera souvent la préférence à un coffre garanti contre l'action du feu sur celui qui ne possède pas cette qualité.

Nous leur recommandons encore de doubler leurs coffres à l'intérieur d'une tôle en acier trempé, à toutes les places où l'action du foret, du ciseau ou de la scie serait à craindre.

ESPAGNOLETTES ET CRÉMONES.

Il est vraiment remarquable qu'un peuple jaloux du comfort, comme l'est le peuple anglais, persiste encore toujours à conserver les fenêtres à coulisses ; nous ne pouvons l'attribuer qu'à la force de l'habitude, car, en exprimant un jour à un Anglais notre étonnement à cet égard, et en lui demandant quels étaient donc les avantages de ces fenêtres, il nous répondit qu'il n'en connaissait pas, mais que, si nous voulions connaître leurs inconvénients, il pourrait nous en indiquer beaucoup.

Vu cet état de choses, il ne nous reste qu'à constater notre grande supériorité dans la construction de ces objets de serrurerie, dont MM. Bricard et Gauthier, Cugnot et Cadreu, de Paris, avaient exposé de fort beaux spécimens.

FERRONNERIE, VERROUX, FICHES ET CHARNIÈRES.

Nous n'avons rien vu à l'Exposition, concernant ces articles, qui fût supérieur à ce que nous fabriquons, et nous devons encore constater, quant à la France, que ces produits se vendent aujourd'hui à moitié meilleur marché qu'il y a trente ans.

Plusieurs de ces objets, qui se fabriquaient dans le temps

à la main, se font aujourd'hui à la machine, et ce sont les Français qui ont pris l'initiative dans ce genre de travail, qui s'applique notamment à la charnière; celle-ci se forgeait autrefois, tandis qu'aujourd'hui elle se découpe d'une plaque de tôle qui est pliée et percée à la machine avec une étonnante facilité. De cette façon, on est parvenu à produire les charnières à un prix de revient de moitié moindre qu'autrefois et à leur donner une régularité et une solidité qu'on était loin d'atteindre avec l'ancien mode de fabrication.

CLOUTERIE.

Avant la paix générale, la fabrication des clous, surtout celle des clous mécaniques, était peu considérable en France, et une grande partie de ceux dont on avait besoin pour la consommation intérieure nous était fournie par l'étranger. Depuis ce temps non-seulement on n'en importe plus, car leur entrée est défendue, à l'exception des clous pour doublage en cuivre ou en zinc, et des clous en fer pour selliers et cordonniers, mais nous sommes même parvenus à en exporter des quantités assez considérables, grâce à la perfection de nos tréfileries et de nos procédés mécaniques.

Quoique nous n'ayons pas de données statistiques exactes sur cette industrie, nous ne croyons pas pouvoir estimer notre production annuelle en clous de toutes espèces à moins de 20 millions de francs.

Il y a peu de fabrications où le travail à la main ait réussi à lutter avec autant de succès contre le travail mécanique que celle des clous. Non-seulement la majeure partie des clous se fait encore à la main, mais le cloutier, malgré ses outils si simples, fait encore les clous d'une meilleure qualité que ne les produit la machine, et à un prix qui n'est guère plus élevé, tout en frappant peut-être 60,000 coups de marteau par jour. Cette différence de qualité provient de ce que, pour la fabrication du clou mécanique, on prend généralement de la tôle ou du fer tendre, afin de pouvoir mieux le façonner à froid, tandis que le clou forgé se fait à chaud et est battu à froid, de sorte qu'il est plus roide et entre, par conséquent, mieux dans le bois.

Nous fabriquons le clou forgé aussi bien que les autres nations; seulement il revient un peu plus cher en France qu'en Belgique et en Angleterre, puisque, dans ces deux pays, les matières premières employées à cette fabrication sont à meilleur marché que chez nous. La Belgique a, de plus, l'avantage de payer un prix de main-d'œuvre moindre. Mais notre clou forgé est de meilleure qualité chaque fois que nous pouvons employer nos fers au bois à sa confection; car, en Angleterre ainsi qu'en Belgique, on ne fait usage, pour cette fabrication, que des fers à la houille, qui ne se soudent pas bien et qui n'offrent pas la même résistance que nos fers au bois.

La Belgique excelle particulièrement dans cette industrie, et, chose assez remarquable, elle produit les fers pour clous à des prix inférieurs à ceux des mêmes fers anglais, tandis que, pour toutes les autres espèces de fers, les prix belges sont généralement de 15 à 20 0/0 plus élevés que les prix anglais. On attribue ce bas prix exceptionnel principalement à la production régulière et considérable d'un même échantillon de fer et à la grande routine que les maîtres de forges ont acquise dans cette fabrication. La Belgique augmente chaque année son exportation en clous : en 1836, elle était de 4,000 tonnes, et, depuis, elle s'est élevée constamment jusqu'au chiffre de 9,400 tonnes, qu'elle a atteint en 1850.

La fabrication du clou mécanique est plus développée en Angleterre et en Belgique que chez nous; cependant nous possédons dans les Ardennes quelques établissements dont les produits ne le cèdent en rien à ceux de l'étranger.

Même MM. Morel frères, de Charleville, avaient envoyé à l'Exposition des clous mécaniques d'une fabrication bien supérieure à celle des clous d'Angleterre et de Belgique. Leurs semences, leurs bequets et leurs bossettes étaient d'un fini de travail qu'on chercherait vainement ailleurs. Leurs têtes larges, leurs tiges fines et leurs pointes très-effilées et sans défaut dénotent une fabrication des plus soignées et l'emploi de très-bonnes matières. Aussi exportent-ils de leurs clous ainsi fabriqués; ils en vendent même à Bruxelles, malgré la grande différence de prix qui existe dans les matières premières. Cependant il faut remarquer que ce dernier fait est une exception, mais une exception qui fait honneur aux fabricants, et que, par cette raison, nous croyons devoir mentionner.

MM. Sirot, de Valenciennes, avaient également exposé de beaux échantillons de chevilles en acier, en cuivre et en fer, ainsi que des clous à monter en acier fin qui soutenaient avec avantage la comparaison avec ce que les autres pays produisent de mieux en ce genre.

La fabrication des pointes en fil de fer a pris naissance en France, et, pendant longtemps, on ne les désignait que sous le nom de *pointes de Paris*.

Cette industrie, très-peu importante chez nous en 1815, a pris, depuis, un développement considérable, et l'on ne peut estimer au-dessous de sept millions de francs la production annuelle de cet article; une grande partie en est exportée.

Nous avons acquis une réputation de supériorité pour cette fabrication sur toutes les autres nations, et nous le devons autant à la bonne qualité et au parfait tréfilage de nos fils de fer qu'au travail perfectionné au moyen duquel nous produisons les pointes.

Cette fabrication s'exerce aujourd'hui sur une grande échelle dans la Franche-Comté, la Bourgogne et la Lorraine. Dans les deux premières provinces on s'applique principalement à la fabrication des pointes de fer au bois, tandis que dans la Moselle on produit de préférence les pointes faites en fer à la houille.

Par suite des perfectionnements introduits dans la fabrication des fers, on est parvenu à tréfiler des fils avec le fer traité à la houille, qui sont aujourd'hui employés en quantité à la fabrication des pointes, surtout de celles à grosses dimensions. Ces fils cependant laissent encore à désirer sous le rapport de l'homogénéité et sous celui de la rigidité, quoiqu'il soit incontestable que, depuis l'emploi de ces fers, la production de ces pointes s'est beaucoup développée, par suite de leurs plus bas prix; il n'en est pas moins vrai que la bonne réputation dont jouissent à si juste titre les pointes françaises ne pourrait que péricliter par suite d'une fabrication inférieure, si les commerçants ne mettaient les plus grands soins à empêcher qu'il ne puisse y avoir confusion entre les deux sortes. Nous sommes d'autant plus portés à leur donner ce conseil, que nous avons vu en Angleterre des pointes faites avec du fil de fer à la houille qui nous ont inspiré quelque inquiétude sur nos exportations en pointes de fils ordinaires, tandis que la supériorité de nos fils de fer au bois nous assurera toujours une supériorité de qualité pour nos pointes fabriquées avec ces fils.

L'amélioration des prix que nous avons obtenue sur cet article depuis un certain nombre d'années est considérable; elle est même très-remarquable, vu le peu de main-d'œuvre qu'exige une pointe.

En 1832, la tonne de pointes se vendait 1,000 francs; aujourd'hui elle ne vaut plus que 400 à 440 francs : la qualité est toujours la même. Ce résultat est dû en partie au meilleur marché des fils de fer, en partie à la perfection des procédés mécaniques employés à leur fabrication.

L'Autriche était le seul d'entre les États allemands qui eût exposé quelques pointes. Dans le nombre, il s'en trouvait qui avaient été aplaties en forme de carré et ensuite tordues en forme de spirale. Loin de voir un avantage dans cette innovation, nous n'y trouvons que des inconvénients; elles doivent avoir moins de rigidité, présenter une plus grande difficulté à être introduites dans le bois, fendre ce dernier plus facilement, et, par suite du peu de volume qu'ont les têtes de cette espèce de pointe, la plus grande solidité qu'elles pourraient offrir pour le clouage est de peu d'utilité.

Il nous reste à parler du clou à vis, ou de la *vis à bois*.

Avant la paix générale, les vis à bois se fabriquaient encore à la main : on prenait une barre de fer, de laquelle on forgeait à chaud chaque vis, et, au moyen d'une filière, on taraudait le pas de la vis.

Aujourd'hui on prend du fil de fer et on découpe la vis à la longueur voulue, puis on emboutit la tête à la machine, et on découpe le pas de la vis sur un tour d'une construction excessivement simple et ingénieuse [1].

Cette invention, comme tant d'autres, est due à MM. Japy, de Beaucourt. La vis mécanique est bien mieux faite et de meilleure qualité que l'ancienne, et, quoique l'étranger cherche à imiter la fabrication de ce produit, on n'a pu parvenir, dans aucun pays, à donner aux vis à bois la perfection de travail des nôtres: aussi exportons-nous cet article avec avantage, malgré les prix plus élevés des matières premières. Nous produisons des vis à bois pour environ un million et demi de francs par an, et celles qui se vendaient, il y a trente ans, avec 5 ou 6 p. o/o d'escompte, se vendent aujourd'hui avec un rabais de 70 p. o/o, ainsi 66 p. o/o meilleur marché.

Ici nous ne pouvons nous empêcher de signaler un fait qui prouve clairement combien il est difficile de récompenser avec justice les exposants, si l'on impose au jury la condition de baser pour ainsi dire uniquement la récompense sur l'examen des produits exposés, et sans tenir compte des renseignements sur leurs prix, le nombre de leurs ouvriers, leur chiffre d'affaires, etc., que chaque exposant français avait pourtant été obligé de fournir. Car voilà ce qui est arrivé au sujet de MM. Japy : le jury, sur le vu de l'exiguïté de leur exposition et du mauvais état de leurs produits, nous en avons déjà expliqué les causes dans l'article Serrurerie, n'a voulu donner à MM. Japy qu'une mention honorable. Sachant que la Xe section devait accorder la grande médaille à cette maison pour ses produits en horlogerie, nous voulions que la XXIIe section déclarât que ces fabricants avaient mérité la même ré-

[1] On a essayé, à diverses reprises, de produire des vis en fonte malléable, mais, jusqu'à présent, ces essais ont eu peu de succès, parce que ces vis en fonte ne sont guère meilleur marché que les vis en fer, et leur sont notablement inférieures en qualité.

compense pour leurs produits de quincaillerie, tels que serrures, vis à bois, fer battu, etc. ; mais, malgré nos vives instances, nous n'avons pu obtenir que la médaille de prix pour ces articles, bien que la même récompense ait été accordée à deux fabricants anglais qui n'avaient exposé que des vis à bois, fabriquées d'après les procédés inventés par MM. Japy, mais d'un travail bien inférieur au leur. Pourtant nous n'avons eu qu'à nous louer de l'impartialité et de l'esprit de justice de nos collègues étrangers au jury international, et, si nous n'avons pas réussi en cette circonstance, nous ne pouvons l'attribuer qu'à la cause ci-dessus mentionnée. En revanche, nous avons appris avec une grande satisfaction que notre Gouvernement a accordé la croix d'officier à cet honorable industriel, dont l'illustration, fondée sur des travaux d'un grand mérite et d'un intérêt général, doit être aussi chère au pays que bien des gloires militaires. Un homme qui fabrique par an près d'un million et demi de mouvements de montres, qui parvient à les faire pour autant de sous qu'ils coûtaient auparavant de francs, et réussit ainsi à épargner annuellement des sommes considérables aux consommateurs de ces objets, tout en donnant du travail à des milliers d'ouvriers, possède certainement de grands titres à la reconnaissance de sa patrie, surtout aux yeux de ceux qui savent apprécier les efforts immenses qu'exige la réussite dans cette carrière, et connaissent le nombre considérable des victimes qui ont succombé dans les luttes industrielles.

CUIVRE ESTAMPÉ.

Dans les produits de cette fabrication figurent principalement les galeries de croisées, les palmettes, patères, rosaces, et, en général, cette grande variété d'objets qui servent à la décoration des appartements. En France, le siége de cette fabrication est à Paris ; en Angleterre à Birmingham, et en Allemagne à Iserlohn.

La France occupe certainement le premier rang dans cette

industrie par la nouveauté et le bon goût des modèles, autant que par la beauté du travail, et nos fabricants concourent avantageusement avec les Anglais et les Allemands non-seulement sur les marchés neutres, mais sur les marchés mêmes de ces deux nations.

Pourtant, en 1815, cette fabrication était presque inconnue en France; on faisait bien quelques entrées et un peu de bosselage à Lyon, mais c'était insignifiant. Cette fabrication a ensuite été apportée à Paris, où elle a pris racine et s'est développée sur une assez grande échelle. C'est surtout depuis qu'on emploie les estampés aux décors de théâtres, de bals et de concerts, que cette industrie a beaucoup progressé. L'extension qui en est résultée pour le placement de leurs produits, a permis aux fabricants de varier davantage les modèles et d'augmenter l'assortiment de leurs articles, et, par le grand choix d'objets qu'ils ont peu à peu réussi à livrer au commerce, ils ont été mis à même de satisfaire le goût de chacun. Il convient cependant de remarquer que l'économie considérable (elle est de moitié) qui résulte de l'emploi de l'estampé à la place des dorures en bois d'autrefois, a aussi contribué pour sa part au développement de cette industrie. Il n'existait encore, il y a quinze ans, qu'un seul modèle d'une galerie par bandes de deux mètres, tandis qu'aujourd'hui tel fabricant en possède à lui seul plus de cent cinquante.

Bien que la création de nouveaux modèles contribue à répandre nos produits, il en résulte, d'un autre côté, une grande charge pour le fabricant, puisque le dessin et la gravure des estampes exigent de fortes dépenses. Il serait donc à désirer que la propriété de ces modèles fût assurée par des traités internationaux, car aujourd'hui le fabricant d'Iserlohn se dispense d'en inventer de nouveaux; il trouve plus simple de les acheter à Paris, et de les faire copier ensuite servilement par ses graveurs; c'est par cette raison qu'une estampe ne lui coûte que la moitié des prix que le fabricant parisien est obligé de payer.

Pour ce qui concerne les prix des cuivres estampés, nous avons également à constater, de la part de nos fabricants, de grands progrès. Les galeries qui coûtaient, en 1834, 6 francs le mètre, se vendent aujourd'hui à 2 francs et 2 fr. 50 cent., suivant les reliefs et les difficultés de la fabrication. Il en est de même de presque tous les autres articles de cette industrie.

Elle occupe environ 400 ouvriers, et produit pour deux millions de francs.

Les fabricants anglais joignent généralement à la fabrication du cuivre estampé celle de bien d'autres objets : c'est ainsi que Hordmann et Winfield, qui ont obtenu la grande médaille à l'Exposition, y avaient envoyé un immense assortiment d'articles, parmi lesquels l'estampé n'occupait qu'une faible place.

A Iserlohn comme à Paris, cette fabrication est traitée comme spécialité; seulement les fabricants d'Iserlohn ont d'ordinaire encore une fonderie et un laminoir, afin de produire eux-mêmes les planches en cuivre, tandis que le fabricant de Paris les achète.

Mais, si le fabricant de Paris paye son tombac plus cher que celui d'Iserlohn ne paye son laiton, nous avons pu nous assurer que la matière qu'il emploie est aussi bien supérieure en qualité à celle du fabricant allemand. Si ce dernier vend ses produits à plus bas prix, cela tient à ce qu'il paye ses ouvriers meilleur marché [1] et principalement à une fabrication plus ordinaire, et surtout à l'emploi d'un laiton tellement mince, qu'il faut, pour brunir les estampés, user de beaucoup de précautions afin de ne pas refouler la matière. Aussi les échantillons qu'ils avaient envoyés à l'Exposition ne pouvaient aucunement soutenir la comparaison avec les nôtres.

Nous ne terminerons point cet article sans mentionner

[1] On paye à Iserlohn, aux ouvriers âgés de quinze à seize ans, 3 fr. 75 c. par semaine, et, au-dessus de cet âge, 11 fr. 25 c. par semaine, tandis qu'à Paris la main-d'œuvre s'élève à plus du double.

particulièrement les produits estampés de M. Desjardin-Lieux, qui nous ont prouvé que ce fabricant peut être regardé comme l'artiste de cette industrie. En effet, ses corps de lampes, ses manches pour la coutellerie, ses médaillons, ses statuettes, sont d'un fini d'étampage remarquable et dénotent des procédés de travail et un outillage parfaits.

Nos quatre exposants, MM. Marsaux et Legrand, Thoumin, Lecocq et Desjardin-Lieux, ont obtenu chacun la médaille de prix.

FER ESTAMPÉ OU BATTU.

L'estampage du fer, c'est-à-dire le travail mécanique au lieu du travail à la main, pour le façonnage des ustensiles de ménage et une foule d'autres objets, est encore une invention française et a pris naissance dans l'établissement de MM. Japy frères, à Beaucourt.

On prend de la tôle de fer, on la découpe, on l'emboutit sous le balancier, et, si la pièce l'exige, on la finit sur le tour; puis on vernit l'objet, on l'étame ou bien on l'émaille, selon les prescriptions de la commande. Toutes ces opérations se font mécaniquement et exigent peu de main-d'œuvre.

Les objets ainsi fabriqués se font remarquer par la régularité de leurs formes, leur légèreté et leur facilité à s'échauffer, qualités qui les font rechercher par les consommateurs. Aussi ces produits français commencent-ils à faire une concurrence sérieuse, sur les marchés neutres, aux ustensiles anglais en fer-blanc, qui sont soudés et présentent moins de solidité.

Quoique ce mode de fabrication ne date que de vingt-cinq ans et qu'il exige un outillage considérable, il s'applique déjà à une foule d'articles et s'étend encore chaque jour à de nouveaux objets. La supériorité de nos procédés mécaniques dans cette industrie est telle, que nos fabriques en fer battu, tout en employant des tôles à 50 p. o/o plus chères que celles des Anglais, produisent des ustensiles non-seulement meilleurs, mais encore souvent à des prix inférieurs.

Les autres pays n'avaient rien envoyé en ce genre à l'Exposition qui fût comparable aux produits exposés par MM. Japy de Beaucourt, ou à ceux de MM. Karcher et Westermann, de Metz; et nous ne pensons pas que, jusqu'à présent, les étrangers aient réussi à s'approprier les moyens mécaniques que nous possédons pour cette fabrication.

Nous devons encore mentionner ici les produits remarquables que M. Palmer, de Paris, obtient par l'emboutissage et le banc à tirer. Ses longs cylindres, ses moules de bougie et ses bouteilles en tôle de fer ou d'acier ou de cuivre ont été admirés par tous ceux qui connaissent le travail du fer.

TISSUS MÉTALLIQUES.

Il nous est impossible de constater où a été tissée la première toile métallique; toutefois, il paraît certain qu'en 1778 M. Roswag, de Schelestadt, eut l'idée de remplacer les tamis en soie ou en crin par des tamis en fil de laiton : ainsi, jusqu'à preuve du contraire, nous devons croire que c'est un Français qui, le premier, a employé le fil de fer au tissage de la toile. Quant à tresser ou à grillager le fil de fer, cet art remonte jusqu'au moyen âge, ainsi que nous pouvons nous en convaincre par d'anciennes armures d'une très-belle confection.

Quelle que soit, du reste, l'époque de l'invention de cette industrie, il ne paraît pas qu'elle ait pris beaucoup de développement dans aucun pays avant la paix générale.

En France, nos tréfileurs éprouvaient, pendant longtemps, des difficultés à tréfiler des fils aussi fins et aussi égaux que les Allemands et les Anglais, de sorte que nos tisseurs avaient de la peine à rivaliser avec les étrangers. Depuis l'invention du papier continu, cette imperfection devenait surtout préjudiciable aux Français; car les Anglais étaient les seuls qui produisaient convenablement les toiles nécessaires à cette industrie.

Mais, grâce aux efforts réunis de nos tréfileurs et de nos

fabricants de tissus, nous sommes arrivés, depuis quelques années, à nous élever au premier rang dans cette fabrication.

Nous produisons aujourd'hui aussi bien que l'Angleterre, tout en réduisant nos prix primitifs de moitié; et nous fournissons en grande partie nos toiles aux papeteries étrangères et à 20 p. 0/0 meilleur marché que les Anglais.

M. Roswag, de Schelestadt, avait exposé au Palais de cristal incontestablement la plus belle collection de tissus métalliques, et ses échantillons se distinguaient autant par la régularité du tissage que par leur finesse; au sujet de cette dernière qualité, nous citerons un échantillon qui portait 9,225 mailles au centimètre carré, soit 96 fils en chaîne et autant en trame.

M. Lang, de Schelestadt, avait envoyé à Londres 6 rouleaux de toiles pour papeteries, dont la surface unie, la solidité et la souplesse dénotaient son habileté dans ce genre de fabrication.

Quoique les produits de M. Tronchon, de Paris, ne dussent pas, à la rigueur, être classés parmi les tissus métalliques, ils s'en rapprochent assez pour nous permettre de mentionner ici honorablement la belle collection d'ouvrages en fil de fer, tels que bancs et chaises de jardin, volières, jardinières, berceaux, kiosques, qu'il avait exposés à Londres. Tous ces produits se distinguaient généralement par leurs formes élégantes et un travail soigné. M. Tronchon a eu la médaille de prix.

La production de la France en tissus métalliques et celle en ouvrages grillagés ne peuvent être évaluées à moins de 5 millions de francs par an.

AIGUILLES ET HAMEÇONS.

Les aiguilles se fabriquent de trois qualités :

1° Aiguilles en fer cémenté,

2° *Idem* en acier ordinaire,

3° *Idem* en acier fondu.

Les premières sont les plus mauvaises : elles se fabriquent

principalement à Iserlohn en Westphalie, et se vendent de 1 fr. 20 cent. à 2 fr. 50 cent. le mille.

Les secondes, en acier ordinaire, forment la fabrication courante des Allemands, dont le centre est à Aix-la-Chapelle. Elles se vendent en moyenne à 3 francs le mille.

Les troisièmes, en acier fondu, se fabriquent presque exclusivement en Angleterre, particulièrement à Redditsch et à Hotherrage. Elles se vendent en moyenne 5 francs le mille.

On estime la production totale et annuelle de ces aiguilles en Allemagne à 1,500 millions de pièces, pouvant valoir de 2 1/2 à 3 millions de francs. Environ 3,000 ouvriers sont occupés à cette fabrication.

En considérant le plus grand développement de cette industrie en Angleterre et le prix plus élevé des aiguilles anglaises, nous pensons ne pas nous tromper en estimant la production totale de l'Angleterre au quintuple, soit à 10 millions de francs.

Notre production est insignifiante. Un seul fabricant a su faire avec quelque succès les aiguilles en fer cémenté, et plusieurs essais qui ont été tentés pour introduire chez nous la fabrication des bonnes aiguilles ont, chaque fois, échoué. Cependant, nous avons le plaisir de constater que, depuis quelques années, un habile fabricant d'Aix-la-Chapelle, M. Neus, a établi une fabrique d'aiguilles à Lyon, qui se développe et dont les produits sont assez estimés dans le commerce.

Si cette fabrication n'a pas pris racine en France, il faut l'attribuer à plusieurs causes.

La première est le manque de tréfileries en acier, quoique nous possédions les meilleurs établissements en ce genre pour le fer.

Jusqu'à présent tous nos fils d'acier nous viennent encore ou d'Allemagne ou d'Angleterre.

Ensuite, il y a peu de fabrications qui, pour produire du bon, exigent autant d'habileté dans la main-d'œuvre que celle des aiguilles, parce que les diverses opérations de cette fabrication, et il y en a 26, ne se font pas pièce par pièce, mais bien par centaines et milliers de pièces, que l'ouvrier est obligé de manier à la fois. C'est ainsi qu'un bon aiguiseur aiguise jusqu'à 10,000 pièces dans une heure; or, comme il faut que, pour chacune d'entre elles, la pointe soit bien dans l'axe, on comprendra quelle longue habitude il faut avoir pour acquérir une aussi grande adresse dans le maniement de cet article. Il est donc facile de se rendre compte de l'immense difficulté que les fabricants auraient à vaincre, en établissant une telle industrie dans un pays où les ouvriers manqueraient.

On a bien augmenté les droits d'entrée, en les portant jusqu'à 8 francs le kilogr., afin d'encourager cette industrie en France, mais ce droit ne fait que 10 p. 0/0 à 14 p. 0/0 sur la valeur, et on ne saurait l'élever davantage à moins d'encourager la fraude de cet article, qui se pratique déjà assez fréquemment aujourd'hui dans les qualités inférieures.

Ce que nous avons dit des aiguilles peut également s'appliquer aux *hameçons :* les ordinaires nous viennent de l'Allemagne et les meilleurs de l'Angleterre. Tant que nous ne tréfilerons pas à bon marché de bons fils d'acier, il n'est pas possible de prédire à la production indigène de ces objets de grandes chances de succès, surtout lorsqu'il s'agit des bonnes qualités.

ÉPINGLES.

Quant à cette fabrication en France, nous sommes heureux de pouvoir la présenter sous un jour plus favorable que celle des aiguilles.

En effet, la production des épingles a pris un développement considérable chez nous, et nous les exportons avec avantage malgré la concurrence des Anglais. A la vérité, les données statistiques nous manquent totalement sur cette industrie, qui, depuis 1839, n'a plus compté un seul exposant aux expositions nationales. Néanmoins, si les renseignements que nous avons cherché à recueillir sont exacts, l'industrie des épingles, dont le siége principal est dans les environs de l'Aigle et de Rugles, occuperait de 5,000 à 6,000 ouvriers et produirait annuellement pour environ 5 millions de francs.

En Angleterre, à Birmingham principalement, la fabrication des épingles est encore plus développée, et on nous a cité la maison Edelsten et William comme devant en produire 3,000 quintaux par an. Les épingles exposées par cette maison ont le corps et la tête d'une seule pièce et sont faites par une machine qui en produit 600 par minute. Cependant on a remarqué que les têtes de ces épingles, formées par la presse mécanique, conservaient souvent une bavure tranchante qui déchirait facilement les habits. En revanche, il est juste de dire que la pointe en est plus fine et plus régulière que celle de nos épingles.

La France n'avait pas d'exposant à Londres pour les épingles en laiton, mais, par contre, elle en comptait deux pour les épingles en fer, M. Vantillard et M. Taillefer. A l'Exposition de 1839, M. Anfrie, breveté pour la fabrication de ses épingles recouvertes d'une couche d'étain, a obtenu la médaille de bronze; à Londres, le jury a accordé la médaille de prix à M. Vantillard, cessionnaire du brevet de M. Anfrie.

Les épingles en fer possèdent plusieurs avantages sur celles en laiton : la tige des premières présente plus de résistance, leur pointe est plus effilée et elles se vendent 10 p. 0/0 meilleur marché.

M. Vantillard a produit des certificats qui prouvent que ces épingles ont été favorablement accueillies par la consommation, et une seule maison de Paris en a vendu, en 1850, pour plus de cent mille francs. Depuis ce temps, ce chiffre a encore augmenté, et M. Vantillard nous a affirmé qu'il dépasse aujourd'hui trois cent mille francs.

Ces résultats sont assez beaux pour que M. Vantillard y trouve les plus puissants encouragements à persévérer dans cette bonne voie et à justifier la confiance du public en donnant de plus en plus à ce nouveau produit la plus grande perfection. Nous lui recommandons surtout beaucoup de soins dans l'étamage de ces épingles, principalement en ce qui concerne les pointes, afin de les préserver de l'oxydation à laquelle le fer est si facilement sujet.

Si la fabrication de ces épingles se développait en France, il en résulterait plusieurs avantages : d'abord, celui de pouvoir employer pour matière première le fil de fer, dans la production duquel nous excellons; ensuite elle donnerait lieu à plus de main-d'œuvre : le fil de fer revient à peu près à deux tiers meilleur marché que le fil de laiton, et pourtant les épingles en fer ne se vendent encore que 10 p. 0/0 meilleur marché que celles en cuivre, précisément à cause du surcroît de main-d'œuvre qu'elles exigent. En outre, il en résulterait une économie pour les consommateurs, et l'accroissement de l'emploi des épingles en général en serait probablement la conséquence.

A cette occasion, nous croyons devoir ajouter que, dans le rapport du jury de l'Exposition de Berlin, on cite déjà avantageusement des épingles en fer fabriquées mécaniquement à Vienne (Autriche) et argentées par le procédé électro-chimique; on ajoute que ces épingles se distinguent par une plus grande rigidité et par leur prix moins élevé.

PLUMES MÉTALLIQUES.

A la fin du dernier siècle, on fabriquait déjà en Angleterre des plumes en cuivre, mais en petite quantité. L'usage des plumes métalliques ne s'est répandu que depuis environ une trentaine d'années, par suite de l'emploi des tôles d'acier à cette fabrication. C'est M. James Perry, de Londres, qui, par la confection soignée de ses plumes, a le plus efficacement contribué à les faire adopter.

Aujourd'hui cette fabrication a pris une grande extension en Angleterre, surtout à Birmingham, où se trouve le centre de cette industrie. On y compte quatre fabriques de premier ordre et cinq à six établissements secondaires, parmi lesquels celui qui fait les plumes Perry peut toujours être mis au premier rang pour la qualité de ses produits.

La production totale de ces fabriques doit s'élever au delà d'un milliard de plumes et représenter une valeur d'environ 6 millions de francs. Du reste, comme la consommation de ces plumes augmente chaque jour, il est probable que cette industrie gagnera toujours plus d'importance.

Depuis longtemps l'Angleterre fournit presque exclusivement ces plumes au monde entier, et les tentatives qu'on a faites pour introduire cette fabrication sur le continent et en Amérique ont presque toujours échoué, même lorsque ces essais ont été faits par des Anglais.

L'insuccès de ces diverses entreprises peut être attribué à plusieurs causes, dont la principale consiste dans l'avantage que possèdent les fabricants anglais de disposer de nombreux ouvriers très-expérimentés, soit dans la fabrication des plumes, soit dans la confection de l'outillage nécessaire à cette industrie. En outre, on trouve en Angleterre même et à bon marché les matières premières convenables à cette fabrication.

Cependant, au commencement de l'année 1847, MM. Blanzy, Poure et Cie, ont établi à Boulogne-sur-Mer une fabrique de plumes d'acier qui est aujourd'hui en pleine voie de prospérité. Elle occupe 260 ouvriers, et les produits que cette maison a envoyés à Londres ont été classés par le jury au même rang que ceux des fabricants anglais, et de même qu'à ces derniers on a décerné la médaille de prix à MM. Blanzy, Poure et Cie.

Depuis la fondation de l'établissement de MM. Blanzy, deux autres fabriques de plumes métalliques ont encore été créées en France, la première à l'Aigle et la seconde encore à Boulogne. Ces trois établissements produisent au moins un million de grosses (144 millions de pièces) par an; la fabrique de MM. Blanzy fournit à elle seule de 700 à 750,000 grosses. En estimant l'importation annuelle des plumes anglaises à 200,000 grosses, on trouvera que la France consomme de 1,200,000 à 1,300,000 grosses de plumes métalliques, ou environ 200 millions de pièces par an.

Notre exportation est, jusqu'à présent, insignifiante dans cet article, mais elle augmentera certainement en proportion du développement et du perfectionnement de cette industrie. Et, à ce sujet, nous pensons que nos fabricants d'acier pourraient considérablement contribuer à améliorer la situation de nos fabricants de plumes, s'ils s'appliquaient à produire les qualités ou tôles nécessaires à la bonne confection de cet article. Ces aciers sont encore tirés en totalité de l'Angleterre, et leurs prix élevés, par suite des droits d'entrée dont ils sont chargés, aggravent la position de nos fabricants, surtout lorsqu'il s'agit d'exportation. Nous sommes persuadés qu'en étudiant bien la qualité d'acier qu'on exige, on parviendra, après quelques essais, à la produire aussi bien en France qu'en Angleterre. Le jury français se trouverait heureux s'il avait à constater ce résultat à la prochaine Exposition.

Après avoir réussi à donner aux plumes d'acier la souplesse suffisante, il reste encore à trouver le problème de garantir leur fente de l'action corrosive de l'encre, car c'est là ce qui les abîme d'une manière prématurée.

On a cherché à remédier à cet inconvénient par le bleuissage, le bronzage et même la dorure, mais sans beaucoup de succès. Alors a commencé la fabrication des plumes en or, en platine, à pointe de rubis ou d'osmiure d'iridium; seulement le prix très-élevé de ces plumes en restreint la consommation, et, jusqu'à présent, les débouchés de cet article sont encore fort limités.

Toutefois, nous croyons devoir constater ici les succès obtenus dans cette fabrication par M. Mallat, de Paris, qui a fait les premières plumes à pointes de rubis et d'iridium en 1842. Nous n'avons point vu à l'Exposition de plumes en ce genre qui fussent supérieures à celles de M. Mallat; au contraire, nous avons remarqué que les siennes avaient plus de finesse et possédaient un perfectionnement manquant aux plumes anglaises, et qui consiste dans un tuteur sur lequel les becs de la plume viennent se reposer, ce qui les maintient parallèles ou les empêche de fléchir et de cracher quand la plume remonte pour faire les déliés. M. Mallat vend ses plumes à pointes de rubis à 12 francs la pièce, celles à pointes d'iridium à 6 francs la pièce, et il veut en établir deux autres espèces à 3 et à 2 francs.

Sa vente s'est élevée de 5,000 à 70,000 francs par an.

Le jury a accordé la médaille de prix à M. Mallat.

BIJOUTERIE D'ACIER.

C'est en Angleterre et en Allemagne que cette industrie a pris naissance; mais, depuis le commencement de ce siècle, et surtout depuis la paix générale, elle s'est grandement développée en France.

Les produits de cette industrie étant pour la plupart soumis à la mode, en subissent aussi les caprices, d'où il résulte d'assez graves variations dans la production de ces objets. C'est ainsi que la bijouterie d'acier avait été abandonnée pendant de longues années; mais elle a repris depuis six ou sept ans, et son exportation est devenue très-importante, surtout pour les pays chauds; mais, chose assez bizarre, dans les pays froids, où ces objets se conserveraient mieux, on en consomme fort peu.

Les produits de cette industrie consistent en garnitures de bourses, fermoirs, broches, boucles, chaînes, et une foule d'autres articles trop longs à énumérer ici.

Les matières premières employées à leur fabrication sont l'acier et le fer, et il est vraiment étonnant de voir quelle quantité considérable de matières premières il faut pour la production d'objets d'un si petit volume. Nous nous rappelons fort bien que, lors de la stagnation des affaires en 1848, un de nos grands maîtres de forges nous disait : « Ma plus forte production, consiste actuellement en tôle, pour la fabrication des perles d'acier destinées à l'exportation. »

Cependant on sera moins étonné de cette grande consommation de matière première, lorsqu'on saura que la production annuelle de cette industrie s'élève au delà de cinq millions de francs et occupe environ 2,000 ouvriers.

Les progrès réalisés dans ce genre de fabrication sont importants ; on est parvenu à introduire dans presque toutes les opérations de la fabrication des procédés mécaniques qui, tout en donnant plus de régularité aux produits, ont encore contribué puissamment à en réduire les prix et, par suite de cela, à agrandir les débouchés.

Les résultats qui sont à constater sous ce rapport sont assez remarquables : c'est ainsi qu'on est parvenu à vendre aujourd'hui avec bénéfice une masse de perles d'acier de bonne qualité composée de 12 rangs, chacun de 144 perles, à raison de 14 centimes ; on en vend même à 6 1/2 centimes.

OUTILS DE FORGE, ENCLUMES, ÉTAUX ET SOUFFLETS.

C'est bien la faute de la classification anglaise des travaux du jury, et non la nôtre, si des objets aussi dissemblables, tels que des perles d'acier, dont 233 ne pèsent que 2 grammes, et des *enclumes* de forge, d'un poids de 250 à 300 kilogrammes la pièce, sont groupés, dans ce rapport, les uns à côté des autres ; et, si l'enclume n'était surpassée par l'ancre, dont le poids s'élève jusqu'à 5,000 kilogrammes, on pourrait dire que les deux extrêmes des ouvrages en fer se touchent par ces deux objets [1].

Nous avons fait, depuis une vingtaine d'années, de grands progrès dans la fabrication des enclumes; l'amélioration de la qualité a marché de pair avec la diminution des prix, et nous devons croire que les conseils que nous avons donnés à nos fabricants, lors de l'Exposition de 1844, n'ont pas été sans influence sur ce résultat.

[1] 116,500 perles ne pèsent qu'un kilogr. ; il faudrait donc 582,500,000 perles pour égaler en poids une ancre de 5,000 kilogrammes, et, en plaçant ces petites perles les unes à côté des autres, elles s'étendraient sur une ligne de 144 lieues. Mais, en tréfilant de cette ancre du fil aussi mince que celui employé par M. Roswag pour sa toile fine, dont nous avons parlé à l'article *Tissus métalliques*, on en obtiendrait un fil qui aurait 34,000 lieues de long, soit presque quatre fois la circonférence de la terre.

En effet, nous fabriquons aujourd'hui des enclumes d'une qualité au moins aussi bonne que celle du même article fait en Allemagne. Le soudage en plaques d'acier raffiné et même d'acier fondu, au lieu des cubes d'acier cémenté, est pratiqué maintenant par plusieurs de nos fabricants avec une grande perfection, et les tables de nos enclumes présentent cette homogénéité si difficile à obtenir pour les objets d'un grand volume, mais cependant si nécessaire aux enclumes, qui doivent recevoir une forte trempe et un beau poli.

Depuis longtemps déjà nous dépassions nos concurrents étrangers, quant au façonnage de l'enclume, par le fini du travail, une exécution plus soignée, et par un emploi économique des matières premières, tout en donnant à l'enclume la solidité nécessaire.

Les résultats obtenus dans la réduction des prix sont encore très-remarquables et prouvent une fois de plus qu'en fait d'industrie les progrès sont souvent très-longs et ne se réalisent d'ordinaire qu'après un certain laps de temps, et lorsqu'une fabrication a bien pris racine dans le pays. Il en a été ainsi des enclumes depuis 1815 jusqu'en 1840; elles se vendaient de 175 à 200 francs les 100 kilogrammes. Depuis ce temps, elles ont constamment baissé de prix, et aujourd'hui on ne les paye plus que 100 à 110 francs les 100 kilogrammes, et la qualité en est supérieure.

Les enclumes envoyées de la Westphalie à l'Exposition possédaient une belle table d'acier dénotant leur bonne qualité. Leur finissage laissait à désirer.

Les enclumes exposées par Mouschole, forge près de Sheffield, dont les produits passent pour être les meilleurs en ce genre en Angleterre ne présentaient rien que nous eussions à envier.

Quoique cet établissement cherche à bonifier la qualité des fers qu'il emploie pour les blocs de ses enclumes par un mélange de riblons, et que ses aciers cémentés soient fabriqués avec les meilleurs fers de Suède, il n'en est pas moins certain que nos enclumes, dont les blocs sont en fer au bois ou métis bien sain, dont la table est en bon acier naturel ou fondu, sont préférables aux leurs.

En fait d'*étaux de forge*, ceux exposés au Palais de cristal nous ont donné une preuve nouvelle que peu de fabricants comprennent bien la confection rationnelle de cet outil si répandu et si important.

Les étaux anglais présentaient généralement une construction défectueuse; les proportions n'étaient nullement observées, de sorte que telle partie de l'étau était trop faible et telle autre trop forte.

Les étaux allemands étaient fabriqués avec plus d'entendement : la force se trouvait là où elle devait être et les diverses parties étaient travaillées avec assez de soin.

MM. Daudoy, Maillard, Lucy et Cie, de Maubeuge (France), parmi la nombreuse collection de leurs produits, avaient exposé quelques étaux qui démontraient suffisamment notre supériorité dans cette fabrication, par la juste proportion donnée à chaque pièce et par l'ajustage et le fini parfait de l'ensemble de l'étau. Nous aimons à constater ce fait, qui rend encore plus méritoire la médaille de prix que la sixième classe, à laquelle ils appartenaient, a décernée à ces habiles fabricants.

Quant aux *soufflets de forge*, ceux exposés par M. Enfer, de Paris, occupaient certainement le premier rang à l'Exposition de Londres. Nous n'avons remarqué dans aucun soufflet étranger cette régularité et cette force de vent qui distinguaient les soufflets français; à dimensions égales, ces derniers donnaient une quantité d'air beaucoup plus considérable. Cet avantage a été surtout remarqué dans la forge portative de M. Enfer, qui pouvait rivaliser avec des forges étrangères ayant presque le double de la dimension de celle du fabricant français.

Outre leur construction rationnelle, les soufflets de M. Enfer se faisaient encore remarquer par plusieurs perfectionnements apportés à leur confection, ils peuvent se monter et se démonter facilement, au moyen d'une ligature couverte d'un cercle à vis; en outre, ils sont recouverts d'une enveloppe métallique ou en bois pour garantir les cuirs contre la poussière ou d'autres causes de détérioration extérieure, puis ses soupapes bouchent mieux et ne s'encrassent pas si facilement que les anciennes ; enfin le système de ferrure employé permet de donner au balancier toutes les directions désirables pour la commodité du forgeron.

Cependant, nous devons ajouter que, si les soufflets de M. Enfer étaient les meilleurs de l'Exposition, ils en étaient aussi les plus chers.

Les soufflets anglais étaient environ un tiers meilleur marché que ceux dont il vient d'être parlé, et, comme la question du prix est d'une importance majeure dans bien des cas, nous croyons que, lorsqu'il s'agit d'un soufflet de forgeron, nous pourrions peut-être donner moins de fini à sa confection et arriver à en réduire le prix, tout en leur conservant la même qualité. La monture anglaise pour les soufflets nous a paru également digne d'être imitée quant à sa simplicité, à sa solidité et au bon marché.

FONTE MOULÉE.

M. Héron de Villefosse évaluait, en 1808, la production totale des fers et fontes, en Europe, à 684 tonnes, ce qui suppose une production de *fontes brutes* d'environ 825,000 tonnes.

En 1846, M. Hartmann estimait la production totale d'Europe, en fontes brutes, à.............................. 3,460,000

Une publication statistique toute récente sur l'industrie des fers, de M. Œchelhauser, porte la production totale des fontes brutes, en 1850, à.............. 3,924,000

Nous tenons à répéter chaque fois les mots *fontes brutes*, c'est-à-dire le produit du haut fourneau, parce que, dans les publications statistiques, on confond très-souvent les productions des fers, des fontes brutes et des fontes moulées, et cette confusion a déjà donné lieu à bien des erreurs d'appréciation.

Le dernier chiffre de 3,924,000 tonnes est à diviser ainsi qu'il suit :

Pour l'Angleterre.	2,250,500 tonnes
—— la France.	523,000
—— la Russie, y compris celle d'Asie.	248,000
—— le Zollverein [1].	216,000
—— la Belgique.	200,000
—— l'Autriche.	198,000
—— la Suède . . . . . . 178,000 / —— la Norwége. 16,000	194,000
—— l'Espagne.	37,000
—— l'Italie	35,000
—— la Suisse.	10,000
—— le Hanovre.	8,000
—— la Turquie.	3,500
—— le Danemark.	700
—— le Portugal.	300
	3,924,000 tonnes.

7/10 de ces fontes brutes sont produites à la houille et 3/10 au bois.

[1] Détail de la production du Zollverein :

La Prusse a produit en 1850.	131,300 tonnes.
La Bavière.	17,500
Le duché de Nassau.	15,600
Le Wurtemberg.	8,000
Le grand-duché de Hesse.	7,500
Le royaume de Saxe.	7,000
Le grand-duché de Luxembourg.	6,600
Le grand-duché de Bade.	5,500
Le duché de Brunswick.	3,800
La Thuringe, Saxe-Weimar, Gotha, Sondershausen, Reuss.	3,500
Les autres petits États, partie de Hanovre, Bernbourg, Waldeck, Birkenfeld, Sigmaringen. . . .	9,800
Ensemble.	216,000 tonnes.

Cependant, à en juger par l'activité qui règne aujourd'hui dans l'industrie du fer, surtout en Angleterre, il est probable que la production européenne s'élèvera, cette année, à 4,200,000 tonnes.

Ainsi la production de l'Europe a plus que quintuplé depuis 1808.

L'Angleterre peut revendiquer la plus large part dans ce mouvement ascensionnel, car, en 1806, elle ne produisait que........................... 258,000 tonnes
tandis qu'en 1852 sa production s'est élevée à........................... 2,500,000

L'Angleterre a donc décuplé sa production en moins d'un demi-siècle; toutefois la proportion est encore plus forte pour ce qui concerne les États-Unis.

D'après Héron de Villefosse, ils produisaient en 1808................. 50,000 tonnes
et le recensement de 1840 a indiqué une production de................. 287,000
D'après les évaluations américaines, elle se serait élevée, en 1847, à...... 800,000

Mais, tout en faisant la part des exagérations habituelles aux Américains dans ces évaluations, on ne pourra pas estimer leur production actuelle en fontes brutes à un chiffre au-dessous de.................. 600,000 tonnes

Ce chiffre sera même dépassé probablement, car les États-Unis ne comptent pas moins de 600 hauts fourneaux, dont 2/3 au bois et 1/3 au coke et à l'anthracite.

En France, la progression n'a pas été aussi sensible que dans les deux pays que nous venons de citer; néanmoins elle a été considérable.

En 1819, date des premiers relevés officiels, nous avons produit 110,000 tonnes de fontes brutes.

Notre production actuelle monte à 550,000 tonnes; elle a donc quintuplé dans l'espace de trente-trois ans.

En outre, et pendant le même laps de temps, nos fondeurs sont parvenus à réduire de près de moitié le prix de leurs produits moulés.

Il faut convenir que les résultats obtenus par l'industrie du fer vont au delà de tout ce que l'imagination la plus hardie eût osé rêver il y a un demi-siècle, et certes on reconnaîtrait bien mal les bienfaits de la Providence si, avant toutes choses, on ne faisait hommage des succès réalisés à la paix durable et profonde dont nous jouissons depuis quarante ans et qui est un fait inouï dans les annales des siècles passés.

Sans doute l'invention de l'emploi de la houille à la fabrication du fer est un épisode remarquable dans l'histoire de cette industrie, mais il ne faut pas oublier que cette invention date de 1619; elle est donc restée pendant longtemps stérile, car sa mise en pratique et ses perfectionnements, qui ont donné à l'industrie du fer le développement progressif et considérable qu'elle a acquis aujourd'hui, sont des faits contemporains : ils se sont accomplis pendant cette ère de calme et de tranquillité qui a permis aux hommes de s'appliquer en toute sécurité pour utiliser les ressources que la nature a mises à leur disposition. C'est donc bien la paix qui a le plus efficacement influencé les progrès de l'industrie des fers en France; c'est encore elle qui, en contribuant pour la plus large part à la création de nos canaux, chemins de fer et bateaux à vapeur, a procuré par cela même à cette industrie de puissants consommateurs, en même temps que des moyens de transport à bon marché. Certainement ces entreprises publiques, par les énormes quantités de fer qu'elles absorbent et par la réduction des frais de transport qui s'en sont suivis, ont permis d'abaisser les prix et d'étendre ainsi considérablement l'emploi du fer.

En résumé, si l'industrie dont nous nous occupons a fait, dans les dix dernières années, plus de progrès qu'elle n'a pu en réaliser pendant tous les siècles précédents, il faut reconnaître dans ce fait les suites fécondes et bienfaisantes de l'union entre les peuples.

Aux considérations qui précèdent nous en ajouterons encore une dernière. En 1842, l'industrie du fer occupait directement 46,000 ouvriers; à ce chiffre il convient d'ajouter un nombre aussi considérable d'ouvriers employés, dans les usines, à des travaux non spéciaux, et, hors des usines, à l'exploitation et à la carbonisation des bois, à l'extraction des houilles nécessaires à la fabrication, au transport des minerais, des combustibles, etc., etc., de sorte que le total des ouvriers s'élevait, en 1842, à 92,800 pour une production de 400,000 tonnes de fontes brutes, ce qui pour l'année 1850, où la production s'est élevée à 523,000 tonnes, supposerait une population ouvrière de 120,000 individus.

Si maintenant on étend ce calcul à la production totale de l'Europe et à celle des États-Unis, qui s'élèvent ensemble à 4,800,000 tonnes, et si l'on admet seulement 100,000 ouvriers pour 500,000 tonnes, on trouvera que l'industrie des fers de ces divers pays occupe 960,000 ouvriers, ou, en d'autres termes, fait vivre une population de 3 à 4 millions d'âmes, soit à peu près l'équivalent d'un pays comme la Hollande, la Suède ou le Portugal, ou encore comme les deux royaumes de Saxe et de Wurtemberg réunis.

Les données statistiques qui précèdent et qui indiquent l'importance de la production des fontes brutes, peuvent aussi nous guider dans l'appréciation de la production des *fontes moulées,* qui font l'objet du présent exposé, mais dont la fabrication est trop intimement liée à celle du fer pour qu'il soit possible de bien les séparer dans les données statistiques.

Pour connaître, par exemple, la production de la France en fonte moulée pendant l'année 1846, nous avons pris sa production totale en fontes brutes, nous y avons ajouté l'importation des fontes brutes étrangères, et, de ces deux sommes réunies, nous avons défalqué la production totale des fers, en y ajoutant d'abord 25 pour o/o pour le déchet approximatif résultant de la conversion de la fonte de fer. Nous n'avons pas tenu compte de l'exportation de nos fontes brutes, parce qu'elle se réduisait à quelques tonnes.

Ainsi, en 1846, la production de fonte était de	522,385 tonnes
L'importation s'est élevée à	86,000
Ensemble	608,385
La production de fer était de 360,000 en ajoutant 25 p. 0/0 de déchet 90,000	450,000
Déduction faite, il reste, pour la fonte moulée	158,385 tonnes

Soit le quart de la production et de l'importation réunies, ou presque le tiers de notre production.

Il paraîtrait que cette production n'était, en 1819, que de 30,000 tonnes.

Nous voyons donc que l'industrie de la fonte moulée a contribué largement à l'immense développement de celle des fers.

En effet, avant la paix générale, la fabrication de la fonte moulée se bornait à la production d'appareils de chauffage et de cuisine, à la poterie et à divers ustensiles et gros outils. Ces objets étaient généralement peu façonnés, d'une fonte très-imparfaite et d'une construction peu rationnelle.

On fondait, en outre, et en quantités considérables, des canons, des mortiers, des boulets et des bombes. Si les renseignements que nous avons sous les yeux sont exacts, l'Angleterre aurait employé, vers la fin du siècle dernier, environ 30,000 tonnes de fontes par an pour la production de ces instruments de destruction, ce qui formait à peu près le quart de sa production entière à cette époque.

En 1779, la fonte moulée fut employée pour la première fois à la construction d'un pont à Rotherham, en Angleterre. Depuis ce temps nous sommes parvenus à produire, dans ce genre, des œuvres d'une hardiesse et d'une exécution admirables. Sont ensuite venus les conduites d'eau et surtout les tuyaux pour le gaz et les moteurs d'usines, qui ont procuré des débouchés considérables à la fonte moulée.

Au fur et à mesure que l'application de la fonte gagnait du terrain, le nombre des ouvriers habiles augmentait dans cette fabrication, et, comme les exigences de la guerre ne les forçaient plus de s'appliquer du matin au soir à la confection d'une pièce aussi uniforme que le canon ou le boulet, chacun cherchait à perfectionner son travail ou à trouver des applications nouvelles à son industrie, afin d'étendre ou d'élever la sphère de son activité.

C'est ainsi que les appareils de cuisine et de chauffage reçurent successivement les nombreux perfectionnements qui ont tant contribué à en répandre l'usage. Par suite d'une autre innovation, la fonte fut appliquée à la production d'objets d'art, d'ornementation, d'ameublement, et enfin aux constructions civiles et navales.

Le Palais de cristal, par ses proportions grandioses, et les nombreux navires en fer qui sillonnent déjà la mer, sont des preuves évidentes de l'avenir immense qui est encore réservé à l'emploi de la fonte et du fer.

En examinant maintenant quelle est la part qui revient à chaque pays dans les progrès que l'industrie de la fonte moulée a réalisés jusqu'à présent, nous trouvons que la France, naguère encore inférieure à l'Allemagne et à l'Angleterre dans cette fabrication, a fini par les surpasser et qu'elle occupe aujourd'hui le premier rang dans l'art de fondre le fer.

A l'Exposition de Londres, le jury a accordé quatre grandes médailles (council medals) à l'industrie des fontes moulées. Dans ce nombre il y en avait deux pour la France, une pour l'Allemagne et une pour l'Angleterre.

C'est qu'en effet nos fontes surpassaient toutes les autres par la pureté des formes, l'élégance et la netteté des dessins et le fini des surfaces au sortir du moule.

M. André, du Val-d'Osne, l'un des lauréats pour la grande médaille, avait exposé une fontaine d'une construction et d'un moulage admirables. Son alligator, sa cheminée, son bois de lit, présentaient un coulage tellement parfait, qu'on avait de la peine à croire que ces objets n'avaient pas reçu la moindre retouche, mais se trouvaient tels qu'on les avait sortis du moule. Son bois de lit surtout excitait l'admiration des connaisseurs par les bas-reliefs qui l'ornaient et dont l'élégance et la belle venue rendaient le plus honorable témoignage du talent de l'artiste et de l'habileté et des connaissances du mouleur et du fondeur.

M. Aubanel, de Paris, qui a obtenu la seconde grande médaille, avait exposé une grande porte vitrée à deux battants en fonte de fer dorée, d'une composition élégante et qui indique la possibilité d'une nouvelle application de la fonte. Parmi les autres produits de M. Aubanel, le jury a encore remarqué plusieurs petits groupes d'animaux en bronze d'une belle exécution. On a distingué surtout une grande composition de M. Fratin, représentant deux aigles qui s'abattent sur leur proie. Ce groupe a été fondu par M. Calla, de Paris, dont la réputation comme un de nos premiers fondeurs de fer et de bronze est si bien établie, qu'elle nous dispense de tout éloge à son égard.

La troisième grande médaille a été accordée à la fonderie royale de Berlin. Cet établissement, qui a de beaux titres à faire valoir dans l'art de fondre les métaux, a été le premier à produire cette petite bijouterie en fonte, dite fonte de Berlin, qui, à la vérité, n'est plus de mode, mais qui a toujours eu le mérite de démontrer tout le parti qu'on pouvait tirer de la fonte de fer par un moulage soigné.

C'est encore cette fonderie qui, une des premières, a entrepris avec succès l'emploi de la fonte de fer pour produire des objets d'art et d'ornementation, et les deux groupes d'amazones et de guerriers, ainsi que les grands vases qu'elle avait exposés au Palais de cristal justifiaient pleinement son ancienne réputation et la grande médaille que le jury lui a décernée.

La quatrième grande médaille a été obtenue par la compagnie anglaise des forges de Coalbrookdale, l'une des plus anciennes forges de l'Angleterre et remarquable sous plus d'un rapport.

Ainsi, en 1740, cet établissement a le premier produit des fontes brutes à la houille, de qualité convenable pour la fabrication du fer; en outre, il a établi le premier chemin de fer à waggons dans l'usine même, et l'Angleterre lui doit encore la construction de son premier pont en fer (1779).

La production en fer forgé de cette usine, qui, à la vérité, passe pour la plus considérable de la terre, s'élève au chiffre énorme de 2,000 tonnes par semaine, soit 104,000 tonnes par an; ce qui équivaut à peu près aux deux tiers de la production totale de la Belgique et au quart de la production de la France.

Les produits de fonte moulée exposés par la même compagnie étaient loin de présenter la netteté des formes et le fini des surfaces qui rendaient l'exposition de M. André si méritoire. La statue du chasseur était complétement retouchée et peinte, et la fonte se trouvait très-poreuse; en outre, cette statue était composée de plusieurs pièces rapportées ensemble. La Gloriette avait des dimensions colossales (6 mètres et demi de diamètre sur une hauteur de 15 mètres) et se présentait avec assez d'élégance : examinée dans ses détails, elle n'offrait toutefois rien de remarquable comme œuvre de moulage; du reste, la couche de peinture qui la recouvrait s'opposait à un examen plus approfondi.

A la suite des objets ci-dessus mentionnés vient se ranger une grande collection du même exposant consistant en vases, tables, statuettes, animaux, bancs, etc., mais qui n'offrait rien de saillant; même ce qu'il y avait de mieux était copié sur des bronzes français.

Malgré les critiques que nous nous permettons à l'égard de la fonte moulée exposée par cette compagnie, nous n'avons nullement l'intention de lui contester ses droits à la grande médaille; nous pensons même qu'elle s'en est rendue très-digne par l'ensemble de ses produits. Quand on possède, comme

Coalbrookdale, une supériorité si grande dans la production principale, il est bien permis de laisser à désirer dans une branche accessoire.

Après avoir parlé des exposants qui ont obtenu la grande médaille, nous croyons de notre devoir de mentionner également ceux qui ont été moins heureux dans ce grand concours. Cela nous paraît d'autant plus juste, que le jury de Londres ne jugeant que d'après les produits exposés, il a pu tomber facilement dans des erreurs d'appréciation, surtout au préjudice des étrangers, qui étaient moins connus de la majorité du jury que les exposants anglais.

MM. Muel, Wahl et Cie, de Tusey, qui n'ont obtenu que la médaille de prix, n'en avaient pas moins exposé des ouvrages en fonte qui soutenaient avec avantage la comparaison avec les meilleurs échantillons de ce genre à l'Exposition; parmi les nombreux produits de cette maison, nous avons distingué leur fontaine, la statue d'Hébé, un buste et un candélabre d'une exécution parfaite et qui ne laissaient absolument rien à désirer, ni sous le rapport de la fonte, qui était homogène et compacte, ni sous le rapport de la netteté et de la beauté du moulage. Du reste, MM. Muel, Wahl et Cie se sont acquis depuis longtemps une belle réputation dans l'industrie de la fonte moulée; plusieurs de nos places publiques sont décorées de fontaines, de candélabres et de colonnes rostrales sortant de leurs ateliers: aussi leur fonderie est placée au rang des plus importantes de France et produit les pièces monumentales les plus considérables, ainsi que les pièces les plus ordinaires.

MM. de Dietrich, de Niederbronn, pour démontrer l'excellente qualité de leurs matières, avaient exposé une plaque en fonte

De 2 mètres, 30 centimètres de long,
De 0 ——, 60 ———— de large,
De 0 ——, 3 millimètres d'épaisseur.

En considérant les dimensions de cette plaque et son peu

d'épaisseur, on reconnaîtra qu'il serait difficile d'obtenir un meilleur résultat.

Les produits en fonte moulée de cette maison jouissent d'une belle réputation, autant par leur qualité que pour leur moulage soigné; et plusieurs grands ponts en fonte qui sont déjà sortis de leurs ateliers attestent leur mérite comme fondeurs et comme constructeurs.

MM. Morel frères à Charleville, dont nous avons déjà parlé avantageusement à l'article Clouterie, méritent encore que l'on mentionne leur belle poterie, qui se distingue par sa remarquable légèreté et son beau fini. Leurs vases culinaires avec une couche d'émail n'étaient guère plus épais que les vases similaires des Anglais sans couche d'émail.

M. Ducel, à Paris, avait exposé plusieurs statues, vases anciens et pièces d'ornementation : les statues avaient des formes correctes, les fontes d'ornement étaient de bon goût et d'une grande légèreté; toutefois la majorité du jury, prévenue peut-être contre ces produits, par suite de la couche de peinture qui recouvrait la plupart d'entre eux, n'a voulu accorder à cet exposant que la mention honorable. Nous estimons qu'il aurait mérité une récompense plus élevée; car M. Ducel est d'abord un habile fondeur; en outre, il a eu le mérite, en créant de nombreux modèles, d'avoir beaucoup contribué à répandre l'usage de la fonte, surtout à Paris, où il écoule principalement ses produits.

Les produits des exposants étrangers qui ont reçu des récompenses secondaires ne nous ayant offert rien de remarquable, nous les passons sous silence, et nous allons esquisser rapidement l'état actuel de cette industrie dans les principaux pays.

La France produit toutes les qualités de fontes propres aux divers ouvrages en fonte moulée. Elle possède les fontes compactes et très-fusibles nécessaires à la production des objets d'art, de la poterie, etc., ainsi que les fontes tenaces et nerveuses qu'il faut pour les pièces mécaniques et autres qui doivent présenter une grande force de résistance.

Aussi il est incontestable que la France, par la bonne qualité de ses matières, jointe à la perfection de la main-d'œuvre, occupe le premier rang pour la fabrication des objets de fonte artistique et pour celle des pièces d'une exécution difficile et compliquée.

Elle excelle encore dans la fonte de la poterie, qui n'offre nulle part ailleurs un fini et une légèreté pareils à la nôtre. La poterie anglaise lui est notoirement inférieure, parce qu'elle est poreuse, limailleuse et remplie d'aspérités, défauts qui font noircir les légumes et par conséquent rendent cette poterie peu propre à l'usage culinaire, à moins qu'elle ne soit étamée ou émaillée.

Par cette raison, nous voyons souvent que nos fontes moulées obtiennent la préférence sur les marchés étrangers, bien que nos fondeurs emploient des matières qui leur coûtent 50 à 100 p. 0/0 plus cher qu'aux Anglais.

Quant aux pièces de constructions, nous les fondons parfaitement et dans toutes les dimensions. Nous employons, en général, à cet effet, des fontes brutes, supérieures en qualité aux fontes anglaises; et, quand on voit les étrangers si souvent accorder la préférence à nos machines, il faut l'attribuer, indépendamment de la réputation d'habileté dont jouissent nos constructeurs, à la confiance que ceux-ci inspirent par l'emploi de fers et de fonte de qualité supérieure.

En revanche, pour ce qui concerne la production des fontes brutes, l'Angleterre a sur nous l'avantage du meilleur marché et, en conséquence aussi, celui de pouvoir vendre ses fontes moulées à plus bas prix que nous. Ce bon marché provient, comme on sait, de la grande richesse des mines de fer et de houille dont la nature a doté l'Angleterre. En outre, ces mines sont non-seulement d'une exploitation facile, mais elles ont encore l'avantage d'être presque toujours situées à proximité les unes des autres, en sorte que là où est le minerai se trouve également le combustible.

A cette occasion, il n'est peut-être pas sans intérêt de faire remarquer combien peu les hommes se doutent quelquefois des éléments de richesse qu'ils ont sous la main.

Il y a un siècle, malgré l'abondance de ses minerais de fer et de ses gîtes houillers, l'Angleterre était sur le point de perdre son industrie des fers par suite de l'épuisement de ses forêts, le bois, seul combustible employé alors à cette fabrication, étant venu à lui manquer. Depuis ce temps, poussés par la nécessité d'où naît si souvent le correctif des situations en péril, les Anglais se sont appliqués à remplacer le bois par la houille dans la fabrication du fer; ils produisent aujourd'hui plus de fer que tous les pays de l'Europe réunis, et la houille, dont l'usage était qualifié de crime sous le règne d'Édouard Ier, est ainsi devenue le principal élément de force et de prospérité en Angleterre.

Les avantages que nous venons de relater sont tellement considérables, que les maîtres de forges anglais ont, depuis un an, pu hausser les prix de leurs fers de 100 p. 0/0, sans s'inquiéter en aucune façon de la concurrence étrangère et sans diminuer en rien leur production. Bien au contraire, cette production est devenue plus forte que jamais et semble justifier l'éloge que le rapport anglais adresse à cette industrie, lorsqu'il dit : « Qu'aucune branche d'industrie employant du « fer n'a jamais eu besoin de languir en Angleterre, à cause de « la cherté ou de la rareté de cet important métal. »

En effet, c'est l'abondance et le bon marché des fers et de la houille qui ont permis à l'Angleterre de donner à la production de ces matières un développement immense, et cette production par grandes masses facilite souvent aux Anglais l'emploi des procédés mécaniques, qu'une production plus restreinte ne peut utiliser avec autant de bénéfice. C'est ainsi que, dans l'industrie qui nous occupe, MM. Stewart et Cie, de Glasgow, avec les secours de la mécanique, parviennent à mouler en une heure 10 tonnes de cylindres ayant chacun 4 mètres de long sur 1 m. 20 cent. de diamètre et 27 millimètres d'épaisseur de fonte.

La poterie anglaise, comme nous l'avons déjà dit, était d'une fonte inférieure en qualité à celle qui s'emploie en France; mais nous avons remarqué des pièces dont l'émail nous semblait plus lisse et plus blanc que le nôtre. Cependant, à en juger par les renseignements recueillis, l'émail anglais présente, ainsi que cela se remarque ailleurs, l'inconvénient de s'écailler au feu. Par cette raison les vases émaillés ne sont pas bien recherchés, et il paraît qu'en thèse générale les ustensiles étamés sont préférés.

L'*Allemagne* possède pour le moulage d'aussi bonnes fontes que nous et d'un prix moins élevé que celui des nôtres. On remarque de ses moulages qui sont aussi soignés que ceux qui se font en France; mais, en général, elle ne fabrique jamais mieux, souvent même moins bien. Nos procédés de fabrication sont, pour bien des objets, plus économiques, de sorte que la différence de prix qui existe dans les matières s'efface pour ainsi dire pour les objets moulés, parmi lesquels il y en a même que nous produisons à meilleur marché que les Allemands.

La *Belgique* est le pays qui se rapproche le plus de l'Angleterre pour les prix : aussi n'est-ce que sous cet unique rapport que la concurrence belge peut nous inspirer des craintes. Car, pour ce qui regarde la qualité et le mérite d'exécution, nous n'avons rien à envier à nos voisins : on peut même dire, que, pour les pièces exigeant beaucoup de nerf et de ténacité, nous possédons des fontes brutes supérieures en qualité aux fontes belges.

Parmi les autres pays de l'Europe, la *Russie* et la *Suède* nous offrent beaucoup d'intérêt pour leur fabrication des fers au bois; mais leur fonte moulée n'a rien qui soit digne de remarque. Cependant la Russie avait envoyé quelques échantillons d'ustensiles de cuisine très-minces et lisses et parfaitement émaillés.

Les *États-Unis* paraissent s'adonner avec beaucoup de succès à la production de la fonte moulée, pour laquelle ils possèdent, du reste, toutes les qualités de minerais convenables; ils excellent surtout dans la production des fontes nerveuses et résistantes: c'est ainsi qu'ils ont fourni à plusieurs chemins de fer d'Allemagne des roues de waggon en fonte rivalisant avec celles en fer forgé. Cependant, en considérant tous les défauts cachés que peut renfermer la fonte, nous n'hésiterons pas à accorder pour cet usage la préférence aux roues à bandages de fer ou d'acier. Au chapitre des *appareils de chauffage*, page 32, nous avons déjà éveillé l'attention sur le fourneau tout en fonte que les États-Unis avaient exposé, et dont l'exécution intelligente témoigne de l'habileté et de l'esprit inventif de leurs mouleurs (voir page 154).

Il nous resterait encore à parler de quelques spécimens très-curieux de fonte moulée exposés par le capitaine Ibbetson, de Londres, Carle, de Paris, et Papi, de Florence. Mais, comme chacun de ces exposants tient son procédé secret et que, du reste, aucun de ces nouveaux procédés n'a encore reçu une application manufacturière, nous sommes obligés de réserver notre jugement.

Enfin, quant aux *fontes de bronze et de zinc* que la XXIIe section avait à juger seulement au point de vue de la fonte, l'éminent rapporteur de la XXIIIe section a traité ce sujet dans tout son ensemble dans son remarquable rapport sur les métaux précieux; nous l'en remercions bien sincèrement et nous en félicitons les exposants, dont les produits ont ainsi pu être appréciés en même temps sous toutes leurs faces.

Avant de terminer, nous croyons devoir encore faire d'une manière sommaire quelques rapprochements en ce qui concerne la répartition des récompenses entre les différents pays. Ce sont surtout quelques opinions émises dans le rapport anglais qui nous y engagent. En effet, tout en rendant hommage aux sentiments élevés et à la haute intelligence qui ont présidé à la rédaction du rapport du jury anglais de la XXIIe section, travail qui, du reste, a été fait en dehors du concours des membres du jury des autres pays, nous regrettons que le rédacteur ait été trop exclusif dans ses jugements, et qu'il ait plutôt cherché à dépeindre l'industrie des *Hardwares* de son pays d'une manière idéale que selon la réalité.

C'est ainsi qu'il dit, page 501 : « Les produits des manufac-« tures de quincaillerie anglaise répondent seuls aux besoins « et aux convenances de la vie civilisée, et les fabricants an-« glais seuls s'efforcent à produire leurs objets avec goût, « raffinement, comfort, convenance et économie. »

Nous espérons qu'après la lecture de notre rapport, rédigé avec une entière impartialité, l'on voudra bien reconnaître qu'il y a là quelques éloges de trop. Le rapporteur le pense, du reste, lui-même, puisqu'il dit quelques lignes plus haut : « On trouve plus de raffinement et de goût dans quelques « autres pays. » Et, au sujet des bronzes français, il dit encore : « Le goût et l'esprit d'invention qu'on y remarque dépassent « toutes les bornes (unbounded). »

Le principal avantage, et l'on peut presque dire le seul, que les Anglais possèdent dans cette industrie, consiste dans le bon marché du fer et de la houille, pour ceux des produits dont la fabrication exige une grande consommation de ces matières, et il en existe beaucoup. Mais ce bon marché provient de la grande richesse minérale dont la nature a doté l'Angleterre, et ne peut, en aucune manière, être attribué comme mérite aux fabricants.

Du reste, ainsi que nous l'avons dit plus haut, nous allons donner quelques détails comparatifs sur les récompenses accordées par le jury; il en ressortira clairement que les honneurs de la XXIIe section appartenaient plutôt à la France qu'à l'Angleterre.

La France comptait exactement 100 exposants dans cette classe, dont :

4 ont obtenu la grande médaille (le jury spécial et le groupe en avaient accordé 5; mais le conseil des présidents, nous ignorons pour quelle

A reporter. 4

Report... 4
raison, en a changé une en médaille de prix avec approbation spéciale);
4 exposants ont obtenu des médailles de prix avec approbation spéciale;
43 autres, des médailles de prix;
46 ont eu des mentions honorables, et seulement
3 exposants n'ont point obtenu de récompense.

En tout 100. Nombre égal à la totalité des exposants.

Le rapport anglais, page 493, dit que l'Angleterre comptait 800 exposants dans cette classe, et ce pays a obtenu :

5 grandes médailles;
8 médailles de prix avec approbation spéciale;
193 médailles de prix;
104 mentions honorables.

Par conséquent, si cette estimation est exacte, il y aurait 500 exposants qui n'auraient rien obtenu; mais, comme, dans nos notes, nous n'en trouvons que 136, il y a évidemment exagération dans le chiffre du rapport.

Ainsi, en renonçant à nous prévaloir du chiffre indiqué dans le rapport et en n'admettant que notre chiffre réduit, il s'ensuivrait que l'Angleterre comptait en tout 446 exposants; par conséquent, sur 100 exposants, l'Angleterre a obtenu 1 grande médaille et la France 4, sans compter la cinquième qui a été annulée par le conseil des présidents.

L'Angleterre a obtenu 2 médailles de prix avec approbation, et la France en a obtenu 4.

L'Angleterre a obtenu 43 médailles de prix, la France en a également obtenu 43.

L'Angleterre a obtenu 23 mentions honorables, la France en a eu 46.

Et, sur 100 exposants, l'Angleterre en compte 30 qui n'ont rien obtenu, tandis que la France n'en a eu que 3.

Ces chiffres parlent plus haut que les meilleurs raisonnements.

Tous les autres pays réunis n'ont obtenu que :

3 grandes médailles, savoir : 1 pour la Prusse, 1 pour la Bavière et 1 pour la Belgique;

6 médailles de prix avec approbation, dont 3 pour l'Allemagne, 2 pour l'Espagne et 1 pour les États-Unis;

52 médailles de prix, dont 21 pour le Zollverein et 31 pour les autres pays;

51 mentions honorables, dont 25 pour le Zollverein et 26 pour les autres pays.

Comme on voit, les autres pays n'ont remporté que peu de prix dans cette section. C'est encore l'Allemagne qui en a obtenu la majorité, et, quand on songe aux difficultés contre lesquelles ce pays doit lutter en ce qui concerne la fabrication des produits composant la XXIIe section, on est loin de s'associer au jugement sévère qui est porté à son sujet par le rapport anglais; bien au contraire, il y a lieu de s'étonner que les Allemands, qui n'ont la plupart du temps que des efforts isolés et individuels à opposer aux établissements considérables des Anglais, parviennent encore à les combattre et souvent avec succès, non-seulement sur le marché indigène, mais encore sur ceux de l'étranger. Du reste, notre estimable et savant collègue du jury pour le Zollverein, en examinant, dans son rapport qui est empreint d'un grand esprit de justice et d'impartialité, les produits des divers pays, a parfaitement indiqué l'état actuel de l'industrie de la quincaillerie en Allemagne.

Le rapport anglais contient encore quelques critiques contre notre système de douanes. Cependant il ne paraît pas que ce système ait été préjudiciable à l'industrie française, à en juger par le rang qu'elle occupait à l'Exposition et les prix qu'elle a remportés dans ce grand concours. Néanmoins nous croyons devoir nous abstenir de toute réplique à cet égard, parce que cette question est trop compliquée pour pouvoir être discutée convenablement dans ce rapport.

FOURNEAU AMÉRICAIN EN FONTE.

Ce fourneau représente un parallélipipède rectangle à base carrée. La hauteur est un peu plus grande que les autres dimensions.

Il se recommande par sa bonne, facile et rationnelle exécution. Faisons remarquer d'abord qu'il est tout en fonte et que toutes les pièces ont été coulées définitivement, sans qu'on ait eu besoin d'y retoucher. Ainsi, par exemple, les portes n'ont point de loquet mobile : loquet, gonds, sont coulés avec la porte d'une seule pièce; les assises des gonds font corps avec le fourneau, étant coulés avec lui. Pour fermer les portes, on les soulève légèrement et le loquet touche ensuite dans l'échancrure faisant partie de la masse du fourneau. Cette disposition, qui dispense de forer, limer, en un mot de travailler la fonte pour achever le poêle, permet de livrer ce dernier à un prix très-réduit.

La partie supérieure est semblable à tous les fourneaux à cuire : Planche II pour tout ce qui va suivre.

En enlevant, fig. 1, les couvercles *a* et *b*, sans toucher à la pièce *c*, on peut y placer des vases analogues à ceux des fig. 4 et 5, en *a'* et *b'*; en enlevant la pièce *c*, il reste une ouverture ovale qui peut recevoir une grande marmite analogue à *c'*, fig. 6; *idem* en *d* et *e*. En supposant le haut ouvert, on aperçoit par l'ouverture un vide assez grand : c'est l'espace où se place le combustible. On aperçoit au fond, à fleur de la partie inférieure de la portière *f*, soit le gril *g*, fig. 2, si l'on chauffe à la houille ou au coke, soit le gril *h*, fig. 3, si l'on chauffe au bois. Les deux grils ayant la même grandeur peuvent être substitués l'un à l'autre; *g* est de forme ordinaire, *h* est légèrement bombé et est percé de trous circulaires à peu près de la grosseur d'une noisette. Le cendrier sous le gril ne se voit pas; il est caché dans le compartiment proéminent *B*, mais il apparaît dès qu'on soulève le couvercle *k*.

A côté du foyer se trouve le four *A* : il occupe toute la profondeur du fourneau; du côté opposé à *A* il y a une porte comme sur le devant, mais il n'atteint pas jusqu'à la plaque supérieure ; les lignes ponctuées représentent sa capacité et sa position. Il y a, entre l'ouverture *d* et la partie supérieure du four, un espace libre d'environ 5 centimètres de profondeur, dans lequel peut pénétrer la flamme du foyer *f*, fig. 7, avant de se rendre dans les tuyaux conduisant à la cheminée : une disposition particulière au registre *l* permet de régler le tirage et la distribution de la chaleur. Le registre est formé d'une lame de fonte assez mince, dont l'axe passe par les ouvertures en *l* et *l'*, et à laquelle on peut faire parcourir un arc de 180°.

Lorsque la lame *ll'* est placée verticalement, comme le représente la figure 10, alors l'air chaud ne peut plus arriver directement par le dessus du four vers l'ouverture *o*; mais, arrêté par la lame verticale qui ferme l'espace compris entre le haut du four et la plaque de fonte supérieure, l'air chaud passe d'abord sous *a*, puis sous *b*, sous *c*, puis contourne la lame du registre en *l'* (bien entendu, la lame est de 5 centimètres moins longue que le fourneau n'est profond) et revient ensuite se dégager en *o*. Lorsque, au contraire, la lame est horizontale, le feu passe directement de *a* en *d* et de là en *o*. La partie *C* n'est formée que d'une porte sur le devant avec une semblable derrière, et constitue un assez grand espace, qui n'est chauffé que par en haut et par la conductibilité de la fonte pour la chaleur; cet espace peut servir soit de calorifère, soit pour maintenir chaudes ou pour sécher des substances alimentaires et autres. Si l'espace *C* ne doit servir que pour échauffer l'air, on ouvre les deux portes, on ferme un second registre *m*, dont la poignée est en *n*. Ce registre, semblable au précédent, mais dont la lame est aussi longue que le fourneau est profond, permet d'intercepter toute communication entre *C* et *o*, lorsqu'il est abaissé, comme le représente la figure 1. Si, au contraire, on le relève, alors l'air chaud ou chargé d'odeurs de *C* peut monter, en passant du côté droit du four, et peut se dégager en *o*; dans ce cas, on a soin de fermer les portes *C*. La partie *B* sert soit pour étouffer les charbons, soit pour utiliser leur chaleur, sans favoriser leur combustion ultérieure. Lorsque les deux plaques en fonte *k* sont fermées sur *B*, il n'y a point de tirage dans le fourneau, l'air ne pouvant y arriver. Au contraire, lorsque ces plaques *k* sont enlevées, l'air y arrive facilement : c'est ce qui est représenté dans la figure 7. Dans le compartiment *B*, on peut placer, à peu près à moitié de la profondeur, le gril *h*, et, à la place des plaques *k*, le gril *g* fig. 8. Cette disposition permet de tirer le parti suivant du compartiment *B* : lorsqu'on veut éteindre le charbon, on ouvre la porte *f* ainsi que les plaques *k*; puis, avec un ringard, on fait tomber les charbons au fond de *B*; on place sur eux le gril *h*, et on referme le tout par les plaques *k*.

On peut encore, au lieu de replacer *k*, placer sur le gril *h* des objets à griller; on peut disposer le tout comme fig. 8, le feu en *a*, le gril *h* avec des objets à rôtir, le gril *g* avec des objets devant être moins chauffés.

Dans ce cas, on peut aussi laisser *h* de côté.

Enfin, on peut placer les charbons au-dessus de *h*, et dans la moitié du compartiment, et les objets à griller sur le gril *g*.

Dans ce cas, il y aura continuation de la combustion; l'air descendra au-dessous de *h*, traversera le tas de charbon et se dégagera en *g*, chauffant fortement ce qui se trouve sur le gril.

Enfin, pour terminer la description du fourneau, la figure 9 représente l'intérieur. On suppose que *B* est enlevé, ainsi que la paroi extérieure; le dessin fait surtout ressortir la position des surfaces de fonte intérieures. On n'a donné que l'élévation, c'est-à-dire la section verticale, sans perspective : le four *A* est retenu à droite par deux parties *p* et *q*, faisant corps avec lui et le fourneau entier, c'est l'espace libre *p*, *q*, qui est fermé par le registre.

TABLE DES MATIÈRES.

PLANCHE I

Fig. 2
Lampe antique
Lampion
Lampe de cuisine
Fig. 6.
Lampe de cuisine d'Alsace
(d'Alsace).
Fig. 9.
Fig. 8.
Lampe d'étude allemande
Lampe de Proust
Fig. 10
Fig. 12
Bec de la lampe de Liverpool

PLANCHE II.

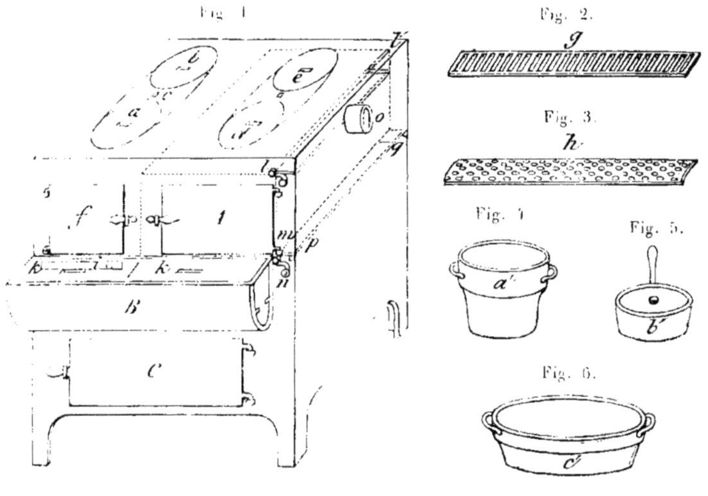

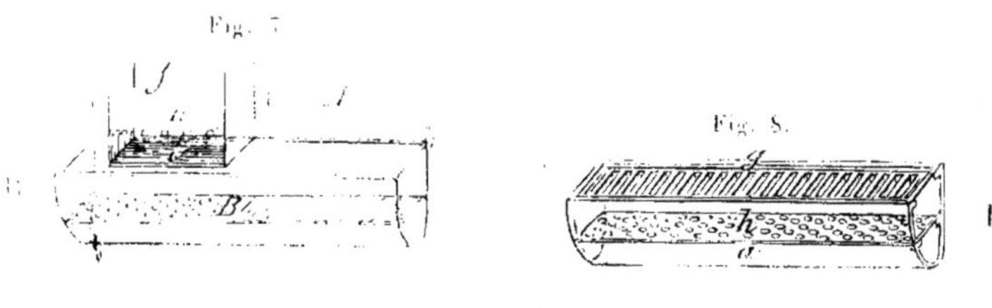

XXIIIᴱ JURY.

INDUSTRIE DES MÉTAUX PRÉCIEUX,

PAR M. LE DUC DE LUYNES.

COMPOSITION DU XXIIIᵉ JURY.

MM.	D'ALBERT, DUC DE LUYNES, Président et Rapporteur.	France.
	Henry HOPE, Vice-Président	Angleterre.
	Don Francisco ELOISA	Espagne.
	James GARRARD	Angleterre.
	John GRAY	Angleterre.
	L. GRÜNER, Architecte	Zollverein.
	SALLANDROUZE DE LA MORNAIX	France.
	Comte LOVELACE	Turquie.
	WESTLEY RICHARDS, de Birmingham	Angleterre.
	Robert YOUNGE, de Sheffield	Angleterre.
	William-Thomas BRANDE, Chimiste	Angleterre.
	LE DAGRE	France.
	Thomas VASEY	Angleterre.
	Percival NORTON JOHNSON, Chimiste	Angleterre.
	Georges MATHEY, Chimiste	Angleterre.

MÉTAUX PRÉCIEUX EN GÉNÉRAL.

L'industrie des métaux précieux est aussi ancienne que la civilisation, et ce n'est pas sans motif que les hommes ont attaché une grande valeur à l'or et à l'argent, avant même d'en avoir fait le signe représentatif des denrées et des objets de commerce. Ces deux métaux se présentaient dans des conditions d'extraction et de traitement direct accessibles à la métallurgie des peuples primitifs. L'or est presque toujours à l'état natif, l'argent natif fut seul exploité dans les siècles reculés. Tous les deux fusibles à une température modérée, doués d'une admirable malléabilité, différents de couleur et d'éclat, mais l'un inaltérable, l'autre exigeant peu d'entretien, salubres dans leurs usages et préservant, par leur application, les autres métaux de propriétés nuisibles ou de la destruction, ils offraient à l'emploi domestique, aux arts et aux métiers des ressources et des applications infinies. Aussi les nations qui ne frappèrent jamais de monnaies d'or et d'argent, celles qui, policées à un degré très-avancé, occupaient les parties de l'Amérique découvertes au XVe siècle, faisaient un emploi considérable de ces métaux et se livraient à leur recherche[1].

Les peuples de l'ancien monde avaient de bonne heure découvert les moyens de travailler l'or et l'argent, et leurs procédés étaient tellement avancés, soit pour les extraire de leurs combinaisons naturelles, soit pour les épurer et les mettre en œuvre, qu'ils ont reçu peu de perfectionnements jusqu'à l'époque où l'alchimie disparut pour faire place à la science véritable, dont les découvertes ont été si efficaces pour l'industrie. Grâce aux hommes illustres qui ouvrirent à la chimie une carrière sûre et méthodique, à la fin du dernier siècle, les métaux précieux ont été séparés, épurés et livrés à la fabrication avec une habileté toujours croissante.

Des métaux nouveaux, dédaignés ou ignorés, ont été révé-

[1] Après des pertes énormes de leur butin dans les combats qu'ils livrèrent aux Mexicains, Fernand Cortez et ses soldats purent encore fondre 2,600 marcs d'or conquis sur les indigènes, sans compter les boucliers d'or qu'ils conservèrent pour Charles V. (Deuxième lettre de Fernand Cortez à Charles V, c. 41.)

Au Pérou, la rançon d'Atahualpa produisit, en lingots d'or, 50,890,625 fr.: cet or provenait de la décoration des temples et des palais de l'Inca à Cuzco et à Quito. Le pillage de Cuzco rapporta 70 millions de francs, dont 14 millions pour l'Empereur Charles V et le reste pour les quatre cent quatre-vingts conquérants.

Ferdinand Pizarre porta en Espagne, en 1534, pour la part de Charles V, 155,300 pesos d'or (3,882,500 francs) et 5,400 marcs d'argent, outre les vases et ornements d'or et d'argent, destinés au trésor royal, et pour des particuliers 499,000 pesos d'or (12,475,000 francs) et 54,000 marcs d'argent. (Herrera, decad. v.)

lés: l'or et l'argent ne sont plus restés seuls; le platine, le palladium, l'iridium et le rhodium ont pris leur rang, selon leur utilité et leurs qualités particulières. L'industrie s'est étendue, et, avec elle, les ressources humaines pour les préparations économiques de denrées qui produisent le travail et le bien-être. Les arts en ont eu aussi leur part; nous la ferons connaître en son lieu.

Avant de rendre compte, dans ce rapport, de ce qui concerne les métaux précieux, nous les rangeons non dans leur ordre de valeur, mais dans l'ordre chronologique de leur découverte et de leur emploi: or et argent, platine, palladium, iridium, rhodium, rhutenium.

L'or et l'argent sont employés aux usages suivants :

Monnaies,
Orfévrerie,
Sculpture,
Bijouterie,
Joaillerie,
Décoration,
Ameublement,
Tissus,
Armes.

Le platine est particulièrement affecté aux arts chimiques, mais il a une part restreinte dans la fabrication des monnaies, dans la bijouterie et les arts.

Le palladium occupe peu de place dans l'art monétaire, dans l'orfévrerie et dans la bijouterie, à cause de sa rareté.

L'iridium a des emplois encore plus limités jusqu'à présent.

Nous ne parlerons ni du rhodium ni du rhutenium, qui sont encore sans usages.

La production des métaux précieux a subi des vicissitudes attachées en partie à des événements fortuits, en partie au développement de la civilisation. Le partage de l'empire des Perses, la découverte et l'exploitation des mines d'Espagne avant l'ère chrétienne, l'occupation de l'Amérique au xve siècle, jetèrent dans la consommation du continent européen des valeurs énormes en numéraire, en or et en argent manufacturés. Les valeurs accumulées dans l'antiquité se dissipèrent et disparurent, en grande partie, durant le moyen âge. La conquête de l'Amérique ayant ouvert de nouveaux trésors, on estime que les quantités d'or et d'argent versées sur les marchés européens depuis le temps de Christophe Colomb s'élevèrent pour l'or à 2,381,600 kilogr. et, pour l'argent à 110,362,222 kilogr., formant une valeur totale d'environ 32 milliards de francs.

OR.

Mais des découvertes, dues à la science et à l'esprit aventureux de notre siècle, sont venues augmenter d'une manière surprenante la quantité d'or livrée à la consommation. La Russie, explorée par des hommes capables de reconnaître ses ressources minérales, ouvrit l'exploitation des lavages de l'Oural et de l'Altaï, qui rapportent environ 100 millions par an[1]. Révélés par le hasard vers 1848, les dépôts aurifères de la Californie causaient l'étonnement du monde entier par leur abondance et les résultats de leur exploitation, qui rendit 750 millions de 1848 à 1851[2], lorsque des terrains d'une richesse pareille, peut-être supérieure, furent signalés dans l'Australie. On évalue à 160 millions la valeur de l'or exploité, en 1852, dans ces nouveaux gisements, qui ne paraissent pas devoir être les derniers. Les autres pays à mines d'or n'auraient fourni qu'une valeur de 50 millions par an. Ainsi,

[1] De 1823 à 1848, on a retiré bruts des mines de la couronne 13,062 pouds d'or, et des mines particulières 16,739 pouds; ce qui donne, par an, une moyenne de 1,192 pouds d'or. Le poud pèse 16 kilog. 38 gram. A 3,444 francs le kilogramme, le produit brut annuel des mines de la Russie aurait donc été, pour l'or, dans ce laps de temps, de 67,244,200 francs seulement, si le document que l'on nous a transmis est exact.

[2] Léon Faucher, 1852, *Revue des deux Mondes*, p. 708 et suiv.

d'après les calculs des économistes, la production de l'or, durant la dernière période quinquennale, n'aurait pas été inférieure à 2 milliards, fait que l'histoire n'a jamais présenté jusqu'à nos jours, et dont les résultats peuvent amener des changements importants dans l'économie commerciale et politique du monde.

ARGENT.

La production de l'argent n'a pas subi des variations comparables depuis que les mines du Mexique et du Chili sont exploitées. Nous avons dit quelles quantités d'argent les possessions espagnoles avaient fait passer en Europe jusqu'à la révolution mexicaine. Maintenant on calcule approximativement la production suivante pour l'ensemble des mines d'argent :

Mexique	133,000,000f
Chili	22,000,000
Pérou	25,000,000
Bolivie et Nouvelle-Grenade	12,000,000
Russie et Norwége	5,000,000
Saxe, Bohême, etc.	5,000,000
Hongrie	7,000,000
Espagne	16,000,000
Le reste de l'Europe	5,000,000
Total	230,000,000 [1]

On voit, par cet abrégé, que le total de l'or mis en circulation par année, dans les conditions extraordinaires où nous nous trouvons, est environ de 600 millions, et celui de l'argent de 230. Les rapports entre ces deux métaux ne sont plus les mêmes qu'autrefois, et quelques États en ont été assez alarmés pour ordonner la démonétisation de l'or. La France

[1] Léon Faucher, 1852, *Revue des deux Mondes*, p. 708 et suiv

et l'Angleterre, avec la majorité des pays européens, résistent à cette impulsion; l'avenir décidera qui aura pris la plus sage détermination. Déjà l'on peut s'apercevoir, par un emploi plus général de l'or dans les objets de luxe à bon marché, que ce métal reçoit des applications attestant son abondance; l'argent lui-même, tout en gardant une proportion plus normale, est employé sur une bien plus vaste échelle qu'autrefois : nous aurons l'occasion de le faire voir; enfin, il faut ajouter au produit annuel des mines les métaux précieux en circulation comme numéraire et comme objets d'art ou de luxe : le chiffre de ces valeurs accumulées par les siècles ne peut pas être évalué, même approximativement.

INDUSTRIES CONSACRÉES AUX MATIÈRES D'OR ET D'ARGENT.

Avant d'étudier les industries spéciales consacrées aux matières d'or et d'argent, il convient de connaître celles qui préparent ces métaux pour les livrer ensuite au travail monétaire, à l'orfèvre, au bijoutier et aux autres industries.

AFFINEURS D'OR ET D'ARGENT.

Le commerce de l'or et de l'argent s'effectue ordinairement d'une manière spéciale. Les marchands de ces matières précieuses ont souvent chez eux des ateliers où ils les traitent pour les livrer ensuite à l'industrie. Mais, dans cette immense division du travail qui caractérise l'industrie moderne, nous trouvons d'abord les affineurs, dont l'industrie consiste à mettre les métaux précieux dans leur état de pureté. L'affinage de l'argent s'opère par des procédés divers.

Comme il importe à l'industrie de se procurer l'or pur, afin de le fondre et de le mélanger avec d'autres métaux dans les limites du titre légal, les affineurs auxquels on livre les lingots les fondent et séparent l'or de l'argent. Leur travail s'opère, dans les différents pays, par des procédés divers fondés sur la solubilité de l'argent et du cuivre, dans certains acides sans action sur les moindres parcelles d'or. La séparation ou départ de ces deux métaux ne peut avoir lieu que si l'or constitue seulement le quart de l'alliage, ce qu'il est toujours facile d'obtenir. Le plus ancien procédé est celui que les Mexicains mettent en usage, et que l'on trouve déjà décrit dans la métallurgie d'Agricola. Il consiste à traiter par l'acide azotique l'alliage d'argent aurifère inquarté, et, lorsque l'or est séparé, l'argent est précipité de sa dissolution par des lames de cuivre. Depuis environ vingt ans, les affineurs français ont adopté et réalisé en grand les idées de M. Dizé, inspecteur de la Monnaie de Paris, en substituant avec de grands profits et des opérations très-habiles l'acide sulfurique à l'acide azotique. Tout l'affinage français se fait maintenant de cette manière, qui procure l'argent et l'or dans un état presque absolu de pureté.

A Paris, les affineurs d'or prélèvent pour les frais d'affinage 5 francs par kilogramme d'or et 3 fr. 45 c. par kilogramme d'argent contenant de l'or, que l'on nomme *doré;* mais, dans ce dernier cas, il est fait remise de 2 fr. 10 cent. sur le prix du kilogramme d'argent fin: ainsi, l'affinage ne coûte, en réalité, que 1 fr. 35 cent. par kilogramme. Les lingots contenant moins de $\frac{170}{1000}$ d'or sont considérés comme doré, ceux au-dessus comme or.

La valeur de l'or affiné dans les usines de Paris peut être estimée à 60 ou 80 millions par an, sans y comprendre l'argent duquel l'or a été extrait. Un seul établissement d'affinage en grand existe à Paris, un autre dans la banlieue. Les affaires de cette industrie se sont élevées, en 1847, à 900,000 francs pour frais d'affinage seulement. Les événements politiques de 1848 en ont augmenté le chiffre par suite de la quantité d'ouvrages d'or, de vermeil et d'argent fondus à cette époque.

FONDEURS D'OR ET D'ARGENT.

Le travail des fondeurs d'or et d'argent consiste à fondre les lingots de ces deux métaux pour les besoins du monnayage, de l'orfèvrerie et de la bijouterie, aux différents titres fixés par la loi ou demandés par les fabricants. Les fondeurs d'or et d'argent sont peu nombreux, même à Paris, où l'on n'en compte que 13 : sur ce nombre 4 seulement sont exclusivement fondeurs; les autres sont aussi marchands et apprêteurs d'or et d'argent. Ils travaillent à façon, comme leur industrie l'exige, et font aussi le moulage des ouvrages pleins en or et en argent. Les Anglais, qui, pour les pièces de décoration en argent, tiennent beaucoup au poids, font un grand usage du moulage et de la fonte en argent. Plusieurs fondeurs en bronze fondent les statues en argent : celles de la Paix, de Henri IV enfant et de Louis XIII adolescent ont été fondues, la première par l'orfèvre Cheret, la seconde par Odiot père et la troisième par MM. Eck et Durand, fondeurs de bronze. Après la dernière révolution il n'existait que deux fondeurs d'argent à Paris, MM. Vatinel et Hébert. Les fondeurs de Paris ont fait, en 1847, 603,400 francs d'affaires; ils employaient 42 ouvriers, qui furent réduits à 26 de mars à juin 1848. La crainte et la pénurie d'argent, causées par les événements de cette année, firent porter chez les fondeurs beaucoup de matières ouvrées et accrurent ainsi les affaires de cette industrie, qui montèrent à 772,350 francs.

APPRÊTEURS ET TIREURS D'OR ET D'ARGENT.

Après les fondeurs viennent les apprêteurs et tireurs d'or et d'argent, les lamineurs, les planeurs et les batteurs. Ces fabricants sont les préparateurs du travail d'autres industriels.

Les apprêteurs travaillent ordinairement chez les marchands d'or et disposent les métaux à l'emploi qu'on leur destine soit en lingots de titres et de formes divers, soit en grains, soit en fils de diverses natures : c'est ce qu'on appelle le grain, le moleté, la cannetille et le tareau. Des motifs d'économie ont fait éloigner de Paris l'industrie des apprêteurs. Celle des fils d'or s'est établie à Lyon et celle des fils d'argent à Trévoux : c'est là que la passementerie s'approvisionne, ainsi que plusieurs autres fabrications, comme les filigranes, les chapelets, les chaînes de fils tressés, etc.

L'enquête industrielle ne signale dans Paris que 10 apprêteurs ou tireurs. Ils employaient, en 1847, 57 ouvriers et faisaient pour 378,100 francs d'affaires; en 1848, leurs affaires se sont réduites à 163,491 francs et le nombre de leurs ouvriers à 35.

ARGUES.

On appelle argue l'atelier où l'on prépare les lingots d'argent ou d'argent doré qui, convertis en tringles ou bâtons, sont ensuite tirés à la filière et donnent des fils ronds ou plats que l'on désigne sous le nom de trait.

La loi de brumaire an VI a réservé au Gouvernement le monopole de ce travail, afin de pouvoir garantir le titre des métaux précieux qu'il emploie. L'argue du Gouvernement à Paris, à Lyon et à Trévoux reçoit les lingots d'argent et d'argent doré des tireurs d'or et d'argent, les dégrossit, les marque et les tire.

Les tireurs d'or et d'argent payent pour prix de ce travail:

Pour les lingots de doré et lorsqu'ils ont leurs filières, 50 centimes par hectogramme, et lorsqu'ils n'ont pas leurs filières, 75 centimes;

Pour les lingots d'argent, 12 centimes par hectogramme lorsqu'ils ont leurs filières et 25 centimes s'ils n'en ont pas.

En exécution de la loi du 7 floréal an VIII, les argues nationales dégrossissent et tirent les bâtons de cuivre doré et ceux de cuivre argenté.

Les premiers sont tirés au prix de 12 centimes, les seconds de 8 centimes par hectogramme. Les propriétaires des matières fournissent les filières et payent les frais de forge et de tirage.

L'argue de Trévoux a été rétablie par décret du Directoire le 15 pluviôse an VI, celle de Lyon le 25 ventôse de la même année.

ARGUE DE LYON.

L'argue de Lyon ne prépare que des lingots destinés à être dorés; ceux en argent se font à Trévoux.

Dans les années ordinaires Lyon fait 600 lingots d'une valeur de 3,000 francs, soit...............	1,800,000f
Les frais d'argue sont de 45 francs par lingot	27,000
Chaque lingot reçoit en moyenne 75 grammes d'or fin à 3,600 francs le kilogramme........	162,000
Les frais de dégrossissage par lingot, 9 francs.	5,400
Ceux de tréfilage pour la grosseur moyenne des fils, à 144 francs par lingot............	86,400
Total............	2,080,800

Après ces diverses opérations, le produit ouvré du tréfilage est réparti à peu près par portions égales en cannetilles, bouillons, paillettes, filets, grains, moletés ou lames.

Cette industrie est exploitée à Lyon par 30 fabricants tireurs d'or, qui ont sous leurs ordres 180 chefs d'atelier occupant eux-mêmes 2,500 ouvriers, qui livrent aux guimpiers, tisseurs, brodeurs, pour une valeur de 2,080,800 francs énoncée ci-dessus. Ce genre de travail occupe encore tant en mécaniciens qu'en accoutreurs, c'est-à-dire perceurs de filières, 150 ouvriers, et entretient l'affinage de Lyon, qui, sans l'industrie des tireurs d'or, serait obligé de suspendre ses travaux et compromettrait gravement les intérêts de la bijouterie et de l'orfèvrerie lyonnaise.

Les deux tiers des produits de cette industrie de Lyon sont expédiés directement à l'étranger, l'autre tiers aux passementiers de Paris et de la province.

Lyon fabrique par an 29,200 kilogr. de tréfilerie en faux : en demi-fin 72,000 kilogr. par an, à 40 francs le kilogr.; tout ce produit est converti en filets et galons sur coton ou sur fil.

La fabrique de Lyon envoie annuellement à l'intérieur et à l'extérieur pour plus de 8 millions.

ARGUE DE TRÉVOUX.

A Trévoux, la fabrique d'argent est entre les mains de deux fabricants de traits ou de fils d'argent pour le compte des fabricants de Lyon, soit qu'ils leur vendent leurs produits, soit qu'ils travaillent à façon. Ces produits doivent donc se confondre avec ceux de Lyon.

Trévoux fabrique annuellement environ 250 lingots de 15 kilogr. chacun. Tirés, ces lingots ne représentent séparément que 3,000 kilogr. Les traits en argent sont livrés, à Lyon, à 234 francs le kilogr. : ainsi les 3,000 kilogr. produits à Trévoux valent 702,000 francs; les deux tiers en sont convertis en filets et grains.

En 1852, à la fin d'octobre, l'argue de Trévoux avait déjà fabriqué 300 lingots, dont la façon est évaluée à 6 francs par kilog. pour le tirage.

On commence, dans les argues françaises, à faire usage de la dorure des lingots par les procédés électro-chimiques.

PROCÉDÉ DES INDIENS POUR LA PRÉPARATION DES LINGOTS.

Les Indiens coulent en moule un lingot d'argent, le battent, l'arrondissent sous le marteau en forme de tringle, le liment pour donner de l'âpreté à la surface, le décapent au jus de citron, l'enveloppent d'une feuille d'or décapée au jus de citron et le portent au feu. La haute température soude l'or sur l'argent et la tringle dorée est battue, arrondie, affilée et passée dans la filière, dont les trous diminuent graduellement de grosseur. Cette dernière partie du procédé indien est toute pareille au tréfilage pratiqué en Europe, sauf la perfection des mécanismes adaptés au travail[1].

[1] Détails fournis, par M. Hamilton, au Catalogue illustré de l'exposition universelle, t. II, p. 920.

LAMINEURS.

Les lamineurs ont remplacé les batteurs au marteau, qui étendaient sur des enclumes et par la percussion les lingots préparés pour les usages du monnayage, de l'orfèvrerie et de la bijouterie. Deux cylindres en fonte, tournant parallèlement et en sens inverse à des distances plus ou moins rapprochées, saisissent le lingot méplat qui leur est présenté, le compriment, l'aplatissent et l'allongent, le transformant avec rapidité en lames de toute épaisseur. C'est ainsi que se préparent les bandes d'argent et d'or où l'on découpe les monnaies, les fortes feuilles d'argent et de plaqué d'argent, les feuilles minces d'or, d'argent et de doublé d'or pour la bijouterie fine ou fausse. Les grandes fabriques d'orfèvrerie ont des laminoirs à manége ou à vapeur; ceux des ateliers de bijouterie sont moins puissants et mus par la force humaine. On attribue l'invention du laminoir à Antoine Brulier [1] ou Brucher [2], et cet appareil, mis en mouvement par un moulin, était établi à Paris sur la Seine dès l'an 1553 pour la fabrication de la monnaie [3]. Le laminoir, alternativement adopté, abandonné et repris dans nos hôtels de monnaies, a fini par devenir d'une application générale dans l'industrie des métaux, dont il est aujourd'hui l'auxiliaire le plus efficace et le plus économique.

L'enquête industrielle de 1851 porte que 10 lamineurs ont été recensés à Paris, en ne comptant que ceux pour lesquels cette industrie est exclusive ou qui sont en même temps apprêteurs d'or et d'argent. Leurs affaires se sont élevées, en 1847, à 640,000 francs, ils employaient 53 ouvriers; en 1848, leurs affaires se réduisirent à 416,000 francs et le nombre des ouvriers à 36.

[1] Selon Abot de Bazinghen.

[2] Selon Rochon, *Essai sur les monnaies anciennes et modernes*, p. 62.

[3] Barre, *Rapport sur une communication de M. Hucher*, 1851, p. 5 et 6.

PLANEURS.

Les planeurs en métaux précieux martèlent, dressent, unissent et terminent les plaques d'argent et de plaqué pour les orfèvres et les photographes. La découverte de Daguerre, en créant l'usage de plaques à surface d'argent sur lesquelles se reçoit l'image donnée par l'objectif, a procuré une extension assez considérable à la fabrication des plaqués et au travail des planeurs. A Paris seulement, 7 planeurs travaillent uniquement pour l'orfévrerie avec 60 ouvriers; 10 autres uniquement pour la photographie sur argent : ils emploient 20 ouvriers; 4 avec 20 ouvriers pour les deux industries à la fois. L'ensemble de leurs affaires s'est élevé, en 1847, à 249,100 francs; elles se sont abaissées, en 1848, à 52,300 francs, et, de mars à juin de la même année, 45 ouvriers n'ont pas été conservés.

GRAVEURS DE MATRICES, ESTAMPEURS.

Les graveurs de matrices pour l'orfévrerie et la bijouterie ont une grande part aux travaux de ces deux industries. Ils exécutent en creux les matrices destinées à reproduire les ornements estampés en relief qui s'appliquent sur l'orfévrerie et dont les premiers essais ont été faits, sous l'Empire, par Biennais et les orfévres de la même époque. Depuis, ce procédé, emprunté à la gravure des coins de monnaies et de boutons, a pris un très-grand développement. Des feuilles d'or ou d'argent sont placées sur les matrices et reçoivent des coups multipliés de mouton armé d'une petite masse de plomb ou de cuivre rouge frappée d'avance dans la matrice. De cette manière on fabrique avec une grande perfection les ornements d'orfévrerie courants et les bijoux de la même classe, sans recourir à la fonte, au repoussé ni à la ciselure. C'est aussi dans des creux semblables que se préparent beaucoup de pièces en argent repoussé, que la retreinte et l'ancien travail sur ciment rendaient si difficile d'ajuster correctement. Les graveurs de matrices exécutent aussi les creux sur des coins ou formes destinés à fabriquer les deux extrémités des couverts et beaucoup de pièces de petite orfévrerie. Enfin, ils gravent aussi les creux des cylindres des laminoirs où les couverts ébauchés à l'emporte-pièce se fabriquent tout entiers, après avoir passé par trois laminoirs successifs; ce dernier procédé est d'une application récente : il offre les avantages d'une grande célérité et d'une économie notable de main-d'œuvre.

59 graveurs-estampeurs ont été recensés à Paris; 11 sont graveurs-estampeurs, font graver ou gravent eux-mêmes, sont propriétaires de modèles et estampent à façon. Les affaires de cette industrie se sont élevées, en 1847, à 760,900 francs : elles ont employé un personnel de 277 ouvriers; en 1848, les affaires sont tombées à 289,140 francs, et, de mars à juin, le nombre des ouvriers était diminué de 186.

BATTEURS D'OR ET D'ARGENT.

Les batteurs d'or et d'argent réduisent ces deux métaux à l'état de feuilles d'une étendue limitée, mais d'une extrême ténuité. Le métal laminé est battu dans des feuilles de vélin et ensuite de baudruche, que l'on nomme outils, jusqu'au degré d'épaisseur presque inappréciable demandé par l'industrie des doreurs ou pour l'usage des dentistes. On est arrivé à obtenir des feuilles d'or de 22 centimètres de côté, mais les dimensions ordinaires sont de 86, 95 et 107 millimètres. Mille feuilles d'or superposées n'ont pas ensemble un millimètre d'épaisseur. On peut battre en feuilles très-minces non-seulement de l'or, de l'argent et du platine, mais encore du palladium, du zinc, du cadmium et de l'étain. Les batteurs d'or fabriquent aussi la poudre d'or et d'argent en triturant avec du miel des feuilles très-minces de ces deux métaux.

M. Marshall, qui a obtenu une médaille de seconde classe à l'exposition de Londres, a exposé des échantillons de tous ces métaux, battus avec une grande habileté. La perfection du travail, chez le batteur d'or, consiste à ce que la feuille, vue par transparence, soit d'une grande uniformité et ne laisse point passer la lumière d'une manière inégale. Parmi les batteurs d'or français, M. Favrel tient une place distinguée; il a exposé à Londres des feuilles d'or fin, d'or allié et d'argent d'une dimension inusitée.

EMPLOI DES FEUILLES D'OR, D'ARGENT ET DE PLATINE.

Les feuilles d'or, d'argent et de platine, préparées par les batteurs servent surtout pour la dorure des cadres, des meubles, des lambris, des plafonds et de l'architecture. Les relieurs et les fabricants de cuirs décorés font aussi usage de l'or en feuilles pour les tranches, le dos et le côté des livres, pour les cuirs dits de Venise et les maroquins ou basanes avec des ornements imprimés à la roulette ou au fer. Les peintres de décoration, et même d'histoire, appliquent des feuilles d'or sur des fonds que l'on orne de peinture. Il entre aussi des feuilles d'or dans les verres qui servent de fonds à certaines mosaïques italiennes. L'argent en feuille est appliqué à chaud sur les bronzes d'église, comme nous l'expliquerons plus loin.

Les batteurs d'or fabriquent aussi l'or et l'argent en poudre pour l'usage des peintres en miniature, pour la décoration des livres à riches vignettes et pour le travail de laque imitant celui de la Chine.

L'enquête industrielle a constaté que Paris comptait, en 1847, 34 batteurs d'or, employant 627 ouvriers et faisant 4,959,135 francs d'affaires, dont le chiffre s'est réduit, en 1848, à 644,683 francs, tandis que celui des ouvriers a été diminué de 271 pendant les mois de mars à juin.

CISELEURS.

Les ciseleurs, graveurs et guillocheurs, ces auxiliaires de l'orfévrerie et de la bijouterie, sont, du moins dans les deux premières classes, des artistes plus ou moins habiles. Tous ont besoin d'adresse, d'intelligence et d'une étude approfondie de leur profession. Les ciseleurs sont quelquefois des artistes de premier ordre. En parlant de l'orfévrerie d'art, nous nommerons ceux qui se sont particulièrement distingués. La ciselure est le travail par lequel s'achèvent les pièces fondues ou repoussées. Sous l'échoppe, le burin, l'outil à matter et le rifloir, les ornements ou les figures qui accompagnent l'orfévrerie se terminent, se perfectionnent, prennent la délicatesse et la beauté que comporte le métal.

GRAVEURS.

Les graveurs ornent de dessins en traits creux, en pointillé, en hachures fines ou délicates, au burin ou à l'eau forte, les pièces d'argenterie et de bijouterie que l'on veut embellir de dessins sans relief. Quelques-uns, notamment ceux de Suisse, MM. Fritz Kundert, Grandjean, Dubois, Lamanière, Patton, ont acquis une habileté incomparable et tracent sur des lames d'or des compositions dont l'exécution rivalise par sa finesse avec les plaques de photographie. Ce sont aussi les graveurs qui préparent les pièces à nieller, quand elles ne sont pas gravées à la mécanique. Cet art, qui doit son origine à l'antiquité, nous a été transmis par les Byzantins; il a été l'origine de l'impression en taille-douce.

GUILLOCHEURS.

Les guillocheurs ont des moyens divers pour décorer l'orfévrerie de toute sorte; ils font ordinairement, à l'aide de procédés mécaniques, les fonds quadrillés, vermiculés et autres qui accompagnent les surfaces unies et rehaussées de gravures. Les orfévres et bijoutiers font exécuter au dehors ces trois espèces de travaux. Ce n'est que dans les grands ateliers que les ciseleurs, graveurs et guillocheurs, font partie du personnel.

162 industriels de ces catégories ont été recensés à Paris : leurs façons, en 1847, ont été de 1,141,700 francs; elles se sont réduites, en 1848, à 285,500 francs. Le nombre des ouvriers était, en 1847, de 513; en 1848, de 160.

REPERCEUSES.

Leur travail consiste à évider, au moyen de scies très-fines, assez déliées pour passer dans un trou de foret, les ornements délicats et découpés à jour de l'orfévrerie et de la bijouterie. Elles sont employées par les orfévres, par les bijoutiers en fin et en faux, par les bijoutiers garnisseurs, les tabletiers, etc.

L'enquête industrielle a seulement recensé, pour les métaux précieux, les reperceuses qui travaillent uniquement pour les orfévres et les bijoutiers de Paris; ceux-ci en emploient en réalité un bien plus grand nombre, mais directement et dans leurs ateliers. 60 reperceuses ont été recensées; 28 travaillaient sans ouvrières. Leurs façons s'élevaient, en 1847, à 85,880 francs et se sont réduites, en 1848, à 33,480 francs. Elles employaient, en 1847, 53 ouvrières, et, de mars à juin 1848, 32.

POLISSEUSES ET BRUNISSEUSES.

Ces ouvrières donnent la dernière main aux pièces d'orfévrerie et de bijouterie dont le travail est terminé. Elles adoucissent et lustrent ces ouvrages avec la brosse ou avec des peaux, au moyen de ponce, de tripoli et de rouge d'Angleterre, employés avec beaucoup d'adresse et de rapidité. Sans compter les ouvrières qui travaillent dans les fabriques, on a recensé à Paris 253 polisseuses et brunisseuses. Elles ont fait, en 1847, une somme d'affaires, consistant en façons, de 504,080 francs; elles ont employé 474 ouvriers, dont 23 hommes et 13 jeunes garçons. En 1848, leurs façons sont tombées à 131,040 francs, et le nombre de leurs ouvriers à 204.

LAVEURS ET FONDEURS DE CENDRES ET REGRETS D'ORFÉVRES.

Chaque année, un atelier d'orfévrerie de quelque importance produit une valeur de 4 à 6,000 francs en métaux précieux disséminés dans les balayures, les résidus de toutes sortes, les débris de fourneaux, de creusets, les filaments provenant des peaux qui servent à brunir, les poncés, les brosses, les fils à polir, les eaux à mettre en couleur, etc. Toutes ces matières, broyées dans des moulins, recueillies par le lavage et fondues, donnent la quantité de métal que nous avons désignée. L'hôtel des monnaies est le seul établissement de Paris qui ait un atelier spécial pour faire laver ses cendres par ses propres ouvriers. Les fabricants de Paris appellent chez eux les laveurs de cendres, qui opèrent sous leurs yeux; lorsque le laveur a fini son travail, il achète les cendres à peu près épuisées, que l'on appelle *regrets d'orfévre*, en retire tout ce qui reste encore d'or ou d'argent et le vend à l'affineur. Un seul laveur de cendres lave exclusivement dans ses ateliers, et le système de ses opérations et de ses appareils offre toutes les conditions de loyauté que l'on peut exiger.

L'industrie des laveurs de cendres et regrets d'orfévre est beaucoup plus considérable qu'on ne peut le penser d'abord; elle est l'objet d'un commerce important avec l'étranger. Nous trouvons que, de 1847 à 1851, il en a été importé en France pour une somme de 82,795,350 francs et exporté pour une somme de 120,570 francs.

Cette industrie est exploitée à Paris par 16 personnes, dont 12 lavent les cendres et regrets d'orfévre, 3 dédorent le cuivre et 1 fond les regrets d'orfévre. Leurs affaires se sont élevées, en 1847, à 2,930,000 francs; dans ce chiffre, les affaires du fondeur de regrets travaillant dans ses propres ateliers figurent pour une somme de 1,984,000 francs. Cet établissement fait des affaires considérables avec la France et avec l'étranger, dont il achète les cendres pour les exploiter à son profit. Un seul atelier de même nature existe à Vienne, département de l'Isère. La révolution de 1848 a réduit les affaires des laveurs de cendres à 652,710 francs; le nombre des ouvriers s'est abaissé de 70 à 35 pendant les mois de mars à juin.

ESSAYEURS.

Le titre est la quantité exacte d'or ou d'argent que contiennent les lingots destinés à la monnaie, à l'orfèvrerie et à la bijouterie et les ouvrages exécutés par ces différentes industries. L'art de l'essayeur constate le titre avec une rigoureuse précision.

Pour y parvenir, l'essayeur a recours à des procédés chimiques de plusieurs espèces. Les lingots d'argent sont essayés par la coupellation : un morceau du lingot à contrôler en est détaché et chauffé avec un peu de plomb métallique sur une coupelle d'os calcinés et broyés, à la chaleur d'un moufle, sorte de creuset demi-cylindrique placé horizontalement dans un fourneau chauffé au rouge clair. Le plomb s'allie d'abord avec l'argent, s'oxyde ensuite, fond et s'absorbe graduellement dans la coupelle où est placée la pièce d'essai. L'oxydation du plomb entraîne le cuivre et les métaux étrangers unis à l'argent qui reste sur la coupelle pur ou contenant seulement l'or auquel il peut être allié. L'or est ensuite séparé de l'argent par l'opération du départ, que nous avons décrite en parlant de l'affinage. Le départ direct s'opère, chez les essayeurs, par l'action de l'acide azotique, qui isole l'or; l'argent est précipité de sa dissolution par une dissolution titrée de sel marin, qui le convertit en chlorure. Ce procédé, inventé par M. Gay-Lussac, a été institué légalement par une ordonnance de Charles X. Le départ inverse s'opère par l'eau régale (acide nitro-muriatique), dont l'action dissout l'or et transforme l'argent en chlorure.

Les lingots d'or allié d'argent sont essayés aussi par la coupellation et ensuite par la voie humide; seulement le fragment d'essai est refondu d'abord avec trois fois son poids d'argent fin, ce que l'on appelle l'inquartation, et ensuite attaqué par l'acide nitrique, l'addition d'argent en quantité convenable ayant détruit l'action préservatrice de l'or.

Les orfèvres et les bijoutiers ont recours au procédé moins exact, mais plus expéditif, de la pierre de touche, dont la couleur noire permet de bien distinguer les traces qu'imprime à sa surface le contact d'un bijou renfermant de l'or et dont l'insolubilité dans l'acide azotique laisse observer leur réaction sur l'alliage essayé. Plus il est riche en or, moins sa trace s'affaiblit; plus il est allié d'argent ou de cuivre, plus la touche s'atténue et disparaît. Les échantillons à titre connu qui servent de points de comparaison s'appellent touchaux; mais l'expérience, qui s'acquiert assez facilement par la pratique, permet, en général, de juger très-approximativement et sans recourir aux touchaux la teneur en or des matières essayées par l'acide sur la pierre de touche. Les essayeurs du Gouvernement font aussi emploi de la pierre de touche pour les bijoux à contrôler, qu'il faudrait détruire pour les essayer autrement.

L'industrie des essayeurs est d'une utilité manifeste pour tous les marchands, acheteurs et fabricants d'ouvrages en or et en argent; elle est devenue nécessaire depuis que des lois fiscales sont intervenues dans le contrôle de ces objets de commerce.

DROIT DE GARANTIE.

Autrefois, les monnaies, l'orfévrerie et la bijouterie étaient soumises les unes à la surveillance du Gouvernement, qui n'hésitait pas, dans les temps difficiles, à falsifier les titres, les autres au contrôle des officiers délégués par le corps des orfévres, intéressé à conserver le crédit et l'estime de sa fabrication. Cependant l'amour du gain et des profits frauduleux avait amené de grands désordres dans cette industrie, et, lorsque les rois voulurent intervenir pour les réprimer, les orfèvres de Paris rachetèrent plusieurs fois leur immunité par le don de sommes considérables. La liberté du titre existe dans beaucoup de pays d'Europe sous la garantie de la corporation des orfévres, notamment en Angleterre et en Allemagne; mais, si les effets de cette liberté favorisent la production, elle n'est que très-préjudiciable aux intérêts des acheteurs. On a vu, en Angleterre, mettre en vente des bijoux d'or remplis de plomb, dont on inondait les îles et les colonies; des cachets et des chaînes énormes étaient vendus pour de l'or et ne venaient pas à quatre karats quand on les fondait. Il est vrai que la bijouterie fausse a fait disparaître, en grande partie, cette industrie criminelle, et rien de semblable n'a paru à l'exposition de Londres.

Il n'en est pas moins certain que les matières précieuses sur lesquelles s'exercent le monnayage, l'orfévrerie et la bijouterie, constituant des valeurs intrinsèques considérables dans leur ensemble, exigent, de l'aveu des fabricants eux-mêmes, une garantie assez certaine pour que le public ne soit pas exposé à des fraudes et n'éprouve pas une défiance préjudiciable au commerce.

On ne peut nier qu'en cherchant les moyens de se substituer à la garantie de la corporation des orfévres, le Gouvernement français n'ait, depuis Louis XII et Henri II, songé aux avantages que lui procurerait une loi dont l'action apparente était uniquement tutélaire pour les fabricants et les acheteurs. Les termes des édits royaux, ceux du rapport sur la loi de brumaire an VI (9 novembre 1797), montrent bien clairement que l'État voulait s'indemniser de son contrôle et faire des bénéfices. Toutefois la loi de brumaire, encore actuellement en vigueur, a créé un état de choses dont les défauts sont manifestes, mais dont les avantages deviendraient bien plus évidents le jour où on l'abolirait.

Les dispositions principales de cette loi sont la détermination des titres auxquels il est permis de fabriquer les ouvrages d'or et d'argent, l'établissement de bureaux de garantie où les matières ouvrées sont essayées et marquées d'un poinçon, le droit que doivent acquitter les fabricants pour cette vérification et ce contrôle, la pénalité pour les contraventions.

Selon cette loi, l'or peut être fabriqué à trois titres :

[illegible] — ou 22 karats [illegible].
[illegible] — ou 20 karats [illegible] + [illegible].
[illegible] — ou 18 karats.

Il existe en dessous du dernier titre une latitude de [illegible] que la loi de brumaire interdit d'atteindre; cependant, dans ces limites, l'alliage d'or en conserve la couleur; au-dessous ce n'est plus que du doré. C'est ce champ qu'exploite la bijouterie étrangère au détriment de celle de France, dont elle emprunte les modèles pour les reproduire ensuite à profusion et avec un abaissement de prix considérable.

Outre les titres rigoureux qu'elle a fixés, la loi de brumaire accorde une tolérance de $\frac{3}{1000}$ pour l'or en faveur des soudures qui exigent un or plus allié et dont l'emploi dans les bijoux creux est inévitable.

Pour l'argent, il existe deux titres légaux :

$\frac{950}{1000}$ et $\frac{800}{1000}$, avec une tolérance de $\frac{5}{1000}$.

Il est interdit aux fabricants de livrer leur marchandise au commerce sans avoir subi ces formalités, et les marchands y sont également soumis, avec toutes les conditions de visites, d'exercice et de formalités que la surveillance et la garantie de l'État exigent.

Des poinçons nombreux sont apposés, au bureau de garantie, auprès de celui du fabricant, selon les ouvrages produits. Il y en a onze espèces : celui du fabricant, du titre, du bureau de garantie, celui des menus ouvrages d'or, des menus ouvrages d'argent, des vieux ouvrages dits de hasard, des ouvrages venant de l'étranger, des ouvrages doublés ou plaqués d'or ou d'argent, le poinçon de recense destiné à remplacer les poinçons de l'État que des faussaires auraient contrefaits, le poinçon pour marquer les lingots d'or ou d'argent affinés.

Le droit de garantie perçu sur les ouvrages d'or et d'argent de toute sorte fabriqués à neuf est de 20 francs par hectogramme d'or et de 1 franc par hectogramme d'argent, non compris les frais d'essai ou de touchaux. Les essayeurs du bureau de garantie perçoivent, pour droit d'essai d'or, de doré et d'or tenant argent, 3 francs; pour l'essai d'argent, 80 centimes. Les cornets et boutons d'essai sont remis au propriétaire de la pièce. Les essais des mêmes ouvrages d'or, faits à la pierre de touche, sont payés 9 centimes par décagramme d'or.

Rien n'est perçu sur les ouvrages de hasard remis dans le commerce.

Les ouvrages d'or venant de l'étranger sont soumis au poinçonnage et payent les mêmes frais que les produits français.

Dans ces conditions voulues par la loi, les droits perçus sur les quantités d'or et d'argent présentés au bureau de garantie de Paris seulement sont, de 1820 à 1851, de la somme de 37,462,657 fr. 97 c., ce qui donne en moyenne, par année, la somme de 1,170,708 fr. 06 c.; sur cet ensemble ont été vendus à l'étranger, de 1840 à 1851 inclusivement : or, 4,201,093 grammes ; argent, 43,211,884 grammes.

Les droits de garantie doivent être restitués au fabricant français à la sortie pour exportation ; mais les formalités que la loi a dû prescrire sont si compliquées et si minutieuses, que le plus souvent on préfère sacrifier cet avantage [1].

Il est facile de comprendre tout ce que la loi de brumaire a dû susciter de fraudes pour échapper à son action et quelles difficultés elle a créées pour le fabricant. Elle a interdit la fabrication de $\frac{750}{1000}$ à $\frac{620}{1000}$; elle a grevé de droits additionnels au prix intrinsèque et à celui de façon des denrées dont elle exigeait la fabrication à un titre plus élevé que celui du reste de l'Europe ; elle a presque paralysé certaines industries, qui ont échappé à l'anéantissement seulement par des prodiges de génie industriel. Ainsi, celle des couverts d'argent s'est abaissée à 16 ou 17 francs de façon pour la douzaine de couverts pesant environ deux kilogrammes ; le fisc prélève, sur cette

[1] La loi porte, titre II, article 26, que les droits seront restitués par le bureau de garantie qui aura perçu les droits sur lesdits ouvrages, ou, à défaut de fonds, par une traite sur le bureau de garantie de Paris. Cette restitution n'aura lieu cependant que sur la présentation d'un certificat de l'Administration des douanes, muni de son sceau particulier, et qui constate la sortie de France desdits ouvrages. Ce certificat devra être rapporté dans un délai de trois mois.

douzaine de couverts, 22 francs de droits et d'essais, de sorte que les 16 ou 17 francs de façon représentent une part des frais généraux, l'intérêt de l'argent, la main-d'œuvre, la perte des déchets et les profits du fabricant. Les autres effets de la loi de brumaire sont d'avoir provoqué les transgressions par la vente sans contrôle d'ouvrages que le public ne tient pas à faire poinçonner, soit qu'il ignore la garantie du poinçon de l'État, soit qu'il se fie à la loyauté du marchand, dont la responsabilité disparaît avec l'objet vendu. Les fabricants et commerçants de Paris déclarent eux-mêmes que les deux tiers de la fabrication échappent ainsi au droit[1]. Enfin la loi a, comme toujours, excité la fraude, qui pendant longtemps s'exerçait à contrefaire les poinçons de l'État avec tant d'habileté, que les soupçons de l'Administration ont compromis quelquefois sa propre sagacité et la réputation de commerçants intègres et obligé souvent à faire usage du poinçon de recense, moyen onéreux de réprimer la fraude par le procédé d'où elle tirait son origine.

Cependant, il n'est pas douteux que tous les fabricants et négociants honnêtes n'acceptent, malgré ses inconvénients, la garantie de l'État. Plusieurs la considèrent comme ayant été la sauvegarde de l'industrie des métaux précieux, sans laquelle le désordre le plus absolu régnait dans leur industrie; le poinçon français leur paraît un type de crédit à l'étranger, et ils redoutent, comme une cause de ruine, la faculté de travailler à bas titre, même pour l'exportation.

Nous avons exposé les points principaux de cette question si complexe, présentée souvent aux assemblées législatives; les difficultés et les longueurs de son étude, et surtout les événements politiques, en ont ajourné la révision. Il est toutefois à désirer, dans l'intérêt de notre fabrication française, que les inconvénients de la loi de brumaire soient écartés et qu'en

[1] Mémoire présenté par les fabricants et marchands d'ouvrages d'or et d'argent de Paris, rédigé par M. Fournel et présenté aux Chambres en 1838.

même temps ses garanties salutaires et honorables soient conservées.

RUSSIE.

En Russie, le droit de contrôle et la garantie pour les objets d'or et d'argent existent à peu près sur le même pied qu'en France; nous n'avons pu nous procurer de détails à ce sujet ni sur le produit annuel de ce droit.

L'importation de l'orfévrerie et de la bijouterie étrangère est permise en Russie, moyennant un droit de cent roubles d'argent (400 francs) par livre de 400 grammes pour les objets en or, et un de six roubles (24 francs) pour les objets en argent.

Les pierres dures, les émaux, les coraux, les mosaïques, montés en or et en argent, payent 15 % de leur valeur.

ANGLETERRE.

Le droit de contrôle existe en Angleterre avec les restrictions que nous allons faire connaître; il est exercé par la corporation des orfèvres. A Londres, les objets à contrôler sont portés à Goldsmiths-hall, où sont acquittés les droits. Le titre exigé pour les pièces en or dont le contrôle est obligatoire est de 22 karats, excepté pour la bijouterie, où le titre de 18 karats est permis. Les objets d'or dont le contrôle est obligatoire sont les médailles, boîtes de montres, tabatières, alliances, bagues de deuil et toutes pièces de vaisselle.

Les objets de bijouterie ne sont pas assujettis au contrôle, mais les fabricants peuvent les faire contrôler au titre de 18 karats. Les titres de l'or de bijouterie sont donc facultatifs, mais les bonnes maisons ne fabriquent pas au-dessous de 16 ou 14 karats. Pour l'exportation et les ouvrages courants on emploie l'or de 12 et 10 karats, mais on ne le contrôle pas moins à 18.

Le titre légal de l'argent est à $\frac{925}{1000}$. Toute pièce d'argent au-dessus de cinq penny weights, ou 7 grammes 775, doit être contrôlée.

A l'importation, les bijoux montés en diamants ou en perles payent un droit de 10 p. % sur la valeur déclarée de la monture seulement. Les bijoux montés en toutes autres pierres payent le même droit sur la valeur des pierres et de la monture. L'orfèvrerie d'or importée paye, pour sa valeur déclarée, 10 p. %, pour droit de contrôle, 17 shillings (21 francs 25 c.) par once ou 31 grammes 19, et un droit additionnel de 5 p. % sur la valeur déclarée. L'orfèvrerie d'argent paye, à l'importation, 10 p. % sur la valeur de l'objet déclaré, pour droit de contrôle 1 shilling 6 pence (ou 1 franc 88 c.), plus, un droit additionnel de 5 p. % sur la valeur déclarée.

BELGIQUE.

En Belgique, l'or et l'argent sont soumis au contrôle. Les titres légaux pour l'or sont au nombre de trois : $\frac{916}{1000}\frac{1}{4}$ — $\frac{833}{1000}\frac{1}{4}$ — $\frac{750}{1000}$. Il y a deux titres pour l'argent : $\frac{934}{1000}\frac{1}{30}$ — $\frac{833}{1000}\frac{1}{4}$. Le droit de contrôle est de 1 franc par hectogramme d'argent et de 20 francs par hectogramme d'or.

L'importation des ouvrages d'or et d'argent est permise. Les objets fabriqués en Belgique reçoivent une restitution des deux tiers du droit à l'exportation, quand ils sont exportés par le fabricant lui-même.

HOLLANDE.

Dans les Pays-Bas, tous les ouvrages d'or et d'argent mis en vente doivent être contrôlés. Le plus bas titre pour l'or est 18 karats. Il y a deux titres légaux pour l'argent, $\frac{934}{1000}$ et $\frac{833}{1000}$. Il est interdit aux orfèvres de vendre les objets de fabrication étrangère au-dessous de ces titres; ils sont vendus seulement sous le nom de quincaillerie. Les droits de contrôle sont de 10 p. % de la valeur intrinsèque; les objets importés de l'étranger payent, en outre, un droit de douane de 6 p. % sur leur valeur.

ALLEMAGNE.

Le contrôle et la garantie existent dans tous les États de

l'Allemagne, mais ils ne sont pas exercés par les gouvernements. Les doyens des orfèvres sont chargés du contrôle, et c'est à eux qu'en revient le bénéfice : ils se font payer cette redevance d'après un tarif établi et ils sont obligés de dénoncer les contraventions. Le droit varie suivant les différents États. C'est à Vienne qu'il est le plus cher; dans le Zollverein, il est assez modique. Dans la plupart des pays de l'Allemagne le titre de l'or est fixé à 14 karats ou $\frac{14}{24}$, et celui de l'argent à 12 loths ou $\frac{12}{16}$. Toutefois, dans quelques États du Zollverein, ces titres varient, pour l'or, entre 14 et 22 karats, et, pour l'argent, entre 11 loths 3 grains $\frac{698}{1000}$ et 15 loths 3/5 de grain ou $\frac{950}{1000}$. L'importation des ouvrages d'or et d'argent est permise dans tout le Zollverein; l'exportation ne donne droit à aucun drawback.

AUTRICHE.

Le contrôle est établi dans les provinces allemandes, slaves et hongroises de l'empire d'Autriche. L'or n'est pas contrôlé au-dessous du poids de 4 ducats (3 grammes 491); il a trois titres légaux : 18 karats 5/12, 13 karats 1/2, 7 karats 10/12. L'argent a les titres légaux de 13 et 15 loths au marc de 16 loths : ainsi les titres de l'argent sont 13/16 et 15/16. L'importation est interdite.

SUISSE.

En Suisse, on n'a pas aboli le droit de contrôle ni la garantie, mais il est facultatif. Pour le canton de Genève, la loi du 22 septembre 1815, modifiée par celles du 27 mai 1820 et du 25 octobre 1851, fixe les principales dispositions suivantes :

Le titre des ouvrages d'or ne peut être au-dessous de 18 karats ou $\frac{750}{1000}$, avec une tolérance de $\frac{3}{1000}$; l'argent a trois titres légaux, $\frac{950}{1000}$, $\frac{875}{1000}$, $\frac{800}{1000}$, avec une tolérance de $\frac{5}{1000}$. Les poinçons apposés sur les ouvrages admis sont au nombre de 3, celui du fabricant, celui d'essai, celui de garantie. Le poinçon du fabricant est seul obligatoire pour tout ouvrage qui peut en recevoir l'empreinte. Les essais au touchau sont faits gratis. Chaque essai est payé 50 centimes pour l'or et le même prix pour l'argent. Pour les objets au titre légal, le droit de poinçonnage est de 10 centimes pour l'or et de 3 centimes pour l'argent.

De plus, une taxe de garantie est payée par toutes les maisons faisant le commerce de l'horlogerie, de la bijouterie et de l'orfèvrerie, qui n'ont pas d'atelier où se travaillent les matières d'or et d'argent. Ces maisons sont divisées en trois classes, selon l'importance de leurs affaires : la première paye annuellement 50 francs, la seconde 20 francs, la troisième 10 francs.

ITALIE AUTRICHIENNE.

Dans la partie italienne de l'empire autrichien (royaume Lombard-Vénitien), les titres légaux sont, pour l'or, au nombre de trois, $\frac{920}{1000}$, $\frac{840}{1000}$, $\frac{750}{1000}$. Il y a deux titres légaux pour l'argent, $\frac{950}{1000}$ et $\frac{800}{1000}$. Nous ne connaissons pas le chiffre du droit de contrôle. L'importation est interdite.

ÉTATS ROMAINS.

A Rome, le Gouvernement exerce le droit de contrôle. Il y a deux titres légaux pour l'or, $\frac{917}{1000}$ et $\frac{750}{1000}$; le droit de poinçonnage est de 2 baiocchi (0 fr. 108 m.) par denier ou 11 gr. 79. Les deux titres légaux de l'argent sont $\frac{950}{1000}$ et $\frac{888}{1000}$; le droit de poinçonnage est de 2 baiocchi (0 fr. 108 m.) par once de 30 gr. 166.

Les ouvrages d'or et d'argent venant de l'étranger sont soumis à un droit d'entrée de scudo 1,50 ou 8 fr. 07 c. pour chaque livre pesant 339 gr. 40 c. d'argent et de 3 scudi pour chaque livre d'or ouvré. Les produits importés sont soumis au même contrôle que ceux du pays. Si leur titre est inférieur au titre légal des États pontificaux, la vente en est interdite, et ils sont réexportés.

Le produit des droits sur les ouvrages étrangers en or et

en argent était autrefois d'environ 3,000 scudi ou 16,052 fr. 90 c.; maintenant il s'élève à peine au tiers.

ÉTATS NAPOLITAINS.

Dans les États napolitains, le titre de l'argent est de 10 onces à la livre ou $\frac{10}{12}$; le titre français étant de $\frac{11}{12}$, on peut travailler à ce titre; il a un poinçon spécial au bureau de garantie.

L'or a six titres différents : 12 karats, 14 id., 16 id., 18 id., 20 id., 22 id. Le titre le plus bas pour l'or, celui de $\frac{12}{24}$, sert à fabriquer les bijoux des campagnes, qui sont ordinairement en deux coquilles; l'or augmente de titre selon la beauté des bijoux.

En général, dans la joaillerie, les rubis sont montés soit avec de l'or à 22 karats, soit avec de l'or de la monnaie, qui est marqué sur les grandes pièces de 30 ducats : *Trappesi 42* [illegible] *titolo millesimi 996*. On emploie aussi comme or de très-bon aloi les *doppie* de Charles III, dits *perrucconi* de 1749 et 1750, qui sont de 21 karats $\frac{5}{8}$, et les onces de Charles III, dites *a due giri*, qui sont de 21 karats $\frac{3}{4}$, enfin l'or de napoléons de 21 karats $\frac{2}{16}$ et l'or de médailles antiques. Le contrôle est obligatoire.

Le droit de garantie sur l'or de 12 karats est de 25 grana par once et le droit augmente en proportion des karats d'or contenus dans l'alliage.

L'argent au titre de $\frac{10}{12}$ paye 16 grana $\frac{1}{2}$ par livre, celui au titre de $\frac{11}{12}$ paye 18 grana par livre.

Les essayeurs sont accrédités par le Gouvernement. Il y a aussi un bureau d'essai annexé à celui de garantie. On y paye, comme chez les essayeurs du commerce, pour l'or 18 grana à l'essai, pour l'argent 1 carlin ou 10 grana.

L'importation est permise moyennant un droit de 16 grana $\frac{1}{2}$ sur la livre d'argent et de 2 carlins sur l'once d'or.

Les pièces importées qui sont au titre légal sont assujetties au contrôle; celles qui sont au-dessous du titre sont brisées. On importe très-peu d'orfévrerie.

L'importation de la bijouterie et de la joaillerie est exercée principalement par MM. Finzer et Castello, juifs de Genève, qui font environ pour 200,000 ducats d'affaires par an.

Les Français importent pour environ 20,000 ducats de bracelets et boucles d'oreille annuellement.

On a essayé d'introduire de Suisse des bijoux fourrés de cuivre qui ont été brisés à l'entrée. D'après l'échantillon mis sous mes yeux, je pense que ce devait être du doublé d'or de Paris. Ces bijoux faux étaient importés comme fabriqués en or.

ÉTATS SARDES.

Dans les États sardes l'or et l'argent sont soumis au contrôle. Le plus bas titre toléré pour l'or est de 18 karats, pour l'argent de $\frac{915}{1000}$. Le droit de contrôle pour l'argent est de 20 centimes par once de 33 gr. 875. Celui de l'or est dans une proportion minime; toutefois, nous ne pouvons en fixer le chiffre.

L'importation de l'orfèvrerie n'est pas interdite, mais on n'accorde pas de drawback à son exportation. La douane envoie les pièces au contrôle; si elles sont trouvées au-dessous du plus bas titre légal, elles sont refusées et renvoyées. Si les pièces présentées au contrôle sont d'origine sarde, elles sont cassées et rendues au fabricant.

ESPAGNE.

Tous les ouvrages d'or et d'argent sont soumis au contrôle en Espagne; le droit à payer est très-faible et ne dépasse pas quelques réaux.

Le titre légal pour l'or de bijoux est de 18 karats, mais, pour les pièces de vaisselle, il s'élève à 22 karats. Le titre exigé est de $\frac{9}{12}$ pour les pièces en argent au-dessous d'une once (28 gr. 751) et de $\frac{11}{12}$ pour les pièces au-dessus de ce poids.

Le contrôle s'exerce jusque dans les plus petites villes, mais avec assez de tolérance, excepté à Madrid, où on le pratique avec la plus grande rigueur. L'essai se fait au touchau, et non par la coupellation ni par la voie humide.

Les ouvrages d'or et d'argent importés, autres que la vaisselle, payent, à l'entrée, un droit de 5 p. 0/0 de leur valeur. La vaisselle d'argent paye 25 p. 0/0 de la valeur de façon, celle de l'argent ne paye aucun droit de cette nature.

Il est interdit d'introduire en Espagne des pièces non contrôlées ou d'un titre inférieur à celui déterminé par la loi.

PORTUGAL.

Les conditions du titre et du contrôle sont à peu près les mêmes en Portugal. Les droits d'importation de l'orfévrerie d'argent sont de 0 fr. 1505 par marc de 229 gr. 5.

ESSAYEURS.

Les essayeurs du commerce n'ont pas d'autre emploi que de donner aux marchands et fabricants la connaissance exacte du titre et du poids des métaux précieux qu'ils veulent vendre, acheter ou mettre en œuvre. Pour le titre, le bulletin de l'essayeur fait foi dans le commerce : lorsque l'acheteur et le vendeur ne sont pas d'accord sur le poids, on reporte le lingot chez l'essayeur, dont le bulletin fait encore foi entre les deux parties.

Les affaires des essayeurs du commerce, se composant uniquement de leurs droits d'essai, se sont élevées, en 1847, à 138,000 francs; elles ont été réparties entre cinq essayeurs, avec un personnel de 17 ouvriers. Ceux qui travaillent pour la banque ont déclaré qu'en 1848 ils avaient eu une augmentation dans leurs affaires; ceux qui travaillent seulement pour l'industrie et le commerce ont subi une diminution : en somme, les affaires de 1848 sont descendues à 135,300 francs, sans que le nombre des ouvriers ait varié.

Quant au bureau d'essai de la garantie, installé à l'hôtel des monnaies, il y a été présenté, en 1847, des ouvrages d'or et d'argent ayant une valeur intrinsèque de 18 millions, dont moitié pour les bijoux d'or et l'autre moitié pour les ouvrages d'argent. Les frais perçus par l'essayeur ont été de 71,349 francs 40 c.

En 1848, il a été présenté à l'essai des ouvrages d'or et d'argent ayant une valeur intrinsèque de 8,500,000 francs, savoir : 4,500,000 francs pour les bijoux d'or et 4,000,000 francs pour les ouvrages d'argent. Les frais d'essai perçus ont été de 27,454 francs.

MONNAIES.

La fabrication des monnaies, autrefois exercée par les villes, les évêques, les seigneurs et les rois, s'est graduellement concentrée dans les mains des gouvernements, comme l'exigeaient la bonne administration et la sécurité des affaires commerciales. En même temps s'accroissait le monnayage développé par l'activité des affaires, la meilleure exploitation des mines et la découverte de celles de l'Amérique.

Depuis 1795, le monnayage de l'argent en France s'était élevé, en moyenne, à 80 millions de francs par an ; en 1847, la valeur des monnaies fabriquées à l'hôtel des monnaies de Paris seulement s'est élevée à 85,991,177 francs, se divisant en :

Monnaies d'or.................. 7,706,020 fr.
Monnaies d'argent.............. 78,285,157

Les frais de fabrication ont été de 804,423 francs.

En 1848, la valeur des monnaies fabriquées a été de 159,428,835 francs, dont :

39,697,740 francs en monnaies d'or
119,731,095 —— en monnaies d'argent;

Plus, 86,150 francs, monnaie de cuivre à valeur nominale.

Les frais alloués au directeur de la fabrication ont été de 1,319,916 francs.

En 1851, le monnayage de l'argent est tombé à 57 millions,

affaiblissement qui semble correspondre à l'exportation considérable de pièces frappées antérieurement.

L'hôtel des monnaies de Paris, qui fabrique des quantités si considérables de numéraire, emploie une centaine d'ouvriers.

On estime que la France possède de deux à trois milliards d'or et d'argent monnayés au titre de $\frac{900}{1000}$.

Les procédés de fabrication des monnaies ont éprouvé de nombreuses modifications depuis le XVIe siècle jusqu'à nos jours. Le monnayage au marteau était une industrie grossière : les lingots d'or ou d'argent étaient battus en lames, les lames découpées et arrondies grossièrement avec des cisailles, et les disques de métal, ou flans, ainsi ébauchés étaient placés sur une espèce d'enclume où l'un des types était gravé. De la main gauche le monnayeur appliquait sur la face supérieure le coin gravé qui devait imprimer l'autre côté, et, avec un marteau pesant qu'il tenait de la main droite, il frappait sur le coin pour imprimer le flan des deux côtés à la fois. Rien n'était plus irrégulier et plus favorable à la fraude que cette méthode. En 1550 et 1553, Henri II ordonna qu'il serait fabriqué des testons au moulin, dans son palais du Louvre. Il est à croire que le moulin était seulement un laminoir pour étirer les lingots et que les monnaies étaient frappées au balancier, puisque l'on possède encore à la monnaie des médailles des carrés ou coins propres seulement au travail du balancier, et gravés au type de Henri II, et puisqu'il existe des pieds-forts de Charles IX ayant sur la tranche une légende en relief imprimée par une virole en trois pièces, comme celles que l'on emploie aujourd'hui. Malgré la perfection de la fabrication au balancier, Henri III l'interdit en 1585, excepté pour toutes sortes de médailles antiques et modernes, pièces de plaisir et jetons, sans qu'il pût être fabriqué avec les engins, au moulin, aucunes espèces d'or, d'argent ou de billon, si ce n'était par le très-exprès commandement du roi ou de l'ordonnance de la cour des monnaies.

Ce fut en 1615 que Nicolas Briot fit connaître, par un mémoire imprimé, les raisons, moyens et propositions pour faire toutes les monnaies du royaume à l'avenir uniformes, en faire cesser toutes falsifications et les mettre en ferme générale. Des expériences nombreuses furent faites, en 1617, devant MM. de Châteauneuf, de Boissise, de Marillac, et Henri Poulin, qui en rendit compte. De l'exposé rédigé par ce dernier il résulte que la fabrication nouvelle de Briot devait être l'emploi de quarts de cylindres, qui donnaient des pièces oblongues et gondolées, telles que certaines monnaies françaises, allemandes et espagnoles de l'an 1603 à 1728[1].

Nicolas Briot ne vit donc pas, comme on l'a si souvent répété, repousser son invention du balancier, qui ne lui appartenait pas, et dont l'auteur fut probablement Marc Béchot, qui devint tailleur général et graveur des figures des monnaies de France, en 1547. Le système de fabrication au moulin (laminoir) et au balancier fut formellement présenté et, sans nul doute, mis en œuvre par Aubin Olivier, maître-directeur des engins de la fabrication installée dans la maison des étuves; il a reçu le titre et les fonctions en 1554[2].

Le balancier consiste en une cage de fer solidement assise et portant un écrou avec une vis armée d'un des carrés qui descend sur l'autre carré formant enclume. Le coin mobile est mis en mouvement par de longs bras armés de boules pesantes qui, garnies de cordes et tirées par huit ou douze hommes, compriment avec une grande puissance le flan que l'on veut frapper et dont la régularité est maintenue par une virole circulaire. Les flans sont taillés d'avance par le

[1] De Charles, duc de Bouillon, 1603; de l'empereur Ferdinand II, 1623; de Jean Godefroy, évêque de Wurtzbourg, 1693; de l'empereur Léopold, 1702; de François-Eusèbe Trauthson, comte de Falkenstein, 1708; de Philippe V, roi d'Espagne, 1728.

[2] Voir le Mémoire de M. Barre, graveur général des monnaies, intitulé : *Rapport sur une communication de M. Hucher, etc.*, au *Bulletin des Comités historiques*, 1851, et Rochon, *Essai sur les monnaies anciennes et modernes*, 1792. Cet auteur cite un pied-fort d'or de Henri II dont la tranche porte la légende : *Soli Deo honor et gloria*, 1555.

découpoir ou emporte-pièce, qu'un homme fait facilement agir par la force d'un levier, un seul ouvrier pouvant découper de quinze à vingt mille pièces par jour. Cet instrument existait à peu près semblable à la monnaie du moulin avant Nicolas Briot.

Ces procédés de fabrication furent adoptés définitivement pour l'hôtel des monnaies de France par l'édit de Louis XIII de décembre 1639, confirmé par la déclaration du 30 mars 1640, et la corporation des monnayeurs au marteau, mise en demeure de fabriquer avec la même perfection, ne put soutenir une lutte aussi inégale ; leur industrie fut supprimée par un édit de Louis XIV, en 1647.

Depuis cette époque jusqu'en 1817, on avait adopté et conservé partout l'usage du balancier. Un appareil ingénieux, consistant en deux coussinets d'acier trempé, l'un marchant parallèlement à l'autre et servant à imprimer la légende en relief sur la tranche, fut, dit-on, inventé par Castaing, dont il porte le nom, et mis en usage dès 1685. Mais les monnaies de Cromwel de 1651 et de 1658 sont visiblement frappées après avoir été imprimées au castaing sur la tranche qui offre des gonflements très-apparents et impossibles avec la virole brisée, celle-ci laissant, d'ailleurs, toujours trois sections marquées sur la tranche. Le castaing fut amélioré par le mécanicien Gengembre, qui en changea la forme en lui substituant un coussinet fixe, courbe, et un autre coussinet concentrique au premier, et mobile à l'extrémité d'un levier, entre lesquels on imprimait en creux la tranche des pièces. L'an x, Gengembre exposa un balancier construit à ses frais et reçut du jury la médaille d'argent pour cet appareil nouveau et pour les utiles perfectionnements de son invention appliqués à l'ajustement des flans destinés à être frappés. Gengembre fit adopter, en 1807, son système de monnayage en virole pleine, qui rendait indispensable une légende en creux sur la tranche. Le mécanisme de ce balancier exigeait une forme différente de coins, mais il écartait tout danger pour le poseur qui présentait la monnaie entre les coins ; la célérité et la précision des mouvements qui admettent les pièces à frapper et les rejettent ensuite, par l'introduction ou la retraite alternative du coin inférieur à travers la virole fixe, sont de véritables services rendus à l'art du monnayeur.

Toutefois, la force humaine, appliquée à ces pénibles travaux, donnait une inégalité de résultats causée par sa propre irrégularité. Avant 1792, Watt et Boulton avaient établi une machine à vapeur à double effet pour donner l'impulsion aux vis des balanciers par le jeu alternatif du piston[1]. La fabrication de Boulton était rapide et remarquable par la beauté de ses produits. Dès 1811, le génie mécanique des Anglais avait adopté, pour l'hôtel de la monnaie royale, les inventions, les machines et la direction de Boulton. Plus tard, le même établissement adopta la machine de M. Barton pour égaliser les bandes de métal sortant du laminoir, en les passant dans une espèce de filière aplatie.

En 1829, le monnayeur Moreau, aujourd'hui contrôleur de la monnaie de Bordeaux, trouva le moyen de remplacer la virole pleine par la virole brisée, sans apporter de changement au mécanisme du balancier, excepté un triple ressort, qui ouvre la virole au moment où remonte le coin inférieur, et un collier qui la ferme au moment de la percussion.

Mais la découverte capitale, celle qui devait faire abolir les balanciers et substituer la force de la vapeur à celle des hommes, fut l'invention de la presse monétaire construite, en 1817, par Diedrich Uhlhorn de Grevenbroich, près de Cologne. Cette machine, adoptée par la Bavière et la Prusse, et par la France en 1846, remplace la percussion par l'action d'un levier articulé agissant de haut en bas verticalement et mis en mouvement par une manivelle qui reçoit l'action d'une machine à vapeur. Justement récompensée de la grande médaille à l'exposition de Londres, la presse d'Uhlhorn donne un monnayage parfait; sa force motrice est toujours la même: elle peut frapper, en moyenne, deux mille quatre cents pièces

[1] Rochon, *Essai sur les monnaies anciennes et modernes*, p. 100.

à l'heure; à tous les perfectionnements inventés par Gengembre elle réunit le cylindre qui remplace la trémie de Dubuisson pour charger les flans, et a l'avantage de pouvoir frapper en virole brisée. Lorsqu'il y a lieu de rejeter des pièces pour défaut d'empreinte, ce n'est que par suite de la rupture des coins ou de flans mal préparés.

M. Thonnellier, perfectionnant la presse d'Uhlhorn, en a rendu le jeu plus régulier et y a introduit la virole brisée, qui permet de donner aux pièces toute la perfection désirable et une légende en relief. Ce sont les presses monétaires de M. Thonnelier qui sont employées à l'hôtel des monnaies de Paris.

ORFÉVRERIE.

ORFÉVRERIE EN GÉNÉRAL.

L'orfévrerie comprend, en réalité, la plupart des industries qui produisent des ouvrages en métaux précieux, pour l'usage religieux et domestique, pour la décoration, le luxe et la parure. Les magnifiques châsses et reliquaires, les vases et l'argenterie fabriquées du XIIIe siècle au XVe, et dont on voit de si fameux exemples dans les trésors des églises d'Allemagne [1], de France, d'Italie [2] et d'Espagne, ou des princes de ces pays; les merveilleux ouvrages de Benvenuto Cellini à Vienne, à Florence et au Louvre; les dessins de Balin, orfèvre de Louis XIV, et ce que l'on sait des œuvres du premier Germain, son rival; les dessins et les œuvres encore conservées du second Germain, et les travaux d'orfévrerie exécutés, à la fin du dernier siècle, sous l'influence du célèbre fondeur Gouttière :

[1] Les deux châsses d'argent et les reliquaires d'Aix-la-Chapelle; la châsse des rois, à Cologne.

[2] L'autel d'argent repoussé de Saint-Jean-Baptiste, à Florence, ouvrage des célèbres artistes Becto Geri, Finiguerra, Bernardo Cenni, Verrocchio et Antonio Pollajuolo.

tous ces ouvrages, justement admirés, prouvent que les orfévres étaient en même temps bijoutiers et joailliers. Il en était ainsi dans l'antiquité, et ces trois professions sont encore inséparables en Orient, d'où nous sont apportés des chefs-d'œuvre de goût et de grâce, malgré la simplicité de la main-d'œuvre et les étroites limites des moyens d'exécution. La fabrication européenne a pris une si grande extension, que non-seulement la bijouterie et la joaillerie sont devenues le plus souvent des industries séparées, mais que l'orfévrerie proprement dite s'est divisée en fabrications spéciales. La plus importante est celle que l'on nomme grosserie. Son caractère particulier est de produire les pièces d'argenterie pour l'église et la vaisselle de table.

On appelle petite orfévrerie celle qui est destinée aux petites pièces de service et d'argenterie; une branche aujourd'hui tout à fait distincte de la petite orfévrerie est celle des fabricants de couverts : ils se nomment orfévres-cuilléristes.

L'orfévrerie d'art est quelquefois pratiquée isolément; elle s'étend depuis la statuaire jusqu'aux plus petits objets de bijouterie; mais le plus souvent elle s'associe à la grosserie et à la petite orfévrerie pour toute la partie décorative et d'ornement, qui est du domaine de la sculpture. Les artistes les plus éminents ont contribué, depuis l'Empire jusqu'à nos jours, à faire fleurir cette orfévrerie.

On considère encore comme orfévrerie celle qui imite la véritable, en employant les métaux d'ordre inférieur, comme le cuivre, le laiton, le maillechort, en les couvrant, par des procédés divers, d'une surface d'or ou d'argent qui les approprie aux mêmes usages que les métaux précieux.

La dernière espèce d'orfévrerie est celle qui exécute des vases, ustensiles et autres objets au moyen de métaux blancs imitant l'argent, comme le maillechort, alliage de nickel et de cuivre, et les alliages d'étain et d'antimoine.

HISTORIQUE.

Les anciens procédés à l'usage de l'orfévrerie étaient assez nombreux, mais d'une extrême simplicité. L'or et l'argent étaient quelquefois coulés en moules, comme le bronze; mais le plus souvent ces métaux, fondus en lingots, étaient étendus en feuilles sous le marteau; pour leur donner des surfaces courbes ou des formes creuses, on les battait sur des enclumes, de manière à former d'abord des feuilles concaves; le travail se poursuivait ainsi jusqu'à ce que le métal, sans cesse recuit par le feu, s'allongeant et se rapprochant de plus en plus sous le marteau, formât des vases de toute espèce, et cette méthode, que les chaudronniers conservent encore aujourd'hui, donnait d'admirables résultats sous la main d'ouvriers dont l'habileté, la patience et le coup d'œil étaient quelquefois incomparables. La retreinte, c'est le nom de ce travail, avait promptement conduit au repoussé, dont les procédés sont les mêmes, mais s'exécutent au moyen de mastic coulé dans l'intérieur de la pièce creuse que l'on veut décorer d'ornements en relief. L'effet de ce mastic, composé de résine et de corps inertes, est de tenir coup sous le marteau, en lui cédant mollement, et de laisser le métal s'abaisser sous le choc de l'instrument sans se rompre ni se déchirer. Quelque défaut s'est-il manifesté dans le travail, le mastic est fondu, l'ouvrier repousse du dedans au dehors la partie trop enfoncée, et la faute est facilement réparée. Le ciseleur achève le travail amené près de son terme. C'est ainsi que les anciens ont produit des ouvrages merveilleux, qui font encore le désespoir de nos orfévres; l'intelligence chez eux suppléait à l'insuffisance des moyens. Aujourd'hui, avec un sentiment de l'art très-élevé, nos orfévres ont des ressources plus grandes et surmontent facilement les difficultés qui coûtaient autrefois tant de peine et de temps. La nécessité de réparer les accidents et d'ajuster des pièces de rapport avait conduit, dès l'antiquité, à l'invention de la soudure. Celle-ci s'opère, selon le métal que l'on traite, à l'aide d'un alliage d'or ou d'argent plus fusible que la pièce même : le titre de la soudure est donc toujours inférieur à celui des pièces à souder. On les rapproche, on introduit entre elles une petite lame très-mince de soudure, appelée paillon; bien liées ensemble avec du fil de fer et couvertes de borax, garanties en même temps de l'action du feu par un enduit terreux, les deux pièces sont chauffées à leur point de jonction à la flamme d'un chalumeau; la soudure fond sous le borax et attache les deux pièces avec une parfaite exactitude. Les ornements de sculpture ainsi rapportés étaient, ou fondus, ou repoussés; toutes les autres pièces étaient fabriquées au marteau et quelquefois estampées au moyen de matrices dont l'empreinte se répétait de proche en proche.

Depuis les progrès de la mécanique et l'immense augmentation des forces motrices, l'orfévrerie a pu emprunter les actions et même les appareils employés dans des industries qui lui semblaient étrangères. Le laminoir, qui servait seulement dans les usines de monnaie au moulin, le tour, qui paraissait devoir être presque exclusivement affecté au travail du bois, remplacent l'emboutissage et la retreinte. Nous avons expliqué l'action des laminoirs; le tour sert aux orfèvres par une application simple et ingénieuse de ses forces : une feuille de métal, taillée à la dimension convenable et d'une épaisseur suffisante, est placée verticalement sur un mandrin de bois un peu concave mis en mouvement par le tour; un ouvrier armé d'un instrument d'acier méplat, obtus et droit, en forme de brunissoir, monté sur un manche très-fort, appuie la feuille de métal par sa face interne contre les parois du mandrin de bois, et, pour résister à la puissance de la rotation, s'arc-boute obliquement contre une forte fiche en acier, qui forme ainsi le point d'appui d'un puissant levier; sous cet effort la feuille, pressée successivement sur toute sa surface, cède et se moule dans la cavité du mandrin de bois. Au premier mandrin succède un second d'une concavité plus grande, ensuite un troisième, jusqu'à ce que le disque d'argent ou de métal se soit courbé et appliqué dans la forme qu'on avait voulu lui donner. Si l'on veut faire un vase à orifice étroit, par un autre artifice on le garnit à l'intérieur d'un noyau en bois en plusieurs pièces, et le noyau saillant au dehors étant assujetti sur le tour, ce n'est plus l'intérieur mais l'extérieur du vase sur lequel le tourneur opère la pression, faisant ainsi rentrer et obéir le métal qui doit former la partie rétrécie. Une plate-forme à coulisse et à excentrique, ajustée sur le tour, permet également d'y fabriquer des pièces ovales de toutes sortes de courbes.

Les pièces de rapport qui doivent décorer les vases ou morceaux d'orfévrerie sont exécutées en estampage au mouton ou au balancier dans des matrices d'acier, ou bien encore repoussées ou fondues. L'estampage et le repoussé ont déjà été décrits; l'art du fondeur est trop connu pour que nous en donnions les détails.

En Angleterre, on fond presque toutes les pièces d'orfévrerie ornée; mais celles qui appartiennent à la grosserie sont laminées, tournées et estampées avec beaucoup d'habileté. L'art de graver les matrices est poussé si loin chez les Anglais, qu'il s'applique aux usages les plus nombreux et les plus variés.

GROSSERIE.

On ne peut méconnaître que la grosserie ne doive gagner beaucoup en perfection et en façon économique par l'assistance des machines. La matière métallique est moins pétrie, mais elle est aussi traitée avec plus d'égalité et de célérité : aussi les orfèvres d'Allemagne et de France se sont-ils, dès le commencement de ce siècle, livrés à l'étude et à l'application de ces moyens économiques pour exécuter la grosserie. En 1806, MM. Boullier et Guion exposèrent de beaux ouvrages d'orfévrerie courante; le second de ces fabricants faisait usage de cylindres gravés pour les ornements courants. Biennais appliquait sur son orfévrerie des ornements estampés dans des matrices parfaitement gravées. Mais M. Odiot fils, qui, dès 1815, était allé étudier en Angleterre les procédés anglais, établit sur une échelle considérable des ateliers fournis de tout le matériel nécessaire. Il y fabriqua dans des conditions de supériorité qui lui donnèrent une clientèle aussi riche que nombreuse, et son argenterie acquit une réputation en mesure avec l'importance de ses affaires. Il est à regretter qu'à cette époque le goût anglais, prenant sa source en partie dans l'inexpérience en matière d'art et en partie dans les nécessités pratiques de la fabrication mécanique, soit venu se substituer à celui qui est particulier à la France et paralyser pour longtemps le talent des artistes, dont Auguste, Biennais et Odiot père avaient fait un si heureux emploi. M. Odiot fils a montré lui-même, dans l'exécution du beau service du baron Salomon de Rothschild, que l'on pouvait allier l'élégance de l'exécution aux avantages de la fabrication qu'il avait importée en France. Le grand succès de M. Odiot fils, la prospérité de ses affaires et les exigences impérieuses de la mode entraînèrent dans la voie de la fabrication anglaise MM. Cahier et Lebrun, et ce système dura jusqu'à ce que les efforts et le talent de Fauconnier eussent amélioré le goût du public et imprimé à l'orfèvrerie une direction nouvelle.

ORFÈVRERIE D'ÉGLISE.

Une seule branche de la grosserie a résisté aux inventions modernes et lutte avec elles par l'incroyable bon marché de ses produits : c'est l'orfèvrerie d'église, où le repoussé continue d'être employé. Il est vrai que, sauf de rares exceptions, elle ne peut satisfaire ni l'œil ni le goût; mais il est surprenant de voir à quelle rapidité d'exécution et quel bas prix de main-d'œuvre parviennent les repousseurs-ciseleurs de cette catégorie. Pour en donner une idée, que l'on se figure un calice dont la fausse coupe, le vase, le pied, sont couverts d'ornements en haut relief, vignes, blé, roseaux, médaillons, instruments de la passion et autres attributs, et que tout ce travail est payé 30 francs au ciseleur, qui gagne d'ailleurs de bonnes journées. Il en est de même pour les ostensoirs, les burettes et les encensoirs. On comprend qu'il n'a pas dû sortir de bons ciseleurs de cette manufacture; mais il est impossible d'avoir, par la main humaine, soutenu d'une manière plus efficace la concurrence des machines établies à grands frais et d'un entretien dispendieux. Aussi, la grosserie d'église est-elle, en France, une fabrication très-considérable pour l'intérieur et pour l'exportation. C'est à cette section de l'orfèvrerie qu'il faut rattacher les ouvrages de dressoir et de table en argent et en vermeil fabriqués par les Russes dans le style ancien de leur pays, et les ouvrages d'argent de l'Inde, de la Chine, de la Turquie et des pays barbaresques; l'originalité de ces pièces et leur caractère particulier ne doivent pas éblouir sur l'imperfection de leur exécution. Il en est de même des ouvrages pour les églises sortis, dans les derniers siècles, des ateliers de la Suisse et de l'Allemagne méridionale.

Tous les orfèvres ont fait et font de la grosserie commandée par la nécessité de se conformer au goût et aux limites des fortunes moyennes. Depuis l'exposition de 1806, où, comme nous l'avons dit, se montrèrent avec succès les orfèvreries courantes de MM. Boullier et Guion, nous ne rencontrons plus, parmi les fabricants de grosserie récompensés par le jury, que M. Fray, auquel une médaille d'argent fut décernée en 1849. Il a déclaré produire pour 600,000 francs, dont un tiers pour l'exportation. Malgré son importance, il paraît que cette industrie s'est retirée de la lice et n'a plus envoyé ses ouvrages au contrôle des jurys d'exposition, soit que ceux-ci, trop préoccupés de la question d'art, aient négligé la grosserie proprement dite, soit que, fabriquant pour l'usage et pour d'autres orfèvres, les industriels de cette classe aient continué des travaux lucratifs, sans rechercher l'éclat des récompenses honorifiques.

PETITE ORFÈVRERIE.

Il est certain que la petite orfèvrerie est dans cette condition de production à petit bruit. Des maisons qui font à Paris des affaires montant quelquefois à plus d'un million par an n'ont jamais exposé et n'ont pas lieu de le regretter, tenant avant tout à conserver une clientèle commerciale qui fait leur fortune, mais exige d'eux de s'effacer devant des réputations plus brillantes, et d'ailleurs très-méritées.

Les travaux de la petite orfévrerie sont nombreux et variés. Cette industrie fournit tous les ustensiles nécessaires pour le service de table et de dessert : manches et lames de couteaux en argent ou en vermeil; pelles à poisson, à beurre, à fromage; pinces à asperges, à sucre; passoires pour le thé; cuillers repercées pour le sucre; pelles à sel, timbales d'argent et autres objets de toute nature concernant le même service. Elle comprend encore l'orfévrerie légère, pour verres d'eau, tasses, etc.; l'orfévrerie de fantaisie, pour hochets, porte-monnaie, porte-cigares, flacons garnis, objets de dévotion; des tabatières, et même des chaînes et des bracelets. L'habileté du fabricant de petite orfévrerie est particulièrement de provoquer, par de nouvelles inventions, des changements dans les goûts ou de créer de nouveaux besoins presque tous factices, mais qui n'ont pas de durée, s'ils ne sont qu'un caprice. L'inconstance même de ces caprices est une source de travail pour les fabricants : quelquefois ils y rencontrent de cruels mécomptes, d'autres fois de grands profits; la raison seule y trouve rarement quelque avantage. La petite orfévrerie exécutait autrefois au marteau et à la lime tout ce qui lui était demandé; maintenant l'estampage pour les pièces minces, le balancier ou le cylindre gravé pour les pièces épaisses, ont accéléré la fabrication et l'ont rendue plus économique.

CUILLÉRISTES.

On est habitué, à Paris, à faire une classe distincte des orfévres-cuilléristes, et cependant plusieurs d'entre eux font concurremment les couverts et la petite orfévrerie. De très-habiles orfévres-cuilléristes de Paris estampent au balancier seulement les deux extrémités des couverts et rajustent le tiers intermédiaire au burin pour raccorder les filets. Une cinquantaine d'ouvriers employés dans un seul atelier se divisent le travail, exécutent constamment la même chose et mettent à leur ouvrage une activité qu'explique leur salaire à la pièce. Il est intéressant de voir cette combinaison des forces et des aptitudes pour arriver à un résultat de 17 francs de main-d'œuvre par douzaine de couverts. Rien n'est perdu ni négligé dans ces ateliers; les pièces qu'on y fabrique atteignent même à un degré d'élégance et de pureté remarquable. Le dépôt des formes en acier est une vaste collection de matrices gravées pour les objets et dans le style choisis par les orfèvres célèbres ou les personnages riches de Paris, et réservées à leur usage exclusif. La nécessité de fabriquer beaucoup, à bas prix, et les exigences du fisc ont obligé les orfèvres-cuilléristes à des efforts merveilleux de sagacité et de combinaisons pour conserver à leur état ses conditions lucratives. L'emploi des cylindres pour fabriquer les couverts est une de ces inventions importées de Belgique en 1840; elle résume les effets du laminage, de l'impression des médailles de Briot et des rouleaux à ornements courants, mais elle s'applique à des produits où la précision, la régularité des formes et la coïncidence absolue des creux sont des conditions rigoureuses de succès. Le couvert, ébauché à l'emporte-pièce, dégrossi et allongé dans les premiers cylindres, reçoit dans le dernier sa forme définitive et ses détails. La pièce, encore droite et comme rigide, est recuite, puis frappée avec des maillets de plomb sur une enclume en bois, où elle reçoit ses diverses courbures. Un simple ébarbage dégage les dents de la fourchette et nettoie les bords du couvert : il est ensuite livré au polissage opéré par la gratte-boësse, sorte de brosse circulaire en fil de laiton arrosée d'eau et de réglisse, qui polit les couverts par demi-douzaine avec une surprenante rapidité; les polisseuses les achèvent par les moyens que nous avons décrits. L'estampage appliqué aux pièces de petite orfèvrerie, dont les parties s'assemblent par la soudure, est appliqué également à la fabrication de fourchettes. Ce système offre de nombreux inconvénients.

On a vu par quels motifs la petite orfévrerie recherche peu les expositions; nous n'avons donc à rappeler que le nom de MM. Bruneau et Pellerin, signalés à l'exposition de 1849 pour le bon marché de leurs produits et leurs belles tabatières niellées supérieures à celles que l'on fabrique en Russie. A l'exposition de Londres, beaucoup de petite orfévrerie, celle surtout qui appartient à l'industrie des cuilléristes, fut soumise au jugement du public. MM. Attenborough et Adams ont obtenu des mentions honorables pour leurs couverts des modèles dits Paxton et Tudor; et leur fabrication, dont malheureusement il n'a pas été permis de rechercher les prix, a été justement remarquée par sa bonne exécution dans les pièces simples. Celles qui étaient chargées d'ornements, quoique très-bien manufacturées, ne semblaient pas heureusement appropriées à leur usage ni à l'entretien.

La petite orfévrerie fournit beaucoup au commerce intérieur et à l'exportation; les tabatières, en particulier, sont envoyées en Angleterre et en Amérique. En 1847, Paris comptait 72 industriels appartenant à la petite orfévrerie : leurs affaires s'étaient élevées à 4,613,900 francs; ils employaient 494 ouvriers. En 1848, leurs affaires tombèrent à 1,292,000 francs, et, de mars à juin, les ouvriers furent réduits à 178.

Les orfévres-cuilléristes fabriquent à $\frac{950}{1000}$ de fin, payent au bureau de garantie 11 fr. 40 c. par kilogramme, essai et décime de guerre compris. Le prix de façon de la douzaine de couverts livrés en fabrique est pour les couverts unis de 16 francs, pour les couverts à filets de 21 francs; l'acheteur paye le prix de l'argent en dehors et au cours du jour, sans bénéfice pour le fabricant. Établi dans un temps où les couverts d'argent pouvaient être considérés comme des objets de luxe, le droit élevé qui les atteint a servi d'instigation à l'apposition frauduleuse de faux poinçons et provoqué de nombreuses condamnations. Depuis 1830, cette fraude a disparu.

18 orfévres-cuilléristes ont été recensés à Paris : leurs af-

faires, en 1847, étaient de 10,090,000 francs; le nombre de leurs ouvriers, de 280. 1848 a réduit leurs affaires à 3,216,692 francs, et, de mars à juin, leurs ouvriers à 111.

LYON.

L'orfévrerie lyonnaise a de l'importance, mais elle est cependant restée stationnaire. Sa fabrication, pratiquée par huit orfévres, se compose principalement de la grosserie d'église et de table (elle ne produit pas de couverts) et d'une petite proportion de bijouterie d'argent. La moyenne de l'argent employé par les orfévres, de 1845 à 1849 inclusivement, a été de 1,451 kilog. 505 gr., les droits de garantie acquittés 15,966 fr. 55 c., les droits d'essai 1,160 fr. 20 c.; la main-d'œuvre a été de 64,650 francs, et pour exportation environ 50,000 francs, formant un total de 437,900 fr. 15 c., qui, joint à la fabrication des ouvrages de bijouterie en or et de la joaillerie, dont nous parlerons plus tard, représente une somme de 2,128,726 fr. 15 c. de produits livrés officiellement au commerce.

BORDEAUX.

D'après les rapports résultant de l'inspection de 1852, on compte à Bordeaux deux ateliers, où l'on ne fabrique que des couverts d'argent. Chacun de ces ateliers occupe trois ou quatre ouvriers. Si l'on suppose leur travail continu, six ouvriers peuvent fabriquer 18 couverts par jour. Chaque couvert étant estimé à 30 francs, ce serait un produit de 540 francs par jour ou de 162,000 francs pour 300 jours de travail.

Dans la même ville, deux marchands fabricants font des pièces d'orfévrerie d'église et de table; ils sont pourvus de poinçons de maîtres, ils occupent chacun un ou deux ouvriers. Leurs deux maisons ne doivent pas fabriquer annuellement pour une somme excédant 12 ou 15,000 francs.

Il existe encore à Bordeaux quatre ateliers où l'on fabrique uniquement des boîtes de montres en argent. Deux ou trois ouvriers par atelier suffisent à ce travail, qui ne produit pas un total supérieur à 50,000 francs.

On peut donc évaluer la fabrication de l'orfévrerie d'argent bordelaise à 225,000 francs au maximum, en se tenant, comme pour les autres villes, dans les chiffres officiels.

MARSEILLE.

A Marseille, où le total de la fabrication en métaux précieux, pris sur une moyenne de cinq années, s'élève à 866,666 francs d'après le chiffre du contrôle, l'argent contrôlé, n'ayant payé que 12,000 francs, accuse une valeur de 200,000 francs de métal et de 66,666 francs de façon. L'argent a été employé par deux fabricants de couverts, occupant ensemble 11 ouvriers, par 4 monteurs de boîtes travaillant seuls, et le reste par 4 bijoutiers fabricants de chaînes dites jaserons. La fabrication clandestine paraît être considérable à Marseille; nous en parlerons à l'occasion de la bijouterie.

STRASBOURG.

A Strasbourg, l'orfévrerie est presque exclusivement au deuxième titre et ne produit guère que des couverts unis, d'une forme particulière, qu'on appelle couverts d'Alsace. Cette industrie paye annuellement pour environ 7,000 francs de contrôle sur l'argent, ce qui comporte 116,000 francs de métal employé et 39,000 francs de façon. La fabrication ostensible de l'orfévrerie d'argent à Strasbourg est donc de 155,000 francs, et l'on suppose que la fraude peut doubler cette production.

NÉCESSAIRES.

L'industrie des fabricants de nécessaires emprunte souvent le secours de la grosserie, de la petite orfévrerie et quelquefois de la bijouterie. Les garnitures des flacons et des boîtes ou instruments divers que renferment les nécessaires, où l'on trouve quelquefois des aiguières et des cuvettes en argent ou en vermeil, obligent les fabricants les plus renommés à créer des ateliers spéciaux d'orfévrerie, comme auxiliaires indispensables de leurs travaux. Biennais en avait donné l'exemple et, depuis, M. Lemaire, auquel a succédé M. Aucoc, établit une maison dont les travaux rivalisaient avec ceux des Anglais. Dès l'exposition de l'an x, M. Lemaire était entré dans la lice ; le jury encourageait ses efforts par une médaille d'argent qui lui fut sans cesse renouvelée, ainsi qu'à son successeur, à toutes les expositions où ils parurent : M. Lemaire, en 1806 et en 1819 ; M. Aucoc, en 1823, 1827, 1839 et 1844. En 1849, M. Aucoc exposait une toilette et une glace avec le cadre en argent, des candélabres et autres pièces d'orfévrerie. Deux ans auparavant, il occupait soixante ouvriers et fabriquait pour la valeur de 500,000 francs ; en 1848, sa fabrication avait été presque réduite à néant, et le nombre de ses ouvriers à deux. Le jury de 1849 lui accordait un rappel de la médaille d'argent. Les belles garnitures de nécessaires de voyage exposées à Londres par M. Aucoc, et contenant des pièces importantes en argent ou en vermeil exécutées dans le bon style anglais, fixèrent l'attention du jury international, qui décerna une médaille de seconde classe à cet exposant.

A l'exposition de 1844, MM. Berthet et Peret reçurent, pour leur début, la médaille de bronze. Le jury les louait d'avoir, dès le principe, établi leur fabrication dans d'excellentes conditions. Ils faisaient eux-mêmes la petite orfévrerie et la taille des cristaux destinés à la garniture de leurs boîtes et nécessaires de voyage et de toilette, exécutés avec beaucoup d'élégance et de goût. Le jury de 1849, en leur donnant la médaille d'argent, confirmait les éloges dispensés à MM. Berthet et Peret en 1844 ; il rendait justice à l'habileté de ces exposants, dont la bonne fabrication avait fait le crédit et élevé les affaires à plus de 500,000 francs avant 1848.

M. Audot, successeur de M. Vedel, exposa pour la première fois en 1849. Fabricant d'orfévrerie en argent massif et en doublé d'or et d'argent, il possédait des modèles et des matrices d'orfévrerie dont il avait conçu lui-même l'idée et le dessin : le jury lui accorda une mention honorable. A l'exposition de Londres, M. Audot reçut la médaille de seconde classe. Sa belle garniture du nécessaire de toilette appartenant au prince Wolkonski était d'argent gravé et d'une très-bonne fabrication. La même exposition contenait un très-joli vase à triple bec, en argent réticulé, très-fini et formant des entrelacs avec bec et anse dorés, fleurs et feuillages en relief et dorés de trois couleurs. Une autre garniture de nécessaire était tout en argent guilloché, niellé et damasquiné et d'un très-bon effet.

Les Anglais ont eu longtemps le privilége de fournir des nécessaires de toilette et de voyage à l'Europe; maintenant encore ils exécutent ces ouvrages avec un véritable talent qui n'a pas été surpassé. M. Leuchars, de Londres, s'est montré parmi les plus habiles à l'exposition universelle. L'orfévrerie de ses nécessaires était bien faite, élégante et solide. Un coffre de toilette de dame, en noyer, monté dans le style de la renaissance, avec des garnitures d'argent repercées, a été remarqué par le jury de la section des métaux précieux, qui décerna la médaille de seconde classe à cet habile exposant.

ORFÉVRERIE D'ART.

Quoique le but principal de l'orfévrerie soit de se prêter aux usages exigeant l'emploi des métaux précieux, la rareté même de ces métaux et leur inaltérabilité ont de tout temps appelé le concours des beaux-arts, qui ajoutent à la valeur de l'orfévrerie le charme des compositions en sculpture, ornements, figures, et celui des gravures, des nielles et des émaux.

A la fin du dernier siècle, les beaux-arts avaient subi un abaissement sensible. De la noble et cependant naïve recherche du moyen âge, ils avaient passé à l'élégance et la grâce de la Renaissance. Au temps de Louis XIV, ils prirent, sous l'influence de Lebrun et même du Bernin, une fastueuse noblesse; l'époque de Louis XV et l'école inspirée par les aberrations du Borromini les avaient jetés dans un caprice de formes et d'ajustement contraires à la raison, aux principes dictés par l'expérience et soutenus de l'exemple des grands maîtres. Les associations les plus bizarres dans la décoration, l'interruption des lignes remplacées par les courbes et les anfractuosités anguleuses avaient envahi jusqu'à l'architecture et bravé ses règles les plus respectées. Cependant il se trouva des artistes assez habiles pour faire excuser par leur talent ces écarts systématiques d'imagination et de goût. L'orfévrerie suivit pas à pas cette modification graduelle. La nécessité de changer, cette passion qui nous fait abandonner sans regret le mieux pour le pire, est l'essence de la mode en Europe ; les artistes, les fabricants, l'éprouvent comme le public, et, de plus, ils y trouvent l'occasion de renouvellements perpétuels qui satisfont beaucoup d'esprits, faisant ainsi parcourir à leurs productions une série d'évolutions où le bon et le mauvais goût trouvent alternativement leur place, et où l'imitation du passé, à défaut d'imagination, donne à suivre les plus étranges cours d'histoire. Le style du siècle de Louis XV, altération progressive de celui de Louis XIV, eut cela de particulier, qu'à force de bizarrerie il était devenu original. On s'en fatigua comme de tous ceux qui l'avaient précédé, et, sous le règne de Louis XVI on revint par une transition assez brusque, dans les mœurs comme dans les arts, à une simplicité presque austère, au culte de la ligne, à une espèce de froideur dans les formes et dans les ornements, qui dût paraître étrange quand elle détrôna les principes de l'école précédente. Nous avons déjà cité Gouttière comme l'inspirateur et le guide de la sculpture d'ornement au temps de Louis XVI. Ce qui nous reste des bronzes dorés de cet habile artiste montre quelles devaient être les orfévreries de son temps, presque complétement détruites dans nos convulsions civiles et politiques. La révolution française porta aux beaux-arts une atteinte subite et presque mortelle ; il a fallu cinquante années pour en effacer les traces, mais les chefs-d'œuvre anéantis ne seront pas remplacés.

L'école française a si visiblement la prérogative d'animer

celles de l'Europe, que tous les arts du continent furent paralysés dès que nos artistes furent dispersés, nos forces productives épuisées, nos intelligents ouvriers jetés hors de leurs ateliers. A chaque page, nous consignons les effets d'une révolution récente sur l'industrie des métaux précieux; d'autres les signaleront pour les diverses industries. Que l'on juge par là de ce que dut produire une catastrophe qui renversait dans un abîme les institutions d'un pays comme la France. La richesse publique et privée détruite, la substitution du papier au numéraire, firent évanouir tous les arts que l'opulence encourageait autrefois et que l'aisance ou la création de grandes fortunes fait revivre aujourd'hui. Aussi, malgré l'influence de l'école de David, qui, inspiré par son génie d'artiste, luttait sans le vouloir contre ses principes politiques, l'industrie des métaux précieux, marchant à la suite de la peinture et de la sculpture, fut supprimée tant que dura le régime de la terreur. Elle commença graduellement à renaître sous le Directoire et le Consulat : les grandes conquêtes de l'Empire et les hautes positions qu'il avait créées donnèrent à l'orfèvrerie un développement extraordinaire, et, sauf les deux années de l'invasion étrangère, ce mouvement se soutint jusqu'à la révolution de février. Il en fut de même par toute l'Europe, qui suivait l'impulsion des arts en France, excepté l'Angleterre, qui, retranchée dans son isolement et suivant ses traditions anciennes, avait peu modifié le style dit de Louis XV et le conserve encore en partie aujourd'hui. Mais il s'était opéré, à l'insu de tous, un grand changement dans l'application de l'art à l'orfèvrerie. Sous Louis XIV, Balin, orfèvre et sculpteur, s'était inspiré de l'étude du Poussin, et les vases de bronze de la terrasse de Versailles montrent quelle heureuse application il avait su en faire. Pierre Germain reçut l'impulsion et la direction de Lebrun, dont l'autorité s'exerçait sur tous les artistes. Thomas Germain, architecte lui-même, avait probablement été conseillé par l'architecte Oppenord, son contemporain. Un des meilleurs types de cette école et l'un des plus complets est le service de table du duc de Penthièvre, appartenant à la maison royale d'Orléans. Tous ces orfévres étaient de grands artistes, se conformant naturellement à la tendance générale de leur époque et puisant avant tout dans leur talent et leur propre fonds les idées qui présidaient à leurs ouvrages. Il en fut tout autrement après que la révolution française se fut apaisée. David exerça une autorité analogue à celle de Lebrun, mais elle était bien moins créatrice. Assujettis par le goût classique, encore mal formé, à une froide imitation de l'antique, les orfévres, à défaut d'études, furent heureux de trouver Prudhon, artiste fécond et d'un talent flexible, qui leur donna une foule de dessins, et plus tard MM. Percier, Fontaine et Lafitte, dont le goût et la science les aidèrent à franchir cette phase de servitude. Mais l'habitude et l'importance des affaires avaient jeté les orfévres hors de la voie de leurs devanciers. Devenus industriels, ils ne se croyaient plus obligés d'être eux-mêmes des fabricants et des artistes. La division du travail, si utile pour les œuvres manuelles, atteignit celles de l'intelligence. L'habile orfévre de nos jours reçoit la commande, en conçoit l'ensemble, puis, recourant à l'imagination et à la main d'autrui, il fait successivement « composer, « dessiner, mouler, fondre et ciseler le plus souvent par des « artistes ou des ouvriers en ville; sa part de travail, comme « entrepreneur d'industrie, se résume dans la préparation des « divers fragments de la pièce, l'ajustage, l'assemblage par la « soudure, le bruni ou le poli des parties unies et le montage « définitif. Il est simplement un entrepreneur d'ouvrages d'art, « intelligent, plein de tact et de goût. Presque tous ont tra- « vaillé par leurs mains et mettent au profit de leur exploi- « tation les connaissances pratiques qu'ils ont acquises soit « comme ouvriers, soit comme maîtres. » Nous avons conservé les termes mêmes de l'enquête industrielle faite par la chambre de commerce de Paris; c'est l'exposé le plus frappant de l'industrie des orfévres et des bijoutiers, et cependant quelles merveilles l'intelligence d'hommes de goût ne produit-elle pas encore, condamnés, comme nous les voyons, à n'inspirer qu'indirectement des travaux dont ils ne sont pas les créateurs, mais seulement les surveillants?

Auguste. — A la fin du XVIIIe siècle, Auguste était l'orfèvre de Louis XVI. Son atelier était monté sur une échelle considérable. Établi depuis longtemps, il avait, en 1780, adopté le style nouveau : ses lignes étaient sévères, ses profils purs et ses décorations grêles : il avait renoncé au repoussé; ses ornements étaient adaptés à froid, c'est-à-dire avec des vis et des écrous. Les fonds étaient polis, les reliefs mats s'en détachaient et ne paraissaient pas faire corps avec la pièce; les figures, les bas-reliefs, étaient appliqués dans le même système : on les voyait réfléchis dans le fond poli comme s'ils avaient été posés sur un miroir. La ciselure était correcte, d'un fini précieux, mais n'avait pas d'autres qualités.

Lorsque la révolution éclata, Auguste suspendit ses travaux, et il reparut sous l'Empire, ayant transformé son goût et son style avec cette facilité particulière à la nation française. Il était, d'ailleurs, avec Odiot père, le seul orfèvre qui pût entreprendre quelques travaux importants. A l'exposition de l'an X (1802), ces deux orfèvres obtinrent en commun la médaille d'or décernée par le jury. Les vases exposés par Auguste furent signalés pour la beauté et le caractère de leurs formes et surtout pour la perfection de la ciselure des ornements et des figures : le ciseleur Aubry avait, sans être nommé, une grande part dans ces éloges.

En 1804, Auguste fit, conjointement avec M. Nitot, la tiare du pape en argent, ceinte de trois couronnes en or ornées de bas-reliefs et de pierreries. Il exécuta aussi les nefs faisant partie du service offert à l'Empereur par la ville de Paris, les chandeliers et une partie de l'autel de Saint-Denis.

A l'exposition de 1806, il présenta des pièces d'orfèvrerie remarquables par leur beauté et exécutées par un procédé rajeuni, celui de la retreinte, et par l'application nouvelle de l'estampage. Le jury faisait valoir l'économie de l'estampage, qui supprimait le moulage, la ciselure et une partie du poids du métal; mais il ne tenait pas compte de la fabrication des matrices, de leur gravure, de leur peu d'emploi lorsqu'elles ne sont pas appliquées à de l'orfévrerie courante. Pour ces produits, parmi lesquels on remarquait un buste repoussé et estampé, un beau calice et une coupe destinée à porter des fruits, Auguste obtint un rappel de la médaille d'or. Ce fut le dernier moment de succès pour cet habile orfévre. Ses travaux pour le service de l'Empereur avaient amené la perturbation dans ses affaires; il fut obligé de se retirer, vit vendre ses modèles et ses outils à l'encan, et sa maison disparut, après avoir été, peut-être, la plus importante de l'Europe. Il laissa le champ libre à deux orfévres aussi heureux dans leurs travaux et plus expérimentés dans la direction de leurs affaires, Odiot père et Biennais.

Odiot père. — La maison de madame veuve Odiot était déjà connue depuis longtemps comme une des plus importantes de Paris, pour le commerce de la bijouterie et de la joaillerie, lorsque Odiot s'établit orfévre-fabricant, rivalisa promptement avec Auguste, et devint le premier dès que son concurrent eut cédé à la mauvaise fortune. Odiot acheta une partie des modèles d'Auguste, y joignit les siens, et sa grande intelligence pratique le mit promptement dans la voie d'une prospérité bien méritée. Sans avoir fait d'études spéciales, il avait une aptitude particulière pour les ouvrages d'art et de goût. Il s'entoura d'artistes habiles, discerna les bons conseils et joignait à toutes ces qualités l'esprit des affaires à un très-haut degré.

Dès l'exposition de l'an x, et pour son coup d'essai, il partagea la médaille d'or avec Auguste. En 1806, un rappel de la médaille d'or fut la récompense de ses beaux travaux; il fut loué pour leur élégance, leur goût, leur variété et leur parfaite exécution. Nommé orfévre de l'Empereur, travaillant pour tous les grands personnages de l'époque, n'ayant pas d'autre rival que Biennais, Odiot ne laissa pas ralentir son zèle et l'application de ses talents.

Il fit, pour l'empereur Napoléon, un grand service en vermeil que la ville de Paris lui offrit à l'occasion de son sacre,

En 1810, la ville de Paris lui confia l'exécution de la toilette de l'impératrice Marie-Louise, travail dont Prudhon fit les dessins; Thomire, le célèbre bronzier, fut le collaborateur d'Odiot pour ce magnifique ouvrage tout en vermeil et en lapis : il consistait en un écran à glace monté sur deux colonnes, avec des bras à figures soutenant les bougies; au sommet, l'Empereur en costume romain et Marie-Louise, unis par l'hyménée, se donnaient la main, et des amours amenaient l'aigle de France et celle d'Autriche, enchaînées avec des fleurs : les colonnes supportant l'écran reposaient sur des navires de style égyptien, faisant allusion aux armes de Paris; le fauteuil, le lavabo dans le style antique, la toilette, dont la glace ovale était entourée d'amours, ne le cédaient pas, pour le mérite, à la pièce principale. Marie-Louise emporta cette toilette à Parme, lorsqu'elle en reçut la souveraineté; elle la fit fondre, en 1832, pour subvenir aux besoins des orphelins du choléra.

Odiot et Thomire exécutèrent, sur les dessins de Prudhon, le berceau du roi de Rome, d'une belle composition et très-habilement exécuté. Une élégante Victoire à demi agenouillée sur un globe dominait l'arcade du berceau et soutenait sur la tête de l'enfant impérial, une couronne d'étoiles, d'où partait la draperie de dentelles qui servait de rideau; au pied du berceau, un aiglon déployait ses ailes en fixant la Victoire. La nacelle du lit était ornée de balustres élégants séparés par des trumeaux dont les deux principaux portaient des bas-reliefs représentant la Seine recevant le fils de Jupiter et le Tibre couché. Les deux génies de la force et de la justice étaient debout devant les pieds antérieurs et postérieurs du berceau formés par des cornes d'abondance croisées. Cette pièce magnifique, d'une noble et riche composition, serait encore digne d'être admirée aujourd'hui que le goût dans les arts est devenu si différent de celui de l'Empire. La ville de Paris l'offrit, le 5 mars 1811, à l'Impératrice.

Les désastres de l'invasion fournirent à Odiot l'occasion de montrer sa gratitude à l'Empereur, en défendant courageusement Paris dans les rangs de la garde nationale. Depuis, il continua de briller aux expositions par le choix et la valeur de ses ouvrages. En 1819, il présenta un grand service de vermeil, un déjeuner et un encrier conçus dans le meilleur goût, disait le jury, et exécutés avec une rare perfection; il recevait en même temps un second rappel de la médaille d'or. A cette époque, il déposait au Luxembourg les modèles en bronze de belles pièces qu'il avait exécutées en argent. Ces modèles, conservés au Louvre, attestent beaucoup de talent dans la composition et dans l'exécution; leur froideur, inaperçue autrefois, n'empêche pas de reconnaître dans la fabrication une grande habileté et dans les figures et les ornements des qualités devenues bien rares dans l'orfévrerie d'aujourd'hui. C'était encore l'antique, dont les inspirations, trop négligées maintenant, animaient les artistes.

En 1823, Odiot exposa une psyché de toilette en or et en argent; cet ouvrage se faisait distinguer par l'élégance de sa forme et des ornements du meilleur goût. En même temps, Odiot faisait contraster avec le style de son travail des couvre-plats qu'il avait exécutés, d'après des modèles anciens, pour appareiller certaines pièces de l'argenterie du duc de Penthièvre, fabriquée sous Louis XV. Un troisième rappel de la médaille d'or lui fut décerné.

Outre ce que nous venons de détailler, Odiot fit un grand nombre de services pour la France et pour l'étranger. Son nom est le plus connu en Angleterre, et c'est l'orfévre qui a le plus produit. Ses dessinateurs étaient Prudhon, Percier Fontaine, Moreau, Lafitte, Cavelier; le sculpteur Roguier travailla beaucoup pour lui; il a employé les fondeurs de bronze Eck et Durand pour la toilette de Marie-Louise et le berceau du roi de Rome. Ses pièces d'art étaient fondues et montées à froid.

Un des rares mérites d'Odiot est d'avoir agrandi la réputation de l'orfévrerie française et étendu la sphère de son commerce; il a, de plus, formé des élèves éminents, MM. Durand, Fauconnier, Lebrun, et plusieurs autres orfévres distingués dans leur profession. Après avoir cédé sa maison à son fils, Odiot a joui, dans une longue vieillesse, de la renommée qu'il avait si bien acquise, et mourut octogénaire en 1849.

Biennais était fabricant de tabletterie et de nécessaires, lorsque Bonaparte partit pour l'expédition d'Égypte. Le général en chef ne pouvant payer comptant le nécessaire de voyage qu'il avait commandé à Biennais, celui-ci lui fit crédit, et ce fut la source de sa fortune. Bonaparte, devenu empereur, lui fit faire de grandes fournitures de meubles, de tabletterie et de nécessaires, non-seulement pour lui, mais pour tous les siens.

Odiot étant surchargé de commandes, Biennais en profita et entreprit plusieurs services d'orfévrerie dont il dirigea l'exécution, confiée à de bons ouvriers; le succès l'encourageant, après avoir fait exécuter ses travaux chez Génu, rue des Fossés-Saint-Germain-l'Auxerrois, il fonda lui-même une grande fabrique d'orfévrerie. Non-seulement il réussit à s'y placer presque au même rang qu'Odiot, mais il y ajouta la bijouterie, la joaillerie et la fabrication des croix d'ordres, sans abandonner les industries qui avaient commencé sa fortune. Il employait de cinq à six cents ouvriers. On le voit paraître avec éclat à l'exposition de 1806 : il y présente des pièces d'orfévrerie d'une grande beauté, entre autres une très-riche soupière dessinée par MM. Percier et Fontaine pour l'impératrice Joséphine; une figure de femme entourée de petits génies était assise sur le couvercle; des femmes engagées à mi-corps dans des feuillages soutenaient les anses; sur la panse de la soupière, des femmes agenouillées accostaient le chiffre couronné de Joséphine; la partie inférieure du vase était décorée d'écailles; le pied, en forme de chapiteau corinthien, reposait sur des feuillages et sur un socle hexagone décoré de guirlandes relevées par de petits vases. Le jury reconnut le goût qui distinguait ces différents ouvrages et la perfection de leur ciselure : les hommes pratiques admirèrent l'art avec lequel la monture des pièces avait été ajustée. Biennais fit encore pour l'impératrice des plateaux champ-levés destinés à présenter des gants et un déjeuner tournant à quatre compartiments, avec des dessins également champ-levés.

En 1819, Biennais exposa un vase d'argent orné de bas-reliefs en vermeil; le rapport du jury n'entre dans aucun détail sur le sujet tout en reconnaissant la grande perfection du dessin et du travail. Il est à croire que c'est le même vase qui fut offert par la garde impériale russe à l'empereur Alexandre. Il était de forme Médicis et décoré de trophées, tristes témoignages de nos défaites.

Biennais ne fit pas de repoussé, mais quelquefois de l'estampage, au moyen de poinçons et de matrices pour lesquels il n'hésitait pas à dépenser des sommes considérables. On en voit l'exemple sur un service très-élégant appartenant à M. le comte Turpin de Crissé; l'estampage de très-gracieuses figures et d'ornements bien choisis s'y élève presque à la hauteur de la ciselure. Celle de Biennais était exécutée par Lafontaine, Cossin était son fondeur.

Avant de quitter les orfévres de l'Empire, nous devons récapituler ceux qui les aidèrent dans leurs grands travaux. Les peintres Prudhon et Isabey, les architectes Percier et Fontaine, donnèrent les dessins. Les meilleurs ciseleurs de cette époque furent Thomire père, Thiévet, son élève, Pajou, Jeannest et Lemelin.

A l'époque de la Restauration, il y eut un moment de transition dans les arts, et l'orfévrerie en fut atteinte la première. On ne faisait plus des imitations de l'antique, mais on gardait les souvenirs classiques en cherchant plus de liberté et d'originalité. Pendant que ce travail s'accomplissait dans les esprits des artistes, CAHIER, successeur de Biennais et nommé orfévre du Roi, exposait, en 1819, des ouvrages considérables par leur masse et leur travail. On cite particulièrement une immense fontaine à thé en forme de vase dont l'anse unique était composée d'un enfant portant une corbeille d'où s'échappaient des serpents; le pied de la fontaine était entouré d'enfants accroupis alternés avec les plateaux des tasses. Un déjeuner également en argent et en vermeil accompagnait cette pièce principale. Le jury en fit remarquer le beau dessin, les ornements de bon goût, la bonne ciselure et les montures très-soignées. Cahier présentait en même temps un grand plat en argent et une aiguière pour le service de l'église, tous deux ornés de bas-reliefs traités avec un talent supérieur. Enfin le même orfévre exposait un bas-relief en argent représentant la Cène d'après la fresque célèbre de Léonard de Vinci, dont Lafitte avait exécuté le dessin; la ciselure était de Soyer, artiste d'une très grande-habileté. Honoré d'une médaille d'or pour sa première exposition, Cahier fut chargé par le roi Charles X d'exécuter les vases destinés aux cérémonies de son sacre: il fit, sur les dessins de M. Lafitte, le calice, les burettes, l'aiguière et l'ostensoir, avec d'assez beaux émaux de Sèvres, enfin la sainte-ampoule et son reliquaire. L'exécution des bas-reliefs qui décoraient cette dernière pièce était due à M. Rodriguez; elle fut signalée par le jury de 1823 comme attestant une main habile et exercée. Un rappel de la médaille d'or fut décerné à l'auteur de ces ouvrages remarquables.

A l'exposition de 1827, Cahier parut encore au premier rang et obtint un second rappel de la médaille d'or pour des ouvrages de la plus grande magnificence; on y remarquait particulièrement un calice en or décoré de médaillons exécutés avec une rare perfection.

Parmi les élèves les plus distingués formés dans les ateliers d'Odiot père, on remarque en première ligne Fauconnier, que son patron prit en affection, admit dans sa famille et établit orfévre. Fauconnier n'était ni dessinateur ni sculpteur; mais une heureuse organisation, un sentiment de l'art très-relevé, suppléèrent, chez lui, à ces connaissances si nécessaires, et ses œuvres sont empreintes d'un caractère de goût et de distinction tout particulier. Il eut le courage de lutter contre la mode anglaise, qui dominait alors, et, si le crédit de ses rivaux et le goût peu éclairé du public l'empêchèrent de s'enrichir, on ne peut qu'admirer sa persévérance et son abnégation dans ce qu'il regardait comme la véritable voie de l'orfévrerie d'art. Sous la protection de Mme la duchesse de Berry et par l'heureuse influence de Mlle de Fauveau et de l'habile dessinateur Chenavard, Fauconnier put réaliser en partie la pensée de toute sa vie. Ce fut dans son atelier que l'on fit les premières pièces d'orfévrerie dans le style de la Renaissance. Il exposa, en 1823, la belle aiguière destinée au baptême du duc de Bordeaux et trois vases, dont un servait de fontaine à thé. « Cet artiste, disait le rapporteur du jury, « s'occupe avec succès du perfectionnement de son art; on lui « doit une collection de bons modèles pour l'imitation de « divers animaux. » L'auteur de ces bons modèles était M. Barye, dont le talent, deviné par Fauconnier, est devenu le premier dans le genre auquel il a su faire une si grande place. Fauconnier obtint la médaille d'or dès sa première exposition. Il n'y reparut plus, satisfait d'avoir reçu la récompense due à son mérite. Mais, loin de rester inactif, il employa toutes les ressources de son talent à produire des œuvres remarquables et à relever le goût du public par des efforts aussi heureux que constants. Il fit plusieurs coupes en argent et vermeil dans le style grec pour des présents faits par les princes : nous citerons un vase d'argent donné à Girodet par Mme la duchesse de Berry; un grand vase en argent d'un mètre de haut et de style romain, monté sur un socle : Charles X l'avait commandé pour l'envoyer au Sultan.

Sur les dessins de Chenavard, Fauconnier exécuta, dans le style de MM. Percier et Fontaine, une petite fontaine à café, un huilier et quelques pièces accessoires; M. Mouton en avait fait les ciselures, et, malgré leur peu d'importance matérielle, ces pièces sont considérées comme ce que l'on a fait de plus parfait dans ce genre. Le service de M. le duc d'Angoulême, simple d'ornements et de composition, était d'une exquise pureté de formes et de profils. Aidé de bons sculpteurs, Fauconnier fit aussi plusieurs épées remarquables avant de se livrer à ses essais d'orfévrerie dans le style de la Renaissance. Il employait comme dessinateurs et sculpteurs

MM. Plantard, Barye, Chaponnière, Liénard et Gamneron, architecte.

Le dernier grand ouvrage de cet orfèvre éminent fut le vase d'argent offert au général Lafayette. Ce vase était de forme d'amphore antique; les anses, partant de mufles de lion, s'élevaient en se courbant en dehors et se repliaient sur elles-mêmes pour venir se poser à l'embouchure. Deux génies ailés supportaient un rouleau portant l'inscription : *La France à Lafayette*. Au-dessous, le buste du soleil était accompagné des attributs des arts. Au piédestal octogone, orné d'une guirlande et d'un aigle prenant son essor, étaient adossées des figures allégoriques de la Liberté et de la Loi : un bas-relief faisait allusion à la guerre de l'indépendance de l'Amérique et au rôle que Lafayette y avait rempli.

Fauconnier épuisa ses ressources pour exécuter ce grand travail. Touchée de sa détresse, madame Adélaïde lui avait donné un atelier dans un de ses hôtels; mais les derniers efforts de l'intelligence de cet homme si dévoué à son art ne purent écarter de lui l'indigence : il mourut, ne laissant pas de quoi payer ses funérailles. Ses deux neveux, MM. Fannière, ont été élevés chez lui; les œuvres qu'ils ont déjà produites les rangent parmi nos plus habiles artistes. Tout fait présager que leurs travaux à venir augmenteront encore la réputation si bien méritée par leur talent.

Les autres orfévres distingués qui sortent de l'école d'Odiot père sont MM. Odiot fils, Lebrun et Durand. Le premier a volontairement suivi une voie toute différente de celle que son père lui-même lui avait tracée : il paraît avoir pensé que l'orfévrerie devait, avant tout, être une industrie d'usage opulent et distinguée par la parfaite exécution, par les formes commodes, utiles, et par la valeur intrinsèque de la matière employée avec habileté. Quand il l'a voulu, M. Odiot fils a fait des ouvrages remarquables, au point de vue de l'art, dans la direction qu'il a suivie. Le riche outillage de ses ateliers, la direction raisonnée de son industrie, les appareils qu'il emploie, lui permettent de produire avec une grande perfection le genre d'orfévrerie qu'il affectionne. Les Anglais, chez lesquels il s'est inspiré dès l'origine, comprennent mieux que nous la qualité de ses œuvres; on ne peut lui contester le titre de très-habile orfévre, et l'importance de ses affaires passées ou présentes en France, et surtout à l'étranger, n'est assurément pas le résultat d'une mode capricieuse, mais celui de sa bonne et riche fabrication. En 1827, sa première exposition lui valut le rappel de la médaille d'or de son père. Le jury de l'exposition de 1834 renouvela ce rappel, en signalant un surtout de table en argent mat, entièrement composé d'imitations d'arbustes et de plantes diverses, et un grand service en argent mat et brillant dans le goût des formes anglaises.

Avant 1830, M. Odiot avait exécuté la châsse de saint Vincent de Paul. Cet ouvrage pesait 467 marcs d'argent; sa main-d'œuvre fut estimée à 32,600 francs; le style était celui du XVIIIe siècle, mais dans des proportions inusitées. On se rappelle également un magnifique service de table fait pour le Sultan avant 1832 et celui de M. le baron Salomon de Rothschild, exécuté vers 1835. Comme nous l'avons déjà dit, ce fut dans ce travail que M. Odiot, abandonnant pour cette fois le genre anglais, montra qu'il lui était facile de satisfaire en même temps les hommes de goût et ceux que le luxe séduit. Sur les modèles de MM. Jeannest et Combettes, il accomplit, dans le style de la Renaissance, cet immense service, considéré, à juste titre, comme le plus riche exemple d'une excellente orfévrerie.

A l'exposition universelle de Londres, M. Odiot parut avec l'éclat habituel de ses œuvres dans le genre anglais. La plupart des pièces de décoration étaient fondues, fabriquées avec soin et solidité, brunies, mates ou gravées. Les principaux objets de son exposition, signalés par le jury, furent: un grand vase d'argent de plus d'un mètre de hauteur, orné de divinités marines; le service de M. de la Riboisière, dont tous les couvercles étaient richement ornés d'animaux sculptés ou de nature morte; une belle cafetière arabe avec ses *fingams* en argent doré et bruni; une assiette à marrons représentant une serviette damassée; une cafetière et une chocolatière avec des canaux en spirale, brunies et d'une très-belle exécution; un milieu de surtout représentant un sanglier aux abois; un grand candélabre avec des figures bachiques, et de beaux échantillons de couteaux, fourchettes et cuillers. Le jury décerna à M. Odiot la médaille de seconde classe.

M. Lebrun, l'un des vétérans de l'orfévrerie française, n'a pas permis au temps d'affaiblir son talent et son mérite. Sorti de l'atelier d'Odiot père, il avait reçu et conserva les excellentes traditions de cet orfévre célèbre. Les genres différents qu'il a suivis, style de l'Empire, façon anglaise, style de la Renaissance et école moderne, l'ont trouvé habile à bien comprendre et à bien choisir, apportant une rare perfection dans les montures à froid, un goût et une recherche dans les formes et les ajustements, une beauté dans le poli, que personne n'a su atteindre comme lui.

Il figure aux expositions depuis 1823; la médaille d'argent lui fut décernée pour une fontaine à thé et plusieurs pièces d'une exécution très-soignée: les ornements étaient modelés par lui-même et employés avec beaucoup de goût. Ses beaux produits d'orfévrerie, exposés en 1827, lui valurent le rappel de la médaille d'argent. Le même honneur lui était réservé à l'exposition de 1834, où il produisit plusieurs vases destinés à des prix de courses de chevaux et d'autres pièces d'argenterie d'un excellent travail. Une nouvelle médaille lui fut accordée à l'exposition de 1839 pour son élégante et intelligente fabrication. Le jury citait principalement un magnifique service de table et un thé complet dans les formes anglaises adoptées en ce qu'elles avaient de louable, modifiées et épurées par une heureuse combinaison avec le style de la Renaissance; une corbeille à gâteaux, un seau à glace et surtout un plateau enrichi des plus gracieuses ciselures furent admirés par le jury.

La médaille d'or vint enfin, en 1844, récompenser les travaux si distingués de M. Lebrun. Quatre vases dans le style dit Louis XV, un candélabre de grande dimension, une fontaine à thé avec son service complet et un beau plateau à fond émaillé répondaient à l'ancienne réputation de l'orfévre et ajoutaient à ses mérites un lustre nouveau. « Les œuvres « toujours excellentes de ce fabricant, disait le jury, ses sa- « crifices de tout ordre, le culte du beau qu'il a toujours ap- « porté dans l'exercice de sa profession, ont aidé à conserver à « l'orfévrerie cette supériorité dont elle s'honore aujourd'hui. « Ces travaux persévérants méritent une récompense propor- « tionnée à leur durée et à leur valeur; elle est due à M. Lebrun, « l'un des plus anciens de cette industrie qu'il a toujours servie « avec habileté et dévouement. »

Ces éloges si mérités alors l'ont été encore davantage depuis par celui qui en était l'objet. A l'exposition de 1849, nous le voyons obtenir le rappel de la médaille d'or pour un beau milieu de table faisant partie d'un service alors en exécution pour la Russie; le genre Louis XV adopté pour ce surtout était employé avec un goût extrême dans le groupe de Bacchus et d'Ariane entourés d'enfants qui grimpaient à un cep de vigne. M. Carrier avait ciselé les figures, M. Gagne les ornements; des groupes d'animaux et d'enfants placés à chaque extré- mité étaient exécutés par MM. Poux, Dalbergue et Schropp. Mais la pièce la plus capitale exposée par M. Lebrun était un objet de petite dimension, dont les artistes et le public admi- rèrent ensemble l'étonnante perfection. Cette tasse, en argent épais, fondu et ciselé, a la forme générale d'un cône tronqué dont la petite section forme la base : sur la panse on voit les armoiries du propriétaire, M. le baron de Mecklembourg, accompagnées de deux figures d'une charmante composition et d'un travail exquis; le reste de la tasse est uni, sauf l'anse, dont la forme, empruntée à celles de la végétation et de l'ar- chitecture, est aussi neuve d'invention que parfaite d'exécution. Le tout repose sur une soucoupe dont le travail est en har- monie avec l'objet principal. Il est difficile de s'imaginer un pareil chef-d'œuvre sans l'avoir vu. M. Lebrun y a consacré des études et des frais que l'on comprend seulement en voyant leur résultat. On peut affirmer que jamais un morceau supérieur à celui-là n'est sorti de l'orfévrerie française, et il suffirait pour donner la plus haute idée du goût de M. Lebrun comme du talent de MM. Fannière. Le jury de l'exposition universelle a éprouvé un vif regret de voir paraître cette merveille trop tard pour pouvoir l'inscrire à son rapport et l'admettre au concours ; mais tous ses membres ont paru frappés du mérite extraordinaire de cette œuvre de M. Lebrun.

Nous terminerons ce qui concerne cet habile orfévre en disant que l'énumération de ses beaux ouvrages dépasserait les limites qui nous sont assignées. Nous citerons cependant encore une coupe en or, dans le goût grec et d'une incroyable perfection de travail, faite pour M. Demidoff, dont elle représentait allégoriquement les trois mines de métaux précieux; une bouilloire dans le genre anglais pour lord Seymour, offrant les mêmes mérites d'exécution; et le service, dans le genre du XVIIIe siècle, pour la grande-duchesse Hélène de Russie, complétant les pièces exposées en 1849. Il a été composé par M. Gagne, sculpteur, mais sous la direction immédiate de M. Lebrun. C'est l'ouvrage le plus complet sorti de sa main; il réunit à une grande perfection de main-d'œuvre un mérite d'invention et de style que M. Lebrun ajoute désormais à toutes ses éminentes qualités.

Un autre élève d'Odiot père, M. Durand, est placé dans l'orfévrerie à un rang très-distingué. Il conçoit et exécute facilement; son intelligence de l'art et de l'industrie se prête à toutes les exigences; il ne se laisse pas cependant entraîner par la mode, mais s'efforce de la détourner de la mauvaise voie pour la maintenir dans celle du goût. Nouvellement établi en 1834, il exposait une cuvette et une aiguière dont le dessin, dans le style de la Renaissance, s'éloignait complétement des formes anglaises, si recherchées à cette époque de décadence passagère. Le jury, félicitant M. Durand de son goût et de sa hardiesse, lui décerna la médaille d'argent.

A l'exposition de 1839, M. Durand présenta une pièce remarquable par ses dimensions, sa composition et son exécution : c'était une fontaine à thé pesant 260 marcs d'argent et estimée 40,000 francs. Sa hauteur était d'environ un mètre. Cette fontaine se composait de dix-sept pièces; elle était montée sur une étagère formant un édifice d'orfèvrerie supportant quatre théières, quatre sucriers, quatre coupes à gâteaux, quatre pots au lait, le tout en argent oxydé par parties. La bouilloire d'argent était chauffée au moyen d'une lampe; autour étaient quatre niches avec des figures de femmes au-dessus du robinet; entre les niches étaient des protomes de sirènes; dans les niches inférieures, d'autres figures de femmes; de petits tritons atlantes soutenaient les pots au lait; les plateaux étaient niellés et dorés; le tout repoussé dans tous les champs et richement orné. Les modèles des figures avaient été faits par M. Klagmann. Ce travail remarquable par son importance, par la bonté et la simplicité du montage et des ajustements, valut à M. Durand le rappel de la médaille d'argent. Mais une pièce aussi colossale et d'un tel prix ne peut facilement trouver d'acheteur; elle n'était pas encore vendue lorsque M. Durand l'exposait à Londres, où il obtint la seconde médaille pour l'ensemble de son exposition. On y voyait figurer le vase de prix donné par M. le duc d'Orléans aux courses de Goodwood. Ce bel ouvrage d'art, composé par M. Klagmann, est celui qui fait le plus d'honneur à M. Durand; le bas-relief dont il est décoré représente un carrousel et un tournoi; l'ornementation en est riche, heureuse et originale : tout l'ensemble répond à la beauté des détails. M. Durand l'avait exposé à Paris en 1849 et le jury lui avait donné le rappel de la médaille d'argent. A Londres, M. Durand présentait encore une pièce de milieu de table en argent avec les quatre saisons figurées par des enfants, d'une bonne composition et d'une exécution fort distinguée. Cet orfèvre expérimenté sait vaincre les difficultés de son art et combiner le travail de l'ajustement avec l'élégance de la décoration.

Pendant que la plupart des orfèvres sortis de l'école d'Odiot père, sans pouvoir maîtriser entièrement les écarts fantasques et irréfléchis de la mode, cherchaient à la retenir dans les traditions de l'art et de la raison, un étranger, Charles WAGNER, artiste prussien, exerça une action plus heureuse et plus efficace. Il avait fait d'excellentes études spéciales, son instruction dans les arts du dessin était complète, les procédés de l'orfévrerie, de la bijouterie et de la joaillerie lui étaient familiers, son talent personnel était remarquable. Arrivé à Paris vers 1830, associé avec M. Mention, il commença par la fabrication des nielles à l'imitation de celles de Russie et devint promptement si pratique dans cet art, qu'il laissa ses modèles bien loin derrière lui. Encouragé par le duc d'Orléans et par la princesse Marie, Wagner entreprit de grands travaux et réussit dès son début. Il devint chef d'école, fixa l'attention des amateurs et apporta la science à la place de la routine. On vit se réaliser en lui ce qui n'était plus qu'un souvenir depuis le XVIIe siècle : habile pour dessiner, modeler et ciseler, Wagner fit revivre le repoussé. Cet art difficile et délicat exige, pour son application, un talent réel et une grande connaissance du modelé; une œuvre exécutée par ses procédés se distingue, à la simple vue, d'un morceau fondu et ciselé et porte toujours une certaine empreinte de vie et d'originalité. Le repoussé remis en honneur ouvrit la carrière à des hommes habiles, sculpteurs et ciseleurs, que Wagner réunit pour l'aider dans ses travaux.

Nous indiquerons plus loin les œuvres de bijouterie produites par Wagner et qui lui firent décerner la médaille d'or à l'exposition de 1834. Ici, nous renfermant dans ses travaux d'orfévrerie, nous parlerons de son exposition de 1839, où il présenta un vase émaillé dans le style byzantin, avec des sujets de la vie de Robert de Clermont et des portraits de rois et princes de la maison royale de France; un autre vase émaillé avec des peintures recouvertes d'un émail transparent et poli : le jury comparait cet ouvrage aux plus beaux chefs-d'œuvre du XIIIe siècle. Auprès de ces pièces importantes Wagner faisait figurer une aiguière d'argent, dorée par parties, toute la panse ornée d'un bas-relief repoussé, avec les figures allégoriques de la Tempérance, de l'Intempérance et celle de la Vérité couchée sur l'anse de l'aiguière; le pied orné de plantes et d'animaux, l'anse et le cou du vase, étaient fondus. La cire de ce bel ouvrage avait été modelée par M. Geoffroy de Chaumes, auquel est due également la composition de l'aiguière servant de pendant et décorée de sujets tirés du roman d'Ondine. Wagner l'exécuta plus tard pour l'acquéreur de la première aiguière; il y combina, comme sur celle-ci, le repoussé et le métal fondu et ciselé. Wagner produisit encore une pièce très-remarquable et d'un intérêt tout nouveau : c'était une belle coupe toute niellée, ornée de compositions historiques et allégoriques relatives à des artistes célèbres, entre autres Bernard Palissy. Cette œuvre unique, gravée d'après les dessins de M. de Triquety, et montée avec beaucoup d'art, marque dans l'histoire de la nielle, et rien dans ce genre ne peut lui être comparé. Si l'on juge le mérite de Wagner en lui-même par les travaux qu'il a laissés, on ne saurait peut-être le mettre au premier rang pour aucun de ses ouvrages, excepté pour les nielles; son goût comme sculpteur aurait pu être plus épuré. Dans ses vases repoussés ou fondus il n'a jamais obtenu des effets généraux de masse et de composition pareils à ceux des œuvres de M. Vechte; mais lorsque Wagner parut et entreprit de renouveler le goût dans l'orfévrerie d'art, l'impulsion donnée par son esprit énergique et inventif fut très-efficace : elle suscita la rivalité et le talent de M. Morel et des frères Marrel. M. Rudolphi fut l'élève de Wagner, et si ce dernier n'eût été enlevé à son art par une mort prématurée, il serait certainement resté à la tête de l'école nouvelle. On lui doit l'abandon du genre anglais pour un goût meilleur et plus en harmonie avec le génie français. Le peu d'orfévrerie de table sorti de ses ateliers était d'une grande correction. Il a enfin ranimé les facultés créatrices de nos habiles orfévres, en leur montrant les avantages d'une collaboration assidue avec d'habiles sculpteurs pour tous les travaux importants.

M. Morel, né dans l'industrie de la bijouterie, exercé dès sa jeunesse à toutes les pratiques les plus difficiles d'une profession où rien n'est aisé, fonda en 1842 la maison qui portait son nom. Il débuta par des ouvrages où ses études approfondies servirent à réaliser une perfection de travail que l'on croirait presque impossible. Doué d'un esprit aussi patient qu'inventif, aussi habile à prévoir les obstacles qu'à les vaincre, M. Morel s'est toujours montré maître dans son art, soit qu'il faille ciseler des pièces fondues, soit qu'il doive repousser l'argent et l'or, creuser les pierres dures pour y incruster l'or et les diamants, tailler le cristal, rivaliser avec les artistes de la Renaissance pour la beauté des émaux, sertir les pierres précieuses, ou trouver des combinaisons de monture et d'ajustage que nul ne saurait faire comme lui. On peut affirmer que jamais aucune difficulté de sa profession n'arrêtera M. Morel et qu'il n'en rencontrera pas sans la résoudre avec tout le succès désirable.

Il a manifesté son talent dans la part de travail qui lui fut assignée pour l'épée du comte de Paris, où il exécuta en repoussé les figures d'or de ronde-bosse qui en décorent la garde. A l'exposition de 1844, il présenta un seau à glace d'un travail merveilleux; une belle toilette en vermeil dans le style du XVIIe siècle; une coupe en cristal avec des figures repoussées et des ornements en or; une croix reliquaire avec des émaux dans le style du XVIe siècle. Le jury, frappé de la beauté des œuvres de M. Morel, tant en orfévrerie qu'en bijouterie et joaillerie, lui décerna une médaille d'or pour l'ensemble de son exposition.

M. Morel, obligé par des transactions commerciales à transporter son industrie hors de France, a été se fixer en Angleterre; il y a porté son talent et sa juste renommée. A l'exposition universelle, il a produit des ouvrages qui donnent une idée de tout ce qu'un homme aussi capable peut accomplir. Une statue équestre de la reine Élisabeth en argent repoussé, et dont la tête seule était fondue, avait dû présenter d'immenses difficultés de travail; mais le petit nombre d'objets d'orfévrerie réunis autour de cette pièce principale l'emportaient beaucoup sur elle par la perfection et la beauté de l'exécution. Nous citerons particulièrement un vase d'argent doré orné d'un bas-relief d'argent à sujet de chasse dans un branchage de chêne et exécuté dans le style d'Albert Durer, et un sucrier d'argent doré à couvercle, d'une forme irréprochable, ciselé d'ornements en relief très-amorti.

M. Morel est l'auteur d'une foule de beaux morceaux de bijouterie, d'orfévrerie et de joaillerie, dont il nous serait impossible de donner ici l'énumération ; nous détaillerons plus loin ceux qu'il a exposés au palais de cristal. Ses œuvres peuvent être diverses de mérite, sous le rapport de la composition, selon ses inspirations personnelles ou le goût de ceux qui les commandent; mais elles sont toujours fabriquées et achevées avec un talent que personne ne saurait dépasser.

La maison de M. Morel, à Paris, est restée entre les mains de M. Duponchel, son ancien associé. Celui-ci, s'efforçant de conserver, par des travaux distingués, la réputation de son établissement, garda près de lui la plupart des ouvriers formés ou réunis par M. Morel et continua de cultiver toutes les parties de cette belle industrie. A l'exposition de 1849, M. Duponchel exposa, en orfévrerie, une toilette entièrement en argent repoussé, un service à thé en vermeil et un grand service de table. Il avait su, dans ces œuvres, rendre avec goût le style du temps de Louis XIV et de Louis XV. Le jury avait vu dans ses ateliers et signalait, comme un ouvrage remarquable, un surtout de table commandé par le prince Radziwill : la pièce du milieu représentait une chasse au sanglier, au XIIIe siècle, dans une forêt de la Lithuanie; les candélabres figuraient deux sapins sur des rochers : un garde sonnant du cor, des chiens, un sanglier tué animaient cette composition ; les seaux à glace étaient entourés d'ours blancs escaladant les glaçons et combattus par des chasseurs : le tout, dit le rapporteur du jury, était exécuté en repoussé. Le service à thé du comte de Nesselrode et plusieurs autres de genre arabe, mauresque et indien méritaient également l'attention. Depuis cette époque, l'atelier de M. Duponchel n'a pas cessé de produire des ouvrages importants pour l'Europe et pour l'Égypte : son absence a été remarquée et regrettée à l'exposition de Londres; mais sa fabrication active et considérable fait espérer qu'il figurera avec honneur à la prochaine exposition de l'industrie.

M. Froment-Meurice, né artiste et fils d'orfévre, parut aux expositions pour la première fois en 1839. Il s'appliquait alors à produire, par le procédé d'un moulage très-parfait, de beaux objets n'exigeant pas beaucoup de ciselure et d'un prix modéré. Le jury lui décerna la médaille d'argent pour un service à thé dans le style du XVIe siècle, avec quelques dispositions rappelant le genre oriental; l'ajustement des anses et du bec de la théière furent remarqués comme une difficulté heureusement surmontée. Le jury louait également des plats très-simples avec des bords moulés et rapportés, d'un genre et d'un dessin nouveaux, et un plateau de dessert obtenu par le moulage, qui en rendait le prix très-accessible.

Le succès encouragea M. Froment-Meurice. Il ne s'attacha plus exclusivement à faire de l'orfévrerie de bon goût à bon marché : certaines œuvres d'art, en effet, ne peuvent pas être produites avec économie. Son esprit, porté à trouver autre chose que l'imitation des siècles passés, cherchait ce qui nous manque le plus, l'originalité et un caractère propre à notre temps. Aussi sa seconde exposition, celle de 1844, fixait l'attention des hommes expérimentés par un bel ensemble de choses nouvelles et hors de la ligne commune. Grâce à ses bonnes études dans l'atelier de son père, à sa connaissance du dessin et surtout au goût qui lui est naturel, il réussit à trouver des combinaisons heureuses et séduisantes, sans bizarreries et sans plagiat. Son ostensoir et son calice du pape, où il avait réuni les ressources de la bijouterie et de la joaillerie à celles de l'orfévrerie, étaient bien composés, et le calice surtout méritait le suffrage des connaisseurs par la beauté et la finesse de la décoration. Son bouclier, pour prix de courses, était d'une composition hardie et nouvelle; la pointe du milieu avait été remplacée par un Neptune d'argent en ronde-bosse conduisant ses chevaux marins; quatre médaillons ovales de haut-relief représentaient les époques différentes de l'art équestre, depuis l'antiquité jusqu'à nos jours. Le jury disait de cette exposition, si riche en belle orfévrerie et en bijoux, que les soins minutieux, la hardiesse, la nouveauté et la variété dans les formes distinguaient la fabrication de M. Froment-Meurice, et que de si beaux succès méritaient la médaille d'or à un homme assez habile pour avoir été appelé par MM. Gatteaux, Paul Delaroche et Visconti à surveiller l'exécution de l'épée pour le comte de Paris.

De nouveaux éloges et une nouvelle médaille d'or attendaient M. Froment-Meurice à l'exposition de 1849. Il y présenta la pièce principale d'un surtout composé par feu Jean Feuchères, qui avait modelé l'original jusqu'au dernier degré d'achèvement. Ce morceau très-admiré représentait le globe terrestre entouré du zodiaque et porté par quatre géants anguipèdes en argent repoussé, ciselé et patiné; autour du globe, voltigeaient les génies de l'Amour, de l'Harmonie et de l'Abondance; sur le globe étaient trois figures debout et en repoussé, Vénus avec l'Amour sur l'épaule, Bacchus portant le thyrse et la coupe, Cérès tenant sa gerbe et sa faucille. Les habiles ciseleurs MM. Mulerct, Alexandre Dalbergue, Poux et Fannière avaient terminé les figures repoussées dans des creux en bronze, d'après les procédés mis en usage par M. Vechte; Feuchères avait surveillé tout le travail et applaudissait à la fidélité des artistes chargés de rendre ses modèles. Auprès de ce beau travail, M. Froment-Meurice exposait encore un encrier en or destiné au Pape et exécuté tout entier, figures et ornements, par le procédé du repoussé; il reproduisait en fer forgé décoré d'argent le coffret du comte de Paris, qui avait paru seulement en fer fondu à l'exposition de 1844, et en repoussé, le bouclier au Neptune, d'après les modèles de MM. Feuchères, Rouillard et Justin, exécuté en 1844 en fonte d'argent ciselée. Le moment n'est pas venu encore de parler des objets de bijouterie et de joaillerie exposés en 1849 par M. Froment-Meurice, mais nous devons compter parmi les beaux produits de son orfévrerie : l'aiguière, le plateau et le coffre à bijoux, pièces détachées de la toilette de S. A. R. madame la princesse de Lucques, dont l'ensemble a figuré à Londres en 1851.

A cette dernière exposition, M. Froment-Meurice fit reparaître la pièce de milieu de table que nous avons décrite, le calice du Pape, et y joignit la toilette entière de S. A. R. la duchesse de Parme. Ce morceau capital consiste en une table à pieds d'argent richement décorés; la surface de la table est en argent niellé de fleurs de lis, encadré d'une bordure en acier gravé. Le miroir, richement garni d'argent, est flanqué de deux candélabres en forme de lis, soutenus par des anges portant les armoiries de la princesse. Des coffrets de forme gothique ornés de figures émaillées et polies, l'aiguière et le plateau dont nous avons parlé, complètent ce bel ensemble, où l'orfévre a réuni tout ce que son art peut produire de plus magnifique et de plus varié. Le jury international, rendant justice aux œuvres de M. Froment-Meurice, mais surtout à la pièce de milieu déjà exposée à Paris en 1849, demanda pour cet objet spécial la grande médaille que le Conseil des présidents lui a décernée.

L'orfévrerie d'art compte en France plusieurs hommes habiles à concevoir une pensée générale comme à diriger vers un but unique les artistes et les ouvriers dont ils emploient les talents ou le travail; il n'en existe peut-être en Europe qu'un seul capable de composer et d'exécuter lui-même comme le faisaient autrefois les maîtres italiens. M. Vechte commença par repousser des ornements pour les bronziers; il fit ensuite des pièces imitées de celles de la Renaissance, boucliers, casques de fer, plats d'argent, petits vases. A mesure qu'il produisait sans révéler son nom, les antiquaires et les amateurs s'étonnaient de voir paraître et vendre, à de hauts prix, des objets presque tous en repoussé, d'un mérite supérieur, dont rien n'avait jusque-là révélé l'existence, et dont le caractère, assez voisin de celui de l'école du xvie siècle, avait cependant un type particulier trahissant un talent mystérieux et un maître inconnu. Quelques personnes initiées au secret de M. Vechte lui demandèrent de ses ouvrages et l'encouragèrent à se déclarer et à ne plus désavouer des œuvres dont quelques-unes passaient déjà pour les plus beaux ornements de splendides musées. M. Vechte consentit enfin à ne plus s'abriter derrière un autre siècle que le sien.

Un beau vase d'argent repoussé, orné d'une double composition empruntée aux gravures de Marc-Antoine, décorée aux anses de gracieuses figures de sirènes et d'enfants, d'un combat de tritons et de monstres marins à la frise, d'une Scylla sur le couvercle, d'un Neptune domptant les flots et du triomphe de Galatée sur la panse, et d'enfants sur des poissons groupés autour du pied, fut la première pièce qu'il signa de son nom. On y reconnaissait encore les réminiscences de ces peintres italiens de la grande époque, qu'il avait étudiés avec tant de constance et d'affection; cependant son travail passant de la ronde-bosse à des reliefs à peine sensibles, ses ornements distribués avec un art merveilleux sur des fonds unis ou granulés, les monstres fantastiques entremêlés à ses tritons et à ses néréides et bigarrés de détails gravés ou ponctués avec un goût extrême et une variété infinie, toutes ces qualités nouvelles et tirées de son propre fonds, ajoutées à celles qu'il avait reçues des anciens maîtres, mettaient M. Vechte hors de parallèle avec tous les orfèvres, quelle que fût leur capacité. Sous ses mains l'argent s'anime, vit et s'agite en figures audacieusement groupées; ce qu'il prend à autrui, ce qu'il copiait sur les dessins de Feuchères, reçoit de lui un cachet d'art et d'énergie qui ne nuit jamais à l'ensemble, et les groupes les plus vigoureux sont accompagnés d'accessoires et de détails qui occupent l'œil en le reposant.

Au salon de 1847 au Louvre, M. Vechte, qui a bien le droit de se ranger parmi les artistes, exposa un second vase encore plus beau que le premier : le sujet était le combat des dieux contre les géants. Au sommet de cette amphore et sur le couvercle, Jupiter, assis sur son aigle et tenant ses foudres, allait frapper ses adversaires; les géants, armés de troncs d'arbres et de rochers, escaladaient l'Olympe, se groupaient en bas-relief sur la panse du vase, en ronde-bosse sous les anses; au pied, les passions de la Haine et de la Discorde se débattaient déjà renversées et frappées par les traits de Jupiter. Ce vase admirable, acheté par l'orfévre anglais Mortimer, figura dans l'exposition de ses successeurs au palais de cristal; ce fut pour cette œuvre de M. Vechte que le jury international demanda et obtint la médaille de première classe décernée à MM. Hunt et Roskell.

M. Vechte avait encore été chargé d'un bas-relief en or sur la lame de l'épée du comte de Paris, arme dont l'exécution associa tant de talents et d'artistes divers. Pendant tous ces travaux, M. Vechte exécutait une aiguière de très-grande dimension, dont le sujet décoratif était le combat des Centaures et des Lapithes, avec un Bacchus ivre sous l'anse, formée par un cep de vigne où grimpe un enfant pour presser une grappe dans la coupe du dieu. Sans avoir encore été exposé, ce vase est digne du nom de son auteur. La composition principale est d'un grand caractère et rend le sujet avec un sentiment de l'antique tempéré par la puissance personnelle de l'artiste; le Bacchus rappelle, mais dans les mêmes conditions, le style de Jules Romain.

Au salon de 1849 M. Vechte exposa sa coupe d'argent exécutée pour M. de Vendœuvre. Le sujet, repoussé à l'intérieur, est l'harmonie dans l'Olympe; Apollon se repose sur sa lyre et cherche l'inspiration qui va charmer les dieux assemblés. La plupart de ces figures sont empruntées à Flaxman, d'autres à Rubens, avec une habileté surprenante, et rendues avec un art délicat, recherché et varié, que les Grecs eux-mêmes et surtout les Étrusques auraient pu envier. Les anses sont formées de belles figures en ronde-bosse. L'extérieur de la coupe, autre cuvette repoussée, est couvert de beaux ornements, et de figures qui se détachent sur un fond semé d'un grainé serré et pointillé dont l'effet est aussi nouveau que bien conçu. Ce beau morceau est inventé et exécuté d'une façon inaccoutumée par M. Vechte. Si l'originalité des figures égalait leur perfection, la coupe de M. de Vendœuvre serait un de ces chefs-d'œuvre sans rivaux à aucune époque.

A l'exposition de Londres figuraient deux boucliers de M. Vechte, l'un représentant le massacre des innocents, emprunté à Raphael et rendu avec l'habileté particulière à son auteur; l'autre, grande et vaste composition appartenant tout entière à M. Vechte, qui n'a reçu le concours d'aucun artiste pour ce beau travail. Le bouclier est en fer gravé et repoussé, incrusté de trois médaillons ovales en argent qui contiennent en bas-relief repoussé les apothéoses de Milton, de Newton et de Shakespeare. Encore inachevé, ce travail réunissait des beautés de premier ordre. Originalité, grâce et finesse de composition; allégories facilement intelligibles et rehaussant la beauté des scènes; travail délicat et hardi; accessoires et symboles du plus heureux effet; ensemble plein de grandeur et digne des trois sujets: telles étaient les qualités d'une œuvre que le public effleurait à peine d'un regard.

M. Vechte a introduit dans l'art du repoussé des perfectionnements adoptés par les orfévres, particulièrement la préparation des pièces difficiles qui, au lieu d'être péniblement ébauchées et achevées sur le ciment, sont maintenant estampées par morceaux dans des creux en métal, fonte ou bronze, puis ensuite ajustées, soudées, ciselées : il en résulte une grande économie de travail, et le métal, moins martelé, conserve plus d'égalité dans son épaisseur; les trous et les déchirures sont moins à craindre. Il reste encore à donner à la soudure un titre plus élevé ou à supprimer l'emploi du paillon par des moyens que les Anglais paraissent avoir découverts. En effet, le bas titre de l'alliage composant la soudure amène sur les repoussés d'argent des bigarrures provenant de l'action inégale des gaz répandus dans l'atmosphère sur l'argent plus ou moins allié dans les points de jonction. Des œuvres telles que celles de M. Vechte devraient être faites en métal indestructible et inaltérable, par exemple en platine;

mais la nécessité de souder s'oppose à ce que de longtemps le platine ne serve à de semblables usages.

Nous ne terminerons pas la liste des principaux orfévres français sans annoncer que nous reportons aux articles des bijoux et des bronzes ce qui concerne les œuvres de MM. Rudolphi, Marrel et Matifat.

STATUAIRE EN ARGENT.

La plus haute expression de l'orfévrerie d'art serait la statuaire en argent, si l'on pouvait toujours la séparer de la sculpture et de l'art du fondeur. On compte en France peu de statues en argent. Celles qui nous sont connues sont : la *statue de la Paix,* exécutée à l'occasion du congrès de Tilsitt. Le modèle fut fait par Chaudet; la statue, fondue par l'orfévre Chéret, fut, à ce qu'il paraît, ciselée sous sa direction par Houzelot et Boyer; l'architecte, M. Denos, en surveilla l'exécution. Cette œuvre d'art n'est pas aujourd'hui appréciée à toute sa valeur. De la froideur et un peu de sécheresse dans le travail empêchent de rendre justice aux belles qualités de la composition, de l'attitude, et au savant ajustement des draperies de la déesse assise et calme. Son effet est cependant noble et imposant. L'art du ciseleur a donné à quelques parties de cette figure l'apparence de métal repoussé [1].

Henri IV enfant, d'abord exécuté en marbre par Bosio en 1824, fut fondu en argent par Odiot, réparé et ciselé par Soyer, pour la somme de 10,000 francs. Cette statue est au Musée du Louvre. Malgré le mérite de l'original, elle prouve que l'on ne transforme pas heureusement en métal une statue primitivement en marbre. Chaque matière exige un travail qui lui est propre. Ce que permettent la transparence et la matière même du marbre, c'est la douceur et le vague des contours, c'est la sérénité d'aspect, la grandeur des plans et

[1] M. Lebrun se rappelle que, vers la même époque ou un peu avant, l'orfévre Génu fit mouler par Cossin, et fondit une petite statue équestre d'un roi d'Espagne, en argent; la ciselure fut faite par M. Fontaine.

l'ample beauté des muscles, la flexibilité et la mollesse des draperies. Ce que demande l'argent, c'est l'élégance, l'éclat de l'ensemble, la finesse des détails, la distribution pittoresque des lumières et des ombres, une forme légère, gracieuse, distinguée, animée par la pensée vivante du sculpteur. Nous trouvons ces qualités dans le *Louis XIII jeune*, de grandeur naturelle, modelé par M. Rude, fondu en 1842 par MM. Eck et Durand.

M. Chanuel, orfévre de Marseille, exposa en 1834 une statue d'argent de *la Sainte Vierge*, de grandeur naturelle et repoussée au marteau. Le jury, regrettant que M. Chanuel n'eût pas envoyé son œuvre à l'exposition du Musée de sculpture, déclara que le procédé adopté par cet orfévre lui semblait inférieur à celui de la fonte et beaucoup moins expéditif. Toutefois, prenant en considération le talent dont M. Chanuel avait fait preuve dans l'exécution de la statue commandée par la ville de Marseille, il lui décerna la médaille de bronze.

ALLEMAGNE.

Les beaux-arts exercent une influence constante sur l'orfévrerie parce que, malgré les usages domestiques auxquels cette industrie est le plus souvent affectée, les matières précieuses sur lesquelles elle s'exerce lui ont toujours imposé une recherche de formes particulières, même dans sa plus grande simplicité. Aussi la voyons-nous s'élever ou déchoir avec la peinture et la sculpture non-seulement en France, mais encore dans tous les autres pays de l'Europe.

En Allemagne, après Dinglinger mort en 1731, l'orfévrerie d'art cessa d'exister; le goût public s'attacha seulement à des ouvrages brillants, lustrés, très-finis dans leurs détails. Toutefois la fabrication devint beaucoup plus considérable vers le commencement du XIXe siècle. L'introduction des procédés économiques rendit accessibles et à bon marché les produits de l'orfévrerie. L'estampage donna des décorations compliquées, d'une apparence satisfaisante, mais souvent sans solidité et remplies de ciment. Depuis trente ans les orfèvres allemands ne travaillent plus les lingots; on lamine l'or et l'argent; pour emboutir et retreindre, le marteau, rarement employé, est remplacé par le tour, l'estampage, le balancier, le mouton; pour la décoration, on met en usage le tour à guillocher : tous ces appareils sont, le plus ordinairement, mis en mouvement par la vapeur. Les principales fabriques sont à Hanau, près de Francfort; elles sont dirigées par les frères Collin, Français d'origine, dont la famille est établie en Allemagne depuis cent trente ans, et par les frères Weishaupt, qui s'occupent particulièrement de bijouterie. A Berlin, MM. Vollgold, Ehrenberg, Mosgau, Peters, fabriquent pour l'exportation; les deux premiers surtout dirigent leurs produits d'orfévrerie, bijouterie et joaillerie sur Leipsick, d'où ils se répandent dans toute l'Allemagne et jusqu'en Amérique. Cette fabrication à bon marché est mise en œuvre à Heilbronn par M. Peter Bruckman et par différents orfèvres de Vienne et de Nuremberg, qui tous se livrent en même temps à l'industrie lucrative de la bijouterie à bas titre : l'ensemble de leur exportation monte de 2 à 3 millions de francs.

Cependant, si la mode s'attache encore en Allemagne à ce que l'on y appelle le *genre baroque anglais*, quelques orfèvres se distinguent par leur talent personnel et la qualité de leurs œuvres : ce sont MM. Hossaüer, Humbert et Wagner, de Berlin; Mayerhofer, à Vienne. L'influence du célèbre architecte M. Schinkel a fait pénétrer un goût plus épuré dans l'orfévrerie allemande et combat le goût du style anglais, maintenant ébranlé malgré les exigences de la mode, qui se sont imposées à MM. Hossaüer et Mayerhofer dans la fabrication de riches services et décorations de table pour le duc de Nassau, le duc de Meiningen, le prince de Prusse, la reine de Bavière et la cour d'Autriche.

M. Hossaüer, revenu de Paris à Berlin en 1820, y donna une grande impulsion à l'industrie des métaux précieux, qui depuis cette époque a pris un développement considérable et s'est beaucoup perfectionnée; cependant, à partir de 1848, elle est restée stationnaire. M. Hossaüer a exécuté en or fondu et ciselé le bouclier offert par la ville de Berlin au roi de Prusse; il a concouru pour sa part industrielle au bouclier d'argent donné par le roi de Prusse à son filleul le prince de Galles. Ce morceau capital, auquel fut décernée la grande médaille du Conseil des présidents à l'exposition universelle, avait été dessiné par Cornélius, d'après les idées du roi. Le modèle, exécuté par le professeur Fischer et fondu en argent, fut ciselé par M. Mertens; les pierres ont été gravées par M. Calandrelli. Au centre du bouclier est la tête de Jésus-Christ, de haut relief, en or, dans un médaillon rond et concave, bordé d'une couronne d'acanthe se détachant sur un cercle intérieur d'émail bleu à étoiles d'or, le tout sur une large croix grecque, couverte des bas-reliefs dorés suivants : la Justice; au-dessous, saint Marc, dans un médaillon rond entouré de quatre chrysoprases : la Prière; au-dessous, saint Matthieu: la Religion; au-dessous, saint Luc: la Charité; au-dessous, saint Jean. Dans les intervalles des bras, quatre bas-reliefs : Moïse frappant le rocher, la cène, la manne, le baptême de Jésus-Christ. Autour de cette croix est une frise en émail bleu orné de vignes, avec des paons et des rinceaux à palmettes; entre ces émaux, des camées sur agate-onyx allemande, représentant les douze apôtres; le cercle suivant est formé d'oves d'émail blanc séparés par des quinte-feuilles vertes, avec perles d'or, dont la monture est à feuillage d'or sur fond d'émail blanc, avec petites feuilles vertes, et autour une torsade. Le grand bas-relief du tour représente l'entrée de Jésus-Christ à Jérusalem; Judas vendant Jésus-Christ aux Pharisiens; la sépulture de Jésus-Christ, sa résurrection; la descente du Saint-Esprit sur les apôtres; la naissance du prince de Galles. Sur le bas-relief suivant, le roi de Prusse arrive en Angleterre; sa galère est gouvernée par des anges et mue par la vapeur personnifiée; il est reçu par saint Georges et par la Tamise, par le duc de Wellington et le prince Albert. Le bord extérieur est orné d'entrelacs en émail blanc et vert avec boutons de verre fleuri; enfin, le limbe concave est niellé d'une guirlande de fruits, raisins et épis.

M. Humbert a produit un vase imité de l'antique, appelé *vase Lanti;* feu Jean Wagner était l'auteur d'une copie du vase de Warwick; ces deux morceaux sont la propriété du roi de Prusse : et dans les dix dernières années, l'orfévrerie, continuant à s'améliorer à Berlin, les premiers travaux d'art remarquables ont été : un beau cadre d'argent repoussé, appartenant au roi, et une tasse d'argent à M. de Olfers. Ces deux pièces ont été exécutées par M. Nello. M. Haussmann se distingue surtout pour les objets repoussés dans le style du moyen âge; M. Mertens, comme ciseleur dans le style antique, sur argent fondu. M. Schneider recherche un fini extraordinaire dans ses productions; il a exposé à Londres une écritoire d'argent doré avec des parties en or pur.

MM. Brahmfeld et Gutrüf, de Hambourg, ont exposé à Londres un encrier d'argent en forme de chêne au pied duquel sont un cerf et une biche; près de ces animaux sont deux troncs d'arbres coupés horizontalement et servant d'encrier et de poudrier, les sections des troncs d'arbres forment les couvercles; les branches du chêne peuvent remplir l'office de porte-plumes. Ce morceau, fondu et bien ciselé, est élégant et naturel; il a obtenu la seconde médaille.

M. Strube et fils, de Leipsick, ont envoyé à l'exposition universelle un vase d'argent bruni, entouré d'émaux et contenant un bouquet de quinze fleurs d'argent imitées avec tant de légèreté, qu'elles rivaliseraient avec les plus belles fleurs artificielles et sembleraient exécutées par des procédés aussi délicats. La seconde médaille a été accordée par le jury à cet ouvrage remarquable.

La même récompense a été décernée par le jury de Londres à un beau miroir de toilette exécuté par M. Ratzerdorfer, de Vienne (Autriche). Le cadre est tout en argent massif richement décoré d'ornements variés de nombreux groupes et de figures détachées rappelant le style du XVIIe siècle: une patine grise uniforme rehausse, par son contraste avec l'éclat de la glace, le mérite de ce cadre d'un travail recherché et d'une bonne composition.

Le morceau d'orfévrerie le plus éminent envoyé à l'exposition de Londres par l'Allemagne est, sans contredit, l'ouvrage de M. Émile-Auguste-Albert Wagner. Cet habile artiste, fils d'un orfévre distingué et neveu de Charles Wagner dont nous avons parlé, a profité des savantes traditions de sa famille; il a montré ce que pouvaient produire, par leur action sur l'orfévrerie, les écoles sérieuses et élevées de dessin et de sculpture dont s'honore son pays. Le jury de la XXIIIe section a demandé et obtenu la grande médaille, décernée par le Conseil des présidents à M. Wagner pour sa pièce principale de surtout de table. Ce bel ouvrage est à trois étages superposés: celui du bas se compose d'une plinthe appuyée sur des lions; sur la plinthe figurent les hommes primitifs, assis et groupés au pied d'un chêne et accompagnés des animaux et des instruments qui caractérisent la chasse, la vie pastorale et la pêche; au-dessus, trois figures de femmes adossées au balustre, représentant la culture des champs, des jardins et de la vigne : elles supportent une coupe dont le bord repoussé est orné de nombreuses figures d'enfants ou petits génies de l'industrie, des sciences et des arts, groupés avec grâce et formant des scènes très-animées; du centre de cette coupe s'élève un palmier surmonté du génie ailé de la civilisation, vainqueur du mal, caractérisé par une hydre expirante. Toute cette pièce, excepté le bas-relief de la coupe, est fondue et ciselée; la composition est entièrement de M. Wagner; le professeur Fischer a modelé la figure du génie et les trois figures de femmes adossées au balustre. M. Wagner a repoussé lui-même le bas-relief de la coupe, qui n'est pas entièrement achevé.

ITALIE.

En Italie, l'orfévrerie, déjà très-avancée au moyen âge, perfectionnée par l'ancienne école florentine, fut portée au rang de l'art le plus admirable par Benvenuto Cellini et ses élèves. Toujours dominée par la sculpture, elle produisit encore des œuvres d'une grande magnificence sous l'inspiration hardie et capricieuse de Bernin; mais à la fin du dernier siècle elle était presque anéantie. Une certaine vie lui fut rendue par Burroni, Valadier, Giuseppe Spagna, Ossanni et Belli. Les travaux de cette école étaient consacrés presque exclusivement à l'argenterie d'église en métal fondu ou repoussé. Sous le rapport de l'art, le mérite de ces œuvres est médiocre; leur exécution matérielle était adroite. Une seconde génération d'orfèvres s'est produite : les principaux d'entre eux sont Sartori, Garroni, Arcieri et Castellani. Établi en 1815, ce dernier, à la fois orfèvre, bijoutier et joaillier, est le seul dont les ouvrages soient exportés par les étrangers: ils consistent principalement en copies d'après les bijoux antiques et d'après les modèles du moyen âge. Néanmoins M. Castellani, artiste distingué, d'un goût épuré et habile à composer, ne reproduit pas servilement ses modèles; il les combine dans des œuvres nouvelles et de sa création, empreintes d'un grand caractère antique et cependant appropriées aux usages modernes.

Parmi les objets les plus notables d'orfèvrerie d'art produits récemment en Italie, on remarque en première ligne les vases d'argent modelés par Galli et exécutés par Brugo pour le prince Torlonia : ce sont des jattes, au nombre de six, ornées de riches compositions de figures. Sur la même ligne vient le crucifix d'argent exécuté en 1822 par Vincenzo Belli, d'après le modèle de Tenerani, pour l'église de Saint-Étienne de' Cavalieri à Pise, et le riche paliotto d'argent (devant d'autel), couvert d'arabesques et de bas-reliefs, sorti du même atelier pour décorer la chapelle de Sant-Omobono à Saint-Paul de Valetta, à Malte.

On regarde également comme un des beaux produits de l'orfèvrerie moderne à Rome les quatre évangélistes fondus en argent pour l'église de Saint-Philippe, à Malte; les dessins sont d'Overbeck, les modèles de Galli.

Le commerce d'ouvrages en or et en argent des États pontificaux se renferme presque entièrement dans les limites de leur territoire. Les droits d'importation des ouvrages étrangers en matières précieuses s'élevaient, avant 1848, à 3,000 scudi ou 16,155 francs; ils sont maintenant réduits au tiers par suite des événements politiques.

L'orfévrerie napolitaine se distingue d'une manière spéciale par sa production non interrompue depuis le moyen âge jusqu'à nos jours. Malgré les vicissitudes auxquelles les Deux-Siciles ont été soumises, la piété du peuple et des grands a toujours orné les églises de riches consécrations, et les spoliations successives des conquérants n'ont pas épuisé tous les trésors accumulés par la ferveur des fidèles. Dès le XIIIe siècle, Charles d'Anjou fit renfermer le crâne de saint Janvier dans un buste d'argent richement décoré de pierres précieuses, et qui existe encore à Naples aujourd'hui. L'une des églises de Scala, près d'Amalfi, possède encore une mitre magnifique offerte par le même roi. Le trésor de la cathédrale d'Amalfi contient un très-beau calice du XVe siècle, orné de boutons carrés avec des émaux et le sujet de la passion, dont les figures en relief sont posées sur un fond en émail orné de perles, appliqué sur le pied évasé et polygonal, rehaussé d'améthystes. Dans le même trésor, on voit un très-beau devant d'autel d'une exécution savante et d'une belle composition : il est l'œuvre d'un artiste du XVIIe siècle, plus pur dans ses conceptions et moins téméraire que Vinaccia, l'auteur du célèbre devant d'autel de Saint-Janvier, à Naples. Ce morceau immense, qui représente le cardinal Oliviero Caraffa transportant à Naples les reliques de saint Janvier, est couvert de figures repoussées ou fondues en partie, quelques-unes presque de ronde-bosse et à plusieurs plans. C'est un chef-d'œuvre d'adresse et de facilité. Vinaccia l'exécuta en 1695, d'après le modèle en cire de Domenico Marinelli. Il a coûté 8,200 ducats (36,080 francs). La garniture de l'autel, composée de vases, de bouquets et de candélabres en argent; les figures en pied et de grandeur naturelle de la Sainte Vierge et des archanges saint Michel et saint Raphael, le tout exécuté en repoussé avec un remarquable talent, sont également attribuées à Vinaccia. Quarante-cinq bustes de saints, de proportion supérieure à celle de la nature, tous variés et richement ornés, exécutés en argent en partie repoussé et en partie fondu, depuis deux siècles jusqu'à nos jours, se joignent à ces richesses, et un tabernacle pour l'exposition du saint sacrement, donné en 1837 par le roi Ferdinand II, complète, sous le rapport de l'orfévrerie, cet ensemble si digne d'être observé. Aujourd'hui l'orfévrerie est encore florissante à Naples. Sa fabrication est facile et importante par l'abondance de ses produits, mais faible sous le rapport du goût et laissant à désirer en ce qui concerne l'ajustement des pièces et leur montage. Les procédés de l'antiquité pour le repoussé, la fonte en cire perdue et la ciselure sont restés presque sans perfectionnements. Les sculpteurs qui font les modèles et les ciseleurs qui les achèvent ne cherchent ni à exercer leur imagination, ni à connaître les œuvres des autres artistes, ni à faire mieux que leurs prédécesseurs; il est vrai qu'aucun artiste ou fabricant du reste de l'Europe ne consentirait ou ne réussirait à travailler avec des moyens aussi imparfaits que ceux dont les orfévres napolitains savent se contenter. Accoutumés, comme nous le sommes, aux installations complètes, aux auxiliaires mécaniques et aux moyens de précision, nous serions découragés par des difficultés que les ouvriers napolitains surmontent presque sans y songer et pour un faible salaire.

La journée d'un très-bon ouvrier orfévre à Naples est de 7 carlins (3 francs), celle des meilleurs ciseleurs de 4 ducats (17 fr. 60 cent.).

Les machines à vapeur, le tour, les cylindres, les moyens mécaniques en général sont inconnus dans ce pays, en ce qui touche l'orfévrerie; on y fait seulement un peu d'estampage.

Les meilleurs orfévres pour l'argenterie sont Gabrielo Sisino, D. Giuseppe de' Mauri, D. Francesco Mianeso, D. Gennaro Accarino et Carmino Murolo, qui ont exécuté des travaux importants pour la cour.

Le meilleur modeleur se nomme Crescenzo Murolo, et les principaux ciseleurs et graveurs sont Crescenzo, Luigi Porta et Matteo Condusso, qui a ciselé le devant d'autel dans le casino de la reine mère à Capo di Monte.

L'absence d'ouvrages d'orfévrerie italienne à l'exposition de Londres a rappelé péniblement l'atténuation de la fortune publique et la langueur des nobles industries dans le pays qui fut leur berceau.

ANGLETERRE.

La fabrication de l'orfévrerie en Angleterre n'a pas été interrompue depuis l'époque de Henri VIII. Sous le règne d'Élisabeth furent exécutées plusieurs pièces d'orfévrerie très-remarquables, particulièrement la belle coupe en forme de calice donnée par cette reine à la corporation des orfévres de Londres. La révolution de 1649 n'arrêta pas sensiblement cette industrie, et depuis ce temps-là le pouvoir de l'Angleterre ayant toujours tendu à s'accroître en augmentant les richesses nationales, l'orfévrerie en suivit la progression et devint prodigieuse auprès de celle du continent. Lorsque l'on admirait le luxe de leurs ouvrages en 1851, les orfévres anglais s'attristaient de ne pouvoir exposer que si peu de chose: le beau temps de leur art et de leur commerce était passé, disaient-ils. Cependant il n'existe pas au monde un pays où l'orfévrerie fabrique plus qu'en Angleterre, et non-seulement ses produits sont nombreux, mais encore le goût des Anglais pour la valeur intrinsèque s'attache, en général, à leur donner le plus de poids possible. Il serait superflu de dire que, pour la fabrication courante, tous les procédés mécaniques dont on peut faire usage sont employés et ont été inventés ou adoptés par les Anglais. Sous ce rapport comme pour la qualité de la fonte, de la monture et de l'ajustage, l'exposition de Londres aurait démontré aux plus prévenus que les Anglais ne sont surpassés par personne. En ce qui concerne le goût qui leur est propre dans leurs ouvrages d'orfévrerie, ils ont été censurés avec une extrême sévérité. Sans doute, le penchant des Anglais ne semble pas les conduire ordinairement à ce que les arts et l'orfévrerie peuvent créer de plus louable : ils aiment l'ornementation massive et inintelligible; dans leurs pièces d'art, les figures et les accessoires, arbres, végétaux, animaux, sont distribués sans pondération, sans beauté dans leur symétrie, sans grâce dans leur irrégularité, et paraissent être plutôt des jouets d'enfants que des objets de sculpture. Mais il faut reconnaître aussi que l'Angleterre compte quelques artistes de mérite et des amateurs très-versés dans l'étude et l'appréciation des belles œuvres d'art et qui ont parcouru l'Europe pour les mieux connaître; leur influence, leur expérience personnelle, ont déjà produit de notables modifications dans le goût des fabricants, et les Français ont été surpris de se trouver presque égalés dans certaines productions où ils se croyaient les premiers. Sous la même inspiration d'amélioration et de réforme, les orfévres anglais n'ont pas hésité à faire venir du continent et à rétribuer largement les artistes qui pouvaient, par de bons travaux, redresser la tendance du public et lui inspirer plus de discernement. Le genre dit *anglais* n'est pas blâmable en toutes choses. Si son ornementation est mal conçue, confuse et peu raisonnée, la forme de la vaisselle de table, commode pour l'usage, est bien appropriée aux différents besoins du service. En France, où le genre anglais dans l'orfévrerie a prévalu si longtemps, on en a plus volontiers accepté les ridicules que les avantages. Si les Anglais inventent peu ou sont obligés de recourir à des Allemands, des Français ou des Italiens pour leur fournir des modèles, rappelons-nous que nous-mêmes avons reçu des Italiens, sous François Ier et même sous Louis XIV, l'impulsion dans les arts et la direction du goût public. Nous avons trop aveuglément et trop souvent accepté la mode anglaise, sous ses formes diverses, pour avoir le droit de blâmer les Anglais quand ils l'inventent, ou de les taxer d'impuissance quand ils la corrigent en appelant notre concours. Il serait à souhaiter que, justes appréciateurs du mérite d'autrui, les deux peuples, sans se dissimuler leurs qualités ni leurs défauts, s'efforçassent de toujours faire mieux et de ne point se laisser dépasser. A l'exposition de Londres, il était facile de reconnaître les emprunts avoués ou dissimulés faits par l'orfévrerie anglaise aux artistes français; mais les critiques des Anglais sur la légèreté excessive de nos pièces, sur leur fabrication négligée et leurs mauvaises montures, sur leur oxydation d'un aspect désagréable et déguisant quelquefois des défauts, toutes ces observations étaient fondées, et ceux qui les ont écoutées pour en profiter ont fait preuve de sagesse et d'intelligence.

Le plus célèbre orfévre de Londres, depuis le commencement du siècle, est M. Mortimer, qui a fabriqué et livré, soit au commerce, soit sur commande, des quantités énormes d'orfévrerie. Sans se contenter de ce qui pouvait convenir spécialement à la mode anglaise, M. Mortimer a voulu introduire dans sa fabrication les éléments d'un art étranger : il a appelé et retenu près de lui M. Vechte, dont les crises politiques de la France menaçaient de rendre le talent improductif. Les successeurs de M. Mortimer, MM. Hunt et Roskell, soutiennent dignement la réputation de leur maison : leur exposition, en 1851, était une réunion d'objets d'une rare magnificence. C'est là qu'ont paru le vase des géants de M. Vechte et le bouclier du même artiste; pour ne parler ici que des œuvres d'orfévrerie de MM. Hunt et Roskell, nous citerons les objets commémoratifs suivants, appelés *testimonials :*

A sir Moses Montefiore, une composition en ronde-bosse et en argent fondu : Moïse tenant les tables de la loi, Esdras lisant sur un rouleau un passage tiré de son livre, un Juif de Damas chargé de chaînes; ces figures sont ombragées par une vigne et un figuier. Le groupe au sommet représente David arrachant un agneau de la gueule d'un lion. Des bas-reliefs figurent des sujets de l'Ancien Testament et les négociations de sir Moses Montefiore en faveur des Juifs persécutés de Damas. Ce singulier monument atteste un travail considérable ; sous le rapport de l'art et du goût, il n'atteint pas la perfection désirable.

Une coupe d'argent offerte à Charles Kemble, lorsqu'il quitta la scène tragique. La figure au sommet représente cet acteur célèbre dans le rôle d'Hamlet. Ce fut le dernier travail dirigé par le sculpteur Francis Chantry, qui avait fait le modèle de la figure principale. Les autres figures sont les sept âges de l'homme. La forme générale du vase est bonne ; la sculpture est ordinaire dans les figures accessoires, bonne dans celle d'Hamlet.

Vient ensuite un testimonial offert au marquis de Tweeddale. Le groupe représente le laboureur Hay accompagné de ses fils ; il est armé du joug de ses bœufs et défend contre les Danois le passage de Luncarty. Ces figures se composent avec un candélabre orné de vignes. Des bas-reliefs relatifs au même trait historique ornent la base. C'est une bonne pièce d'orfévrerie d'art, dont le modèle est dû à M. Brown ; les figures d'animaux placées aux angles sont très-inférieures au reste.

Nous mentionnons encore un groupe d'argent appartenant au duc de Norfolk et représentant l'entrevue de François Ier et de Henri VIII au camp du Drap d'or. On y remarque une composition élégante, un peu trop empruntée au théâtre.

Un testimonial offert à M. Lumley et composé par M. Brown est formé d'une colonne surmontée de la statuette d'Euterpe; autour de la base sont les figures de Melpomène, Thalie et Terpsichore. Le prix des courses de Goodwood pour 1833 est un bouclier d'argent dont le bas-relief a pour sujet le combat de l'étendard, d'après Léonard de Vinci. Le modèle de l'ensemble est dû à M. Bailey. Cet ouvrage n'est pas sans mérite. M. Brown a composé le bouclier donné en prix aux courses d'Arscott, en 1848, par l'empereur de Russie : les bas-reliefs représentent Pierre le Grand triomphant de l'Ignorance, du Vice et de l'Envie; six compartiments séparés par des Victoires sont relatifs à l'histoire de Pierre le Grand. Une bonne composition, un ensemble heureux, une distribution bien combinée, sont les principaux mérites de cet ouvrage, qui a été payé 500 livres sterling, sans indemniser l'orfévre de ses dépenses.

MM. Hunt et Roskell avaient encore exposé au palais de cristal des ornements de table et des portions d'un service d'argenterie offert au comte d'Ellenborough par ses amis dans l'Inde. Le prix de cette immense argenterie s'élève à 6,000 livres sterling (150,000 francs). Les candélabres, la pièce du milieu, celles des deux bouts de table, sont accompagnés de figures militaires, d'animaux, de plantes, de figures de faquirs, de femmes, de fumeurs, de porteurs d'eau, et d'architecture indienne supportée par des éléphants. Cette collection de zoologie, de botanique, de types militaires et civils, est sans doute une curiosité que la richesse anglaise pouvait seule demander et réaliser; mais rien n'est plus loin des bonnes traditions, rien ne prête davantage aux justes critiques des artistes et des orfévres étrangers. Le public anglais lui-même n'a pas paru reconnaître à ce service d'autre mérite que sa valeur métallique. MM. Hunt et Roskell en avaient probablement la même opinion, puisqu'avant la fin de l'exposition ils ont achevé à la hâte et exposé séparément une pièce de centre qui réunit de véritables qualités à son prix intrinsèque. Ce riche candélabre, somptueusement composé, était accompagné de figures mythologiques d'une bonne exécution, d'un mouvement trop agité, mais bien modelées et ciselées avec soin. On y voyait des groupes heureusement combinés représentant les quatre parties du monde, les saisons, les vents, le jour et la nuit. Apporté trop tard à l'exposition, le candélabre dont nous parlons ne put être admis au concours; il y aurait tenu une place importante, et le défaut de calme, de symétrie, l'insuffisance de solidité architecturale dans les ornements, n'auraient pas empêché d'y reconnaître le mérite très-réel des figures et de l'ensemble.

Sans avoir énuméré toutes les pièces importantes qu'ils ont exposées, nous en avons dit assez sur la vaste exhibition des successeurs de Mortimer pour donner une idée de leur production en orfévrerie. Cette maison, qui emploie de 3 à 400 ouvriers pour l'argenterie et le plaqué, et de 6 à 700 pour la bijouterie, paye à ses meilleurs ouvriers 3 ou 4 livres par semaine; quelques artistes reçoivent plus de 12 livres, les orfévres d'argent de 2 à 3, les ciseleurs de 2 à 6. Avec un établissement pareil, MM. Hunt et Roskell, en relation avec toute l'Europe, n'ont rien négligé pour conserver et grandir leur réputation; leurs efforts pour sortir d'une mauvaise direction se reconnaissent dans la disparité de leurs œuvres, dont l'origine est très-diverse, et surtout dans leur joaillerie, dont de nombreux produits méritent une approbation presque absolue. Si l'importance de leurs affaires et la faveur du public leur permettent de continuer leurs progrès, il est possible que par ses produits leur maison devienne la première de l'Europe, comme elle l'est pour la valeur immense de métaux et de pierreries qu'elle peut livrer au commerce.

Ce que nous avons dit de MM. Hunt et Roskell s'applique également à MM. R. et S. Garrard. On remarquait dans leur exposition les mêmes efforts pour bien faire, la même tendance à l'amélioration et à l'épuration du style. Tout en se courbant encore devant le préjugé invétéré d'un goût très-équivoque, MM. Garrard montrent aussi, mais particulièrement dans leur joaillerie, la tendance vers une régénération heureuse et peut-être assez prochaine. On peut remarquer, dans tous les pays et dans tous les temps, que l'orfévrerie et la fabrication des vases en terre cuite ou en porcelaine suivent une marche à peu près identique et adoptent les mêmes formes avec des décorations du même genre. Les beaux produits de céramique du Staffordshire, notamment ceux de M. Minton, sont d'un heureux présage pour l'industrie anglaise. Bientôt on peut s'attendre à voir l'orfévrerie suivre une route nouvelle si habilement tracée. Parmi les ouvrages exposés par MM. Garrard, le jury international a remarqué : un service à thé complet, composé de sept pièces, y compris le plateau, de style persan et d'une très-bonne fabrication en argent repoussé, excepté les figurines sur les couvercles; un flambeau de table à trois branches dans le style de la reine Anne, bien conçu et bien fabriqué; un autre sans branches, de forme hexagone, très-bien exécuté et repoussé; un candélabre à rinceau et ornements de fruits, à six branches de feuillage, ouvrage élégant; un service à thé ou café en repoussé, avec les poignées fondues, d'un style un peu incertain, mais d'un travail bien approprié à l'usage; plusieurs autres plateaux et services à thé bien travaillés et durables; une haute aiguière pour prix de courses, représentant Hercule combattant les chevaux de Diomède et entourée d'ornements et d'attributs relatifs aux travaux d'Hercule : l'anse est formée par l'hydre de Lerne. Cette pièce, entièrement fondue, est d'un grand effet, et son ensemble lui donne une véritable importance; le sujet est bien choisi, la composition originale. Plusieurs plats couverts, l'un hexagone, les autres du modèle appelé *bead and scroll pattern*, *bead and shell pattern*, montrent le soin et la solidité avec lesquels on exécute en Angleterre l'orfévrerie de table.

M. Hancock est, parmi les orfévres anglais, celui qui, par ses travaux variés et la recherche assidue des perfectionnements de son industrie, promet de rendre le plus de services, en modifiant d'une manière heureuse les idées et le penchant du public. Les objets qu'il a exposés méritent d'être remarqués: les principaux sont : une table ronde, en ébène, incrustée d'argent et portant un vase d'argent en forme d'hydrie antique, à trois anses, couverte de palmettes et de rinceaux brunis sur un fond pointillé. Tous les ornements sont faits à part et soudés sur le vase, qui est rtereint d'une seule pièce. La table est incrustée avec beaucoup de goût et de soin; les pieds sont en *german silver* argentés par la pile. Deux groupes pour prix de courses : la reine Élisabeth à cheval, accompagnée d'un page et d'un gentilhomme, avec deux lévriers courant auprès, exécuté d'après le modèle de M. Marochetti, les chiens d'après les modèles de M. Maccarthy; Robin Hood disputant le prix de l'arc en présence du shériff de Nottingham, d'après un dessin de M. Eugène Lamy.

Ces deux groupes sont de bon goût et exécutés avec soin. Un coffre d'ébène monté en argent, d'après les dessins de M. Eugène Lamy, est remarquable par son bel ensemble et par sa garniture d'argent en bonne sculpture d'un grand effet, dans le style Louis XV; le couvercle porte en dessus une grande aquarelle où des génies soutiennent les armes du 79e Cameron highlanders, auquel le coffre est offert par M. Demidoff; à l'intérieur du couvercle est une autre aquarelle représentant le rocher de Gibraltar. Un groupe en argent d'un chevalier combattant un dragon et un lion, d'après le modèle de M. Maccarthy; une assiette de dessert, avec couteau, cuiller et fourchette, le tout orné de vigne et travaillé en argent avec beaucoup de soin et de grâce; un bon candélabre en argent de forme dite Louis XIV, à rinceau et avec cinq branches en feuilles d'acanthe; et plusieurs autres objets appartenant au service de table, dans le style orné : tout cet ensemble de l'exposition de M. Hancock atteste une véritable intelligence de l'orfévrerie et des ressources que l'art peut apporter à cette industrie, quand il y est bien approprié.

Les autres orfévres anglais qui ont obtenu l'approbation du jury international sont ceux qui suivent : le jury leur a décerné la seconde médaille.

MM. Lambert et Rawlings. — Pour leur orfévrerie d'argent soignée, élégante et nouvelle; particulièrement : pour un vase rond et déprimé avec un long goulot et un couvercle dans le style oriental; le corps et le cou sont ornés de feuillages à nervures dorées, avec grappes de raisin dorées et brunies. Pour un vase de milieu, en forme de melon déprimé, avec un long goulot, les intervalles des côtes et le cou garnis de chardons en bas-reliefs; l'argent est d'un beau mat lustré qui doit être très-durable.

MM. John Hardman et Cie. — Pour une riche collection d'objets en argent, argent doré et émaillé, destinés au service divin. Le style qu'ils ont adopté est celui du moyen âge. Le travail de leurs produits est bon, sévère et d'un caractère bien observé.

Deux grandes armoires contenaient les calices, crosses, ostensoirs, ciboires et crucifix exposés par MM. Hardman et Cie.

M. Angell. — Pour ses produits émaillés et spécialement : un vase aiguière à fond d'argent pointillé avec bossages brunis, orné d'émaux bleu turquoise; un autre vase d'argent doré avec anse à vigne, médaillons brunis et gravés, à fond d'émail vert bleu turquoise et bleu de cobalt.

M. Keith. — Pour cinq calices en argent doré dans le style du moyen âge, bien gravés et émaillés.

Nous ne devons pas omettre un très-beau groupe fondu en argent et exposé par M. Elkington : il représente la reine Elisabeth à cheval, accompagnée d'un seigneur aussi à cheval et d'un page à pied. Cette sculpture a été composée et modelée par M. Jeannest, artiste français.

La valeur de l'argent fin pour les orfévres anglais est de 5 shillings 7 pence (6 fr. 50292) l'once de 31 gram. 19, qui payent un droit de contrôle de 1 shilling 6 pence, restitué à l'exportation.

L'argenterie la plus simple se vend 12 shillings l'once, droit compris, ou 13 fr. 98 cent.; les beaux services, avec les couverts compris, reviennent à environ 20 shillings (23 fr. 80 c.) l'once.

Les beaux objets d'argent bien travaillés, avec beaucoup de sculpture, s'élèvent de 20 à 25 shillings l'once. La grande pièce d'exposition, les quatre parties du monde, de MM. Hunt et Roskell, monterait à plus de 29 shillings (36 fr. 785) l'once.

Les orfévres anglais font à l'acheteur une remise de 7 1/2 p. 0/0, excepté sur les couverts. Ainsi, quatre plats ronds de onze pouces anglais avec leurs cloches, pesant 217 onces, et d'une valeur de 168 livres sterling, reviendraient pour exporter à 140 livres sterling, en comptant à la fois la remise de l'orfévre et celle du droit de contrôle.

La différence de prix de façon en Angleterre, relativement à Paris, repose sur les bases suivantes :

Neuf heures de travail au lieu de onze:

16 shillings (18 fr. 64 cent.) au lieu de 8.

En résultat général, le prix minimum de l'argent ouvré en Angleterre est de 10 shillings, droit compris, et le prix maximum de 30 shillings par once.

RUSSIE.

L'orfévrerie et l'industrie des tissus d'or existent depuis longtemps en Russie: elles y furent introduites par les Byzantins en même temps que le christianisme; mais l'orfévrerie russe proprement dite est restée pendant des siècles dans la voie tracée par les artistes du moyen âge. Elle consistait presque exclusivement en ouvrages d'argent repoussés, dorés et niellés : leur caractère est original, barbare, et conserve les marques de son origine. Cette orfévrerie ancienne, dont la commission d'Odessa et M. Koschkoff, orfévre, avaient envoyé des échantillons assez nombreux à l'exposition de Londres, a divers mérites qui ne consistent pas uniquement dans ce qu'elle a d'étranger à nos habitudes. Les vases destinés à servir de coupes, de pots à bière, de vidercome, plats à aumônes, ou sortes de calices à couvercles, sont remarquables par leur forme bien appropriée à leur usage, leur légèreté et la précision des moulures et des ajustements. Les ornements qui les accompagnent rentrent dans le goût asiatique, et pourraient être utilement employés par nos orfévres pour diversifier leur système décoratif: ce sont des plantes en relief ou gravées, dorées par parties alternées avec l'argent, ou des arabesques aplaties et découpées en saillie, dans le style de l'architecture moscovite. Plusieurs de ces vases sont niellés : ceux qui ont un pied élevé sont ordinairement à pans ou à côtes; d'autres sont cylindriques avec une grande anse et un couvercle monté à charnière, et ornés de têtes d'animaux sur des lambrequins à la partie supérieure, comme ceux envoyés par M. Sazikoff à l'exposition universelle. La plupart des églises et des couvents de Russie sont très-riches en orfévrerie, exécutée le plus souvent par des artistes étrangers : on cite spécialement, comme un objet de grande valeur, le tombeau de saint Alexandre

Newski, dans le monastère sous son invocation, construit par Pierre le Grand; ce monument d'orfévrerie est en argent massif et pèse 90 pouds ou 1,474 kilogrammes.

Après avoir longtemps reçu d'Allemagne, de France et d'Angleterre son orfévrerie de luxe, la Russie a voulu se créer une industrie nationale des métaux précieux. Elle a d'abord emprunté des ouvriers et des artistes à l'Europe plus civilisée; maintenant, concurremment avec les orfévres et artistes étrangers, il existe à Saint-Pétersbourg et à Moscou trois fabriques d'orfévrerie, où sont employés plus de 300 ouvriers; ceux-ci, leurs chefs d'ateliers et leurs dessinateurs sont tous Russes. Une école est annexée à chacune des fabriques, où les enfants des ouvriers reçoivent des leçons de dessin et de sculpture. Tous les ouvrages sont faits sous la direction de M. Sazikoff, qui lui-même est élève de l'Académie des beaux-arts à Saint-Pétersbourg et a déjà reçu plusieurs médailles et décorations aux expositions instituées depuis quelques années en Russie. M. Sazikoff a exposé à Londres une coupe dans le style byzantin; une autre en forme d'ananas; un gobelet dans le style slavon; deux coupes dans les formes nommées Bratina et Endova; une autre coupe et un gobelet dans le goût russe; un vase en forme de cornet avec des têtes de loup, le même dont nous avons parlé plus haut; une sonnette de table, réduction de la grande cloche de Moscou; et, d'après ses propres conceptions, d'élégantes figurines d'argent fondu combinées avec les vases, telles que : une femme assise au bord d'un puits et se mirant dans l'eau; le cylindre du puits est doré à l'intérieur et, en le retournant, forme un vase à boire; un autre groupe représente une femme appuyée contre un tonneau et versant de la bière; un chat grimpe au tonneau derrière elle : cette pièce est une théière; le tonneau sert à contenir le liquide, l'anse est formée par l'animal et le bec par le vase entre les mains de la femme. Ces deux compositions sont d'une parfaite originalité et d'un travail aussi gracieux que correct; mais le talent de M. Sazikoff s'est manifesté avec éclat dans la magnifique pièce de milieu représentant le grand-duc de Moscou, Dmitri Donskoï grièvement blessé à la bataille de Koulikoff, où sa valeur affranchit la Russie du joug des Tartares : le héros est assis presque mourant au pied d'un grand sapin ; il se soulève et remercie le ciel en apprenant du prince Michel Tverskoï la déroute complète de l'ennemi. La composition de ce groupe est admirablement appropriée à son sujet et à son emploi ; l'exécution en est excellente : les diverses figures, le cheval, les armes, l'arbre qui les ombrage, sont d'un travail large, ample, solide, d'une grande ciselure sans minutieux détails. Tout dans cet ensemble est naturel et original : son caractère et son mérite dépassent de bien loin ce qui a été fait dans le même genre ; et les Anglais, qui aiment cette sorte de sujets pour la décoration des grands services de table, l'auront certainement étudié pour apprendre comment, dans une proportion restreinte, on peut exécuter des figures militaires, des animaux et la végétation, sans tomber dans une sculpture mesquine ou chancelante. La médaille de 1re classe, décernée par le Conseil des présidents, a été la juste récompense du grand talent de M. Sazikoff. Cette pièce de milieu était estimée d'ailleurs 2,850 livres sterling (71,250 fr.), prix inaccessible à de grandes fortunes privées et qui porte à un taux extraordinaire la façon d'un si bel ouvrage, quel que soit d'ailleurs le poids d'argent fondu qu'il contient.

A la même exposition, M. Koschkoff du Gour de Vologda, à Oustug, a envoyé des échantillons du travail de nielle, très-ancien en Russie, d'où il s'est propagé récemment dans le reste de l'Europe, où les œuvres de Finiguerra et de ses contemporains n'étaient plus que des monuments précieux pour l'étude de l'art et de l'histoire. Le spécimen exposé par M. Koschkoff était intéressant par sa conformité absolue avec les anciens modèles russes : il consistait en cuillers, manches de couteaux, tabatières, gobelets, tous niellés, mais sans mériter d'éloge particulier ; les anciennes nielles de la Perse et de l'Inde et les nielles modernes de Wagner sont incomparablement supérieures.

M. Théodore Verkhovzoff, de Saint-Pétersbourg, avait exposé des objets ciselés en argent pour le culte religieux; le style byzantin imposé à ces ouvrages par les prescriptions de l'Église russe ne leur permet pas de s'écarter d'une fabrication particulière où le progrès n'est pas possible.

ESPAGNE.

A la fin du dernier siècle, l'orfèvrerie espagnole était dans une sorte de décadence. Les procédés employés étaient la fonte, la retreinte et la ciselure. Les principaux orfèvres étaient les Garasa, de Madrid, et Pecur, auteur de la chaire et des magnifiques lampes de l'Escurial. On distinguait aussi, pour l'orfèvrerie d'usage domestique, Martinez, fondateur de la fabrique qui porte son nom à Madrid. Maintenant les progrès de l'orfèvrerie en Espagne sont lents, mais cependant sensibles. Les orfèvres espagnols les plus éminents sont MM. Martinez, Pescador et Moratilla.

Parmi les nombreuses pièces d'orfèvrerie faites récemment en Espagne, on cite pour leur mérite particulier : la boîte à cigares faite pour le général Espartero, en 1847, par M. Pescador; l'écritoire pour le général Narvaez, faite à Barcelone; une aiguière de la fabrique de M. Martinez.

L'orfèvrerie espagnole fut représentée à l'exposition de Londres par M. Moratilla, dont l'œuvre unique était un grand ostensoir, digne, sous beaucoup de rapports, de l'attention du public. Ce remarquable ouvrage d'orfèvrerie a plus de deux mètres de hauteur; il est en argent doré et composé dans le style fleuri du XVe siècle. A la base sont quatre bas-reliefs d'argent représentant la cène, Jésus-Christ portant sa croix, le jardin des Olives, l'entrée à Jérusalem; sur la plate-forme sont quatre anges d'argent en prières et tournés vers la base octogonale de l'ostensoir, dont le fût est orné des figures des quatre évangélistes, en ronde-bosse, sous des clochetons gothiques : le soleil rayonne dans une double couronne de pampres, d'épis et de brillants; autour du soleil sont quatorze étoiles ou comètes de brillants, topazes, améthystes et émeraudes; la croix est en brillants et améthystes. L'ensemble de cette grande pièce est d'un bel effet; elle fut remarquée particulièrement pour la régularité de son assemblage, si difficile à bien réaliser dans une pièce allongée comme une flèche gothique et composée dans un style architectural qui faisait de cette régularité même une condition rigoureuse de belle exécution.

HOLLANDE.

M. Van Kempen, orfévre de S. M. le roi des Pays-Bas, a fait exposer à Londres une collection peu nombreuse de modèles dans les différents styles qui ont été le plus accrédités dans l'orfévrerie : celui des Grecs; celui que l'on appelle *gothique;* le style dit de Louis XIV, et le genre du siècle de Louis XV. Ces échantillons variés sont exécutés sans prétention et, il faut le reconnaître, avec un soin insuffisant; toutefois, la brochure de M. Van Kempen, qui les accompagnait, mérite toute l'attention des orfévres et des amateurs par les considérations judicieuses qu'elle renferme. Partant de ce principe que le travail des métaux précieux n'est qu'un métier où tout homme peut faire des progrès, mais que la forme résulte d'un sentiment moral, rare privilége de quelques individus, et qui peut manquer à une nation ou à une époque tout entière, l'auteur apprécie avec beaucoup de justesse les différents styles de l'orfévrerie depuis l'antiquité, regrette la stérilité de notre temps, dont un éclectisme malencontreux est le fâcheux palliatif, et conseille de puiser aux sources encore vives du beau sentiment des anciens inspiré par la nature et la saine appréciation de l'emploi de chaque objet. Si les orfévres hollandais et d'autres pays étaient bien imbus des principes exposés par M. Van Kempen, la fabrication simple ou décorée prendrait une meilleure voie et repousserait le caprice pour revenir au goût véritable et raisonné.

M. Lucardie, autre orfévre hollandais, avait exposé en même temps une grosse bouilloire à thé dans le style du XVIIIe siècle. On y voit en bas-relief des divinités marines; la pièce est supportée par deux tritons élevant deux coquilles sur lesquelles elle bascule. La composition de cet ouvrage est bien inventée, ainsi que son ajustement; le travail n'a rien qui puisse fixer l'attention.

Il en est de même de la coupe en forme de calice, exécutée par M. Grebe. Ce spécimen d'argent repoussé, pris dans une seule feuille de métal, mais non terminé, était d'une conception originale : le vase est formé des rameaux d'une vigne où se jouent des enfants vendangeurs; le cep sert de pied, et on peut pressentir un heureux achèvement de cet ouvrage bien commencé.

SUISSE.

Avant la réforme, il y avait en Suisse beaucoup d'orfévres qui travaillaient presque exclusivement pour les églises et les couvents: on comptait jusqu'à 89 maîtres orfévres ; la réforme les priva de ce travail. La collection d'argenterie d'église réunie par M. Strauss était un exemple curieux de cette orfévrerie abondante, mais généralement médiocre. Aujourd'hui, on fabrique en Suisse de l'orfévrerie dite grosserie sur une très-grande échelle. M. Rohfuss est à Berne chef d'une fabrique importante depuis plus de quarante ans : il en est le créateur et se distingue par son talent; il a été soutenu et encouragé par les bourgeois de Berne, mais il est trop artiste pour faire fortune, malgré le grand nombre de ses ouvriers et le chiffre élevé de ses affaires. Outre cette fabrique, il y a dans chaque ville de la Suisse, et même dans les villages, des ateliers où l'on fait exclusivement de la petite orfévrerie en cuillers et couverts d'argent, dont les prix du tir à la carabine ont donné le goût et répandu l'usage.

CANADA, ÉGYPTE, TURQUIE, TUNIS, CHINE, PERSE ET CEYLAN.

Le Canada n'a envoyé à l'exposition de Londres qu'une théière en argent repoussé et des couverts de table.

L'Égypte n'a fourni que de rares objets d'orfévrerie d'un

mauvais travail; l'élégant style arabe est oublié par les orfèvres de ce pays.

Il en est de même de la Turquie, dont l'exposition contenait à peine quelques pièces médiocres et de peu de valeur: le mauvais goût moderne est ce qui a le plus d'attrait pour les Turcs d'Europe et d'Égypte; il a conduit chez eux l'industrie à un complet anéantissement.

Les objets d'argent repoussé venus de Tunis consistent en bracelets, plaques, étriers, harnachements de chevaux, exécutés par des procédés tout à fait primitifs.

Aucun produit d'orfèvrerie véritablement chinoise ne figurait à l'exposition de Londres, excepté quelques corbeilles et bijoux en filigranes d'un travail élégant et délicat. Néanmoins les collections particulières offrent quelquefois des vases et théières en argent repoussé, ouvrages des anciens orfèvres chinois, remarquables par l'habileté de la fonte et du repoussé et par leur décoration avec des ornements de peu de relief, bien appropriés au service journalier.

Les pièces d'orfèvrerie de la Perse et de Ceylan n'étaient que des échantillons sans mérite et sans intérêt; on sait toutefois quelle place importante conservait la Perse dans la belle industrie qui nous occupe, au temps de Chardin et de Tavernier. On fabriquait alors en Perse des objets d'orfèvrerie dignes d'être étudiés pour la combinaison de la gravure, des nielles, des repercés et du repoussé.

INDE.

Mais rien ne méritait plus l'attention des orfèvres, des bijoutiers et des joailliers intelligents que l'exposition magnifique de la compagnie des Indes orientales. Sans parler de la valeur immense de ces dépouilles de royaumes et de princes entassées par la puissance anglaise dans le trésor d'une compagnie de négociants, sans nous arrêter encore à tout ce que cette exposition de l'Inde contenait de beaux modèles pour les autres industries des métaux précieux, nous dirons seulement que l'orfèvrerie indienne, simple et inhabile dans ses procédés, adroite au suprême degré pour en tirer parti, brille par un goût excellent dans ses formes et surtout dans sa décoration. Des vases d'argent, théières, aspersoirs, flacons à couvercles, tasses à boire, dans les formes les plus simples, couverts de dessins et d'arabesques gravés en creux, et ces creux remplis d'émaux verts et bleus appliqués avec une certaine négligence, mais produisant un effet admirable par leur merveilleuse association de couleur distribuée sur le fond dans une proportion de surface la plus heureusement calculée; un couvre-plat en argent bruni gravé et doré par parties, avec des frises et des médaillons repoussés d'un effet aussi nouveau que pittoresque : telles étaient, en ce qui concerne l'orfèvrerie proprement dite, les productions de l'Inde, appartenant à toutes les époques et qui, sans égaler la beauté de la bijouterie du même pays, ont fixé l'attention des fabricants du continent. De notre temps où les esprits sont avides de nouveauté en toutes choses et où la fécondité d'imagination dans les arts ne répond pas à la mobilité des goûts, les anciennes productions d'un peuple heureusement doué par la nature sont une ressource précieuse pour nos fabricants, et leur talent peut en tirer grand parti; ceux de France sont, nous le croyons, les plus capables de réaliser cet espoir.

ORFÈVRERIE D'IMITATION.

L'orfèvrerie d'imitation est destinée à satisfaire aux exigences de l'usage et à celles des fortunes restreintes. A toutes les époques on a cherché les moyens d'associer au bon marché les avantages que les métaux précieux présentent sous le rapport de la beauté et de la salubrité. Les statues de bronze et les vases et ustensiles de cuivre recouverts d'or et d'argent se rencontrent dès la plus haute antiquité. Cet emploi économique des métaux précieux a été autrefois pratiqué par suite de leur rareté même.

DORURE.

La dorure au mercure est une invention des temps anciens;

seulement elle s'effectuait par un procédé tombé en désuétude. Le mercure ayant la propriété de s'amalgamer avec l'or et avec le cuivre, on décapait l'objet en argent, en bronze ou en cuivre que l'on voulait dorer; on le frottait ensuite de mercure qui adhérait à sa surface, puis on appliquait des feuilles d'or sur toutes les parties que l'on voulait dorer; l'or se fixait sur le mercure, que l'on faisait ensuite évaporer pour achever l'opération [1]. C'était, avec des substances différentes, le même procédé que nos doreurs sur bois emploient encore aujourd'hui : le cuivre est représenté par le bois, le mercure par l'apprêt qui fixe l'or. Depuis, en suivant la route ainsi tracée, on adopta deux systèmes différents : la dorure en feuille sans mercure; elle se faisait par l'application de l'or en feuille, au moyen du brunissoir, sur le métal, ordinairement couvert de petites hachures et chauffé au point de bleuir; l'action était purement mécanique, mais facilitée par la chaleur; elle est encore conservée pour une des branches de l'argenture : on appelait cette dorure or haché ou en feuilles. La seconde méthode est la dorure par l'amalgame : on l'exécute en faisant dissoudre de l'or au feu dans du mercure, exprimant l'amalgame à travers un nouet de peau de chamois pour le rendre consistant et pâteux et appliquant, au moyen d'un gratte-boësse trempé dans le nitrate de mercure, cet amalgame sur l'argent ou le cuivre fortement chauffé. Ce dernier procédé donne de très-beaux résultats, mais le dégagement considérable de mercure en vapeur qu'il occasionne produit chez les ouvriers doreurs des accidents si fâcheux et devient si funeste à leur constitution, que l'on s'est occupé avec zèle d'écarter de semblables dangers. Les recherches assidues de M. Darcet et leur ingénieuse application lui ont valu en 1818 des succès et des témoignages de gratitude publique auxquels l'humanité n'a pu qu'applaudir. Mais les dangers, considérablement diminués par le système des foyers d'appel introduit par M. Darcet, n'étaient pas encore entiè-

[1] Cf. Pline l'ancien, liv. XXXIII, c. VI et VIII.

rement supprimés. En traitant des procédés électro-chimiques nouvellement inventés, nous exposerons comment la dorure au feu paraît, surtout au point de vue hygiénique, devoir céder la place à cette industrie encore récente. Cependant, malgré sa suppression graduelle, la dorure au mercure a été conservée pour le vermeil (argent doré) dans les ouvrages de quelque valeur. Un genre de dorure qui mérite à peine d'être nommé est la dorure au chiffon, qui se fait avec des cendres de chiffons imbibées de chlorure d'or et de cuivre et frottées sur la pièce de bronze ou de laiton que l'on veut dorer: l'action des chlorures, unie à celle de la potasse des cendres, détermine le dépôt d'or sur le métal commun. Cette dorure n'a pas de consistance ni de solidité. Enfin la dorure par immersion dans le chlorure d'or mêlé d'éther sulfurique a été longtemps appliquée en Angleterre au fer et à l'acier poli, particulièrement aux aiguilles. C'est encore une dorure qui n'est ni riche ni durable.

ARGENTURE.

L'argenture au feu, n'employant pas de mercure, n'offre pas les mêmes dangers que la dorure; elle s'opère comme la dorure en feuille. Sur le cuivre ou le fer bien décapé, chauffé à une température assez élevée pour bleuir, on applique des feuilles d'argent; la chaleur les fait souder, et on les appuie fortement avec le brunissoir d'acier. Autrefois on hachait légèrement avec une lame d'acier toutes les surfaces destinées à être argentées. Des pièces unies, coulées en un moule de deux morceaux et que le fondeur vend au poids, telles que des flambeaux simples tournés, blanchis à la gouge et montés avec deux vis, sont argentées très-facilement sur le tour, sauf à poser le nombre de feuilles nécessaires. Mais quand il s'agit de pièces plus compliquées, par exemple des Christs, des croix, des chandeliers d'église, la première condition est de gratter fortement toute la surface, car la feuille ne s'attache bien que sur le cuivre gratté au vif. Cette première opération altère beaucoup la sculpture; la feuille d'argent la dénature à son tour, le brunissage augmente les déformations et, comme le brunissoir ne peut atteindre régulièrement dans les parties creuses ou refouillées, l'argent s'y entasse et empâte les angles rentrants. En dépit de ses défauts et de la concurrence des procédés galvaniques, l'argenture au feu se soutient encore à cause de son bon marché et de sa solidité.

En Allemagne, l'argenture s'effectue d'une manière différente : on emploie le nitrate d'argent cristallisé, mis en pâte avec du borax; la pâte est appliquée sur la pièce que l'on veut argenter. On la soumet à l'action d'un feu couvert de charbon de bois : on chauffe jusqu'à ce que le nitrate d'argent et le borax soient entrés en fusion. L'argenture ainsi obtenue est solide, épaisse et bien incorporée au cuivre. Les lacunes et défauts que le dérochage fait découvrir sont facilement réparés par une nouvelle opération partielle : l'égalité de l'argenture permet de dégager plus aisément les creux et les points refouillés. Elle l'emporterait sur l'argenture en feuille si son prix élevé n'était un obstacle à sa diffusion et à son crédit.

Les échelles graduées qui accompagnent les baromètres ou les thermomètres sont argentées au moyen du chlorure d'argent mêlé de potasse perlasse ou de crème de tartre, et frotté sur le cuivre avec un bouchon ou avec une peau; l'argent du chlorure se réduit en pellicule à la surface du cuivre. Cette argenture n'a pas de solidité, et doit immédiatement être vernie pour rester à l'abri de l'action de l'air[1].

Un fabricant français, M. Montagnat, a pris, en 1847, un brevet pour son nouveau procédé d'argenture, qui ressemble beaucoup à l'ancien par ses points principaux, mais en diffère par les instruments et quelques moyens d'application. Les pièces qu'il veut argenter sont bien décapées et passées dans une légère dissolution d'argent, lavées et bien séchées; elles sont exposées au feu de charbon, et on les couvre de feuilles

[1] Voir, pour la statistique des dorures et argentures de Paris, l'article de l'orfèvrerie électro-chimique.

d'argent qu'une brosse d'acier applique et comprime sur le métal. On multiplie le nombre des feuilles d'argent sur les points les plus exposés au frottement. Le jury de 1849 ayant constaté la belle qualité de l'argenture de M. Montagnat, lui accorda la médaille de bronze.

PLAQUÉ.

On regarde généralement le plaqué comme une invention moderne; mais les monuments et l'histoire attestent qu'il était connu dans les temps très-reculés. Sans parler de statuettes assyriennes en bronze plaquées d'electrum, et qui diffèrent du plaqué moderne en ce qu'elles n'avaient été ni battues ni étirées, nous sommes en droit de ranger dans cette catégorie ce que les savants appellent les médailles fourrées, dont l'âme est en cuivre et dont l'enveloppe, même sur la tranche, est en argent parfaitement adhérent à la lame de cuivre qu'il recèle. Ces pièces ont souvent supporté les coups répétés du marteau de monnayeur, sans décéler la fraude autrement que par leur pesanteur spécifique. Plusieurs objets de vaisselle en cuivre trouvés à Pompéi paraissent être recouverts d'argent plaqué et non pas argentés; on a récemment découvert, dans un cimetière mérovingien des environs de Dieppe, une boucle de cuivre couverte d'une feuille assez épaisse d'argent allié de cuivre, comme l'atteste M. Girardin de Rouen dans un mémoire présenté à l'Académie des inscriptions et belles-lettres, et, en 1852, une assiette plate de cuivre, fortement plaquée d'argent au dehors et en dedans, fut découverte dans des constructions du XVe ou XVIe siècle à Bailly-en-Rivière, canton d'Envermeu, près de Dieppe.

Au moyen âge, sous les rois normands d'Angleterre, les orfévres Otho et Baldwin recouvraient d'or ou d'argent des métaux communs et les travaillaient ensuite au marteau. En 1420, une loi fut promulguée sous Henri V, de la maison de Lancastre, pour empêcher les fraudes que cette industrie pouvait susciter, et obliger les orfévres à laisser sur leurs ouvrages des indications bien reconnaissables de la nature de leurs produits. Il ne paraît donc pas que le plaqué ou doublé soit, en réalité, une invention moderne; seulement il a été longtemps appliqué à des usages limités, et son grand développement ne prit son origine que depuis le milieu du dernier siècle. En 1742, un compagnon de la corporation des couteliers de Sheffield, nommé Thomas Bolsover, raccommodait un manche de couteau, recouvert d'argent, par les procédés des anciens plaqueurs. Ce travail le fit réfléchir aux moyens de fabriquer des objets semblables avec solidité, facilité et économie. Mettant en exécution les idées qu'il avait conçues, il fit d'abord quelques tabatières et des objets de faible valeur. Joseph Hancock contribua beaucoup à faire connaître et apprécier les mérites de l'invention de Bolsover. Voici en quoi elle consiste : un lingot de cuivre bien limé est placé entre deux lingots d'argent d'une épaisseur bien moindre, par exemple, le dixième, le vingtième ou le trentième; les trois lingots, enduits de borax humide et superposés, comme on vient de le voir, sont serrés avec du fil de fer et placés dans un fourneau à courant d'air. Dès que le bouillonnement sur le bord des lingots annonce que la brasure s'opère, l'opération principale est achevée. Le lingot retiré du feu se lamine ensuite à l'épaisseur que l'on désire, et la résistance réciproque des deux métaux est telle que le lingot plaqué d'argent peut s'étirer à cinq cents fois sa longueur, sans altérer l'épaisseur relative du cuivre et des deux feuilles d'argent dont il est accompagné. On fait encore plus facilement du plaqué simple en n'appliquant d'argent que sur un côté du lingot de cuivre. Le titre de l'argent employé est celui de la monnaie, de sorte qu'il jouit d'une dureté aussi considérable, au moins, que celui de l'orfévrerie.

Dès que les feuilles de plaqué sont ainsi obtenues, on comprend que tous les moyens d'exécution usités dans l'orfévrerie leur sont applicables. Mais pour épargner les frottements du tour et des instruments qui, usant la couche d'argent, feraient reparaître le cuivre, on évite autant que possible même l'emboutissage, et l'on a recours à l'estampage, appliqué d'abord en petit à la fabrication des boutons de plaqué et maintenant à la fabrication des plus grandes pièces : l'estampage se fait au mouton. La matrice d'acier, qui doit imprimer tous ses détails sur le plaqué, est gravée avec beaucoup de soin et bien trempée. Cette partie de travail est très-dispendieuse, mais devient une économie pour les objets d'un usage très-répandu, en évitant une grande main-d'œuvre. Quand la matrice est en place, on y coule du plomb qui s'y moule exactement ; ensuite, sur cette masse de plomb refroidie et restée dans le creux, on abaisse le mouton, dont la face inférieure, déchiquetée comme une râpe, s'accroche dans la masse de plomb et l'enlève de la matrice où elle s'est moulée.

Après ces préparatifs terminés, les feuilles de plaqué, convenablement ébauchées, sont soumises à l'action du mouton, que l'ouvrier soulève avec une corde munie d'un étrier. Le mouton frappe avec sa tête de plomb et pousse la feuille de plaqué dans la matrice ; après quelques coups, la pièce que l'on veut obtenir peut être retirée du creux dans un état complet d'achèvement. Ces procédés sont les mêmes que l'on applique au doublé d'or pour la bijouterie, seulement les creux sont gravés avec encore plus de soin et de précision.

Un inconvénient du plaqué que l'on prévit sans doute dès l'origine, c'est que partout où l'on aperçoit son bord, le cuivre doit paraître. On y remédia de bonne heure, et vers 1792 on adaptait déjà aux ouvrages de plaqué des bords en argent soudé à l'étain [1].

Un autre inconvénient du plaqué et qu'il n'est pas possible d'écarter vient de ce que, dans le travail de pression qu'il subit sous le mouton ou autrement, l'épaisseur de la feuille triple s'atténue et que, n'importe à quelle épaisseur elle est doublée d'argent, son amincissement amène plus facilement et plus rapidement la destruction du métal précieux pour faire apparaître le métal commun. Aussi toutes les pommes

[1] Pour plus de détails, on peut consulter le Rapport de M. Fred. Potter, lu à la société des arts de Londres le 19 avril 1843 ; une partie de ces faits en est extraite.

de couvre-plats, toutes les anses et les saillies des ornements, laissent-elles rapidement effacer l'argent sous le frottement continuel des doigts ou de l'entretien.

On reproche encore au plaqué de ne pouvoir subir de réparations, de n'offrir jamais aucune certitude pour son titre ni aucun moyen de le vérifier; la fraude et la mauvaise foi peuvent livrer au commerce du plaqué dit au 20e, quand il n'est pas en réalité au 40e. La probité seule des fabricants est la garantie de l'acheteur. Mais, quand celui-ci transige avec un industriel honorable, il peut compter sur une durée très-longue des ouvrages bien fabriqués. On a exposé à Londres, en 1851, un plat très-usé fait à Sheffield il y a cinquante ans, et pas une trace de cuivre ne pouvait être aperçue.

L'invention de Bolsover étant devenue une industrie importante en Angleterre, Louis XVI voulut, en 1785, encourager son importation en France : il affecta une somme de 100,000 livres à la fondation d'une manufacture qui venait d'être établie à l'hôtel de Pomponne. Dès 1792, les manufactures de Birmingham avaient acquis une réputation méritée par leurs beaux produits de plaqué; on en tirait des assortiments complets de vaisselle et des vases d'une grandeur et d'une beauté surprenantes. Sous la bienfaisante protection de Louis XVI, MM. Tugot et Daumy développaient à Paris cette importante industrie. Après la révolution, on la retrouve appliquée à l'acier dans l'usine de Longjumeau, appartenant à MM. Patoulet, Audry et Lebeau, qui exposèrent en l'an VI des couverts plaqués d'or et d'argent sur acier; ce genre de plaqué se rapproche de celui des éperonniers, qui plaquent en argent sur fer étamé.

La société d'encouragement avait, dès les premières années de son existence, proposé un prix pour l'amélioration de l'art du plaqué. Ce prix fut décerné le 4 septembre 1811 à MM. Levrat et Papineau : ils avaient rempli de la manière la plus satisfaisante les conditions exigées par le programme de la société.

En 1819, les mêmes fabricants exposèrent de la vaisselle de table, casseroles, plats, soupières, réchauds et flambeaux exécutés avec grand soin, et qui, plaqués au 20e, ne se vendaient pas plus cher que lorsqu'ils l'étaient au 40e: cette diminution était due à des procédés économiques de fabrication. Le jury décerna à MM. Levrat et compagnie une médaille d'argent. Cette récompense honorifique leur fut renouvelée par un rappel en 1823.

M. Pillioud reçut à l'exposition de 1819 une médaille de bronze pour sa vaisselle d'argent plaqué, dont les soudures étaient faites à l'argent. En 1823, il exposa une figure de la sainte Vierge, en cuivre plaqué d'argent, et un rappel de sa médaille de bronze lui fut accordé par le jury; en 1827, il obtint la médaille d'argent pour son doublé d'or et d'argent, dont les échantillons attestaient de notables perfectionnements dans ses procédés de fabrication.

M. Christophe, fabricant de plaqué d'or et d'argent, exposa en 1819 de beaux boutons en métal d'un travail remarquable; il avait en même temps présenté des essais de plaqué fabriqué à froid: selon lui, ce procédé était plus prompt et plus expéditif que celui du plaqué fait à chaud et devait être meilleur marché. Le jury, en accordant la médaille de bronze, regrettait de n'avoir pu faire des essais de ce plaqué, qui semblait plus solide que l'autre. On ne voit pas que cette invention ait donné des résultats ultérieurs.

A la même exposition, le jury décerna une mention honorable à M. Tourrot, pour des ustensiles de table et des objets emboutis au tour, destinés à l'ornement des églises. L'exposition suivante, celle de 1823, valut à M. Tourrot la médaille d'or pour ses rapides progrès, marqués par la belle exécution d'un ostensoir, de chandeliers d'église et de l'ornement à jour d'un surtout de table. La médaille d'or de M. Tourrot fut rappelée à M. Fabre, son successeur, à l'exposition de 1827 pour ses beaux produits, et notamment pour un ostensoir en doublé d'or imitant parfaitement le vermeil, une grande lampe et de magnifiques flambeaux d'église.

En même temps, M. Théodore Parquin, successeur de M. Levrat, exposait une série nombreuse d'objets en plaqué d'argent pour le service de la table et de l'ameublement. Le jury approuvait la belle exécution et l'excellent choix de ses ornements, en lui décernant la médaille d'argent. Un rappel de cette médaille lui fut accordé à l'exposition de 1839 pour deux services à thé, l'un en doublé d'or, l'autre en doublé d'argent. M. Parquin obtint en 1844 un rappel de sa médaille d'argent pour des flambeaux et girandoles de table en plaqué. Il s'était appliqué à populariser par la modicité de ses prix les produits de sa fabrique.

M. Bertholon exposa, en 1827, une statue de la sainte Vierge en plaqué d'argent, remarquable par sa grandeur et par une bonne exécution. Le jury lui accorda une médaille de bronze.

On vit débuter à l'exposition de 1827 MM. Charles Balaine et Veyrat, qui tous les deux reçurent une médaille de bronze, l'un pour du plaqué d'argent pour le service de table, l'autre pour divers produits, entre autres un buste de M. le dauphin. Ces deux habiles concurrents reparurent à l'exposition de 1834. M. Balaine reçut la médaille d'argent pour une collection très-variée de pièces en plaqué très-bien exécutées : leurs parties estampées étaient très-nettes et d'une forme heureuse; les bords et les parties saillantes étaient en argent, comme dans les produits de MM. Gandais et Parquin. M. Veyrat reçut la médaille de bronze pour la bonne fabrication des objets qu'il avait exposés.

A l'exposition de 1839, M. Balaine obtint un rappel de sa médaille d'argent pour son plaqué fin, dans le genre de celui de Sheffield; il ne fabriquait pas au-dessous du 40e et garnissait en argent toutes les parties saillantes et les bords de ses pièces. Il exposait un service à thé plaqué au 5e et coûtant 1,800 francs, au lieu de 8,000 francs qu'il aurait valu s'il eût été en argent.

M. Balaine reparut à l'exposition de 1844 et y obtint un rappel de médaille d'argent en récompense des progrès continus de son industrie et des perfectionnements qu'il avait introduits dans la fabrication du plaqué. Le jury louait la belle exécution d'un service de table à contours unis et à côtes exposé par M. Balaine, dont les ouvrages, par leur bonne qualité et la fidélité de leur titre, avaient contribué à la considération des produits français sur les marchés étrangers. A l'exposition de 1849, une nouvelle médaille d'argent fut décernée à M. Balaine pour les titres déjà énoncés, et qu'il continuait à justifier. Le jury constatait que M. Balaine avait maintenu rigoureusement le titre du 10e, nécessaire pour la solidité de ce genre d'ouvrages, avec les garnitures d'argent soudées sans étain et les doubles fonds au 5e; ensemble de conditions qui assurent au plaqué un quart de siècle de durée et lui font prendre rang près de la véritable orfévrerie, quoique ne coûtant guère plus que la façon et le contrôle de celle-ci. Le service exposé par M. Balaine se faisait remarquer par une élégante simplicité et de gracieux détails. Toutes les pièces étaient poinçonnées avec le nom du fabricant.

A l'exposition de 1839, MM. Veyrat et fils furent jugés dignes de la médaille d'argent pour leurs ouvrages courants en plaqué que leur fabrication régulière mettait à la portée des fortunes moyennes. Leur plaqué sur fer forgé, limé, poli et étamé, recouvert enfin d'une feuille d'argent laminé à une épaisseur convenable, fut remarqué par le jury. Le rapporteur émettait l'opinion que le plaqué sur fer, dont les échantillons étaient des couverts à filet et des assiettes, ne prendrait des développements réels que si l'on obtenait du doublé d'argent sur fer par les procédés de la fabrication du plaqué sur cuivre. Des difficultés considérables paraissent jusqu'à présent s'opposer à cette complète assimilation, mais pourraient cependant être surmontées.

A l'exposition de 1844, MM. Veyrat reçurent une nouvelle médaille d'argent pour leurs produits de fabrication habituelle : ils occupaient alors 70 ouvriers dans leurs ateliers et plus de 50 au dehors. Le rapporteur félicitait ces habiles manufacturiers d'avoir fait à l'orfévrerie en argent l'application des procédés expéditifs de fabrication employés pour le plaqué : en diminuant le poids de l'orfévrerie d'argent, ils l'avaient rendue d'un usage plus général, et, dans le cours de l'année 1843 seulement, ils prouvaient avoir fait contrôler plus de 14,000 ouvrages, tant pour le commerce intérieur que pour l'exportation. M. Veyrat reçut en 1849 une nouvelle médaille d'argent pour son orfévrerie en argent et pour son plaqué, exécutés avec beaucoup de soins et d'après de très-bons modèles. Son chiffre d'affaires fondées sur ces deux industries dépassait 200,000 francs pour le plaqué de bonne qualité et pour celui d'exportation, et 400,000 francs pour l'orfévrerie courante, élégante cependant et d'un bon marché remarquable. Sa maison est la seule où l'on puisse fabriquer et mettre d'accord simultanément les services en orfévrerie d'argent et leurs pièces en plaqué.

M. Gandais s'est fait remarquer dans l'industrie du plaqué depuis l'exposition de 1834. Il y présenta des services de table et pour le thé, un, entre autres, plaqué d'or et d'argent d'un effet très-riche et de formes assez gracieuses : ces pièces étaient garnies en argent sur les bords et sur les angles pour éviter les inconvénients du frottement. La médaille d'argent lui fut décernée pour sa bonne fabrication.

Nous retrouvons M. Gandais à l'exposition de 1839, où il reçut un rappel de la médaille d'argent pour des pièces d'un travail délicat, et principalement pour un surtout de table à branches de corail ciselées mat et une soupière coquille d'une grande richesse pouvant servir de corbeille de fleurs, lorsque le double fond en était retiré; les bords, anses et poignées de ces pièces étaient garnis en argent. Sa fabrication, datant de vingt années, occupait annuellement de 100 à 120 ouvriers. Une nouvelle médaille d'argent lui fut donnée en 1844 pour sa belle exposition, et pour les progrès qu'il avait introduits dans son industrie : le jury lui attribuait l'importation des bordures en argent adaptées au plaqué, et constatait que le titre ordinaire des ouvrages exécutés par lui pour Paris était le 20e, pour la province le 30e, et n'allait jamais plus bas que le 40e.

A l'occasion de l'exposition de M. Lambert en 1849, en décernant la médaille de bronze à ce fabricant, d'abord simple ouvrier, puis chef d'atelier faisant des affaires pour un chiffre de 350,000 francs, le jury observait avec raison que l'industrie du plaqué se divise en deux branches bien distinctes : les ouvrages destinés pour l'intérieur, d'une meilleure qualité et d'un titre plus élevé, et les ouvrages pour l'exportation, constituant des produits dont il est difficile d'assigner le titre et qui n'ont pas peu contribué à discréditer nos envois. Cet usage impérieux du commerce oblige les plus honnêtes fabricants à produire des articles sans solidité et sans valeur. La défiance de l'étranger est justifiée par un état de choses si peu honorable et qui fait rejaillir sur notre commerce une défaveur propre à en arrêter tout l'essor. Aussi voyons-nous l'exportation du plaqué, qui s'élevait autrefois à 4 millions de francs, la moitié de sa production, devenir stationnaire de 1839 à 1844 et, depuis cette dernière époque, ne pas dépasser le chiffre de 2,400,000 francs.

Presque tous les fabricants de plaqué de Paris ont des laminoirs dans leurs ateliers et préparent les lingots et les feuilles de métal doublé nécessaires à leur fabrication. Le doublé d'or que l'on fait presque exclusivement pour la bijouterie, s'apprête, comme celui d'argent, chez les fabricants qui le mettent en œuvre.

L'enquête industrielle a recensé à Paris 55 fabricants de plaqué. Leurs affaires, en 1847, ont atteint le chiffre de 6,332,600 fr. ils employaient 791 ouvriers. En 1848, les affaires de cette industrie sont tombées à 2,153,200 fr. et le nombre des ouvriers employés de mars à juin était réduit à 376.

Les fabricants de plaqué ont fait beaucoup de plaques pour la photographie après l'invention de Daguerre : les premières étaient au 10e; on les réduisit ensuite au 30e, enfin au-dessous du 40e. Cette industrie occupait des planeurs en assez grand nombre; maintenant elle est supplantée par l'argenture au moyen de la pile, dont les résultats sont meilleurs pour cet usage, plus constants et plus économiques.

ANGLETERRE.

L'industrie du plaqué, née en Angleterre et justement appréciée pour la belle qualité des produits de Sheffield et de Birmingham, y est entrée dans une voie de décroissance rapide, qui peut arriver prochainement à une suppression totale. Malgré l'intérêt des plaqueurs anglais à lutter contre la concurrence de l'électro-chimie, peu d'entre eux ont été représentés à l'exposition universelle. La maison Collis, de Birmingham, si longtemps connue pour son beau plaqué, n'a envoyé que de l'orfévrerie; MM. Hunt et Roskell de Londres, qui fabriquent beaucoup de plaqué, n'en ont pas exposé; MM. Padley, Parkin et Staniforth ont présenté seulement des échantillons de plaqué sur *german silver* (maillechort), innovation inventée pour soutenir la lutte contre les produits de la galvanoplastie sur le même alliage. Dans l'une et l'autre de ces industries, on ne peut s'expliquer l'avantage qui résulte de l'âme en alliage blanc donnée à l'orfévrerie d'imitation; sous le rapport de la salubrité, les dangers sont les mêmes avec le maillechort qu'avec le cuivre, puisque ce métal est allié au maillechort en quantité considérable, et, de plus, sur les pièces fourbies, il est plus difficile d'apercevoir les points où l'argent, usé par l'entretien, donne accès à l'action des acides culinaires. Pour ce qui touche à la beauté extérieure des objets de décoration, si l'argent est enlevé, le maillechort, qui contient seulement de faibles quantités de nickel, s'oxyde promptement et se révèle par sa couleur terne et jaunâtre.

M. Creswick, de Sheffield, est le second plaqueur qui ait exposé à Londres; ses ouvrages, de bon goût et importants par leurs dimensions, étaient fabriqués par l'ancien procédé et garnis d'argent. Le jury international remarqua principalement, avec des pièces de service de table, deux candélabres simples, dans les styles des XVIIe et XVIIIe siècles; le travail des couvre-plats, théières, plateaux, était aussi soigné que ce genre l'exige, et très-convenable pour un long usage. La médaille de seconde classe fut accordée à MM. Creswick et Cie.

SUISSE.

On fabrique à Genève du plaqué d'argent et du doublé d'or, mais on les applique seulement à la fabrication d'un genre de boîtes de montres destinées à l'exportation dans les deux Amériques; cette industrie est assez perfectionnée.

RUSSIE.

La Russie est un des États de l'Europe où l'on fait le plus de plaqué; les villes de Saint-Pétersbourg, Moscou, et surtout Varsovie, sont connues pour leur production importante de cette orfèvrerie d'imitation.

En résumant cet exposé sur l'industrie de plaqué, on voit que son mérite et son crédit, dans l'origine, tenaient à la bonne fabrication et à la sincérité du titre élevé. Les anciennes manufactures de Sheffield et de Birmingham, celles de M. Levrat, rue de Popincourt, obtinrent et méritèrent la confiance du public; leurs produits étaient relativement indestructibles. On devait prévoir que la spéculation de mauvaise foi s'introduirait dans la fabrication du plaqué, si favorable à la fraude: aussi, la loi du 19 brumaire an VI imposait-elle aux fabricants l'obligation d'apposer leur poinçon sur les ouvrages qu'ils livraient au commerce et d'indiquer en chiffres le degré de fin du plaqué. Mais ces prescriptions étaient illusoires pour la garantie offerte au public. Il est facile au fabricant de bonne foi de déclarer la proportion de l'argent et du cuivre dans son plaqué; mais le titre n'est plus le même après l'emploi de la soudure, du mastic et de toutes les garnitures intérieures. Les bordures et saillies en argent font du plaqué une orfèvrerie mixte à titre moyen indéfini; les pièces de rapport en argent doivent en être séparées pour l'estimation du plaqué de hasard, qui par lui-même n'a que peu de valeur, et n'est accepté à aucun prix quand son titre est trop bas. « Certains fabricants, « disait le jury de 1839, reprendraient bien quelquefois pour « moitié le plaqué sorti de leurs ateliers. » Mais ce serait plutôt pour faire honneur à leur maison que dans l'intérêt de leurs affaires. Le plaqué usé est, en réalité, une marchandise sans valeur, excepté pour le cuivre qu'il contient. Plusieurs jurys d'exposition ont vainement invoqué l'assistance du Gouvernement et de la science pour arrêter la fraude, et instituer une garantie réelle pour l'acheteur; la fraude naît spontanément de toute fabrication fausse, dont la nature même la suscite et l'appelle : hors de la loyauté connue du fabricant, rien ne peut offrir à l'acheteur cette sécurité que l'on réclame en vain.

DORURE ET ARGENTURE ÉLECTRO-CHIMIQUES.

Avant 1805, Brugnatelli avait consigné dans une lettre à Van Mons le résultat d'une expérience par laquelle il avait constaté la possibilité de dorer par l'action de la pile voltaïque l'argent plongé dans l'ammoniure d'or récemment préparé. M. de La Rive, inspiré par les travaux de M. Becquerel, avait, à son tour, cherché les moyens de remplacer la dorure au mercure par l'emploi de l'action électro-chimique, appliquée à des métaux plongés dans le chlorure d'or. Cependant, jusqu'à l'année 1840, rien ne semblait devoir changer les procédés de dorure et d'argenture, ni ceux de l'industrie du plaqué. Ce fut vers cette époque, ou un peu avant, que les recherches de M. Becquerel sur les phénomènes électro-chimiques ayant indiqué une direction d'études toute nouvelle, M. Jordan, en Angleterre, et M. Jacobi, à Saint-Pétersbourg, annoncèrent les premiers le moyen d'obtenir par l'action des courants électriques un dépôt de cuivre solide et métallique sur les creux ou objets conducteurs placés au pôle négatif dans une dissolution de sulfate de cuivre.

On considérait alors cette découverte comme une simple curiosité dans les sciences naturelles; dix années se sont à peine écoulées, et elle est devenue une industrie considérable, importante par les services qu'elle peut rendre et par les fabrications qu'elle tend à supprimer. Nous n'avons pas à donner de détails sur l'électro-métallurgie appliquée au cuivre; mais, en ce qui concerne son emploi pour la dorure et l'argenture, et l'orfévrerie en général, nous devons faire connaître l'origine et la nature de cette industrie nouvelle.

Les tentatives de M. Jacobi pour obtenir des dépôts de cuivre dans des creux conducteurs ayant réussi au delà de toutes les espérances, on ne tarda pas à chercher si les autres métaux ne pourraient pas donner de semblables résultats. Une foule d'expériences furent tentées par des savants, des hommes pratiques et des amateurs. On comprit promptement que l'appareil primitif pour le cuivre, appelé électrotype, fonctionnait avec inégalité, et qu'une pile séparée, transmettant par deux conducteurs les deux courants d'électricité, simplifiait la marche et assurait le succès des opérations. La pile de M. Bunsen, celles de MM. Grove, Daniell, Smée et Archereau furent successivement inventées, et offrirent des avantages divers de constance et d'intensité. Leur destination était toujours la même : décomposer une dissolution métallique par l'action simultanée des deux pôles, et faire déposer le métal réduit au pôle réducteur. Mais les innombrables expériences faites presque simultanément montrèrent que les dissolutions acides d'or et d'argent ne donnaient pas de beaux produits; que l'adhérence et la consistance des métaux déposés étaient plus que douteuses, et les ingénieux essais de M. de La Rive, de MM. Boettger et Elsner, ne surmontèrent pas une si grande difficulté au point de vue industriel.

Berzélius avait, dès 1839, consigné dans son rapport annuel un procédé usité depuis plusieurs années en Allemagne et en Angleterre pour dorer au moyen de chlorure d'or à son minimum d'acidité dissous dans le bi-carbonate de potasse : l'argent, le cuivre, le laiton et le fer étaient dorés dans un bain de cette dissolution bouillante. On était seulement obligé d'employer avec l'argent le contact d'un fil de fer poli pour le rendre électro-négatif. Le fer devait être recouvert d'une légère couche de cuivre, par son immersion dans un mélange de sulfate de cuivre et de sel marin[1]. La dorure était toujours légère et ne s'obtenait pas de toute épaisseur.

[1] Becquerel, *Traité de l'électricité et du magnétisme*, t. VI, p. 325.

Ce fut à cette combinaison des métaux précieux avec les alcalis que revinrent promptement les investigateurs déconcertés dans leurs premières recherches. Tant de combinaisons furent essayées que, dès 1840, M. Elkington et M. de Ruolz prirent des brevets pour dorer et argenter au moyen des sels d'or ou d'argent, unis au cyanure de potassium simple ou ferruginé, ou bien encore, pour la dorure, par du sulfure d'or dissous dans le sulfure de potassium. Les résultats de ces procédés frappèrent tellement l'attention des corps savants et du public, on augura si favorablement de leur avenir dans l'intérêt de la santé des ouvriers que, le 19 décembre 1842, l'Académie des sciences décerna un prix solennel à MM. de La Rive, Elkington et de Ruolz pour avoir supprimé les dangers d'une industrie insalubre.

Sans avoir à examiner les questions de priorité débattues devant les tribunaux par ceux qui ont fondé cette curieuse industrie, nous avons seulement à faire connaître la nature et l'importance de ses résultats. Le cyanure d'or ou celui d'argent combinés avec le cyanure simple de potassium sont employés exclusivement dans les établissements d'orfèvrerie électro-chimique existant en Angleterre et en France. La disposition des ateliers est commode et salubre. Chez M. Christofle, à Paris, les cuves pour l'argenture sont d'une vaste capacité; chacune peut contenir de 650 à 700 litres de dissolution, c'est-à-dire 15 ou 16 kilogrammes de cyanure. De larges lames d'argent fin de 6 kilogrammes sont suspendues dans la dissolution à une extrémité d'une des cuves et communiquent avec le pôle positif d'une pile d'Archereau, modification de celle de Bunsen, dont deux éléments suffisent pour opérer pendant vingt-quatre heures. En face, des lames d'argent sont horizontalement et parallèlement appuyées sur les bords de la cuve des tringles de métal en communication avec le pôle négatif de la pile. C'est à ces tringles que l'on suspend, par des fils d'argent, tous les vases de cuivre ou de laiton qui doivent être argentés. Chaque cuve dépose de 15 à 1,800 grammes d'argent en vingt-quatre heures. On peut y argenter à la fois six douzaines de couverts.

L'atelier de M. Christofle contient douze cuves semblables. Les émanations d'acide hydrocyanique y sont cependant à peu près nulles. Les objets de métal que l'on veut argenter sont d'abord parfaitement dérochés dans des lessives alcalines et acides et passés dans l'eau distillée; à peine sont-ils suspendus dans le bain qu'ils commencent à blanchir. S'ils ont reçu un bon poli, leur aspect devient promptement aussi blanc et aussi brillant que la plus belle porcelaine. Retirés du bain, lavés, séchés, et pesés, comme ils l'avaient été auparavant, pour constater l'argent qu'ils ont reçu, ces ouvrages sont transportés à l'atelier où on les brunit en totalité ou en partie, selon leur destination pour l'usage ou la décoration.

La dorure s'opère de même, mais dans des bains presque bouillants. Il y a deux bains d'or, l'un assez pauvre en or, l'autre très-riche : le bain riche contient 500 grammes d'or. Sauf la température, on opère exactement comme pour l'argenture; les pesées sont faites avant et après le bain avec tout le soin nécessaire.

Par l'électro-chimie, on fabrique des plaques de photographie d'une grande perfection et plus favorables aux opérations daguerriennes que celles de cuivre plaqué. M. Christofle argente 500 plaques photographiques par jour.

On peut encore faire par les procédés de la pile des objets en argent ou en or plein, et si leurs reliefs sont simples, pouvant sortir d'un moule fait en un seul morceau, ces produits qui ne laissent rien à désirer pour leur finesse de grain et la perfection de leurs détails, peuvent lutter avec la plus fine ciselure, car il est impossible de distinguer la copie de l'original. Mais l'argent obtenu par la pile est pur, et par conséquent d'une mollesse presque pareille à celle du plomb : ce caractère le fait aisément reconnaître. Cependant M. Braun, à Rome, et M. Elkington, à Birmingham, ont obtenu des objets, vases, coupes, etc. en argent pur d'une admirable perfection, et tout donne à penser que les buffets des maisons riches seront bientôt décorés d'œuvres d'art en argent que le repousseur et le ciseleur n'auront pas touchées et qui sortiront directement des mains du sculpteur : il y aura à la fois économie de temps, économie de main-d'œuvre, légèreté du métal et parfaite expression du travail de l'artiste.

On n'a pas encore exposé de bijoux en or fabriqués par ces procédés; toutefois, la possibilité de les obtenir est certaine : il faut seulement surmonter les difficultés de la soudure sur le métal électro-chimique, dont les molécules, un peu écartées, produisent au feu des torsions et des déformations considérables.

Les faussaires ont déjà employé l'électro-chimie, pour mettre dans la circulation de très-nombreuses pièces d'argent, dont tout l'extérieur est en argent obtenu par la pile et forme une espèce de boîte vide où l'on coule de l'alliage blanc appelé métal de Darcet. Le métal, très-fusible, est versé par un trou réservé sur la tranche; il remplit le vide entre les deux parties, les soude ensemble et avec la tranche qui adhère à l'une d'elles; la place où le métal fusible reste apparent est ensuite argentée, et la perfection de ces pièces fausses est si grande, qu'avec l'identité extérieure elles ont presque celle du poids.

On peut exécuter par les procédés électro-chimiques des statues, des vases en cuivre de toute dimension; seulement, quand ces ouvrages dépassent certaines proportions et sont en ronde-bosse, il faut obtenir des pièces séparées, les ajuster ensuite et les réunir par la soudure. M. Elkington avait fait et exposé en 1851 de nombreux essais, dont plusieurs remarquables par leur dimension et leur bonne réussite.

Mais une figure au-dessous de la grandeur naturelle ne compte pas moins de 10 à 15 pièces; le travail d'assemblage est difficile et peut amener des déformations, et les essais de M. Elkington lui ont démontré que jusqu'à présent les statues de bronze fondu ne sont pas aussi chères que les mêmes statues obtenues par la galvanoplastie.

Si l'on veut exécuter des plats, des boucliers, des vases mêmes, on peut obtenir d'un seul morceau des pièces déposées en cuivre, et que l'on peut argenter et dorer, soit en totalité, soit par parties aussi délicates que l'on veut, au moyen du vernis à réserves.

Les établissements d'orfévrerie électro-chimique sont simples en eux-mêmes, mais ils conduisent naturellement à l'installation de grands ateliers où tout se fabrique et s'achève sous la surveillance *immédiate* du maître. Telles sont les grandes fabriques d'Angleterre et de Paris. L'orfévrerie y est très-bien exécutée. En Angleterre, on argente souvent sur *german silver*, espèce de maillechort, et sur *britannia metal* ou *imperial metal*, alliages d'étain, d'antimoine, de cuivre ou de bronze. En France, on argente principalement sur le cuivre jaune: ce que fabrique M. Christofle est de ce dernier métal; on dore et l'on argente également par la pile non-seulement les bronzes d'art et de décoration, mais encore des ouvrages de basse sculpture, fondus en zinc et n'ayant aucune valeur intrinsèque. C'est en vain, qu'après des expériences multipliées, la commission de l'Académie des sciences a déclaré, par l'organe de M. Dumas, « que « la dorure par voie humide arrive à peine, dans le cas le plus « favorable, au degré d'épaisseur que la plus mauvaise dorure « au mercure est obligée d'atteindre. » Dans une période de dix années, la dorure électro-chimique a complétement anéanti la dorure au mercure, et les bronziers les plus célèbres ont été obligés de céder à l'impulsion générale et à la concurrence; tous les bronzes sont maintenant argentés ou dorés par la voie humide; le vermeil même ne conservera pas longtemps sans doute le concours des doreurs au mercure, qui deviennent de jour en jour plus rares et plus inhabiles dans leur profession.

M. Christofle a débuté dans la carrière industrielle comme apprenti pendant trois ans, puis ouvrier pendant un an et ensuite intéressé dans la maison Calmette. A 24 ans, il se trouvait à la tête de la plus grande manufacture de bijouterie de son temps; c'est à ce titre qu'il obtint la médaille d'or à l'exposition de 1839. Chef de cet établissement depuis 1831, il reçut une seconde médaille d'or en 1844 pour son exposition de bijouterie et pour ses ouvrages de dorure et d'argenture par voie humide; il exploitait les brevets pris par MM. Elkington et de Ruolz. Le rapporteur du jury des sciences chimiques,

M. Dumas, après avoir donné de grands éloges à la fabrication de M. Christofle et fait ressortir ses avantages pour la dorure des bronzes et l'argenture de l'orfèvrerie, disait en terminant : « L'argenture voltaïque constitue donc une branche de l'industrie nouvelle qui, exploitée déjà sur une grande échelle, « prendra, on peut le prédire, un rang très-élevé dans la con« sommation, à mesure qu'elle sera mieux connue. Le jury « central a été frappé des excellentes dispositions prises par « M. Christofle, pour assurer à sa nouvelle et délicate industrie « la production régulière et loyale, qui garantit la confiance « et la faveur des consommateurs éclairés. La comptabilité est « tenue de telle manière que le poids de l'or ou de l'argent est « garanti par M. Christofle, et que le mode de vente qu'il a « adopté repose sur cette base. »

Le jury de l'exposition de 1849 accorda une nouvelle médaille d'or à M. Christofle, en qualité d'orfèvre en cuivre et en alliages divers, et rappelant d'ailleurs ses titres comme doreur et argenteur par la voie humide. En effet, au lieu de fabriquer de l'argenterie, M. Christofle a, dans ses ateliers, une réunion complète de tous les appareils nécessaires pour faire de l'orfèvrerie en laiton. Ses machines, mues par la vapeur, se composent spécialement du tour pour fabriquer les plats ronds ou elliptiques et les vases retreints, de laminoirs pour estamper les couverts, des gratte-boësses pour préparer l'argenture à être brunie, car M. Christofle ne polit pas le métal argenté; il le brunit après l'avoir fait battre ou sans avoir eu recours à cette préparation. Il a une fonderie pour les garnitures riches et sculptées, un appareil à fabriquer le gaz hydrogène carboné pur par la décomposition de la vapeur d'eau sur le charbon incandescent; le gaz, entouré d'un réseau de platine, donne une vive clarté: il alimente les fourneaux à souder, à l'argent et au cuivre, et le laboratoire de chimie. 300 ouvriers travaillent pour lui dans ses ateliers et autant au dehors; le chiffre de ses affaires s'est élevé, pour les six premiers mois de 1852, à la somme de 1,526,302 francs. A l'exposition de 1849, il avait présenté une immense collection d'objets dorés et argentés, heureusement conçus et parfaitement exécutés. Deux grandes bouilloires d'un dessin correct et avec de gracieux ornements, des surtouts d'une grande richesse, des services de table complets d'après d'excellents modèles, des lustres, des candélabres, de la vaisselle plate, tout ce qui formait le domaine de l'orfévrerie se présentait à cette exposition, mis à la portée de fortunes ordinaires; les prix en étaient établis sur un tarif d'où il résulte que l'on pouvait obtenir, en orfévrerie argentée par la pile, de très-beaux services de table pour le sixième du prix qu'ils auraient coûté en argent.

A l'occasion de cette belle exposition, le jury exprimait le vœu que les réclamations des fabricants, formulées dans des pétitions aux assemblées législatives, fussent enfin accueillies: elles avaient pour but que le rachat par le Gouvernement des brevets de MM. Elkington et de Ruolz mît dans le domaine public les procédés dont M. Christofle avait acquis le monopole, et rendît le travail à des bras paralysés par une si redoutable concurrence. Le jury demandait encore que le poinçon de l'État fût, pour cette orfévrerie, une garantie de fabrication bonne et loyale. Il nous paraît que le jury, en formulant l'espoir que ce dernier vœu serait réalisable, ne prenait pas en considération la nature même de la garantie de l'État. Le poinçon officiel atteste le titre de la matière d'or ou d'argent contrôlée, quel que soit son poids ou sa détérioration; et M. Christofle lui-même, affligé de la contrefaçon qui commence à déshonorer son industrie ou de l'infidélité de ceux auxquels il a cédé l'autorisation d'exploiter son brevet, n'a rien trouvé de mieux, jusqu'à présent, que sa garantie personnelle et son poinçon, qui porte en chiffres la quantité de grammes d'argent déposée par objet ou par douzaine de couverts [1]. Ce sera toujours là un grand écueil pour cette fabrication. Sortie du monopole d'une maison dont l'intérêt est de faire respecter son nom, elle peut devenir la proie d'industriels sans

[1] Voir le Rapport du jury de 1849 et l'avertissement en tête du tarif de M. Christofle, 1850, p. 2.

foi, qui se joueront de la confiance des acheteurs. La garantie de l'État serait inévitablement compromise, si l'on songeait à l'accorder; elle deviendrait, en tout cas, illusoire, du moment où l'altération des surfaces par le frottement aurait commencé.

M. Christofle avait envoyé à l'exposition de Londres une collection des plus beaux produits de son industrie : on y remarquait une grande fontaine à thé, des pots à lait, beaucoup d'autres pièces de service; mais, déterminé par les mêmes considérations qui dictèrent son jugement sur les produits de M. Elkington, le jury international ne voulut accorder la seconde médaille qu'à la partie d'ornement de table exposée par le fabricant français : c'était une pièce de milieu représentant des amours pêchant au filet autour d'un groupe de troncs d'arbres, et des candélabres du même style d'une sculpture agréable et animée.

M. Thouret est un des fabricants qui ont le plus contribué à faire accueillir avec faveur les ouvrages argentés à la pile; il s'est adonné à la fabrication des couverts et de l'orfèvrerie en maillechort et en cuivre argentés par M. Christofle. Il a dû son succès au bon choix de ses modèles et à son respect pour la marque indiquant le poids de l'argent déposé. Le jury de 1849 lui accorda le rappel de la médaille de bronze. À l'exposition de Londres, il envoya divers produits d'orfèvrerie en cuivre argenté par la pile; mais le jury s'occupa seulement des objets d'art obtenus d'après d'anciens modèles, tels que la coupe de Fulde et celle de l'enlèvement des Sabines; des creux parfaitement nets obtenus en gélatine sur les originaux ont servi à la reproduction de ces beaux modèles en cuivre déposé par l'électricité : les épreuves étaient belles, argentées et dorées. Le jury signala encore une jolie couverture de livre d'étrennes en galvanoplastie, ornée de sujets de l'Ancien et du Nouveau Testament en médaillons superposés. La médaille de seconde classe fut accordée à M. Thouret.

La modification profonde apportée dans l'industrie des doreurs et argenteurs par l'application des procédés électrochimiques a supprimé la plus grande partie des ouvriers et des fabricants anciens dans cette branche du travail des métaux précieux en France. Les brevets des inventeurs ayant été acquis par M. Christofle, celui-ci s'est réservé l'argenture et concède à des tiers le droit de dorer par ses procédés. En 1847, la dorure au mercure commençait à succomber devant cette concurrence; l'argenture au feu était moins atteinte, mais le plaqué, qui semblait devoir soutenir la lutte, a été entraîné dans la même défaveur que la dorure par la voie sèche. Les changements industriels sont si rapides que déjà, depuis l'enquête industrielle publiée en 1851, l'argenture par la pile a presque détrôné sa rivale. L'enquête recensait à Paris 92 doreurs, argenteurs, vernisseurs de bijoux et reproducteurs d'objets d'art par les procédés galvanoplastiques, fournissant tous l'or et l'argent employés dans leurs préparations. Leurs affaires, en 1847, s'élevaient à 4,355,276 fr. ils employaient 644 ouvriers. En 1848, les affaires de cette industrie se sont réduites à 2,613,000 fr. et le nombre des ouvriers était tombé à 322 de mars à juin de la même année. Dans les derniers mois de l'année, l'argenture prit un développement subit par suite de la grande fabrication d'orfèvrerie en maillechort et en cuivre, qui remplaça la vaisselle fondue dans les premiers mois de la République.

ANGLETERRE.

MM. Elkington et Mason sont les premiers qui, aidés des conseils de M. Wright, introduisirent en Angleterre l'application de l'électro-chimie à la dorure et à l'argenture. Leur établissement à Birmingham, fondé sur une grande échelle, atteint des proportions en harmonie avec la diversité considérable de leurs ateliers et de leurs productions: 750 ouvriers, hommes, femmes, enfants, y sont employés; 100 ouvriers de plus leur seront bientôt nécessaires. Ils ont appelé près d'eux un assez grand nombre d'artistes français pour faire les modèles de leurs pièces décorées. Électrotypie de cuivre produisant même des statues, argenture et dorure par voie humide, orfèvrerie d'art en argent fondu, telles sont les industries pratiquées dans la manufacture de M. Elkington. Ses brevets de 1840, acquis en France par M. Christofle, y ont créé une industrie déjà puissante dans sa nouveauté; il en est de même en Angleterre, où les riches manufactures de plaqué s'effacent rapidement devant le crédit toujours croissant de l'argenture nouvelle. L'exposition de M. Elkington renfermait le plus beau choix d'objets de décoration, la reproduction exacte par la pile, soit en argent, soit en cuivre argenté et doré, de vases antiques unis ou repoussés et du plus beau travail, tels que le grand bassin antique en argent bruni à l'extérieur, doré à l'intérieur, avec des anses dorées; plusieurs belles coupes à figures ou à fleurs, moulées sur l'antique et exécutées en argent fin par les procédés électro-chimiques : l'intérieur était une doublure d'argent doré montée à froid; l'apothéose d'Homère, célèbre vase grec en argent très-fidèlement imité; un trépied de cuivre, composé de pièces soudées, d'après un modèle antique de Rome : ce trépied est argenté et doré. Les arts modernes, à leur plus belle époque, avaient fourni pour cette remarquable exposition le grand plat ovale du cheval de Troie, avec des bas-reliefs mythologiques autour du sujet principal : les grandes surfaces étaient en argent oxydé, avec des parties réservées et dorées; le grand plat dit de l'Enfant prodigue, œuvre du XVe siècle, imité en cuivre par la galvanoplastie, très-bien argenté et doré; le grand plat rond de Briot, argenté et doré par parties, monté sur un pied orné de figures de femmes, de mascarons et de chimères fondus en bronze et argentés, le tout formant un très-beau guéridon; le plat dit du Lazzarone, argenté et doré.

Quelques pièces modernes pouvaient figurer auprès de celles que nous avons désignées, entre autres le grand plat du combat des Amazones, contre-épreuve fidèle du modèle de M. Vechte, argenté et doré par parties; un ciste d'argent oxydé, orné de bacchantes, avec une belle frise et des pampres dorés; un pot à bière doré et bruni, avec des figures d'après un modèle de M. Jeannest.

Les nombreuses pièces de service de table ou de surtout présentées par M. Elkington étaient presque toutes fabriquées en *german silver* argenté à la pile; les cloches, les plats, les soupières, seaux à rafraîchir, carafons à vin de Bordeaux, candélabres, plateaux, étaient remarquables pour la beauté de leur exécution et pour leur brillant éclat obtenu par le polissage et non par le bruni. Un grand vase commémoratif de l'exposition, fabriqué en *german silver* et argenté par la pile, est une des plus belles pièces sorties de la fabrique de M. Elkington; il est dans le style dit de la reine Élisabeth. Sa hauteur est de 4 pieds 2 pouces anglais; le vase est un prisme tronqué sur ses angles par des niches où l'on a placé les figures en ronde-bosse de Newton, Bacon, Shakespeare et Watt; les pans du prisme sont décorés de sujets en bas-relief représentant les génies des arts. Au sommet du couvercle est la statuette du prince Albert, drapé dans un manteau et une couronne à la main; le pied est flanqué des mauvais génies de la Guerre et de la Destruction, condamnés à l'inaction.

Le principal objet exposé par M. Elkington était un grand coffre à bijoux en cuivre émaillé et doré, orné des portraits sur porcelaine de la reine Victoria, du prince Albert et de leur famille, avec de belles figures en ronde-bosse adossées au coffre, le tout d'après les dessins de l'habile artiste M. Grüner.

Le jury spécial chargé de juger les mérites des produits en métaux précieux à l'exposition universelle débattit longtemps ceux des ouvrages en électro-métallurgie. Son rapport sur l'exposition de M. Elkington se terminait ainsi :

« Le jury en désignant MM. Elkington et Mason pour la grande « médaille, désire ne pas être considéré comme exprimant une « opinion sur le mérite de l'argenture par la pile, appliquée à « des objets d'usage domestique. C'est uniquement l'emploi « artistique de cette découverte qu'il entend recommander, « étant disposé à croire que c'est seulement à cet usage qu'elle « peut être avantageusement appliquée. Le jury reconnaît en « même temps tout le mérite de ces procédés pour la dorure,

« où l'économie et la durée sont obtenues en même temps que « la santé des ouvriers est préservée de tous les dangers de « l'ancienne dorure au mercure. »

MM. Wilkinson, de Birmingham, et Hawksworth, de Sheffield, ont exposé, en même temps que M. Elkington, de l'orfévrerie en *german silver* argenté par voie humide. Celle de M. Harrison était en *Britannia metal,* alliage d'antimoine, d'étain et de cuivre, et en *nickel silver,* espèce de maillechort, argentés par les mêmes procédés.

Le capitaine Boscawen Ibbetson a présenté à l'exposition universelle des objets très-délicats, surtout empruntés à l'histoire naturelle botanique ou à l'entomologie. Il les recouvre d'une couche métallique assez mince pour n'en point altérer les détails, assez résistante pour leur permettre de supporter le battage dans un moule de sable. Les épreuves résultant des objets ainsi préparés conservent la précision des originaux; on y distingue à la loupe tout ce que l'on observe sur l'original lui-même; ce procédé réunit dans ses résultats l'économie de temps et de dépense à l'exactitude la plus désirable. Le jury a accordé la seconde médaille à son auteur.

ALLEMAGNE.

L'orfévrerie électro-chimique a pris en Allemagne assez d'importance pour inquiéter les orfévres en argent. M. Hossaüer, l'un de ces derniers, a voulu combiner les deux industries; en 1844, il s'exprimait ainsi : « Je regrette de ne pouvoir vous « exposer le résultat, comme économie de temps, d'or, de ma- « tières premières et de charbon, que je trouve dans l'emploi « du procédé galvanique appliqué à la dorure sur différents « métaux dans ma fabrique. Ce sera pour moi le sujet d'un « rapport que je compte vous adresser sous peu; mais j'ai « trouvé que les résultats à cet égard dépassaient de beaucoup « mes espérances[1]. » M. Hossaüer s'occupe actuellement d'appliquer l'électro-métallurgie d'argent à des moulages en géla-

[1] Rapport du jury de 1844, t. I, p. 673.

tine d'après des modèles français, comme le font à Paris M. Gueyton et d'autres orfèvres ou bijoutiers. Il en résulte de petits ouvrages d'argent d'une grande finesse, et très-refouillés, qui exigeraient une main-d'œuvre très-coûteuse s'ils étaient faits par d'autres procédés.

PRUSSE.

Avec le concours pécuniaire de S. M. le roi de Prusse, M. de Hackewitz avait fondé une fabrique électro-chimique; les essais qu'il a tentés en grand étaient très-dispendieux; son successeur, M. Winckelmann, obtint plus de succès, en se tenant dans des bornes de travail plus étroites.

Nous devons toutefois reconnaître que les ouvrages argentés par l'électro-chimie qu'avait exposés à Londres M. Winckelmann, étaient un exemple peu encourageant de cette industrie. Soit que le bon marché des produits ne leur ait pas laissé recevoir une couche d'argent suffisante, soit que le transport ou le défaut d'entretien les ait détériorés, toute cette argenture semblait profondément altérée et, sous le rapport même de la fabrication, elle laissait beaucoup à désirer.

Au reste, la galvanoplastie est pratiquée en Allemagne avec beaucoup de soin et de hardiesse. Les ouvriers allemands, d'un caractère habituellement patient, soigneux et attentif, ne négligent rien pour réussir; ils ont obtenu des statues de cuivre de 4 ou 5 mètres de hauteur.

RUSSIE, AUTRICHE.

Ces grands essais pour supplanter les fondeurs de bronze sont faits également en Russie, sous la protection de S. A. I. le duc de Leuchtemberg; mais nous devons laisser à d'autres le soin d'en rendre compte, comme des résultats merveilleux obtenus en Autriche par l'électro-métallurgie du cuivre, appliquée à la typographie. Dans ces deux pays, la dorure et l'argenture par la pile doivent tenir une place proportionnée aux grands progrès de la galvanoplastie du cuivre. Les garnitures de bronze qui ornaient les beaux ouvrages de malachite exposés à Londres par M. Demidoff paraissaient avoir été dorées à la pile, et ce procédé ne peut manquer d'accompagner en Autriche les ouvrages en cuivre qui sont destinés à la dorure.

SUISSE.

Les procédés de dorure et d'argenture électro-chimiques sont adoptés en Suisse pour presque tous les ouvrages en orfévrerie et bijouterie d'imitation, excepté quand les commandes exigent la dorure au feu, comme ayant plus de durée. La dorure des mouvements de montres ne se fait presque plus par l'ancien procédé du mercure, mais par la voie humide. On obtient ainsi des dorés plus beaux et tout aussi durables dans cette condition de travail.

ESPAGNE.

On commence aussi à pratiquer l'argenture et la dorure électro-chimiques en Espagne. Toutefois, cette industrie n'y a pas encore reçu un très-grand développement.

L'orfévrerie électro-chimique a, comme on le voit, pris une place considérable dans l'industrie européenne; cependant, malgré les succès qu'elle a obtenus et son triomphe définitif sur la dorure au mercure, on reconnaît que, sous plusieurs rapports, il lui reste encore à faire de grands progrès. C'est surtout dans la fabrication des couverts que l'électro-métallurgie doit chercher des améliorations pour en continuer la fabrication. Dans l'orfévrerie d'usage, la mollesse de l'argent fin déposé sur les métaux communs est un inconvénient auquel le plaqué n'est pas sujet; il est bien plus grand, si l'on considère la rapide altération d'instruments toujours en contact avec les substances alimentaires, exposés à l'action du couteau et à des frottements réciproques sans cesse renouvelés. Trouver un métal blanc aussi beau que l'argent, moins cher que lui, beaucoup plus dur et inoxydable, est un problème qu'ont en vain tenté de résoudre les imitateurs du packfong chinois. La rareté et la cherté du nickel est cause, d'ailleurs, qu'il s'est successivement réduit dans les alliages où on le combinait au zinc et au cuivre; mais l'électro-chimie donnera peut-être ce que les alliages ont refusé. Déjà, un homme aussi ingénieux dans ses recherches que bon observateur, M. Junot, fabrique une très-belle imitation d'argenture, en faisant déposer le tungstène et d'autres métaux de la même classe sur les couverts de laiton ou de maillechort; l'éclat, la blancheur et la dureté de cet enduit métallique paraissent devoir amener de très-beaux résultats, et permettre de lutter avec avantage contre l'argenture des couverts et de l'orfèvrerie d'église; c'est une nouvelle voie ouverte à l'industrie et à la science. D'un autre côté, les recherches pour produire des métaux blancs ayant toutes les propriétés utiles de l'argent, sans en contenir une forte proportion, ne sont pas abandonnées et peuvent prochainement amener de grands changements dans la fabrication des alliages imitant les métaux précieux, dont nous avons maintenant à nous occuper pour achever cette partie de notre travail.

ALLIAGES IMITANT LES MÉTAUX PRÉCIEUX.

On ne peut imiter l'or qu'avec des alliages de cuivre, parce que ce métal donne seul la couleur jaune par l'atténuation de celle qui lui est propre. Les alliages de cette nature sont très-limités. On y combine toujours le cuivre au zinc avec ou sans étain; la proportion est de 100 de cuivre avec 8 ou 9 de zinc. Dans cette proportion, les métaux alliés donnent un produit ductile d'une belle couleur d'or, mais que trahissent toujours sa pesanteur spécifique, son odeur et son oxydabilité au contact de l'air humide ou des émanations acides : on le désigne sous les noms de similor, or de Manheim, chrysocale, ou métal du prince Robert. Vers 1825 on fabriquait à Paris beaucoup d'objets de bijouterie fausse avec ces alliages; mais ils ont été promptement dépréciés, et nous dirons plus tard comment ils ont été remplacés.

Les alliages imitant l'argent sont de natures très-diverses: les uns contiennent du nickel, qui leur donne leur blancheur;

les autres se rapprochent de la poterie d'étain et n'imitent l'argent qu'en son absence. Les Chinois, qui probablement ont des mines d'oxyde de nickel exempt d'arsenic, fabriquent des alliages de nickel, de zinc et de cuivre, nommés packfong ou toutenague et cuivre blanc ; ils s'en servent pour imiter l'argent. Leur composition varie pour les proportions.

M. Fife y a constaté :

Cuivre	404
Nickel	316
Zinc	254
Fer	26

M. Engelshöm :

Cuivre	438
Nickel	156
Zinc	406

Cette différence provient, selon M. Dick Lander, de ce que le packfong ou toutenague et le cuivre blanc sont deux alliages différents, et l'analyse de M. Fife se rapporterait au cuivre blanc. Selon M. Lander, le cuivre blanc, beaucoup plus riche en nickel, est employé exclusivement par les Chinois, et l'exportation en est interdite; mais le toutenague est un objet de commerce important avec les Indiens, qui l'allient au cuivre pour faire des ustensiles de ménage[1]. Il est probable que c'est de ce même alliage que se servent les Malais pour fabriquer leurs belles lames d'acier damassées, dont la veine blanche et brillante est composée de nickel et de cuivre, le zinc s'étant volatilisé dans l'opération du forgeage.

Ces différents alliages blancs importés en Europe et analysés par des chimistes ont donné naissance à la fabrication du maillechort; mais la nature de nos minerais de nickel n'a pas permis d'obtenir économiquement des produits aussi purs que ceux des Chinois. Le cuivre blanc d'Allemagne se prépare

[1] Berthier, *Traité des essais par la voie sèche.*

avec le nickel extrait du *speiss* qui provient des fabriques de bleu de cobalt. Ce *speiss* contient toujours une certaine quantité d'arsenic dont on ne l'a pas encore entièrement purgé, malgré les perfectionnements récemment introduits dans la préparation du nickel. Cependant le maillechort, composé de

Cuivre	650
Nickel	168
Zinc	130
Fer	34
Étain et cobalt	2

passe bien au laminoir, s'y réduit en feuilles très-minces et prend bien le poli : c'est celui que l'on a fabriqué longtemps à Paris. Plus ces alliages sont riches en nickel, plus ils sont beaux et à l'abri de la production des sels de cuivre : ainsi, selon Gersdorff, en alliant 50 de cuivre avec 25 de nickel et 25 de zinc, on obtient un métal très-convenable pour la fabrication des couverts. Cette nécessité bien reconnue n'a pas empêché la composition du maillechort de s'appauvrir en nickel de plus en plus, et ce métal, perdant ses qualités les plus estimées, est devenu en peu d'années, à Paris, une sorte de laiton qui ne peut être employé en couverts qu'après avoir été argenté par la pile.

Ce fut vers 1819 que l'argentan fut importé en France et admis dans le commerce : un fabricant nommé Maillet, ayant pris un brevet pour sa fabrication, lui donna le nom singulier de maillechor, qui s'est converti en maillechort, usité généralement aujourd'hui ; toutefois, il resta pendant une dizaine d'années plutôt à l'état d'essai qu'à celui de véritable industrie. Son importance commerciale se développa avec les progrès de sa fabrication : en 1834, la production du maillechort, en France, ne dépassait guères 100,000 fr. ; elle atteignait 400,000 fr. dix ans plus tard à Paris, sans compter la fabrication de St-Étienne, Lyon et Bordeaux. Dans cette même période, le maillechort était réduit de plus de 25 p. o/o, quoique le prix du nickel fût en hausse de 100 p. o/o. Le jury nous laisse ignorer si cette baisse de prix tenait à une diminution dans les quantités de nickel employé. Il atteste seulement que la manufacture d'armes de St-Étienne faisait usage de maillechort pour garnir les bois de fusil; les facteurs de pianos l'employaient pour les tables d'harmonie et les selliers pour les harnais. M. Pechiney fut le premier des exposants français qui obtint une mention honorable à l'exposition de 1834 et une médaille d'argent à celle de 1839 pour son maillechort, dont on commençait à faire grand usage pour la sellerie et la coutellerie; il avait à peu près mis fin aux importations de ce métal par les Allemands. En 1844, il fut l'objet d'un rappel de la médaille d'argent pour le maillechort qu'il préparait pour les fabricants; le jury lui reconnaissait le mérite d'avoir perfectionné cet alliage, en le rendant plus homogène et plus malléable. Les produits laminés de sa fabrique étaient employés à Genève et à la Chaux-de-Fonds pour les boîtes de montres destinées à l'exportation. M. Pechiney exposait une figure de la sainte Vierge, du poids de 25 kilog., fondue d'un seul jet, et diverses pièces d'orfévrerie démontrant que la retreinte et le repoussé sont des procédés facilement applicables au maillechort. M. Pechiney avait aussi reçu de la société d'encouragement une médaille d'argent pour les perfectionnements apportés par ses soins à la fonte et au moulage de ce métal composé.

En 1849, M. Gombault se montrait à la tête des fabricants de maillechort à Paris. Le jury de l'exposition remarqua ses produits à cause de leur blancheur, de leur qualité et de leur analogie avec les beaux modèles, soit d'orfévrerie massive, employée par les fabricants de grosserie, soit de couverts estampés. Son exposition comprenait un grand nombre de pièces de service de table, ainsi que celles à l'usage des cafés, des limonadiers et des restaurateurs, du maillechort en feuilles laminé à toutes les épaisseurs et de bons fils du même alliage. La médaille de bronze fut décernée à M. Gombault par le jury central.

Malgré les efforts des fabricants intelligents que nous venons de citer, le maillechort n'aurait pas pu soutenir en France la lutte avec le plaqué, sans la découverte de l'argenture électro-chimique; mais dès que ce procédé fut introduit dans l'industrie, le maillechort, dont le titre en nickel a baissé graduellement jusqu'à 5 p. o/o, redevint l'objet d'une fabrication importante. Cependant son bas aloi le rapproche tellement du cuivre jaune, qu'il en partage tous les inconvénients pour la couleur et l'insalubrité : cette condition fâcheuse compromet l'avenir du maillechort argenté. 16 fabricants de maillechort ont été recensés à Paris : le chiffre de leurs affaires, en 1847, était de 866,800 francs, et ils employaient 251 ouvriers; en 1848, leurs affaires se sont réduites à 485,408 francs et le nombre de leurs ouvriers s'est abaissé à 97.

Nous avons déjà fait connaître quels étaient les fabricants anglais exposants à Londres en 1851 qui argentaient sur le *german silver* et sur le *Britannia* ou *imperial metal,* dont nous avons aussi expliqué la composition. Ces deux derniers métaux blancs, dont l'aspect ne rappelle qu'imparfaitement l'argent, ont obtenu un grand succès en Angleterre pendant assez longtemps : leur bon marché, l'aspect que leur donnaient les ornements dont ils étaient chargés, et la facilité qu'ils offraient pour l'entretien permettaient de les faire figurer sur les tables et dans les buffets. A l'exposition de Londres, MM. Dixon et fils ont présenté des échantillons de *Britannia metal* faisant connaître toute sa fabrication, depuis le minerai et les métaux composant l'alliage jusqu'à l'achèvement définitif des pièces ouvrées, et de plus une collection de théières, cafetières, chocolatières et autres vases de cet alliage, de formes très-choisies, bien retreintes et très-variées.

En Allemagne, la production de maillechort est très-considérable depuis trente ans: les principales fabriques sont, en Prusse, à Berlin et à Elberfeld, en Autriche, à Vienne. On estime qu'il en sort annuellement 1,000 quintaux de cet alliage. Les exploitations de zinc en Silésie, celles de nickel en Bohême, en Saxe et en Hongrie, celles de cuivre en Russie, en Espagne et en Amérique, alimentent l'industrie allemande du maillechort désigné sous les noms de *Neusilber*, *Chinasilber*, *Perusilber;* sa composition est ordinairement :

Nickel	1
Zinc	2
Cuivre	3

L'inventeur du *Neusilber* est le docteur Geitner, de Schneeberg : M. Henniger en fonda une fabrique à Berlin en 1822 et une autre à Varsovie en 1828; celle de M. Abeking fut établie en 1839 et fut bientôt suivie de l'établissement de M. Fürst en 1842. Près de Vienne, à Berndorf, MM. de Schöller et Krupp inaugurèrent cette fabrication vers la même époque. Une usine de *Chinasilber*, qui s'était ouverte à Dresde, a promptement été dépréciée par ses qualités inférieures, qui exigeaient l'argenture électro-chimique. Le *Chinasilber* n'a pu soutenir la concurrence du *Neusilber*, exploité par les habiles industriels MM. Fürst et Krupp. Le *Perusilber*, d'une meilleure qualité que le *Neusilber*, est fabriqué à Berlin par M. Saling; mais il ne paraît pas encore avoir obtenu la faveur du public.

BIJOUTERIE.

La bijouterie est une industrie intermédiaire, qui participe à la fois de l'orfévrerie et de la joaillerie : elle emprunte à l'orfévrerie une partie de ses procédés, elle reçoit de la joaillerie ses ornements les plus riches; mais cependant son caractère particulier ne peut être méconnu, et les fabricants savent bien le distinguer. Dans la bijouterie, les pierres fines et les perles ne sont que de brillants accessoires; au contraire, les métaux précieux travaillés avec art et délicatesse, gravés, guillochés ou incrustés, soit pour la parure, soit pour la décoration des cabinets somptueux, les émaillages, les nielles, les camées, les filigranes, les pierres dures, les coraux, le succin, les mosaïques associées aux ornements d'art et de fantaisie élégante, tout cet ensemble constitue la bijouterie, dont les différentes applications se divisent à l'infini.

Quelques orfèvres sont en même temps joailliers et bijoutiers; mais la bijouterie est encore une industrie exercée séparément, surtout quand elle est destinée à une production considérable; cette existence isolée appartient surtout à la bijouterie courante, dont les produits se transforment et se renouvellent sans cesse pour provoquer et satisfaire la consommation : créer continuellement et détruire pour produire de nouveau exige une grande fécondité d'imagination et une invention heureuse qui ne commette pas de méprises et sache faire admettre ses œuvres dans la circulation commerciale; sous ce rapport, l'industrie française est depuis longtemps sans rivale.

C'est par la fonte, le laminage, l'estampage, la ciselure et la soudure que la bijouterie se rattache directement à l'orfèvrerie; seulement, ses opérations sont plus délicates : elles exigent plus de précision et une grande adresse.

Dans l'emploi des métaux précieux, la bijouterie a certains travaux qui lui sont propres: elle fait les filigranes avec des fils d'or ou d'argent disposés en formes diverses et soudés ensemble avec beaucoup d'adresse; elle prépare et met en œuvre le grainti, qui se compose de grains d'or obtenus en fondant sur du charbon battu dans un creuset de petits anneaux de ce métal formés de fils tournés sur un mandrin et coupés par petits tronçons : chaque cercle, en fondant, se retire sur lui-même, se réunit et forme une petite sphère. Tous les grains sont ensuite séparés au moyen d'une boîte contenant plusieurs cribles en cuivre superposés et tous d'un calibre de plus en plus petit; ces grains se posent sur l'or en plaque ou en fil à l'aide de gomme adragante mêlée de soudure et de borax; une flamme large et douce, projetée par le chalumeau, opère la soudure en un instant.

La cannetille est une spirale serrée de fil métallique qui s'applique en ornements soudés sur l'or ou sur l'argent; elle accompagne ordinairement les travaux exécutés en grainti.

ÉMAUX.

L'émail, qui joue maintenant un si grand rôle dans la bijouterie, est un verre coloré, transparent ou opaque, formé d'oxyde de plomb, de silice et d'un carbonate alcalin fondus ensemble et colorés par différents oxydes métalliques. Ce verre est beaucoup plus fusible que l'or, l'argent et le cuivre; il s'applique sur ces métaux à l'état de poudre délayée comme une pâte dans des huiles essentielles ou dans l'eau. Une température peu élevée au-dessus du rouge suffit pour fondre l'émail, et ce travail se fait dans une espèce de petit four où la pièce à émailler est chauffée sur les charbons. Il y a plusieurs sortes d'émaux : les émaux transparents, appliqués sur des plaques de métal ordinairement guillochées en dessous et quelquefois unies; les émaux blancs opaques, qui doivent cette propriété à l'oxyde d'étain: on les applique comme des fonds pour obtenir des surfaces unies sur lesquelles on peut peindre, comme on le fait sur la porcelaine; les émaux cloisonnés, c'est-à-dire qui sur un fond plat, mais déprimé et muni de bords un peu élevés, portent des filets métalliques minces ajustés à la soudure forte et destinés à encadrer, en les séparant, des émaux transparents ou opaques de diverses couleurs : lorsque les émaux sont fondus, le tout est poli comme on polit la mosaïque.

Les procédés de la bijouterie sont presque tous empruntés à l'antiquité; cependant les émaux, invention des Gaulois, sont restés longtemps dans le domaine exclusif de l'Europe, et en particulier de la France. On doit à M. le comte de Laborde un excellent travail sur les origines des émaux et leur classification industrielle et chronologique : il y distingue les émaux des orfèvres, contenus dans une partie évidée et creusée dans le métal; les émaux en taille d'épargne, distribués dans des traits gravés de diverses largeurs, et servant de contour aux figures et ornements ou, au contraire, se détachant sur un fond de métal; le moyen âge a fourni d'innombrables exemples de ce genre d'émail; les émaux cloisonnés, dont nous venons de parler, et qui ont généralement le caractère oriental et le style byzantin; les émaux mixtes, combinant le système cloisonné à la taille d'épargne; les émaux des peintres, dont l'industrie fit longtemps la richesse et la célébrité de Limoges et de ses artistes, dont M. de Laborde a recueilli les noms et détaillé la fabrication [1]. Imitée par les Italiens, cette industrie, où l'art de la peinture joue le principal rôle, touche de très-près à celle du porcelainier et du faïencier; les Chinois l'ont poussée très-loin, et la solidité, l'élasticité de leurs émaux en plein sur cuivre, étudiées par nos délégués industriels associés à la mission en Chine, méritent toute l'attention des fabricants français : ajoutons ici que les Chinois ont autrefois fabriqué des vases de cuivre tout incrustés d'émaux bleu-turquoise, verts et bleu de cobalt, de l'effet le plus riche et le plus pittoresque.

MOSAÏQUE.

La mosaïque fine est un art exercé presque exclusivement par les Italiens. Elle met en œuvre de petits fragments polygonaux ou tronçons de baguettes en émaux colorés opaques, que l'on assemble sur un ciment pour les fixer, et leur juxtaposition forme, par ses tours différents et gradués très-habilement, une imitation de la peinture, d'autant plus belle que les morceaux d'émail sont plus petits et mieux disposés. Lorsque le ciment est bien durci, la surface de la mosaïque est polie, le travail apparaît dans tout son éclat, et l'ouvrage achevé peut être monté en bijou.

NIELLE.

La nielle est un art dont l'origine se perd dans l'antiquité. Sa composition n'a pas varié depuis le temps de Pline jusqu'à nos jours; ses procédés industriels ont reçu d'heureuses améliorations. La nielle s'exécute en gravant sur l'argent au burin, comme le font les graveurs en taille-douce; les traits creux

[1] De Laborde, *Notice des émaux, bijoux et objets divers exposés dans les galeries du Louvre*, Ire partie, p. 1 à 123.

sont ensuite remplis et recouverts d'une substance pâteuse noire et très-fusible, dont les sulfures d'argent, de cuivre et de plomb sont les éléments [1]. La pièce gravée, ainsi enduite, est portée dans une moufle, et chauffée jusqu'à la fusion des sulfures, qui se liquéfient, pénètrent dans tous les traits gravés et les remplissent; puis on enlève mécaniquement avec une sorte de rabot tout l'enduit noir étendu sur l'argent; celui-ci se découvre, et les traits gravés restent remplis de nielle qui ressort en noir sur le fond blanc métallique.

Inventée par les Égyptiens, peut-être avant l'ère chrétienne, la nielle devint un art de prédilection dans l'Orient; elle paraît avoir été importée par les Byzantins en Russie, à l'époque où les barbares qui habitaient ce pays se convertirent au christianisme, et il est probable que ce fut aussi de Byzance que les artistes occidentaux du moyen âge reçurent les premières leçons sur l'art de nieller l'argent. L'usage des nielles, continué en Europe depuis le VIIe siècle jusqu'au XIIe, fut ensuite négligé pendant un long espace de temps; il fut repris dans le XVe siècle et abandonné de nouveau; toutefois, on trouve quelques objets niellés, que l'on croit avoir été faits à Augsbourg, vers le milieu du XVIIIe siècle [2]. Les nielles importées de Russie en France en 1825 furent l'origine d'une rénovation de cet art, qui maintenant commence, malgré son mérite, à retomber dans les emplois vulgaires d'où Wagner l'avait tiré. La fabrication des nielles en Russie n'a pas l'importance que l'on serait porté à lui attribuer : elle ne s'y exerce pas dans de grands ateliers; de petits établissements sont consacrés à son exploitation dans la ville de Vologda particulièrement, et sur une échelle encore plus restreinte à Toula, qui cependant leur donne son nom dans l'occident de l'Europe.

SUBSTANCES EMPLOYÉES PAR LA BIJOUTERIE.

Le corail, substance naturelle produite, sous forme de bran-

[1] 38 parties d'argent, 72 de cuivre, 50 de plomb, 384 de soufre et 36 de borax.

[2] Voir l'*Essai sur les nielles*, par M. Duchesne aîné. Paris, 1826.

chages, par des animalcules marins, et appartenant à la même catégorie que les madrépores, est rouge, blanc ou rose, dur et propre à recevoir la ciselure et le poli : les pêcheurs le recueillent sur la côte d'Afrique; il est transporté à Naples et à Marseille, où des ouvriers très-habiles le taillent en camées, en ornements et ustensiles de toute espèce, mais de petite dimension, et en font surtout des colliers, des bracelets, des broches, des boucles d'oreilles. Il a longtemps été très-recherché, mais sa consommation diminue à mesure qu'il devient plus facile de s'en procurer.

Les pierres dures comprennent : les matières siliceuses, telles que le cristal de roche, l'agate, la cornaline, la calcédoine, les sardoines et onyx, les jaspes sanguin, vert, rouge, jaune, l'améthyste et la fausse topaze, quartz hyalin coloré en violet et en jaune, la chrysoprase, quartz vert clair translucide; les matières feldspathiques, comme le labrador; le lapis-lazuli, qui provient du bassin du lac Baïkal, dans le gouvernement d'Irkoutsk, du Thibet et de la Petite-Boukharie; le sulfure de fer ou pyrite, que l'on nomme marcassite dans le commerce; le jade, espèce de stéatite très-dure venant de la Chine et même du Jura; l'obsidienne, lave vitreuse noire ou brune. On les taille et on les grave, les unes avec l'égrisée ou poudre de diamant, les autres avec la poudre d'émeri, que l'on emploie soit sur un disque tournant de plomb, en présentant au frottement la pierre montée dans un mandrin d'étain, soit au tour et avec la bouterole et les autres instruments du graveur en pierres fines.

Les substances naturelles et tendres employées par les bijoutiers sont quelquefois le carbonate de chaux nacré du Derbyshire, souvent le carbonate de cuivre appelé malachite et la serpentine noble, le succin ou ambre jaune de Dantzick, résine fossile d'un jaune doré ou citrin rejetée par la mer sur ses rivages, les coquilles de l'espèce nommée grand casque des Indes, dont les couches intérieures, de nuances différentes et stratifiées, servent à faire des imitations de camées; la nacre de perles et le burgos, autre coquille dont les reflets sont beaucoup plus colorés et plus vifs que ceux de la nacre ordinaire. Les bijoutiers font encore usage de toutes les pierres précieuses qui appartiennent à la joaillerie, et dont nous aurons à parler prochainement.

Deux substances artificielles vitreuses, ayant l'aspect et la dureté de certaines pierres, sont l'aventurine et la purpurine de Venise. La première se prépare en faisant réduire par l'oxyde de fer le cuivre dissous à l'état d'oxyde dans une masse de verre; les procédés en sont tenus secrets. Le cuivre reste disséminé dans le verre en particules cristallines et brillantes qui étincellent sur un fond brun[1]. La purpurine, que l'on ne sait plus préparer, dit-on, est un verre coloré par le protoxyde de cuivre, d'un rouge un peu violacé, parfaitement homogène dans sa teinte opaque et vigoureuse. Les bijoutiers d'Allemagne prétendent que la purpurine est colorée par l'or probablement à l'état de pourpre de Cassius; ils en attribuent la découverte au célèbre chimiste Kunckel, qui l'aurait inventée en 1679. Entre les années 1820 et 1830, M. le comte de Bucquoy avait, dit-on, repris la fabrication de la purpurine dans ses usines de Bohême; après lui, cette fabrication a été abandonnée.

HISTORIQUE DE LA BIJOUTERIE.

La bijouterie, grave et noble au moyen âge, qu'elle enrichit de travaux merveilleux, en grande partie anéantis, nous a laissé cependant quelques ouvrages précieux, tels que crosses, reliquaires, fermails de chapes, ciboires dorés, émaillés, ornés de ciselures et de pierres fines. Les plus remarquables appartiennent au XIIIe siècle : les inventaires des églises et abbayes, recueillis par les soins de savants modernes, et ceux des trésors des princes, notamment celui de Louis de France,

[1] L'analyse de l'aventurine artificielle fabriquée par M. Bigaglia à Murano et à Venise a été faite avec une grande exactitude par M. Peligot, et insérée dans le *Journal de l'Institut*, 1846, p. 100.

duc d'Anjou, dressé vers 1360-1368 [1], nous font connaître quels trésors inestimables d'art et d'industrie les guerres, les discordes civiles et religieuses, le temps et l'inconstance de la mode ont fait disparaître et transformé en autres ouvrages aussi périssables que les premiers.

Après une époque de splendeur, la bijouterie, un instant éclipsée, produisit au XVIe siècle des choses qui font encore aujourd'hui l'admiration et le désespoir des artistes. Le trésor de l'empereur d'Autriche, le musée de Naples, celui du Louvre et le cabinet *delle Gemme*, à Florence, contiennent des bijoux sortis des mains de BENVENUTO CELLINI et de ses élèves, où la magnificence et le goût le disputent à la richesse des matières. Après la célèbre salière de Cellini et le coffret Farnèse, créations incomparables d'artistes sans rivaux, le XVIe siècle nous a laissé des travaux de bijouterie qu'il serait trop long d'indiquer et de décrire, vases en cristal, coupes en sardoine, en lapis, en jaspe, accompagnés de figures admirablement ciselées et émaillées; armes plaquées d'or, décorées d'émaux, de ciselures et de pierres; pendeloques à figures accompagnées de pierres précieuses, camées richement montés sur des vases, miroirs et bougeoirs encadrés d'onyx, de camées et d'émeraudes, œuvres d'une telle beauté qu'on ne peut comprendre comment l'habileté humaine a suffi pour les créer; toutes ces merveilles ne furent admirées qu'un temps, puis elles furent oubliées. Sous Louis XIII et Louis XIV, après les guerres civiles de la Ligue et les désordres de la Fronde, l'orfévrerie avait envahi le domaine de la bijouterie, témoin ce coffret magnifique donné, dit-on, par le cardinal de Richelieu à la reine Anne d'Autriche, et dont toute la surface est couverte d'un magnifique rinceau en or découpé à jour et exécuté par la main la plus habile et la plus sûre que l'on puisse imaginer. Ce que l'on avait quitté par lassitude fut ramené par l'inconstance. Sous Louis XV, Thomas Germain fut le chef d'une école dont les ouvrages délicats, étudiés et d'un grand

[1] Publié par M. de Laborde, *Notice des émaux, bijoux et objets divers exposés dans les galeries du Louvre,* IIe partie, p. 1 à 114.

mérite d'ajustement, ressuscitèrent la bijouterie, en flattant, mais avec grâce, le goût frivole d'un temps de plaisirs et de luxe. On vit alors des bijoux d'une extrême recherche, composés dans le seul style qui fût admis alors, avec toutes ses bizarreries, il est vrai, mais avec toutes ses nouveautés et sa hardiesse : les montres, les châtelaines, les tabatières, étaient couvertes de sculptures repoussées, émaillées, brillantes de pierreries; ce n'était que guirlandes, amours, coquilles et rocailles contournées, ciselées en relief ou gravées, ouvrages peu classiques assurément, mais d'une exécution aussi animée que leur composition était diverse, et parfaitement combinés pour déployer toutes les ressources du talent d'artistes maintenant inimitables. Le piqué sur écaille, formé de petits clous d'or réunis en dessins, était emprunté à la Chine, dont l'art européen ne surpassa jamais les prodiges d'adresse et de patience.

Sous Louis XVI, la bijouterie, moins productive, devint froide et avare d'ornements; elle avait conservé de l'époque précédente la perfection de la monture et du travail, que révèlent les plus simples objets. L'exagération du style que l'on répudiait fut abandonnée pour suivre une voie tout opposée; l'architecture, l'orfévrerie, la bijouterie, marchaient du même pas et vers le même but. Les plus beaux bijoux étaient ornés d'émaux unis et transparents, bleus, gris de fer, opalins : c'était la décoration habituelle des tabatières, des bonbonnières ou des étuis; les boîtes en écaille noire, doublées d'or, parfaitement exécutées d'ailleurs, étaient ornées de portraits ou de paysages en miniature sur vélin : les diamants et les perles fines, distribués avec parcimonie, étaient rangés en chatons séparés, montés en entourage ou en étoile sur fond d'émail. Quelquefois, sur fond d'émail, on dessinait en pierreries des chiffres dont les lettres étaient entrelacées. Quant à la bijouterie courante, elle se composait de médaillons en losange, avec des gouaches sous verre entourées de perles, ou bien de colliers à plaques réunies par des chaînons polis. S'il reste encore quelques bijoux estimés de cette époque, ils sont rares et fort recherchés, surtout lorsque l'on y trouve sur un fond d'émail transparent un sujet peint sur émail opaque.

Le régime révolutionnaire fit disparaître la richesse et l'orfèvrerie, l'aisance et la bijouterie la plus modeste. Des boucles d'argent aux souliers devinrent un signe accusateur d'aristocratie; on ne portait plus que des boucles d'oreilles représentant des faisceaux, des triangles, des bonnets phrygiens et des guillotines, le tout fabriqué en or à dix ou douze karats. Ce métal de mauvais aloi était encore d'un titre trop élevé pour les assignats avec lesquels on était obligé de le payer.

Sous l'Empire la bijouterie se ranima lentement; on faisait encore quelques bijoux, comme à la fin du XVIIIe siècle, mais on voulait surtout imiter l'antique, sans bien le connaître encore. On n'avait nulle idée des magnificences de l'art des Assyriens et des Étrusques: les riches parures égyptiennes et grecques ne furent découvertes que plus tard. On visait à une simplicité que l'on croyait classique : aussi des armilles en forme de serpents, des anneaux unis, des colliers de corail, de scarabées et de camées étaient devenus des bijoux de la plus grande élégance; on en fit une immense consommation pendant près de quinze années. De 1810 à 1814, on commençait à faire des bijoux en or mat; vers 1815, ils furent décorés d'ornements hémisphériques ou calottes d'or embouties, sur lesquelles on soudait de petits grains d'or immédiatement contigus: on appelait ce travail le grainti; autour, un cercle de fils d'or, tordus en spirale, embrassait la base de la calotte, et un certain nombre de ces ornements disposés sur une plaque d'or de couleur, ciselée en feuillages ou parsemée de petites perles ou de petits rubis, formaient les objets de parure les plus recherchés dans la bijouterie du commerce. Cependant BIENNAIS, BENIÈRE, PETITEAU, CAHIER et MOREL fabricant de tabatières, fournissaient quelquefois des bijoux d'un ordre plus distingué.

Sous la Restauration, la bijouterie s'accrut de la fabrication d'émaux en camaïeu et de chaînes à grosses mailles plates et larges sur lesquelles des fleurs opaques dans un contour cloisonné étaient entourées d'un fond transparent : le tout était poli comme on polit la mosaïque; les grosses mailles se reliaient entre elles par des maillons d'or mat. Les gros cachets, les breloques, les chaînes de montre à l'usage des hommes, étaient la principale industrie des bijoutiers; les ciseleurs d'art y trouvaient peu d'emploi. Plus tard, on fit de grandes parures, bandeaux, coiffures, colliers, boucles d'oreilles, broches en or estampé, rehaussé de ciselures pour les ornements et de grainti associé à la cannetille; ces parures étaient ordinairement en forme de guirlandes de fleurs, semées de pierres de médiocre valeur, comme des turquoises, des améthystes et des aigues-marines. De 1820 à 1830, les fabricants les plus renommés furent MM. Maison-Haute, Dubuisson, Paul frères, et surtout MM. Benière, Caillot, Petiteau et Robin, dont la bijouterie était particulièrement estimée.

M. Bernauda. — Les bijoutiers, comme industriels spéciaux, se présentèrent assez tard aux expositions françaises; la bijouterie courante y est même restée peu représentée. En 1823, M. Bernauda exposa des bijoux en alliages de platine avec différents métaux; il obtenait ainsi des effets de couleur agréables, et le jury lui décerna la médaille de bronze pour ce premier essai. A l'exposition de 1827, les progrès sensibles de cette fabrication valurent à M. Bernauda le rappel de la médaille de bronze; ce rappel lui fut confirmé en 1834 pour son assortiment de mêmes ouvrages du travail le plus fini et le plus précieux. Sans se décourager de rester seul dans son industrie, M. Bernauda l'étendit en y introduisant le damasquinage de l'or sur le platine; il exposait en 1839 un riche assortiment de boîtes-nécessaires, cassolettes, chaînes, bagues et autres objets de bijouterie en or et platine, parfaitement exécutés; le jury lui accorda une nouvelle médaille de bronze. Ses progrès encore constatés par le jury de 1844 ne lui valurent cependant que le rappel de la médaille de bronze.

Charles Wagner fut réellement le premier qui fit sortir la bijouterie française de la voie uniquement commerciale pour lui donner une direction mieux inspirée par les beaux-arts. Il en résulta une grande émulation chez les hommes habiles qui travaillaient dans cette branche d'industrie, et la bijouterie courante devint plus inventive, plus attrayante et plus perfectionnée. Wagner débuta à l'exposition de 1834 par les nielles, qu'il avait, en 1830, importées d'Allemagne, où elles avaient été reçues de Russie; ses produits étaient de deux sortes : les uns à bon marché; la gravure en était estampée par des matrices d'acier, et reproduisait indéfiniment les différents modèles isolés ou réunis. Le dessin qu'on veut exécuter en nielle est gravé sur une planche d'acier que l'on trempe ensuite; au moyen de cette planche, on en tire une autre sur acier mou, non trempé, où le dessin se reproduit en relief; la seconde planche trempée, à son tour, sert à tirer toutes les épreuves en creux sur agent. Les autres nielles étaient gravées sur l'argent même par des artistes habiles; elles atteignaient alors un mérite distingué. Wagner imitait les plus belles nielles anciennes jusqu'à faire tomber dans l'erreur de véritables connaisseurs; il fit la coupe niellée dont nous avons déjà parlé, et qui fut estimée aussi parfaite que les meilleurs ouvrages des maîtres. Sa principale fabrication consistait cependant en tabatières, manches de couteaux, couverts de table, gravés par les procédés mécaniques; la nielle y était accompagnée de dorures et de ciselures; leur bon goût et leur fini surprenant, unis à un très-bas prix, firent augurer au jury une véritable révolution dans l'orfévrerie : une médaille d'or fut le prix de cette heureuse innovation et des coffrets à bijoux et coupes rehaussées d'émaux ou de pierreries exposés en même temps par l'habile et industrieux artiste.

Wagner, prompt à concevoir et à exécuter, manquait seulement d'une certaine élévation dans la pensée et quelquefois de perfection dans la main-d'œuvre : sa bijouterie n'avait pas ordinairement la précision qui lui donne tant de valeur. Nous avons déjà cité son vase émaillé, exposé en 1839; il présenta encore, cette année, au jugement du jury un très-grand camée qu'il avait monté dans un bel entourage orné d'émaux, comme ceux du XVe siècle; une riche reliure décorée de peintures, de pierreries et d'émaux; deux sabres-cimeterres couverts de pierreries et de ciselures. C'est surtout dans les armes que Wagner méritait quelque critique; les pierres fines de second ordre y étaient prodiguées, mais leur brillant effet ne pouvait dissimuler leur médiocrité. Faites avec les déchets d'émeraudes ou les rebuts de turquoises livrées au commerce, ces pierres de toute forme, de toute grandeur, étaient montées sans élégance, et leur nombre même révélait leur valeur infime : ce n'est pas ainsi que sont faites les belles armes des Indiens. Wagner ne l'ignorait pas; mais possesseur d'une masse énorme de ces matières imparfaites, il sut leur donner un emploi avantageux que, sans son instinct d'artiste et de fabricant, il n'aurait pu trouver d'aucune autre manière.

En même temps il exposait des bijoux émaillés sur un alliage de platine résistant parfaitement au feu, et produisant un effet presque aussi utile que celui de l'or. Le jury pensait que par ce moyen on pourrait obtenir de grandes pièces enrichies d'émaux, de peintures et de pierreries. La mort de Wagner paraît avoir arrêté l'essor de cette nouvelle fabrication. Le reste de l'exposition de Wagner se composait, outre l'orfévrerie d'art, de matières dures et précieuses, telles que grenats, jaspes, agates, jades de la Chine, taillés, creusés, sculptés de manière à réunir à volonté tous les éléments nécessaires pour l'exécution immédiate des plus riches commandes. Le jury, déclarant que Wagner était le premier dans son art, lui confirma la médaille d'or décernée en 1834.

Pendant que Wagner exposait pour la dernière fois, M. Froment-Meurice venait se ranger parmi les orfèvres-bijoutiers et joailliers qui allaient conquérir le suffrage du public par des travaux d'un véritable mérite. Récompensé par une médaille d'argent, en 1839, pour ses ouvrages d'orfévrerie, il en reçut en même temps une seconde pour ses produits de bijouterie, dont le jury constatait la perfection et les prix modérés. Les bons modèles qu'il dessinait ou faisait, soit par lui-même, soit avec le concours d'habiles artistes, étaient fondus par M. Richard, dont le talent dans sa profession est resté célèbre; M. Eck était le ciseleur qui les terminait. A l'exposition de 1844, M. Froment-Meurice parut de nouveau avec un grand et légitime succès : sa bijouterie était à l'égal de sa joaillerie et de son orfévrerie. Inspiré par les beaux modèles qu'il avait étudiés pendant sa jeunesse, par les riches collections du Louvre, de la Bibliothèque royale, de MM. Dusommerard et de Bruges, il emprunta beaucoup aux styles des XVIIe et XVIIIe siècles, sans négliger ce que les œuvres de la Renaissance offraient d'utile pour aider ses propres inspirations. Depuis 1839, ses progrès, signalés par le jury, résultaient de la coopération assidue d'artistes, architectes et ciseleurs de premier ordre. Le jury citait principalement une coupe des vendanges dans le style allemand : la monture était formée d'un cep de vigne à feuillages émaillés sur or, et les grappes en perles; les branches portaient des groupes de figures ciselées par M. Vechte. La composition de cette pièce, déclarée admirable par le jury, était tout entière de M. Froment-Meurice. Il exposait: dans le style du XVe siècle, un riche coffret en fer damasquiné d'or, d'après un original mutilé du temps de Charles le Téméraire; dans le style de la Renaissance, des patères, coupes, tasses d'agate, avec de petites figures ciselées par lui-même et des ornements niellés ; et dans le style dit Louis XV, plusieurs pièces de belle bijouterie, telles que flacons, vases, bonbonnières, tabatières en or et cadres à miniature : plusieurs de ces objets remarquables avaient été exécutés pour Mme la duchesse d'Orléans et pour la ville de Paris. Une belle collection de bracelets, de broches et de châtelaines de styles variés et d'un goût très-distingué, des statuettes, des figurines en argent oxydé, des pommes de canne ou de cravache avec des sujets originaux et bien choisis, des bagues charmantes, objets de choix dont les modèles étaient dus les uns à MM. Pradier, Feuchères et Cavelier, les autres à M. Froment-Meurice lui-même, complétaient cette belle exposition. Le jury, déclarant que M. Froment-Meurice s'était placé au premier rang dans son art, lui décerna la médaille d'or pour l'ensemble des deux industries dans lesquelles il s'était également distingué.

L'exposition de 1849 fut pour M. Froment-Meurice l'occasion de nouveaux éloges du jury, qui lui décernait une autre médaille d'or. L'épée offerte au général Cavaignac par les habitants du Lot, exécutée d'après les modèles de M. Cavelier, celle que les ouvriers de Montluçon avaient donnée au général Changarnier, y figuraient avec un beau triptyque de style allemand, ciselé avec une délicatesse admirable et orné de peintures sur vélin, et de petites figures représentant l'éducation de la sainte Vierge, son mariage et l'Annonciation, une série de coupes des XVe et XVIe siècles, de la bijouterie en ciselure, des bracelets, des châtelaines dans le genre byzantin, mauresque, et dans le style du XVIIIe siècle. M. Froment-Meurice reportait sur les artistes dont il avait été assisté, entre autres sur M. Liénard, dessinateur-sculpteur, une portion du mérite de son exposition; il rendait aussi sa part d'éloges à l'habile émailleur M. Sollier. En 1847, le chiffre des affaires de M. Froment-Meurice était arrivé à 1,100,000 francs; il employait 120 ouvriers, dont le salaire variait entre 4 et 10 francs.

L'exposition de Londres fit reparaître une partie des beaux ouvrages que M. Froment-Meurice avait présentés en 1849. Sa plus belle pièce de bijouterie, si l'on peut ainsi la qualifier, était le calice d'or pour le pape. La coupe est soutenue par des lis, des épis émaillés et des grappes de raisin en perles noires; sur le fût, l'*ecce homo*, saint Joseph et la sainte Vierge en relief sont séparés par des émaux représentant la naissance de J.-C., la présentation au temple et le crucifiement; au pied, les trois vertus théologales, ciselées en argent et en ronde-bosse, séparées par trois émaux, Abraham et Isaac, la manne et la Pâque. La composition, le travail de la ciselure et celui des émaux donnaient à ce calice un mérite proportionné à sa destination religieuse. On remarquait, parmi les bijoux, une châtelaine de style gothique, en argent, avec des figures en ronde-bosse représentant le départ d'un croisé prenant congé de sa dame sous un portique ogival; l'écusson était en émail bleu, avec un chasseur et une chasseresse pour supports; des médaillons d'émail bleu ornaient la chaîne. Le reste de la bijouterie était trop riche en pierreries pour ne pas être décrit à la joaillerie, où nous en parlerons encore. Nous avons déjà dit que M. Froment-Meurice avait obtenu la grande médaille décernéep ar le Conseil des présidents.

M. Dafrique, dessinateur distingué, élève de MM. Papegay, Lorrain, Vandrimer et Coulli, rendit de bonne heure à ses patrons d'importants services par les inventions qu'il leur proposait et qui, adoptées par eux, devinrent les modèles des chaînes riches et ornées substituées aux chaînes-jaserons, les seules que l'on fît avant lui.

M. Dafrique ne tarda pas à s'établir fabricant, et, d'après les conseils de M. Gay-Lussac, se livra au travail des émaux appliqués à la bijouterie; ses modèles continuèrent à être imités et à obtenir un succès mérité. Sa fabrique de bijouterie et de joaillerie fut promptement comptée comme une des principales de Paris : elle se distinguait par le bon choix de ses modèles et le précieux fini de ses produits, que la bijouterie fausse imitait dès leur apparition dans le commerce. A l'exposition de 1839, M. Dafrique reçut la médaille de bronze pour un magnifique collier en or et en émaux, exécuté pour la reine Marie-Amélie : cette récompense fut suivie de la médaille d'argent en 1844. Il s'était particulièrement attaché à la bijouterie d'or, aux chaînes de toute espèce, aux bracelets, aux colliers; on lui doit la mise en œuvre de la passementerie d'or, qu'il exécute avec une grande perfection, en l'enrichissant d'émaux qui complètent l'analogie entre ce travail et la passementerie de soie, et la dentelle d'or simple ou à riches dessins, dont il exposait une magnifique berthe généralement admirée. A cette époque, M. Dafrique occupait 70 ouvriers, employait de 2 à 300,000 fr. d'or et d'argent, fabriquait pour 4 ou 500,000 fr. de bijoux, dont les trois cinquièmes étaient destinés à l'exportation. Le jury de 1849 décernait une nouvelle médaille d'argent à M. Dafrique pour sa belle fabrication de chaînes et pour son ornementation d'or et de pierreries ingénieusement rapportés sur des camées de toute nature.

Cette innovation agréable, empruntée à quelques camées antiques ainsi décorés, a été appliquée par M. Dafrique aux camées-coquilles ornés d'or gravé et d'émaux avec d'autant plus de goût que l'abus de ce genre serait plus facile.

Le jury de Londres, approuvant les heureuses inventions de M. Dafrique, sa belle collection de bijoux, broches, chaînes et bracelets, lui accorda la médaille de seconde classe.

Sans briller à nos expositions, où nous voulons que l'on satisfasse notre goût passager mais exclusif, les fabriques de bijoux pour l'exportation offrent à l'industrie française des profits considérables.

MM. Morize et Vatard ont créé, en 1839, une branche de bijouterie de fantaisie dont les ouvrages sont exportés en grande quantité dans les Indes et les deux Amériques. Reconnaissant le mérite de leur exposition de peignes de parure en or et en argent, faits d'après de très-bons modèles, et l'importance de leur commerce, le jury leur accorda la médaille de bronze. Depuis cette époque, MM. Morize et Vatard ont cessé de concourir aux expositions sans suspendre leur industrie.

C'est dans des conditions analogues que M. Charles Christofle avait placé sa fabrique de bijouterie, où il succédait à M. Calmette en 1831, après avoir été son associé depuis 1825. Il faisait des filigranes d'or et d'argent, des tissus métalliques dont on pouvait faire usage pour recouvrir les boutons ou pour les garnitures de nécessaires, les ornements d'église et les tentures de palais; ce double travail avait amené, disait le jury de 1839, la solution du problème que s'étaient posé MM. Guibout et Marie Saint-Germain pour la fabrication des épaulettes métalliques, bien supérieures à celles de passementerie. Le chiffre des exportations de M. Christofle s'élevait annuellement à près de 2,000,000 fr., lorsque le jury lui décerna la médaille d'or. M. Christofle, persévérant dans la direction qu'il avait imprimée à la fabrication de M. Calmette bien avant de le remplacer, continuait dans une grande proportion ses travaux pour l'exportation. La maison Calmette faisait de 100 à 150,000 fr. d'affaires; M. Christofle atteignit rapidement le chiffre de 2,000,000 fr. En 1844, il exposait, parmi ses produits de bijouterie, une guirlande en or de couleur, des parures de différents genres, des bracelets en filigrane et en or ciselé, un grand nombre de boucles d'oreilles, des fleurs pour la coiffure avec des ornements en pierres de couleur, papillons et oiseaux : c'était la représentation exacte des travaux habituels de ses ateliers. Il avait expédié à Madagascar six grandes couronnes d'or, à Valparaiso une commande considérable, au Mexique, à Buénos-Ayres, au Pérou et pour la république de Vénézuéla, plusieurs épées d'honneur, que l'on y décerne facilement. Tous ces objets, et plus encore la joaillerie, étaient commandés pour produire beaucoup d'effet et coûter peu d'argent. Le jury, appréciant combien M. Christofle avait habilement rempli cette tâche lucrative et utile pour notre commerce, avec l'assistance de M. Rouvenat, son associé, lui accorda une nouvelle médaille d'or.

Nous inscrirons immédiatement après M. Christofle M. Rouvenat, son associé et son successeur dans la fabrication de la bijouterie. Depuis que le premier se fut livré entièrement à l'orfévrerie de cuivre argentée et à l'exploitation des brevets d'électro-chimie, M. Rouvenat dirigea seul l'établissement, où il réunissait deux genres connexes, la bijouterie et la joaillerie fine pour Paris et les mêmes industries pour l'exportation. Les produits affectés à l'étranger se distinguent par un caractère de transition entre les formes autrefois demandées dans les pays au delà des mers et les nouvelles modes françaises. On ne peut demander à ces ouvrages une pureté de travail et une élégance européennes qui ne seraient pas comprises par ceux qui les commandent : M. Rouvenat s'accommode aux exigences et aux usages de sa clientèle transatlantique. Le jury lui accorda, en 1849, le rappel de la médaille d'or donnée à M. Christofle. Son exposition à Londres était très-restreinte, mais curieuse sous plus d'un rapport : elle se composait d'ornements, bracelets et coiffures, de cinq modèles de glaives et d'épées chargées de figures et d'emblèmes allégoriques exécutées antérieurement pour les généraux Mosquera, Ballivian, Enau, Richer, et pour les présidents des républiques de la Nouvelle-Grenade, de la Colombie, du Pérou, les modèles de la couronne et les attributs royaux de l'empereur Faustin Iᵉʳ et de l'impératrice; tous ces derniers objets avaient été exécutés en or et garnis de diamants; la couronne impériale pesait quatre kilogrammes. Les parures en or, émail et diamants ou en pierreries fines exposées à Londres par M. Rouvenat ne dépassaient pas le prix de 1,000 francs. La valeur de l'or et des pierreries y excédait de beaucoup le prix de la main-d'œuvre, considérée seulement comme accessoire; il en était de même des bracelets sans pierreries, estimés de 200 à 450 francs et fabriqués selon le goût des pays auxquels ils sont destinés. M. Rouvenat occupe dans ses ateliers plus de 80 ouvriers, dont les principaux gagnent plus de 12 francs par journée de 10 heures de travail. Le jury de Londres a décerné une mention honorable à M. Rouvenat pour l'ensemble de son exposition, qui donnait seulement une idée insuffisante du mérite de ses produits.

Après avoir recueilli quelques notions sur la bijouterie d'exportation dont les fabricants ont exposé, il n'est pas sans intérêt de revenir à celle qui caractérise véritablement le génie de la fabrication française.

M. Benoît Marrel, bon dessinateur, après avoir travaillé longtemps comme simple ciseleur chez un joaillier, s'est associé avec M. Marrel son frère, et ils fondèrent ensemble un établissement de joaillerie-bijouterie où, sans l'assistance d'artistes étrangers, ils produisent des ouvrages de premier ordre. Dans leur exposition de 1839, le jury distingua comme dignes de toute son attention : une corbeille de fruits en vermeil avec des figures en ronde-bosse et en bas-relief et des arabesques émaillées; un vase de forme vénitienne, enrichi de pierres fines et d'émaux dans le genre des nielles du xviᵉ siècle; un vase de forme florentine, richement décoré de petites figures en ronde-bosse avec des pierreries et des émaux ; une buire, un gobelet et un bassin en vermeil de forme hexagonale décoré d'émaux, de pierreries et d'arabesques ; une coupe en argent que le jury appelle avec raison un chef-d'œuvre de grâce, de bon goût et d'ingénieuses allégories en honneur des plus grands artistes des XVe et XVIe siècles, Ghiberti, Finiguerra, Albert Durer, Benvenuto Cellini, Bernard Palissy et Michel-Ange ; leurs portraits, alternés avec les figures des divinités qui président aux beaux-arts, ornent le tour extérieur de la coupe, dont le couvercle, décoré dans le même genre, est surmonté d'un Apollon jouant de la lyre. Le jury signalait encore des théières dans le genre oriental, de petits vases en vermeil enrichis de pierreries, des flacons, des bagues, des bracelets, des manches de couteaux aussi remarquables par leur forme élégante et nouvelle que par la beauté et la correction de leur travail. Dès sa première exposition, M. Benoît Marrel obtint du jury la médaille d'or.

MM. Marrel ne présentèrent rien aux expositions de 1844 et de 1849, mais ils montrèrent à celle de Londres que leur talent avait grandi en même temps que se développait leur fabrication. Le public et les connaisseurs admirèrent dans leur exposition des objets de nature très-diverse, mais de la même perfection relative, selon leur importance. On remarquait un beau vase d'assez grande dimension, dans le style du XVIIe siècle, orné sur ses deux flancs du combat des Grecs contre les Amazones, composition empruntée avec la plus grande habileté au tableau de Rubens ; les reliefs presque ronde-bosse des figures des premiers plans, leur dégradation jusqu'aux derniers plans de cette scène tumultueuse, le beau sentiment avec lequel les groupes étaient modelés et rendaient les effets d'ombre et de lumière de la peinture, l'ensemble enfin de toute cette bataille rendue par la ciselure sur le bronze argenté, accompagné d'une belle et riche décoration en bronze doré très-bien composée ; deux amazones sur des chevaux marins forment les anses. On n'a que deux regrets à exprimer : le premier, que la même composition soit répétée des deux côtés ;

l'autre, que M. Marrel n'ait pas exécuté en argent une si belle œuvre d'art, digne, à tous égards, d'un métal plus précieux que le bronze. Ce vase a été commandé par la reine Marie-Amélie pour M. le duc d'Aumale.

Auprès de cette belle pièce on retrouvait avec plaisir la coupe des artistes de la Renaissance, et l'on observait comme pièces nouvelles deux autres coupes en argent, l'une avec des médaillons de figures bachiques en partie repoussées, en partie ciselées et dorées, l'autre en argent doré incrusté d'arabesques en émail bleu.

Obligé de restreindre notre énumération de cette riche exposition, nous citerons encore un couteau de chasse à la poignée et garniture d'argent, représentant saint Hubert debout dans une niche. La croix est ornée d'un renard aux abois se défendant contre plusieurs chiens; sur la chape du fourreau se voit un très-joli bas-relief représentant la conversion de saint Hubert; plus bas, un trophée de chasse. L'exécution de cette arme ne laisse rien à désirer; le seul reproche que l'on puisse lui faire, c'est de ne pas être suffisamment appropriée à son usage; des figures sur la poignée d'une arme en rendent l'emploi difficile et quelquefois impossible. M. Marrel exposait encore des cachets ornés de charmantes petites figures, des objets de bureau, des flacons à odeurs en lapis-lazuli, jaspe vert, aventurine de Venise et émaux, d'un travail exquis et d'un poli parfait, des tabatières et des boîtes d'un style très-varié, ne laissant rien à désirer par leur goût excellent et leur exécution. L'exposition de M. Marrel n'avait pas d'autre rivale que celle de M. Morel; encore, sous le rapport de la bijouterie, était-elle plus riche dans sa variété. Les règlements rigoureux de la commission royale obligèrent le jury de ne recommander que pour une partie de son exposition M. Marrel, également distingué dans toutes les parties, et la médaille du Conseil des présidents lui fut accordée.

Nous avons déjà parlé de M. Morel et de son talent supérieur comme orfévre; nous avons à le faire connaître ici comme bijoutier et plus tard comme joaillier. C'est dans la bijouterie que M. Morel avait commencé sa carrière industrielle : son habileté naturelle, jointe à une patience à toute épreuve, s'est développée dans les combinaisons multipliées de sa première profession; il avait appris à surmonter tous les obstacles, quand il fonda, en 1842, son établissement à Paris; dès son début, il fut remarqué par les hommes pratiques et les connaisseurs expérimentés. Ancien chef d'atelier de M. Fossin, M. Morel avait travaillé à l'épée du comte de Paris, et sa part dans le travail de cette arme si belle n'avait été ni la moins importante ni la moins difficile; fabricant en son propre nom, il avait fait, dans le genre de Thomas Germain, une châtelaine et des bracelets en or, enrichis de petites figures d'enfants et d'émaux délicats, d'une excellente exécution. A l'exposition de 1844, il présenta de la bijouterie aussi élégante que bien conçue; sa coupe de lapis-lazuli, taillée par M. Théret et appartenant à madame la duchesse d'Orléans, excita, dit le rapporteur du jury, l'admiration générale, par l'élégance et la richesse de sa monture : personne ne sait, comme lui, tirer parti des pierres dures et les employer en magnifiques ornements. Il exposait, avec sa bijouterie, une plaque de labrador avec mosaïque d'agates blanches, de purpurine, de malachite, juxtaposées dans un treillage de filets d'or, et une montre avec un fond de mosaïque de lapis-lazuli, d'aventurine de Venise, de purpurine, de jaspe oriental et d'agates blanches montées également avec des filets d'or. Nous avons dit que le jury de 1844 avait décerné à M. Morel la médaille d'or pour l'ensemble de son exposition; ce fut surtout à l'exposition de Londres que M. Morel put montrer toute l'étendue de son talent et les ressources de son art : l'attention du jury international et son approbation sans réserve se fixèrent principalement sur la riche et belle série de coupes, calices et buires en matières précieuses ornées d'émaux exposée par cet habile industriel. Nous citerons spécialement une coupe en agate orientale, dont la garniture en or se composait d'ornements émaillés et d'oiseaux de paradis; le balustre était orné de chimères émaillées en relief, entourant l'écusson de S. A. I. la grande-duchesse héritière de Russie; le pied était couvert de belles arabesques émaillées en relief : cette pièce était d'un goût excellent, sa composition originale et très-heureusement exécutée sur les modèles par M. Mévillé. Venait ensuite une coquille de nautile en lapis, soutenue par deux tritons émaillés entourés de plantes et de fleurs marines et reposant sur un rocher couvert d'eau et de corail; l'anse était formée d'une chimère parfaitement émaillée, imitée de celle qui occupe la même place sur une célèbre coupe du Louvre : la manière dont cette pièce fut exécutée atteste chez son auteur autant d'habileté que de goût; le modèle des tritons était dû au talent de M. Constant Sévin. Au même rang doit être placée une autre coupe en agate orientale, en forme de coquille plagiostome, dont le balustre se composait d'une femme portée par un triton à pieds de cheval; au talon de la coquille, était une femme accroupie sur un dauphin et retenant sa draperie flottante, qui formait l'anse et dont les extrémités étaient portées par des amours : toutes ces figures étaient émaillées avec un goût supérieur. Deux autres vases en cristal de roche méritent aussi une mention particulière: le premier était une aiguière avec son plateau de même matière, gravés de belles arabesques; cette partie de la pièce était du XVIe siècle; la monture était imitée de la célèbre aiguière en or émaillé du musée du Louvre, dont la garniture avait servi de modèle; cette aiguière était un chef-d'œuvre d'imitation, exécuté d'après les ordres et sous la direction de M. Webb, amateur éclairé des beaux-arts. Un vase monté en or et émail se distinguait par la finesse extrême de ses émaux découpés et l'habile exécution des figures et ornements; plusieurs autres objets du même genre et du même mérite servaient à constituer un ensemble que le jury déclarait, à l'unanimité, digne de la médaille de première classe : elle fut décernée à M. Morel par le Conseil des présidents. Aucune des récompenses de l'exposition universelle ne fut mieux méritée : M. Morel est le plus habile de nos bijoutiers pour toutes les parties qu'embrasse sa profession; le choix, la combinaison, la taille, le polissage et le sertissage des pierres dures et des pierres précieuses lui sont également familiers; il incruste l'or dans ces matières avec une précision extrême; ses émaux, exécutés par les hommes les plus habiles, s'associent toujours heureusement avec l'or et les montures; ses modèles sont choisis avec beaucoup de goût, soit qu'il les emprunte en totalité ou en partie aux anciens originaux, soit qu'il les fasse exécuter par des artistes modernes.

A l'exposition de 1844, MM. Paul et Frère obtinrent la médaille d'argent pour leur joaillerie et leur bijouterie : dans cette dernière partie de leur industrie, le jury indiquait seulement un coffre en or ciselé.

La même récompense fut accordée à M. Pâris pour sa bijouterie d'or, enrichie de brillants et de pierres fines montées avec une rare perfection ; il exposait un riche assortiment de parures, bracelets, chaînes, corsages, et un beau bracelet dans le style du XIIIe siècle, avec des émaux et des pierres fines; il employait annuellement de 100 à 130,000 francs d'or et de pierres fines, et fabriquait pour une valeur de 150 à 180,000 francs de bijoux, dont la moitié pour l'exportation.

Une médaille d'argent fut décernée en même temps à M. Payen jeune, qui, établi depuis 1839, s'était déjà porté au premier rang par l'importance de son industrie : il employait annuellement 400 kilogrammes d'or; il exportait pour plus de 200,000 francs de produits fabriqués en majeure partie pour la Havane, le Mexique, le Chili, la république Argentine, l'Uruguay, les colonies françaises, le Sénégal et Cayenne : leur travail était approprié aux usages et au goût des pays où ils étaient envoyés. M. Payen a fait figurer de ses ouvrages à l'exposition de Londres : il présentait des filigranes dans le genre de ceux de l'Inde, auxquels il associe les perles fines d'un très-petit volume; le jury international lui accorda la médaille de seconde classe.

M. Rudolphi, élève et successeur de Wagner, s'est montré, sous tous les rapports, digne de soutenir la réputation de la maison fondée par son maître : versé dans l'étude des beaux ouvrages de bijouterie de tous les temps, M. Rudolphi sait les modifier habilement, en les appropriant aux usages modernes, sans leur faire perdre le caractère qui leur est propre; il le conserve même à un tel degré que l'on prendrait ses ouvrages pour des copies de chefs-d'œuvre d'anciens bijoutiers allemands ou suédois; mais cette fidélité, qui devient, de notre temps, une sorte d'originalité, n'impose pas à M. Rudolphi une imitation servile : la variété de ses dessins de bijoux, coffrets, nécessaires, porte-montres, pendules, écritoires, sabres, poignards et ornements de son invention, prouve la fécondité des ressources de son talent. Son exposition, en 1844, montrait plusieurs pièces très-remarquables : un vase byzantin en argent émaillé sur alliage de platine; une corbeille de mariage en argent ciselé; une pendule en lapis représentant le Jour et la Nuit; un encrier de lapis servant aussi de pendule et surmonté du groupe de Nessus enlevant Déjanire; un brûle-parfums ciselé et une paire de flambeaux montés en perles, appartenant à M. le duc de Montpensier; une pendule-coffre, montée en perles, à madame la princesse de Butera; une pendule en platine allié, incrustée de perles fines, et plusieurs sabres riches pour le prince Charles de Prusse; une épée en or ciselé pour le général Juan-José Florez. Ces beaux ouvrages et d'autres morceaux de choix étaient des échantillons choisis de la bijouterie qui a donné à M. Rudolphi une grande renommée en Angleterre, en Prusse, en Russie, et jusqu'en Égypte, en Amérique et dans les Indes; elle lui valut aussi en 1844 le rappel de la médaille d'or décernée à Wagner en 1839. Un nouveau rappel de la médaille d'or lui fut accordé en 1849, pour son exposition aussi riche que variée; le jury indiquait surtout comme méritant cette récompense les pièces suivantes :

Une toilette en argent réunissant les mérites divers des nielles, de la gravure, de la ciselure et de l'émail; des plats à figures en argent, d'après les modèles de MM. Feuchères et Pascal; un coffret en argent dont la sculpture avait été modelée par M. Geoffroy de Chaumes; des coffres dans le style de la Renaissance; une coupe en lapis-lazuli, avec une monture simple, légère et pleine d'élégance; deux coupes en agate orientale, l'une supportée par un groupe de Bacchantes, l'autre par les trois Grâces; une coupe en argent représentant le Parnasse, modelée et ciselée, sous la direction de M. Rudolphi, par son élève M. Leroy, âgé de dix-huit ans, qui promettait déjà d'être un artiste habile. On remarquait encore des bracelets, châtelaines, bagues, boutons, épingles, pommes de canne, cachets, poignards, presse-papiers, dont MM. Caïn et Geoffroy de Chaumes avaient donné les modèles. Les habiles graveurs MM. Jules et Alexandre Plouin, et les ciseleurs MM. Dollbergen, Cleff et Douy, l'avaient assisté de leur talent.

L'exposition de Londres fut pour M. Rudolphi l'occasion d'un nouveau succès. Les objets qu'il y présenta étaient d'une grande variété : on y remarquait, entre autres, un coffret byzantin en forme de châsse orné d'émaux bleus sur la partie du couvercle formant le toit; d'autres émaux à figures d'anges sur fond d'or ou sur fond vert ornaient les côtés; sur la crête du toit était le couronnement de la sainte Vierge accompagnée de deux anges, figures en ronde-bosse et en argent doré; les émaux étaient beaux, et ce coffret, orné de cristal de roche taillé et monté sur paillon de couleur, était d'un effet remarquable; un bracelet en argent oxydé représentant la lutte de trois enfants pour des oiseaux que l'un d'eux emporte: ce joli modèle était dû à M. Leroy; un autre bracelet en argent oxydé, sur le modèle de M. Masson, représentait deux Amours se jouant dans des ceps de vigne et soutenant un saphir, avec quatre perles en griffes, très-finement ciselé et de bon goût. Un petit groupe de deux gentilshommes à pourpoints en perles baroques se battant en duel à l'épée et au poignard était d'un joli mouvement, d'un caractère exact et d'une très-heureuse création; ce groupe servait de presse-papier. Le jury signalait encore un grand plat concave représentant le triomphe d'Amphitrite, d'après un modèle de feu Wagner; un charmant coffret ovale dont le couvercle était orné d'une femme couchée sur une panthère, le tout en argent d'après un modèle de M. Geoffroy de Chaumes; un guéridon tout en argent fondu composé d'un plat creux au fond duquel était la tête d'une naïade de face, entourée de tritons et de néréides avec Hylas et une nymphe; la gouttière et le bord étaient ornés de têtes d'oiseaux et de feuillages d'après des modèles de feu Wagner; le fût, composé pour supporter le guéridon, était formé d'une tige de roseau et de feuillages ornés d'un martin-pêcheur; sur les trois pieds on voyait le nid de l'oiseau attaqué par un rat et des enfants bacchants ivres, d'après le modèle de M. Geoffroy de Chaumes et ciselés par M. Poux. L'ensemble de cette exposition parut au jury mériter une médaille de première classe : elle fut décernée à M. Rudolphi par le conseil des présidents.

M. Mayer, établi seulement depuis 1839, exposa pour la première fois en 1844 : il y avait obtenu la médaille d'argent pour un service de couverts et de couteaux dans le genre du xve siècle, d'une ciselure fine et soignée; pour une belle coupe en vermeil et un assortiment de pièces d'orfévrerie gravées avec un soin remarquable. En 1849, il exposait un vidercome garni d'argent repoussé, et dont les sculptures sur ivoire représentaient, dans le style du xvie siècle, le combat d'Hercule contre un centaure, l'ensemble en était sévère et plein d'harmonie. Une grande coupe du même style entièrement dorée, ciselée en plein et ornée, sur le couvercle, d'un groupe d'enfants supportant un chevalier; deux autres coupes en repoussé, dont une avec des figures d'enfants jouant avec une chèvre et des médaillons repoussés dans le style de Watteau; une petite soupière, dans le genre du xviiie siècle, en argent et en or, avec son assiette, portant sur le couvercle un groupe délicatement travaillé, la Pudeur que lutinent des enfants; enfin, un beau couteau de chasse appartenant au prince d'Aremberg, un poignard et un cachet d'acier pris sur pièce, et une orfévrerie dans les styles les plus différents, obtinrent l'approbation du jury, qui accorda à M. Mayer une nouvelle médaille d'argent.

M. Gueyton exposa pour la première fois en 1849; il s'était appliqué surtout à la fabrication des armes de luxe, des sabres et des épées d'honneur. Le jury reconnaissait dans ces productions une grande fécondité d'idées et une heureuse disposition des éléments qui concourent à l'harmonie de l'ensemble. Sans contester les appréciations du jury de 1849, qu'il nous soit permis de dire que, pour le bijoutier, la décoration d'une arme doit être subordonnée à son emploi : la charge de métal, à la garde, sera telle qu'elle fasse équilibre à la lame et permette de la manier facilement, elle n'ira jamais au delà ; la poignée ne peut pas être ornée de figures qui blessent et gênent la main ; il faut cependant la couvrir de substances un peu rudes, comme des torsades de fil métallique, de la peau de requin ou des surfaces quadrillées, pour l'empêcher d'échapper à la pression. Toute la sculpture et la décoration seront distribuées sur le pommeau, les branches, la croix et la coquille de la garde; enfin, la soie de la lame doit pouvoir traverser la poignée et se river facilement au pommeau si c'est une épée ou un sabre d'Europe, à la garniture latérale si c'est un sabre de forme orientale. Nos orfévres-bijoutiers savent, par expérience, quelles difficultés ils créent quelquefois pour les armuriers dans l'ajustement de la lame; ceux des siècles précédents, habitués à faire des épées ornées, ne commettaient jamais de semblables erreurs.

M. Gueyton exposait encore un joli coffret orné d'une figure de femme dansant sur une perle, d'après Pradier; plusieurs porte-cigares sculptés, des bracelets en acier, des broches algériennes, des cachets, et de charmantes petites compositions en haut-relief, avec de nombreuses figures de très-petite proportion, entre autres une fête flamande et la prise de la smala d'Abd-el-Kader, modelées et ciselées par l'exposant avec un remarquable talent.

A l'exposition de Londres, la variété des objets présentés par M. Gueyton annonçait une grande fécondité d'invention et l'heureuse application de procédés anciens et nouveaux. Nous citerons particulièrement l'histoire du cheval, représentée en sept médaillons sur une coupe d'argent d'une très-bonne forme, fondue et ciselée; une coupe à sujet de chasse ayant au fond le médaillon de la Diane de Fontainebleau, argent fondu et doré par parties; un brûle-parfums, avec guirlande de chêne entremêlée de nature morte et avec un vautour pour couvercle; un coffret carré-long avec rubis incrustés sur les côtés, et sur le couvercle une femme grecque mettant ses boucles d'oreilles, tandis qu'un amour soutient son miroir: cette pièce était en argent fondu et ciselé avec beaucoup d'art; plusieurs boîtes et étuis à cigares décorés de jolis bas-reliefs très-légers en argent fondu et ciselé, ou obtenu par les procédés galvanoplastiques tant en argent pur qu'en cuivre couvert d'argent; un beau bouquet de haut-relief en cuivre galvanoplastique et argenté par la pile; le groupe en argent fondu d'un Saïs retenant un cheval qui se cabre, de la proportion d'un quart de nature. Tous ces objets, et particulièrement les pièces ciselées et en galvanoplastie, appartenant à la fois à la bijouterie et à l'orfévrerie d'art, assignant à M. Gueyton une place très-honorable parmi les exposants, le jury le recommanda pour la médaille de première classe, qui lui fut décernée par le conseil des présidents.

A l'exposition de 1849, une mention honorable fut seulement accordée au modeleur-ciseleur M. Aubry, pour ses épingles, cachets et groupes d'animaux, très-remarquables dans leur petite dimension et examinés avec beaucoup d'intérêt par les amateurs, qui voyaient le goût de l'artiste s'allier à celui de l'ouvrier. Nous avons cité les paroles du jury, et si nous nommons ici un artiste qui a seulement obtenu une mention honorable, c'est que son talent très-véritable lui méritait cette exception.

M. Bruneau qui, en 1849, figurait comme fabricant de petite orfévrerie, parut avec succès comme bijoutier à l'exposition de Londres. Il présentait des ouvrages très-divers, comme porte-monnaies, bijoux de bureau, boîtes niellées, nécessaires de poche, flacons, porte-cigares, avec des sujets fondus, ciselés, repoussés ou obtenus par la galvanoplastie; l'exécution était suffisante pour chaque chose, et M. Bruneau exploite avec intelligence ces produits éminemment parisiens et commerciaux. Le jury lui accorda la médaille de seconde classe.

INDUSTRIE DES LAPIDAIRES.

L'industrie des lapidaires est une auxiliaire de la bijouterie, quand elle s'exerce sur les matières dures.

M. Thiébet, qui fabriquait des mosaïques en pierres dures, exposait en 1844 une coupe en lapis-lazuli, une collection d'agates, jaspes, sardoines, cornaline, lapis-lazuli, malachite, aventurine et autres pierres employées dans la bijouterie et la joaillerie. L'ensemble de son exposition, où les pierres dures assemblées en mosaïques avaient la plus grande part, lui fit décerner la médaille d'argent.

En 1849, la même médaille fut accordée par le jury à M. Chritin, fils et petit-fils de lapidaires. Ce fabricant présentait à l'exposition une belle jacinthe double en fleurs et en boutons, prise dans une cornaline orientale, et ses tiges avec les feuilles exécutées en jaspe sanguin; un papillon à corps en labrador avec des ailes en agate orientale striée et rubanée, les yeux en rubis, les antennes en sardoine; une belle tabatière de mosaïque saxonne, composée de 110 agates orientales, calcédoine, jaspes, etc.; plusieurs autres objets d'un travail curieux et difficile.

BIJOUTERIE EN CORAIL.

La bijouterie en corail commençait à déchoir de son ancienne prospérité vers 1829; elle fut ranimée par la conquête de l'Algérie, qui livrait au commerce français les côtes sur lesquelles se fait la pêche du corail. Mais les fabricants de Naples s'étaient emparés du travail des coraux et en faisaient un commerce presque exclusif avec la Russie, les Indes et l'Amérique, lorsque trois Français établirent des ateliers à Marseille et y commencèrent une concurrence habilement soutenue : M. Barbaroux de Mégy, MM. Bœuf et Garaudy envoyèrent à l'exposition de 1839 des bijoux de corail fabriqués pour l'exportation aux Indes orientales, dans le Levant, la Guinée, le Sénégal, le Brésil. Le commerce extérieur de M. Barbaroux se montait à une valeur de 700,000 fr.; il employait 250 ouvriers tailleurs, graveurs, ciseleurs, lapidaires, polisseurs. 100 ouvriers de ces diverses professions étaient occupés dans les ateliers de MM. Bœuf et Garaudy. M. Barbaroux reçut la médaille d'argent, et ses compétiteurs, la médaille de bronze.

Les progrès et l'importance de l'industrie de M. Barbaroux de Mégy lui firent décerner une nouvelle médaille d'argent à l'exposition de 1844. Avec le même nombre d'ouvriers qu'en 1839, il employait de 3 à 4,000 kilogrammes de corail, de la valeur de 150 à 180,000 fr., pour fabriquer de 7 à 800,000 fr. de coraux ouvrés de toute espèce, dont les 5/8 pour l'exportation au Sénégal, en Gambie, dans l'Amérique du sud et les Indes orientales. Ses nouveaux procédés mécaniques avaient réduit la main-d'œuvre et le prix commercial de ses produits. Il exposait une belle pendule d'argent mat, ornée de corail; un rocher de corail dont chaque branche présentait une petite statue ou figure d'une excellente ciselure; plusieurs sujets religieux; des figures pour manches de cachets, de binocles, d'ombrelles et de couteaux; une collection de camées d'après l'antique; des boîtes d'un très-beau travail; il joignait à ses coraux des camées sur coquille rivalisant avec ceux des Italiens.

La prospérité de l'établissement de M. Barbaroux aurait sensiblement diminué en cinq années, si l'on en juge par le rapport du jury de 1849 : soit par l'effet des événements politiques, soit par celui d'un changement dans les goûts des acheteurs, il n'avait conservé que 70 ouvriers et employait annuellement 1,500 kilogrammes de corail brut pour 800 kilogrammes de corail ouvré, dont 500 kilogrammes pour l'exportation. Cependant les produits de son exposition, objets de fantaisie et de parure pour la bijouterie, furent remarqués par le jury, qui lui accorda le rappel de sa médaille d'argent obtenue en 1844.

FABRICATION DES CAMÉES SUR COQUILLE.

Nous avons déjà vu que des fabricants de Marseille disputaient aux Napolitains le travail des coraux et aux Romains celui des camées sur coquille. Des graveurs sur camées de coquilles étaient établis à Paris et à Marseille en 1844; ils travaillaient pour MM. Albita-Titus, Reynaud-Lamant, Blanchet, de Grégory, et Bentoux de Marseille, directeur des ateliers de corail de M. Barbaroux de Mégy, sous le nom duquel ses camées furent exposés.

M. Blanchet, de Paris, présenta à la même exposition de 1844 de beaux camées sur coquille, rivalisant avec ceux d'Italie et d'un prix très-modéré, qui tenait, disait le jury, à ce que les ouvrages étaient ébauchés au tour à portrait. Les objets les plus notables de son exposition étaient : la belle Jardinière, d'après Raphaël, achetée par la reine Marie-Amélie; l'Ange gardien des enfants d'Orléans, à madame la duchesse d'Orléans; le combat de Romulus et de Tatius, d'après David, camée d'une dimension extraordinaire, et beaucoup d'autres copies d'après les grands maîtres. Le jury décerna la médaille d'argent à M. Blanchet.

La fabrication des camées sur coquilles est encore en faveur à Paris; elle a déjà fait cesser en grande partie l'importation de ces ouvrages, où l'adresse et la célérité des artistes ont quelque chose de surprenant. Il est à regretter que la profusion des camées jetés dans le commerce doive en amener promptement la satiété; quand la mode en sera passée, les caméistes français, obligés de chercher un autre travail, ne pourront pas recourir à la profession de graveur sur pierres dures, art admirable trop négligé aujourd'hui, et bien digne de revivre, mais dont les procédés tout spéciaux sont aussi lents que difficiles.

IMPORTANCE DE LA BIJOUTERIE.

Si l'on se reporte à trente ans en arrière, l'importance de la bijouterie fine s'est considérablement accrue à Paris et dans les principales villes de France. En effet, on trouve dans le 45e tableau des Recherches statistiques sur la ville de Paris, en 1823, que la valeur de l'or ouvré dans cette ville était alors seulement de 12,579,270 fr. Ce serait commettre une grande erreur que de juger l'importance et le débit de la bijouterie française par les expositions quinquennales et par la nature des produits que l'on y voit obtenir des médailles. La belle bijouterie d'art, celle que l'on appelle de fantaisie, et qui se fabrique par les moyens combinés de la fonte, de la ciselure, de l'émail et des ors de couleur, est celle qui fixe justement l'attention du public et qui a le plus d'intérêt à se produire dans de semblables occasions. Mais la bijouterie courante, celle qui, sous le nom de plein, se rapporte à la fabrication des anneaux d'or, des alliances, des chaînes de montre massives; celle qui produit les chaînes nommées gourmettes, jaseron, maillon plein, maillon estampé; la bijouterie qui fabrique des bagues à 3 fr. 50 c., des boucles d'oreilles à 10 fr.; celle enfin qui travaille pour la province, la campagne ou l'exportation, occupe dans le commerce une place en réalité bien plus considérable que l'industrie correspondante destinée à satisfaire les classes riches et les gens de goût.

Les parures, les garnitures de nécessaires, les croix d'ordres et les bagues forment autant de spécialités distinctes, et les catégories des fabricants de bijouterie à Paris sont si complexes, que l'enquête industrielle de la chambre de commerce n'a pu les séparer; elle a confondu toutes ces divisions en une classe générale.

Sous l'empire de la loi de brumaire an VI, les bijoux doivent être fabriqués au titre légal de $\frac{750}{1000}$ avec une tolérance de $\frac{3}{1000}$ pour les parties pleines, et l'Administration en accorde une autre de $\frac{20}{1000}$ pour les parties soudées : il en résulte un titre moyen de $\frac{730}{1000}$.

RECENSEMENT DES FABRICANTS DE BIJOUTERIE A PARIS.

476 fabricants de bijouterie ont été recensés par la chambre de commerce de Paris: sur ce nombre, 74 travaillent à façon et raccommodent pour les marchands; 14 sont marchands et fabriquent pour leur clientèle; 42 sont marchands et font seulement les raccommodages; 35 sont en même temps joail-

liers ou horlogers: la bijouterie n'est l'industrie principale que de 10 d'entre eux.

Les affaires de la bijouterie à Paris se sont élevées, en 1847, à 41,599,934 francs sans compter la valeur des pierres fines employées; 4,401 ouvriers ont été occupés la même année par les fabricants.

Dans l'année 1848, l'importance des affaires s'est réduite à 13,312,000 francs, et le nombre des ouvriers à 1,702.

Nous donnerons ici les renseignements de même nature fournis par la chambre de commerce sur les auxiliaires de la bijouterie, qui le sont aussi de la petite orfévrerie et de la joaillerie.

BIJOUTIERS-GARNISSEURS.

Les bijoutiers-garnisseurs montent en or, en argent et en doublé de ces deux métaux les livres de messe, les tabatières, porte-monnaie, flacons de poche, lorgnons, les camées, les bonbonnières et tous les ouvrages dits de fantaisie.

20 bijoutiers-garnisseurs ont été recensés à Paris : leurs affaires s'élevaient, en 1847, à 505,500 francs; elles sont tombées, en 1848, à 171,870 francs : leurs ouvriers, en 1847, étaient au nombre de 100; ils ont été réduits à 56, de mars à juin 1848.

CISELEURS ET GUILLOCHEURS.

(Voir page 15.)

DOREURS ET ARGENTEURS.

(Voir page 103 et suiv.)

ÉMAILLEURS, PEINTRES ET FABRICANTS DE PLAQUES ÉMAILLÉES.

L'enquête industrielle a confondu ces diverses industries sous un seul titre, à cause de leur peu d'importance respective et de leur analogie: sur 69 industriels réunis, 22 émaillent les bijoux d'or et d'argent, 8 peignent sur émail pour la bijouterie fine et fabriquent des objets d'art peints et émaillés,

12 émaillent indifféremment pour la bijouterie fine et fausse, 10 émaillent pour la bijouterie fausse; 3 émaillent et fabriquent les objets de bureau, entre autres les porte-plumes et les cachets; 3 fabriquent les plaques émaillées dans le genre de celles de Genève; 11 émailleurs à la lampe font la verroterie pour boutons de chemise, têtes d'épingles, colliers, pendants d'oreilles, bracelets. Leurs produits sont achetés par les détaillants de mercerie, par les marchands ambulants ou forains et pour l'exportation.

Les affaires des émailleurs, en général, se sont élevées, en 1847, à 1,345,900 francs, et en 1848, seulement à 417,200 fr. Leurs ouvriers, en 1847, étaient au nombre de 415; en 1848, ils furent réduits à 137.

ESTAMPEURS ET GRAVEURS DE MATRICES POUR L'ORFÈVRERIE ET LA BIJOUTERIE.

(Voir page 13.)

GRAVEURS DE CAMÉES ET GRAVEURS SUR PIERRES FINES.

Sur 62 de ces fabricants recensés, 35 gravent le camée à façon, 15 sont graveurs de camées à leur propre compte, 5 polissent à façon les camées, 1 ou 2 gravent le camée sur pierre dure, 3 ou 4 gravent en même temps le lapis, la malachite, le corail, 5 gravent en creux sur pierre ou sur métal pour des cachets, 2 sont graveurs en creux sur pierres fines et gravent la tête ou différents sujets.

L'ensemble des affaires de cette industrie montait, en 1847, à 773,764 francs et occupait 205 ouvriers; en 1848, les affaires furent réduites à 263,100 francs, et le nombre des ouvriers à 86, du mois de mars à celui de juin.

LAPIDAIRES.

Ceux qui exercent cette profession à Paris taillent rarement les diamants et les pierres fines; c'est en Hollande que se fait généralement la taille des diamants, et les rubis, saphirs, émeraudes, turquoises, sont ordinairement taillés dans le Jura. Les lapidaires de Paris travaillent plus habituellement les cornalines, les onyx, corrigent la taille des pierres et les réparent; ils taillent les imitations de pierres fines et font les assortiments de calibre pour la vente en gros aux bijoutiers metteurs en œuvre.

96 lapidaires recensés à Paris ont fait, en 1847, 800,780 fr. d'affaires avec 160 ouvriers; en 1848, 312,350 francs d'affaires avec 77 ouvriers, de mars à juin.

MONTEURS DE BOÎTES DE MONTRES.

Cette industrie comprend la fabrication des cuvettes de montres et l'emboîtage des mouvements : tout ce travail ne se fait pas avec des mouvements neufs, mais souvent il consiste à remettre à neuf d'anciennes montres réparées.

Les affaires des monteurs de boîtes de montres, au nombre de 26, étaient, en 1847, de 283,600 fr.; en 1848, de 130,480 fr. Leurs ouvriers en 1847 étaient au nombre de 103; en 1848, de mars à juin, ils furent réduits à 57.

MOSAÏCISTES.

Un petit nombre de mosaïcistes établis à Paris y pratiquent leur industrie sous ses trois formes diverses : la mosaïque romaine, plus ou moins fine et délicate, pour les bijoutiers; celle que l'on nomme florentine, qui se compose de pierres taillées dans des formes diverses, assemblées selon leurs nuances et leurs contours, pour exprimer les ombres, les lumières et les couleurs : on y emploie toutes les pierres naturelles plus ou moins dures, mais pouvant recevoir un beau poli; cette mosaïque s'applique aux meubles riches et à quelques ouvrages d'orfèvrerie et de bijouterie. La troisième espèce de mosaïque pratiquée à Paris est celle des pavés vénitiens à grands assemblages de pierres de couleur.

7 mosaïcistes ont été recensés : ils employaient 57 ouvriers en 1847 et faisaient pour 267,000 francs d'affaires; en 1848, leurs affaires tombaient à 34,700 francs, et de mars à juin, le nombre de leurs ouvriers à 11.

POLISSEUSES ET BRUNISSEUSES.

(Voir page 17.)

REPERCEUSES.

(Voir page 17.)

BIJOUTERIE DE LYON.

Paris n'a pas le monopole de la fabrication des bijoux en France. Sans lui faire concurrence, Lyon a retenu une partie de cette industrie. Cette grande ville compte 22 bijoutiers, dont les travaux se partagent en deux genres différents : les ouvrages forts en or et de peu de façon, que l'on appelle massif de Lyon : ils sont à l'usage des petites villes, des bourgs et de la campagne ; les ouvrages de fantaisie, employant beaucoup plus de main-d'œuvre et moins de matière. Cette seconde branche de la bijouterie, introduite à Lyon seulement depuis quelques années, tend à y prendre une importance qui s'accroît rapidement. La bijouterie lyonnaise a présenté au contrôle depuis 1845 [1], en moyenne, 335 kilogrammes 956 grammes, d'une valeur de 890,283 fr. 40 cent., qui ont payé en droits de garantie 73,910 fr. 32 cent., en droits d'essai 3,023 fr. 61 cent.; la main-d'œuvre, estimée à 50 p. 0/0, a été de 483,608 fr. 67 cent. En ajoutant à ces quantités le chiffre approximatif de 100,000 francs pour l'exportation, les commerçants de Lyon estiment que l'importance des affaires de la bijouterie dans leur ville est annuellement de 1,550,826 francs. Mais si l'on considère qu'à Lyon, comme ailleurs, une partie considérable de la bijouterie échappe au contrôle, on pourrait augmenter de près d'un tiers les valeurs établies d'après les données officielles du bureau de garantie.

BIJOUTERIE DE BORDEAUX.

A Bordeaux, 40 marchands orfèvres-joailliers-bijoutiers vendent en détail et la plupart en boutique; 2 marchands sont

[1] En exceptant 1848, où il a été contrôlé seulement 203 kilog. 906 gr. d'or.

pourvus de poinçons de maîtres et font fabriquer dans leurs ateliers des bijouteries à l'usage du pays : bagues de mariages, croix, boucles d'oreilles, etc., pour les campagnes du voisinage et des départements limitrophes; le chiffre d'affaires qui en résulte est peu important, excepté pour la maison Oulay et Latreille, qui a 3 ouvriers et 2 apprentis, et fait quelques bijoux d'une certaine valeur.

Il y a, de plus, à Bordeaux 19 ateliers où l'on fabrique des alliances, des bagues unies et un peu de joaillerie : chacun de ces ateliers occupe un ou deux ouvriers; un seul atelier compte de 4 à 5 ouvriers. On estime que la bijouterie de Bordeaux produit une somme annuelle de 800,000 francs.

BIJOUTERIE DE MARSEILLE.

Les bijoutiers de Marseille sont au nombre de 50, tous pourvus de poinçons; 34 travaillent seuls et 16 occupent ensemble 83 ouvriers. D'après le chiffre de l'or contrôlé, la bijouterie de Marseille, payant 30,000 francs de contrôle, fabriquerait pour 300,000 francs de valeur métallique, plus 300,000 francs de façon, total 600,000 francs; mais la fabrication qui se soustrait au contrôle et avec de l'or à bas titre est, à ce qu'il paraît, très-considérable : divers renseignements porteraient à croire qu'elle égale au moins la fabrication déclarée. La production et le commerce de la bijouterie, à Marseille, s'accroissent chaque année; outre les bijouteries provençales, on y fait celles qu'on appelle parisiennes, à bien meilleur marché qu'à Paris.

BIJOUTERIE DE NIMES.

Le principal bijoutier de Nîmes, M. Chaudordy, occupe à lui seul 10 ouvriers bijoutiers; il est, en outre, commissionnaire en bijouterie et orfévrerie et fait d'importantes affaires dans le Midi : il achète à Lyon, Marseille, Paris et Toulouse. Deux autres fabricants, dont l'un fabrique uniquement des jaserons d'argent, occupent 3 ouvriers. Trois marchands ont des poinçons et occupent chacun un ouvrier. La moyenne du contrôle, à Nîmes, est de 3,000 francs pour l'or et de 1,200 francs pour l'argent, ce qui implique une fourniture d'or de 30,000 francs et d'argent de 20,000 francs. La façon de l'or est de 30,000 francs, celle de l'argent de 7,000 francs : d'où résulte un chiffre de la fabrication officielle de 87,000 francs. La fraude doit, à ce que l'on présume, ajouter au moins une somme égale à cette production.

BIJOUTERIE DE TOULOUSE.

Toulouse compte 20 fabricants avec poinçons : le principal est M. Chaubert, occupant 8 ouvriers bijoutiers et fournissant les cinq ou six départements voisins. Deux autres fabricants occupent l'un 4, l'autre 2 ouvriers. 5 travaillent seuls chez eux la bijouterie d'or, 8 la bijouterie d'argent; 4 s'occupent à peu près exclusivement de boîtes de montre et travaillent seuls.

La recette du contrôle, à Toulouse, est en moyenne de 14,000 francs pour l'or et de 2,000 francs pour l'argent. L'or fourni se monte par conséquent à 140,000 francs, la façon à la même somme, en total 280,000 francs; pour l'argent, les 2,000 francs de contrôle représentent 33,000 francs de matière et 11,000 francs de façon, ou 44,000 francs. Le total officiel de la fabrication de bijouterie à Toulouse est donc, sauf ce qui concerne les boîtes de montres, de 324,000 francs par an.

BIJOUTERIE DE CLERMONT-FERRAND.

Clermont-Ferrand offre une situation presque identique à celle de Nîmes pour la fabrication ostensible, mais on pense qu'il s'y fabrique sur une grande échelle des bijoux non contrôlés et à bas titre.

BIJOUTERIE DE BESANÇON.

Besançon n'a aucune fabrique importante d'orfèvrerie ni de bijouterie; cependant le bureau de contrôle perçoit par an 80,000 francs sur l'or et 19,000 francs sur l'argent. Cet impôt est acquitté par les montres suisses, que la douane dirige sur ce bureau, où elles payent les droits de contrôle.

BIJOUTERIE A L'ÉTRANGER.

ANGLETERRE.

Le goût de la bijouterie est bien moins répandu en Angleterre que sur le continent; on y préfère l'orfévrerie et la joaillerie : aussi est-ce cette dernière industrie qui consomme la plus grande partie de l'or employé dans l'industrie des métaux précieux appliqués à la décoration et à la parure.

Toutefois, à l'exposition de Londres, on a pu conjecturer que le goût de la bijouterie tendait à s'introduire en Angleterre et y ferait probablement bientôt des progrès. Des médailles de seconde classe furent accordées aux exposants suivants :

MM. Watherston et Brogden. — Pour un vase d'ancien style, tout en or, émaux et pierres fines : ce vase, en forme de calice, avec un couvercle surmonté d'un groupe d'or, représentait l'Angleterre, l'Écosse et l'Irlande; le corps du vase était un bas-relief cylindrique en or, inachevé, ayant pour sujet le débarquement des Romains et la bataille d'Hastings; sur les anses étaient les figures de saint Georges et de saint Dunstan; au-dessous, deux Renommées couronnant les bustes de Nelson, Wellington, Milton, Shakespeare, Newton et Watt; enfin, au pied, les figures de la Vérité, la Prudence, l'Industrie et la Valeur. Ce vase, pesant 95 onces, était décoré d'ornements très-variés en émaux, rehaussés de pierres précieuses, avec des guirlandes en diamants.

MM. West et fils, de Dublin. — Pour leurs broches et bijouteries en or, d'après des fibules antiques trouvées en Irlande et imitées sans servilité, mais avec beaucoup de goût, et pour leurs colliers dans le style du moyen âge, où ils ont tiré un très-bon parti d'un art ancien et tombé dans l'oubli.

M. Rowlands. — Pour son exposition de joaillerie et de bijouterie, où l'on remarquait une broche émaillée de bleu avec gros grenat cabochon, deux beaux bracelets et une pièce de corsage en brillants et émeraudes.

M. Angell. — Pour un bracelet en or avec médaillon rond en or, émail bleu-turquoise et rouge, la chaîne en est très-belle, et pour un autre bracelet style d'Élisabeth avec un cuir en or, brillants et émail bleu clair.

M. Waterhouse, de Dublin, avait fait avec les produits naturels de l'Irlande de belles broches dans le style des fibules antiques de ce pays. Les broches sont à peu près le seul objet de pure bijouterie que portent les dames anglaises. Celles de M. Waterhouse, faites d'après un original antique en or et de grande dimension découvert en Irlande, sont d'un beau caractère, variées et bien exécutées; le grainti, la cannetille, la ciselure, les pierres dures et les perles d'Irlande en forment la décoration.

ALLEMAGNE.

A la fin du dernier siècle, il existait déjà en Allemagne de grandes fabriques de bijouterie dans la ville de Hanau, et plus tard à Stuttgart et à Pforzheim. On y faisait des ouvrages dans le genre de ceux de Genève et de Paris, avec de l'or à 14 karats. Jusqu'en 1770 la production de ces établissements se limitait à peu près aux besoins du commerce intérieur; elle devint beaucoup plus importante à la fin du XVIIIᵉ siècle. Les fabricants de Hanau, Ticjet, Collin, Bury, Toussaint Obiker, Marchand, Fischbach, Fernau, Wagenführer, faisaient des parures et des tabatières. Parmi les œuvres les plus célèbres des frères Collin, on cite un jeu d'échecs en or et en argent, orné de pierres précieuses, et une magnifique tabatière en or. Les frères Weishaupt, bijoutiers dans la même ville, fabriquaient surtout de petits objets de toilette. Les autres établissements de bijouterie produisaient aussi de petits ouvrages à très-bon marché.

Les désastres civils de la France et l'anéantissement de son industrie de luxe, avaient favorisé le développement de l'orfèvrerie, de la joaillerie et de la bijouterie en Allemagne, où elles avaient toujours été encouragées. Après les guerres de l'Empire, les fabriques dont nous venons de parler se mirent en relations commerciales avec l'Amérique, la Pologne, la Hongrie et la Turquie. La bijouterie courante, à bon marché et peu solide, fut manufacturée en grand. Elle s'est améliorée depuis que les objets émaillés ont été recherchés ; les formes et le dessin des bijoux ont plus d'élégance, et le travail, remarquable par son fini, n'a pas fait hausser les prix en proportion de son perfectionnement. Il est vrai que souvent les modèles sont empruntés à des pays étrangers, et le bas titre permis pour les bijoux est cause de leur bon marché. On fabrique des bijoux de cette espèce dans presque toutes les grandes villes d'Allemagne ; nous avons déjà nommé Hanau, Pforzheim et Stuttgart. M. Weishaupt, de Hanau, l'emporte sur tous les autres par le beau choix de ses émaux. Après lui, MM. Backes, Bier et Steinheuer, Müller et Dintelmann, Bury, Collin, Deines, Horst et Scheel font les meilleurs ouvrages de bijouterie. Les bijoux à très-bon marché sont plus spécialement fabriqués par MM. Jokel, Dickel, Böhm, Widmann, Schönfeld et Otto. La seule ville de Hanau compte 60 fabriques, qui occupent 600 ouvriers et produisent une valeur de bijouterie qui s'élève de 8 à 10 millions, dont la moitié est exportée.

Vienne et Berlin ont conservé le privilége de produire la bijouterie précieuse et de fantaisie, exécutée seulement sur commandes : son prix est très-élevé. Les décorations, plaques d'ordres et croix, où l'on réunit l'or, l'argent, l'émail et les pierreries, sont très-nombreuses en Allemagne et en général très-bien fabriquées, surtout à Berlin, par MM. Hossauer, Kundert, Jean Wagner fils, Kauff et Wilm.

Les bijoutiers allemands travaillent quelquefois le palladium et le platine ; cependant l'emploi de ces deux métaux est devenu moins fréquent depuis 1830. Le platine, qui pourrait être mis en œuvre pour des objets d'art impérissables, n'est utilisé en bijouterie que dans ses alliages avec l'argent, pour servir de fond très-peu fusible à des émaux. Les agates et agates-onyx, si belles et si variées, que l'Allemagne produit viennent principalement d'Oberstein, où cinq fabriques, faisant annuellement 800,000 francs d'affaires, taillent et polissent ces belles matières. Le lit du Rhin et la Hongrie alimentent sans cesse cette importante industrie. Des hommes très-pratiques affirment que les belles teintes brunes des onyx et sardoines d'Oberstein sont dues à des immersions dans des dissolutions métalliques, comme l'azotate d'argent; la nuance rouge, à une cuisson graduée dans du peroxyde de fer, et d'autres nuances, à la réaction de l'acide sulfurique bouillant sur des matières organiques, dont les agates presque incolores seraient préalablement imprégnées. M. Tennant a exposé à Londres des échantillons d'agates ainsi colorées.

L'ambre jaune ou succin de Dantzig donne lieu annuellement à une fabrication de 50 à 80,000 francs. Autrefois l'ambre jaune transparent était le plus recherché; maintenant c'est l'ambre citrin tirant sur le blanc que l'on exploite avec le plus d'avantage. La principale exportation de l'ambre jaune est faite en Turquie, où l'on s'en sert pour garnir les pipes et quelques autres instruments.

L'ivoire sert aux Allemands pour faire quelques bijoux ordinairement ornés de sujets de chasse à figures blanches sur un fond coloré en brun.

Les grenats de Bohême sont l'objet d'un grand commerce, surtout en Autriche, où il s'en fait un énorme débit.

Les opales de Hongrie sont expédiées en Orient et en Russie.

Les filigranes dits de Trieste sont fabriqués par toute l'Allemagne et même à Pesth en Hongrie. Les moines allemands, dans leurs cloîtres, s'occupaient de travaux en filigranes. Maintenant que la mode s'en est détournée, on n'en fait plus guère qu'à Nuremberg, et la grossièreté des filigranes allemands ne peut pas permettre qu'on les confonde avec ceux exécutés réellement à Trieste.

Les émaux dans le genre byzantin, c'est-à-dire cloisonnés, transparents ou opaques, doivent avoir été fabriqués en Allemagne depuis le moyen âge. On en faisait beaucoup autrefois à Nuremberg et à Augsbourg. Les Allemands prétendent avoir fabriqué des émaux sur fond de métal, sans cloison, en même temps que cette industrie naissait à Limoges. Il paraît certain que depuis le XIe siècle on fit beaucoup d'émaux en Allemagne, non-seulement à Nuremberg et à Augsbourg, mais encore à Francfort, Ratisbonne, Cologne, Vienne et Berlin. Au commencement du XVIIIe siècle, les Allemands ont produit de magnifiques émaux; le *Grüne Gewölbe,* à Dresde, offre dans ce genre une collection d'ouvrages de Dinglinger d'un goût excellent, et qui ont souvent inspiré Charles Wagner.

Maintenant les émaux de Hanau sont les plus renommés.

En ce qui concerne les nielles, le goût des Allemands n'a jamais été prononcé pour ces sortes d'ouvrages; on connaît cependant quelques nielles allemandes du XVIIe siècle. M. Hossauer commençait à en fabriquer en 1824, et Charles Wagner, après lui, en 1827; mais le petit nombre d'amateurs d'objets d'art rendait cette industrie peu avantageuse. Ce motif détermina Wagner à s'établir à Paris, où ses nielles d'abord, et ensuite son talent comme orfèvre et bijoutier, lui acquirent une très-grande renommée.

A l'exposition de Londres, M. Weishaupt présenta un jeu d'échecs, dont les pièces en or et en argent, émaillées par parties, figuraient la cour de Charles-Quint et celle de François Ier; elles étaient toutes fondues et suffisamment maniables. Mais l'échiquier lui-même réunissait des qualités supérieures et que le jury s'est empressé de reconnaître. Il était d'argent, posé sur quatre sirènes aussi d'argent, en partie dorées et émaillées; de leurs épaules partaient des guirlandes en émail orné de rubis et de perles et soutenues par des enfants dorés, debout sur des tortues; sur les guirlandes perchaient des hérons d'argent à ailes émaillées de bleu. La table de l'échiquier était en nacre et en écaille. L'ensemble de ce jeu d'échecs se distingnait par son travail recherché et par une très-habile combinaison de l'argent avec l'émail et les pierres fines; la guirlande surtout était composée avec un goût excellent et a dû offrir des difficultés considérables de monture et d'émaillage. Le jury estima que M. Weishaupt méritait une médaille de première classe pour ce travail si heureusement conçu et réalisé. On assure que cette pièce de bijouterie, si appréciée par le jury de Londres, n'est pas le plus bel ouvrage que M. Weishaupt ait produit.

MM. Wild et Robinson, d'Oberstein, reçurent à Londres la médaille de seconde classe pour leur exposition, où l'on remarquait deux très-beaux vases à fleurs en onyx brun à veines blanches; deux grandes coupes de calcédoine colorée en rouge; de grands anneaux carrés de calcédoine entrelacés sans jointure et de couleurs alternées, très-curieux pour la matière et le travail, et une belle tabatière en jaspe vert.

M. Keller, d'Oberstein, obtint une médaille de la même classe pour un service à thé en cornaline colorée, composé de deux pots, un sucrier, douze tasses avec leurs soucoupes, douze petites assiettes et douze cuillers; il exposait aussi des coffres à bijoux en agate verte moussue.

SUISSE.

La bijouterie de Suisse a été longtemps célèbre, surtout pour ses émaux et pour tout ce qui se rapportait à la fabrication des montres. Elle n'a ni étendu ni restreint ses attributions diverses; seulement, depuis quelques années, la concurrence de Paris et de Lyon lui cause de sérieux préjudices.

Pour ce qui concerne la bijouterie à l'usage des femmes, celle de Suisse est concentrée à Genève, où de grands ateliers fabriquent des ouvrages destinés à l'Italie et à la Belgique : on estime à une somme de quatre millions de francs l'importance des affaires faites par les bijoutiers suisses dans cette branche de leur industrie. On fait en Suisse les chaînes à maillons pleins; celles dont les maillons sont creux se fabriquent presque exclusivement à Paris. La bijouterie suisse comprend encore celle de fantaisie, telle que broches, bracelets, boucles d'oreilles et bagues, dont le commerce tire un parti très-avantageux. Quelques fabricants travaillent surtout pour la Turquie et envoient en Orient des zarphes, des tabatières, des boîtes à musique ou avec des oiseaux s'agitant et chantant par un mécanisme intérieur.

Les émaux de Genève avaient depuis longtemps et ont conservé une réputation bien méritée. Il y a environ cinquante ans, on faisait beaucoup d'horlogerie et de bijouterie au moyen de grandes plaques en émail bleu et vert, à fonds flinqués, avec des entourages en perles fines, diamants roses ou zircons. Les meilleurs fabricants d'émaux et de couleurs pour les peintres sur émail, à cette époque, étaient FERRIER, BROLLIET, TULOU, RAISIN et BERTON. M. MAEULE est actuellement le seul qui continue à fondre et préparer des émaux. Ces produits et les couleurs d'émailleurs dont on fait usage en Suisse y sont envoyés de Paris à un prix quatre, cinq et six fois moindre qu'ils ne coûtaient autrefois dans les laboratoires de Genève.

On affirme que Paris fournit à cet égard plus d'émaux et de fonds de montres à la Suisse qu'il n'est facile de le supposer; les Suisses reconnaissent eux-mêmes Paris comme la place commerciale de cette industrie. Ils attribuent à l'eau de leur pays les belles réussites de leurs émaux; mais l'eau a certainement moins de part dans de tels succès que l'habileté et la pratique traditionnelles de leurs émailleurs et de leurs peintres.

La fabrication des boîtes de montres qui doivent être décorées ou rester unies est une industrie très-active en Suisse : elle occupe environ 400 ouvriers. La quantité de boîtes de montres fabriquées est très-considérable; mais elle n'est pas égale à celle des mouvements, qui sont quelquefois expédiés à l'étranger, sans aucun emboîtage.

Il y a beaucoup de fabriques de clefs de montres, qui s'expédient dans tous les pays, mais notamment en France et dans le canton de Neuchâtel, d'où elles sont exportées en différentes directions.

Les tabatières manufacturées en Suisse sont généralement à très-bon marché et d'une solidité douteuse. On en a vu dont la soudure à l'étain exposait les boîtes à se disjoindre dans une chute; les fonds, au lieu d'être guillochés, étaient faits avec une lame d'argent planée, passée au laminoir sous des cylindres gravés, dont ils emportaient les dessins. Genève compte trois ou quatre fabriques de tabatières d'or et d'argent; c'est sur ces objets, quand ils sont exécutés avec soin, que s'exerce l'étonnante habileté des graveurs suisses. On a remarqué avec surprise, à l'exposition de Londres, une collection de poinçons destinés à imprimer, sur de petits bas-reliefs d'or et d'argent, des détails si fins que l'instrument pourrait à peine les exprimer : ainsi les yeux des animaux, cerfs ou chiens, les feuilles des arbres, les détails de l'écorce, étaient produits par les empreintes de ces poinçons d'acier d'une extrême finesse. On comprend que l'art véritable ne pouvait pas gagner à ce perfectionnement singulier.

Pour la bijouterie seulement,

	ateliers	ouvriers
Genève compte.....	87 ateliers et	267 ouvriers.
La Chaux-de-Fonds..	27	78
Le Locle..........	20	54
Berne............	2	3
Lausanne	1	5
Totaux........	137	407

Des médailles de seconde classe ont été données par le jury de Londres :

A M. Dutertre de Genève,

Pour ses émaux de boîtes de montres, incrustés d'or et de diamants, et deux plaques d'or gravées : ces objets ont attiré l'attention du jury, qui en a apprécié toute la finesse et l'adresse d'exécution. Les plaques d'or, représentant, l'une un sujet de la vie de Guillaume Tell, l'autre un arbre sur un fond de paysage, étaient gravées avec une sûreté et une délicatesse extrêmes par M. Fritz Kundert; l'arbre surtout était d'un travail irréprochable et pouvait supporter le plus minutieux examen à la loupe.

A M. Grandjean, de la Chaux-de-Fonds,

Pour une plaque d'or sur laquelle il avait gravé, dans de

très-petites proportions, une forêt qui paraissait copiée d'une gravure de Kolbe; l'exécution en était aussi fine que parfaite.

A M. DUBOIS, de la Chaux-de-Fonds,

Pour une plaque d'or représentant des objets de décoration, des fruits et des fleurs, posés sur une console que supportent des atlantes; le tout dans le style de Lepautre et gravé avec une telle finesse que cette plaque, au premier aspect, ressemblait à une épreuve photographique.

A M. GOLAY, de Genève,

Pour un petit portefeuille-souvenir, à couverture gravée sur or émaillé blanc et vert, avec deux médaillons sur émail, représentant : l'un, deux Italiennes jouant avec un enfant; l'autre, un paysage d'après Calame. La perfection de ces émaux peints par M. Lamanière, et leur bel effet ont mérité, au jugement du jury, une médaille de seconde classe pour M. Lamanière, l'habile artiste qui les avait exécutés.

BELGIQUE.

L'exposition de Belgique à Londres n'offrait rien qui différât de la bijouterie allemande à bon marché, excepté les ouvrages de M. Falloise, de Liége, où l'acier et le cuivre étaient associés aux métaux précieux avec beaucoup de goût et d'intelligence. On remarquait un bracelet en acier, orné d'une Néréide d'argent retenant une draperie d'or vert et jaune, et montée sur un dauphin, le tout incrusté et de très-haut relief; les bords et l'intérieur étaient dorés; deux coupes à couvercle en cuivre patiné et incrustées d'argent, dans le style oriental; trois vases dans le style dit de la Renaissance, ornés au plateau et au fût de fleurons, rinceaux, oiseaux, mascarons, incrustés en argent en relief et gravés; une broche dans le même système, avec un groupe de colombes et de fleurs; enfin, un beau calice en acier, presque tout couvert d'ornements de bon goût, en or et en argent, incrustés et gravés. Telles étaient les principales pièces de cette exposition, qui méritait d'être étudiée pour son originalité et le talent déployé dans la composition et l'exécution des beaux ouvrages qui la composaient. M. Falloise a obtenu la médaille de seconde classe décernée par le jury international.

GÊNES.

Les filigranes de Gênes, célèbres depuis si longtemps pour leur finesse et leur beauté, ont soutenu leur réputation à l'exposition de Londres. Le jury a donné la médaille de seconde classe à M. Bennati, de Gênes, fabricant d'ouvrages en filigrane d'argent, qui avait exposé une statuette de Christophe Colomb découvrant une partie du globe terrestre en soulevant le voile qui le couvre. Malgré la témérité que l'on doit reprocher à l'auteur d'un pareil ouvrage exécuté en filigrane, il y a montré tant d'adresse et même de goût pour combattre une semblable difficulté, que l'on est demeuré surpris de son effet, dû à l'habile arrangement de fils imperceptibles, qui donnaient à l'ensemble de la figure une forme à la fois indécise et correcte.

La même récompense fut accordée à M. Loleo, autre fabricant de filigranes. Cet exposant avait présenté une colonne commémorative de l'exposition, monument bien peu durable, mais d'un travail très-recherché. Le jury attacha plus d'importance à sa belle fabrication de plateaux, cassolettes, vide-poches, sucrier avec son plateau, étui à cigares, éventails, paniers et guirlandes pour coiffure de dames, d'une exécution parfaite et d'un très-bon goût.

ROME.

A Rome, M. Castellani exerce depuis 1815 la profession de bijoutier avec un succès dû à sa parfaite intelligence de l'art antique, dont ses bijoux sont des imitations sans servilité; ils sont ordinairement exécutés en or fin, ornés de ciselures de grainti, de cannetille, de quelques pierres, de camées ou de scarabées antiques; il imite quelquefois aussi les bijoux du moyen âge. Les bijoutiers de Rome montent très-bien et très-habilement les pierres gravées et les mosaïques; ils font des envois en Toscane et en France.

La mosaïque romaine embrasse tous les ouvrages que peut exécuter cette industrie, depuis les plus grandes copies de peintures jusqu'aux bijoux les plus microscopiques. La mosaïque miniature a été inventée par Giacomo Raffaelli, qui en fit les premiers essais en 1775.

Dès 1810, il y avait déjà à Rome vingt mosaïcistes en miniature : Antonio Aguatti en était le plus célèbre; il fut le maître de tous les mosaïcistes exerçant aujourd'hui la même industrie; il introduisit de grands perfectionnements dans la coloration et la dégradation des teintes données aux petits tubes de verre employés en fragments pour exprimer les tons différents de la peinture que l'on veut reproduire. Giuseppe Mattia, dirigé par le chevalier Michelangelo Barberi, obtint une nouvelle amélioration, en appliquant au verre de mosaïque la flamme du chalumeau, qui donne des teintes dégradées plus pures et plus belles que celles obtenues par la fusion ordinaire : on appelle ces couleurs *tinte da soffio* [1]. L'établissement le plus complet de mosaïciste est celui du chevalier Michelangelo Barberi. Après cet atelier viennent ceux de MM. Domenico et Luigi Moglia, Gioacchino Barberi, Giuseppe Dies et beaucoup d'autres également renommés.

Le produit annuel de cette fabrication, encore très-active, est estimé à une somme de 30 à 35,000 scudi.

La gravure sur pierres dures en intaille, qui fut si florissante à Rome pendant des siècles, est un art trop difficile et trop coûteux pour faire la fortune de ceux qui l'exercent. Girometti, mort il y a peu de temps, avait exécuté de très-beaux camées, la plupart copiés d'après l'antique; la collection en est conservée dans la bibliothèque du Vatican. M. Saulini

[1] Les *tinte da soffio* pour les mosaïques se font au moyen de bâtons de verre coloré que l'on fond, dans une cuiller de fer, au feu du chalumeau, et dont on modifie les tons par leur mélange avec d'autres bâtons de nuances différentes : par exemple, on obtient du violet en fondant ensemble des bâtons bleus et rouges. Le chalumeau est une grosse lampe d'émailleur à mèche courte, dont la flamme est projetée sur la cuiller de fer.

est le seul qui reçoive encore quelque commande de portraits sur pierre dure; ses propres compositions ne sont pas achetées, malgré le talent incontestable de cet artiste. L'ancien PICKLER, graveur en pierres dures d'un admirable talent, avait formé une école dont quelques élèves ont marqué par leurs ouvrages : M. CALANDRELLI est à Berlin, M. PISTRUCCI à Londres. MM. CERBARA, MASTINI père et fils, SANTARELLI, CADES, APPARONI, REGA, MORELLI, ont produit des ouvrages d'un ordre supérieur, que le préjugé en faveur des pierres antiques n'a pas laissé apprécier à leur juste valeur. Ceux d'entre eux qui ont laissé passer leurs œuvres pour des antiques ont obtenu un succès qui aurait été refusé à leur nom.

La gravure des camées sur coquille ne présente aucune des difficultés ni des lenteurs de celle sur pierre dure. Depuis le commencement de ce siècle, elle a pris un élan considérable. Jusque vers 1845, elle produisait une somme d'affaires montant de 15 à 50,000 scudi par an, sans compter les achats faits par les voyageurs étrangers. GIOVANNI DIES faisait, dans son temps, de 22 à 25,000 scudi d'affaires annuelles; et maintenant que cet art tombe en langueur, M. TOMMASO SAULINI fait encore des affaires importantes, surtout en gravant des portraits. Les plus habiles graveurs en camées sur coquilles étaient GIOVANNI DIES et PESTRINI; le premier se distinguait par le beau caractère de ses têtes d'après l'antique, le second par ses copies de compositions importantes, surtout d'après Thorwaldsen, dont il a reproduit tout le triomphe d'Alexandre. Après ces deux artistes, beaucoup d'autres sont connus pour leur adresse, leur goût et leur rapidité d'exécution. Les moyens mécaniques appliqués à un travail déjà si prompt, l'immense quantité de camées produits, ont amené la fatigue et le dédain des acheteurs; cependant M. LUIGI ROSI, élève de M. DIES, se distingue par ses œuvres pleines d'imagination et d'un beau dessin; plusieurs ont été prises pour des antiques, mais on pourrait à peine en désigner quelques-unes, car lui-même les a oubliées. CARNESECCHI a frappé d'un coup mortel cette industrie italienne en la transportant à Paris et à Londres. L'exportation des camées sur coquille est à peu près anéantie, et même de mauvais ouvrages venant de l'étranger sont importés à Rome, où ils font tomber à vil prix les productions des véritables artistes du pays.

NAPLES.

La bijouterie napolitaine ne se sépare pas de l'orfévrerie aussi nettement que dans les pays du nord de l'Europe. Les mêmes fabricants produisent souvent des objets des deux natures; mais la division est plus tranchée chez les commerçants qui les vendent. Les murs, les pilastres et les autels des chapelles les plus fréquentées par la vénération des fidèles sont couverts d'*ex-voto* en argent, le plus souvent des cœurs richement ornés, qui sont plutôt du domaine de la bijouterie. Celle-ci, à son point de vue spécial, produit incessamment les parures que la capitale fournit en profusion aux provinces et à la Sicile, en donnant à ces objets les formes particulières, quelquefois élégantes et originales, que commandent la tradition et les usages locaux, comme boucles d'oreilles à boutons ornés de spirales en petites perles avec des poires en pendeloques, des rondelles plates dentelées autour, repercées au milieu avec des filigranes entre les dents, de grandes boucles d'oreilles en plaques carré long et courbées, repercées, larges d'un doigt et longues de quatre, de grosses perles d'or creuses pour les colliers des paysannes, des plaques de corsage et de ceinture, des boucles d'oreilles de toute grandeur en forme de croissant, faites avec deux pièces en coquille assemblées et soudées. Pour beaucoup d'objets appartenant à cette bijouterie, qui est d'un énorme débit, l'estampage serait très-utile et économique, si l'on avait de bons graveurs de matrices.

On ne fabrique dans le royaume de Naples aucune bijouterie fausse. Les filigranes y sont toujours employés comme accessoires dans la bijouterie d'or; l'émaillage est la partie la plus arriérée de la bijouterie napolitaine : on le remplace souvent par de la peinture au vernis. On fait venir de l'étranger toute la matière des émaux véritables que font les bijoutiers du quartier le plus riche.

Les coraux se fabriquent spécialement à Torre del Greco, où M. Martel, parent du roi Joachim, avait établi des ateliers considérables; on les travaille aussi à Naples. Ils viennent de la côte d'Algérie, et on en trouve aussi aux environs de Capri et du cap Pausilype. La première qualité de corail se vend 1,000 piastres (5,280 francs) la caisse d'un peu plus d'un cantajo, qui pèse 3,300 onces (103 kilog. 125 gr.). L'ouvrier ordinaire en corail gagne 8 carlins (3 fr. 52 cent.) par jour; les meilleurs ciseleurs sur la même matière sont payés 20 carlins (8 fr. 80 cent.).

Les affaires sur le corail sont faibles à Naples, malgré le haut prix que l'on demande de ces produits. Autrefois elles étaient très-considérables.

Une autre espèce de bijouterie pratiquée à Naples est celle de l'écaille de tortue piquée d'or. Les produits en sont en général médiocres, et cependant assez chers et recherchés.

On doit ajouter encore à la bijouterie napolitaine les travaux de sculpture et de ciselure sur les matières appelées *laves*, et dont plusieurs ne sont que des produits naturels non volcaniques, comme les dolomies, les serpentines nobles et divers calcaires. Les ouvriers qui les travaillent, comme le corail, en bracelets, colliers, cachets, camées, ornements divers, gagnent de 3 à 6 carlins (1 fr. 32 cent., 2 fr. 84 cent.) par jour.

La bijouterie napolitaine a certainement une large part dans les deux ou trois millions de ducats (8,800,000 francs à 13,200,000 francs), auxquels on évalue, pour les années prospères, les affaires sur les métaux précieux dans le royaume des Deux-Siciles. Les meilleurs fabricants de bijouterie à Naples sont les orfèvres Raffaele Perretta, D. Carlo Urto, D. Francesco d'Afflitto, Catalano et D. Mariano Froglia.

VENISE.

Les chaînes d'or à très-petits anneaux, dites *jaserons*, fabriquées à Venise, ne doivent pas être oubliées parmi les principaux produits de la bijouterie italienne. La fabrication en a été immense et approvisionnait toute l'Europe; le caprice de la mode en a sensiblement diminué la production. C'est aussi à Venise et à Murano que l'on fabrique l'aventurine artificielle dans les ateliers de M. BIGAGLIA. Murano produit encore les grains et perles de verre de couleur pour les colliers, boucles d'oreilles, boutons et chapelets ou rosaires. Le débit de cette dernière fabrication est énorme à Rome et à Lorette.

MALTE.

Les filigranes d'or et d'argent travaillés à Malte ont une grande réputation. Les principaux fabricants actuels sont : MM. A. PORTELLI, E. CRITIEN et S. FALSON de Valletta, qui ont envoyé des échantillons de leur industrie à l'exposition universelle de Londres.

PORTUGAL.

M. MAMEDE, de Lisbonne, y avait présenté des améthystes montées en filigranes d'or, avec des boucles d'oreilles en forme de parasols superposés, et M. FRANCA, autre bijoutier portugais, offrait comme produit de son industrie une belle tabatière d'argent guillochée et gravée.

INDES.

L'exposition de la Compagnie des Indes au palais de cristal était une collection de ce que les trésors des souverains indiens dépossédés par les Anglais renfermaient de plus splendide en joaillerie et en bijouterie. La magnificence de ces objets ne pouvait être égalée que par leur beauté, surtout si l'on considérait ceux qui ont été fabriqués sous les princes mogols. On trouvait là des bijoux dont la matière ou le travail méritaient toute l'attention des fabricants européens, par les combinaisons pleines de goût et d'originalité de leur exécution. Nous citerons seulement un charmant collier d'or fin coloré en brun clair, probablement par une dissolution de fer, et composé de plusieurs rangs : le premier est un treillis lâche de fils d'or, formant un petit bandeau étroit auquel sont suspendues des étoiles à huit ou douze rayons; le second est une rangée de petites rosaces à quatre lobes, suspendues en quinconce aux étoiles du rang supérieur; le troisième est composé de clochettes attachées aux rosaces et réunies entre elles par de petites rosaces; à l'extrémité inférieure de ces clochettes et des rosaces pend un dernier rang de petites rosaces et d'ornements délicats, fleurons et clochettes enchaînés par des anneaux. Ce collier est un chef-d'œuvre d'élégance et de belle fabrication; il doit être d'une époque déjà ancienne.

Après cet ouvrage précieux, les bijoutiers ont pu observer un autre collier d'or, dont le rang supérieur est un bandeau imitant la vannerie et auquel sont suspendues de petites rosaces à six lobes soutenant de longues chaînettes entremêlées d'olives très-déliées et de perles également en or; de charmants bracelets en filigrane d'argent; un panier du même travail, d'un goût excellent et digne de son exécution; un bracelet émaillé de bleu, blanc et rouge, avec des brillants et des rubis sertis après l'émaillage; une boîte ovoïde en jade presque blanc, incrustée d'ornements et de rubis sertis en or fin; un plat de jade vert clair, en forme de cœur, incrusté d'or et de rubis; une autre très-belle boîte ovoïde en jade laiteux, incrustée d'or et de rubis; des coupes en jade vert ou vert pâle assez grandes, bien travaillées et de bon goût.

Des ouvrages plus modernes, intitulés parures du Bengale et de Bombay, sont d'un travail moins parfait, mais ont encore quelquefois un certain mérite. Ainsi, on a vu avec plaisir un gros bracelet tout émaillé très-finement en vert, bleu, rouge, sur or et décoré de trois médaillons : sur celui du milieu était peint un tigre, sur les autres des bouquets; les émaux se distinguaient par leur bon travail. Au contraire, des étriers en argent massif, des colliers et bracelets en argent repoussé, étaient curieux pour leur travail, mais sans talent dans leur exécution.

Nous ne terminerons pas ce qui concerne la bijouterie de l'Inde sans dire que ce pays a produit des nielles d'un art merveilleux, et que l'on peut comparer, pour leur finesse, à ce que les artistes de la Renaissance ont fait de plus délicat; ces nielles étaient ordinairement appliquées à des garnitures d'instruments ou à des fourreaux de poignards, à des poignées de sabres et à des garnitures de carquois. Les Birmans et les Malais fabriquaient aussi autrefois des chefs-d'œuvre de bijouterie appliquée aux armes, particulièrement des poignées de sabres en argent de la plus riche décoration, en forme de têtes de dragons, ciselées avec un art étonnant et garnies de petits rubis, et des manches de poignard en figures de divinités sculptées sur or fin et garnies de rubis et de diamants.

CHINE.

L'exposition de la Chine, formée d'objets fournis par des marchands anglais, par des compagnies ou des amateurs, était intéressante cependant à beaucoup d'égards : elle renfermait peu de bijoux; on y trouvait plusieurs très-beaux vases antiques en cuivre, couverts d'émaux cloisonnés formant une espèce de mosaïque d'un très-bel effet et très-digne d'être imitée par nos émailleurs : quelques objets en filigrane et en ivoire découpé et ciselé ne dépassaient en rien les travaux bien connus de la bijouterie chinoise.

ÉGYPTE.

Les produits de l'Égypte, de la Turquie et de Tunis ne méritent pas non plus de mention spéciale, ayant été exécutés par des procédés tout à fait grossiers ou négligés.

BIJOUTERIE FAUSSE.

Tout ce que fabrique la bijouterie fine peut être imité par la bijouterie fausse : l'or est remplacé par des alliages ou par le cuivre doré, la pierre dure par des compositions vitreuses, le diamant et les pierres fines par le strass, et les perles d'Orient par celles de verre. On obtient ainsi des objets qui parent et décorent à bon marché. Un certain plaisir pour les yeux, une satisfaction économique pour l'amour-propre, tel est le but tout particulier de la bijouterie et de la joaillerie fausses. Les fabricants, et spécialement ceux de France, se sont livrés à des recherches actives pour répondre à ce penchant du public, en produisant des ouvrages brillants, sans valeur intrinsèque appréciable, et dont la façon fût à très-bas prix. Les premiers essais furent dirigés dans une fausse voie. On fabriqua beaucoup de bijoux en laiton couleur d'or appelé chrysocale; ils étaient fondus et grossièrement ciselés. Leur poids, leur rudesse et leur prompte altération au contact de l'air ne leur laissaient aucun avenir, si, à l'époque de la Restauration, cette industrie, encouragée par la Cour, n'avait fait des progrès inattendus, en ouvrant un grand commerce à l'exportation. Elle se perfectionna graduellement par l'application de la dorure d'abord au feu, ensuite par immersion et par les procédés de MM. Elkington et de Ruolz. Le doublé d'or, auquel la bijouterie fausse a donné naissance, est devenu une industrie très-recherchée pour la perfection de ses résultats.

Dès l'exposition de 1823, M. Lelong fabriquait des chaînes en bronze doré imitant parfaitement les chaînes en or du Mexique; il faisait aussi des chaînes légères à l'imitation du jaseron d'Italie. Le jury donna une médaille de bronze à M. Lelong pour ses ouvrages solides de forme élégante et de prix très-modérés. En 1827, le même fabricant obtint le rappel de la médaille de bronze. En 1834, il avait introduit dans ses ateliers l'emploi des procédés mécaniques; l'importance de sa vente annuelle montait à 30,000 francs.; il occupait 18 ouvriers, ses chaînes mexicaines dorées se vendaient de 2 fr. 50 cent. à 10 francs le mètre. La médaille de bronze lui fut décernée une troisième fois; elle lui fut encore décernée en 1839 pour des procédés nouveaux que ne spécifiait pas le jury. Celui de 1844 fut plus explicite : il reconnaissait qu'au moyen de ses appareils consistant en laminoirs, découpoirs et balanciers de toute dimension et par sa belle dorure, M. Lelong avait résolu le problème de la parfaite imitation de la bijouterie fine à bon marché, au point de livrer au commerce la chaîne dorée n° 1 à 12 francs la douzaine, la chaîne n° 2 à 36 francs et les chaînes de première qualité de 14 à 28 francs la pièce. Les bijoux dorés et les bijoux émaillés de M. Lelong furent l'objet de la même approbation du jury, qui lui décerna la médaille d'argent. En 1849, M. Lelong avait ajouté à sa fabrication celle des clefs, des cachets et des breloques de formes agréables et variées. Le jury lui accorda le rappel de la médaille d'argent.

M. Houdaille, mentionné honorablement par le jury de 1827, le fut encore en 1834 pour sa bijouterie dorée; il obtint ensuite une médaille de la société d'encouragement pour les divers perfectionnements introduits dans sa fabrication et qui lui assuraient une supériorité marquée dans la bijouterie dorée; le jury, prenant en considération la très-grande extension donnée par M. Houdaille à son industrie, devenue une branche importante d'exportation, lui décerna en 1839 la médaille de bronze. Le même fabricant reçut en 1844 la médaille d'argent, pour avoir donné à sa profession une grande impulsion par les produits de ses ateliers; à son imitation de la bijouterie d'or il ajoutait les fermoirs et onglets de livres à l'usage des relieurs, où il réunissait la beauté, la solidité et le bon marché. Une nouvelle médaille d'argent lui fut donnée, en 1849, pour ce genre spécial de fabrication.

A la même exposition parut pour la première fois M. Mourey, classé par le jury parmi les premiers fabricants de bijoux dorés : il était, selon le rapporteur, un de ceux qui avaient le plus contribué au grand succès de notre bijouterie dorée chez l'étranger. M. Mourey fit de rapides progrès depuis cette époque : ses bijoux repoussés furent signalés par le jury comme offrant des qualités de travail et de finesse telles que sa bijouterie dorée était prise pour de la bijouterie d'or. Employant pour l'argenture les procédés électro-chimiques, il avait inventé, pour l'empêcher de jaunir, de couvrir les surfaces argentées d'une couche de borax en dissolution, de porter ensuite le borax à la température de la fusion aqueuse et d'immerger les pièces dans l'acide sulfurique très-étendu d'eau :

ce moyen fut approuvé par l'Académie des sciences, sur le rapport de M. Becquerel. Pour faire droit aux conclusions du rapport de M. Darcet, rédigé en 1844, la société d'encouragement décerna une médaille de platine à l'inventeur. Le jury, considérant la libéralité dont M. Mourey faisait preuve, en livrant ses modèles de bijouterie dorée à ses rivaux dans cette industrie, appréciant en même temps la qualité de ses bijoux, bronzes dorés et coupes argentées, lui décerna la médaille d'argent, en regrettant de ne pouvoir lui en donner une pour chaque branche de son industrie. Une nouvelle médaille d'argent fut accordée, en 1849, à cet habile fabricant pour sa bijouterie dorée, et surtout pour des camées en argent ou argentés reproduits d'après les modèles de la bijouterie, et divers genres de corbeilles ornées de feuillages argentés destinées à l'exportation.

Le jury de 1839 disait : « La bijouterie dorée doit à « M. Poiret le bijou doublé d'or, fabrication encore peu « connue et qui offre de grands avantages par sa solidité, sa « durée et la modicité de son prix. La bijouterie de M. Poiret « est d'une grande beauté et ne peut réellement se distinguer « que par la marque du poinçon du fabricant, qui doit être de « forme carrée, et celui de l'or de forme losange. » M. Poiret obtint une mention honorable pour avoir exposé le premier les produits d'une industrie qui allait prendre une grande place parmi celles de la France.

Nous avons mentionné les travaux de M. Poiret, parce qu'ils ont servi d'éléments à ceux de M. Savard, que nous allons faire connaître en détail.

M. Savard avait obtenu, en 1844, une médaille de bronze pour sa fabrique de hausse-cols et de cuivre doré, destinés à l'équipement militaire. Il exécutait ces ouvrages correctement, rapidement et à un prix modéré, à l'aide de procédés mécaniques. Il occupait 70 ouvriers et employait 2,500 kilogr. d'or, d'argent et de chrysocale ; la somme de ses affaires était de 500,000 francs par an. Ses produits étaient beaux et recherchés. Depuis 1844, M. Savard s'est livré entièrement à la fabrication du doublé d'or. Cette industrie est devenue très-importante entre ses mains industrieuses. Le doublé d'or n'est pas autre chose que le plaqué : un lingot d'or jaune, rouge ou vert, est soudé sur un lingot de laiton, passé au laminoir et réduit en feuille très-mince; cette feuille, bien décapée, est ensuite taillée au découpoir dans la forme qui doit la préparer à recevoir le dernier travail; on la place sur une matrice d'acier sous un mouton et, par les procédés que nous avons déjà décrits, le bijou que l'on veut obtenir est estampé en deux coquilles qu'il suffit de joindre habilement par la soudure. Cette industrie toute nouvelle doit sa perfection à M. Fleury-Allard, graveur sur acier du premier mérite. Par l'admirable achèvement de ses matrices, il a presque totalement supprimé l'emploi du poli et ne laisse à l'ouvrier bijoutier qu'un montage réduit à ses plus simples opérations. A ce beau travail, qui crée en un instant des bijoux aussi parfaits qu'on peut les exécuter, M. Savard joint encore l'émaillage, où il a surmonté toutes les difficultés, en parvenant à imiter toutes les couleurs que peut recevoir la bijouterie d'or; il se rapproche encore exactement de celle-ci par les ors de couleur, qu'il reproduit avec une fidélité absolue, puisque ce sont ces différents alliages d'or qui recouvrent sa bijouterie fausse. La perfection de ses procédés lui permet de fabriquer à un bon marché incroyable. Il occupe dans ses ateliers et en dehors plus de 300 ouvriers, dont il surveille paternellement l'existence et l'avenir; l'ordre qui règne dans ses travaux est un gage de leur bonne direction. M. Savard fournit beaucoup de ses produits à l'Espagne et à l'Amérique; l'Allemagne et la Belgique commencent à en recevoir; ils sont prohibés en Autriche, en Lombardie et dans le royaume de Naples.

Les cadres à miniatures, bracelets, broches et bijoux délicats exposés par M. Savard à Londres, en 1851, lui ont valu la médaille de seconde classe.

Le doublé d'or occupe en moyenne 1,300 ouvriers polisseurs et apprentis, 600 hommes, 500 femmes et 200 apprentis. Les hommes sont mécaniciens, graveurs sur acier, estampeurs, émailleurs, ciseleurs, doreurs, etc. La journée est de onze heures et demie de travail. Ils gagnent, en moyenne, 5 francs par jour, et les femmes, 2 fr. 50 cent. Le chiffre annuel de vente est de 3 millions, sur lesquels 1,840,000 francs sont affectés au salaire des ouvriers, 750,000 francs à l'or, à l'argent et au cuivre employés, et 400,000 francs restent pour les frais généraux et les bénéfices. Le nombre des établissements est de 15.

Cette industrie est née de la situation difficile que la loi de brumaire faisait à la bijouterie fine, mais creuse, où l'on emploie nécessairement beaucoup de soudure. La difficulté de satisfaire aux exigences du titre et la surveillance toujours plus active du bureau de garantie avaient mis l'Administration et les fabricants dans une hostilité si permanente que de 1825 à 1832 la bijouterie creuse ne se faisait plus que d'une manière clandestine. Pour échapper à cette situation désastreuse, une partie des fabricants appliqua le système du plaqué à la bijouterie. De nombreux procès furent intentés par le bureau de garantie, celui-ci prétendant que le doublé d'or n'était que de l'or à bas titre; mais, en 1832, les tribunaux résolurent la question en litige et donnèrent cause gagnée aux fabricants.

M. Granger, élève de l'école des arts et métiers de Châlons, livré à l'exercice de sa profession depuis 1824, et qui avait déjà exposé en 1839, obtint en 1844 la médaille d'argent, décernée à l'ensemble des remarquables produits de son industrie. Cette récompense avait été devancée par un rapport favorable fait en 1840 à la société d'encouragement. M. Granger fabriquait de la bijouterie dorée pour l'exportation et pour le théâtre, des bronzes de fantaisie, des armures en fer et en acier damasquiné pour la décoration ou pour les costumes dramatiques; il exécutait, dans le genre byzantin, des vases de cuivre émaillés et des plaques à émail préparées avec des matrices, cylindres et outils de précision, qui le dispensaient de tous les frais de gravure. Le jury, en récompensant M. Granger, rendait justice aux services rendus par ce fabricant à la mise en scène dramatique et à ses talents comme à ses ouvrages. Le jury de 1849 lui décerna une nouvelle médaille d'argent, quoiqu'on ne lui eût pas réservé la place nécessaire pour son exposition.

M. Charles reçut, à l'exposition de 1844, la médaille d'argent, que le suffrage de tous ses confrères lui fit décerner pour les procédés supérieurs, la beauté et l'excellente exécution de ses produits. En s'efforçant de rivaliser avec la bijouterie fine, il était parvenu à la dépasser. Son bracelet-lézard avait été imité par tous les bijoutiers, mais aucun n'était parvenu à reproduire la perfection de l'original. M. Charles inventait et exécutait ses modèles ; la solidité inaltérable de sa dorure, la belle qualité de ses émaux, laissaient tous ses concurrents bien loin derrière lui.

RECENSEMENT DES BIJOUTIERS EN FAUX A PARIS.

L'enquête industrielle a recensé 348 fabricants de bijouterie fausse à Paris. Leur industrie embrasse des natures de travaux si diverses, qu'il est utile de les énumérer ici :

Bijoux en cuivre doré ou argenté ou mis en couleur, serre-papiers, pelotes, vide-poches, garniture de cristaux, de livres, de pipes, découpage des paillettes, boucles pour les chapeaux de femme, anneaux brisés, chaînes, crochets, chapelets, reliquaires, bagues, bracelets, broches, épingles, pendants d'oreilles, boutons de chemise, jaserons, chaînes, gourmettes, garniture de livres, d'albums, de portefeuilles, de porte-monnaies, d'éventails, de nécessaires, de cartonnages, de sacs et de bourses ; statuettes, clefs de montres, pommes de cannes, bouchons de flacons, anneaux de bourses, cachets, encriers, bougeoirs, porte-plumes, médaillons.

Toutes ces variétés d'ouvrages sont exécutées par la bijouterie fausse, qui, vivant de la fantaisie d'un public dans une moyenne aisance, alimente à l'intérieur et au dehors un commerce considérable.

Les affaires de la bijouterie fausse se sont élevées, en 1847, à la somme de 6,525,332 francs et occupaient 2,182 ouvriers ;

elles tombèrent en 1848 à 2,360,213 francs et le nombre des ouvriers à 763.

En Angleterre, l'industrie du doublé d'or s'exerce à Birmingham, mais sur une échelle restreinte et avec moins de succès qu'à Paris.

JOAILLERIE.

La joaillerie est l'industrie qui a pour objet le montage et le sertissage des pierres précieuses, dont la liste est très-étendue et comprend principalement les diamants, les corindons jaunes, verts ou blancs, les rubis, saphirs, émeraudes, bérils ou aigues-marines et topazes; on y joint les améthystes, les opales, les zircons ou hyacinthes, les turquoises et les perles fines.

Les plus beaux diamants viennent de l'Inde et du Brésil; les rubis corindons ou spinelles et les saphirs bleus, jaunes, verts et blancs, de Ceylan et du Pégu; les émeraudes, du Pérou; les bérils, de Daourie et des frontières de la Chine; les topazes jaunes, du Brésil, de Saxe, de Bohême, d'Angleterre, d'Espagne, d'Allemagne; les topazes blanches et bleues, du Brésil et de Sibérie; les opales sont envoyées de Hongrie et du Mexique; les zircons se trouvent dans les matières volcaniques du Vicentin, d'Expailly, du Puy en France et au Brésil; les turquoises proviennent du Khorassan et du mont Nourat en Boukharie et les perles des pêcheries du golfe Manaar à Ceylan; on en trouve aussi dans des coquilles fluviatiles d'Europe. Ainsi, le monde entier fournit à la joaillerie les éléments de sa fabrication, et, en effet, il n'est pas de plus belles parures que celles où l'or combine son éclat à celui des pierres précieuses[1].

Les diamants se taillent avec leur propre poussière; ils se

[1] Les diamants et les pierres précieuses sont vendus à un poids qu'on appelle karat, et qui varie entre $0^{gr},2073$ et $0^{gr},2059$. Le prix des diamants taillés se fixe en multipliant par 48 le carré de leur poids, et transformant en francs le produit obtenu. Le rubis corindon parfait, au-dessus de 3 karats et demi, vaut plus que le diamant du même poids. Un beau saphir bleu de 10 karats est estimé 1,324 francs, et celui de 20 karats 4,295 fr. 85 c.

débitent, comme les pierres dures, avec un archet sur lequel est tendu un fil de métal continuellement enduit d'égrisée faite avec des diamants défectueux ou très-petits réduits en poudre. C'est encore avec l'égrisée que l'on polit sur la meule horizontale de fer, de cuivre ou de plomb, les diamants, les rubis et les saphirs. Cette poussière s'emploie pour graver sur pierre dure, forer les agates et les grenats, et même pour évider et polir, dans l'Inde, les belles coupes d'agate qui nous viennent de ce pays.

L'émeri, corindon grossier, réduit en poudre, sert pour tailler et polir les pierres les moins dures; le tripoli, matière terreuse, sert à aviver le poli de beaucoup de pierres fines.

On a cru longtemps que Louis de Berquen, né à Bruges, découvrit la propriété du diamant de se tailler au moyen de sa propre poussière et mit le premier ce procédé en pratique dès l'année 1476. Mais, d'une part, il était invraisemblable que l'art de tailler ces belles pierres fût ignoré au xve siècle dans l'Inde, véritable patrie des beaux diamants, où on les polit par des procédés assez différents des nôtres, en leur donnant la forme de tables et de roses, les moins estimées en Europe; d'un autre côté, il est maintenant avéré qu'il existait à Paris en 1407 un tailleur de diamants, nommé Herman, très-célèbre dans son art. En 1403, le duc de Bourgogne, donnant dans le Louvre à dîner au roi et à sa cour, offrit à ses convives des présents où figuraient onze diamants valant 786 écus, et le duc de Berry comptait au nombre de ses joyaux un diamant qu'on estima 5,000 écus en 1416. Ces prix élevés ne pouvaient s'appliquer à des diamants bruts ou polis naturellement[1].

Depuis la moitié du xve siècle, les pierres précieuses ont été employées avec beaucoup de profusion. Les parures de diamants se transmettaient dans les familles riches, et sous Louis XIV les joailliers, entre autres le célèbre Cardillac, pro-

[1] Delaborde, *Notice des émaux, bijoux et objets divers exposés dans les galeries du Louvre*, IIe partie, pag. 249, et *Extraits d'inventaires de 1261 à 1487*, pag. 250 à 252.

duisirent de très-beaux ouvrages, dont les portraits et quelques peintures peuvent nous donner une idée. Cette magnificence de la joaillerie continua sous la Régence et Louis XV; les diamants de la couronne furent alors accrus de très-riches acquisitions. On portait des colliers de perles quelquefois d'une immense valeur. Sous Louis XVI, la funeste affaire du collier de diamants vendu au cardinal de Rohan pour une valeur de plus d'un million et demi par les joailliers Bœhmer et Bossange resta comme une marque douloureuse du goût de cette époque pour les pierreries, malgré la simplicité qui succédait aux prodigalités du règne précédent.

Avec la révolution de 1793, toute la joaillerie disparut et les joailliers demeurèrent sans travail comme sans ressources. De 1800 à 1814, la joaillerie reprit un rôle important dans l'industrie; il se vendit beaucoup de diamants. Les principaux ateliers de Paris étaient ceux de MM. Marguerite, de M. Nitot, prédécesseur de M. Fossin père, de MM. Bapst, Devoix, Loiseau, Dubief et autres. On employait les pierreries pour former des peignes servant de bandeau ou de couronne, des colliers à plusieurs rangs, dits en esclavage, et des garnitures de corsage. Toute la joaillerie de ce temps se faisait à plat, c'est-à-dire sans pièces rapportées ou superposées; le montage était fait avec soin, mais il laissait à désirer pour le style et le goût; les ornements se composaient de grecques, arcades, trèfles, quadrilles et entourages, qui n'exigeaient aucun travail de composition et d'imagination. Ce n'est qu'à partir du temps de la Restauration que, les fortunes privées commençant à se reconstituer, on profita des nouvelles relations commerciales pour se procurer des cargaisons de topazes naturelles ou brûlées, d'améthystes, de cristal jaune et d'aigues-marines; toutes ces pierres de peu de prix étaient montées en grandes parures, dont l'apparence surpassait beaucoup la valeur. Biennais avait joint un atelier de joaillerie à son établissement d'orfèvrerie; il continuait le système adopté du temps de Louis XVI; ses montures plates et peu décorées consistaient en chatons reliés par des culots d'ornement.

M. Nitot était joaillier de l'Empereur; ses affaires s'élevaient à plus d'un million par an. Il avait été chargé d'exécuter la parure de l'impératrice Joséphine, collier, peigne, coiffure, diadème, bracelets, pendants d'oreilles, ceinture. L'ensemble était formé de gros rubis entourés de diamants et rattachés ensemble par de petites chaînes de brillants. Il fit aussi la couronne d'or impériale à huit branches décorées de pierres gravées; les branches partaient du cercle orné de camées et se réunissaient sous le globe surmonté d'une croix. Le même joaillier fut chargé d'orner la tiare du pape, faite par l'orfévre Auguste; chacune des trois couronnes était surmontée de palmettes dont le centre portait une grosse émeraude, les intervalles étaient garnis de rubis et de saphirs, la croix du sommet était tout en diamants.

L'épée de cérémonie de l'Empereur, montée par M. Nitot, était couverte des diamants de la couronne : le régent brillait sur le pommeau; les autres pierres, relativement aussi précieuses, garnissaient la poignée et le fourreau de ce glaive impérial.

M. Nitot se retira du commerce en 1815, laissant sa maison à M. Fossin père; celui-ci, homme de goût et de talent, ne fit pas seulement de la joaillerie très-belle et bien imaginée, comme l'atteste la magnifique collection des dessins qu'il avait composés; mais il se livrait encore à des travaux de riche bijouterie, en incrustant des pierres dures avec de l'or, montant avec de belles garnitures à figures en or des coupes d'agate orientale, ornant de brillants des sabres pour l'Orient et rehaussant d'émaux variés différentes pièces de joaillerie. Il fut un des premiers à faire des bouquets en brillants, et les autres joailliers suivent encore la voie qu'il a tracée. M. Morel, devenu depuis un joaillier renommé, était alors son chef d'atelier.

M. Fossin père, n'a pas exposé. Son fils, héritier de sa réputation, a donné à son tour une heureuse impulsion à la joaillerie; il varie beaucoup et très-fréquemment ses modèles et fait une belle application des imitations de fleurs à ses parures en diamants et en pierres précieuses. Tous les genres lui sont familiers, et il les adopte en leur donnant un beau style; nous citerons pour exemple les bijoux byzantins, où il tire un très-noble effet des pierres précieuses, appliquées sur des montures d'or simples et presque sans ornements; il sait y éviter la grossièreté du genre byzantin et lui donner un caractère très-élevé. Sa maison, conservant tout le crédit qu'elle mérite, fait des affaires très-importantes avec l'Allemagne, la Russie, l'Italie, Naples, Rome, l'Espagne, le Portugal et New-York; elle se refuse cependant à traiter avec les commissionnaires, dont les exactions trop fréquentes asservissent notre commerce, lui imposent des transactions blâmables et le déprécient à l'étranger. M. Fossin a fait la belle joaillerie de l'épée du comte de Paris. Il n'a jamais exposé.

Nous avons déjà parlé des grandes parures en pierres de second ordre employées sous la Restauration. Ce genre de joaillerie était fait surtout par MM. Maison-Haute, Dubuisson, Paul frères, Petiteau, Bénière, Caillot et Robin. Malgré son abondante production, la joaillerie restait encore stationnaire, sans changer le système de son montage et de ses chatons.

A la même époque, MM. Ouizille, Lemoine et Franchet occupaient une place distinguée dans la joaillerie. M. Franchet surtout, joaillier et bijoutier de Mme la duchesse de Berry, avait un atelier bien monté, où s'exécutaient de grands ouvrages. M. Cahier, orfèvre du roi, avait eu aussi un établissement de joaillerie. M. Bapst, toujours très-considéré dans sa profession, fit la couronne du sacre de Charles X et la garnit avec les diamants royaux. Cette pièce, d'une belle exécution, produisait un grand effet par la juxtaposition presque immédiate de tous ses diamants.

Sous la dynastie d'Orléans, la joaillerie, pour rivaliser avec l'effet des grosses parures en pierreries communes, adopta l'imitation de fleurs en diamants, méthode qui exige des pierres précieuses moins nombreuses et moins belles que l'ornement proprement dit. Ce fut à peu près à cette époque que les sertisseurs employèrent beaucoup plus d'argent autour des diamants, en augmentant ainsi l'effet et la grosseur. La joaillerie, en changeant de direction, ne perdit point de son mérite; elle gagna, sous le rapport de l'art et de la composition, une légèreté et une grâce qu'elle ne semblait pas devoir atteindre, et l'on ne pouvait lui adresser qu'un seul reproche, celui d'une exécution négligée dans ses détails, par suite de la précipitation de la mise en œuvre, et surtout du besoin de débiter beaucoup pour compenser la baisse du prix produite par la concurrence.

Les joailliers les plus renommés de cette dernière époque furent ceux que nous avons nommés, MM. Bapst, Fossin avec MM. Janisset, Mellerio-Meller, Gloria-Marlet, qui n'exposèrent jamais, et ceux qui suivent, comme ayant pris part aux différentes expositions.

M. Froment-Meurice exposait en 1844 de belles pièces de joaillerie, particulièrement deux parures complètes en diamants et briolettes et un bouquet de lis, d'après les dessins de Cardillac, joaillier fameux du temps de Louis XIV. A l'exposition de 1849, M. Froment-Meurice présenta des objets de bijouterie-joaillerie : broches, bracelets, et des coiffures en diamants et en pierres de couleur affectant la forme de roses, de lis et d'œillets. Le jury donnait de justes éloges à cette partie, restreinte toutefois, des travaux de M. Froment-Meurice. A l'exposition de Londres, cet habile orfévre-joaillier envoyait, entre autres : un beau bracelet, dans le style dit de la Renaissance, en or, émaillé de bleu avec des brillants; une broche en forme de croix, en émail noir, avec un saphir au milieu, des brillants aux branches, et une guirlande de brillants soutenant un oiseau à corps de perle avec les ailes, la tête et la queue en émail de très-riches couleurs; un très-beau bracelet, dans le style du XVIe siècle, orné d'émeraudes, de perles et de rubis; un autre du même style, avec une croix de rubis à centre de diamants, perles et or; deux très-belles broches, encore du même style, composées en rubis, émeraudes et opales, avec une double frange de brillants; enfin un grand œillet en brillants et rubis.

M. Morel, sorti des ateliers de M. Fossin père, se distinguait, dès l'exposition de 1844, par ses belles et riches montures de pierres fines. A l'exposition de Londres, il soutint sa réputation non-seulement par ses ouvrages d'orfévrerie et de bijouterie, mais encore par ses travaux de joaillerie, consistant en un bouquet composé de rubis et de diamants et représentant une rose, une tulipe et un volubilis. Ce bouquet, où les fleurs étaient d'une forme naturelle et élégante, se démontait pièce à pièce pour former des décorations nouvelles, corsage, coiffure, broches séparées; la collection de rubis qui s'y trouvait réunie avait coûté plusieurs années pour la composer; la dimension, l'uniformité de la couleur des rubis, le choix des brillants de première qualité, donnaient une grande valeur à cette parure, estimée 375,000 fr. Très-beau en lui-même, le bouquet de M. Morel se distinguait par le sertissage parfait des pierres; celui des rubis était en or.

Nous avons déjà cité comme bijoutiers MM. PAUL et frères, qui sont mentionnés par le jury de 1844 comme excellant particulièrement dans l'art de monter les pierres précieuses: ils exposaient un magnifique corsage en brillants. Leur fabrication occupait plus de 80 ouvriers, et ils employaient de 400 à 450,000 francs d'or et de pierres précieuses pour produire près de 1,200,000 francs d'affaires. Plus d'un tiers de leurs ouvrages était fabriqué pour l'exportation. La médaille d'argent leur fut décernée par le jury.

M. PÂRIS a déjà été cité dans ce rapport comme habile bijoutier; il est aussi joaillier et confond ses deux industries, qu'il exerce avec le même succès.

Avant de se livrer entièrement à l'exploitation des procédés électro-chimiques, M. CHRISTOFLE fabriquait beaucoup de joaillerie et exposait en 1844 une parure complète tout en brillants, des colliers de diamants, des broches, des pendants d'oreilles, des bouquets de diamants, diverses parures de tête en brillants et pierres fines de couleur. Tous ces objets destinés à l'exportation étaient montés de manière à produire, suivant l'injonction des commandes, beaucoup d'effet pour peu d'argent.

M. Lemonnier, qui n'avait rien présenté aux diverses expositions françaises, a paru à celle de Londres avec un très-grand succès. La collection qu'il exposait a constamment attiré une affluence considérable, et le jury dut reconnaître que ce concours était justifié. Les qualités qui distinguaient éminemment les parures de la reine d'Espagne étaient un goût très-sûr et très-élevé dans la conception de l'ensemble, un effet imposant et une grande habileté à tirer parti des matériaux mis à la disposition du joaillier. M. Lemonnier a fait pour la reine d'Espagne deux parures. La première se composait d'un collier de brillants, disposé comme un ruban et entrelacé de feuillages en émeraudes; la garniture de corsage et les nœuds d'épaule auxquels étaient suspendues de très-grosses émeraudes, avec girandoles et brillants, étaient composés dans le même style: le joaillier y a su vaincre des difficultés considérables, présentées par le dessin même de l'ornementation; le bouquet se composait de lis en brillants avec feuilles en émeraudes, rubans en brillants et pendeloques en perles. La couronne était disposée dans le même système, avec aiguillettes en forme de fleurs à étamines en perles; le bracelet était également un ruban de brillants, entrelacé d'émeraudes. Tout cet ensemble, par la grande harmonie et la simplicité de sa disposition, montrait dans son inventeur l'imagination la plus heureuse pour tirer parti d'une profusion de pierres précieuses, sans que leur nombre immense nuisît à l'effet général. Dans l'autre parure de la reine d'Espagne, exécutée en diamants et saphirs, la couronne était de style héraldique; chaque fleuron avait au centre un saphir; une belle guirlande de brillants accompagnait la couronne; le corsage et le collier s'accordaient parfaitement avec le reste : on y observait des fleurs de brillants à cœur de saphir, avec des guirlandes et des pendeloques en forme d'épis. Toute cette parure était d'un ensemble digne du talent de M. Lemonnier. Il serait superflu de parler d'autres objets d'une importance secondaire auprès de ceux que nous venons de décrire et qui, cependant, mériteraient partout ailleurs l'attention. M. Lemonnier atteint parfaitement le but que l'on doit se proposer dans l'exécution d'une parure, plaire et frapper les yeux et l'imagination; comme monteur de pierres, il est dépassé par plusieurs autres joailliers; comme inventeur et décorateur, il n'avait pas de rival à l'exposition. Le jury a demandé à l'unanimité la médaille de première classe pour cet exposant, et elle fut décernée à M. Lemonnier par le conseil des présidents.

RECENSEMENT DES JOAILLIERS DE PARIS.

39 joailliers ont été recensés à Paris. La somme de leurs affaires ne représente pas la valeur des pierres fines, les commerçants en diamants et pierres fines qui les font monter chez les joailliers n'ayant pas été recensés. Dans la condition que nous venons d'énoncer, l'importance des affaires des joailliers travaillant à façon ou fournissant les pierres s'est élevée en 1847 à 19,288,900 francs; ils employaient 538 ouvriers. En 1848, le chiffre de leurs affaires était réduit à 9,258,800 francs et le nombre de leurs ouvriers à 300.

JOAILLERIE DE LYON.

Lyon compte 11 joailliers, dont les travaux de main-d'œuvre, estimés approximativement, s'élèvent à une somme annuelle de 140,000 francs. L'importance de leurs affaires ne peut être évaluée sans enquête, ne portant que très-peu sur des objets qui puissent être contrôlés.

Il en est de même pour Bordeaux, où les enquêtes administratives n'ont pas constaté séparément la somme des affaires spéciales de joaillerie faites par les orfévres, bijoutiers et joailliers.

Les sertisseurs qui travaillent pour la joaillerie fine et fausse enchâssent les pierres naturelles ou artificielles dans une monture d'or ou d'argent.

A Paris, 46 sertisseurs recensés faisaient en 1847 pour 210,900 francs d'affaires et occupaient 96 ouvriers. En 1848, le chiffre de leurs affaires était tombé à 47,305 francs et celui de leurs ouvriers à 33.

JOAILLERIE A L'ÉTRANGER.

Les causes politiques d'appauvrissement général en France n'ont pas agi au même degré sur les autres États de l'Europe. Des masses considérables de diamants et de pierres précieuses sont en la possession des souverains et des familles riches d'Angleterre, d'Allemagne, de Russie, de Pologne, d'Italie, d'Espagne et de Portugal. Le sultan possède aussi de grandes richesses en ce genre. Le commerce des pierres précieuses est presque tout entier dans les mains des Juifs, qui parcourent tous les pays pour les acheter ou pour les vendre. La compagnie des Indes en Angleterre reçoit les pierres fines brutes de presque tous les pays du monde, surtout les diamants de l'Inde, les saphirs, rubis, perles et autres belles pierres de Ceylan et du Pégu. La découverte d'un gîte d'émeraudes d'une richesse merveilleuse au Pérou en a versé une quantité énorme dans le commerce vers 1835; depuis, elles sont redevenues rares presque autant qu'auparavant. Les émeraudes d'Égypte, dont M. Caillaud avait retrouvé au Gebel Zabarah le gisement exploité par les anciens, ne sont que très-rarement comparables à celles du Pérou; on ne les connaît pas dans le commerce. C'est par la Russie que les belles turquoises arrivent de Perse en Europe.

ANGLETERRE.

En Angleterre, où la richesse des grandes familles semble décroître, les joyaux transmis par substitution ou possédés par les particuliers à tout autre titre atteignent une somme totale impossible à fixer, mais certainement très-considérable; on en peut juger, ne fût-ce que par l'exposition de MM. Hunt et Roskell, qui présentaient un ensemble de pierreries au-dessus de toute imagination par la beauté et la variété de leurs échantillons : un grand nombre provenait d'une collection d'amateur : on y observait des diamants de toutes les couleurs les plus variées et les plus pures, des rubis admirables, des saphirs d'une dimension telle, que l'un d'eux a été vendu 10,000 livres sterling, et des échantillons de pierres incomparables, soit pour leur perfection, soit pour leur couleur inusitée. Il est probable qu'une réunion d'objets aussi beaux ne sera plus jamais mise sous les yeux du public. L'exposition de MM. Hunt et Roskell renfermait encore des objets de joaillerie d'une magnificence extraordinaire: on y remarquait un bouquet de diamants représentant une rose, une anémone, un œillet; tout l'appareil se démontait en sept broches, et chaque division en petites pièces isolées pour les soumettre au nettoyage. L'ensemble du bouquet contenait près de 6,000 diamants, dont le plus gros pesait 10 karats et le plus petit un centième de karat. Ce rare morceau de joaillerie, d'une valeur de 9,000 livres sterling, aussi élégant que solide et bien serti, avait été monté par M. Hunt. Nous citerons encore une couronne de fleurs en diamants, une autre couronne de boutons de rose dont les milieux étaient en rubis cabochons; un collier, des boucles d'oreilles et des bracelets en émeraudes cabochons, brillants et perles, de très-belles pendeloques en perles poires, de charmantes broches imitant les fleurs naturelles, notamment une sorte de myosotis dont les pétales étaient en opales et de très-beaux bracelets-bandeaux, l'un en émeraudes et diamants, le second en diamants et émail vert, l'autre en opales, émeraudes et émail blanc : un quatrième, enfin, le plus remarquable de tous, portait une belle opale entourée de brillants et de petites émeraudes sur émail blanc à rinceaux d'or.

Sans atteindre au prix immense des objets exposés par MM. Hunt et Roskell, M. Garrard avait au palais de cristal une riche exposition de joaillerie : on y remarquait une parure magnifique, noble et de bon goût, comprenant collier, pièce de corsage, boucles d'oreilles et bracelets en très belles opales et brillants; une autre parure très-noble, de magnifiques saphirs, de perles et de brillants; une tiare enrichie de belles perles orientales et de gros brillants d'une grande pureté, avec la broche qui l'accompagnait; un gracieux bracelet d'or à dessin gothique très-élégant, où l'on avait ciselé deux anges tenant une perle et un rubis et se détachant sur un treillis découpé, dans le style du XVe siècle, or sur émail bleu, dessiné par M. Smith; un collier de perles avec médaillon circulaire en rubis et brillants, bien ajusté et de bon goût; un pendant dans le style de la Renaissance, avec figurines d'or, rubis, brillants et perles sur émaux verts et rouges, d'un beau travail; un bracelet d'or ciselé, avec milieu en émeraudes et brillants: les pierres étaient belles et pures, le bracelet était bien ciselé; un autre bracelet en or poli, avec le milieu orné de rubis et de brillants, imité des sculptures de Ninive, reproduction curieuse et soignée, originale par la haute antiquité de son modèle; plusieurs broches et anneaux, dont les pierres belles et rares faisaient le principal ornement.

Après ces principaux joailliers anglais, qui avaient obtenu des médailles de première classe à différents titres, le jury international décerna la seconde médaille à MM. S. H. et D. Gass, qui exposaient un bijou dans le style de la Renaissance, représentant la figure de Britannia (l'Angleterre), dont le visage et les mains étaient en argent et les vêtements en rubis et diamants; elle était debout sous un dais supporté par quatre colonnes de grenat, avec pendeloques en perles : les pierres précieuses avaient été montées avec beaucoup d'art, et ce bijou annonçait chez les exposants une grande habileté d'exécution.

HOLLANDE.

La Hollande est depuis longtemps le pays où les diamants de toute l'Europe sont ordinairement taillés. Cependant, les célèbres monteurs de pierres précieuses hollandais n'étaient représentés à l'exposition de Londres que par M. D. Romain. Ce joaillier avait envoyé un corsage composé d'un portrait peint sur émail et entouré d'un bouquet qui pouvait se partager en trois pièces et très-habilement monté en roses et perles fines. Une médaille de seconde classe lui fut décernée par le jury.

ALLEMAGNE.

En Allemagne, le commerce des pierres précieuses est presque exclusivement entre les mains des Juifs. Les grenats de Bohême sont l'objet d'un grand commerce, surtout en Autriche, où le débit en est énorme; les opales de Hongrie sont expédiées spécialement en Russie et en Orient. La joaillerie allemande s'est fort améliorée depuis la seconde moitié du dernier siècle. Ce sont surtout des joailliers éminents de Vienne, Berlin et Hanau qui se distinguent par leur goût. On cite particulièrement le diadème de la reine de Prusse, fait par MM. Humbert, Jean Wagner et son fils, ainsi que les parures de Mme la princesse de Wittgenstein et de Mme la comtesse de Redern. M. Weishaupt, de Hanau, a exécuté les joailleries commandées par le roi de Danemark. M. Haulick, de Hanau, avait exposé à Londres un œillet en brillants et rubis, avec monture d'or émaillée en vert, et pouvant servir d'aiguille à coiffure, planté dans un petit vase d'émail bleu-turquoise sur or, avec boutons d'émail rouge et bleu et têtes de lion en or, portant des guirlandes; la base était à oves verts et rouges. La médaille de seconde classe fut accordée par le jury à l'ensemble de ce travail.

RUSSIE.

Quel que soit le mérite des joailliers du reste de l'Europe, ceux de Russie les surpassent de bien loin dans l'art de monter et de sertir les pierres précieuses; depuis longtemps leur réputation est établie, et ils la justifient par des ouvrages merveilleux. Les deux maisons de joaillerie impériale, MM. Kaemmerer et Zeftigen, Jahn et Bolin, ont fixé l'attention générale, à l'exposition de Londres, par la beauté incomparable de leurs ouvrages. Le jury hésita longtemps entre les mérites de ces deux joailliers; obligé d'opter, par les règlements de la commission royale, il demanda la première médaille pour MM. Kaemmerer et Zeftigen. Ceux-ci exposaient une guirlande diadème imitant les feuilles et les fruits de bryonia; toutes les feuilles étaient en diamants, les fruits en émeraudes taillées en poires très-allongées; les diverses parties de cette guirlande pouvaient se séparer pour servir isolément. 2,836 roses, 129 brillants et 12 émeraudes entraient dans la composition de cette belle parure. La guirlande était évaluée à 82,886 fr. 60 cent.; sa main-d'œuvre seule montait à 7,125 francs. Venait ensuite une berthe formée de bouquets de groseillier en diamants, avec leurs fruits en rubis cabochons, suspendus de distance en distance sur une double rivière de diamants et alternés avec des fleurons de brillants; l'effet en était excellent. Son prix était de 58,537 fr. 76 cent. Le jury observait encore deux autres pièces de la même exposition : un bouquet de fleurs d'églantine et de muguet tout en brillants et roses, du prix de 18,312 fr. 76 cent.; enfin, une broche représentant une branche d'ipomea en diamants et belles turquoises, valant 19,000 francs. Cette exposition si importante était remarquable par le goût supérieur de la composition et surtout la perfection des montures, qu'aucun joaillier ne surpassait dans l'exposition.

Le jury de Londres accorda la seconde médaille à MM. Jahn et Bolin, pour leurs œuvres de joaillerie aussi riche que parfaitement montée. On y remarquait spécialement un diadème flamboyant, contenant 11 très-belles opales, 67 rubis, 1,814 brillants et 1,712 roses. Ce diadème est estimé 119,936 fr. 60 cent.; la façon entre dans le prix pour la somme de 11,094 fr. 72 cent.; un bracelet de turquoises et de diamants du prix de 9,142 fr. 40 cent., et une broche en forme de nœud composé de 754 turquoises, avec la paire de boucles d'oreilles en petites turquoises au nombre de 709. La monture de ces derniers objets était presque invisible. L'exécution, au point de vue de la joaillerie, ne laissait rien à désirer dans cette collection.

On doit juger, d'après le prix de la main-d'œuvre russe, que les joailliers de France, d'Allemagne et même d'Angleterre ne pourront jamais exécuter que par exception, et à un prix au moins aussi élevé, de semblables ouvrages. Ils ont cependant profité de l'exemple donné par les Russes à l'exposition de Londres, et l'on doit supposer que les sertissages massifs en argent, cachant une partie des diamants ou leur disputant en volume, seront réformés par le bon goût de nos fabricants.

ESPAGNE.

Avant 1800, l'état de la joaillerie, en Espagne, était le même dans les villes de Madrid, Séville, Valladolid et Saragosse que dans les fabriques de second ordre en France. Depuis quelques années la fabrication fait des progrès et tend à se mettre au niveau de l'industrie étrangère. MM. Navarro, Samper, Soria et Pizzala, qui ont étudié dans les ateliers français, se distinguent par leur habileté. On cite comme les pièces les plus remarquables de la joaillerie moderne espagnole les parures faites pour le mariage de la reine mère, Marie-Christine, la couronne pour la madone d'Atocha, par Narcisse Soria, le grand corsage que Samper a exécuté pour Mme la duchesse de Cervellon, l'épée du roi don Francisco, garnie de diamants, et la couronne que portait la reine Isabelle II le jour du régicide; ces ouvrages sont tous les deux de Navarro. Leur fabrication est bonne, quoique le goût étranger puisse élever quelque critique. La taille des pierres est la même en Espagne que dans toute l'Europe; la sertissure est faite avec beaucoup de soin et solide. Il en est de même en Portugal sous ce dernier rapport, mais le soin est moins grand dans l'exécution. La belle joaillerie se fait très-bien à Madrid; le goût des classes riches incline vers les arts français : aussi les commerçants et fabricants français font-ils de nombreuses affaires à Madrid, malgré les préjugés défavorables aux étrangers. Quant aux classes moins opulentes, elles continuent à préférer les brillants et les roses, montés sur or à fond avec beaucoup de matière, et ne recherchent pas les dessins variés.

ITALIE.

Les grandes familles italiennes, particulièrement celles de

Rome, possèdent, comme nous l'avons dit, de riches collections de diamants et de pierres précieuses, qui se transmettent par substitution. Ces belles parures ont été, en grande partie, remontées par M. Castellani, dont le talent est aussi grand comme joaillier que comme bijoutier. Le commerce des pierres fines de second ordre est fait, en général, par des courtiers étrangers; celui des pierres précieuses est toujours très-actif à Rome, et les joailliers de cette ville font des envois en Toscane et même en France. Les principales affaires ont lieu à Rome même, où des particuliers de tous les rangs vendent quelquefois de magnifiques pierres à très-bas prix.

INDE.

Nous ne pouvons terminer le chapitre de la joaillerie sans faire mention de la magnifique exposition de la Compagnie des Indes. Au milieu de tous les trésors qu'elle renfermait, les plus précieux, comme valeur intrinsèque, étaient assurément les pierreries conquises sur tant de rois et qui furent, peut-être en partie, la cause de quelques guerres. Nous citerons seulement : le fameux diamant appelé le Koo-i-Noor, exposé à part et examiné curieusement par le public, comme un trophée de victoire : ce diamant, par sa forme allongée et par sa taille, était loin de produire un effet proportionné à son volume et à sa qualité ; tous les artifices employés pour le mettre en valeur ayant échoué, on s'est décidé, dit-on, à le retailler ; le Durriu-i-noor, monté en bracelet et entouré de 10 diamants moins gros ; un grand collier de 224 grosses perles, objet peut-être sans rival, excepté le collier de 104 grosses perles, estimé environ 250,000 francs ; un très-beau bracelet d'or et de rubis ; une ceinture de chef sick, en soie rouge, tout ornée d'émeraudes de très-grande dimension, la plupart gravées en relief, quelques-unes presque brutes n'étant que des sections du prisme formé par la cristallisation naturelle, d'autres avec des inscriptions, mais toutes de qualité médiocre, malgré leur belle teinte ; un collier de quatre très-gros rubis spinelles cabochons assez défectueux, mais d'une très-belle couleur ; une bride avec sa martingale, garnies de diamants, d'émeraudes et de rubis; enfin, une selle couverte d'or et garnie de diamants, d'émeraudes et de rubis.

Les Indiens, qui nous ont probablement devancés dans l'art de tailler les diamants et les pierres précieuses, emploient encore des procédés primitifs; ils cherchent à conserver aux pierres le plus de volume possible et sont obligés de donner la forme en rose et en table souvent fort incorrecte pour parvenir à ce but. La forme cabochon qu'ils donnent aux rubis imparfaits n'en dissimule aucun défaut.

JOAILLERIE FAUSSE.

La joaillerie fausse diffère de la joaillerie fine en ce qu'elle substitue les matières artificielles aux pierres précieuses et aux perles. La fabrication des verres colorés imitant les pierreries date de l'antiquité; elle n'a jamais été discontinuée, au contraire elle a constamment fait des progrès. Les livres de Zosime de Panopolis, ceux du moine Théophile et le précieux ouvrage anonyme intitulé, *Mappæ Clavicula*, écrits entre le IIIe siècle et le XIIIe, montrent que l'on faisait, au moyen âge, de très-beaux verres imitant les pierres fines. Ces imitations se trouvent, d'ailleurs, souvent entremêlées à des joyaux véritables sur des châsses très-anciennes. Une fabrique de diamants faux était en activité au Temple du temps de Louis XIV. Cependant l'art d'imiter presque parfaitement les diamants, les saphirs, les émeraudes, les rubis et les perles n'est arrivé à son plus grand progrès que depuis le XIXe siècle. Dès qu'on eut trouvé le moyen de fabriquer le strass, on réussit à le teindre des plus vives couleurs. C'est à des fabricants français que l'on doit les travaux qui firent de la joaillerie fausse une importante industrie.

Un Allemand nommé Strass avait inventé la matière vitrifiable qui porte son nom: c'était une sorte de cristal limpide et incolore composé d'oxyde de plomb, de sels alcalins, de borax et de silice; on appelait ce produit *la base de Mayence;*

elle recevait toutes les couleurs par le mélange des divers oxydes métalliques. C'était en Allemagne que se fabriquait presque tout le strass employé dans les arts, lorsque la société d'encouragement ayant mis au concours la fabrication égale ou supérieure à celle du plus beau strass étranger, M. Douault-Wieland résolut la question et obtint le prix. La médaille d'or de 500 francs fut donnée par la même société à M. Lançon, habile praticien qui depuis longtemps rivalisait avec l'industrie allemande. M. Douault-Wieland reçut, la même année, une médaille de bronze du jury de l'exposition; son industrie prit un rapide développement; grâce à ses efforts et à son esprit inventif, la France s'empara du commerce des strass que possédait autrefois l'Allemagne. Le jury de 1823 lui donna la médaille d'argent: celui de 1827 constata de nouveaux progrès dans la fabrication du strass blanc et coloré : les matières étaient plus homogènes, plus exemptes de bulles et de stries, la transparence était plus complète, les nuances plus fidèles, et la taille rivalisait par sa précision avec celle des pierres fines. M. Douault-Wieland exposait un magnifique assemblage de gemmes artificielles disposées en rosaces et autres décorations encadrant des portraits de la famille royale; le tout composant un tableau décrit avec détail par le jury, qui décerna une autre médaille d'argent à l'auteur de ce beau travail. Le même succès attendait M. Douault-Wieland à l'exposition de 1834 : le jury déclarait que les fabricants de pierres fausses étaient parvenus aussi loin que l'imitation pouvait le permettre, et, regrettant la mort qui venait d'enlever M. Douault-Wieland à l'industrie, décernait à sa mémoire le rappel de la médaille d'argent.

Un rival heureux de cet habile fabricant, M. Bourguignon, se livrait dès 1823 à l'industrie des pierres fausses; le jury signalait la perfection de ses chrysoprases artificielles et lui décerna une mention honorable. A l'exposition suivante (1827), la médaille de bronze récompensa son invention d'une matière vitreuse nacrée propre à imiter les perles fines; le rappel de la médaille de bronze lui fut décerné en 1834 pour ses pierres précieuses factices et sa joaillerie en perles artificielles; il déclarait n'employer que des sables pour composer la matière de ses perles : les pierres de son exposition étaient montées sur argent et sur cuivre. Le jury de 1839, constatant les nouveaux progrès de M. Bourguignon et le mérite de ses produits, recherchés et estimés jusque dans les Indes, lui décerna la médaille d'argent, dont il obtint le rappel à l'exposition de 1844 : dans l'opinion du jury, il se maintenait de pair avec la joaillerie en brillants et pierres fines.

M. Bon, ancien associé de M. Bourguignon, avait fondé dès 1835 une fabrique de joaillerie et d'imitations de pierres précieuses devenue en 1839 l'une des plus importantes de Paris. Ses strass se distinguaient par la pureté, la limpidité de leur matière, leur taille et l'élégance de leurs montures; avec le concours de M. Constant Valès, habile fabricant de perles fausses, M. Bon avait obtenu une matière imitant les opales avec un très-grand succès: cette composition avait été jusque-là vainement cherchée par les fabricants. M. Bon avait établi de grandes relations commerciales avec l'Angleterre, la Russie, l'Allemagne, les Indes, les deux Amériques et toutes les principales villes de France. Dès sa première exposition (1839), le jury lui accorda la médaille d'argent; cette récompense lui fut rappelée en 1844 par le jury, qui le proclamait le premier joaillier français en imitation de brillants et de pierres précieuses. Son succès l'avait obligé d'agrandir ses ateliers et, indépendamment de sa fabrique de strass, d'établir trois maisons de détail qui, en pleine activité, suffisaient souvent à peine aux demandes de l'Angleterre, de l'Allemagne, de la Russie, des Amériques et des Indes, commerce constaté par les livres du bureau de garantie. MM. Bon et Pirlot obtinrent à la même exposition une médaille d'argent pour leur fabrication de strass imitant les diamants et les pierres précieuses. Leur commerce avec l'étranger était si considérable, que 500 kilogrammes de fausses émeraudes leur étaient demandés à la fois, et qu'il en était proportionnellement de même pour les autres pierres artificielles.

MM. Savary et Mosbach, successeurs de Bon, poussèrent aussi loin que possible l'imitation de la joaillerie fine, tant pour le montage que pour la fabrication des pierres artificielles: leur mérite a été jugé tel par le jury de 1849, qui leur décerna la médaille d'or. A l'exposition de Londres, le jury international rendit justice à ces habiles fabricants et constata la beauté de leurs pierres artificielles, surtout de leurs imitations de diamants; les émeraudes et les saphirs ne parurent pas aussi bien réussis, mais le jury reconnaissait qu'aucun fabricant n'avait encore atteint la perfection dans l'imitation de ces deux variétés de pierres fines. En effet, la teinte du saphir n'est pas celle que les strass colorés par l'oxyde de cobalt sont destinés à reproduire: la couleur du cobalt est d'une beauté que le saphir n'atteint jamais. Quant aux émeraudes, MM. Savary et Mosbach ont bien compris qu'il fallait copier, dans certaines limites, les jardinages que renferment presque toujours ces belles pierres; mais de semblables accidents sont difficiles, pour ne pas dire impossibles, à reproduire fidèlement avec des matières autres que celles de l'émeraude même: aussi les bulles qui se trouvent renfermées à dessein dans les émeraudes artificielles sont-elles loin de produire le même effet que les jardinages des émeraudes naturelles. MM. Savary et Mosbach obtinrent du jury de Londres la médaille de seconde classe.

MM. Bouillette, Hyvelin et compagnie, qui n'avaient pas encore exposé en France, reçurent à Londres, en 1851, une médaille de seconde classe. Leur exposition consistait en belles pierres artificielles montées avec goût: le jury signala particulièrement un devant de corsage en diamants, perles et émeraudes, du prix de 200 francs. Cette maison fabrique elle-même les matières; elle travaille pour l'exportation.

Il reste aux fabricants français de pierres gemmes artificielles à tenter la voie ouverte par un homme éminent dont la perte récente est aussi regrettée par les savants que par les hommes pratiques. M. Ebelmen a montré que les rubis spinelles, les émeraudes, les corindons même, pouvaient être non plus imités, mais reproduits, en faisant dissoudre, soit dans l'acide borique, soit dans le borate de soude, l'alumine, la magnésie, la glucine, à une haute température soutenue pendant plusieurs semaines; au moyen de cette fusion prolongée, les matières des gemmes que nous avons nommées cristallisent dans l'acide borique ou dans le borax, à mesure que ces dissolvants s'évaporent, et finissent par prendre les formes précises et la composition chimique que leur donne la nature. Plusieurs échantillons de rubis spinelles de la grosseur d'un petit grain de chenevis ont été obtenus ainsi par M. Ebelmen; leur coloration rouge était due au chromate de potasse, comme celle des rubis spinelles naturels. Les autres cristallisations de pierres gemmes dues à cette belle synthèse, et que nous avons pu voir, étaient encore microscopiques. Avant M. Ebelmen, M. Gaudin avait obtenu, par l'immense chaleur du chalumeau à gaz hydrogène et oxygène, des corindons rouges et bleus, saphirs et rubis aussi de petite dimension, mais presque opaques et fondus en forme sphérique.

L'Autriche et la Bohême ont envoyé à Londres des échantillons de leurs cristaux colorés et en même temps des strass imitant les pierres précieuses; cette dernière branche de leur industrie n'a pas paru au jury de Londres avoir atteint la même perfection qu'en France : aucune récompense n'a été décernée. Toutefois, nous ne pouvons passer sous silence la masse brute d'aventurine artificielle, pesant 79 kilogrammes 667 grammes, exposée par M. Bigaglia, de Venise. Cette belle matière, très-supérieure par sa perfection au quartz aventuriné qu'elle devait imiter dans le principe, est digne de figurer au nombre des verres que la bijouterie et la joaillerie fausses peuvent employer avec le plus de succès. L'échantillon brut et la tabatière exposés par M. Bigaglia, réunissent toutes les qualités les plus convenables pour produire l'effet que l'on obtient avec l'ancienne aventurine vénitienne.

Le savant rapporteur du jury de 1844, M. le vicomte Héricart de Thury, a trop bien exposé l'histoire de la fabrication des perles artificielles, pour que nous ayons autre chose à faire ici qu'à résumer ses considérations générales sur cette industrie. Des bijoux et ornements en fausses perles faites en nacre orientale existent dans les collections de curiosités du moyen âge; mais il y a si loin de la nacre à la perle fine, que l'on dut bientôt renoncer à faire ainsi quelque illusion, et l'industrie des verriers des XIVe et XVe siècles produisit sans doute les perles fausses, sans lesquelles on ne s'expliquerait pas la profusion de perles que l'on voit dans les nombreux portraits peints à cette époque.

Les premières perles artificielles furent faites en verre blanc nacré, soufflé et rempli de gomme arabique ou de cire blanche; mais la légèreté, la friabilité et le défaut d'orient de ces perles obligèrent les fabricants à faire de nouveaux essais. Sous le règne de Louis XIV, Jacquin établit en France l'industrie des perles artificielles et fut breveté en 1686 [1]. On imagina d'introduire à l'intérieur des perles soufflées une dissolution d'ichthyocolle, tenant en suspension de l'écaille d'un poisson nommé ablette; cette substance, préalablement traitée par l'ammoniaque et bien délayée dans l'ichthyocolle, s'applique aux parois intérieures de la perle, et lui donne l'éclat irisé qu'elle possède elle-même; la perle est ensuite remplie de cire et percée avec une aiguille; ces préparations exigent beaucoup de soin et d'adresse. On obtient ainsi, par une bonne composition de verre et de matière, des perles artificielles si parfaites, qu'il est très-difficile et quelquefois impossible de les distinguer des perles véritables, auxquelles on les mêle souvent dans les plus riches parures. Les perles de Paris sont aujourd'hui tellement estimées, elles imitent si bien l'orient, le poids, la translucidité et même le perçage des perles véritables, que les fabriques de Rome et de Venise ont succombé devant cette concurrence, et que nos perles artificielles sont préférées en Russie, en Allemagne, en Angleterre, en Espagne, en Amérique et même aux Indes.

[1] Ce document curieux est extrait du Rapport de 1849, par M. le vicomte Héricart de Thury.

L'enquête industrielle reconnaît, toutefois, que les imitations ordinaires et de vente courante ou exportées n'ont pas la même perfection sous le rapport du poids, de l'orient, du perçage délicat et de la beauté, que les perles fausses employées dans la joaillerie française.

Les fabricants de perles artificielles qui ont figuré le plus honorablement aux expositions sont ceux qui suivent :

MM. Lelong, Constant et Forestier avaient obtenu dès 1827 une mention honorable pour leurs perles d'imitation.

Avant 1834, M. Constant Valès avait établi une fabrique de perles fausses, dont la production annuelle s'élevait à 120,000 francs; il employait 15 ouvriers dans ses ateliers et 50 au dehors; son exposition de 1834 lui valut une mention honorable décernée par le jury, qui lui accordait déjà des éloges sans restriction, jugeant sans doute par comparaison avec les produits obtenus jusqu'alors. En 1839, la médaille d'argent fut décernée à M. Constant Valès pour son riche assortiment de perles fausses simulant toutes les variétés connues dans l'histoire naturelle, et si exactement reproduites, que déjà, dans les plus riches parures, les rangs étaient doublés et triplés par ces perles factices. Le jury constatait encore que l'industrie devait au même fabricant la meilleure composition pour imiter les opales dites orientales. A l'exposition de 1844, MM. Constant Valès et Lelong présentèrent des perles fausses annonçant de nouveaux progrès qu'il ne semblait pas possible d'atteindre; les deux exposants étaient parvenus à composer une matière offrant à la fois la dureté, la pesanteur, la demi-transparence des perles fines, et, assistés des conseils de MM. Dumas et Brongniart, ils avaient trouvé le moyen d'atteindre l'irisation, qui donnait à leur produit une apparence de vérité surprenante; ils remplissaient leurs perles de la composition nécessaire par un moyen mécanique qu'ils communiquèrent au rapporteur. Le jury, les félicitant sur les beaux résultats de leur industrie, leur décerna une nouvelle médaille d'argent. En 1849, la médaille d'argent fut renouvelée par un rappel à l'habile fabricant M. Constant Valès. Le jury ne pouvait rien ajouter aux éloges donnés par celui de l'exposition précédente à M. Constant Valès; il constatait seulement, à l'honneur de l'exposant, que dans des circonstances critiques et toutes récentes il avait occupé et soutenu de 50 à 60 ouvriers, et que, par actes notariés, il donnait des pensions à ceux qui étaient devenus trop âgés ou trop infirmes pour continuer à travailler dans ses ateliers.

Le jury de Londres, en 1851, vit avec satisfaction les perles artificielles de M. Constant Valès, et, rendant justice au grand talent avec lequel cet exposant avait surmonté toutes les difficultés dans son imitation supérieure des perles fines, il lui décerna la médaille de seconde classe.

MM. Garnier et Chirol reçurent en 1834 la médaille de bronze pour leur bijouterie en perles fausses et en nacre destinée à l'exportation dans les colonies. Les belles perles artificielles de Mme M. V. Greer lui valurent, en 1839, la mention honorable, qui fut suivie d'une médaille de bronze à l'exposition de 1844.

Des mentions honorables avaient été accordées en 1827 et en 1834 à M. Rouyer, auquel succéda Mme Truchy, dont les perles factices, réunissant au plus haut degré les caractères des perles fines, leur teinte variée de diverses couleurs, leur translucidité opaline et même leur demi-régularité de forme, obtinrent l'approbation du jury et la médaille de bronze à l'exposition de 1839. M. Truchy, arrière-petit-fils de Jacquin, parut à son tour à l'exposition de 1844 avec des titres anciens et nouveaux à l'approbation du jury. Il avait beaucoup étudié la préparation à donner au verre et à l'écaille d'ablette, ainsi que le remplissage de ses perles, obtenu par un moyen mécanique de son invention. Il imitait, par ses procédés, les perles d'Orient, celles de Panama et celles d'Écosse, avec les teintes et l'aspect de ces différentes espèces. Le jury, pour récompenser les travaux et les belles recherches de M. Truchy, lui décerna la médaille d'argent. Le jury de 1849, plaçant M. Truchy au même rang que M. Constant Valès, signala comme très-remarquables ses perles baroques destinées à satisfaire un caprice de la mode, exploité pour employer les perles d'une forme irrégulière; le jury, trouvant aux perles fausses de M. Truchy toutes les qualités qu'on devait exiger, lui accorda le rappel de la médaille d'argent. Enfin, à l'exposition de Londres, le jury, partageant les appréciations de ceux de Paris et remarquant l'exactitude d'imitation des perles blanches et noires de M. Truchy, lui décerna une médaille de seconde classe.

Les fabricants de joaillerie fausse de Paris en font toujours les montures en or ou en argent; seulement ils apportent à l'exécution moins de soin que les joailliers. La joaillerie fausse est connue en fabrique sous le nom de *mise en œuvre.*

SOUFFLEURS, ENFILEUSES ET MONTEUSES DE PERLES.

16 fabricants ont été recensés à Paris : leurs affaires, en 1847, montaient à 845,200 francs; elles tombèrent en 1848 à 304,300 francs. Leurs ouvriers étaient, en 1847, au nombre de 237; en 1848, ils n'étaient plus que 92.

Plusieurs des fabricants de fausses perles à Paris font aussi du verre coloré et soufflé, des perles de forme et de grandeur différentes, qui servent dans la composition des fleurs artificielles. On fait aussi à Paris des imitations de perles de Venise, de Murano et de Bohême.

40 fabricants et souffleurs de perles fausses ont été recensés à Paris. Leurs affaires s'élevaient, en 1847, au chiffre de 606,185 francs; en 1848, à 315,220 francs. Leurs ouvriers étaient, en 1847, au nombre de 222; en 1848, de mars à juin, ce nombre fut réduit à 144.

Les enfileuses et monteuses de perles font les rangs de perles fausses, de petites perles d'émail et de verre, de perles d'acier, et, en moindre quantité, les rangs de perles fines, pour en former des masses, des glands, des colliers. Elles montent les bracelets avec rangs et torsades, assemblent, collent ou arrêtent les rangs, assortissent les grains, préparent le travail des bourses, etc. Quelques-unes font des parures ou bijoux en perles montées en broderie sur nacre et des fleurs ou bouquets de perles pour des coiffures de bal.

Elles ont été recensées au nombre de 48. La somme de leurs affaires a été, en 1847, de 173,510 francs; elles se sont réduites, en 1848, à 41,640 francs. Le nombre de leurs ouvrières était, en 1847, de 84 et il s'est réduit à 31 en 1848.

Malgré la grande supériorité des perles artificielles de France, les fabricants italiens n'ont pas renoncé à cette industrie : à Rome, où elle a été très-active et profitable, on continue à fabriquer les perles en albâtre, en les recouvrant d'une couche irisée formée d'une préparation d'écailles de poisson. Le commerce de ces perles, uni à celui des rosaires, des crucifix, petits reliquaires et autres objets de dévotion, monte encore aujourd'hui à la somme d'environ 20,000 scudi.

BIJOUTERIE EN ACIER POLI.

On est convenu de comprendre dans l'industrie des métaux précieux la bijouterie en acier poli et celle de deuil. Cette classification, adoptée même à l'exposition de Londres, nous oblige de donner des détails sur ces deux industries.

La bijouterie d'acier est d'origine anglaise. Au XVIIIe siècle, on portait beaucoup d'épées garnies d'acier taillé en brillants; les perles se faisaient à la main, une à une; les facettes étaient polies successivement, et ces perles étaient d'un prix trop élevé pour que la bijouterie d'acier fût l'objet d'un commerce considérable. Grâce aux perfectionnements de fabrication introduits par MM. Frichot, Voizot et Vautier, elle est devenue une industrie qui emploie les moyens puissants de la vapeur, des découpoirs, des balanciers et des tours à polir.

Le polissage de l'acier, exigeant l'emploi de procédés mécaniques, n'est guère fait que par des hommes. La bijouterie en acier poli comprend les perles d'acier, les fermoirs de sacs de dames, les boucles de toilette et de chapeau, les garnitures de portefeuille, les châtelaines ornées et leurs accessoires, qui ne sont pas de pure coutellerie.

Cette espèce de bijouterie, très-recherchée en France de 1819 à 1830, a été délaissée pendant une quinzaine d'années et reprit beaucoup de faveur de 1845 à 1847. Les États-Unis en ont tiré de France pour des sommes importantes.

M. Frichot exposait en 1819 des ouvrages en acier d'une bonne exécution et d'un beau poli : le jury lui décernait la médaille d'argent. Une médaille d'or fut la récompense de sa riche exposition en 1823, où l'on remarquait un bouquet de fleurs, une écharpe imitant le tulle et d'autres ouvrages exécutés à l'emporte-pièce. Le jury, reconnaissant la rare beauté des parures et bijoux en acier poli de M. Frichot, rendait justice à ses progrès et aux perfectionnements de sa fabrication. M. Frichot, voulant étendre son industrie à la décoration, exposa en 1827 une garniture de cheminée, composée d'une pendule et de deux candélabres : ces objets, dont le prix n'était pas moindre de 25,000 francs, résultaient, d'après le fabricant, de l'assemblage de 91,000 morceaux d'acier, qui présentaient 1,028,300 facettes et dont le travail avait exigé 2,053,000 opérations. De tels ouvrages ne sauraient être payés en proportion de la main-d'œuvre qu'ils exigent, et peuvent-ils la mériter? Cependant le jury accordait à M. Frichot le rappel de la médaille d'or. En 1834, un rappel de la médaille d'or lui fut renouvelé pour son exposition d'objets de décoration en acier poli et des incrustations de différents genres, exécutées avec une grande habileté.

M. Provent exposa en 1819 une parure et d'autres bijoux en acier bien exécutés; il reçut une mention honorable. Une médaille d'argent lui fut décernée en 1823 pour des gardes d'épées, médaillons, clefs et parures en acier poli, d'une exécution perfectionnée. Suivant la voie que lui traçait M. Frichot, ce fabricant exposait en 1827 deux flambeaux d'acier en partie bronzés, une pendule d'acier poli, des croix diversement bronzées et une large clef de montre taillée à jour dans un morceau d'acier. Le jury lui accorda le rappel de la médaille d'argent, qui lui fut confirmée en 1834.

M. Schey avait commencé dès l'an IX à faire de la quincaillerie d'acier poli, et le jury de l'an IX lui avait accordé la médaille d'argent. En 1806, M. Schey exposa de la quincaillerie et de la bijouterie en acier d'une bonne exécution et d'un beau poli; le jury lui décerna une médaille d'argent de première classe. Après lui, sa veuve dirigea la fabrique qu'il avait fondée lorsque le travail de l'acier était dans l'enfance. M. Schey avait su placer son établissement au premier rang et sa veuve avec ses enfants l'y avait maintenu. Les objets exposés par Mme veuve Schey en 1819 consistaient en parures, garnitures d'épées, mouchettes, boucles et autres ouvrages d'une exécution achevée. Mme veuve Schey obtint la médaille d'or. Ce fut la seule fois que les produits de sa fabrique furent présentés aux expositions.

En 1823, M. Hisette exposa une pendule et des vases en acier, remarquables pour la pureté des lignes et la perfection du poli.

143 fabricants de bijouterie en acier poli ont été recensés à Paris : la somme de leurs affaires était en 1847 de 4,963,500 fr.; elle se réduisit en 1848 à 2,432,200 francs; le nombre de leurs ouvriers était en 1847 de 1,975 et en 1848, de 978.

ANGLETERRE.

Les Anglais, si habiles dans toutes les industries où l'acier est employé, ont fabriqué les premiers la bijouterie en acier poli, et aucune nation n'a pu les dépasser dans cette industrie, dont la France leur a emprunté tous les procédés. Le jury international de Londres remarqua dans l'exposition de M. Durham, coutelier très-habile, une belle châtelaine toute en acier corroyé, travaillé au feu et à la lime : elle se composait de douze pièces travaillées et ajustées avec un soin extrême, couvertes d'ornements à facettes; plusieurs pièces, comme l'étui à nécessaire, la clef, les tablettes, l'almanach, avaient exigé un travail très-long et très-habile, il avait fallu vingt-deux mois pour exécuter cette châtelaine, faite entièrement à Londres, sans qu'une seule pièce fût estampée. Le jury accorda à M. Durham la médaille de seconde classe.

Une autre médaille de la même classe fut décernée par le jury à MM. Heeley et fils, pour leurs châtelaines, garnitures de bourses et boucles tout en acier et d'une excellente fabrication.

BIJOUTERIE DE DEUIL.

La bijouterie de deuil, puisque le deuil lui même a ses parures, était autrefois uniquement exécutée avec ce lignite d'un noir intense et assez compacte pour recevoir un beau poli que l'on nomme jais ou jayet. La bijouterie de jayet a eu autrefois plus d'importance qu'aujourd'hui. Le jayet des Asturies, du département de l'Aude, de celui des Hautes-Alpes, de Prusse et d'Irlande est encore exploité et donne lieu à des fabrications assez considérables : vers 1818, il occupait dans les Asturies 1,200 ouvriers, il s'en vendait en Espagne pour 180,000 fr. En 1821, la fabrique de Sainte-Colombe, dans le département de l'Aude, donnait 35,000 francs de produit net. On fait avec le jayet des boutons, des grains de colliers et de chapelets, des pendants d'oreilles, des broches, des plaques pour décorer les meubles. L'Espagne, l'Allemagne, l'Afrique et surtout la Turquie donnent à ce commerce une assez grande activité; mais la fragilité et l'extrême combustibilité de cette matière lui a fait préférer un verre noir tiré en tubes plus ou moins déliés, une fonte de fer très-finement moulée en bijoux de toute espèce, que l'on nomme fonte de Berlin, parce qu'elle y a été inventée, l'acier, les émaux noirs, les toiles métalliques avec application de jais naturel ou factice, et le vernis noir appliqué sur les boutons, les boucles, les épingles et les bijoux.

La bijouterie en fonte de Berlin était nouvelle en France en 1827 : MM. Dumas, célèbres pour leur belle quincaillerie en fonte de fer, avaient été conduits à y joindre celle qui nous occupe; leur succès avait fait baisser le prix de la bijouterie de fonte étrangère, et le jury de 1827 leur décerna le rappel de la médaille de bronze. Ces fabricants ne se présentèrent pas en temps utile à l'exposition de 1834; mais le jury voulut, en considération de leurs beaux produits de fonte moulée pour la bijouterie de deuil, attester qu'ils auraient obtenu la récompense la plus élevée.

L'enquête industrielle a recensé 46 fabricants de bijouterie de deuil à Paris: la somme de leurs affaires était, en 1847, de 813,100 francs; ils employaient alors 233 ouvriers : leurs affaires tombèrent en 1848 à 263,851 francs, et le nombre de leurs ouvriers à 57.

A l'exposition de Londres, la bijouterie allemande en fonte de fer occupait une place moins importante peut-être qu'on n'aurait pu l'attendre. On attribue à la présence du phosphure de fer la grande fusibilité de la fonte de Berlin, et la perfection de ses empreintes à la finesse des moules en tripoli; il est certain que les fondeurs allemands sont parvenus à des résultats surprenants : on remarquait à Londres des éventails en fonte aussi légers et aussi bien repercés que s'ils eussent été faits en ivoire, des bijoux, des objets de garniture de cheminée ou d'oratoire, d'une grande finesse. MM. Lehmann et Devaranne, de Berlin, et M. Seebass, d'Offenbach, dans le grand-duché de Hesse, se sont particulièrement distingués dans cette partie de l'industrie à l'exposition universelle.

BRONZES DORÉS ET ARGENTÉS.

L'application des métaux précieux à l'ameublement embrasse des professions très-diverses. On peut les diviser comme il suit :

1° Bronzes, métaux et alliages divers, dorés et argentés, tant pour la décoration que pour l'usage;
2° Dorure sur bois, décorations et meubles;
3° Dorure sur porcelaine;
4° Dorure sur verre.

Il ne nous appartient pas d'examiner les bronzes sous le rapport de leur fabrication métallurgique et de l'art qui a présidé à leur exécution. Nous devons seulement parler de l'application des métaux précieux dont ils sont revêtus en totalité ou en partie, et, dans ces limites, notre travail ne peut être que très-succinct. Personne n'ignore quels beaux ouvrages nous ont laissés les habiles fondeurs des siècles précédents, depuis le temps de Louis XIV jusqu'à Louis XVI; des vases tout dorés, des chandeliers et croix d'église dorés ou argentés, des lustres, des bras, des girandoles, des guéridons en bronze doré, furent fabriqués en grande quantité sous Louis XIV et Louis XV. Les meubles de Boule, ornés de marqueterie en cuivre jaune, accompagnés de beaux reliefs en bronze doré, ont fait pendant plus d'un siècle l'ornement du palais de Versailles et des habitations des premiers personnages de l'Europe. Dédaignés durant quelque temps, remis en honneur pour être probablement livrés de nouveau à l'oubli, ces beaux ouvrages de Boule furent remplacés, sous Louis XV, par les bizarres décorations appliquées sur les meubles. Aux pendules en marqueterie succédèrent les groupes en figures dorées mat, accompagnant le cadran, et les foyers se décorèrent de chenets très-riches, quelquefois heureusement composés; la dorure de ces temps était forte et très-belle; elle était appliquée par les procédés que nous avons décrits. Sauf les objets destinés au service des églises, il reste peu de pièces argentées des XVIIe et XVIIIe siècles. Sous Louis XVI, Gouttières se montra digne de la réputation des bronziers français; ce que l'on a conservé de ses ouvrages était irréprochable sous le rapport de la dorure. Après la révolution de 1793, les fabricants de bronze, captivés par le goût de l'antique, évitèrent la dorure ou ne l'appliquaient d'abord qu'avec grande réserve sur les pendules, les lustres et les beaux meubles. Nous ne pouvons pas entrer, à leur sujet, dans des détails circonstanciés, mais nous citerons seulement les noms de Thomire, de Ravrio, de Galle, de Denière, ceux de Ledure et de Feuchère, qui, depuis 1806 jusqu'en 1819, obtinrent les premières médailles des expositions pour les beaux bronzes sortis de leurs ateliers; l'art en était le principal mérite, la dorure était le plus souvent exclue ou ne servait que d'accessoire. Depuis 1819 jusqu'à présent les bronzes dorés devinrent d'un usage plus général; on les employa pour les surtouts de table, les lustres et les candélabres. L'exposition de 1823 offrait de beaux produits de ce genre par M. Thomire fils et M. Denière. Le jury de 1827 remarquait la perfection des dorures mates ou brunies des bronziers exposants, particulièrement de MM. Choiselat, Gallien, Denière et Thomire. A l'exposition de 1834, le jury évaluait à 719,790 francs l'exportation des bronzes ou laitons dorés pour 1833, et à 21,978 francs l'exportation des mêmes métaux argentés. Le jury, sévère dans ses appréciations des travaux exécutés en bronze pour la décoration des appartements et de la table, rendait cependant justice aux ouvrages des premiers fabricants, tels que MM. Denière, Thomire, Galle, Ledure, Lerolle et Willemsens.

En 1839, le jury signalait un nouveau procédé de dorure sur bronze, inventé, mais tenu secret, par M. Grignon, qui affirmait préserver par ses procédés la santé de ses ouvriers. Une médaille d'argent fut décernée à M. Willemsens pour une aiguière en bronze doré. Les ouvrages en bronze doré de M. Victor Paillard lui méritèrent aussi la médaille d'argent. Le rappel de la médaille d'or fut accordé à MM. Thomire et Denière.

1840 commence une période nouvelle pour l'industrie française des bronzes dorés. Au lieu d'être réservés aux plus riches demeures, les bronzes s'étaient multipliés par une foule de moyens divers, tels que la fonte, la galvanoplastie, la réduction des grandes pièces à de petites proportions par la machine de M. Collas; la dorure et l'argenture électro-chimiques commençaient à rivaliser avec les anciens procédés et devaient graduellement prendre leur place. Les artistes, devenus beaucoup plus nombreux, trouvaient dans leur imagination et leur talent les ressources nécessaires pour tenir en éveil la curiosité et l'intérêt des acheteurs. Une foule de petites pièces de décoration et d'ameublement étaient mises, par leur bon marché, à la portée de fortunes moyennes. Dans cette profusion de produits d'art et d'industrie, un goût très-équivoque, appelé style Louis XV, dont le jury de 1834 pressentait l'approche, se développait malgré les efforts des plus habiles fabricants, et les entraînait dans le courant dont le nombre des acheteurs formait la puissance irrésistible. L'industrie, qui a pour but de produire afin de vendre, ne peut pas maîtriser le public; quand celui-ci veut des produits de mauvais aloi sous les rapports de l'art, du travail et de la solidité, mais à bon marché, le plus habile fabricant est obligé de renoncer à ses convictions et à ses œuvres consciencieuses pour se prêter à des exigences aussi impérieuses et qui, si elles n'étaient obéies, mettraient en péril sa situation commerciale. C'est ainsi que graduellement on vit s'abaisser la fabrication des bronzes, à mesure qu'elle s'étendait et devenait d'un usage plus général. MM. Denière et Thomire ont soutenu courageusement la lutte, mais il a fallu céder à la volonté du plus grand nombre. C'est seulement par des prodiges d'habileté et d'intelligence que les producteurs de bronzes dorés, ceux que nous avons nommés, avec MM. Vittoz, Victor Paillard et autres, peuvent contenir le goût public, soit en lui offrant à un prix très-modéré de belles choses, même dans le style qu'il préfère, soit en excitant sa fantaisie par des travaux ornés et variés, d'un caractère nouveau et curieux à la fois. Ce besoin de bon marché, qui rendait l'art si difficile, agissait à un degré encore plus prononcé sur la dorure et l'argenture. La dorure au mercure, maintenant délaissée, était solide, formait à son contact avec le cuivre un véritable alliage et exigeait plus d'or pour obtenir toute sa beauté; elle pouvait donner des tons différents selon son titre; elle se prêtait également au mat et au bruni. La dorure électro-chimique l'a remplacée avec une grande économie, mais dans des conditions de simple superposition et de peu d'épaisseur. Les bronzes soumis à son action perdent aisément leur surface dorée. Les nuances diverses de l'or ne sont plus obtenues avec les qualités d'autrefois; le mat résulte d'une couche d'argent interposée entre le bronze et l'or. L'argenture des bronzes ne subit pas impunément le transport par mer; il est rare qu'elle arrive à sa destination sans s'être obscurcie ou tachée. On voit donc qu'en abandonnant les anciens procédés pour arriver à un bon marché surprenant, on a mis de côté des avantages réels, avant de savoir si l'expérience ne forcerait pas de revenir en arrière. Il est vrai que l'électro-chimie peut encore faire des progrès considérables, et, surtout, qu'elle peut donner une apparence de richesse aux métaux les plus vils ou à leurs combinaisons. C'est ainsi que le zinc et ses alliages jouent un si grand rôle dans les imitations de bronze modernes. L'argenture et la dorure adroitement associées avec des parties réservées, des simulacres de damasquine ou d'incrustation forment, même sur la fonte de fer, une ornementation élégante et de beaucoup d'apparence.

Nous voudrions pouvoir partager l'heureux pressentiment exprimé par le rapporteur du jury de 1849 sur une amélioration dans le goût ou dans la mode. Sans doute les fabricants sont habiles et ingénieux, ils sont aidés d'artistes très-capables et d'ouvriers comme on n'en trouve en aucun autre pays; mais ils savent mieux que nous devant quelles nécessités ils doivent s'incliner. Le jury de 1849, en donnant la médaille d'or à MM. Denière et Victor Paillard, et celle d'argent à MM. Vittoz, Delafontaine, Charpentier, Matifat, n'a fait que montrer son équité et son respect pour les principes de l'art véritable, si bien observés par des hommes qui honorent notre industrie. En accordant la médaille d'argent à MM. Lerolle, le jury faisait à la fois une concession au goût nouveau et un acte de déférence envers l'industrieuse adresse des exposants. Soumis aux conditions étroites fixées par la commission royale, le jury international des métaux précieux, à l'exposition universelle, ne voulant pas, cependant, laisser inaperçus dans la foule des fabricants d'un éminent mérite, profita de ses attributions, peut-être indirectes, pour faire obtenir les récompenses suivantes aux bronziers français.

M. Vittoz reçut la médaille du conseil des présidents. L'attention du jury s'était fixée sur les bronzes d'art et les bronzes dorés exposés par ce fabricant ; mais, pour se conformer aux prescriptions de la commission royale, le jury ne parla que des bronzes dorés en tout ou en partie. Il remarqua une pendule de ce genre, dite les trois Heures du jour, ornée d'Amours sur un nuage et reposant sur un socle de marbre blanc. La même pendule était reproduite sur une proportion double par l'exposant : les Amours étaient en bronze; le style Louis XVI y était observé avec beaucoup de goût et de soin dans l'exécution. Une console-candélabre, dans le style Louis XIV, entièrement en bronze doré, était formée de trois riches volutes partant du pied et entourées de guirlandes de chêne, le tout supportant des branches de lis et de mauves. Cette console était d'une très-belle exécution, dans son style, et la dorure d'un excellent effet. Un enfant de grandeur naturelle, en bronze, portait une corbeille d'où sortaient des fruits, des fleurs et des branches dorés, ensemble riche par les contrastes du bronze et de l'or, et d'un travail supérieur. Le groupe d'enfants en bronze, demi-nature, portant des grappes de raisin et reposant sur un riche piédouche en bronze doré, était, selon l'appréciation du jury, la meilleure pièce de cette exposition, si distinguée, d'ailleurs, par le choix des modèles empruntés aux artistes les plus habiles et ciselés avec un soin qu'aucun autre fabricant ne dépassait. Toute la dorure faite à la pile paraissait être obtenue dans les meilleures conditions.

M. Matifat, en se livrant à l'industrie des bronzes dorés, s'est appliqué à chercher des formes nouvelles, variées et élégantes. Ce fabricant intelligent et d'un goût délicat apporte autant de soin dans l'exécution que dans le choix des modèles. Le jury remarqua avec plaisir, à son exposition de Londres, la belle monture d'une grande table à mosaïque; elle était toute en bronze doré, avec têtes de chimères et pieds de lion, d'une sculpture ferme et très-bien ciselée. La pendule avec un groupe de satyres et leur enfant d'après Clodion, la coupe de vieux Sèvres à peinture moderne et sa belle monture de bronze doré au mercure donnèrent au jury l'occasion de les signaler comme rentrant dans ses attributions et méritant la médaille de seconde classe, qui fut décernée à M. Matifat.

M. Victor PAILLARD exposait quelques bronzes que le jury a examinés avec beaucoup d'intérêt, spécialement une figure d'enfant de grandeur naturelle, couronné de pampres et portant un riche candélabre de bronze doré : elle était posée sur une base pareille, à trois faces, d'un bon effet et de style Louis XIV ; une grande pendule avec candélabres dorés, style de la fin de Louis XIV ; deux vases de porcelaine tendre à fond bleu-turquoise, avec de riches montures, qui se composaient d'un collet à canaux, d'anses formées d'enfants vendangeurs grimpant à une volute ; au-dessous, des têtes de chimères d'où pendait une guirlande allant rejoindre le milieu du vase ; enfin, une paire de flambeaux de style Louis XV, à fût tordu et le pied orné d'écussons. Ce fut principalement comme décorateur en bronzes dorés et d'usage pour garnitures d'appartement que M. Paillard parut se distinguer dans l'exposition, et, à ce titre, le jury le recommanda pour la médaille de première classe, mais elle ne lui fut point décernée par le conseil des présidents.

Les objets exposés par MM. LEROLLE frères consistaient en bronzes, pendules, candélabres, groupes, figures, la plupart dorés et argentés par parties. Ces exposants obtinrent la médaille d'argent à l'exposition française de 1849. Leur industrie est considérable et rien de ce qu'ils ont envoyé n'a été fait exprès pour l'exposition. Le jury, tout en reconnaissant dans les produits de MM. Lerolle une certaine négligence de style, déjà signalée dans le rapport français de 1850, crut cependant devoir leur accorder la médaille de seconde classe.

Un assortiment considérable d'objets de décoration en zinc et en alliages de métaux communs composait l'exposition de MM. MIROY frères. Cette industrie, qu'ils exercent sur une grande échelle et surtout pour l'exportation, met à la portée de toutes les fortunes et à très-bas prix des ornements de riche apparence, statuettes, candélabres, pendules, etc. La plupart de ces figures sont fondues au renversé. Le bronzage, la dorure et l'argenture sont obtenus par la pile, dont les effets sont remarquables dans ce genre de produits, où l'on doit chercher l'effet et l'économie. MM. Miroy fabriquent aussi des bronzes. Le jury leur accorda la médaille de seconde classe.

Le jury donna également la seconde médaille à M. Boyer, pour ses figures de bronze doré à la pile, où l'or est très-bien employé, fin, bruni, mat, or jaune et or vert, en grandes surfaces ou imitant la damasquine.

Les principaux bronzes dorés exposés par M. Willemsens étaient un tabernacle avec émaux sur la porte et sur la rosace, dans le style gothique; une aiguière avec son plateau, où M. Willemsens avait employé avec un véritable talent toutes les sculptures du casque et du bouclier de François Ier, et deux candélabres à bras; leur base représentait les trophées de la porte Saint-Denis, très-ingénieusement ajustés et argentés. Le jury accorda la médaille de seconde classe à cet habile exposant.

En se consacrant exclusivement à la fabrication de l'orfévrerie d'église, M. Poussielgue-Rusand a fait une étude approfondie de cet art particulier; il s'est aidé des meilleurs modèles anciens et modernes. Sa grande châsse émaillée, d'après les dessins de M. l'abbé Martin, était d'un très-bel effet, sauf les petits médaillons gravés. Le même fabricant exposait encore une aiguière de cuivre doré émaillée, des crosses argentées, richement ornées de sculptures et d'émaux. Le jury lui accorda la médaille de seconde classe.

Parmi les objets exposés par M. Laroche, le jury remarqua une pendule en porcelaine bleu foncé, avec garniture et amours dorés, de style Louis XVI; un milieu de table, grande corbeille ovale de porcelaine à fond bleu clair, supportée par des Amours à queue de poisson, et guirlandes à branches pour recevoir des bougies, et les deux vases candélabres qui l'accompagnaient; enfin, deux vases de porcelaine bleu foncé, avec une très-jolie garniture figurant une guirlande. Le jury décerna à M. Laroche la médaille de seconde classe.

La fabrication de MM. Lévy frères est fort au-dessus de

l'industrie courante, sans viser à un titre plus élevé; ils fabriquent chez eux tous leurs bronzes et les emploient à la décoration de porcelaines, qu'ils montent avec beaucoup d'intelligence et de richesse. Des porcelaines bleu-turquoise à sujet, dans le genre de Watteau, furent exposées par MM. Lévy frères, et la manière avantageuse dont elles étaient garnies et richement ornées mérita la médaille de seconde classe, que leur décerna le jury.

Les vases bleus en porcelaine décorés de sirènes en métal bien ciselé, et la pendule de l'Agriculture en bronze doré et ivoire, exposés par M. Weygand, lui ont fait obtenir une médaille de seconde classe accordée par le jury de Londres. Le travail de ces pièces était, en général, de bon goût; cependant la statue de l'Agriculture, offrant une jolie combinaison d'or et d'ivoire, reposait sur un socle en vert de mer dont l'architecture laissait à désirer : le reste de l'exposition de M. Weygand renfermait de jolies figures de bronze, que le jury regretta de n'avoir pas à signaler.

M. Desfontaines (maison Leroy et fils) exposait une pendule et une garniture de cheminée d'un caractère nouveau pour la matière employée aux sculptures: le corps de la pendule et des vases candélabres qui l'accompagnent est en porcelaine bleu foncé; tous les ornements et la garniture sont exécutés en fonte polie et damasquinée en or; la pendule est décorée d'une composition représentant cinq chevaliers se disputant l'oriflamme: l'un d'eux tombe renversé de son cheval : toute cette scène animée atteste le talent de son auteur. Un saint Michel, l'épée à la main et en armure, surmonte chacun des vases candélabres; aux anses, deux chevaliers combattent des dragons; les pieds sont formés de trois lions à ailes de chauves-souris : cet ensemble, d'un effet très-satisfaisant, offrait de grandes difficultés d'exécution que M. Desfontaines a surmontées heureusement et l'emploi judicieux de l'or y relève la couleur sévère de la fonte. Le jury accorda à M. Desfontaines la médaille de seconde classe.

Les doreurs de bronze travaillent à façon pour les entrepreneurs de cette industrie; comme ils fournissent l'or employé dans leur travail, le chiffre de cette valeur considérable entre pour une grande part dans celui de leurs affaires. 53 doreurs sur bronze ont été recensés: l'importance de leurs affaires a été pour 1847 de 1,920,900 francs, ils employaient 416 ouvriers; en 1848, leurs affaires se sont réduites à 364,971 francs et le nombre de leurs ouvriers à 92.

L'industrie des bronzes dorés est presque exclusivement exploitée en France. Les nations étrangères nous l'envient et en ont frappé les produits d'un droit d'importation d'environ 33 p. o/o : c'est seulement le prix modéré de nos bronzes qui leur permet encore de se soutenir dans le commerce extérieur. L'Allemagne et surtout la Russie ont des manufactures importantes d'où sortent de très-beaux ouvrages. On a remarqué à l'exposition les beaux bronzes dorés de MM. Stange et Chopin, de Saint-Pétersbourg, et de M. Krumbigel, de Moscou : le second et le troisième de ces exposants ont obtenu la médaille de seconde classe.

DORURE DES CLOUS DE TAPISSIER.

Nous devons encore citer ici une application des métaux précieux à l'ameublement et aux usages domestiques: c'est la dorure des clous de tapissier, qui se faisait autrefois par le procédé de l'or haché, et s'obtient aujourd'hui par les moyens électro-chimiques, appliqués également à des ciseaux, étuis et couteaux à papier en acier comme à la dorure des clefs, des dés, des aiguilles, qui se faisait, il y a peu d'années, par l'immersion dans le chlorure éthéré d'or.

DOREURS SUR BOIS.

Les doreurs sur bois et sur décoration appliquent sur les fonds, moulures ou sculptures des meubles, lambris, cadres, panneaux ou parties d'architecture, une couche épaisse de blanc de céruse, la retouchent, la sculptent avec des instruments d'acier, la poncent et la couvrent ensuite d'un mordant gras sur lequel ils déposent des feuilles d'or; le mordant retient l'or et le fait adhérer à la surface que l'on veut en couvrir; ensuite l'or est poli par places ou par surfaces avec le brunissoir : ces ouvriers emploient l'or de toutes les couleurs et même l'argent ou le platine.

148 doreurs sur bois ou pâtes ont été recensés à Paris; le chiffre de leurs affaires s'élevait en 1847 à 4,461,020 francs, et ils occupaient 1,162 ouvriers; en 1848, le chiffre de leurs affaires fut réduit à 526,956 francs, et le nombre de leurs ouvriers à 348.

DOREURS, PEINTRES ET DÉCORATEURS DE PORCELAINE.

L'or en feuille et surtout en poudre est employé, mais dans une faible proportion, par les peintres sur laques à l'imitation de ceux des Chinois.

Les peintres décorateurs de porcelaine font un emploi important de l'or dans leurs travaux; l'or dont ils font usage est à l'état métallique pur ou allié d'argent, réduit en poudre très-fine et mêlé à des fondants pour être appliqué mat ou bruni sur la porcelaine, ou à l'état de stannate d'or pour composer les beaux rouges de carmin durs et tendres, pourpres ou violets. En 1847, la quantité d'or employée à la manufacture de Sèvres a été de 7,511 grammes valant 26,288 fr. 50 cent.; depuis, elle s'est réduite en 1848 à 3,139 grammes ou 10,986 fr. 50 cent.; en 1849, à 1,602 grammes ou 5,607 francs; en 1850, elle est remontée à 2,383 grammes ou 8,340 fr. 50 cent., et en 1851, à 2,608 grammes ou 9,128 francs. Le prix de l'or est estimé pour les porcelainiers à 3 fr. 50 cent. le gramme, à cause du traitement chimique que ce métal doit subir pour être amené à l'état de ténuité nécessaire par voie de précipitation; la perte inévitable fait accorder un déchet de 6 pour 1,000. On se fera une idée des quantités d'or employées sur la porcelaine par le fait survenu à la révolution de 1848; on a retiré des tessons de Neuilly, des Tuileries et du Palais-Royal provenant du sac de ces résidences, un poids d'or qui s'est élevé à 3,247 grammes, représentant une somme de 11,461 fr. 90 cent. On compte généralement pour une assiette à simple filet d'or une consommation d'or de 0gr20, pour une assiette plus décorée 0gr30, et pour les assiettes les plus ornées de 0gr55 à 0gr60.

L'enquête industrielle n'a pas distingué les doreurs des décorateurs de porcelaine; tous ensemble, recensés au nombre de 134, faisaient pour 4,369,200 francs d'affaires en 1847. Les 26 entrepreneurs de brunissage faisaient collectivement pour 22,900 francs de travail à façon.

PEINTRES DÉCORATEURS ET DOREURS DE CRISTAL ET VERRE.

Les peintres décorateurs et doreurs de cristal et de verre, y compris ceux de vitraux, ont été recensés au nombre de 17; Leurs affaires s'élevaient, en 1847, à 361,800 francs; en 1848, elles se réduisirent à 68,700 francs. Les ouvriers employés par cette industrie étaient au nombre de 149 en 1847 et de 42 de mars à juin 1848.

La décoration et la dorure de la porcelaine ont pris un grand développement en Angleterre, et elles sont importantes en Allemagne, où les cristaux sont également ornés de dorures.

Nous n'avons pas d'éléments pour apprécier la valeur de cette branche d'industrie dans les pays étrangers.

MÉTAUX PRÉCIEUX

EMPLOYÉS POUR LA DÉCORATION DES ARMES.

Les hommes de tous les pays et de tous les temps ont aimé les armes richement ornées; ce goût a été poussé plus loin en Orient que partout ailleurs: il a créé une application magnifique de la joaillerie et de la bijouterie en dehors de leur destination habituelle, et nous ne pourrions énumérer sommairement les œuvres admirables de ce genre qui sont parvenues jusqu'à nous, ni même celles qui ont été exécutées par les fabricants de Paris et de Saint-Étienne. Nous dirons seulement que les garnitures d'or et d'argent, les émaux, les pierres précieuses et de second ordre, les nielles et les filigranes, le repoussé, la ciselure, la dorure et l'argenture en feuilles, ont été prodigués sur les armes de luxe, et que, dans cette belle industrie, les Indiens, les Birmans, les Malais, les Persans, les Japonais, les Chinois, même les Géorgiens et les habitants de la Boukharie, héritiers du faste de l'antiquité asiatique, ont été et sont restés nos maîtres.

Mais la fabrication des armes de luxe a reçu, comme tradition des temps passés, et conserve encore aujourd'hui des industries particulières, dont il est utile de faire connaître la nature et les résultats principaux.

Ces industries diverses employant l'or, l'argent et le platine sont la damasquine, l'incrustation rasée et l'incrustation en relief.

DAMASQUINE.

La damasquine est une espèce d'or haché, mais elle se distingue par une particularité très-notable. Le métal sur lequel on veut damasquiner est haché finement avec une lame d'acier bien tranchante : la surface ainsi travaillée présente les mêmes aspérités qu'une lime d'une finesse extrême, mais à tailles profondes. L'ouvrier pose sur cette surface âpre des fils d'or ou d'argent, auxquels il donne tous les contours qu'il veut ; plus ils sont multipliés et serrés, plus les surfaces d'or sont larges : on obtient ainsi, à volonté, des dessins délicats, comme les arabesques les plus déliées, ou des champs entiers couverts d'or ; on chauffe ensuite la pièce à la température qui fait passer l'acier au bleu et donne à la pièce hachée l'aspect de velours ; puis, à l'aide d'un brunissoir en hématite ou en sanguine, on écrase les fils, qui pénètrent dans les hachures en les renversant et s'y emprisonnant solidement. On damasquine sur fer, sur acier et même sur cuivre. Il existe des damasquines sur cuivre très-belles, faites autrefois en Espagne et représentant des sujets de piété : on connaît aussi de merveilleuses damasquines faites sur des plaques de cuivre rouge par les Chinois avec une patience et une adresse qui semblent défier l'habileté humaine. On croit que cet art a été importé en Europe vers le XVIe siècle; c'est, en effet, de cette époque que datent les belles armes, les coffrets et les miroirs, ornés de damasquine, qui existent dans les collections publiques ou privées. Comme son nom l'indique, la damasquine est originaire de l'Orient, et les armes damasquinées venaient en Europe par le commerce de Damas; c'est aussi la ville de Damas qui, par le même motif, a donné son nom aux lames damassées, dont l'acier offre des veines ronceuses blanches et noires, et aux étoffes de soie d'un travail et d'un dessin particulier. La damasquine de l'Inde est quelquefois d'une perfection dont rien n'approche; les damasquineurs du XVIe et du XIXe siècle l'ont imitée avec beaucoup d'art et de succès.

INCRUSTATION RASÉE.

L'incrustation des métaux précieux était, dans l'antiquité, une industrie appliquée non-seulement aux armes, mais encore à la statuaire et à l'ameublement. On peut voir au musée du Louvre de petites statues égyptiennes en bronze incrustées d'or, au musée de Naples des statues et un candélabre de bronze incrustés d'argent, au musée d'artillerie de Paris un glaive de bronze avec des filets incrustés du même métal. Les candélabres de fer à filets d'argent exposés à Londres par la fonderie royale de Berlin sont une rénovation de cet art antique. Les Orientaux l'ont appliqué surtout à leurs armes. Pour faire de belles incrustations rasées sur acier, fer ou bronze, on commence par graver son dessin en creux très-profondément sur la pièce que l'on veut décorer, et les traits de burin doivent s'élargir à la base en forme de queue d'aronde. Le fil d'or, d'argent ou de platine est ensuite introduit dans ces sillons, où on le comprime fortement; puis on polit la surface incrustée comme on polit les nielles ou les émaux cloisonnés. Ce travail, que les Indiens exécutent avec une grande perfection, est reproduit avec le même talent par quelques-uns de nos incrusteurs modernes, employés surtout par les premiers armuriers français.

INCRUSTATION EN RELIEF.

L'incrustation en relief est une variété de celle qui précède. Au lieu d'araser l'or avec la surface, on le laisse en relief, pour le modeler et le ciseler ensuite. Cet art, dont l'Orient nous a encore donné l'exemple, est admirablement appliqué aux armes et à la bijouterie par les Japonais; il fleurit en Europe surtout vers le temps de Henri IV et ne fut négligé qu'à l'époque de la révolution française. On le reprit bientôt après, et maintenant il est porté aussi loin que possible. Il existe encore un autre procédé pour dorer les armes : employé depuis la Renaissance à la décoration des fonds gravés sur les armures, les boucliers et les lames, il a été conservé à Solingen, où on le pratique avec un secret jusqu'à présent impénétrable; les résultats en sont très-économiques, mais d'ailleurs assez médiocres sous le rapport de la solidité et de la durée. Le plus souvent les différentes applications des métaux précieux aux armes blanches ou aux armes à feu étaient faites séparément; mais sur les pièces les plus riches elles étaient habilement associées.

Nous donnerons seulement des exemples des plus belles armes ornées de métaux précieux, depuis le XVIIe siècle jusqu'à nos jours; on verra que la ciselure sur le fer et l'acier y avait une grande part. Une paire de pistolets ayant appartenu à Louis XIV, et recueillie dans la collection de feu M. Schickler, était richement ornée sur les bois de filigranes d'or et de placages d'argent représentant des nations vaincues; les armes de France, en or incrusté et en relief, ornaient les boutons des calottes, ciselées en relief comme toutes les garnitures. Les contre-platines représentaient, en argent plaqué et en filigrane d'or, l'une Apollon sur son quadrige rayonnant d'or, l'autre Louis XIV en costume romain sur son char de triomphe. La composition et l'exécution de ces pièces étaient fort belles.

Les platines portaient l'inscription : « *Thomerot, magasin royal.* »

Les frères Delaroche, aux galeries du Louvre, étaient les auteurs d'un nécessaire d'armes très-riches, une carabine et deux pistolets, exécutés sous le règne de Louis XV; les aciers, les garnitures, les platines et les canons étaient ciselés et à fond d'or; les sujets, tirés de la mythologie, représentaient, entre autres, les Titans foudroyés par Jupiter. Le bois de la carabine était sculpté en ronde-bosse : on y voyait Hercule combattant l'hydre de Lerne. Toutes les autres parties du bois de la carabine et des pistolets étaient couvertes d'un travail de filigrane d'or aussi délié que de la damasquine. Les ciselures avaient été exécutées par Véricley, artiste très-habile, auquel on devait encore des épées ciselées à fond d'or du plus grand mérite. Les fonds d'or se faisaient en damasquine, dont les fils juxtaposés sur les hachures étaient aplatis à chaud avec un mattoir et unis en surface continue par l'action du perloir.

Sous Louis XVI, le goût se modifia pour les armes comme pour tous les arts : on adopta les garnitures en argent ciselé. Jean Lepage, successeur de Pierre Lepage, son oncle, arquebusier du maréchal de Saxe, fut nommé arquebusier du roi. Il commença, dès cette époque, à chercher des améliorations dans l'ornementation des armes; Louis XVI encourageait ses essais et l'honorait de sa bienveillance. La Révolution arrêta les progrès de l'arquebuserie, comme ceux de toutes choses. On établit partout des ateliers d'armes de guerre, on en créa une manufacture à Versailles, et cet établissement, par sa concurrence, mit en péril l'existence de l'arquebuserie libre. On donnait des fusils, des sabres, des trompettes d'honneur, garnis d'argent ou fabriqués en argent avec une inscription commémorative; plus tard, les officiers reçurent des caisses d'armes riches ou des sabres de grand prix; la manufacture de Versailles fournissait à toutes ces commandes. Jean Lepage fut arquebusier du premier Consul : il fit pour Bonaparte un fusil simple, garni en argent ciselé, avec un fond damasquiné en or; sur les deux côtés de la crosse figuraient des écussons terminés par des têtes de coqs et dont les milieux, ciselés par Dupré, renfermaient des bas-reliefs représentant deux des principales victoires du premier Consul. Ce fusil fut donné à Desaix. Un sabre fait pour le premier Consul avait aussi la poignée et la garniture en argent damasquiné d'or dans les fonds; les modèles en bois étaient de Massieu et ceux des figures de Calva. Jean Lepage était alors à peu près le seul arquebusier qui luttât contre la manufacture de Versailles, si chèrement privilégiée, où l'on avait réuni des ateliers de sculpteurs, de graveurs, d'incrusteurs, et tous les ouvriers ou artistes qui ne pouvaient trouver qu'à Versailles le moyen d'employer leur talent; plusieurs maîtres arquebusiers de Paris, poussés par la détresse, s'y firent admettre comme chefs d'atelier. Les artistes modeleurs employés à Versailles et par les meilleurs arquebusiers étaient Calva, Romagnési, Roguier, Lafontaine fils; les sculpteurs étaient Massieu, Montreuil, de Montreuil près Versailles, habile à ciseler les oiseaux et les fleurs, Bonnard, Aubry; les graveurs, Montagny, de Saint-Étienne, et depuis directeur de la monnaie de Marseille, Dupré, aussi de Saint-Étienne, et plus tard graveur de la monnaie à Paris, Jeandel, Fouquet, Vanta père et Jaley de Saint-Étienne. On remarquait parmi les ciseleurs Dupré, Jurinne, Dumarest, et comme damasquineurs, Candiau, Gérard, Pérot, Dardet, damasquineur en plein.

Sous l'Empire, le grand écuyer, M. de Caulaincourt, commanda à Jean Lepage une carabine double, tournante, très-riche, ornée de belles gravures, avec de larges incrustations d'or représentant des chasses d'animaux, sur les garnitures, platines et canons; sur les côtés de la crosse étaient en placage d'or des groupes d'animaux, un cerf et un sanglier aux abois; l'aigle impériale supportait la queue de culasse, et tout le long du canon le bois était orné d'étoiles et d'abeilles en or alternées. L'Empereur donna cette arme au roi de Saxe à l'époque du congrès d'Erfurth.

La damasquine ne se faisait alors ni en Espagne ni en Belgique : à Paris même on ne l'exécutait plus qu'en masses pleines, mais non pas en ornements fins et déliés. C'est dans cette condition presque barbare qu'on l'appliquait en larges bandes et en filets sur les canons, en ovales sur les lumières des armes à feu. On recourait à l'incrustation pour obtenir ce que l'on ne savait pas réaliser par la damasquine. Dans l'incrustation se distinguaient deux graveurs liégeois, Hanay et Gillan : le premier, homme très-habile, exécutait très-bien les animaux, les ornements et les inscriptions en lettres gothiques.

Nous avons cité Jean Lepage, parce que son titre d'arquebusier de Louis XVI, du premier Consul et de l'Empereur montre qu'il tenait le premier rang; cependant les noms de Fillon, Simon, Pochard, Desaintes, Toupriant, Puiforcat, Langumier, ceux de Cazes, Arlot, Peniet, Fatou, Pirmet et Gosset réclament aussi une place très-honorable. Jean Lepage eut sur eux l'avantage d'être chargé de travaux importants et de les exécuter avec la plus grande intelligence de son industrie, éclairée par un goût élevé des arts et des notions approfondies en ce qui touche à leur combinaison avec la fabrication des armes. Il a transmis ces mérites à son fils, M. Henri Lepage, qui soutint dignement et par de très-belles œuvres la renommée de sa maison. MM. Lepage employèrent successivement un très-bon ciseleur, nommé Santerre-Dehique, pour appliquer de l'or en relief sur les armes. Ensuite Collard, graveur habile, condamné pour avoir fabriqué de faux billets de banque et détenu à la Conciergerie par commutation de peine, plein de repentir pour sa faute, qu'il expiait par un labeur assidu, fut occupé par M. Henri Lepage à exécuter des travaux souvent remarquables : il a produit, pendant sa captivité, de très-beaux ouvrages en incrustations d'or, d'argent, de platine et de cuivre rouge en relief sur des armes riches, lames de sabres, d'épées et de poignards. Il avait recouvré sa liberté quand il mourut jeune en 1836, conduit au tombeau plutôt par le chagrin que par les rigueurs d'une prison où il avait su inspirer l'intérêt et la pitié.

Dardet, damasquineur en plein, donna les premières leçons à M. Roucou, qui, sorti des ateliers de M. Henri Lepage, devint un des plus grands talents, peut-être le premier, dans sa profession; il a décoré d'une manière surprenante des pistolets dont les crosses en ébène, bois cassant et difficile à incruster, ont été enrichies par lui d'ornements et d'animaux en or de relief, d'une délicatesse merveilleuse. M. Roucou, après avoir obtenu une médaille d'argent à l'exposition de 1849, a exposé à Londres sous le nom d'un autre fabricant; sans cette confusion fâcheuse il aurait eu certainement une place distinguée parmi les fabricants récompensés.

Les plus habiles graveurs-incrusteurs modernes sont MM. Pillard, Pirot, Philips, Fillon et Falloise. M. Pillard était graveur à la monnaie de Marseille; les quatre autres sont Liégeois. Trois d'entre eux sont restés à Paris et y rendent de grands services à l'ornementation. M. Falloise, que nous avons cité à l'article de la bijouterie, est retourné en Belgique et y montre dans l'art qu'il cultive beaucoup de talent et de goût.

Le plus bel ouvrage en or rasé fabriqué par les arquebusiers modernes est un poignard à manche de jade, à lame et à gaîne incrustés d'or, couverts d'arabesques, d'un goût excellent et d'une exécution parfaite. Imité d'une arme du XVIe siècle appartenant à M. le duc d'Aumale, ce poignard égalait son modèle, qui semblait inimitable. Il fut exposé en 1844 par M. Moutier-Lepage.

Nous devons rappeler ici le nom de M. Vechte, qui a exécuté un bas-relief en or sur l'épée du comte de Paris, et M. Fournera, qui, d'après un modèle de M. Klagmann, prit sur pièce et cisela la garniture d'un beau couteau de chasse, dont le pommeau représente un écusson surmonté d'un casque d'acier à lambrequins et accosté de deux figures sortant de rinceaux en or rouge et vert, argent et cuivre de relief. Cet ouvrage a valu à M. Moutier-Lepage la médaille de seconde classe, à l'exposition de Londres.

M. Lapret, autre ciseleur distingué, a rendu, par son talent et ses travaux, de grands services à la fabrication des armes richement décorées; il a inventé un procédé d'incrustation, qui consiste à remplir de soudure en cuivre jaune la gravure en creux sur le fer, imitant ainsi l'or rasé avec économie et succès.

La fabrique d'armes de Saint-Étienne, qui depuis près d'un siècle a fourni des armes de luxe au monde entier et surtout aux pays musulmans, cultivait la damasquine avec un succès incontesté. Nous avons nommé ceux de ses artistes qui travaillèrent à Paris; nous devons y ajouter les ciseleurs Olagnier et Galle, les damasquineurs Riocreux et Colomb, les incrusteurs Lestra et Berthéas.

Ce n'est pas seulement Saint-Étienne qui a fourni aux peuples musulmans des armes ornées de garnitures où l'or et l'argent ciselés, niellés, émaillés, se mêlaient à des filigranes et des turquoises, des pierres précieuses ou des diamants; les arquebusiers de Paris ont eu leur large part dans cette production lucrative, dont les développements récents sont dus à l'occupation de l'Algérie. Mais, comme ces ouvrages ne rentraient pas directement dans les catégories spéciales que nous traitons ici, nous nous abstiendrons d'en donner les détails.

Nous terminerons par la liste des arquebusiers qui ont exposé des armes décorées de belles ciselures, accompagnées de fonds ou d'ornements en métaux précieux.

M. Pirmet reçut en 1839 la médaille d'argent pour de belles armes de chasse, ornées de ciselures, et pour des pistolets damasquinés avec goût, montés sur bois d'ébène.

M. Prélat obtint à l'exposition de Londres une médaille de seconde classe, pour des pistolets décorés de damasquine et d'ornements en or de relief.

M. Lefaucheux eut la même récompense pour une riche monture de carabine en or, pour une belle double platine de fusil, décorée de chiens incrustés et sculptés en or, d'après des modèles de M. Lechesne, et pour la bonne dorure galvanique de ses armes.

M. CARON reçut aussi une seconde médaille pour des pistolets argentés, dorés et damasquinés.

Une mention honorable fut accordée à M. HOULLIER, pour des pistolets damasquinés en or de diverses couleurs.

ESPAGNE.

La damasquine a été reprise en Espagne, d'où elle nous était venue. M. Zuluaga, dont le père était armurier à Madrid, vint étudier à Paris et à Saint-Étienne vers 1830. Il retourna ensuite en Espagne, où, assisté d'artistes d'un certain talent et encouragé par des amateurs passionnés, il s'est livré à la fabrication des armes de luxe décorées de ciselures et de damasquine.

Le public a remarqué et le jury de Londres a récompensé d'une médaille de seconde classe l'exposition de M. Zuluaga. Cet habile fabricant avait exposé des armes et une couverture de livre en fer et acier oxydé noir et richement décorés de bas-reliefs et d'ornements damasquinés en or et argent; les pistolets, les poignards et l'épée étaient exactement du même style que la couverture de livre; celle-ci, destinée à contenir un titre de Castille, était ornée d'un côté de sujets à figures, de l'autre d'écussons et de devises : les vieux modèles espagnols avaient servi de type à tous ces ouvrages, où la sculpture manquait peut-être de grâce et d'élégance; mais sa combinaison avec une très-belle damasquine produisait un si bel effet, que déjà les artistes s'occupaient de copier les objets exposés par M. Zuluaga.

INDES.

Excepté les armes françaises et espagnoles, l'exposition de Londres n'en offrait aucune de travail européen qui fût remarquable au point de vue de l'application des métaux précieux ; la compagnie des Indes exposait, au contraire, des armes parmi lesquelles on pouvait observer quelques beaux échantillons de damasquine et d'or rasé : ils étaient cependant très-inférieurs à certaines pièces du même genre qui existent dans les collections publiques ou particulières en Europe; mais la garniture émaillée d'un fusil indien était si parfaite, qu'on pouvait seulement la comparer aux plus belles productions de M. Morel.

PASSEMENTERIE.

La passementerie en fin et en faux emploie des matières d'or et d'argent en quantités considérables; c'est à ce point de vue seulement que nous avons à l'envisager.

Les passementiers de cette catégorie emploient l'or, l'argent, l'argent doré et le cuivre doré, en fils et paillettes, pour fabriquer des épaulettes, dragonnes, ceinturons, aiguillettes, galons d'uniforme, glands, torsades, galons effilés, et réseaux appliqués au vêtement, à l'ameublement et à la sellerie. La surveillance du Gouvernement, instituée par le système de garantie, et les règlements spéciaux qui en résultent pour les argues ou tréfileries d'or et d'argent, ont cantonné cette industrie à Paris, Lyon et Trévoux. Les paillettes, les fils et les galons ne sont que des lames ou des fils d'argent, d'argent doré, d'argent ou de cuivre doré ou argenté; la passementerie dite d'or fin est en argent plus ou moins doré : on indique sa teneur en or par des numéros qui en désignent les proportions. Les affaires des passementiers de Paris en fin et en faux se sont élevées, en 1847 à 4,013,901 francs; ils employaient 614 ouvriers : en 1848, les affaires de cette industrie, soutenue par les énormes fournitures militaires commandées par le Gouvernement, se sont abaissées seulement à 3,773,300 francs; cependant, le nombre des ouvriers s'est réduit à 478.

L'or et l'argent fins ou faux s'emploient également en grande quantité dans la broderie des étoffes riches, dans les tissus de brocart, lamés et brochés, qui se fabriquent à Lyon pour l'Orient, pour les ornements d'église et pour les costumes de cour.

RELIEURS, PAPETIERS, ETC.

Nous ne devons pas non plus omettre l'emploi de l'or par les relieurs qui l'appliquent sur la tranche des livres et sous le fer et la roulette pour en décorer le dos, les côtés et la tranche. Les papetiers dorent la tranche du papier de luxe; les fabricants de papiers peints et de cuirs vénitiens appliquent également l'or sur des parties de leurs ouvrages; les ébénistes en font aussi l'emploi par le fer et par la roulette sur les cuirs et maroquins qui garnissent les meubles; beaucoup de dorure entre dans la décoration des meubles en matières factices appelées papier mâché; les dentistes, surtout ceux de l'Amérique font une consommation importante d'or en feuilles, de la plus grande pureté. L'or et l'argent en feuilles servent aussi aux usages de la médecine et de la pharmacie; les peintres en miniature font usage de l'or en poudre pour rehausser des dessins et des vignettes; les peintres d'histoire, revenant aux traditions du passé dans la décoration monumentale, exécutent souvent des sujets sur fond d'or en feuilles, comme on en voit des exemples à Saint-Germain-l'Auxerrois, Saint-Germain-des-Prés et Saint-Vincent-de-Paul. L'or est aussi appliqué sur les estampes et ouvrages de luxe par les procédés de la lithographie et de la typographie. Une nouvelle industrie, très-utile aux beaux-arts, la photographie sur papier, emploie en Europe et en Amérique beaucoup d'argent à l'état de chlorure et d'iodure, d'autres sels d'argent et même d'or; enfin, l'or et l'argent sont fabriqués en creusets, en lames et ustensiles propres à quelques opérations de la chimie où l'emploi de ces métaux est indispensable. Toutes ces applications des métaux précieux en font entrer dans la circulation et en consomment des quantités considérables, qu'il est impossible d'évaluer, même d'une manière approximative.

PLATINE, PALLADIUM, IRIDIUM.

Il nous reste à parler du platine, du palladium et de l'iridium, pour ne pas laisser incomplet le travail qui nous a été confié.

PLATINE.

Le platine paraît avoir été connu des anciens, qui le rencontraient en petites pépites dans les lavages d'or en Espagne; ils avaient observé qu'une substance grise, aussi pesante que l'or, se réunissait avec lui dans les criblages, et M. Hoefer suppose avec raison que le minerai si vaguement désigné devait être le platine. Il y a même lieu de penser, d'après quelques passages de Pline, que les anciens travaillaient le platine, dont les naturalistes connaissaient imparfaitement et par ouï-dire les qualités réfractaires.

Indiqué en 1557 par Jules-César Scaliger comme un métal infusible qu'on trouvait en Amérique[1], le platine fut signalé avec précision et l'on peut dire découvert en 1735 par don Juan de Ulloa, qui le fit connaître en 1748[2]. On ignorait alors les propriétés et les usages d'un minéral si utile, et les Espagnols le faisaient jeter dans les rivières, de peur que l'on n'en fît un usage frauduleux. Depuis cette époque, de nouveaux gisements en ont été découverts au Brésil, à Saint-Domingue et en Russie. M. Vauquelin a signalé la présence du platine, jusqu'à la proportion de 10 p. o/o, dans le cuivre argentifère de Guadalcanal, en Espagne. Théodore Schœffer publia, dès 1751, des réflexions intéressantes sur ce métal précieux, et trouva le premier qu'il était fusible avec l'arsenic, dont on obtenait ensuite l'élimination en le volatilisant par une haute température. Rochon, encouragé par

[1] Dans son livre intitulé : *Esotericarum exercitationum liber*, contre Cardan.

[2] Dans la relation de son voyage au Pérou avec les astronomes français.

Buffon et Turgot, se livra à cette étude; il employait dix livres d'arsenic et quatre livres de sel de verre pour fondre une livre de platine. Jeannety, habile orfévre, trouva, avant 1792, que la vaporisation de l'arsenic était accélérée en trempant dans l'huile les culots de platine allié avec ce métalloïde; la volatilisation durait près d'un mois. Lavoisier, Guyton de Morveau et Pelletier s'occupèrent aussi de cette question [1]; Willis, Margraf, Achard et Domi avaient perfectionné les procédés de Schœffer; mais Jeannety fut réellement le premier qui les pratiqua en grand et établit une fabrique d'objets de platine. Doué d'une persistance à toute épreuve et assisté des conseils du grand chimiste Vauquelin, Jeannety présentait à l'exposition de l'an x des bijoux et des instruments de chimie en platine fabriqués dans ses ateliers : le jury lui accorda une médaille d'argent, en le reconnaissant l'inventeur d'une métallurgie nouvelle. Le 25 mars 1818, la société d'encouragement décernait une médaille d'argent à Jeannety pour ses utiles travaux, aussi honorables que peu lucratifs. En 1819, MM. Jeannety fils et Châtenay exposèrent de la vaisselle et des bijoux en platine préparé par eux-mêmes, et de grandes règles du même métal, destinées à donner l'étalon des mesures françaises. Le jury constatait avec satisfaction les progrès de l'industrie des deux exposants et leur donnait une médaille d'argent; mais en même temps M. Bréant, vérificateur des essais à la Monnaie, venait de recevoir, en 1818, la médaille d'argent décernée par la société d'encouragement à son nouveau procédé de purification de ce métal, qui le rendait parfaitement malléable. Une invention si précieuse avait fait baisser le prix des ustensiles fabriqués en platine et les mettait à la portée de l'industrie; la médaille d'or fut la récompense que le jury de 1819 offrit à M. Bréant pour sa belle découverte. MM. Cuoq et Couturier faisaient préparer en grand par M. Bréant le platine dont ils fabriquèrent les vases, capsules, creusets, médailles et feuilles

[1] Rochon, *Essai sur les monnaies anciennes et modernes*, pag. 148 et suiv.

d'une extrême ténuité qui leur valurent la médaille d'argent à l'exposition de 1819. Depuis cette époque, l'importation du platine fut favorisée par la paix. M. Héron de Villefosse constatait qu'il n'en avait pas été importé en 1822 plus de 24 kilogrammes 16 gr., et qu'en 1826 les quantités destinées à la consommation intérieure, déduction faite de l'exportation, égalaient 129 kilogrammes. A l'exposition de 1827, M. Bréant reçut un rappel de la médaille d'or pour un grand assortiment de vases et ustensiles de laboratoire, tels que des creusets, des alambics, des siphons pour décanter l'acide sulfurique, du fil de platine, etc. MM. Cuoq et Couturier obtinrent en même temps le rappel de la médaille d'argent, pour un lingot de 89 kilogr. 289 gr., purifié et dégrossi au laminoir.

Vers 1829, M. Wollaston publia un procédé très-analogue à celui des Russes, qui consiste à comprimer le platine provenant de la calcination de son chlorure ammoniacal. Delisle, le premier, eut, en 1773, l'idée de purifier ce métal en le précipitant de ses dissolutions par le chlorure d'ammoniaque et calcinant le précipité. M. Wollaston eut le mérite de faire l'application de ce procédé à la métallurgie complète du platine, dont la pâte, tassée avec des précautions minutieuses dans un grand cylindre, au moyen d'un piston de bois d'abord, et ensuite avec un piston métallique, se condense, prend de la cohésion, devient capable de supporter l'action d'une presse, puis la chaleur blanche et le martelage. Il est probable que les moyens de fabrication, employés maintenant en grand et tenus secrets comme celui de M. Bréant, ne diffèrent pas beaucoup de l'invention de M. Wollaston, si avantageuse par sa simplicité et si utile par la suppression de l'arsenic. Le platine de Russie est exploité depuis 1825. Jusqu'au 1er janvier 1851 il en a été extrait des mines 1,231 pouds (20,163 kilogr. 78 gr.), dont 1,100 (18,018 kilogr.) ont été affinés à la monnaie de Saint-Pétersbourg. Depuis la suppression de la monnaie de platine en Russie, il a été vendu 240 pouds (3,931 kilogr. 20 gr.) de ce métal, au prix de 900 francs le kilogramme; on en tire annuellement des mines de Russie environ 10 pouds (163 kilogr. 80 gr.).

MM. Desmoutis, Morin et Chapuis exposèrent, en 1844, un vase de platine, destiné à la concentration de l'acide sulfurique. Ce vase était d'un seul morceau, à bords recouverts, et d'une capacité de 200 litres. Le jury, rendant justice à sa belle fabrication et à la grande importance de l'industrie des exposants, leur décerna une mention honorable.

A l'exposition de Londres, une médaille de première classe fut accordée à M. Quenessen pour son exposition de platine fabriqué à l'aide de procédés nouveaux, où l'on remarquait surtout un alambic fait d'une seule pièce, sans jointure ni soudure, des tubes de platine également sans soudure, et un appareil pour la distillation de l'acide hydro-fluorique.

Le platine en feuilles commence à être employé dans l'art du doreur pour remplacer l'argent; il en a presque l'éclat et le conserve indéfiniment par suite de son inoxydabilité. On en faisait aussi des grains de lumière et des placages sur les bassinets des fusils à pierre, toujours corrodés par l'action de la poudre et de l'humidité quand l'acier restait à découvert. Le platine peut entrer à l'état de feuilles minces dans le corroyage de lames damassées; allié au cuivre, il sert à fabriquer des miroirs de télescopes. Il entre quelquefois dans la fabrication des bijoux en France et en Allemagne. On a frappé et l'on frappe souvent, en France, des médailles en platine pour en assurer la durée. La première fut présentée à l'Institut par le graveur des monnaies Duvivier, en 1799; elle était à l'effigie du premier Consul et avait reçu 2,000 coups de balancier. La Russie a même eu pendant quelque temps une monnaie de platine de 3, 6 et 12 roubles; 870 pouds de platine (14,250 kilogr. 60 gr.) ont été employés à cet usage, mais cette monnaie est maintenant à peu près retirée de la circulation. Le platine à l'état d'éponge sert, dans les expériences de chimie, à l'absorption des gaz et à la combustion de l'hydrogène. On l'applique aux briquets à gaz, inventés par

M. Gay-Lussac; disposé en réseau autour des becs à gaz hydrogène carboné pur, il donne un vif éclat à ce combustible, dont, en son absence, la lumière est très-faible. Wagner a introduit dans l'art de l'émailleur un alliage de platine et d'argent dont nous avons déjà parlé; le même alliage a été employé dans les ateliers d'horlogerie fine de Versailles. La porcelaine et même la terre reçoivent des applications de platine en poudre, mêlé de sous-acétate de bismuth, qui conservent le mat et que l'on peut brunir; les effets en sont beaux; la manufacture de Sèvres en a fait usage avec grand succès.

PALLADIUM.

Le palladium a été découvert par M. Wollaston, en 1803, dans les minerais de platine de Colombie et dans l'or du Brésil; il se trouve aussi combiné au sélénium dans les mines du Hartz, près de Tilkerode. Le palladium est rarement employé dans les arts. Sa blancheur, son inoxydabilité à la température ordinaire, ses qualités réfractaires, ainsi que sa ductilité, l'ont fait employer en bijoux, surtout par les Allemands. M. Bréant, célèbre par ses beaux travaux sur le platine, s'occupait, en purifiant ce métal, d'en extraire le palladium. En opérant sur 3,100 kilogr. 25 gr. de platine, il put en retirer assez de palladium pour faire une coupe repoussée de 45 centimètres de diamètre sur 12 centimètres de profondeur; cette coupe, pesant un kilogramme, fut exposée en 1827, et achetée par le roi Charles X. M. Bréant exposait en même temps un lingot de palladium pesant plus d'un kilogramme et plusieurs échantillons du même métal. Le jury lui accorda pour ces beaux produits le rappel de la médaille d'or.

IRIDIUM.

L'iridium, métal d'un gris d'acier, découvert par Descotils en 1803, se trouve dans les minerais de platine isolé ou à l'état de combinaison. Ce métal, le plus refractaire de tous, pourrait, avec les autres, former des combinaisons très-utiles dans les arts. Il n'est encore employé que pour faire des bouts de plumes métalliques, notamment par M. Mallat, à Paris, et par M. Nicolle, à Édimbourg.

OBSERVATIONS

SUR LE DROIT DE GARANTIE.

Nous avons déjà dit, au commencement de ce rapport, que le produit du droit de garantie, qui s'est élevé en 1847 à 1,874,679 francs, serait une donnée bien illusoire, si l'on croyait qu'il représente l'importance réelle de l'orfévrerie et de la bijouterie en France. En effet, le droit n'est perçu que sur la valeur métallique employée, à laquelle il faut ajouter, pour l'orfévrerie, la dorure qui ne paye que comme argent; pour la bijouterie, les pierreries et autres accessoires et enfin les façons. De plus, nous avons indiqué la remise faite à l'exportation, seule prime accordée à l'industrie des métaux précieux; cette remise, souvent négligée par les exportateurs à cause de ses formalités multipliées et embarrassantes, est encore assez fréquemment réclamée pour diminuer notablement le chiffre du droit de garantie. Enfin, la quantité des bijoux contrôlés, comparée à celle des bijoux non contrôlés qui sont inventoriés dans les ventes publiques aux enchères, prouve qu'environ la moitié de ce qui se fabrique en France se vend en fraude des droits de garantie et sans contrôle.

Les chiffres d'exportation et d'importation établis par l'Administration des douanes, tant pour l'orfévrerie que pour la bijouterie et autres produits en métaux précieux, n'offrent pas non plus de certitude, parce que les déclarations d'expéditions ne sont pas toujours conformes à la vérité et que la plupart des expéditions se font par des moyens détournés, selon l'exigence des commandes, d'après les obstacles plus ou moins grands qui se présentent, à l'entrée, dans les lieux de destination.

Paris, octobre 1852.

FIN.

TABLE DES MATIÈRES.

XXIVe JURY.

VERRES ET CRISTAUX,

PAR M. E. PÉLIGOT,

MEMBRE DE L'INSTITUT.

COMPOSITION DU XXIVe JURY.

MEMBRES TITULAIRES.

Lord DE MAULEY, membre de la société royale de Londres, Président et Rapporteur..................	Angleterre.
MM. E. H. BALDOCK, membre du Parlement, Vice-Président..............................	Angleterre.
Louis CHANCE, fabricant de verrerie à Birmingham.	Angleterre.
L. C. DUNCAN, avocat........................	États-Unis.
Jules FRISON, fabricant de verre à vitres, membre de la chambre de commerce de Charleroi.....	Belgique.
Robert OBBARD, négociant à Londres...........	Angleterre.
Eugène PÉLIGOT, professeur au Conservatoire des arts et métiers, etc.....................	France.
le docteur SCHUELER, conseiller des mines.......	Zollverein.

ASSOCIÉS.

MM. Georges BONTEMPS, directeur des travaux de la verrerie de MM. Chance....................	Angleterre.
David BREWSTER (membre du Xe jury).........	Angleterre.
Joseph CHATER, négociant en verres à vitres à Londres..................................	Angleterre.
Alfred B. DANIELL, négociant en cristaux à Londres.	Angleterre.
William MORTLOCK, *idem* à Londres...........	Angleterre.
Andrew ROSS, opticien à Londres.............	Angleterre.
William SWINBURNE, fabricant de verres et de glaces, à Londres,..........................	Angleterre.
Charles WINSTON, avocat, à Londres...........	Angleterre.
Thomas WOOD, miroitier à Londres...........	Angleterre.
Ernest ZUCCANI, *idem* à Londres..............	Angleterre.
J. CHANDELON, professeur de chimie, adjoint de M. Frison............................	Belgique.

En jetant un coup d'œil général sur les produits de l'industrie du verre qui figuraient à l'Exposition de Londres, on ne pouvait se défendre d'un sentiment de tristesse et de regret, en constatant l'absence des cristaux et des glaces des manufactures françaises, qui sont habituellement au nombre des plus beaux ornements de nos expositions nationales. Les verriers d'Angleterre, d'Allemagne, de Belgique, des États-Unis, avaient fait de grands efforts pour que leur industrie fût dignement représentée dans ce grand concours industriel; les verriers français étaient, pour la plupart, restés chez eux. Cette abstention regrettable se faisait surtout remarquer pendant les premiers mois de l'Exposition. Plus tard, sur les instances du jury, dont votre rapporteur s'était fait l'organe, les compagnies de Saint-Gobain et de Cirey se décidèrent à envoyer à Londres quelques-unes de leurs plus belles glaces; la cristallerie de Clichy rangea dans les galeries destinées aux produits français, des cristaux qui, bien que choisis à la hâte parmi ceux de sa fabrication courante, donnèrent une idée très-favorable des progrès réalisés par cet établissement. Les cristalleries de Baccarat et de Saint-Louis persistèrent dans leur abstention.

Ces produits arrivèrent à Londres après les délais fixés par la commission royale pour l'admission des exposants les plus retardataires; néanmoins, sur ma demande, le jury de la XXIVe classe voulut bien les admettre au concours. Nos fabricants n'eurent pas, d'ailleurs, à regretter d'avoir obtempéré aux vœux du jury français : la seule grande médaille décernée à l'industrie du verre a été obtenue par M. Maës, propriétaire de la cristallerie de Clichy. Si la même récompense n'a pas été accordée aux glaces de Saint-Gobain et de Cirey, nous verrons dans la suite de ce rapport qu'il faut attribuer ce résultat à des circonstances indépendantes de l'appréciation du jury, qui, d'une voix unanime, proclama leur supériorité sur les produits similaires exposés par toutes les autres fabriques et qui décida que cette opinion serait consignée dans le rapport officiel. Je n'ai pas besoin d'ajouter que ce rapport, œuvre savante de notre digne président, lord de Mauley, rend en effet pleine et entière justice aux produits de nos deux grandes fabriques de glaces.

La Commission royale de l'Exposition universelle de Londres avait classé de la manière suivante les produits élaborés par l'industrie du verre.

A. *Verre à vitre,* comprenant :

1° Verre à vitre soufflé en plateaux;
2° Verre à vitre soufflé en manchons;
3° Glaces soufflées, étamées ou non étamées;
4° Verre à vitre coloré dans la masse ou sur une surface (verre doublé);
5° Ventilateurs;
6° Cylindres ronds, ovales et carrés.

B. *Vitraux.*

C. *Glaces coulées :*

1° Glaces brutes;
2° Glaces dressées, polies, étamées et non étamées;

D. *Bouteilles :*

1° Bouteilles ordinaires;
2° Fioles de pharmacie soufflées et moulées;
3° Bouteilles en verre blanc soufflées, pressées et moulées;
4° Conduites d'eau en verre.

E. *Verrerie à l'usage de la chimie et de la physique :*

1° Matras, cornues et autres objets pour les appareils de chimie et de physique;
2° Tubes.

F. *Cristal,* avec ou sans plomb, blanc, coloré et décoré, pour service de table, etc.

1° Soufflé;
2° Moulé et fait à la presse;
3° Taillé et gravé;

4° Filigrané, de couleurs variées, avec des incrustations et des émaux de toutes couleurs; opalin; imitant l'albâtre, doré, platiné, etc.

5° Mosaïques en verre, millefiori, aventurine et verre façon de Venise;

6° Pierres et perles fausses;

7° Candélabres, lustres et appareils en verre pour l'éclairage.

G. *Verre pour l'optique :*

1° Disques bruts de *flint-glass* et de *crown-glass* pour faire des lentilles pour les télescopes, les microscopes, les daguerréotypes, etc.

2° *Flint-glass* ou *crown-glass* soufflé ou préparé en lames pour les opticiens;

3° Verres minces pour les microscopes;

4° Appareils de réfraction et lentilles prismatiques pour les phares.

Je suivrai cette classification dans l'examen rapide des produits de l'industrie du verre qui figuraient dans les salles de l'Exposition; je ferai précéder cette étude de quelques détails sur l'origine, le développement et l'état actuel de la fabrication de chaque espèce de verre.

SECTION A.

VERRE À VITRE.

L'emploi de cette sorte de verre est si général et nous paraît aujourd'hui si indispensable, qu'il semble que sa fabrication doit remonter à une époque fort reculée. Cependant, il n'en est pas ainsi. Aucun auteur grec ou latin ne fait mention, en termes précis, de l'emploi des carreaux de vitre, que ne réclamait pas, d'ailleurs, le climat sous lequel vivaient les peuples civilisés de l'antiquité.

Les découvertes faites à Herculanum et à Pompéi, ainsi

que quelques passages de Sénèque et de Philon, semblent établir que le verre à vitre était connu dans le Ier siècle de l'ère chrétienne; mais les écrits de Lactance et de saint Jérôme ne laissent aucun doute sur son emploi vers la fin du IIIe siècle.

Cet usage n'existait, d'ailleurs, chez les anciens que pour un petit nombre de riches habitations. Plus tard, les vitres entrèrent pendant longtemps dans la construction des édifices religieux, avant de garantir des intempéries des saisons les habitations particulières. Au nombre des auteurs les plus anciens qui font expressément mention de cet usage, il faut citer Fortunat de Poitiers, contemporain de Grégoire de Tours, qui s'est singulièrement appliqué, dans ses poésies latines, à faire honneur aux saints évêques de son temps du soin qu'ils prenaient d'éclairer leurs églises de grandes fenêtres garnies de verre [1].

Comme l'usage du verre de couleur était plus familier aux anciens que celui du verre blanc, il est probable que, dans le IIIe siècle, les fenêtres étaient garnies de verres de couleur, taillés en petites pièces de forme ronde qu'on désignait sous le nom de *cives*. Cet usage pénétra en Angleterre dans le VIIe siècle, en Allemagne et en Italie dans le VIIIe. L'emploi des vitres pour les églises qu'on érigeait de toutes parts, devint général au XIe et au XIIe siècle; il fit naître, dans ce dernier siècle, l'art de la peinture sur verre. Les premières vitres peintes furent faites à grands frais par les soins de Suger pour l'église de l'abbaye de Saint-Denis, dont la dédicace remonte à l'année 1140.

« Les Anglais, dit Le Vieil, vers la fin du VIIe siècle, ne savaient pas encore ce que c'était que verrerie ni vitrerie, jusqu'à ce que saint Vilfrid eut fait venir de France des vitres et des vitriers pour fermer les fenêtres de sa cathédrale d'York, que saint Paulin avait fait bâtir. » « Chose nouvelle en ce pays,

[1] *Art de la peinture sur verre et de la vitrerie*, publié, en 1774, par Pierre Le Vieil, dans le Dictionnaire des arts et métiers de l'Académie des sciences.

dit M. l'abbé Fleury, et nécessaire contre la pluie et les oiseaux. » C'est le même historien qui nous apprend, d'après le vénérable Bède et les actes des évêques d'York, que saint Benoît Biscop, étant passé en France cinq ans après saint Vilfrid, en emmena des maçons pour construire l'église et les bâtiments de son monastère de Viremouth, dans la Grande-Bretagne; que, peu de temps après, il en tira des verriers et des vitriers qui y firent les premières vitres qu'on ait vues dans ce royaume, et en garnit les fenêtres de l'église et du monastère; et que ce fut des *Français* que les Anglais apprirent l'art de la verrerie et de la vitrerie. Ils ne tardèrent pas, d'ailleurs, à s'y rendre habiles; car les saints évêques Villebrod, Oüinfrid et Villebade, Anglais d'origine, en portèrent dans leurs missions la connaissance pratique chez les nations germaniques.

Il est impossible de fixer d'une manière précise l'époque à laquelle l'usage des vitres blanches se répandit parmi nous : il paraît que cet usage n'était pas encore fréquent, même pour les églises, dans les premières années du XIVe siècle. Berneton de Perin, dans sa dissertation sur l'art de la verrerie insérée dans le *Journal de Trévoux*, avance que, dès le XIIIe siècle, cet emploi existait en France; mais c'est là une simple conjecture. Les premières fabriques de verre à vitre ne datent que du XIVe siècle, sous Philippe VI et le roi Jean. A la vérité, il s'en établit neuf en moins d'un demi-siècle. « Mais on ne doit « pas s'imaginer, dit encore Le Vieil, que l'usage des vitres « blanches fût déjà assez accrédité pour en être la seule cause : « car, quoiqu'il paraisse qu'on n'y fabriquait que du verre en « plats, il est certain que tous les plats de verre qu'on y *ouvrait* « n'étaient pas de vitres blanches. Les vitriers, dans les démo- « litions qu'ils font journellement des vitres peintes de ce « temps-là, trouvent souvent des boudines de verre de couleur « qui avait été ouvert en plat [1]. »

[1] C'est à Philippe de Caqueray, écuyer, seigneur de Saint-Immes, en faveur duquel Philippe VI créa, en 1330, la première *grosse verrerie*, que Le Vieil attribue l'invention des plats de verre en boudines.

Au XVIe siècle, les fenêtres des bâtiments, jusqu'alors fort étroites, devinrent plus grandes. François Ier donna l'exemple de cette innovation, en faisant agrandir celles du Louvre pour la réception de l'empereur Charles-Quint. La consommation du verre peint ou blanc devint alors beaucoup plus considérable; néanmoins l'usage exclusif des vitres blanches d'un seul morceau ne prévalut qu'au siècle de Louis XIV.

Plusieurs faits curieux, mentionnés dans le traité sur l'art de la verrerie qui fait partie du *Cabinet cyclopædia*, prouvent combien le verre à vitre était rare et précieux en Angleterre il y a quelques siècles. Dans la seconde moitié du XVIe siècle, en 1567, il fut recommandé, lors d'une inspection faite dans les domaines du duc de Northumberland, d'enlever les carreaux de vitres des fenêtres pendant l'absence du duc et de sa famille, et de les déposer en lieu sûr pour les remettre en place lors de son retour. En Écosse, même après 1661, les fenêtres des habitations particulières n'étaient pas garnies de vitres; on n'en voyait qu'aux fenêtres des principales chambres des palais du roi. Je rappellerai que, vers la fin du XVIIe siècle, il existait encore à Paris des ouvriers spéciaux, les *châssissiers*, qui garnissaient les fenêtres de carreaux de papier; cet art est décrit avec détail dans l'ancienne encyclopédie méthodique [1].

Deux procédés sont mis en œuvre pour fabriquer le verre à vitre. Le procédé des *cylindres* consiste à donner au verre la forme d'un cylindre fermé qui, détaché de la canne qui a servi à le souffler, est fendu dans le sens de sa longueur, après qu'on en a séparé les deux calottes. Ce manchon de verre est porté dans un four particulier dit d'*étendage*, dans lequel il est ramolli par le feu et développé par l'affaissement des bords sur une surface unie; enfin, à l'aide d'une sorte de râteau en bois qu'on promène à sa surface, on plane la feuille de verre qu'on vient d'obtenir; puis on la *recuit* par le refroidissement lent qu'elle subit dans un autre compartiment du four.

[1] Un vieux proverbe français disait : « L'abbaye est pauvre; les vitres ne sont que de papier. »

L'autre procédé fournit le verre *en plats* ou *à boudine* ou bien encore *en couronne* (crown-glass des Anglais). Le verre est d'abord soufflé sous forme d'une boule volumineuse que l'on soude aussitôt à une autre canne. La pièce étant *empontie* et présentant à peu près la forme d'une cloche, on la réchauffe en l'introduisant dans un des ouvraux du four; lorsqu'elle est suffisamment ramollie, on donne à la canne à laquelle elle est fixée un mouvement de rotation très-rapide; la force centrifuge transforme ce verre en un large plateau de forme ronde. On le détache de la canne, dont il conserve néanmoins l'empreinte, car le centre du plateau est toujours garni d'un épais bourrelet de verre qu'on appelait le *gauche de la boudine;* on est donc obligé de découper ce plateau, après qu'il a été recuit, en quatre segments, qu'on équarrit de manière à en tirer des vitres rectangulaires.

On sait que l'art de couper le verre avec le diamant, qui facilita singulièrement la confection des vitrages, remonte au commencement du XVIᵉ siècle, et qu'il est dû à Louis de Besquen, de Bruges.

Il est difficile de dire lequel de ces deux procédés a été employé le premier; les Vénitiens et les Bohêmes fabriquaient leur verre à vitres par le procédé des cylindres, qui a fourni tous les vitraux du XIIᵉ et du XIIIᵉ siècle. L'autre procédé fut longtemps pratiqué en France, dans les verreries de la Normandie, en Angleterre et dans le nord de l'Allemagne; mais, comme il ne donne que des vitres de petite dimension, de 40 centimètres sur 30 au plus, on importait de la Bohême les plus belles et les plus grandes vitres.

Depuis longtemps le procédé des cylindres est employé en France d'une manière exclusive; son importation est due à Drolenvaux, qui, en 1730, fondait à Saint-Quirin une verrerie desservie par des ouvriers qu'il avait fait venir de la Bohême. Les produits de cette usine eurent un grand succès. On lit, à ce sujet, dans l'Encyclopédie de Diderot et d'Alembert :

« Enfin, M. Drolenvaux obtint du roi la permission d'é-
« tablir une verrerie à Saint-Quirin-en-Vosges, près Sarre-

« bourg. Il annonça son verre blanc en tables, supérieur à « tous égards à celui qui venait de Bohême, comme étant « plus beau, c'est-à-dire d'une surface plus unie, moins ondu- « leux, plus dur, c'est-à-dire, comme il l'explique lui-même « dans le tarif qu'il a rendu public, nullement sujet à se rayer « et à se calciner à l'humidité et au soleil, et du double plus « épais. L'effet justifie ses engagements, et, depuis qu'il en « fabrique, il est peu de personnes tant soit peu aisées qui « ne placent dans leurs chambres des estampes montées sous « verre. »

Cette verrerie, ne pouvant acheter les terrains sur lesquels elle était construite, terrains qui appartenaient aux moines de Saint-Quirin, les loua, en 1740, par un bail emphytéotique qui expirait en 1840. Par suite d'arrangements pris avec la compagnie des glaces de Cirey, elle a cessé de travailler; mais elle a été l'origine de toutes les fabriques de verres à vitres en cylindre établies en France, en Belgique et en Angleterre. C'est l'école à laquelle ces établissements ont emprunté leurs meilleurs ouvriers.

Le verre fabriqué par le procédé des cylindres offre, sur le verre en plats, des avantages nombreux et importants : ses dimensions sont beaucoup plus grandes; son épaisseur plus égale; l'équarrissage et la division des feuilles n'entraîne aucune perte; sa planimétrie est beaucoup meilleure. Le verre en plats est toujours plus épais dans la partie qui s'approche du centre que sur les bords; le noyau auquel adhérait le pontil est tellement épais (quoique, par un procédé très-simple, on soit arrivé, depuis quelques années, à le diminuer beaucoup), qu'il entraîne à lui seul un déchet considérable; en outre, la surface de chaque carreau est toujours plus ou moins gauche, plus ou moins ondulée, ce qui tend à déformer les objets qu'on regarde à travers ces vitres.

Ce défaut de planimétrie est si bien établi, qu'une coutume anglaise, m'a-t-on dit sérieusement, permet de récuser un témoin qui n'a vu qu'à travers un carreau de vitre le fait sur lequel il vient déposer en justice.

D'un autre côté, il faut reconnaître que l'éclat de ce verre est toujours plus grand que celui du verre à cylindres, ce dernier étant plus ou moins rayé, sali ou dévitrifié par l'étendage qu'on lui a fait subir. Cette circonstance, jointe à la fabrication défectueuse du verre en manchons, telle qu'elle exista longtemps en Angleterre, explique la préférence que les Anglais accordèrent et accordent encore à cette sorte de verre. Ce n'est, en effet, que depuis un très-petit nombre d'années que le verre en cylindres de belle qualité est fabriqué dans ce pays. Cette industrie y a été importée également par un Français.

Les avantages de cette sorte de verre commencent à être appréciés de l'autre côté du détroit; car la quantité qu'on en fabrique maintenant en Angleterre est à peu près égale à celle du verre en couronne. Faire des vitres joignant à l'éclat du verre en plats les dimensions du verre en cylindres est assurément l'un des problèmes les plus importants que l'art de la verrerie ait encore à résoudre.

J'arrive à l'examen des verres à vitre exposés par les fabricants des différentes nations.

PRODUITS ANGLAIS.

L'exposition la plus remarquable entre toutes celles des fabricants de verre à vitre, est sans contredit celle de MM. Chance frères, de Birmingham [1]. Ces habiles manufacturiers possèdent aux environs de cette ville plusieurs fabriques, dans lesquelles on fait annuellement 12 à 15 millions de pieds carrés (anglais) de verre à vitre en plats et en manchons; ils sont inventeurs des verres à vitre de grande dimension, planés et polis par les procédés qu'on emploie pour le travail des glaces, que ces verres remplacent avec grand avantage sous le rapport du prix et du poids. Ces produits, qu'ils désignent sous le nom de *patent plate-glass*, sont employés pour les devantures des magasins, la vitrerie de luxe,

[1] M. L. Chance était membre du jury de la XXIVe classe.

les estampes, etc.; ils créent une concurrence redoutable aux glaces coulées de France et d'Angleterre.

L'un des mérites de MM. Chance est d'avoir su attacher à leur vaste fabrication, M. Bontemps, ancien directeur de la verrerie de Choisy-le-Roi, bien connu du jury par les services qu'il a rendus à son art. Dès 1832, M. Bontemps avait amené chez MM. Chance les ouvriers souffleurs et étendeurs appelés à introduire dans leurs établissements la fabrication française du verre en manchons. Après les événements de 1848, qui ont si gravement compromis nos intérêts industriels au profit de ceux de nos voisins, M. Bontemps est devenu directeur des verreries de MM. Chance; il a importé, en outre, à Birmingham, la fabrication des verres pour l'optique, celle des verres de couleur et le montage des vitraux : ces diverses industries existaient aussi dans l'usine de Choisy-le-Roi.

M. Bontemps a été consulté par le jury, en qualité d'associé, sur le mérite des produits exposés; il s'est acquitté de cette tâche avec beaucoup de zèle. Il a publié une notice étendue et intéressante sur les produits de l'art de la verrerie qui figuraient à l'Exposition de Londres [1]. Nous empruntons à son travail la description des produits exposés par MM. Chance.

« MM. Chance frères et Cie, qui, en raison des fonctions de juré que remplit M. B. L. Chance, se trouvent hors de concours, ont exposé une variété très-remarquable de produits, que nous allons successivement examiner :

« 1° Du verre à vitre dit *crown-glass*, en simple et double épaisseur, très-bien fabriqué, d'une épaisseur bien égale du centre à la circonférence, et d'une grande finesse; ce verre justifie bien la préférence qu'on lui donne généralement pour le vitrage sur le verre à vitre fabriqué en cylindres. Parmi les tables de *crown-glass* exposées par ces messieurs, il en est

[1] *Examen historique et critique des verres, vitraux, cristaux, composant la XXIVe classe de l'Exposition universelle de 1851*; par G. Bontemps, fabricant de verres, chevalier de la Légion d'honneur.

une de 66 pouces de diamètre, qui est égale en qualité à celles des dimensions ordinaires, qui sont communément de 52 pouces : de telles tables de 66 pouces permettraient d'y couper des carreaux d'une assez grande dimension.

« 2° Des feuilles de verre à vitre fabriqué en cylindre ou en manchons, de grandes dimensions et des épaisseurs diverses de 13 onces, 16 onces, 26 onces et 32 onces par pied carré. Ces verres sont généralement bien fabriqués, d'une épaisseur égale et surtout d'un verre bien affiné.

« L'étendage aussi est satisfaisant ; cependant, si on compare soigneusement ces verres, sous ce rapport, avec les meilleurs de la Belgique, on remarque que la surface de ceux-ci est un peu supérieure ; que quelques feuilles de MM. Chance présentent des piqûres, des raies, dont les autres sont plus exempts. Comme illustration de la fabrication de verre en manchons, MM. Chance ont exposé un manchon non étendu d'une très-grande dimension. Ces messieurs ont aussi exposé quelques feuilles de verre dépoli, d'un grain très-fin, très-égal.

« 3° Des feuilles de *patent plate-glass* (glace brevetée) de grandes dimensions et de diverses épaisseurs. Ce produit, que l'on peut considérer comme ayant été créé par MM. Chance, est certainement l'état de perfection du verre à vitre : il a toutes les qualités de la glace ; il n'en a pas la force, n'étant pas d'une aussi grande épaisseur ; mais, dans certains cas, cette absence d'épaisseur est plutôt une qualité qu'un défaut, puisque, comme nous l'avons fait remarquer, cela permet d'employer des châssis (*sashes*) plus légers. Ce verre, dont la consommation est déjà considérable et s'accroît encore constamment, sert aussi à couvrir les gravures, aquarelles, épreuves de daguerréotype, etc. Ce verre est très-bien fabriqué, bien fondu ; mais il laisse encore beaucoup à désirer sous le rapport de la blancheur, et, quoique bien affiné, il n'est pas encore complétement exempt de mousse.

« 4° MM. Chance ont aussi exposé plusieurs variétés de ventilateurs suivant les procédés brevetés par M. Baillie ; ces ventilateurs, d'une forme agréable, s'adaptent facilement à toutes les dimensions de carreaux des fenêtres, et, ce qui est surtout essentiel, ils remplissent parfaitement leur but de ventilation, sans laisser pénétrer la pluie dans l'intérieur, et doivent à ces avantages réels une consommation assez étendue.

« 5° Enfin l'un des résultats les plus importants de l'introduction en Angleterre par MM. Chance du verre à vitre en manchons a été la fabrication des cylindres (*glass shades*) ronds, ovales et carrés, qui s'augmente tous les jours, quoiqu'elle soit déjà assez importante. Les cylindres exposés par MM. Chance eux-mêmes et par MM. Claudet et Houghton, d'une part, et MM. Hetley et Cie, d'autre part, qui sont tous de la fabrication de MM. Chance, sont d'une remarquable pureté, d'une teinte blanche et d'une forme irréprochable. La régularité de leur forme est bien attestée par la quantité considérable de cylindres ronds, ovales et carrés, qu'on peut faire entrer les uns dans les autres dans des limites extrêmement rapprochées. Les cylindres de dimensions très-grandes ont été soufflés par des moyens mécaniques, mais n'en exigent pas moins une grande adresse de la part des ouvriers qui opèrent ce travail.

« 6° MM. Chance, qui avaient introduit la fabrication des verres à vitre en manchons, ne pouvaient manquer de se livrer à celle des verres à vitre de couleur, qu'ils ont pratiquée avec un véritable succès. Ils ont exposé des verres de couleur soufflés en masse (*pot metal*) et des verres doublés (*flashed*). Comme il est difficile de mettre en vue des verres de couleur en feuilles d'une grande variété de teintes à moins de couvrir une immense surface de vitres, MM. Chance ont fait un cadre en forme de rosace avec bordure, dans lequel ils ont exposé toutes les diverses teintes de verres en masse et doublés, et afin de montrer les verres doublés ils les ont fait graver à l'acide fluorhydrique, ce qui indique qu'ils sont composés d'une couche mince colorée et d'une couche plus épaisse de verre blanc. Toutes ces nuances variées, rouge, rose, orange, jaune, vert, bleu, violet, sont bien réussies; les bleus et violets surtout sont de nuances très-fines. Parmi les couleurs en masse, il y a différentes teintes employées principalement pour les vitraux imitant les anciens, et les diverses nuances de blanc teinté verdâtre ou jaunâtre appelées dans le commerce en Angleterre, *verre cathédrale*.

« 7° Les verres cannelés (*fluted*) exposés par MM. Chance remplissent bien le but auquel ils sont destinés: la cannelure en est profonde, de manière à ne pas permettre la perception des objets au travers.

« MM. Chance, dont la fabrication est aussi variée qu'elle est étendue, ont encore exposé des vitraux de divers styles, des vases de différentes formes à l'usage des fermes et jardins, des verres d'optique, des verres pour appareils de phares applicables à l'éclairage des côtes, des ports, des chemins de fer, etc. »

Nous ajouterons que le plus beau spécimen de la fabrication de MM. Chance était assurément le vitrage qui a fait donner au bâtiment de l'Exposition le nom, un peu ambitieux d'ailleurs, de *Palais de cristal*. Dans l'espace de quelques mois, MM. Chance, sans interrompre leur fabrication courante, ont fondu pour cet édifice 5 à 600,000 kilogrammes de verre, couvrant une surface de 1 million de pieds carrés anglais. Ce verre a 1/12 de pouce d'épaisseur, et en dimension 49 sur 10 (1m, 25 sur 0m, 25). Il a été livré à raison de 27 livres (675 francs) la tonne (1,016 kilogrammes).

MM. Hartley ont établi, en 1837, à Sunderland, une fabrique importante de verre à vitre fait par les deux procédés que nous avons décrits. Ils ont exposé les modèles de leurs fours, ainsi que des verres en plats et en manchons dans les différentes phases de leur fabrication. Ils font aussi des verres de couleur de grande dimension.

Sous le nom de *rolled plate-glass*, ils fabriquent des verres par un procédé qui leur est particulier et qui consiste à verser sur une table 15 à 20 kilogrammes de verre fondu, cueilli avec une poche à manche; sur cette masse pâteuse, on fait aussitôt passer le rouleau, comme lorsqu'il s'agit du laminage des glaces. Ce verre a 3 à 4 millimètres d'épaisseur; il est rugueux et, par suite, translucide plutôt que transparent; il paraît offrir de grands avantages pour le vitrage des serres. MM. Hartley peuvent le livrer à un prix très-bas, car ils l'avaient offert pour la vitrerie du Palais de cristal à raison de 466 fr. 65 c. la tonne, dans les dimensions de 1^{m}, 58 sur 0^{m}, 48. Le verre ordinaire de même épaisseur aurait coûté 950 francs la tonne, d'après M. Bontemps. L'épaisseur considérable de ce verre, qui eût trop surchargé l'édifice, et l'incertitude qu'il présentait au point de vue de la solidité, qui dépend d'un recuit plus ou moins parfait, recuit dont il est difficile de s'assurer par avance, ont fait préférer par la Commission du bâtiment le verre à vitre ordinaire, plus léger et plus étroit.

MM. Swinburne, à South-Shields, ont exposé une table de crown-glass de très-grande dimension : elle a 68 pouces de diamètre (1^{m}, 73). Ils sont renommés pour ce genre de fabrication, qu'ils joignent à celle des glaces, ainsi que nous le verrons dans la suite de ce rapport.

Tous les verres à vitre anglais présentent une couleur verte assez intense; sous ce rapport, les produits français et belges leur sont bien supérieurs. La fabrication anglaise se ressent encore des entraves que l'*excise duty* apportait aux améliorations qu'elle aurait pu chercher à introduire dans la qualité des verres à vitre comme dans celle des glaces.

BELGIQUE.

Le bas prix du combustible et de la main-d'œuvre a permis aux Belges de donner un grand développement à la fabrication du verre à vitre, qu'ils exportent en grande quantité.

M. Frison, à Damremy, près Charleroi, membre du jury pour la Belgique, a envoyé des verres soufflés minces et des verres d'une force ordinaire bien affinés et d'un très-beau poli. Sa fabrication est très-importante; elle produit annuellement 600,000 mètres carrés de verres à vitre.

MM. Bennert et Bivort, près Charleroi,

MM. Cappelmans-Deby et Cie, près Bruxelles, ont également envoyé à l'Exposition des verres à vitre qui dénotent une fabrication avancée.

M. Jonet, à Couillet, près Charleroi, ont exposé des verres de couleur, imitation des anciens et modernes.

Voici le tarif de ces verres, qui sont bien fabriqués :

Pour 100 pieds carrés français :

Jaune, 65 fr.; bleu, 65 fr.; violet, 65 fr.; pourpre, 65 fr.; vert, 95 fr.; rouge, 190 fr.; mat cannelé, 45 fr.; mousseline, 75 fr.

ALLEMAGNE.

M. Mathias Neft, à Wurtzbourg-Schleibach, près Eltmann, a exposé des échantillons de verre à vitre soufflé à la manière du verre en plats d'une belle couleur et d'un prix très-bas.

M. Carl Röhrig, à Braunlage (Hartz), a envoyé des produits également bien fabriqués.

M. Hechinger, à Fürth (Bavière), et M. Heibronn, également à Fürth, représentent dignement la fabrication des miroirs de Nuremberg, qui est la même que celle des verres à vitre. Les produits qu'ils ont exposés sont fort remarquables par la pureté du verre, par le poli de la matière et par leur excessif bon marché; leur nuance est, à la vérité, très-verte.

FRANCE.

Notre fabrication des verres à vitre n'avait à l'Exposition universelle que trois représentants.

MM. Patoux, Drion et Cie, à Aniche (Nord), exposent une belle série d'échantillons de leur fabrication courante. Leurs verres à vitre sont très-blancs et ne se tachent pas à l'humidité. Leurs produits luttent avec avantage, pour la qualité, avec les verres belges, et ils sont bien supérieurs aux verres anglais et aux verres allemands. Leurs exportations sont plus importantes que celles de toutes nos autres verreries. Ils fabriquent eux-mêmes le sulfate de soude qu'ils emploient.

Les verres doubles de cette fabrique sont employés pour le vitrage des magasins et remplacent les glaces, dont le prix est beaucoup plus élevé. Ces verres ont jusqu'à $1^{m},22$ sur $0^{m},76$ de superficie et 4 millimètres environ d'épaisseur; leur couleur est très-bonne; la pâte du verre est pure et bien affinée. Ce sont de véritables glaces soufflées, bien préférables, quant à la qualité, aux glaces d'Allemagne. Ils ont commencé, en 1847, à polir ces verres, en employant les mêmes procédés que MM. Chance, et ils exposent des miroirs étamés d'une belle qualité et d'assez grande dimension.

MM. Renard père et fils, à Fresne (Nord), ont également exposé des verres à vitre d'une bonne fabrication.

MM. Robichon frères et Cie, de Givors, près de Lyon, représentent seuls la fabrication du verre à vitre, si développée dans cette contrée houillère. Leurs verres de couleur se recommandent par la pureté, par l'égalité et par la variété des nuances, qui répondent à tous les besoins des fabricants de vitraux.

SECTION B.

VITRAUX.

L'examen des vitraux rentrait plus dans les attributions de la classe des beaux-arts que dans celles du Jury de la verrerie : aussi est-ce à la XXXe classe que cet examen a été, en grande partie, renvoyé. Aujourd'hui qu'il est bien établi qu'aucun secret de l'art de la peinture sur verre n'est perdu, et que les fabricants de verre sont en mesure de satisfaire à toutes les exigences des artistes, c'est à ces derniers qu'il appartient d'employer dignement les matériaux très-variés que le commerce leur fournit en abondance et à bas prix. La question technique de la production des verres de couleur est désormais hors de cause. Nous avons signalé ceux des fabricants de verre à vitre qui avaient exposé des verres colorés : ce sont MM. Robichon frères, Jonet, Hartley et Chance. Quant aux vitraux, nous nous bornons à rappeler que ceux qui fixaient le plus l'attention du public étaient le grand vitrail du Dante, par Bertini, de Milan; le portrait du Bourgmestre et le tableau de saint Charles Borromée, œuvres très-remarquables de MM. Maréchal et Gugnon, de Metz.

SECTION C.

GLACES.

La fabrication des glaces soufflées et étendues par les procédés du verre à vitre en cylindres remonte à une époque très-reculée. Les Vénitiens conservèrent longtemps le monopole de cette industrie, qu'ils portèrent à un haut degré de perfection; introduite en Allemagne d'abord, elle fut établie en France il y a deux siècles environ. La Bohême fabrique encore aujourd'hui une grande quantité de glaces soufflées d'une dimension beaucoup plus grande que celle des anciens miroirs de Venise, mais d'une qualité bien inférieure. Cette industrie n'existe plus chez nous depuis une quarantaine d'années, au moins en ce qui concerne les glaces de grande dimension.

C'est sous le ministère et avec les encouragements de Colbert que la première fabrique de glaces soufflées fut fondée en France. Ce ministre fit venir, à force d'argent, des ouvriers français qui travaillaient dans la manufacture de glaces de Murano, près de Venise; il fit accorder, en 1665, le privilége exclusif, pour vingt années, de doucir et de polir les plats de verre blanc au premier établissement de glaces soufflées établi à Tourlaville, près de Cherbourg, sous la direction du sieur Poquelin, marchand mercier, à Paris.

En 1683, cette faveur *exclusive* fut prorogée pour trente ans, sous le nom de Pierre Bagneux; mais il y fut dérogé, en 1684, par des lettres patentes au profit de plusieurs maîtres de verreries.

On sait que ceux qui exerçaient l'art de la verrerie avaient obtenu de nos rois d'importants priviléges, notamment celui de ne pas déroger à leur noblesse. « Les ouvriers qui travaillent à ce bel et noble art, dit Haudicquer de Blancourt, sont tous gentilshommes, et ils n'en reçoivent aucuns qu'ils ne les connaissent pour tels. » Néanmoins cette industrie, comme l'explique le même auteur, n'anoblissait pas celui qui l'exerçait; seulement celui-ci ne dérogeait pas à sa noblesse en la pratiquant.

Les produits de la fabrique de Tourlaville furent d'abord accueillis avec faveur; mais ce succès ne devait pas être de longue durée. Une découverte, qui fait époque dans l'histoire de l'industrie du verre, venait d'être faite : le procédé du *coulage des glaces,* dû à un manufacturier français, Abraham Thevart, était mis en pratique, en 1668, dans la fabrique de la rue de Reuilly, à Paris; c'est là que furent coulées les premières glaces. On sait que ce procédé, d'origine toute française, consiste à laminer sur une grande table de bronze, au moyen d'un rouleau pesant, une masse considérable de verre qu'on verse sur cette table à l'état de fusion pâteuse; l'épaisseur de la glace brute est donnée par la hauteur des règles de métal sur lesquelles se meut le rouleau qui comprime et qui étend devant lui le verre fondu.

Un privilége de trente années fut accordé en 1688 en faveur d'Abraham Thevart, avec ces mêmes clauses que les gentilshommes qui pourraient s'associer à ce nouvel établissement ne dérogeraient pas à leur noblesse.

L'ancienne compagnie des glaces soufflées ne vit pas sans jalousie le privilége qui fut accordé à la compagnie des glaces coulées; il s'éleva bientôt des contestations sur l'étendue du privilége de chacune d'elles, surtout à cause de la lacune qui existait entre la grandeur de 45 pouces, terme des plus grandes glaces soufflées, et celle de 60 pouces, à laquelle commençait le privilége des glaces coulées; d'ailleurs ces dernières, venant à se casser, formaient des morceaux dont les propriétaires voulaient profiter [1]. Ces difficultés ne furent terminées

[1] *Dictionnaire raisonné universel des arts et métiers,* de l'abbé Jaubert, 1773, article *Glaces.*

que par la réunion des deux établissements rivaux, qui, à l'époque de cette fusion, s'étaient à peu près ruinés par les procès qu'ils avaient eu à soutenir l'un contre l'autre. Cette réunion eut lieu en 1695; chacun apportait son mode de fabrication et son privilége du roi. Dès 1691, les ateliers de fonte et de coulage de la rue de Reuilly avaient été transportés à Saint-Gobain, dans le département de l'Aisne, et le travail mécanique des glaces brutes, c'est-à-dire le dégrossissage et le polissage, était seul conservé à Paris. Ces arrangements ne produisirent pas les effets qu'on en attendait, et les affaires des compagnies réunies tombèrent, en 1701, dans une telle décadence, que les ouvriers se dispersèrent et allèrent porter à l'étranger l'art du coulage, qu'on s'empressa néanmoins de rappeler sur notre sol en fondant une nouvelle compagnie exclusive en 1702, avec un privilége de trente années, lequel fut prorogé en 1732 pour trente années d'abord, puis encore, avant l'expiration de ce terme, pour trente nouvelles années.

Ce fut cette nouvelle compagnie qui commença l'ère de prospérité, depuis non interrompue, de la fabrique de Saint-Gobain, l'un des établissements industriels les plus anciens, les plus importants et les plus riches du monde. La fabrication des glaces soufflées y fut entièrement abandonnée il y a une trentaine d'années; celle des produits chimiques fut établie à Chauny sur une vaste échelle.

La verrerie de Saint-Gobain fabriqua seule pendant assez longtemps des glaces coulées. Jusqu'en 1756, ses produits laissèrent beaucoup à désirer, aux dires de Drolenvaux, maître de la verrerie de Lettembach près Saint-Quirin, et de Bosc d'Antic, auquel on doit des travaux fort intéressants sur l'art de la verrerie, et qui fonda, il y a un siècle environ, une manufacture de glaces à Rouelles, en Bourgogne.

Dans les premières années de ce siècle, la glacerie de Saint-Gobain eut à subir une concurrence sérieuse de la part de la verrerie de Saint-Quirin, qui, après avoir fait en France les premiers verres à vitre par le procédé en cylindres, avait joint à cette fabrication celle des glaces soufflées, qui lui ressemble beaucoup. Cette verrerie entreprit, en 1805, avec un plein succès, le coulage des glaces. Longtemps avant l'expiration de son bail emphytéotique, elle avait établi à Cirey sa fabrication des glaces coulées, et avait transporté successivement dans cette localité la portion la plus importante de sa fabrication.

Pendant un certain nombre d'années les produits de Saint-Gobain et de Cirey se vendirent en concurrence; mais, en 1830, les deux compagnies s'entendirent pour vendre leurs glaces d'après le même tarif et dans un dépôt commun. Bientôt la glacerie qui avait été créée à Commentry fut achetée par Saint-Gobain et ses fours furent éteints. La fabrique de glaces établie à Prémontré, dans le département de l'Aisne, eut le même sort, après une vingtaine d'années d'existence.

Les glaces de Saint-Gobain et de Cirey restent donc en possession exclusive du marché. Une nouvelle manufacture s'est établie, il est vrai, à Montluçon depuis quelques années; mais la production de cette usine est encore assez restreinte.

Les glaces françaises ont rencontré, à diverses époques, et rencontrent, à l'étranger, des concurrents nombreux et redoutables.

Il existe en Belgique, à Sainte-Marie-d'Oignies, près Charleroi, une grande fabrique de glaces coulées construite d'après les plans de la glacerie de Saint-Gobain; cette usine, qui fait, dit-on, par an 30 à 36,000 mètres carrés de glaces, n'avait rien envoyé à l'Exposition de Londres.

La Russie possède également, près de Saint-Pétersbourg, un établissement du même genre appartenant à l'empereur; il a été fondé il y a cinquante ans environ : ses produits ne figuraient pas non plus à l'Exposition universelle.

Une grande glacerie avait été établie en Espagne, à Saint-Ildefonse, il y a un siècle environ; elle est éteinte depuis plusieurs années.

Une manufacture de glaces coulées avait été fondée, en 1701, à Neuhaus, puis transportée à Scheglmuhl, en Autriche; elle avait été construite aussi sur les plans de la manufacture de Saint-Gobain; elle appartenait à l'empereur. Elle n'existe plus.

L'Angleterre est le pays qui fabrique et qui consomme la plus grande quantité de glaces, non pas comme miroirs, car ils sont rares même dans les habitations les plus somptueuses, mais comme vitrages. L'exportation de ces produits est également considérable et fait une active concurrence aux glaces françaises; celles-ci ont pour elles la qualité, les autres le bon marché. On évalue à 200,000 mètres carrés la production anglaise; la nôtre est de 90,000 mètres carrés environ : 40,000 mètres représentent notre consommation intérieure et 50,000 sont exportés.

On compte en Angleterre six fabriques de glaces coulées; la plus ancienne a été fondée, en 1773, à Revenhead, près de Sainte-Hélène, dans le Lancashire, sous le nom de *The governor and company of British cast plate-glass manufacturers*. Son origine mérite d'être mentionnée : un amiral anglais qui voyageait en France eut le désir de visiter la fabrique de glaces de Saint-Gobain, qui était déjà en possession d'une grande renommée; conformément à un usage dont les administrateurs de cette compagnie conservent religieusement la tradition, quoiqu'il ne leur ait pas toujours bien réussi, on lui en refusa l'entrée. Blessé de ce procédé, l'amiral résolut de fonder en Angleterre un établissement rival, et, avec l'aide d'un ouvrier de Saint-Gobain et des capitaux qu'il rassembla facilement, il y parvint.

Lorsque cette usine a commencé à travailler, les glaces, qui, dès cette époque, ne se fabriquaient plus qu'à Saint-Gobain, étaient dégrossies et polies à la main. En 1788, la compagnie anglaise commanda à Boulton et Watt, de Birmingham, une machine à vapeur qui paraît avoir été la seconde machine établie par ces célèbres constructeurs; l'année suivante, le travail mécanique remplaçait le travail manuel.

L'importance de la glacerie de Sainte-Hélène devient chaque jour plus grande; elle occupe 250 à 300 ouvriers et elle utilise 300 chevaux de force. Nous examinerons bientôt les produits qu'elle avait envoyés à l'Exposition de Londres.

La verrerie de South-Shields, fondée, en 1728, par MM. Cookson, joignait le coulage des glaces à la fabrication des miroirs soufflés; leurs successeurs, MM. Swinburne, ont donné à cet établissement un développement très-considérable: c'est, dit-on, la fabrique du monde qui produit le plus de glaces; les produits qu'ils ont exposés témoignent des efforts qu'ils font pour créer aux glaces des débouchés nouveaux.

La compagnie de la Tamise (*The Thames plate-glass company*) a été établie, en 1835-1836, à Blackwall, près de Londres; elle avait exposé deux glaces de très-grande dimension.

Il existe dans le Lancashire deux autres fabriques et une à Smetwick, près de Birmingham; l'abolition du droit d'excise a beaucoup contribué à l'extension de ces divers établissements.

Nous arrivons à l'examen des glaces qui figuraient à l'Exposition universelle; cet examen, qui est facile aujourd'hui, et que je ferai avec la plus grande franchise, a été laborieux à Londres. Ce n'est pas sans de grandes difficultés que je suis parvenu à sauvegarder les intérêts de nos fabricants dans la lutte ardente qui s'est engagée entre les glaces anglaises et les glaces françaises.

Pour estimer la valeur d'une glace, on observe certaines règles qu'il n'est pas inutile de rappeler ici. Les principales qualités qu'elle doit offrir sont : la planimétrie, l'égalité d'épaisseur, la finesse du poli, la blancheur, la pureté du verre. Les défauts les plus saillants sont : le manque de planimétrie ou d'égalité d'épaisseur, qui produisent la déformation des objets réfléchis; les rayures provenant du poli ou du douci; une coloration sensible, qu'elle soit verte, brune, jaune ou violette; le ressuyage, c'est-à-dire la faculté que possède le verre trop chargé d'alcali de se ternir en se couvrant d'une multitude de petits cristaux aiguillés : ces efflorescences sont formées de carbonate de soude employé dans de mauvaises proportions pour la production du verre; les points, les stries, les bouillons, les larmes, les ondes, les cordes, les fils, etc. Ces défauts proviennent d'un mauvais affinage du verre ou d'accidents pendant qu'on le fond ou qu'on le coule. La plupart sont d'autant plus difficiles à éviter, que les dimensions de la glace sont plus grandes; nous ne parlons pas des défauts d'étamage, qui appartiennent à une autre industrie.

Les glaces que nous rencontrons d'abord sont celles de la Compagnie de la Tamise (*Thames plate-glass company*), qui, placées à l'une des entrées de la grande galerie, attirent tous les regards par leurs dimensions exceptionnelles; sur l'une d'elles on lit cette inscription : *la plus grande glace du monde*. Cette glace a, en effet, 5m,68 de hauteur sur 3m,04 de large, soit 17m,267 de superficie; l'autre, placée à côté, est aussi fort grande : sa hauteur est de 5m,40; sa largeur, 2m,52; sa superficie est donc de 13m,608.

Mais, il faut bien le reconnaître, l'une et l'autre de ces glaces laissent infiniment à désirer, sous le rapport de la qualité; on peut dire, en effet, sans trop d'exagération, que celle-ci est en raison inverse de la dimension. La première glace est remplie de bouillons et d'ondes qui la traversent dans le sens de sa longueur; perpendiculairement à ces ondes, on remarque des fils nombreux et de fortes cordes, qui, sous certains angles, vont jusqu'à troubler la vue. Ces défauts sont si multipliés dans la partie de la glace où il est possible de les distinguer, et que l'on doit naturellement supposer être la moins défectueuse, qu'on n'arriverait pas à tirer de cet immense morceau de verre une glace vendable de quelque importance.

Il en est de même de la seconde glace, qui est également criblée de bouillons, d'ondes et de cordes; en outre, ces deux glaces ont une teinte verte jaunâtre assez prononcée, quoique leur couleur soit moins mauvaise que celle des autres glaces anglaises; elles ont, de plus, l'inconvénient de *ressuer* : elles s'étaient, en effet, couvertes d'une multitude de petits cristaux aiguillés. Ce défaut, que je signalai à mes collègues du jury, fut d'abord contesté par des personnes intéressées peut-être à ne pas le voir; mais j'ai montré qu'en promenant sur la surface du verre un papier rouge de tournesol humecté d'eau, ce papier était immédiatement bleui, en même temps que les petites efflorescences salines disparaissaient par suite de leur dissolution dans l'eau.

Les deux glaces exposées par la COMPAGNIE ANGLAISE (*British plate-glass company*), avaient les dimensions suivantes : hauteur $3^m,72$; largeur $2^m,22$, soit $8^m,258$ de superficie. Elles ont une teinte bleu foncé très-mauvaise; leur planimétrie est défectueuse. On remarque dans l'une d'elles des ondes transversales, et, dans le sens de la longueur, on y distingue des fils dont l'un paraît partager la glace en deux; l'autre glace est encore plus mauvaise.

Cette compagnie avait deux autres glaces plus petites présentant, d'ailleurs, les mêmes défauts.

MM. R. W. SWINBURNE et Cie, de South-Shields.—Cette compagnie a exposé cinq glaces étamées: l'une, placée dans la galerie des meubles, a $3^m,96$ de haut sur $2^m,43$ de large, soit $9^m,62$ de superficie; les quatre autres placées dans le transept, présentent les mêmes dimensions.

Ces glaces ont toutes une teinte foncée d'un vert sale : leur couleur est encore plus mauvaise que celle des autres glaces anglaises. Elles présentent de nombreux défauts de poli ainsi que de fortes ondes, des fils, des bouillons, etc.; enfin elles ont le grave inconvénient de ressuer : ce défaut est surtout sensible dans les deux glaces placées dans le transept du côté de l'ouest.

MM. Swinburne et Cie font de grands et louables efforts pour ouvrir aux glaces coulées des débouchés nouveaux. Ils en ont exposé de quadrillées, non polies, destinées à remplacer le verre à vitre cannelé. Ils font des glaces coulées de diverses couleurs soit brutes soit polies; on remarque, parmi les produits variés de leur fabrication, de très-grandes plaques de verre polies, les unes en verre blanc opaque, les autres en verre vert ou marbré, avec des couleurs bleues ou rouges; ces glaces sont destinées à remplacer le marbre dans les constructions de luxe et pour les meubles.

Cette tentative, ayant pour objet de substituer au marbre du verre de même aspect, n'est pas nouvelle; une fabrique fondée par M. de Bassano a fourni au commerce français, il y a dix à quinze ans, des plaques de verre de couleurs très-variées et d'une belle fabrication, destinées aux mêmes usages; néanmoins, cette manufacture n'a pas réussi.

Enfin les marbres factices de MM. Swinburne sont placés sous un dôme en glaces brutes bombées de grande dimension, encastrées dans des châssis de fonte. Nous n'avons que des éloges à donner à la nouveauté et à la très-remarquable exécution de ce petit édifice.

Pour compléter l'examen des glaces étrangères, nous devons signaler une glace *soufflée* exposée par M. Ferd. Abele, à Frankenthal (Autriche). Cette glace a 2ᵐ,20 de hauteur sur une largeur de 1ᵐ,09, soit 2ᵐ,398 de superficie. Ces dimensions sont remarquables pour une glace soufflée. On connaît l'habileté des Bohêmes dans ce genre de fabrication. La couleur de cette glace, qu'on ne peut d'ailleurs examiner que de fort loin, paraît être assez bonne; son poli est assez éclatant; mais sa planimétrie laisse beaucoup à désirer. Son prix est de 1,050 fr. avec son cadre doré, qui est fort riche.

GLACES FRANÇAISES.

La manufacture de Saint-Gobain a exposé une glace en blanc et deux glaces étamées :

La première a 4ᵐ,44 sur 2ᵐ,82, soit 12ᵐ,520 de superficie;
La seconde a 3ᵐ,06 sur 2ᵐ,01, soit 6ᵐ,150 de superficie;
La troisième a 2ᵐ,91 sur 1ᵐ,95, soit 5ᵐ,674 de superficie.

Ces glaces sont d'une grande blancheur, d'un beau poli, d'une grande finesse de pâte. On n'y rencontre aucun des défauts qui déparent les glaces étrangères; celle de 5ᵐ,674 surtout peut être considérée comme le type du degré de perfection auquel cette fabrication peut arriver.

Les trois glaces exposées par la manufacture de Cirey ne

sont pas moins remarquables. La plus grande, qui est en blanc, a 4m,74 sur 2m,97, soit 14m,077 de superficie. Les deux autres sont étamées et ont à peu près les mêmes dimensions que les glaces étamées de Saint-Gobain; l'une d'elles est aussi un type de qualité supérieure. Toutes les qualités qu'on recherche dans les glaces s'y trouvent réunies; tous les défauts sont écartés. Il semble impossible de faire mieux et très-difficile de faire aussi bien.

L'examen le plus attentif, le plus scrupuleux, quelquefois même le moins désintéressé, a conduit tous les juges compétents à cette conclusion, que, sous le rapport de la qualité, les produits de Saint-Gobain et de Cirey ne laissent rien à désirer et nous conservent, de la manière la plus éclatante, la prééminence dans cette branche d'industrie.

Nous voudrions avoir les mêmes éloges à donner aux glaces exposées par la MANUFACTURE DE MONTLUÇON. Ces glaces, dont la dimension varie entre 3 et 7 mètres de superficie, sont, à la vérité, d'une bonne couleur et supérieures à tous égards aux glaces anglaises; mais elles ne sont pas, à beaucoup près, exemptes de défauts. Il était, d'ailleurs, difficile qu'il en fût autrement; car cet établissement, dont la création est récente, n'a pu prendre les produits qu'elle avait exposés dès l'ouverture de l'Exposition que dans ceux d'une fabrication jusqu'alors assez limitée.

Il nous reste à donner quelques explications sur le mode qui a été suivi pour la répartition des récompenses entre les différentes fabriques de glaces. En parcourant la liste des exposants qui ont reçu des médailles, on n'y trouve pas les noms des compagnies de Saint-Gobain et de Cirey; tandis qu'on voit que des médailles de prix ont été accordées aux fabriques de Montluçon, à la Compagnie anglaise, à MM. Swinburne, à la Compagnie de la Tamise, c'est-à-dire à toutes les autres manufactures de glaces coulées. Voici les faits qui expliquent cette exception, qui n'est ni une omission ni un déni de justice.

Les manufactures de Saint-Gobain et de Cirey s'étaient décidées fort tard à envoyer leurs produits à l'Exposition de

Londres; de plus, la grande dimension des caisses qui renfermaient leurs glaces, prises, à l'exception de deux, dans leur dépôt de Paris, avait occasionné des difficultés pour le transport de ces colis à bord des navires chargés de l'expédition des produits français. Ces circonstances et d'autres amenèrent de tels retards, que ces glaces ne purent être examinées par le jury international que longtemps après l'expiration de tous les délais fixés pour l'admission au concours des produits les plus retardataires.

Néanmoins, le jury de la XXIVe classe a bien voulu consentir à les admettre au concours. La supériorité de ces produits donnait à chacune de ces fabriques des droits incontestables, selon moi, à la grande médaille. Néanmoins la demande que je fis à cet effet ne fut pas agréée par le jury, attendu que, d'après les règles établies par la Commission royale, ces glaces, si parfaites qu'elles fussent, ne pouvaient être considérées ni comme des produits nouveaux ni comme des produits connus fabriqués par des moyens nouveaux. Les administrateurs de ces compagnies auraient pu, il est vrai, lever cette difficulté en indiquant au jury quelques-uns des moyens qu'ils possèdent pour atteindre le degré de perfection qui distingue leurs produits; mais ils ont préféré ne pas livrer à la publicité des procédés nouveaux qui auraient eu pour résultat d'améliorer le travail de leurs concurrents. Personne, assurément, ne peut blâmer le silence qu'ils ont cru devoir garder dans cette circonstance.

La question étant ainsi posée, le jury décida d'abord que des médailles de prix seraient données aux seules manufactures de Saint-Gobain et de Cirey et à MM. Swinburne; la récompense accordée à ces derniers était justifiée par les applications diverses qu'ils ont données au verre coulé. De simples mentions honorables étaient décernées aux autres fabriques de glaces. Mais, quoique les délibérations du jury dussent rester secrètes, cette décision fut immédiatement connue des personnes intéressées; elle souleva de nombreuses récriminations, qui trouvèrent de l'écho jusque dans la presse périodique anglaise. Ces plaintes furent si vives, que le jury, revenant sur son premier vote et s'appuyant sur le texte des instructions de la Commission royale qui écarte tout classement des objets en vue des récompenses, décida, malgré mes protestations, que toutes les fabriques de glaces indistinctement recevraient la médaille de prix. La protestation écrite que j'adressai aussitôt au Conseil des présidents contre cette décision, et les démarches que je fis conjointement avec M. Dumas et notre si regrettable collègue M. Ebelmen, n'ayant amené aucun résultat, je fus contraint de demander au jury de donner satisfaction aux réclamations des fabricants anglais qui demandaient l'exclusion de nos glaces, sous prétexte qu'elles étaient arrivées trop tard. Je ne devais pas, en effet, les laisser ravaler au même rang que celles des autres fabriques, auxquelles elles ne ressemblaient réellement que par le nom.

On adopta ce parti, en décidant toutefois que leur supériorité serait constatée dans le rapport officiel. C'est ce que l'honorable président et rapporteur de notre classe, lord de Manley, a fait dans les termes suivants :

« Les manufactures de Saint-Gobain et de Cirey ont envoyé à l'Exposition trois glaces de grande dimension (une étamée, les deux autres en blanc), d'une grande pureté de couleur et parfaites sous le rapport du dressage, du fini, du poli, de l'absence des globules et des autres défauts qu'on rencontre si fréquemment dans les glaces. En définitive, les produits de ces manufactures, qui viennent d'être exposés, approchent le plus près possible de la perfection. Mais ces produits ne sont arrivés au Palais de cristal qu'après l'expiration des délais fixés par la Commission royale pour l'admission des objets appelés à concourir pour les médailles; et, en apprenant que des difficultés avaient été soulevées sur ce sujet par les exposants qui avaient envoyé leurs produits deux mois plus tôt, conformément aux premières instructions de la Commission, et qui prétendaient qu'il n'était pas juste de mettre sur le même pied que leurs glaces les produits français choisis dans un grand assortiment, et après que l'examen des autres glaces avait été fait à loisir par les administrateurs de Saint-Gobain et de Cirey; ces derniers, avec une modération qui leur fait honneur, ont consenti à se retirer du concours, et se sont bornés à exposer leurs produits sans réclamer de récompense. »

Je n'ai pas besoin de faire remarquer que les motifs d'exclusion invoqués par les fabricants anglais n'avaient pas le moindre fondement. Chacun avait apporté à l'Exposition universelle ses meilleurs produits, sans avoir à justifier de leur âge, ni de l'époque de leur fabrication. Ce n'est pas, d'ailleurs, dans l'espace de trois mois qu'on produit à coup sûr des glaces comparables à celles de nos deux grandes fabriques, et, comme il ne suffit pas de voir de belles glaces pour en faire de pareilles, nous croyons que les manufacturiers anglais, si habiles qu'ils soient, auront longtemps encore devant les yeux celles de Saint-Gobain et de Cirey avant d'égaler leur perfection.

L'appréciation que j'ai faite des glaces françaises et étrangères serait tout à fait insuffisante, si je passais sous silence la question du prix de vente des unes et des autres.

Cette question peut se résumer en quelques mots: les Anglais font des glaces de qualité inférieure, mais ils en font beaucoup; une grande activité règne dans leurs usines; leurs produits sont vendus avant d'être fabriqués, et ils ne peuvent suffire aux commandes qui leur sont faites; le prix de leurs glaces est, en effet, peu élevé. Les fabriques françaises ne livrent que des produits excellents; mais, comme ces produits sont chers, leur production se trouve limitée, parce que la vente s'en fait difficilement; elles ont en magasin d'immenses quantités de glaces, et, par conséquent, un énorme capital improductif, dont l'amortissement est une lourde charge pour les compagnies ou plutôt pour les consommateurs, qui sont à la discrétion de l'*exclusif* qu'elles ont su se conserver.

Les glaces étrangères, les glaces anglaises, notamment, sont d'un prix sensiblement inférieur au prix des nôtres : la différence s'élève, m'a-t-on assuré, à 25 p. 0/0 au moins pour les mêmes dimensions; mais, à la vérité, avec des qualités très-différentes, les glaces françaises étant, comme nous l'avons établi, *bien supérieures*. Ces dernières se vendent à Londres 25 p. o/o meilleur marché qu'en France.

Les habiles administrateurs de Saint-Gobain et de Cirey expliquent cette différence de prix tant soit peu anomale et qui pourrait faire croire que les privilèges octroyés, il y a près de deux siècles, à la fabrication de nos glaces coulées, n'ont pas encore cessé d'exister, en disant que la concurrence les oblige à vendre au prix de revient leurs produits à l'étranger, et que c'est ainsi qu'ils parviennent à assurer à leurs ouvriers un travail non interrompu : le marché intérieur, dont ils sont les maîtres, suffisant à l'entretien de leurs établissements.

Le prix des glaces anglaises a permis, depuis longtemps, d'en employer pour le vitrage une très-grande quantité; c'est même là leur principal débouché. Il suffit de parcourir les rues de Londres pour se rendre compte de l'immense consommation qu'entraîne cet usage, auquel les villes de l'Angleterre doivent un de leurs principaux ornements. Ces glaces, à la vérité, sont défectueuses; leur couleur est foncée; quand elle est passable, elle change à la lumière et passe au violet, ainsi qu'on peut le remarquer en jetant les yeux sur les vitrages d'un grand nombre de magasins de Londres; mais l'habileté commerciale des Anglais leur a fait comprendre que le bon marché favorisait plus la grande consommation que l'excellence du produit fabriqué; ils savent que tout le monde n'apprécie pas le mérite d'une belle glace, mais que chacun se montre sensible à une différence de prix. Entre une bonne et une mauvaise glace, la plupart des consommateurs préféreront la mauvaise, si son prix est un peu moins élevé. C'est un fait constant que, pour les objets si variés qui sont élaborés par l'industrie du verre, les pièces de rebut sont celles qui s'écoulent avec le plus de facilité. Que cette tendance soit regrettable, personne ne le nie; mais elle existe; et c'est en sacrifiant la qualité au bon marché que les Anglais sont arrivés à créer à leurs glaces, comme à beaucoup d'autres de leurs produits, des débouchés dont le nombre et l'importance augmentent chaque jour.

SECTION D.

BOUTEILLES.

La France fabrique annuellement 60 millions de kilogrammes de bouteilles, dont la valeur représente 10 millions de francs environ. L'exportation des bouteilles pleines et vides représentait, en 1851, un poids de 16,784,000 kilogrammes et une valeur de 4,196,254 francs; cette valeur est plus grande que celle d'aucune autre sorte de verreries. Cette fabrication est également importante en Angleterre pour les liquides gazeux; elle est florissante dans toutes les contrées vinicoles.

La fabrication des bouteilles, longtemps défectueuse, est aujourd'hui en voie de progrès. La casse des bouteilles destinées à contenir le vin de Champagne a beaucoup diminué; la résistance de ces bouteilles est déterminée à l'aide d'une machine d'épreuve : elle est ordinairement de vingt-cinq à trente atmosphères.

La qualité supérieure des bouteilles françaises n'étant pas contestée, je me bornerai à mentionner les fabricants qui avaient envoyé leurs produits à l'Exposition de Londres. Ces fabricants, dont les produits sont connus et estimés depuis longtemps, sont :

MM. DE VIOLAINE frères, de la verrerie de Vaux-Rôts, près Soissons;

La verrerie de Follembray, dans le même arrondissement[1];

Celle d'Épinac, près d'Autun;

Celle de Mannière, département du Nord;

Celle de Douai, appartenant à M. Prosper CHARTIER; les bouteilles de cette usine sont de diverses grandeurs et recouvertes en osier; elles sont renommées par leur bonne qualité;

[1] « Je ne connais, écrivait, en 1780, Bosc d'Antic, que trois verreries en France où l'on fasse de bonnes bouteilles : Follembrey, dans la forêt de Coucy; Anor, dans le Hainaut français, et Sèvres, près Paris. »

Enfin la verrerie de Quinquengrogne, département de l'Aisne, appartenant à M. le vicomte DE VAN LEEMPOEL DE COLNET et Cie. Cette verrerie est probablement la plus ancienne qui existe au monde, car sa fondation remonte à l'année 1290. Elle fournit d'excellentes bouteilles pour les vins de Champagne.

La Belgique comptait un seul exposant pour ce genre de produits, MM. CAPPELMANS et DEBY. Dans la division anglaise, on remarquait seulement les bouteilles ordinaires et les bouteilles blanches ou bleuâtres, bien fabriquées, de *Aire et Cadler bottle glass company*.

SECTION E.

VERRES POUR APPAREILS DE CHIMIE ET DE PHYSIQUE, ET TUYAUX DE VERRE.

Si notre supériorité dans la fabrication des glaces et dans celle des bouteilles n'est pas mise en doute, il n'en est pas de même pour les objets en verre ou en cristal destinés à la construction des appareils de chimie ou de physique. Les tubes, les cornues, les matras de fabrication allemande résistent à des températures très-élevées, que ces mêmes objets ne supportent pas sans éclater, sans fondre ou sans se déformer lorsqu'ils proviennent des usines françaises. Celles-ci peuvent assurément faire de bons produits; mais, comme la consommation de ces objets est assez limitée, quoiqu'elle soit plus grande en France que dans aucun autre pays, nos fabricants de verre n'ont pas voulu prendre la peine, jusqu'à ce jour, de répondre aux *desiderata* que les chimistes leur ont bien souvent exprimés à ce sujet.

Il en est de même des pièces en verre ou en cristal qui entrent dans la construction des instruments de physique. Un petit nombre de ces pièces résistent au mastiquage et aux plus légers changements de température. On a beaucoup de peine à se procurer des glaces de bonne qualité pour faire les plateaux des machines électriques ou pour remplacer le *crown-glass* dans les instruments d'optique; les anciennes glaces de Venise sont très-recherchées pour cet usage, attendu qu'elles sont plus sèches, moins hygrométriques que nos glaces modernes. Les constructeurs d'instruments de physique se plaignent généralement des difficultés qu'ils rencontrent lorsqu'ils ont à demander aux cristalleries des pièces qui s'écartent un peu de leurs habitudes, soit par les formes, soit par les soins qu'elles exigent. C'est sur la demande expresse de plusieurs d'entre eux que je formule ces plaintes. En apportant plus de soins et de célérité à la confection de ces objets, les fabricants de cristaux serviraient à leur tour les intérêts de deux sciences envers lesquelles ils devraient montrer moins d'ingratitude.

Les exposants pour cette sorte de verrerie étaient fort peu nombreux. Nous n'avons rien vu qui méritât d'être mentionné, sauf les excellents tubes de verre blanc des fabriques allemandes. Des tuyaux de verre pour conduites d'eau et de gaz se trouvaient parmi les produits d'un assez grand nombre de fabricants: on remarquait ceux de M. P. Rigout, de Maëstricht (Hollande); de MM. Swinburne et Cie, de South-Shields; de M. Coathupes, de Bristol.

Il est douteux que ce genre de fabrication prenne beaucoup d'extension, et qu'il puisse entrer en concurrence, pour les prix et pour la durée, avec les tuyaux de fonte, de fer étiré ou de plomb.

SECTION F.

CRISTAUX AVEC OU SANS PLOMB, BLANCS OU COLORÉS, POUR SERVICES DE TABLE, VASES, CANDÉLABRES, LUSTRES, ETC.

La fabrication de ces produits, qui comprennent la gobeleterie et la lustrerie, remonte à la plus haute antiquité. Les fouilles exécutées en Égypte, en Grèce, en Italie, ont amené la découverte d'une multitude d'objets en verre soufflé, moulé, taillé, et aussi en verre filigrané, incrusté ou doublé, qui dénotent une fabrication très-avancée; il existe au Louvre et dans le Musée Britannique des objets en verre antique que l'habileté de nos verriers, si grande qu'elle soit, ne saurait pas reproduire. Parmi ces chefs-d'œuvre de l'art ancien, on doit placer en première ligne le vase qui se trouve aujourd'hui dans le Musée de Londres, après avoir été, pendant plus de deux siècles, le principal ornement du palais Barberini; il est maintenant connu sous le nom de *vase de Portland*. Il a été trouvé, vers le milieu du XVIe siècle, aux environs de Rome, dans un sarcophage en marbre, dans la tombe d'Alexandre Sévère, mort en 235. Il est décoré de figures camées en émail blanc, qui se dessinent en relief sur un fond en verre bleu foncé. C'est un verre doublé et gravé d'un inimitable travail. On sait que ce vase a été brisé par un fou, il y a quelques années; il a été restauré avec une extrême habileté. Nous avons vu aussi chez lord de Mauley plusieurs pièces antiques en verre filigrané et en millefiori, notamment une petite urne en verre noir, avec incrustations très-fines en émail, qui témoignent de l'excellence de cet art chez les anciens.

La fabrication du verre à Venise paraît presque aussi ancienne que la fondation même de cette ville; elle devint le berceau de l'industrie verrière dans toutes les contrées du monde, et elle a été, pendant plusieurs siècles, l'un des principaux éléments de la prospérité de ce pays. Jusqu'au XVIe siècle, les Vénitiens conservèrent le monopole de la fabrication du verre; mais, à partir de cette époque, cette industrie se transporta en Bohême, en France, en Angleterre, et acquit, en Bohême surtout, une importance et une perfection qui se sont maintenues jusqu'à nos jours. La fabrication vénitienne est, au contraire, depuis longtemps, en pleine décadence.

On sait que les verres antiques, les anciens verres de Venise, de même que les verres qu'on fabrique actuellement en Bohême, diffèrent de notre cristal (flint-glass des Anglais) en ce qu'ils ne contiennent pas de plomb; leurs éléments principaux sont la silice, la potasse et la chaux.

La fabrication du verre à base de plomb, du cristal, a pris naissance en Angleterre. On ne connaît pas l'époque précise de cette importante découverte. La première fabrique qui fit, dans ce pays, du verre pour la gobeleterie a été établie, en

1557, à Savoy-House, dans le Strand, à Londres; on y employait le bois comme combustible, et le verre, formé de silice et de potasse, était fondu dans des creusets ouverts. En 1635, sir Robert Mansell obtint le monopole de cette fabrication pour avoir le premier remplacé le bois par la houille. Mais cet art ne se développa qu'avec lenteur; la gobeleterie de belle qualité venait toujours de Venise, et un demi-siècle s'écoula avant que l'Angleterre pût se passer des produits étrangers. « En fabriquant cette nouvelle espèce de verre, on dut s'apercevoir, dit M. Bontemps, que ce verre était plus coloré que celui qu'on avait précédemment fondu avec du bois; l'effet de cette coloration dut être attribué à la houille, et les verriers cherchèrent par tous les moyens possibles à combattre cette influence colorante: c'est ainsi qu'ils arrivèrent sans doute à soustraire la matière en fusion au contact de la fumée de la houille, en couvrant le creuset d'un dôme, qui lui donnait la forme d'une sorte de cornue à col court; mais, en protégeant ainsi la matière en fusion, on s'aperçut aussitôt que cette matière ne subissait plus une température aussi élevée: il fallait prolonger la fonte et augmenter la dose du *fondant*, l'alcali; il en résultait une autre cause de coloration, et un verre d'une moindre qualité. C'est ainsi qu'on fut amené à ajouter, au lieu d'alcali, un fondant métallique, l'*oxyde de plomb*, qui fut employé en aussi grande quantité qu'on le put, sans produire une coloration tirant au jaune; non-seulement, on obvia aux inconvénients de la houille et du pot couvert, mais il en résulta le verre le plus blanc, le plus parfait, qu'on eût jamais obtenu, auquel le cristal de la Bohême le plus beau ne peut être comparé. Ce fut sans doute vers la fin du XVIIᵉ siècle que ce résultat fut produit, car, vers 1750, quand le célèbre opticien Dollond faisait ses premières expériences sur l'achromatisme, le *flint-glass* à base de plomb semblait être depuis longtemps en usage pour les services de table. »

Je dois faire remarquer que le cristal anglais n'avait pas, à beaucoup près, dans l'origine, la perfection et la blancheur que lui attribue M. Bontemps; il ne les a acquises que progressivement. Il existe au Conservatoire des arts et métiers une collection de cristaux, rapportés d'Angleterre par M. Christian il y a vingt-cinq ou trente ans, comme *spécimen* de la fabrication anglaise; ces cristaux sont sans éclat et d'une teinte noirâtre différente, il est vrai, mais presque aussi mauvaise que celle de nos verres communs. Ce n'est que lentement, et sous l'influence des perfectionnements successifs apportés par les progrès de la chimie à la purification de la potasse, au choix du sable et surtout à la fabrication du minium, que les cristaux français et anglais sont arrivés à lutter avec avantage avec les plus beaux verres de Bohême, dont la teinte est toujours un peu jaunâtre et qui n'ont pas, d'ailleurs, à beaucoup près, à cause de leur faible densité, l'éclat du cristal.

La fabrication du cristal en Angleterre a été longtemps entravée par le droit d'intérieur (*excise duty*), qui pesait sur ce produit comme sur toutes les autres sortes de verre; on peut dire même qu'elle n'est pas encore arrivée à son développement normal, car beaucoup de cristalleries ont conservé, jusqu'à ce jour, les habitudes de lenteur que leur imposaient les exigences du fisc : elles font, par exemple, une seule fonte par semaine, tandis que, dans les usines du continent, les creusets sont remplis et vidés quatre à cinq fois pendant le même laps de temps.

La taxe sur le verre fut établie vers 1695, sous le règne de Guillaume III; quelques années après, elle fut réduite à moitié, puis entièrement supprimée, à cause de son caractère vexatoire et du préjudice qu'elle apportait à l'industrie du verre, dont elle arrêtait l'essor. Rétablie en 1746, elle fut souvent modifiée; en 1812, elle fut doublée, comme taxe de guerre. Elle amena ce résultat, que, malgré le grand accroissement de la population, la production du verre allait toujours en diminuant. Enfin, en 1845, elle a été entièrement supprimée sous le ministère de sir Robert Peel. Ce droit représentait quelquefois au delà de trois fois la valeur du verre lui-même; il frappait les bons comme les mauvais produits. En 1838, il s'est élevé à 903,856 livres sterling (22,503,856 francs). A la vérité, le tiers de cette somme environ était restitué aux fabricants sous forme de *drawback* pour les objets exportés.

Nos fabricants de glaces et de cristaux ne doivent pas oublier qu'une ère nouvelle est ouverte depuis bien peu de temps à l'industrie du verre en Angleterre, et, il faut bien le reconnaître, de très-grands progrès ont été réalisés dans le court espace de six à sept ans.

La fabrication du verre à base de plomb, en France, n'est pas très-ancienne : c'est en 1784 qu'un verrier français, M. Lambert, fit construire à Saint-Cloud le premier four à cristal anglais. Quelques années plus tard, cette usine fut transportée à Montcenis, sous le nom de *verrerie de la Reine;* elle a cessé de travailler en 1827.

Vers la même époque, le cristal fondu au bois et à pots découverts était fabriqué dans la verrerie de Saint-Louis (Moselle). En 1787, le directeur de cette usine, M. de Beaufort, présentait à l'Académie des sciences différentes pièces en cristal à l'imitation du *flint-glass* des Anglais; un rapport de Macquer et de Fougeroux de Bondaroy, conservé dans les archives de cet établissement, constate la bonne qualité de ces produits. « On ne peut, disent en terminant ce rapport les savants académiciens, qu'encourager M. de Beaufort à suivre et à augmenter un objet de fabrication qui probablement procurera de l'avantage à notre commerce et pourra même devenir utile aux sciences. » Un verre à boire en cristal anglais valait alors 3 livres; la cristallerie de Saint-Louis le vendait 25 sous; il coûte aujourd'hui 35 à 40 centimes.

On sait que la cristallerie de Baccarat, fondée par M. d'Artigues et acquise, en 1823, par MM. Godard et Cie, est devenue un établissement modèle, tant pour la perfection et la variété des produits qui sortent de cette usine que pour le bien-être qu'elle assure aux nombreux ouvriers qu'elle emploie.

Nous avons déjà dit combien il a été regrettable pour l'industrie française qu'on n'ait pas vu dans les salles de l'Exposition de Londres les produits de ces deux importantes cristalleries, Baccarat et Saint-Louis.

Examinons maintenant les cristaux qui ornaient les salles de l'Exposition universelle.

ANGLETERRE.

Il existe en Angleterre un grand nombre de cristalleries. Les plus importantes fabriques de Birmingham avaient envoyé de grandes et belles pièces de cristal taillé; mais cette localité et plusieurs autres renferment, en outre, un grand nombre de petites fabriques qui produisent de la gobeleterie d'une qualité inférieure et à très bas prix. Ces verres communs, dont l'exportation est considérable, ne figuraient pas à l'Exposition. On n'y voyait que des cristaux de luxe, très-épais, richement taillés et d'un prix très-élevé, beaucoup plus élevé que celui de nos cristaux. Ces produits ne représentaient nullement la fabrication courante du cristal anglais.

MM. F. et C. Osler, de Birmingham, occupent sans contredit le premier rang parmi les fabricants anglais, si l'on les juge d'après les produits qu'ils ont exposés. La fontaine de verre qui ornait le centre du transept et de la nef est sortie de leur usine. On peut ne pas approuver l'appropriation du verre à un objet de cette nature; mais il est impossible de contester le mérite d'exécution de cette pièce, la plus grande probablement qui ait jamais été faite. La hauteur de cette fontaine est de 8 mètres environ; son poids n'est pas moindre de 4 tonnes anglaises, déduction faite des montures. L'assemblage des pièces nombreuses qui la composent est fort remarquable, car il échappe à tous les yeux. Le cristal est d'une grande pureté de teinte et d'un très-beau poli.

Les grands candélabres et les différentes pièces de lustrerie exposés par le même établissement dans la galerie du nord-ouest, sont remarquables par leur éclat et par la perfection de leur poli. Le cristal en est blanc, mais d'une pâte un peu *striée*.

Le jury de la XXIVe classe avait demandé la grande médaille pour MM. Osler. Les motifs qui n'ont pas permis d'accorder cette haute récompense aux glaces de Saint-Gobain et de Cirey ont empêché le conseil des présidents d'accueillir cette proposition.

MM. Pellatt ont à Londres une cristallerie dont les produits sont renommés depuis longtemps par la pureté de leur teinte : il est difficile, en effet, de faire du cristal plus blanc et plus éclatant. Les objets de gobeleterie qu'ils ont exposés sont d'une très-belle eau et d'un blanc plus égal que celui des autres cristaux anglais. Ils ont évidemment à leur disposition des matières premières, notamment de la potasse et du minium, d'une grande pureté.

Le lustre en verre tricolore qu'ils ont exposé est d'un mauvais goût. Il en est de même de plusieurs autres lustres en verres de couleur exposés par les autres fabricants; mais leur lustrerie blanche est fort belle.

M. Apsley Pellatt est auteur d'un ouvrage intéressant sur l'art de la verrerie; ce livre a été composé à l'occasion des lectures qu'il a faites sur cette industrie à l'Institution royale de Londres.

Je dois me borner à mentionner quelques autres objets que j'ai remarqués parmi les pièces très-nombreuses des exposants anglais, qui étaient au nombre de vingt-cinq. Un certain nombre de ces exposants ne sont, à la vérité, que des marchands de cristaux ou des graveurs.

MM. Powell et fils, à Londres, ont fabriqué avec du sable d'Amérique quelques pièces en cristal très-blanc. Le sable qu'on emploie habituellement dans les cristalleries anglaises est extrait de la mer; le meilleur provient du port de Lynn, dans le comté de Norfolk, ou de l'île de Wight.

MM. Rice-Harris et fils, de Birmingham, s'occupent avec quelque succès de la fabrique des cristaux colorés, qui est beaucoup moins avancée en Angleterre qu'en France et en Bohême. L'assortiment de leurs verres colorés est assez complet; mais nous devons dire qu'il est dû à des ouvriers français, qui ont appris ce genre de fabrication à la cristallerie de Clichy.

MM. Bacchus et fils, de Birmingham. — Leurs cristaux

sont blancs et bien taillés; leurs verres minces gravés, à jambes filigranées, courbés à la pincette, sont bien réussis et d'un effet gracieux.

M. G. Gatchell, de Waterford, en Irlande, expose une grande coupe en cristal blanc, à pied creux, d'une taille très-hardie et d'une exécution très-difficile.

M. J. G. Green, à Londres, est un tailleur de cristaux d'une rare habileté; les pièces qu'il a exposées sont de véritables chefs-d'œuvre pour la finesse, l'élégance et la richesse de la gravure.

ALLEMAGNE.

La fabrication du verre est une des plus anciennes industries de la Bohême; c'est, en même temps, une des plus avancées. La réunion des circonstances les plus favorables concourt à son développement. La Bohême, après avoir reçu des Vénitiens les secrets de cette fabrication, a grandement dépassé l'industrie de Venise par la variété, la perfection et le bas prix de ses produits. Favorisé par une expérience déjà très-ancienne dans cette branche de fabrication, par l'extrême pureté des matières premières que son sol renferme en abondance, par les immenses forêts qui couvrent ses montagnes, par les mœurs simples de ses habitants, qui rendent les salaires si modiques, ce pays a été longtemps en possession d'une supériorité que, sous plusieurs rapports, nulle autre nation ne peut encore lui contester.

L'organisation de l'industrie du verre en Allemagne diffère beaucoup de ce qu'elle est en France et en Angleterre; elle est extrêmement divisée. En 1792, on comptait déjà en Bohême, d'après Riegger, 72 verreries, dont les produits représentaient une valeur de 4,500,000 francs; les deux tiers de ces verres étaient exportés. En 1798, cette valeur atteignait 7,000,000 francs; mais, vers cette épopue, l'art de la verrerie s'améliorait dans tous les pays qui avaient été jusqu'alors tributaires du verre allemand; chaque nation protégeait son industrie naissante par des droits d'entrée élevés. Sous l'influence de cette situation nouvelle et des guerres qui désolaient l'Amérique et l'Europe, la production du verre de Bohême diminua d'une manière notable : ce n'est qu'en 1825 qu'elle redevint active et prospère, et, quoique, depuis cette époque, beaucoup d'ouvriers de ce pays aient été porter leurs procédés en France, dans les autres États de l'Allemagne et en Russie, quoique, depuis la création du Zollverein, il se soit établi en Prusse, de l'autre côté des frontières de la Bohême, des usines qui tirent de ce dernier pays leurs ouvriers, le sable, la chaux, la potasse et même le bois qu'ils emploient, la Bohême produit aujourd'hui plus que le double de ce qu'elle produisait autrefois.

D'après des documents officiels, les divers produits de l'industrie du verre dans toute la monarchie autrichienne représentaient, en 1847, une valeur de 45,000,000 francs[1].

Dans cette même année; il a été exporté :

Gobeleterie ordinaire et verre à vitre d'une valeur de	8,424,750f
Gobeleterie de luxe, lustrerie et glaces...	5,768,750
Perles de verre et imitation de pierres fines..	2,107,250
Total	16,300,750

Les 87 centièmes de cette somme représentent la part de la Bohême dans ces exportations. En 1841, la valeur totale des mêmes articles exportés était de 14,835,867 francs.

L'exportation du verre occupe par son importance le troisième rang dans les exportations de la monarchie autrichienne, les deux premiers appartenant aux tissus de laine et de lin; elle représente plus que le tiers de la production de son industrie verrière, qui se trouve aujourd'hui disséminée dans 350 établissements environ, dont 160 appartiennent à la

[1] La valeur de tous les produits de l'industrie du verre en France est estimée à 34 millions. Nous avons vu que les bouteilles représentent à elles seules une valeur de 10 millions.

Bohême, 40 à Venise, 40 à la Hongrie, 21 à l'archiduché d'Autriche, 16 à la Styrie, etc.

On voit combien l'industrie verrière de l'Autriche diffère de la nôtre : tandis que presque tous nos cristaux sont fabriqués à Baccarat, à Saint-Louis et à Clichy; toutes nos glaces, à Saint-Gobain, à Cirey et à Montluçon, on ne rencontre guère en Autriche que de petits établissements, et il en est beaucoup qui ne font qu'ébaucher, pour ainsi dire, le travail du verre, qui est terminé dans d'autres, placés quelquefois à de grandes distances des premiers. Ainsi, au nombre des 160 établissements de la Bohême on compte *70 raffineries de verre*, dans lesquelles le verre, qui provient d'usines situées au milieu des forêts dans des localités isolées, est transporté à l'état brut dans des centres de population qui lui donnent la taille, la gravure, la dorure et les ornements si variés qui distinguent le verre de Bohême.

La plupart de ces verreries sont situées au milieu des grandes forêts de sapins qui alimentent leurs fours et qui sont la cause principale de leur existence. L'aspect de ces établissements, que j'ai visités en assez grand nombre il y a quelques années, est misérable; presque tous sont construits en bois. La plupart appartiennent au seigneur qui possède tout le pays, et qui ordinairement s'est chargé de leur construction, dont les frais ne s'élèvent pas au delà de 40 à 50,000 fr. pour une verrerie à deux fours avec ses dépendances; il loue à bail pour un temps plus ou moins long, en assurant à son fermier le combustible à un prix déterminé d'avance pour toute la durée du contrat.

Quand la verrerie a dévoré tous les bois qui se trouvent autour d'elle, elle se transporte dans une autre partie de la forêt, où elle reste jusqu'à ce que son aliment quotidien vienne à lui manquer de nouveau [1].

[1] Voir, pour plus de détails, le travail que j'ai publié sous le titre de : « Rapport adressé à MM. les membres de la chambre de commerce de Paris sur l'exposition des produits de l'industrie autrichienne ouverte à Vienne le 15 mai 1845. »

Le bas prix du combustible est la principale cause de la fabrication du verre en Bohême, car celle-ci est, pour le propriétaire du sol, la seule manière d'exploiter ses forêts. Dans ce pays, le stère de bois de sapin rendu à la fabrique vaut en moyenne 1 fr. 50 cent.; en France, il coûte 8 à 9 francs dans les établissements placés dans les meilleures conditions.

Ces forêts donnent également au fabricant de verre la potasse à très-bon marché; celui-ci ramasse, en outre, à proximité de ses fours, du quartz hyalin de très-belle qualité et un calcaire saccharoïde qui, par la cuisson, lui fournit d'excellente chaux. On sait que ce sont là les seuls éléments du verre blanc de Bohême, qui est un silicate à base de potasse et de chaux. On ne fabrique qu'accidentellement, et dans un très-petit nombre d'établissements, le cristal à base de plomb. Si l'on ajoute à ces conditions favorables le prix de la main-d'œuvre, qui est trois ou quatre fois moins élevé dans ce pays qu'en France et qu'en Angleterre, on comprendra l'importance que cette industrie a dû acquérir, sans que néanmoins cette importance témoigne en faveur de l'opulence du propriétaire foncier, de la prospérité de ses fermiers et surtout du bien-être de la population ouvrière de ce pays.

Parmi les produits exposés par les fabricants de la Bohême on doit placer en première ligne ceux de la fabrique de Neuwelt, appartenant à M. le comte Harrach. Cette fabrique, qui est fort ancienne, occupe plus de deux mille ouvriers; elle s'est maintenue constamment à la tête de l'industrie verrière de la Bohême, aux progrès de laquelle elle a puissamment contribué.

On remarque surtout deux grands candélabres en verre rubis doré, supportés par des enfants en verre blanc dépoli; un grand verre filigrané, à quadrilles et à bulles, monté sur arabesques faites à la pincette, qui rappelle de la manière la plus heureuse les anciens verres de Venise; une chope à anse en rouge de cuivre doublé extérieurement, avec gravure gothique très-fine et très-délicate. Cette pièce est fort remarquable par son élégance et par son exécution. Les verres colorés sont aussi variés que possible sous le rapport des nuances et des décors. Si la perfection relative apportée dans une industrie avait été, aux yeux de MM. les membres de la Commission royale, un titre suffisant pour l'obtention de la grande médaille, celle-ci aurait été décernée, sans nul doute, aux beaux produits de M. le comte Harrach.

MM. Meyer neveux, à Adolp et à Leonorenhaim, près de Winterberg, exposent trois beaux vases en verre blanc artistement taillés. Ces vases sont remarquables par l'extrême pureté et par le beau poli du verre, qui présente, d'ailleurs, cette teinte un peu jaunâtre qu'on remarque toujours dans les plus beaux verres de Bohême, surtout quand on les compare au cristal à base de plomb qu'on fabrique en France et en Angleterre.

On peut signaler également, parmi les produits exposés par ces fabricants, de grands vases taillés en verre opalin blanc, dit *pâte de riz*, et en chrysoprase, et aussi plusieurs pièces remarquables par la complication et la pose des anses, notamment une coupe dont chaque anse se compose de deux serpents enlacés avec beaucoup d'habileté.

M. le comte de Buquoy, qui possède plusieurs verreries aux environs de Gratzen, en Bohême, expose un bel assortiment de verres blancs, qui ont le mérite réel de représenter fidèlement la fabrication courante de la Bohême pour les verres de luxe. Ces produits sont bien fabriqués et aussi blancs que possible pour des verres exempts de plomb; ils sont surtout remarquables par leur bas prix.

M. König, de Steinschönau, en Bohême, a envoyé de beaux verres en rouge rubis par le cuivre, et plusieurs pièces remarquables par la taille et la gravure.

M. Vogelsang-Sohne, dont la fabrique est à Hayda et les magasins à Francfort-sur-le-Mein, a, dans les produits de son exposition, plusieurs pièces fort remarquables; notamment un service de table en verre mince, avec filets en rouge de cuivre, qu'on peut compter assurément au nombre des pièces les plus gracieuses qu'ait jamais produites l'industrie du verre.

Enfin M. Bigaglia, de Venise, expose ses pierres factices et l'aventurine, que seul il sait fabriquer couramment. Ces articles, ainsi que les perles de verre, sont encore pour Venise l'objet d'un commerce important. Quant à la fabrication des verres filigranés et rubanés, autrefois si avancée dans ce pays, elle est aujourd'hui en pleine décadence : les pièces exposées par les fabricants de Venise sont bien inférieures à celles du même genre qu'on fait journellement dans nos cristalleries.

ZOLLVEREIN.

M. le comte de Schaffgotsch possède, sur les confins de la Bohême et de la Prusse, une grande verrerie qui, habilement dirigée par M. Pohl, rivalise, pour la beauté de ses produits, avec la fabrique de M. le comte Harrach, sa très-proche voisine. Son exposition est fort remarquable : on y distingue deux beaux vases en rouge de moufle et dorés, montés sur socles; une très-belle pièce à couvercle en verre filigrané rouge, jaune et blanc, heureuse imitation des anciens verres de Venise; enfin, deux vases en verre bleu de cobalt doublé, admirablement gravés.

ÉTATS-UNIS.

La compagnie de Brooklyn, État de New-York, expose un assortiment de cristaux à base de plomb, dans le but, dit-elle, de faire constater leur remarquable blancheur. Sous ce rapport, ces verres peuvent soutenir la comparaison avec les plus beaux cristaux anglais ou français. Ils attribuent cette absence de toute coloration à la pureté des sables qu'ils emploient, et qui commencent à être importés en Angleterre, qui ne parait pas avoir chez elle de sable comparable à celui qu'on trouve en France, à Fontainebleau, en Champagne et dans un assez grand nombre d'autres localités.

BELGIQUE.

Les cristaux belges se recommandent surtout par le bon marché; leur qualité est assez médiocre. Ils manquent d'éclat et de blancheur. Ils donnent lieu, néanmoins, à une exportation considérable.

Nous n'avons rien remarqué parmi les produits exposés par MM. Cappelmans, de Bruxelles, Brodier, de la même ville, et Zoude, de Namur, qui méritât d'être signalé.

FRANCE.

Le cristal à base de plomb se fait en France dans une dizaine d'établissements; la gobeleterie commune à base de chaux et de soude est fournie par un nombre plus considérable de petites usines qui alimentent les marchés les plus voisins et dont les produits, ordinairement très-défectueux, ne donnent lieu à aucune exportation.

Notre cristal est l'équivalent du verre de Bohême, quoique ce dernier ne contienne pas de plomb. Son prix, plus élevé que celui du verre allemand, est néanmoins assez bas pour que les cristaux de table aient pénétré jusque dans les ménages les plus modestes.

On peut estimer de la manière suivante la production actuelle de ce genre de verre :

Cristallerie de Baccarat	2,000,000f
— de Saint-Louis	1,800,000
— de Clichy	700,000
— de Lyon	350,000
Cinq à six petites usines aux environs de Paris	300,000
Total	5,150,000

Ainsi les établissements de Baccarat et de Saint-Louis, qui ont à Paris un magnifique dépôt commun pour la vente de leurs cristaux, produisent près des trois quarts des cristaux qu'on fabrique en France. Elles emploient le bois comme combustible, au moins pour une grande partie de leur fabrication : les autres cristalleries se servent de la houille.

L'exportation des cristaux français est représentée par les chiffres suivants :

		POIDS.	VAL. OFFICIELLES.
De 1837 à 1846 (moy. décenn.).		646,337k	1,292,675f
En 1850	—	716,354	1,432,710
En 1851	—	988,902	1,977,804

Il paraît que le chiffre de l'exportation de l'année 1852 n'atteint pas celui de 1851; à la vérité, la consommation intérieure a augmenté, de sorte que la production est restée sensiblement la même.

Notre fabrication du verre, celle du cristal en particulier, pourrait, sans aucun doute, acquérir un développement très-considérable; elle est malheureusement entravée par le prix élevé des matières premières qu'elle consomme. Sous ce rapport, les verreries de la Bohême, de l'Angleterre, de la Belgique, se trouvent dans une position beaucoup plus avantageuse que les nôtres. Le combustible, la potasse, les sels de soude, le minium, présentent des différences de prix qui sont d'autant plus à l'avantage des étrangers, que les droits d'entrée ou les impôts qui, chez nous, frappent ces matières, continuent, sous une forme différente la taxe sur le verre, dont la fabrication anglaise a su s'affranchir, à son grand profit, après un siècle et demi de désastreuse expérimentation. C'est pourtant du bas prix des matières premières que dépend désormais le développement de cette belle industrie; car il ne faut pas songer à réaliser de grandes économies sur la main-d'œuvre, qui fait vivre honorablement une classe nombreuse d'ouvriers. Ces opinions ne sont pas partagées, je le sais, par plusieurs de nos fabricants; mais ceux-ci se trouvent aujourd'hui dans cette position singulière qu'ils n'ont pas qualité, si je puis m'exprimer ainsi, pour réclamer des modifications aux droits d'entrée des matières qu'ils emploient, attendu qu'ils jouissent eux-mêmes de priviléges douaniers d'une grande étendue. On sait, en effet, que nos fabriques de cristaux et de gobeleterie ordinaire sont depuis longtemps en possession exclusive du marché intérieur, les produits similaires étrangers étant sous le régime de la prohibition absolue, laquelle remonte à la loi du 15 mars 1791. Il en est de même des verres à vitre; quant aux glaces françaises, elles sont protégées par des droits tellement élevés, qu'on peut les considérer comme prohibitifs. L'importation des glaces étrangères a été, en 1851, de 628 mètres carrés seulement.

« Ce régime, disait déjà, en 1841, au conseil général des manufactures, M. Cunin-Gridaine, alors ministre de l'agriculture et du commerce, ce régime, qui abandonne le marché intérieur au monopole de quelques fabriques peu nombreuses, qu'on a accusées plusieurs fois de se coaliser entre elles pour dominer le cours, s'est-il assez longtemps prolongé? n'a-t-il pas assez énergiquement opéré en faveur de l'industrie indigène pour qu'on puisse aujourd'hui, sans danger réel, y faire les modifications réclamées par l'intérêt général? »

Le conseil a répondu à ces questions par un vote négatif. Nous ne pensons pas qu'il soit utile de discuter la valeur des documents qui ont été produits dans cette circonstance en faveur du système actuel; mais nous croyons que les verriers français ont aujourd'hui un trop juste sentiment du mérite de leur fabrication, en présence surtout des progrès considérables qu'ils ont réalisés depuis quelques années dans toutes les branches de leur travail, pour réclamer encore le maintien d'un régime qui protégeait autrefois les industries naissantes ou arriérées. Des droits d'entrée, protecteurs sans être prohibitifs, qui compenseraient pour le Trésor la perte que pourrait entraîner l'abaissement ou la suppression des taxes sur les matières premières, auraient pour résultat d'ouvrir, par réciprocité, à notre activité commerciale de nouveaux et importants débouchés, et concilieraient mieux, assurément, l'intérêt du fabricant avec celui du consommateur indigène. La France est aujourd'hui la seule nation qui s'oppose d'une manière absolue à l'entrée de la verrerie étrangère.

M. Maës, propriétaire de la cristallerie de Clichy, habilement dirigée par M. Clemandot, représentait seul à Londres l'industrie du cristal français. Bien que son exposition fût exclusivement composée des pièces de sa fabrication courante, choisies à la hâte et presque au hasard dans ses magasins, M. Maës n'étant revenu que fort tard sur la décision qu'il avait prise d'abord d'imiter l'abstention des autres cristalleries, il a été reconnu par le jury que, sous les rapports de la qualité du verre, de l'extrême variété et de la pureté des couleurs, du choix heureux des formes, les cristaux français sont en mesure de disputer la palme aux verres étrangers. Aucune exposition ne réunissait, en effet, un si grand nombre de produits bien fabriqués : verres doublés de toutes nuances, rouges d'or et de cuivre, dichroïdes, pâte de riz blanche, rose, verte, bleue et jonquille; verre noir par le soufre; opale peint; opale doublé rose rappelant le rose Dubarry du vieux Sèvres; opale bleu grand feu; opale bleu turquoise d'une pureté de ton irréprochable; enfin verres minces, verres filigranés et millefiori présentant les dessins les plus variés : tous ces produits formaient le spécimen le plus complet des ressources que peut offrir la fabrication de la gobeleterie et celle des verres de couleur.

MM. Maës et Clemandot avaient joint aux produits de leur fabrication habituelle les verres boraciques dont on leur doit la découverte. En faisant intervenir l'acide borique pour faciliter la fusion des éléments du verre, ils ont obtenu un verre à base de soude et de zinc remarquable par sa grande dureté, et un verre à base de potasse et de zinc qui est sans doute le verre le plus pur, le plus limpide, qu'on ait jamais obtenu, et qui rivalise, pour la blancheur, avec les plus beaux cristaux à base de plomb. Quoique cet emploi de l'acide borique soit limité par le prix beaucoup trop élevé de l'acide borique, prix que le propriétaire des marais de Toscane pourrait sans nul doute diminuer considérablement, la production de ces verres fait époque dans l'histoire des progrès de la verrerie.

En suivant les principes qui les ont conduits à ces découvertes, MM. Maës et Clemandot ont fabriqué des verres d'optique incomparablement supérieurs à tous ceux qui ont été faits jusqu'à ce jour. Ces verres ont été examinés par le jury avec la plus scrupuleuse attention; ils ont été soumis à des essais rigoureux par un très-habile opticien de Londres, M. Ross, qui les a comparés aux meilleurs verres qu'il connaissait. A la suite de ces épreuves, qui ont été aussi favorables que possible aux verres de M. Maës, le jury a décidé à l'unanimité qu'il demanderait au conseil des présidents que la grande médaille fût accordée à ce fabricant. Cette haute récompense est la seule qui ait été décernée à l'industrie du verre, qui comptait à l'Exposition de Londres un si grand nombre de représentants distingués.

SECTION G.

VERRES POUR L'OPTIQUE.

La construction des instruments d'optique nécessite l'emploi de deux sortes de verre, de densités aussi différentes que possible, qui ont pour résultat de les rendre *achromatiques*. On sait que la découverte de l'achromatisme est due à Euler, qui eut, en 1747, l'idée si féconde de corriger par l'emploi de plusieurs substances diaphanes, l'aberration qui résulte de la décomposition de la lumière dans les verres sphériques.

La théorie d'Euler fut d'abord attaquée par Jean Dollond, célèbre opticien de Londres: mais, sur quelques observations d'un mathématicien suédois, Klingenstierne, cet artiste se convainquit, par des expériences multipliées, que les verres alors connus et fabriqués en Angleterre sous les noms de *flint-glass* et de *crown-glass*, c'est-à-dire le cristal ordinaire à base de plomb et le verre à vitre en couronne, permettaient de réaliser le projet d'Euler et d'obtenir des lunettes achromatiques. Le succès de Dollond lui valut, en 1759, une patente, qui fut bientôt attaquée par Valtines devant la cour de Westminster. Il fut prouvé qu'on avait construit avant Dollond des lunettes achromatiques d'un grand pouvoir amplifiant, et qu'en 1754 Aiscongt, opticien à Leucastle, possédait un de ces instruments. Néanmoins, sur le jugement de lord Mansfield, Dollond conserva son privilége comme étant le premier qui eût fait jouir le public des avantages de cette découverte. Il présenta bientôt à la Société royale de Londres une lunette achromatique à triple objectif qui fit dans l'Europe savante une grande sensation [1].

Deux célèbres géomètres, membres de l'Académie des sciences, Clairault et d'Alembert, déterminèrent les courbures sphériques des verres de forces dispersives inégales. Clairault reconnut en outre qu'on trouvait à Paris un verre dont la force dispersive était plus grande que celle du *flint* anglais; mais ce verre, très-riche en plomb, qui servait à imiter le diamant et qui était fabriqué par l'artiste *Strass*, qui lui a laissé son nom, « est ordinairement, dit le rapport de Rochon, tellement gélatineux, qu'il est bien difficile de l'employer utilement à la fabrication des objectifs achromatiques. »

En 1766, l'Académie des sciences proposa un prix à celui qui ferait connaître le meilleur procédé pour fabriquer en France un verre pesant, exempt de défauts, ayant toutes les propriétés du *flint-glass*. Ce prix fut décerné, en 1773, à Lebaude, qui néanmoins réalisa si peu les espérances de l'Académie, qu'elle ouvrit, en 1786, un nouveau concours pour la même question; la valeur du prix fut portée à 12,000 livres.

Malgré ces encouragements et malgré les efforts d'un très-habile verrier, M. d'Artigues, ce difficile problème resta sans solution satisfaisante. On s'arrêta longtemps à l'idée que les verres soufflés devaient être d'un emploi plus avantageux que ceux qui étaient coulés ou refroidis dans des creusets; ces derniers présentaient en effet des stries plus nombreuses, dues à la séparation par zones des verres de densités différentes pendant la fonte ou le refroidissement de la masse vitreuse. Le cristal, plus pesant que le flint, présenté à l'Académie des sciences en 1809 par Dufougerais, était soufflé en manchons du poids de 2 kilogrammes; le rapport de MM. de Prony, Guyton de Morveau et Rochon, fait un grand éloge de ses

[1] Voir le rapport fait à l'Institut en 1809, par de Prony, Guyton de Morveau et Rochon, *sur le cristal pesant destiné à la fabrication des lunettes achromatiques*, présenté par M. Dufougerais, fabricant des cristaux de Mont-Cenis.

qualités; néanmoins, cette fois encore, les espérances de l'Académie furent déçues et cette fabrication n'eut pas de suite.

Il était réservé à un ouvrier suisse de porter à un haut degré de perfection la fabrication de ces verres. Guinand, né aux Brenets, petit village des environs de Neuchâtel, fut d'abord apprenti menuisier, puis fabricant de boîtes pour les horloges; animé d'un grand désir d'apprendre et d'une persévérance à toute épreuve, il se trouva en relation avec Droz, constructeur de figures automatiques, qui possédait un beau télescope fait en Angleterre; le jeune Guinand parvint à en construire un dont la bonté n'était pas inférieure à celle du modèle.

Dès que la découverte des verres achromatiques lui fut connue, il commença une longue série d'essais pour améliorer la fabrication de ces verres; ce ne fut qu'après plusieurs années de recherches pénibles et onéreuses qu'il arriva au but qu'il se proposait d'atteindre. Il parvint enfin à faire des disques de flint-glass parfaitement homogènes ayant jusqu'à 12 pouces de diamètre; il en obtint même un de 18 pouces, mais qui fut détruit dans un incendie qui éclata dans sa modeste habitation. On prétend que le hasard lui fit découvrir qu'en plongeant dans l'eau le verre encore chaud, il éprouvait une sorte de clivage qui le sépare en fragments homogènes, les fentes se produisant dans la direction des parties les plus défectueuses; mais ce résultat même est fort contestable.

La réputation des verres de Guinand se répandit peu à peu; elle arriva jusqu'à Frauenhofer, célèbre fabricant d'instruments d'optique à Benedictbeurn, en Bavière, qui se rendit aux Brenets et décida Guinand à s'établir avec lui; c'était en 1805. Pendant neuf années Guinand se livra exclusivement, en Bavière, à la fabrication des verres d'optique, au grand profit de la réputation des instruments de Frauenhofer.

Guinand avait soixante-dix ans lorsqu'il retourna dans son pays natal avec une pension qui lui était faite par l'établissement de Benedictbeurn, à la condition qu'il cesserait de produire des verres d'optique et qu'il ne divulguerait pas les secrets de leur fabrication. Mais l'esprit ardent de Guinand ne put pas supporter longtemps cette contrainte; entrevoyant de nouveaux perfectionnements il déchira son traité, du consentement de Frauenhofer, renonça à sa pension, et se livra avec une ardeur nouvelle à ses recherches favorites. Il mourut en 1816, après avoir encore produit plusieurs lunettes astronomiques d'une rare perfection. Plusieurs de ses grands objectifs ont été travaillés avec un grand succès par MM. Lerebours et Cauchoix. Le Gouvernement français cherchait à acquérir ses procédés de fabrication, lorsqu'il fut enlevé par une mort subite à l'âge de quatre-vingts ans. Ces procédés, qu'on crut d'abord perdus, avaient été conservés par son fils, qui voulut les vendre à la Société astronomique de Londres; mais les négociations entamées à ce sujet n'ayant pas eu de résultats, une commission composée de MM. Herschel, Faraday, Dollond et Roget, fut chargée de faire des expériences pour arriver à la fabrication du flint-glass; ces essais, auxquels une somme de 150,000 francs fut consacrée, n'amenèrent aucun résultat manufacturier.

La Société d'encouragement pour l'industrie nationale proposa, en 1837, un prix de 10,000 francs au verrier français qui aurait livré, dans le commerce, du flint-glass en disques de deux à six lignes d'épaisseur, au même prix que celui de Soleure et d'une qualité au moins égale. Un autre prix de la valeur de 4,000 francs fut proposé en même temps pour la fabrication du crown-glass.

L'ouverture de ce concours ranima le courage de nos fabricants de verre. Les prix furent partagés, en 1839, entre M. Guinand fils, qui fit connaître et perfectionna le procédé inventé par son père, et M. Bontemps, qui avait produit par le même procédé, qu'il avait acheté de M. Guinand et qu'il avait lui-même amélioré, des masses volumineuses de flint-glass très-denses. En outre, une médaille de platine a été accordée à Mme veuve Guinand, qui continuait avec un autre fils l'exploitation de la fabrique de son mari. Leur successeur, M. Daguet, de Soleure, avait envoyé à l'Exposition de Londres d'excellent flint-glass; comme ce verre était travaillé, il a été examiné par la Xe classe, laquelle a décerné à M. Daguet la grande médaille. Enfin, dans le concours de la Société d'encouragement, une autre médaille de platine avait été accordée à M. Berthet, pour ses objectifs en flint et en crown dans les dimensions ordinaires.

Grâce à l'intervention de cette Société, les procédés de Guinand sont aujourd'hui connus et employés dans plusieurs établissements qui fournissent au commerce du flint et du crown de bonne qualité. La grande découverte de Niepce et Daguerre a donné une vive impulsion à la fabrication de ces verres. On sait que ces procédés consistent à maintenir l'homogénéité du verre par une agitation à l'aide d'un cylindre en argile réfractaire fermé d'un bout et emmanché d'une longue tige de fer. On continue le mouvement jusqu'à ce que la pâte vitreuse, devenue moins chaude, ne conserve plus une fluidité suffisante pour que la différence des densités opère la séparation des silicates. Par ces moyens, on peut conserver au flint-glass sa grande densité, tout en évitant les stries, les fils et les bulles, qui altèrent sa masse lorsqu'il est fondu par les procédés ordinaires.

Malgré ces progrès, la fabrication des disques de flint et de crown de grandes dimensions présente encore d'extrêmes difficultés. M. Bontemps croit les avoir surmontées : il a fabriqué dans les ateliers de MM. Chance des disques de flint-glass de toutes grandeurs jusqu'à 74 centimètres de diamètre (29 pouces); mais ces disques étant à l'état brut, il était impossible d'en apprécier le mérite. Les espérances des inventeurs et des corps savants ont été si souvent déçues en ce qui concerne la fabrication de ces verres, qu'on ne saurait mettre trop de réserve à porter un jugement sur leur qualité. Il arrive même, surtout pour le crown, qu'après le travail des courbures et les épreuves qui ont établi la pureté du verre, les lentilles deviennent d'un très-mauvais emploi, par suite de l'alcali qu'elles contiennent en trop forte proportion. Ce verre *ressue*, et l'obligation d'essuyer les lentilles à chaque instant amène rapidement le dépoli du verre et la déformation des courbures. Cet inconvénient est surtout très-grand pour les lunettes marines; aussi nos opticiens emploient-ils souvent de préférence, pour remplacer le *crown-glass*, des fragments de glaces de bonne qualité.

Ces divers défauts n'existent pas dans les verres d'optique de M. Maës: une expérience, qui est maintenant suffisamment ancienne, démontre leur incontestable supériorité. Le crown-glass et le flint-glass de ce fabricant, malgré leur prix élevé, sont aujourd'hui recherchés par quelques-uns de nos meilleurs opticiens, notamment par M. Ch. Chevallier, et par les constructeurs les plus renommés de l'Angleterre et des États-Unis.

RÉSUMÉ.

En terminant ce rapport, je résumerai en quelques mots les impressions que j'ai conservées de l'examen des produits de l'industrie du verre rassemblés dans les salles de l'Exposition de Londres.

Sous le rapport de la qualité, nous avons bien peu de chose à envier à la fabrication étrangère. Nos glaces sont supérieures aux glaces belges, et surtout aux glaces anglaises et allemandes; nos bouteilles sont excellentes; notre verre à vitre est plus beau que celui des Anglais et des Allemands, aussi beau que celui des Belges; notre cristal blanc ne le cède en rien au cristal anglais, il est supérieur par sa blancheur et par son éclat au verre de Bohême; notre fabrication des verres de couleur est aussi variée et aussi élégante que possible. Si les Bohêmes excellent dans la gravure du verre et dans le travail de quelques pièces de grande dimension ou d'une exécution manuelle très-difficile, notre fabrication courante est plus régulière, plus soignée, et les formes de nos cristaux sont acceptées et imitées par toutes les autres nations.

Sous le rapport des prix, notre position vis-à-vis des étrangers est différente. En général, nos verres sont d'un prix plus élevé: ainsi les glaces anglaises et les glaces belges sont, à superficie égale, moins chères que les nôtres. Nous devons constater néanmoins que, depuis une vingtaine d'années, le prix de nos glaces a graduellement baissé; ainsi, d'après des renseignements qui m'ont été fournis par l'administration de Saint-Gobain, le prix moyen du mètre carré de glace était de 100 francs en 1835; de 93 fr. 54 cent. en 1845; de 79 fr. 79 cent. en 1848; de 71 francs en 1851. On fabrique, en outre, depuis quelques années, à Saint-Gobain et à Cirey, des glaces dites de deuxième choix qui sont employées pour le vitrage. Mais, quoique leur qualité soit plus belle que celle des glaces anglaises, leur usage n'est pas encore fort répandu. Le vitrage, nous l'avons déjà dit, réclame surtout des produits d'un prix moins élevé, et, sans nul doute, il se contenterait de la qualité des glaces anglaises, si l'industrie française les lui livrait au prix de ces dernières. Mais nos fabricants peuvent assurément faire mieux, car le prix de revient d'une belle glace ne diffère guère de celui d'une glace de qualité inférieure. J'ajouterai qu'ils le doivent, s'ils tiennent à satisfaire à ces exigences du luxe qu'ils eussent dû prévenir et à conserver leur place sur le marché étranger; ils ne peuvent pas oublier, en effet, que l'exportation des glaces françaises, qui s'élève à 2,500,000 francs environ, est restée presque stationnaire depuis plusieurs années, tandis que celle des glaces anglaises augmente rapidement.

Notre verre à vitre est aussi d'un prix plus élevé que celui des verres belges, anglais et allemands; mais la différence est moins grande.

Pour les cristaux de luxe, les produits des fabriques anglaises sont plus chers que les nôtres; mais leurs cristaux ordinaires, ceux qui exigent beaucoup de matière première et qui ne réclament que peu de main-d'œuvre, sont d'un prix moins élevé : ils donnent lieu, par suite, à une exportation fort importante. Le combustible, les matières premières, sont à meilleur marché en Angleterre, en Belgique et en Bohême; la main-d'œuvre est, au contraire, plus chère pour le verrier anglais que pour le fabricant français, et surtout pour celui de la Bohême.

En définitive, nos principales fabriques de glaces et de cristaux, employant le bois comme combustible, se trouvent, on ne peut le contester, dans des conditions peu favorables pour produire le verre à aussi bon marché que les Anglais et que les Belges, qui se servent de la houille et de matières premières d'un prix moins élevé. Espérons toutefois que l'habileté dont nos verriers ont déjà donné tant de preuves, aidée par la suppression des droits qui pèsent sur les matières premières employées dans leur fabrication, leur permettra d'abaisser, dans une juste mesure, le prix de leurs produits, si remarquables déjà par la qualité.

FIN.

TABLE DES MATIÈRES.

XXVe JURY.

ARTS CÉRAMIQUES,

PAR FEU M. EBELMEN,

ADMINISTRATEUR DE LA MANUFACTURE IMPÉRIALE DE PORCELAINE DE SÈVRES,

ET

PAR M. SALVÉTAT,

CHIMISTE DE LA MANUFACTURE IMPÉRIALE DE SÈVRES.

COMPOSITION DU XXVe JURY.

MM. le duc D'ARGYLL, Président et Rapporteur....... Charles BARING, membre du Parlement et de la Société royale de Londres..................	Angleterre.
EBELMEN, membre du Jury central de France, etc..	France.
Gabriel KAMENSKY, conseiller d'administration des finances...............................	Russie.
MORTLOCK, fabricant de porcelaine à Londres.....	Angleterre.
OBERNHEIMER, directeur du Bureau de commerce à Wiesbade..........................	Zollverein.
Auguste PINTO............................	Portugal.
John A. WISE, près Newcastle-sur-Line..........	Angleterre.

ASSOCIÉS.

MM. E. H. BALDOCK, membre du Parlement .... Thomas HETHERINGTON HENRY, membre de la Société royale de Londres...................	Angleterre

HOMMAGE
A LA MÉMOIRE DE M. EBELMEN,
PAR LE BARON CHARLES DUPIN,
PRÉSIDENT DE LA COMMISSION FRANÇAISE A LONDRES.

Le président de la Commission remplit les intentions de ses honorables collègues en rappelant ici sommairement quelques-uns des titres qui perpétueront la renommée d'un collaborateur à jamais regrettable.

M. Ebelmen a vu le jour en 1814. Sa vie entière s'est écoulée dans cette période de paix générale, toujours trop courte au gré des amis de l'humanité, et qui fut si féconde en découvertes, en perfectionnements des sciences et des arts.

L'École polytechnique a formé M. Ebelmen, et l'a distingué parmi ses élèves les plus éminents. Elle en a fait pour la chimie un de ses répétiteurs, peu de temps après qu'il eut complété son éducation spéciale dans l'École du corps des mines.

Ses découvertes ont commencé dès l'âge de vingt ans; il les a poursuivies pendant dix-huit ans, et l'horizon s'agrandissait pour lui comme la renommée, lorsqu'une fin soudaine, imprévue, nous l'a ravi dans la force de l'âge et du génie.

Quatre séries différentes de travaux et d'inventions sont les titres principaux qui recommanderont sa mémoire à la postérité reconnaissante.

Les recherches de M. Ebelmen sur les éthers borique et silicique, en ont révélé des propriétés singulières. En étudiant la décomposition de l'éther silicique par l'action de l'air humide, il obtint l'hyalite et découvrit l'hydrophane artificielle. Ce fut l'un des premiers travaux qui le placèrent parmi les maîtres de la science.

Ingénieur des mines, son attention se trouvait naturellement tournée vers l'une des plus graves questions agitées, dans ces derniers temps, par l'art de fabriquer le fer. Il a soumis à des expériences aussi neuves que délicates la théorie des hauts fourneaux où s'élabore le minerai de fer, et montré, sous toutes ses phases, le rôle que joue le combustible dans les plus vastes consommations. Il a suivi la dépense de la matière comburante et son économie possible, avec une aussi parfaite précision que s'il eût fait en petit quelque essai de précision, au sein d'un laboratoire. Il a découvert un principe nouveau vraiment propre à diriger l'industrie sydérotechnique. Tandis que le charbon brûlé par l'oxygène, et devenant acide carbonique, développe une chaleur abondante, lorsqu'il est brûlé par l'acide carbonique et devient oxyde de carbone, au lieu de chaleur c'est du froid qu'il produit. Or ces phénomènes contraires se manifestent tour à tour au sein des hauts fourneaux, à partir de la tuyère et dans une hauteur de quelques centimètres. Ces belles recherches ont répandu des lumières nouvelles sur la diversité d'effets du coke et du charbon végétal dans la production de la fonte. Résumons ces investigations à la fois originales et fécondes, en répétant la sentence d'un maître de la science : « Le nom d'Ebelmen est inscrit pour toujours dans l'histoire du fer. »

M. Ebelmen a fait voir quels changements se produisent dans l'atmosphère par les effets chimiques des phénomènes que la nature accomplit avec une grandeur qui la caractérise.

On savait déjà que le règne végétal et le règne animal, par une foule de combinaisons qui s'opèrent à la surface du globe, absorbent et restituent de l'oxygène et de l'acide carbonique. M. Ebelmen a fait voir qu'un autre balancement, un autre équilibre, s'établit dans les mutations insensibles et perpétuelles du règne minéral : il a montré les masses immenses de roches en décomposition, enlevant à l'air l'oxygène au moyen du fer, et l'acide carbonique au moyen de la chaux qu'elles contiennent, etc. De là, des changements dont il importe d'étudier les variations présentes et futures dans l'état de l'air atmosphérique ; M. Ebelmen en a calculé les effets.

Ces importantes découvertes avaient décidé l'illustre Brongniart, le collaborateur de Cuvier dans l'étude de la géologie zoologique, à s'adjoindre M. Ebelmen pour diriger les travaux de la manufacture, alors royale, de Sèvres.

A Sèvres, le jeune savant a rempli deux missions qu'un talent tel que le sien pouvait seul réunir.

Il s'est emparé des masses de chaleur dégagées par les fourneaux de porcelaine, pour en faire sortir des phénomènes nouveaux. En combinant, suivant des proportions définies, des matières terreuses fixes avec des fondants volatils, il a reproduit de véritables pierres précieuses, sous forme de cristaux parfaitement réguliers, tels que la nature les présente : le corindon, le péridot, l'émeraude, etc., etc. Il résolvait ainsi, par la synthèse scientifique, un des problèmes que l'imagination des géologues avait jusqu'alors tranchés par pure hypothèse et sans démonstration.

Une autre série d'occupations devait plus particulièrement fixer M. Ebelmen dans les ateliers de Sèvres. Il voulait répandre une lumière nouvelle sur la cuisson des terres propres à la porcelaine, et dont il étudiait les éléments.

Il avait commencé ses recherches en s'associant M. Salvétat, chimiste de la manufacture; ce savant habile et laborieux poursuit aujourd'hui l'œuvre commencée dans une si noble association. Le résultat d'une collaboration que la mort même n'a pas interrompue paraîtra dans la collection des œuvres de M. Ebelmen, éditée par les soins éclairés de M. Salvétat.

Entre la mort de M. Alexandre Brongniart et celle de M. Ebelmen, la manufacture de Sèvres, loin de rester stationnaire, a vu s'accomplir de nouveaux perfectionnements dus à l'initiative intelligente du jeune et nouveau directeur. Les procédés de coulage ont pris une extension nouvelle, et les artistes ont admiré la grandeur et la régularité vraiment mathématique des pièces coulées, qui prêtent des cadres plus vastes au génie de la peinture. Vers un extrême opposé l'on a poussé jusqu'au dernier terme de la délicatesse la confection de ces tasses où la matière est réduite au moindre volume possible, en acquérant par sa légèreté l'élégance et la grâce.

M. Ebelmen a fait servir sa profonde expérience sur la théorie et la pratique de la combustion à créer, dans la fabrication de Sèvres, la cuisson par la houille, procédé qui permet d'atteindre un degré considérable d'économie ; il a fait aussi des études pyrotechniques spéciales et fructueuses sur les appareils de chauffage.

Il a rendu le plus grand service à la partie artistique en perfectionnant la peinture en bleu sous couverte, et la sculpture en relief appliquée à la porcelaine.

Il s'est encore occupé de l'art d'émailler la tôle et de la peindre en couleurs vitrifiables par des procédés qui livrent un nouveau champ à la pratique des beaux-arts.

Afin de populariser l'application si rare des plus hautes connaissances théoriques à la perfection des industries dont Sèvres offre les modèles, le Gouvernement avait créé pour M. Ebelmen, au Conservatoire des arts et métiers, l'enseignement de l'art céramique ; mais la fin prématurée du savant illustre n'a permis au public de jouir qu'une année de ses leçons aussi neuves que fécondes.

Avant d'être nommé directeur de Sèvres, M. Ebelmen avait, avec une extrême distinction, professé la docimasie à l'École spéciale des mines.

Les travaux et les leçons que je viens de rappeler en peu de mots, par les progrès qu'ils avaient fait faire à la science, étaient connus, étaient admirés de l'Europe savante, et des industriels éminents qui font servir les théories au progrès des arts.

M. Ebelmen recueillit le juste fruit de ses travaux dans l'accueil plein de distinction qu'il reçut des nombreux membres du Jury international et dans la société des savants anglais les plus renommés. Lorsqu'il vint à l'Institution britannique, un jour où le célèbre Faraday professait, le brillant successeur de Davy s'empressa d'expliquer à ses auditeurs la formation en cristaux des pierres précieuses, formation découverte par le savant français qu'il avait fait placer près de lui sur un siége d'honneur.

On peut apprécier, par ce simple exposé, la juste influence qu'exercèrent, dans le Jury international, la renommée, les lumières et l'impartialité de notre illustre collaborateur.

De retour dans sa patrie, lorsqu'il allait commencer d'écrire pour nous l'histoire des arts céramiques depuis le commencement du siècle, la mort l'a frappé dans la fleur de l'âge, et l'a frappé quand s'apprêtaient pour lui tous les honneurs!

L'Académie des sciences a la douleur d'avoir été trop peu pressée de l'admettre dans son sein. Deux sections, la minéralogie et la chimie, se le disputaient à titres égaux. C'est peut-être pour cela qu'il ne put être choisi, dès la première vacance, dans l'une des deux sections. On l'avait réservé pour l'autre, et la mort a déconcerté la prévision des hommes.

Les regrets qu'a laissés M. Ebelmen ne se rapportent pas uniquement à son génie. L'aménité du caractère, la simplicité des mœurs, la modestie, et je dirais presque la candeur, si touchantes quand elles voilent un talent du premier ordre, lui donnent un éclat plus doux, mais aussi plus acceptable pour l'envie et pour la rivalité : tant de qualités charmantes ont fait aimer M. Ebelmen par tous ceux qui l'ont connu. En parlant ainsi, nous exprimons le sentiment unanime des collègues au milieu desquels il a vécu dans la Commission française, à Londres.

Sur la désignation des chimistes éminents de cette Commission, M. Salvétat, le collaborateur de M. Ebelmen pour plusieurs de ses travaux, l'éditeur de ses œuvres, et lui-même ayant fait à Londres une étude spéciale de l'Exposition universelle, M. Salvétat a paru réunir tous les titres pour recevoir les matériaux déjà préparés par son illustre ami, pour les mettre en ordre, et rédiger le travail dont le lecteur va prendre connaissance. On verra que M. Salvétat n'a rien négligé dans le dessein de remplir dignement la mission honorable qu'il a reçue.

ARTS CÉRAMIQUES.

INTRODUCTION.

Les produits des arts céramiques, considérés dans toute l'étendue de leurs applications, peuvent être classés au rang des plus variés et des plus importants.

Des considérations historiques d'une puissante valeur les rattachent à l'étude de l'histoire des peuples, à celle des diverses phases de la civilisation, à celle enfin des progrès des arts.

Leur emploi fréquent dans les usages de la vie, soit comme objets d'ornementation, soit comme ustensiles de ménage en rend la fabrication d'un intérêt général.

Enfin, presque toutes les industries ont avec la céramique des rapports plus ou moins directs; celles qui ont, dans ce siècle, contribué pour la plus forte part aux progrès des arts, des sciences et de l'industrie, lui doivent beaucoup de leurs développements. L'architecte, le chimiste manufacturier, l'agriculteur, le métallurgiste, le verrier, empruntent à l'art céramique de nombreux matériaux : briques, tuyaux de conduite, appareils pyrotechniques, tuyaux de drainage, briques réfractaires, pots de verreries, etc., etc.

Par une réciprocité toute naturelle l'art céramique se développe et prospère, à son tour, sous l'influence des progrès réalisés par le mécanicien, le chimiste, le physicien. C'est en effet par des emprunts fréquents à la mécanique, à la physique, aux beaux-arts, enfin, que le potier de terre réalise les conditions essentielles de fabrication rapide, économique et régulière qui peuvent lui assurer un bénéfice convenable ; c'est par l'application des beaux-arts à l'industrie qu'il obtient des formes commodes, élégantes et appropriées aux usages que le consommateur, de plus en plus éclairé, recherche et réclame.

APERÇU GÉNÉRAL SUR L'ART CÉRAMIQUE.

L'origine de l'industrie qui nous occupe n'a pas eu, comme celle du verre, les honneurs de la fable. Cependant elle se perd dans la nuit des temps; elle remonte à la plus haute antiquité, et, comme l'a dit M. Alex. Brongniart, dont l'autorité puissante eût éclairé si vivement la commission française, il est probable que c'est, après l'art de fabriquer des armes pour se défendre et quelques tissus grossiers pour se vêtir, celui que les hommes cultivèrent le premier: on peut s'en convaincre par la nature même des produits qui sont parvenus jusqu'à nous.

Placées sur les bords des grands fleuves, les premières sociétés trouvaient, en effet, dans le limon déposé par les eaux une matière ductile, facile à travailler, conservant une forme convenable pour contenir les graines et ayant assez de solidité pour être transportée même à quelque distance.

A cette période primitive appartiennent des poteries déjà remarquables par la forme et l'ornementation, fabriquées sur divers points de la terre, échappées pour la plupart aux ravages du temps par suite de leur destination, qui les faisait enfouir avec la dépouille de ceux qui les avaient possédées.

Un premier progrès fut réalisé lorsqu'on découvrit qu'en soumettant à l'action du feu les vases de terre, on leur enlevait, avec leur fragilité, l'inconvénient de se délayer dans l'eau. Il est facile de se convaincre par les documents historiques que nous possédons, que les pâtes argileuses non cuites ont précédé presque partout celles qui doivent à la cuisson leur plus grande résistance. Il faut rapporter à cette période toute la plastique des anciens et les poteries, si remarquables au point de vue de la forme, du dessin et de la fabrication, attribuées à l'art italo-grec ou romain, et qui témoignent d'une manière irrécusable de la civilisation la plus avancée.

Mais les vases qui ne sont pas cuits à une haute température, ou qui ne doivent pas à une composition convenable la propriété d'être imperméables, restent poreux et absorbants. Un grand et nouveau progrès a donc encore été réalisé le jour où l'on a su recouvrir cette terre poreuse d'une couche vitreuse imperméable, d'une *glaçure*. C'est alors, et seulement alors, que la poterie a présenté les deux éléments caractéristiques de la poterie moderne, le corps du vase, ou la *pâte*, et la *glaçure*, c'est-à-dire le vernis, l'émail ou la couverte. C'est en perfectionnant les pâtes et les glaçures qu'on a développé les progrès que cette industrie présente aujourd'hui.

Les premières glaçures qui furent employées, paraissent être les glaçures silico-alcalines; on en a remarqué l'application sur certaines poteries italo-grecques, romaines, sur quelques poteries anciennes arabes, persanes, américaines. Le vernis des poteries italo-grecques, si remarquable par l'époque de son apparition, par l'usage qu'on en fit, et enfin par la perte des procédés en usage pour l'obtenir, ce vernis qui avait si vivement excité la curiosité de Chaptal, devait être étudié plus tard par MM. de Luynes et Brongniart avec toute l'autorité qui s'attache à leur nom.

Le vernis de plomb ne fut découvert que longtemps après, mais il prit alors le caractère d'une grande fabrication; quelques spécimens rares de pièces vernissées apparurent bien çà et là, dans les fabrications anciennes, romaine, arabe, anglaise du moyen âge, sans qu'on puisse dire à quelle époque il faut les rapporter; mais le premier fait historique qui soit authentique, c'est la découverte des procédés pour vernir au plomb, trouvés par un potier de Schelestadt vers 1283; depuis cette date, le vernis plombeux s'est enraciné dans la fabrication des poteries communes contrairement aux sages principes d'hygiène; il résistera malheureusement longtemps encore aux tentatives faites pour le remplacer.

On ne connaissait alors que des argiles donnant au feu des pâtes plus ou moins colorées; les vernis plombeux, étant transparents, ne permettaient pas d'en dissimuler la couleur. L'introduction de l'oxyde d'étain dans la glaçure la rendit blanche, opaque, et donna toute facilité pour cacher, sous une couche plus ou moins épaisse d'un véritable *émail*, la couleur généralement rougeâtre de l'argile cuite. C'est aux Arabes et aux Maures d'Espagne qu'il paraît juste de reporter l'honneur de cette découverte et de ce dernier perfectionnement. Bientôt la faïence émaillée se répandit en Italie, et cette fabrication jeta le plus vif éclat pendant toute la durée du xve et du xvie siècle : tous les amateurs des poteries d'art connaissent les bas-reliefs émaillés de Lucca della Robbia et les belles faïences de Pesaro, d'Urbino, etc., fabriquées dans le xvie siècle; et, si ces belles poteries occupent, dans toutes les collections, un rang des plus honorables, c'est qu'elles joignent au mérite d'une fabrication soignée celui d'un art remarquablement développé.

A peu près à la même époque, la faïence émaillée s'étendait en Allemagne, à Nuremberg, qui devint célèbre, et, en France, un homme illustre à bien des titres, Bernard Palissy, créait, par les seules ressources de son génie, des poteries émaillées d'un genre tout nouveau, puis des faïences bien voisines par leurs qualités des véritables *terres de pipe*. Mais les travaux de Bernard Palissy ne semblent pas avoir été pour la France l'origine des faïences émaillées. Peu de temps après lui, à la fin du xvie siècle, des ouvriers italiens vinrent fonder la fabrique des faïences de Nevers, à l'imitation des *majolica*. Nevers et, bientôt après, Rouen eurent des fabriques florissantes jusque vers la fin du xviiie siècle.

Lorsque les porcelaines de la Chine et du Japon, fabriquées dans ces contrées depuis bien des siècles, furent importées en Europe, d'abord par les Portugais, puis par les Hollandais, l'industrie des poteries d'art en reçut une rude atteinte.

Les porcelaines furent préférées pour la décoration des appartements aux plus belles poteries émaillées de Nevers ou d'Italie; à mesure que la porcelaine devenait plus commune et moins chère, la *faïence*, abandonnée par les riches, ne trouva plus que des consommateurs trop pauvres ou trop indifférents aux œuvres d'art pour que la fabrication pût se maintenir à la hauteur qu'elle avait atteinte pendant le XVIe siècle. Bien déchue maintenant de son antique splendeur, elle lutte à peine aujourd'hui contre les *faïences fines*, qui lui enlèvent la consommation populaire, comme la porcelaine autrefois l'a privée de la clientèle opulente : on peut prédire sa ruine complète avant la fin de ce siècle.

L'importation de la porcelaine de la Chine et du Japon ne fut pas la seule cause de l'abaissement de la faïence émaillée; l'émulation qu'excita dans toute l'Europe la vue de ces admirables produits de l'Orient conduisit à la découverte de deux poteries nouvelles : l'une à pâte très-dense, à glaçure résistante, analogue dès lors à la porcelaine de la Chine, c'est la *porcelaine dure;* l'autre, bien différente par sa nature et son mode de fabrication, ayant une glaçure plombifère facilement rayable : on la nomme par opposition *porcelaine tendre.*

Le caractère distinctif de la porcelaine résulte, comme on sait, de la blancheur, de la transparence de sa couverte et de la translucidité de sa pâte. Cette dernière propriété tient au commencement de vitrification; on peut l'obtenir par plusieurs procédés différents. La blancheur résulte de l'absence de tout principe colorant.

On trouve, dans certaines contrées, des gîtes d'une argile blanche qui contient une petite quantité de matières alcalines, c'est le *kaolin.* Par le mélange de cette terre avec certaines roches fusibles à de hautes températures et qu'on rencontre généralement dans les mêmes endroits que le kaolin, on prépare des pâtes qui ont une plasticité suffisante pour le façonnage, et qui présentent cette propriété remarquable de donner des produits translucides par la cuisson, tout en conservant leur blancheur.

La couverte qu'on applique sur ces porcelaines cuit avec elles à une haute température; elle est formée de matières terreuses et alcalines, et, comme la température de sa fusion est très-élevée, elle est dure et très-résistante : de là le nom de porcelaine dure donné à cette espèce de poterie.

On sait que c'est en Saxe que Bottger obtint pour la première fois en Europe de la véritable porcelaine dure. Cette invention, qui date de 1709, se répandit de là dans toute l'Europe, malgré tous les efforts que fit l'électeur de Saxe pour en conserver le monopole. Les gîtes de kaolin de Saint-Yrieix ne furent découverts qu'en 1765; quelques années après, la fabrication de la porcelaine dure fut établie à Sèvres par Macquer et ensuite en France dans plusieurs manufactures. Cette fabrication est aujourd'hui mise au nombre des principales industries de cette contrée.

Plusieurs années avant qu'on ne découvrît en Saxe le kaolin et le secret de la fabrication de la porcelaine dure, c'est-à-dire avant 1709, on fabriquait en France une poterie dont la pâte était principalement formée par une *fritte*, sorte de matière vitreuse imparfaite préparée d'avance; la couverte de cette porcelaine était plombeuse, fusible à une température peu élevée, facile à rayer par le couteau: c'est à cette espèce de porcelaine, connue sous le nom de porcelaine tendre, qu'il faut rapporter ces belles poteries dont la fabrication a jeté sur la manufacture de Sèvres, pendant la dernière moitié du XVIIIe siècle, un si vif éclat. Cette porcelaine, fort remarquable au point de vue de l'art, par les ressources qu'elle présente au décorateur, conserve peu d'importance sous le rapport industriel. La fabrication n'en est plus représentée dans l'Europe continentale que par deux établissements très-voisins l'un de l'autre, d'une origine commune, l'un établi près de Valenciennes, à Saint-Amand-les-Eaux; l'autre, en Belgique, dans la manufacture de Tournay. Mais la décoration de cette poterie prend à Paris une extension considérable par la contrefaçon du *vieux Sèvres*, qui présente une valeur souvent fabuleuse. On reprend, d'ailleurs, la fabrication de cette porcelaine dans la manufacture impériale de Sèvres, et tout porte à croire qu'elle y sera bientôt amenée, sous l'habile direction du savant illustre qui est à la tête de cet établissement, dans l'état qui fit son ancienne splendeur.

Pendant que le continent s'occupait de la fabrication de la porcelaine dure, l'Angleterre perfectionnait celle des cailloutages[1]. L'introduction du silex broyé dans les pâtes formées auparavant uniquement d'argile plastique, puis les travaux d'un potier célèbre, Wedgwood, auquel il n'a manqué pour devenir aussi populaire que B. Palissy que les vicissitudes et les misères de la vie, avaient amené déjà, vers la fin du XVIIIe siècle, la fabrication des cailloutages à un degré d'avancement fort remarquable. Wedgwood créait aussi, vers la même époque, ses grès fins aux formes imitées de l'antique, aux sculptures pleines d'élégance et de finesse dans l'exécution.

La fabrication de la porcelaine réalisait aussi de nouveaux progrès; on découvrait le kaolin et les pegmatites altérés (*cornishstone*) des Cornouailles. Spode commençait à se servir, vers 1800, des os calcinés, et l'emploi de ces diverses matières dans la composition des pâtes permettait d'obtenir des produits plus beaux et d'une fabrication plus économique que par le passé. Les grandes guerres de la Révolution n'avaient point arrêté l'essor industriel de l'Angleterre. Maîtresse des mers, elle avait vu ses débouchés s'accroître de tous ceux qu'elle avait enlevés au commerce des nations rivales.

A la paix générale (1816), l'Angleterre possédait une fabrication très-développée de cailloutages de bonnes qualités. En variant les compositions des pâtes et des vernis, Wedgwood et ses imitateurs avaient créé plusieurs sortes de poteries généralement d'un bon usage et bien supérieures, pour l'aspect et la solidité, aux terres de pipe et aux faïences émaillées qu'on fabriquait alors sur le continent; le prix peu élevé de ces produits, leur bonne fabrication, leurs formes commodes, leur auraient conquis tous les marchés de l'Europe, si les gouvernements n'avaient cru devoir protéger les industries indigènes par des tarifs de douanes ou même, comme en France, par une prohibition complète des produits anglais. La porcelaine était loin de suffire à la consommation, et le prix de cette poterie, au moins trois fois plus élevé à cette époque qu'il

[1] Nous employons ici ce terme de préférence à celui de faïence fine, qui nous paraît impropre. Le mot de faïence nous semble devoir être réservé pour les poteries recouvertes d'une glaçure opaque et stannifère.

ne l'est aujourd'hui, en interdisait l'usage à la plus grande partie des consommateurs.

Si l'Exposition universelle avait eu lieu trente-cinq ans plus tôt, elle aurait permis de constater certainement en faveur de l'Angleterre, en dépit des efforts de toutes les autres nations, une immense supériorité dans les fabrication des poteries à l'usage de classes moyennes. Quant aux porcelaines tendres à pâte artificielle phosphatique, à glaçure plombifère, les seules fabriquées en Angleterre, elles étaient assurément inférieures, sous le rapport de la qualité, aux porcelaines dures à couverte feldspathique que les manufactures privées du continent fabriquaient en grand nombre, à l'instar des manufactures de Saxe et de Sèvres.

EXAMEN PARTICULIER

DES OBJETS CÉRAMIQUES EXPOSÉS A LONDRES.

L'exposition de Londres vient de mettre en présence l'industrie céramique anglaise et celle de toutes les contrées; nous devons le dire, il est peu d'industries qui aient été représentées au Palais de cristal d'une manière plus satisfaisante que la céramique.

Les potiers anglais ont répondu, empressés et résolus, à l'appel de la reine; ils ont fait d'immenses efforts pour montrer au monde entier qui se pressait à Hyde-Park, dans tout son éclat, avec toute son importance et toute sa beauté, cette fabrication de l'*Angleterre*, dont les produits se répandent aujourd'hui dans tout l'univers.

La *France*, éprouvée par de rudes épreuves, à peine remise des frayeurs du passé, inquiétée dans son présent, redoutant un avenir qui semblait chargé d'orages nouveaux, la France qui n'avait pas pris son heure, cependant n'a pas fait défaut. Les porcelaines de Sèvres, connues et enviées partout où la civilisation européenne a pu pénétrer, celle de Paris et de Limoges qu'on recherche sur tous les marchés du continent, les grès de Beauvais, les faïences de Rubelles, les boutons en pâte feldspathique de M. Bapterosses, en montrant ce que l'industrie céramique a, chez nous, de ressources et de vie, l'ont dignement représentée.

Les porcelaines de Saxe, de Berlin, de Munich, les faïences et les grès de Mettlach, ont prouvé que, dans toute l'*Allemagne*, la fabrication des objets de terre cuite se développe et s'accroît.

L'*Autriche* avait envoyé des porcelaines de Vienne et des produits de quelques-unes des nombreuses fabriques de la Bohême.

Quelques grandes pièces de la manufacture impériale de Saint-Pétersbourg formaient le lot de la *Russie*.

La *Belgique*, le *Portugal*, le *Danemark*, la *Toscane*, la *Turquie*, avaient envoyé des porcelaines.

Des poteries indiennes aux formes pures, aux décors élégants, représentaient la fabrication des pays orientaux.

Le consul anglais à Chang-Haï, par l'entremise du ministère du commerce, avait exposé pour représenter la *Chine*, ce berceau de la porcelaine dure, une intéressante collection des matières premières employées à la fabrication des porcelaines de Chine et l'assortiment, le plus complet que nous connaissions encore, des couleurs appliquées à la décoration de cette p[illegible]. Plusieurs marchands de curiosités complétaient cette exposition par le dépôt de pièces fabriquées et peintes de dimension très-considérable.

On pouvait enfin voir avec intérêt les produits de l'industrie naissante de quelques colonies : la terre de Van-Diémen, la Côte d'Or, la Nouvelle-Zélande, etc.

Nous avons à représenter ici les résultats de l'examen comparatif que nous avons fait de ces divers produits; il nous paraît préférable de les classer en raison de leur nature spéciale, plutôt que d'examiner en un seul article les industries de chacun des peuples exposants. Nous aurons, de la sorte, à nous occuper successivement :

1° Des porcelaines dures et tendres;

2° Des cailloutages et des grès fins;

3° Des grès communs et des poteries grossières;

4° Des objets divers en pâte céramique.

Nous avons indiqué d'une manière générale les améliorations successives qui ont fait avancer la fabrication des poteries; nous avons tracé, mais à grands traits, les grandes étapes que les potiers ont dû parcourir depuis l'origine de leur art jusqu'à nos jours. Les produits exposés à Londres nous donneront l'occasion de mentionner les principales découvertes de détail qui ont permis de combiner les diverses espèces de mérite qui signalent la fabrication moderne, savoir : la simplicité des moyens pratiques, l'économie, la régularité des procédés techniques, enfin le goût et la grâce des formes et des dessins, l'éclat et le glacé des couleurs. La fin de ce rapport résumera les observations plus générales auxquelles notre examen nous aura conduit.

PORCELAINE.

L'Exposition nous a présenté trois espèces bien distinctes de porcelaines. La première, la plus importante de toutes, est incontestablement la porcelaine dure à couverte feldspathique; la porcelaine de Chine, toutes les porcelaines du continent, à l'exception de celles exposées par la fabrique de Saint-Amand-les-Eaux, appartiennent à cette espèce. La porcelaine de Saint-Amand représentait l'ancienne fabrication de la porcelaine tendre de France; les porcelaines anglaises à pâte de kaolin et de phosphate de chaux constituaient une troisième espèce intermédiaire entre les deux précédentes.

PORCELAINE DURE.

La fabrication de la porcelaine française a pris, depuis trente ans, un grand développement : une réduction des deux tiers au moins a eu lieu sur les prix de vente, et, pour ne citer qu'un exemple, il nous suffira de rappeler que la douzaine d'assiettes de choix, qui se vendait 24 francs en 1818, se donne aujourd'hui pour 6 à 7 francs; cet abaissement dans les prix de vente et les progrès de l'aisance générale ont augmenté considérablement la consommation de la porcelaine en France et à l'étranger. Plus de quarante fabriques présentent une production annuelle de plus de dix millions, à laquelle il faut ajouter deux ou trois millions créés pour la décoration de la porcelaine. Telle est actuellement en France la situation de cette industrie, l'une de celles qui soutiennent le mieux la concurrence étrangère sur les marchés neutres.

L'industrie de la porcelaine dure française était représentée à Londres par la manufacture nationale de Sèvres, aujourd'hui redevenue impériale, entièrement entretenue par les fonds alloués par la liste civile, et par MM. Alluaud aîné, Gorsas et Périer, Jouhanneaud et Dubois de Limoges, M. Honoré de Champroux, M. Gille et quelques habiles décorateurs de Paris. La société des ouvriers porcelainiers de Limoges avait envoyé quelques-uns de ses produits. Le fils d'un ancien manufacturier de Paris, M. Nast, bien connu pour la beauté de sa fabrication, avait enfin adressé quelques-uns de ses anciens produits, remarquables par la perfection de leur exécution.

Manufacture de Sèvres. — Les produits de la manufacture de Sèvres exposés à Londres ont obtenu, sans contredit, un véritable succès consacré par une grande médaille. Nous éprouvons quelque embarras à rendre compte ici des motifs qui nous paraissent avoir déterminé le Jury international à décerner cette haute récompense à ce célèbre établissement. Appartenant l'un et l'autre, à divers titres, à cette manufacture, nous devons avouer que le rôle de rapporteur nous a semblé très-délicat. Néanmoins, nous avons pensé pouvoir l'accepter franchement; en premier lieu, parce que la renommée que la fabrique de Sèvres s'est acquise est suffisamment établie pour que nous ne craignions pas d'être accusés de partialité; ensuite, parce que, nous plaçant au point de vue le plus élevé, en dehors de toute personnalité, nous recherchons la vérité, que nous mettons au-dessus de tout.

Traduisant l'opinion publique, nous dirons que la manufacture de Sèvres s'est montrée digne d'elle-même, digne des faveurs d'un pouvoir dont elle apprécie le haut patronage. Chacun a concouru dans la mesure de ses forces, de son intelligence, de ses connaissances spéciales, aux progrès que le Jury de Londres a hautement proclamés. Rentré dans la dotation de la liste civile, le personnel entier de l'établissement redoublera d'efforts et se rappellera que pour lui, comme pour les familles, « *noblesse oblige.* »

Mais il nous semblerait injuste de ne pas rapporter toute la gloire que la manufacture de Sèvres vient d'ajouter à son ancienne splendeur, à la munificence des princes qui, se succédant, en ont fait l'un des plus beaux joyaux de leur couronne. En acceptant le trône, l'Empereur a hérité de toute la sollicitude que Napoléon Ier portait aux manufactures impériales; son premier soin fut de les rattacher à sa liste civile; de nombreux encouragements ont été généreusement accordés par M. le ministre d'État, digne interprète de la volonté de l'Empereur.

Nous ne croyons pas non plus pouvoir commettre la faute de passer sous silence le nom de M. Brongniart: nous pensons que l'homme éminent qui, pendant quarante-sept ans, de 1800 à 1847, a développé, dirigé la manufacture de Sèvres, peut être, à juste titre, regardé comme ayant contribué pour une large part à des succès dont il eût été si fier. Parmi les objets exposés figurent en grand nombre des copies exécutées par ses ordres et sous ses yeux, chefs-d'œuvre qui, par leur nature plus particulièrement artistique, ont obtenu dans la XXXe classe les éloges les plus éclatants. C'est en appliquant aux pratiques de l'industrie la science dont il était l'un des plus illustres représentants, qu'il sut transformer l'établissement privilégié qu'il dirigeait en une manufacture modèle; c'est en créant le Musée de Sèvres, c'est en couronnant si dignement sa longue carrière par la publication de son traité des arts céramiques, qu'il désarma bien des ennemis disposés désormais à conserver, même à défendre, les manufactures nationales comme des institutions éminemment utiles.

La manufacture de Sèvres se présentait à Londres dans des conditions différentes de celles des fabriques particulières. Entretenue par une subvention de l'État, comme les autres manufactures impériales ou royales de l'Europe, on a pu penser qu'il n'était pas juste de l'admettre à concourir avec les industries privées, qui n'ont de raison d'être que par les bénéfices qu'elles peuvent procurer. J'ai sous les yeux la lettre par laquelle M. Ebelmen, membre de la Commission française et directeur de la manufacture de Sèvres, réclamait avec une logique puissante, pour les établissements impériaux, royaux et nationaux, la faveur d'entrer en lice; il offrait de se séparer de collègues qui tous l'avaient accueilli, sans le connaître personnellement, avec tant de bienveillance, si sa position à la tête d'un de ces établissements et sa présence parmi les membres du Jury devaient être un obstacle à ce que les produits de Sèvres fussent admis à concourir. Chaleureusement défendue, dans le Conseil des présidents, par des membres éminents de la Commission française, l'admission fut décidée.

L'influence de la manufacture de Sèvres sur le développement en France de la fabrication de la porcelaine dure, dont elle fut le berceau, la composition définie des pâtes, les procédés perfectionnés de façonnage, d'encastage et de cuisson, la [illegible], la variété des formes, le glacé, l'éclat des couleurs, la [illegible] en bleu sous couverte, la sculpture en cru sur fond de [illegible], les vitraux colorés, la peinture sur émail, etc., [illegible] une série non interrompue d'inventions impor[illegible], lui firent accorder à l'unanimité la médaille de pre[illegible].

M. [illegible], de Paris, est un fabricant d'objets de fantaisie en porcelaine; il a exposé plusieurs objets qui témoignent de son habileté: une statuette demi-grandeur, de Bernard Palissy, en biscuit de porcelaine dure, est une pièce remarquable par sa belle réussite. M. Gille, en appliquant avec réserve l'or et les couleurs vitrifiables sur des statuettes et des groupes en biscuit, obtient d'heureux résultats.

Les biscuits ainsi décorés sont tout à fait différents des figurines de Saxe complétement émaillées et peintes; ils ont un caractère particulier d'élégance.

M. Gille a peint des plaques de porcelaine après en avoir dépoli la couverte, de manière à obtenir une peinture plus mate et plus douce à l'œil; cette innovation paraît susceptible d'heureuses applications. Enfin il a, par une grande persistance, introduit la porcelaine peinte et décorée dans des chambranles de cheminée, des meubles, etc., etc.

MM. Jouhanneaud et Dubois, de Limoges. — Les produits exposés par MM. Jouhanneaud et Dubois sont remarquables par leurs dimensions, leur belle réussite, et par les couleurs dont ils sont recouverts. Ces couleurs sont généralement obtenues au grand feu du four à porcelaine, ce qui leur donne un grand éclat, une apparence particulière et une complète inaltérabilité. Nous avons remarqué, comme principales couleurs préparées par engobage sous couverte, un bleu outremer, un vert très-vif, un vert bleuâtre très-riche, du gris céladon, un vert jaunâtre, un vert d'eau, du bleu d'azur. Ces couleurs, en grande partie nouvelles, font le plus grand honneur à M. Halot, chimiste de l'établissement.

M. Alluaud aîné, de Limoges. — Les porcelaines dures exposées par M. Alluaud sont remarquables par leur blancheur, par le glacé de leur émail, et par une certaine perfection dans la fabrication. M. Alluaud est l'un des fabricants les plus considérés de Limoges; il travaille surtout pour l'exportation. Sa manufacture est distinguée principalement par la bonne qualité des produits.

M. Honoré, de Champroux, fabrique en grande quantité des pièces de porcelaine pour le service et la décoration; il possède à Paris un dépôt de pièces blanches et décorées dans un assez bon style. Il fait entrer dans la composition de ses pâtes un kaolin du département de l'Allier différent des kaolins de Saint-Yrieix: ce fait mérite d'être cité. Nous avons remarqué parmi les pièces décorées l'emploi d'un bleu turquoise qui faisait un très-bel effet.

M. Jacob Petit, de Fontainebleau, a fabriqué des pièces assez remarquables par leur dimension; il a tiré, dans beaucoup de cas, un très-bon parti des draperies en dentelles faites par un procédé très-ingénieux. Nous profitons avec plaisir de l'occasion qui s'offre à nous de citer son nom pour rappeler qu'en donnant, vers 1830, un grand développement à la porcelaine du genre *rocaille*, il défendit la fabrication de cette poterie contre une ruine imminente. Nous lui rendons cette justice, sans toutefois approuver sans réserve tout ce qui s'est fait en ce genre de porcelaines décorées.

M. Nast, de Paris. — Ce nom rappelle l'une des maisons qui, avec celle de Dihl, ont fait, pendant longtemps, rechercher les porcelaines françaises sur les marchés étrangers. M. Nast avait exposé diverses pièces d'une belle fabrication. Nous avons remarqué dans cette exposition une grande coupe avec ornements en relief.

MM. Gorsas et Périer, de Limoges. — Les produits exposés par ces fabricants sont des articles de service et de fantaisies d'une assez bonne exécution.

L'Angleterre ne fabrique encore que de la porcelaine tendre; les ustensiles de laboratoire exposés par M. Minton représentaient les premières tentatives de la fabrication de la porcelaine dure, qui, dans un avenir plus ou moins éloigné, doit faire à notre industrie la plus sérieuse concurrence. De nombreux gîtes de kaolin et des granits d'une bonne qualité, d'une exploitation économique, le combustible minéral à bon marché, une grande habileté dans la pratique des arts céramiques, toutes ces conditions réunies doivent faire craindre à nos fabricants une lutte dangereuse à leurs intérêts, s'ils ne savent pas conserver sur les marchés étrangers une supériorité justement acquise par le bon goût et la pureté de leurs produits.

Les objets de laboratoire fabriqués par M. Minton sont de très-bonne qualité; ils paraissent destinés à remplacer avantageusement, en Angleterre, les produits similaires des fabrications étrangères allemande et française.

La plupart des grandes puissances de l'Europe possèdent des fabriques de porcelaine dure, ou entretenues par les princes régnants, ou subventionnées par l'État; toutes ces manufactures avaient placé dans le Palais de cristal quelques-uns de leurs produits. Nous citerons les manufactures impériales d'Autriche et de Russie, les manufactures royales de Prusse, de Bavière, de Saxe, de Danemark. Elles ont toutes reçu des médailles de deuxième classe.

Manufacture impériale d'Autriche, à Vienne. — Cette manufacture a présenté plusieurs séries de pièces de service de table de diverses espèces, décorées et peintes, enfin une table qui, comme fabrication, n'est pas sans quelque mérite.

Manufacture impériale de Russie, à Saint-Pétersbourg. — On remarquait, dans l'exposition de cette manufacture, un vase peint, d'une assez grande dimension, bien décoré, traité dans le goût français.

Manufacture royale de Saxe, à Meissen. — Au premier rang des objets exposés par cette manufacture, nous mentionnerons les ustensiles de chimie qui jouissent d'une grande réputation. Un assez grand nombre de pièces décorées nous ont paru lourdes comme décoration et négligées comme fabrication. Plusieurs exemples de reliefs émaillés et peints nous ont semblé ne donner qu'une idée bien imparfaite des figurines qui ont, dans l'origine de cette fabrique, conquis à la porcelaine de Saxe son ancienne renommée.

Manufacture royale de Prusse, à Berlin. — La manufacture de Berlin avait exposé diverses pièces décorées de paysages et de figures qui, bien qu'exécutées dans la façon allemande, étaient assez remarquables; les peintures sont bien glacées, les copies exactes comme dessin et comme couleur. Nous signalerons deux candélabres, en fond céladon, d'une grande dimension. Plusieurs pièces sont dorées avec tant de profusion, qu'elles paraissent surchargées et lourdes.

Manufacture royale de Bavière, à Nymphenbourg. — Nous avons remarqué, dans les produits de la manufacture de Nymphenbourg, une grande variété de biscuit et de pièces décorées. La pâte nous a semblé légèrement grisâtre; la peinture est faite dans le goût allemand.

MANUFACTURE ROYALE DE DANEMARK, à Copenhague. — Parmi les pièces exposées par cette manufacture, plusieurs bas-reliefs, d'après Thorwaldsen, étaient à remarquer. Plusieurs pièces d'une certaine originalité venaient encore ajouter au mérite de cette fabrication.

MANUFACTURE DE TURQUIE, à Constantinople. — La manufacture de Constantinople avait envoyé plusieurs pièces de porcelaine blanche et décorée dans le goût oriental. Elle avait aussi mis en vue du public des échantillons variés des terres qui entrent dans la composition de ses poteries.

L'Autriche et les États allemands, chez lesquels la fabrication de la porcelaine dure est très-développée, et qui avaient envoyé les produits de leurs manufactures impériales et royales, étaient encore représentés par les produits de plusieurs établissements connus, parmi lesquels nous avons remarqué ceux de MM. HAIDINGER à Elbogen, NOWOTNY, à Alt-Rohlau, près Carlsbad, et FISCHER, à Pirkenhonner, tous trois en Bohême; puis ceux de MM. FISCHER-MORITZ, à Nerend, en Hongrie, TIELSCH, à Alkwasser (Silésie), et F. E. ARNOLDI, à Egersburg (Cobourg-Gotha).

MM. HAIDINGER, frères. — La pâte de la porcelaine d'Elbogen est généralement un peu bise; cependant MM. Haidinger méritent d'être cités pour leurs pièces peintes en bleu sous couverte, avec des parties réservées reprises en couleurs de [illegible]. Ces pièces sont d'un effet satisfaisant et original. Les [illegible] fabricants ont offert le premier exemple [illegible] cuites à très-haute température au [illegible]; à cet égard, elles doivent avoir ici cette mention spéciale.

M. NOWOTNY. — L'exposition très-variée de ce fabricant, contient des spécimens de porcelaine blanche d'une couleur plus agréable que celle de MM. Haidinger.

M. FISCHER. — Ce fabricant avait exposé des porcelaines assez blanches et des fonds de couleur qui ont du mérite.

Nous ne saurions, toutefois, approuver sans réserve le genre contourné dit *rocaille*, dans lequel sont faites presque toutes les porcelaines de cette exposition.

M. Fischer-Moritz. — Cet exposant, dont la porcelaine est légèrement bise, recherche l'imitation des porcelaines de Saxe. Nous avons distingué dans son exposition un vase potiche de près d'un mètre de hauteur, à fleurs en relief colorées en bleu et vert clairs, d'un très-bel effet.

Le Portugal et la Belgique, qui n'ont pas de manufactures royales, tenaient dignement leur place à l'Exposition de Londres par les envois particuliers de M. Pinto-Basto et de M. Cappellemans aîné, de Bruxelles.

M. Pinto-Basto. — L'exposition de ce fabricant mérite d'être signalée, non pas tant par la valeur absolue des produits que pour les circonstances accessoires de la fabrication. Il y a, selon nous, le plus grand mérite à fonder une industrie nouvelle dans un pays où tout manque, dans lequel il faut tout chercher et tout créer. Les fondateurs de la fabrique de Vista-Alegre ont commencé seulement en 1840 à faire de la porcelaine dure; ils ont employé des kaolins des environs pour fabriquer leurs pâtes; ils ont formé des ouvriers de la localité pour façonner leurs pièces.

Les porcelaines de Vista-Alègre sont blanches et d'une fabrication déjà remarquable.

M. Cappellemans aîné, à Bruxelles. — Quoique les difficultés à vaincre aient été moindres en Belgique qu'en Portugal, nous pensons que cette fabrication doit être citée. On y établit de la porcelaine dure analogue à celle du Limousin; on emploie les mêmes pâtes et les mêmes moyens que dans cette dernière localité. Cette industrie est assez importante.

DÉCORATION.

En France, la décoration des porcelaines constitue depuis longtemps une branche d'industrie très-remarquable exercée principalement à Paris, par des négociants qui ne fabriquent pas eux-mêmes, mais qui font établir. Plusieurs décorateurs avaient exposé des pièces très-remarquables : il faut citer plus particulièrement MM. Boyer et Lahoche, de Paris, dont les produits, montés en bronze habilement ciselé, jouissent d'une réputation bien méritée; ces objets seront, du reste, examinés dans la classe des produits d'art, à laquelle ils appartiennent plus spécialement. Cependant nous signalerons, dans l'exposition de M. Boyer, plusieurs pièces peintes avec talent par M. T. Fragonard, artiste de la manufacture de Sèvres.

PORCELAINE TENDRE FRANÇAISE.

On ne connaît plus, en Europe, que deux fabriques qui produisent des poteries analogues à celles qu'on a fabriquées en France, et notamment à Sèvres, pendant le XVIIIe siècle, avec un si grand succès.

Cette espèce de porcelaine autrefois appelée *porcelaine de France,* est connue maintenant sous le nom de pâte tendre; elle porte aussi le nom de *porcelaine à fritte,* parce que la base de la composition de sa pâte est un verre imparfait qu'on appelle *fritte.*

Les fabriques de Tournay en Belgique et de Saint-Amand-les-Eaux, en France, très-voisines l'une de l'autre et qui appartiennent aux deux frères, ont seules continué sans interruption ce genre de fabrication.

MM. de Bettignies à Saint-Amand-les-Eaux.—Les porcelaines de Tournay et de Saint-Amand étaient bien loin, jusque dans ces derniers temps, de présenter la blancheur et la beauté de fabrication de l'ancienne pâte tendre de Sèvres; mais, comme la pâte et la glaçure étaient de même nature, les fonds de couleur et les peintures qu'on y appliquait, masquant presque complétement le corps des pièces, présentaient, avec le même aspect, le même éclat et le même glacé.

Depuis deux ans la fabrication de Saint-Amand-les-Eaux, près Valenciennes (Nord), s'est notablement améliorée, et les produits exposés en ont fourni la preuve la plus évidente.

De grands vases fond turquoise, avec cartels peints dans le genre Watteau par M. Ab. Schilt, peintre de la manufacture de

Sèvres; d'autres vases à fond presque blanc avec peintures de fleurs par M. Labbé, artiste aussi de la manufacture de Sèvres, qui vient de mourir bien jeune et dans toute la force d'un talent remarquable; d'autres pièces à fond *rose Dubarry* : telles sont les pièces les plus importantes de l'exposition de M. Maximilien de Bettignies. Les couleurs de fond sont en tous points comparables à celles qui ont conservé, sur le vieux Sèvres, une si grande réputation.

PORCELAINE TENDRE ANGLAISE.

La fabrication de cette porcelaine, créée en Angleterre, y est établie sur une très-grande échelle. La porcelaine tendre anglaise est la poterie de luxe; elle y est faite avec une grande perfection par de nombreux fabricants.

M. Minton, à Stoke-upon-Trent (Staffordshire). — Parmi tous les manufacturiers anglais, M. Minton est celui qui a paru mériter la récompense de l'ordre le plus élevé. Il avait exposé plusieurs vases et un service en porcelaine tendre à pâte phosphatique; ces produits sont d'une belle fabrication: les formes sont empruntées en grande partie aux pièces d'ancien Sèvres; elles sont exécutées avec goût et avec pureté; les fonds de couleur sont beaux, particulièrement les bleus. Les décorations sont faites avec beaucoup de légèreté; les fleurs qui sont appliquées sur les assiettes sont d'un bel effet; sans être prodiguées, elles laissent voir le blanc si agréable de la porcelaine.

Tous les groupes en *parian* de M. Minton sont très-bien exécutés et d'après de bons modèles. On ne peut approuver sans réserve l'emploi du parian pour les pièces de service de table, pour les chambranles de cheminées, etc.; nous croyons que cette belle matière est trop fragile et trop facile à salir, pour qu'il soit convenable de l'employer dans tous les cas; cette réserve faite, nous regardons comme très-remarquables par leur exécution toutes les pièces exposées par M. Minton.

Nous aurons plus loin l'occasion de parler des autres produits exposés par ce même fabricant, tels que faïences fines, majolica, carreaux incrustés, encaustiques mosaïques : ces derniers produits, d'un usage plus spécial dans la construction ou la décoration des édifices, sont du ressort de la XXVIIe classe; mais nous proclamerons hautement que la fabrication de tous ces objets constituait l'ensemble le plus complet qu'un même établissement eût placé sous les yeux du Jury.

M. Copeland, à Stoke-upon-Trent (Staffordshire), a exposé, comme M. Minton, une très-grande variété d'objets en porcelaine, dont plusieurs nous ont paru d'un grand mérite. La porcelaine est très-bien fabriquée, plusieurs pièces de dimensions assez grandes sont d'un façonnage soigné; mais la décoration nous a paru laisser beaucoup à désirer sous le rapport du goût : à cet égard, M. Minton, en s'inspirant davantage de l'école de Sèvres, est supérieur à ce fabricant. Les ornements des services sont lourds, les fleurs n'ont ni vivacité de coloris, ni légèreté; de telle sorte que les pièces décorées exposées par M. Copeland sont d'un aspect d'autant moins agréable, qu'elles ont reçu plus de main-d'œuvre.

Les objets en *parian* exposés par M. Copeland sont d'une belle réussite. Ce fabricant est un des premiers, s'il n'est le premier, qui aient fabriqué cette belle matière, et il en a tiré le meilleur parti possible.

Les porcelaines dites *bijoux* (fond bleu, décorées avec perles d'émail, faisant partie de cette exposition, sont remarquables par l'aspect et l'exécution. Comme la plupart des fabricants anglais, M. Copeland réunit dans son établissement différentes fabrications : cette variété de produits est assurément une occasion de progrès rapides qui ne se rencontre pas dans les fabriques qui ne font qu'une seule espèce de céramique. Nous constaterons dès à présent, pour ne plus y revenir, et nous ferons de même pour les autres exposants anglais, la supériorité des diverses pièces de cailloutage (earthen-ware) exposées par M. Copeland : nous avons remarqué des plaques d'assez grande dimension (1m, 30 sur 0m, 60), d'une belle réussite, qui pourront trouver un emploi très-utile dans la décoration intérieure des édifices; ces plaques présentent des impressions très-bien exécutées, d'après des modèles de l'antique. Ces produits ont une valeur artistique digne d'être signalée. Nous avons encore remarqué dans cette exposition de grandes jattes en cailloutage d'une belle exécution.

M. John Rose, à Coalbrook-Dale (Shropshire), a exposé des services en porcelaine à fond bleu céleste et à fond rose ornés de fleurs qui sont décorés avec simplicité et qui produisent un très-agréable effet : nous avons remarqué dans leur exposition un groupe en biscuit, dit *parian*, d'une belle fabrication.

M. Samuel Alcock et Cie, à Burslem (Staffordshire). — Ces fabricants ont exposé des biscuits en *parian* qui sont d'une grande délicatesse, des vases de formes diverses, avec figures en blanc faites par incrustation sur fond bleu clair; on remarquait quelques pièces en biscuit bleu, avec des ornements en pâte verte et blanche sur fond bleu clair, d'un mérite incontestable et d'un aspect très-distingué. Leur fabrication ordinaire est aussi de très-belle qualité.

Le *parian* figure encore dans les expositions de plusieurs fabricants anglais avec les qualités qui distinguent cette belle matière. Nous citerons enfin comme ayant exposé des pièces en biscuit de cette pâte :

MM. John et Josiah Mayer, à Longport (Staffordshire);

MM. Keys et Mountfort, à Newcastle-sur-Line (Staffordshire);

MM. Wedgwood et fils, à Etruria, et Bell, de Glasgow, la seule fabrique écossaise.

MM. Chamberlain et Cie avaient exposé de jolies pièces réticulées, comme les Chinois nous ont appris à les faire.

CAILLOUTAGES ET GRÈS FINS.

CAILLOUTAGE.

Les poteries rangées dans cet ordre appartiennent presque

exclusivement à la fabrication anglaise. L'Angleterre, patrie de ce genre de produit céramique, était représentée par un grand nombre de fabricants, qui ont voulu montrer au monde entier la perfection de leurs procédés. Les manufacturiers français, qui auraient bien pu, dans certaines limites, accepter franchement le défi n'ont pas paru. Nous regrettons de n'avoir vu figurer dans les salles du Palais de cristal ni Sarreguemines, qui pouvait espérer d'être sans rivale avec ses imitations de porphyre, ni Creil, ni Montereau, ni Bordeaux, ni Valentine près Toulouse, ni Longwy.

La Prusse était dignement représentée par la fabrique de Mettlach, dont tout le monde apprécie les produits.

Une fabrique établie à Francfort-sur-l'Oder avait aussi préparé quelques pièces pour l'Exposition.

M. Minton. — En tête des fabricants de cailloutage nous devons encore placer M. Minton, à Stoke-upon-Trent, dont les produits (earthenware) nous ont paru très-bien fabriqués; il existe, dans cette manufacture, et sous des noms variés, une infinité de poteries à usages différents.

MM. John Ridgway et Cie, à Cauldon-Place (Staffordshire). — Ces fabricants ont exposé de très-belles pièces de cailloutage pour des usages domestiques; la couverte, imitation de marbre, qui les recouvre, est d'un assez bel effet, et contribue à donner complétement à ces produits l'apparence de la porcelaine. Nous avons remarqué spécialement une jardinière en cailloutage, de grandes pièces de toilette, des rampes d'escaliers; et, bien que nous ne jugions pas convenable de recommander l'emploi de cette matière pour tous ces usages indistinctement, il n'en faut pas moins reconnaître que le fabricant auquel on doit l'exécution de ces grandes pièces a fait progresser son art.

M. Dimmock, à Shelton (Staffordshire). — Nous avons remarqué les belles productions de ce fabricant, la beauté de son vernis, la netteté et le bel effet de ses impressions; nous devons signaler aussi dans ses produits des fonds bleus d'un aspect très-riche.

MM. John et Josiah Mayer, à Longport (Staffordshire). — Les cailloutages de MM. Mayer sont d'une belle fabrication, leurs assiettes d'*ironstone*, leurs pots à l'eau, les bassins pour cabinets, les tabourets pour jardins, sont remarquables et doivent être cités. Ces fabricants ont exposé des vases en fond noir avec des figures se détachant en bleu sur ce fond; malheureusement les filets dorés qui sertissent les figures nuisent beaucoup à l'effet obtenu par ce genre de décoration.

Nous avons encore remarqué, parmi les produits exposés par MM. Mayer, des impressions polychromes appliquées sur un très grand nombre d'objets et qui sont d'un prix assez modique pour trouver un grand nombre de consommateurs. C'est une nouvelle branche d'impression, qui prendra certainement, dans l'avenir, avec le perfectionnement des procédés, une grande extension.

Nous terminerons l'examen des cailloutages anglais, en citant les noms de quelques fabricants dans l'exposition desquels nous avons distingué quelques objets nouveaux, remarquables comme usage, comme dimension, comme perfectionnements apportés à des procédés connus :

MM. (T. et R.) Boote, de Burslem (Staffordshire), pour leurs procédés d'incrustation qui permettent d'obtenir des effets qu'il était impossible ou difficile de produire autrement;

M. Finch (J.), de Londres (Middlesex), pour des appareils à lessive ou cuves pour buanderies;

M. Meigh (C. et fils), de Hanley (Staffordshire), pour la dimension et la bonne qualité de leurs produits en cailloutage;

M. Bell (J. et C.), de Glasgow;

MM. Challinor (E.), pour la bonne qualité de leurs produits;

M. Pratt (J. et R.) et Cie, de Fenton (Staffordshire), pour leurs procédés d'impressions variées sous couverte, donnant des peintures fraîches et brillantes;

MM. Kennedy (W. et S.), de Burslem (Staffordshire), pour leur fabrication de plaques, boutons de porte, etc.;

M. Lee (J.), de Rotherham (Yorkshire), pour ses écriteaux, enseignes, etc.;

M. Wood (C.), de Brentford, pour ses caisses d'orangers de la plus grande dimension connue;

MM. Grainger (C. et O.), de Worcester, pour les qualités de ses poteries appliquées aux usages de laboratoire;

MM. Southorn, W. et Cie, de Brosely (Shropshire), pour la bonne qualité de ses pipes à fumer;

MM. Scharpe frères et Cie, à Swadlincote, Burton-on-Trent, pour sa poterie digne d'une mention.

GRÈS CÉRAMES FINS.

Ici se placent les remarques que nous avons faites sur les produits en grès cérame fin exposés par plusieurs fabricants anglais qui fabriquent aussi des cailloutages, mais que nous signalons plus particulièrement à cause de la première fabrication.

MM. Wedgwood et fils, à Etruria (Staffordshire). — Les produits les plus remarquables de cette exposition sont des grès fins, présentant des bas-reliefs en pâte blanche sur fond bleu; les sujets des bas-reliefs sont exécutés avec beaucoup de finesse et de netteté : bien que ce genre de poterie soit connu depuis longtemps par les travaux de l'illustre Wedgwood, ils n'en méritent pas moins d'être de nouveau signalés à l'attention publique. Nous avons encore remarqué, parmi les produits de MM. Wedgwood, des vases à fond noir d'un très-beau caractère.

Les produits de la fabrique d'Etruria nous ont paru dignes de leur ancienne réputation : ils doivent toujours servir de type aux fabricants français qui voudraient imiter ce genre de poteries.

M. Bourne (J.), Derby. — Cette manufacture avait exposé de bonnes bouteilles de grès, qui nous ont donné le regret de ne point voir figurer au Palais de cristal les produits remarquables en ce genre de la fabrique du Montet, Saône-et-Loire (France).

MM. Green (S. et C.), à Lambeth.—Les produits de la fabrique de MM. Green et Cie restent toujours les modèles des produits de grès à l'usage des distilleries, dont il serait tant à désirer de voir s'introduire en France la fabrication courante.

Nous avons remarqué dans cette exposition un grand vase d'une seule pièce, de 420 gallons, fait par une machine nommé *poter's wheel;* l'élégance et la simplicité des procédés mis en usage dans cette manufacture, que nous avons été admis à visiter, nous ont vivement frappés. Nous citerons encore des serpentins, des appareils de grès d'une fabrication soignée et d'un prix modéré.

MM. Villeroy et Boch, à Vallerfangen, près Sarrelouis, et à Mettlach, près Mertzig. — Ces fabricants produisent des cailloutages de très-belle qualité, comparables aux belles faïences du Staffordshire. Mais les produits les plus remarquables de ces manufacturiers consistent en grès fins de couleurs variées et décorés de platine appliqué par des procédés particuliers en couche très-mince et très-brillante; les grès platinés de MM. Boch et Villeroy sont très-remarquables, leurs prix ne sont pas élevés.

La fabrication de MM. Boch et Villeroy s'est développée considérablement depuis plusieurs années. Leurs deux manufactures comptent parmi les plus recommandables de l'Allemagne.

M. Strahl, à Francfort-sur-l'Oder, avait exposé plusieurs pièces de faïence blanche fine, très-bien fabriquées, que nous avons remarquées comme présentant le caractère de produits dignes d'une mention spéciale.

GRÈS COMMUNS, FAÏENCE ET POTERIES GROSSIÈRES.

GRÈS COMMUNS, FAÏENCE STANNIFÈRE.

Au premier rang des produits classés dans cet ordre, nous plaçons les poteries nouvelles, auxquelles M. Minton a donné le nom de *majolica.* Ces poteries sont en effet remarquables par la beauté des tons des émaux colorés, transparents ou opaques, qui recouvrent le corps de pâte; les vases sur lesquels les émaux sont appliqués sont déjà d'une grande dimension et parfaitement appropriés aux usages qu'ils doivent recevoir dans la décoration extérieure. Cette fabrication nous paraît digne de toute l'attention du public; nous nous permettrons une seule observation : elle a trait au nom de *majolica,* qui nous semble impropre pour désigner des poteries dans lesquelles le caractère distinctif des majolica n'existe pas toujours. Les majolica, qui ont une si grande réputation, la doivent en effet tout autant, selon nous, si même ce n'est plus, à l'habileté dont les artistes ont fait preuve dans les dessins qui décorent ces pièces de poterie, qu'à l'emploi, nouveau pour l'époque, des glaçures opaques et transparentes diversement colorées.

M. le baron du Tremblay, fabricant de faïences à Rubelles, près de Melun (Seine-et-Marne). — Nous placerons immédiatement après les produits de M. Minton, ceux de la fabrique de faïence dits *émaux ombrants,* de M. le baron du Tremblay. Ces objets sont d'un effet harmonieux très-agréable; voici en quoi consiste le procédé qui les fournit. On obtient par moulage une image en creux sur la pièce en pâte, c'est-à-dire l'inverse d'un bas-relief; puis on couvre cette pièce, cuite une première fois, par une couche d'un vernis transparent et très-fusible, qu'on colore soit en vert par l'oxyde de cuivre, soit en bleu par l'oxyde de cobalt, soit en violet par l'oxyde de manganèse. Ce vernis fond au feu et présente, malgré des épaisseurs inégales, une surface extérieure parfaitement unie; il en résulte que les parties les plus profondes de l'image représentent des ombres, tandis que les parties minces donnent les clairs du tableau. C'est la contre-partie des produits appelés *lithophanie,* qu'on fabrique avec la pâte de porcelaine dure, en Saxe, à Berlin et en Russie.

Les objets exposés par M. du Tremblay consistent en échantillons variés de services de table, avec des dessins et des colorations de diverses natures. Le très-bon marché de ces produits ajoute un nouvel intérêt à cette fabrication, qui pourra recevoir aussi d'utiles applications dans la décoration ou l'assainissement des maisons et des édifices. Les plaques exposées pourraient être employées comme revêtement intérieur dans les salles à manger, les vestibules, les salles de bains; elles constitueraient une décoration brillante, presque inaltérable et d'un prix modique.

M. Mansard, de Voisinlieu, près Beauvais (Oise). — La poterie de grès, qui, entre les mains de M. Ziégler, avait revêtu des formes nouvelles et gracieuses, s'est montrée à Londres avec une certaine élégance. On remarquait dans l'exposition de M. Mansard des pièces de bonne forme, destinées à la décoration, comme vases, potiches, etc., unis ou à reliefs, quelques-uns avec des couleurs souvent très-éclatantes.

MM. Hardmuth (L. et C.), à Budweis (Bohême). — Nous avons remarqué les poteries à couverte terreuse, résultats des efforts de ces fabricants pour faire disparaître des usages domestiques le vernis de plomb, lequel n'est pas sans danger.

M. C. Avisseau, à Tours (Indre-et-Loire). — Les célèbres faïences de Bernard Palissy, un des beaux titres de gloire de la France comme application des beaux-arts à l'industrie, étaient représentées, au Palais de cristal, par les faïences qui, depuis quelque temps, ont fait connaître et répandre le nom M. Charles Avisseau, de Tours; on a pu remarquer dans son exposition des poteries à glaçure plombifère, des étrusques, etc.

Après avoir cité les terres cuites de M. Ziégler Pellis, à Winterthur (canton de Zurich), celles de MM. J. Edwards et fils, à Dale-Hall (Staffordshire), nous terminerons cette liste des objets en poterie vernissée ou terre cuite que nous avons distingués dans l'Exposition de Hyde-Park, par une mention toute spéciale en faveur des poteries du Bengale et de la terre de Van-Diémen.

POTERIES DU BENGALE ET DE LA TERRE DE VAN-DIÉMEN.

Les poteries du Bengale surtout présentaient un assortiment

excessivement varié de poteries de l'aspect le plus original; nous avons distingué les poteries de couleur café au lait d'*Ahmed-abad*, les terres de *Lahore* enduites de mica, quelques pièces polies et lustrées par frottement, très-légères de fabrication; les poteries noires de *Lahore*, lustrées par frottement, contenant un peu de mica dans leur pâte et colorées par enfumage; enfin, des poteries noires vernissées et rehaussées d'or et d'argent, très-riches de formes; quelques-unes de ces pièces, manufacturées à Bhangulpore, à Azimpurth, ont des ornements en relief.

Dans la fabrication du Bengale, on pouvait encore remarquer des terres vernissées au plomb, des statuettes, des bustes faits dans le goût européen, des terres très-sableuses et peu cuites; enfin, dans l'exposition de Van Diémen des poteries vernissées et colorées en vert par le cuivre ou en brun par le fer et le manganèse.

OBJETS DIVERS EN PÂTE CÉRAMIQUE.

Nous n'avons pas à nous occuper, dans ce rapport, ainsi que nous l'avons déjà dit, des divers matériaux en terre cuite préparés pour les constructions, tels que carreaux, briques, etc.; ces produits seront, dans la XXVIIe classe, l'objet d'un examen approfondi. Mais nous devons une mention toute spéciale à la fabrication des boutons en pâte céramique, qui ne pourrait entrer dans aucune autre classe que la XXVe.

M. Bapterosses, fabricant de boutons en pâte céramique, rue de la Muette, n° 27, à Paris. — La fabrication mécanique des boutons en pâte céramique est une industrie toute nouvelle. M. Prosser, ingénieur anglais, reprit une ancienne idée de Potter; la patente qu'il obtint en Angleterre pour l'exploitation de ses procédés fut cédée par lui à deux manufactures, celle de MM. Minton et Cie, à Stoke-upon-Trent, et celle de MM. Walter Chamberlain et Cie, à Worcester.

Les procédés dont M. Bapterosses est l'inventeur, et dont il a commencé l'application dès 1845, diffèrent beaucoup de ceux de M. Prosser, et nous paraissent constituer un progrès des plus importants dans cette nouvelle industrie.

Dans le procédé primitif, les machines qui servaient au moulage par pression de la pâte céramique sèche ne frappent qu'un seul bouton par coup de balancier; celles de M. Baptérosses en frappent à la fois jusqu'à cinq cents, et n'exigent, comme celle de M. Prosser, que l'intervention d'un seul ouvrier.

Les procédés de cuisson ne sont ni moins remarquables ni moins ingénieux. Dans la fabrication anglaise, les boutons, après leur moulage, étaient placés à la main sur des rondeaux en terre cuite, *encastés* comme d'autres poteries et passés ensuite dans le four à porcelaine où ils restaient pendant toute la durée de la cuisson. Chez M. Bapterosses, au contraire, les boutons se rangent d'eux-mêmes, en sortant de la machine à mouler, sur une feuille de papier que l'ouvrier pose sur une plaque de terre de même dimension rougie au feu. Le papier brûle, et le support de terre est immédiatement introduit avec les boutons qui le recouvrent dans une moufle aplatie et allongée; il n'y reste que dix minutes, temps suffisant pour que les boutons soient convenablement cuits. On retire le support de la moufle, on enlève les boutons et on le fait servir immédiatement à une nouvelle opération avant qu'il ait perdu sa chaleur rouge. Le même four peut chauffer à la fois 60 moufles, et rester en feu pendant plusieurs mois sans avoir besoin de réparation.

Les boutons ordinaires sont blancs; on en obtient de teintes variées par des additions faites à la pâte de divers oxydes métalliques. Des impressions variées en or et couleurs peuvent être appliquées de même, par des moyens simples, ingénieux et d'une grande élégance, sur les boutons en pâte blanche.

M. Minton, cessionnaire des brevets de M. Prosser, a renoncé, devant les résultats obtenus par M. Bapterosses, à la fabrication des boutons de pâte de porcelaine; il reçoit maintenant de Paris les produits qu'il livre à la consommation anglaise.

Les prix des boutons en pâte céramique sont remarquablement bas : la *masse*, qui comprend 1,728 boutons, coûte tout encartée 2 francs environ (1 sh. 7 pences).

La fabrication nouvelle dont M. Bapterosses est l'inventeur prouve, chez cet industriel, une intelligence et un esprit d'invention des plus remarquables. Il a su, par son talent, obtenir un résultat très-honorable pour l'industrie française : la cessation de la fabrication des boutons en pâte céramique dans le Royaume-Uni.

HISTOIRE DÉTAILLÉE
DES PROGRÈS RÉALISÉS DANS LES ARTS CÉRAMIQUES
DEPUIS 1810.

Nous avons accepté notre part de travail dans le tableau préparé par l'honorable Président de la Commission française, et devant présenter, au sujet de l'Exposition de Londres, l'histoire des perfectionnements qui ont signalé, depuis la paix générale, le développement de chacune des branches de l'industrie universelle. Nous tâcherons de nous en acquitter avec toute l'impartialité possible ; mais nous n'osons croire que, malgré tous nos efforts à puiser aux sources les plus variées et les plus authentiques, nous n'ayons pu commettre quelques erreurs ou quelques omissions. Nous prenons l'engagement, si l'occasion se présente à nous, soit dans des additions, soit dans un travail plus étendu, de corriger toutes les erreurs et de réparer tous les oublis qui nous seront signalés. C'est un devoir pour nous d'accueillir toutes les réclamations et de les discuter, afin que la lumière soit faite sur la véritable part qui revient à chacun dans les progrès industriels de toutes les époques.

On ne saurait se dissimuler non plus que notre tâche était difficile : aussi avons-nous apporté, pour la remplir, une attention scrupuleuse, et un temps considérable que nous ne pensons pas avoir à regretter.

Il s'agit donc de tracer ici le résumé des améliorations, même de détail, qui ont permis aux produits céramiques de se répandre considérablement dans les conditions de variété, de perfection et de bon marché que cette industrie nous présente aujourd'hui.

Dans la fabrication des poteries, beaucoup de modifications apportées aux procédés employés à des fabrications spéciales ont été, sont ou seront, sans doute avec avantage, transportées dans des fabrications de même ordre, mais moins avancées.

Nous croyons donc, pour généraliser davantage les inventions que nous avons à constater, devoir les présenter dans l'ordre successif des opérations fondamentales qu'on retrouve dans toutes les fabrications céramiques, dans la poterie la plus commune comme dans la fabrication la plus perfectionnée, celle de la porcelaine la plus richement décorée.

Ce résumé présentera de la sorte plus de concision et plus de clarté. Nous compléterons cette étude par un examen approfondi des fabrications spéciales et des améliorations dont elles ont été l'objet. Nous trouverons ainsi l'occasion de rendre justice aux efforts de tous les établissements qui, par leur existence progressive ou leurs découvertes, ont pu rendre à l'industrie qu'ils exercent des services importants.

Mais il est un genre de produits céramiques qui, en raison de la simplicité de leur forme, de la quantité considérable qu'on en fabrique, en raison enfin de l'application des moyens mécaniques qui a été faite à leur confection, mérite d'être traitée tout à fait à part: ce sont les briques, tuyaux, tuiles, carreaux, etc. L'histoire des perfectionnements apportés à leur fabrication précédera celle de la céramique proprement dite.

BRIQUES ET OBJETS ANALOGUES.

La fabrication des briques, des tuiles, des carreaux, est sans contredit, parmi les fabrications céramiques grossières, celle qui a, de tout temps, été le but des plus nombreux efforts.

Depuis qu'il fut démontré par expérience qu'on pouvait appliquer à cette fabrication avec de grands avantages, dans les localités où la consommation de ces divers matériaux est importante, des moyens mécaniques pour remplacer, en tout ou en partie, le travail manuel, on s'est beaucoup occupé de l'application de la mécanique au façonnage de ces produits.

Les premières machines remplissant les conditions qu'on en attendait furent celle de Hattenberg, conseiller de l'empereur de Russie, et celle de Kinsley, des États-Unis d'Amérique, employée en France par M. Molard; la première était en activité, vers 1807, à Saint-Pétersbourg. Depuis cette époque, en Angleterre surtout, dans ces derniers temps, on a beaucoup fait varier les principes et les modes d'action des diverses machines applicables à ce genre de fabrication; bien que nous ayons à présenter ici la succession des procédés appliqués ou proposés pour le façonnage mécanique des briques, tuiles et carreaux, il nous a paru convenable, dans cet historique, de ne pas nous laisser enchaîner d'une manière absolue par l'ordre chronologique. Nous avons cru devoir, toutefois, ranger par ordre de date invariablement tous les documents qui assignent la date des divers perfectionnements proposés. Ces documents, classés méthodiquement par groupes analogues, trouveront naturellement leur place dans un chapitre unique dont nous ferons suivre cet historique; nous n'avons pas voulu non plus faire entrer indistinctement dans un même groupe les travaux exécutés en France et à l'étranger : nous avons fait deux séries parallèles pour les perfectionnements qui ont eu leur origine en France et pour ceux exécutés en Angleterre.

BRIQUES.

Les briques sont les premiers matériaux artificiels employés par les hommes, lorsqu'ils ont bâti leurs habitations dans les terrains d'atterrissement généralement dépourvus de pierres propres aux constructions.

Les premières briques n'étaient pas cuites; mais, comme, dans cet état, elles ne convenaient guère que dans des climats plus chauds et moins pluvieux que l'Europe centrale et septentrionale, on les a généralement rendues plus consistantes et plus dures en les faisant cuire. On remarquera sans doute qu'il est assez singulier que les briques, fabriquées en grande quantité dans les siècles les plus reculés, n'aient été que très-tardivement introduites chez des peuples qui maintenant en font un si grand emploi.

Le docteur Smollett affirme que ce fut dans le IXe siècle que l'art de faire des briques a pénétré dans le Royaume-Uni; Aikin assure qu'il ne devint général que vers le XIVe siècle, époque à laquelle ces mêmes matériaux de construction furent employés en Toscane et dans d'autres parties de l'Italie.

EXTRACTION ET PRÉPARATION DES TERRES.

L'extraction des argiles, qui se fait ordinairement à la main, peut se faire avec avantage au moyen de la machine proposée par M. Favreau[1] 1825 (1): nous le citerons tout d'abord. Son idée sera certainement reprise un jour ou l'autre.

La préparation des terres est, dans la fabrication des briques, un des éléments du succès, et c'est surtout dans le mélange des argiles que le secours des machines est réellement efficace. On sait qu'il n'y a que peu de machines à briques qui n'aient pour premier travail le malaxage des terres. Nous citerons, en premier lieu, les divers cylindres adaptés devant les moules dans un grand nombre de machines, les tines à malaxer, etc., etc.

COMPOSITION.

La composition de la masse, c'est-à-dire la nature physico-chimique de la pâte, est tellement variable avec la destination de la brique, qu'il est impossible de l'indiquer autrement que d'une manière générale, et qu'il serait oiseux d'entrer dans le détail des diverses terres qui ont été soumises à l'essai.

[1] Les numéros mis entre parenthèses renvoient à la liste des documents. Les mêmes numéros sont placés avant l'indication des mémoires, qui permettront à ceux qui désirent plus de détails de les avoir promptement.

Cependant, aux limons, aux argiles figulines, aux argiles plastiques, on a joint quelques matières qui donnent des qualités nouvelles aux briques dans la composition desquelles elles entrent. Nous citerons le schiste argileux (4), broyé très-finement, qui donne les briques du Hartz; l'argile ferrugineuse du Staffordshire, sorte de kaolin impur, qui ajoute aux qualités des briques de Longport, près Burslem.

Dans l'Amérique septentrionale, M. William Meade introduit avec grand succès dans la masse de ses briques de la poussière d'anthracite, si commune dans le pays (5); ces briques, après la cuisson, sont plus également cuites et plus durables. En 1827, M. Landrieu, d'Anzin, avait reconnu les avantages que le schiste ajoutait à des briques déjà de bonne qualité (6).

FORMES.

Avant de nous occuper des façonnages, c'est-à-dire des divers procédés dont on se sert pour donner aux briques, tuiles, etc., leur forme définitive, nous devons dire deux mots des formes elles-mêmes, qu'on a si souvent modifiées tant en France qu'en Angleterre. Nous trouvons ainsi l'occasion de citer des noms connus par des services considérables rendus à l'art des constructeurs. Dans l'impossibilité de les mentionner tous ici, nous distinguerons depuis Fougerolle, en 1806, (14) :

MM. Chaumette, 1813 (15), pour ses tuiles de formes nouvelles;
Lorgnier, 1813 (16), pour ses tuiles à coulisse;
Lemaître, 1819 (18), pour ses tuiles à double coulisse;
Bounin, 1824 (20), pour ses briques dites *mallons;*
Gourlier, 1825 (22), pour son système de tuyau de cheminée;
Courtois, 1825 (23), pour ses tuiles à retroussis et agrafes;
Ronard, 1826 (26), pour ses faîtières, arêtiers, etc.;

Berthaud, 1826 (27), pour ses tuiles à rebord et rainures;

Landrieu, 1827 (28), pour ses briques de formes variées;

Cotto dit *Cotte*, 1828 (29), pour ses tuiles de formes nouvelles;

Dimoff, 1835 (33), pour ses tuiles dites *économiques;*

Courtat, 1838 (37), pour ses terres cuites pour construction;

Fonrouge, 1838 (38), pour ses briques à construire les murs à tuyau de cheminée;

Mothereau et Ledreux, 1840 (41), pour ses briques creuses pour cloisons;

Mamelin, 1841 (46), pour ses tuiles à coulisses;

Chibon, 1842 (47), pour ses tuiles vernissées;

Robelin et Huguenotte, 1843 (48), pour leurs tuiles perfectionnées;

Totain, 1844 (52), pour ses briques de formes nouvelles;

Robelin, 1844 (53), pour ses tuiles économiques;

Mar-Martin, 1846 (54), pour ses tuiles à recouvrement;

Videbout, 1846 (56), pour des briques applicables aux voûtes;

Castillon, 1847 (58), pour son nouveau système de couverture en tuiles;

Jolibois, 1847 (59), pour des tuiles d'une forme nouvelle;

Granjean, 1847 (61), pour ses tuiles de forme particulière;

Milard, 1847 (63), pour ses tuiles;

Gilardoni, 1847 (64), pour ses tuiles à recouvrement.

FAÇONNAGE.

Le façonnage à la main des briques, tuiles, carreaux, ne pouvait être que difficilement amélioré, lorsque l'on songe qu'un bon mouleur peut faire 9,000 briques en un jour de douze heures de travail. On conçoit qu'une grande partie des bénéfices que cette industrie peut procurer dépende principalement de la vigueur, de l'habileté, de la promptitude de l'ouvrier.

Le façonnage à la mécanique, au contraire, a séduit bien du monde, et si tour à tour tant de mécaniciens et de manufacturiers intelligents se sont occupés de cette question, en variant les outils et les procédés, c'est qu'on a peut-être trop cherché dans le mécanisme en lui-même, dans le procédé mis en usage, la cause de l'existence précaire de la plupart des briqueteries mécaniques.

J'ai fait, il y a douze ans, sur la demande de M. Brongniart un travail sur ce sujet. Je transcris ici, presque sans modification, les réflexions auxquelles, dès cette époque, j'avais été conduit. Bien que les mécanismes proposés aient augmenté considérablement, bien que les détails techniques des machines aient été changés, les conclusions que je déduisais alors de mes études ne sauraient être modifiées. (*Traité des arts céramiques*, 2e édition, t. Ier, p. 324.)

Nous avons dit que deux ouvriers, un mouleur et son petit porteur, pouvaient faire en un jour 9,000 briques : n'en supposons que 6,000, à la condition qu'elles soient bien faites; il est difficile que telle machine qu'on voudra, fît-elle dix fois plus de briques dans le même temps, n'égale pas les frais qu'entraîneraient les vingt ouvriers supposés, et même qu'elle ne les surpasse pas bientôt, pour produire, dans le même temps, une si grande quantité de briques : ne faut-il pas, en effet, compter le prix considérable d'une machine qui fait tout, et par conséquent l'intérêt de ce capital, son entretien annuel, les réparations considérables qu'elle exige de temps à autre, les inconvénients qui résultent de son chômage, les ouvriers nécessaires pour la conduire, enfin le moteur puissant qui doit lui faire faire toutes ses opérations?

Les briques, à moins qu'elles ne se fabriquent dans un port de mer, sur les bords d'un cours d'eau navigable ou d'un canal, ne peuvent être transportées fort loin sans que les frais de transport ne viennent augmenter leur prix au delà des limites admissibles. Le voisinage à trois ou cinq myriamètres est le seul rayon qu'elles puissent parcourir par les voies de transport ordinaires dans les pays les plus favorisés.

Et, d'ailleurs, une machine bien faite et bien complète doit, pour payer les frais d'établissement, d'entretien, fabriquer considérablement, et alors il faut une immense exploitation de terre, des aires ou hangars très-étendus pour mettre en séchage, à l'abri de la pluie, ces innombrables produits. Or, en supposant qu'elle ait surmonté tous ces embarras, alors elle aura tant produit, qu'elle verra bientôt encombrés tous ses canaux d'écoulement : le chômage est nécessaire et viennent avec lui toutes les pertes qu'il entraîne à sa suite.

Il faut donc une réunion bien rare de circonstances favorables, pour qu'une briqueterie fondée sur l'emploi d'une grande et bonne machine, applicable en même temps à la fabrication des tuiles et des carreaux, soutienne la concurrence d'un briquetier qui, sans presque aucune dépense, avec sa femme et ses enfants, avec le secours de quelques ouvriers ambulants qui viennent lui offrir leurs bras dans un temps convenable, peut faire, dans la saison, près de deux millions de briques.

Ces considérations expliquent le petit nombre des briqueteries à la mécanique qui ont pu prolonger leur existence au delà des années de l'emploi des fonds d'établissement; néanmoins, l'agglomération d'usines nouvelles dans un pays qui n'aurait pas de telles briqueteries, une ouverture particulière d'écoulement dans un port de mer, par des routes ou des canaux nouvellement établis, enfin, des constructions immenses en briques près d'une ville où la main-d'œuvre est chère, telles sont les circonstances favorables qui peuvent donner à une machine bien faite et bien établie une supériorité réelle et durable sur la fabrication à la main ; mais le succès, en général, nous paraît indépendant des principes sur lesquels est basé le mode d'agir de la machine. N'oublions pas aussi qu'on a vu périr beaucoup d'établissements, et de ceux auxquels une prospérité prolongée paraissait acquise, soit par suite de désordre, soit par un manque de ce que nous appellerons sens industriel.

Ces motifs nous engagent à la plus grande réserve dans l'appréciation des mécanismes proposés pour la fabrication des briques, tuiles, carreaux, etc., et c'est en partant de cette idée que nous avons été conduits à classer, sous forme de documents rangés par ordre de date, les machines à briques dont nous avons eu connaissance.

Nous ne parlerons ici que des principales de ces dispositions, toutes les autres étant mentionnées dans les documents qu'on pourra consulter au besoin.

Parmi les procédés mécaniques employés à la fabrication des briques, des tuiles, des carreaux, les uns se bornent à battre fortement la terre, les autres à mouler les briques par une puissante pression, d'autres à exécuter toutes les opérations du façonnage, depuis le mélange et le malaxage des pâtes jusqu'au transport des briques sur l'aire de séchage : les uns n'ont été que de simples projets, pour lesquels on a cependant demandé des brevets d'invention ; d'autres, qui ont été mis en pratique, furent bientôt abandonnés après trois ou quatre ans d'exercice pour un motif ou pour un autre. Le résumé que nous devons faire des travaux dont les briques ont été l'objet exige que nous disions au moins quelques mots de ces diverses machines.

On trouve, dans un article très-lucide inséré dans la troisième livraison du tome II du *Portefeuille industriel du Conservatoire des arts et métiers*, une division très-simple de ces machines d'après le principe fondamental sur lequel repose leur construction et leur effet; nous adopterons ici la même classification.

En dernière analyse on a proposé de faire mécaniquement les briques, tuiles, carreaux, etc, etc. :

1° Par des machines imitant le travail à la main ;

2° Par des machines opérant le moulage par un mouvement de rotation continu ;

3° Par des machines qui font le moulage avec un moule qui découpe ;

4° Par des machines qui font le moulage au moyen d'une filière et qui découpent ensuite, soit avec un couteau, soit avec un fil.

I. Les machines imitant le moulage à la main se composent d'un cadre en fonte auquel on imprime un mouvement continu, ou bien un mouvement de va-et-vient par des combinaisons mécaniques plus ou moins ingénieuses : dans la première partie de sa course, le moule se remplit en passant sous la trémie qui contient la terre ; dans la seconde partie, il passe sous une pièce qui exerce la pression nécessaire, et, dans la troisième partie, il déborde la plaque de fond pour arriver sous un *poussoir* qui fait sortir la brique du moule et opère le démoulage ; puis l'opération se renouvelle et se répète indéfiniment.

Parmi les machines de cette espèce on peut citer, depuis celle de Kinsley (82) publiée dans le *Bulletin de la Société d'encouragement*, t. XII, p. 177 :

1° Celle de M. Delamorinière, 1825 (91) ;

2° Celle de M. Carville, d'Issy près Paris, 1840 (117).

3° Celle de M. Thiérion, d'Amiens, 1842 (130) ;

II. Les machines qui font le moulage par un mouvement de rotation continu sont tout à fait analogues aux précédentes ; seulement, au lieu d'un moule on en emploie plusieurs qui sont disposés, tantôt sur un plateau circulaire tournant autour d'un axe vertical, tantôt sur la face d'un cylindre tournant autour d'un axe horizontal.

Parmi les machines à plateaux, nous citerons :

1° Celle des environs de Washington, communiquée par M. Doolittle, 1819 (84) ;

2° Celle de M. Levasseur-Précourt, 1826 (92).

Un lourd rouleau de fonte commence la compression ; elle s'achève lorsque les moules remplis de terre passent entre deux plaques de tôle qui ne sont pas tout à fait parallèles.

Le démoulage s'exécute immédiatement après la compression, à l'aide d'un refouloir qui agit de haut en bas et dont le mouvement doit coïncider exactement avec le passage des moules au-dessous de lui. Les moyens d'obtenir cette simultanéité d'action si importante sont ingénieux et très-simples.

Les briques sont reçues, aussitôt après leur démoulage, sur des planchettes conduites par des plans inclinés formant une bande sans fin, dont l'axe est perpendiculaire à celui de la machine, en sorte que les briques sont conduites jusque sur la brouette de l'ouvrier qui les porte au séchoir.

Des appendices dont il est facile de se faire une idée saupoudrent de sable les surfaces métalliques des parties de la machine qui compriment et moulent les briques; la chaîne sans fin chargée des moules vidés par le démoulage, en passant pour revenir prendre d'autre terre à briques, traverse un bac rempli d'eau ; un balai de bouleau placé dans ce bac nettoie toutes les parties des moules sur lesquelles l'argile des briques aurait pu rester adhérente.

3° Celle de MM. Champion, Favre et Janier-Dubry, à Besançon, 1830 (100);

Parmi les machines à cylindre, on citera :

1° La machine de Mme la baronne Gavedell-Geanny, 1826 (93) ;

2° Celle de MM. Naudot et Cie, 1828 à Sainte-Colombe près Provins (96);

3° Celle de M. Cartereau, 1829 (99).

Lorsqu'on se sert des plateaux tournants, c'est, en général, par des systèmes de leviers ou de plans inclinés, que la brique est démoulée.

Lorsqu'on se sert de cylindres, les moules ont un fond muni d'une queue, et un mécanisme particulier pousse la queue pour chasser la brique hors du moule lorsqu'elle arrive au point le plus bas de sa course.

III. Les machines qui font le moulage avec un moule qui découpe diffèrent des précédentes en ce que la terre doit être préparée préalablement en nappe d'une épaisseur convenable;

le moule tombe sur cette nappe avec une pression suffisante pour agir comme emporte-pièce.

Parmi ces machines nous avons remarqué :

1° Celle de M. Cundy (94), publiée en 1827 en France par M. Saint-Amans;

2° Celle de M. Virebent, de Toulouse, 1831 (103). Mais disons de suite que cette dernière a principalement pour but d'exécuter par pression divers ornements d'architecture : sous ce rapport elle appartient à la plastique; elle paraît fonctionner avec avantage.

IV. Les machines qui font le moulage par une filière sont, en général, composées ou d'un piston qui pousse la terre par petites portions, qui la presse et qui l'oblige à se mouler en passant par le trou de la filière, ou d'un piston qui pousse la terre en bloc et la fait sortir de la filière en prismes d'une forme voulue; dans les deux cas il faut, soit un couteau, soit un fil de laiton, pour couper les briques d'épaisseur et l'une après l'autre.

Nous citerons deux machines de cette espèce:

1° Celle de Hattemberg (80), consignée déjà dans ce rapport;

2° Celle de M. George, de Lyon, 1828 (95).

C'est sur le même principe qu'ont été construites les machines à faire les tuyaux dont nous nous occuperons plus loin.

Une machine bien établie, celle de M. Terrasson-Fougères, du Theil (Ardèche), 1831 (105), ne rentre complétement dans aucune des catégories précédentes; elle fait le moulage sans moule et découpe dix, vingt, trente ou même quarante briques à la fois, sans couteau ni emporte-pièce.

Si la fabrication des briques par les procédés mécaniques a donné lieu, chez nous, à des méthodes nombreuses et variées, des machines plus nombreuses encore ont été construites ou proposées en Angleterre pour augmenter les bénéfices du briquetier; et là, comme ici, c'est aux causes que nous avons énumérées qu'il faut attribuer et le nombre de ces essais et l'absence de réussite prolongée.

De l'autre côté de la Manche, cependant, déjà depuis de longues années des hommes éminents avaient ouvert les yeux sur les chances défavorables offertes par les machines à briques, même les mieux construites, et M. Aikin, dans son rapport à la Société des arts et manufactures (1830 et 1832, t. XLVIII, p. 494), avait dit positivement qu'en supposant seulement 5,000 briques faites à la main par un ouvrier ordinaire, l'idée de les fabriquer avec une machine compliquée, nécessitant souvent des réparations importantes, ne pourrait conduire qu'à des spéculations ruineuses, même en Angleterre, où les briques représentent la majeure partie des matériaux de construction.

La liste des patentes prises pour cet objet, que nous avons placée plus loin, donne une preuve évidente que nos voisins d'Outre-Manche ont encore poussé plus loin que nous cette fièvre de l'application de la mécanique à l'art du briquetier, et qu'ils ne paraissent pas vouloir s'arrêter sur la pente qui les entraîne.

Pour terminer ce sujet, nous mentionnerons les machines établies et combinées par M. Boquet, 1825 (89), et M. Carraine, 1841 (124) : elles servent à dresser les carreaux sur leurs pans et à polir leur surface. Puis, pour ne plus revenir sur les carreaux, nous citerons, parmi les fabricants français, ceux qui paraissent avoir obtenu dans ce genre les résultats les plus satisfaisants, à en juger par les échantillons que possède le Musée céramique de Sèvres; ce sont :

M. L'Hote, à Montereau, pour ses carreaux rouges aussi durs que le grès, avec des ornements incrustés parfaitement au niveau du fond rouge, sans aucune saillie;

M. Julien, à Orléans, en 1819 et 1823, pour ses carreaux de deux couleurs qui, par leur ajustement, forment des carrelages de mosaïque;

M. Matelin, à Orléans, en 1823, pour ses carreaux faits à la mécanique, rouges avec ornements noirs incrustés un peu saillants sur le fond;

M. Courtat, en 1823, pour ses carreaux avec ornements incrustés;

MM. Leblanc-Paroissien et Cie, à Saint-Cyr, près Tours, pour ses carreaux faits à la mécanique avec une grande précision, et quelquefois marbrés de diverses couleurs.

Nous avons déjà cité M. Bounin, 1824 (20), pour ses mallons; le procédé qu'il emploie permet d'obtenir une découpure exacte et la formation sur leur bord d'une rainure qui facilite l'introduction du ciment, et donne au carrelage la plus grande solidité, tout en laissant les lignes de réunion si peu sensibles qu'on nierait la présence du mortier.

Mais c'est surtout en Angleterre qu'on a repris avec le plus de succès la fabrication des carreaux incrustés. La manufacture de M. Minton, entre autres, à Stoke-upon-Trent, dans le Staffordshire, fait, avec une pâte jaune de paille, fine et dure comme du jaspe, non-seulement des carreaux, mais des plates-bandes ornées d'incrustations de deux couleurs. Le Musée céramique de Sèvres renferme de nombreux spécimens de cette fabrication, et notamment une plate-bande à feuilles de vigne d'un vert foncé, présentant les nervures et les bords d'un noir violâtre.

TUYAUX EN TERRE CUITE.

Nous entendons ici par tuyaux les tubes creux de diamètre plus ou moins grand, destinés à conduire par-dessous la surface du sol des eaux ordinaires ou des eaux minérales. Il est inutile de revenir sur les assemblages de briques formant tuyaux pour la conduite de la fumée; nous en avons déjà parlé; ils ont été d'abord inventés, en 1823, par M. Gourlier, architecte, pour servir à la construction simple et solide des tuyaux de cheminées dans l'épaisseur des murs, puis modifiés par M. Courtois, en 1825, et par M. Fonrouge, en 1829.

Les tuyaux de poterie exigent une assez complète imperméabilité, et généralement on les fait en grès; les procédés employés à leur confection ne varient pas, et la différence tient, comme on le sait, à la température plus élevée qu'exige la cuisson des tuyaux en grès; il est inutile de dire que cette circonstance exige une composition de terre appropriée.

Lorsque l'eau ne fait que traverser sans pression les tuyaux qui la conduisent, on préfère des tubes en terre cuite, pourvu qu'ils présentent le tissu le plus serré possible. Les tuyaux de latrines ou boisseaux sont faits de cette terre, et, bien cuits, ils offrent une imperméabilité suffisante.

MM. Payan et Charnier, à Gap, 1833 (310), ont modifié le procédé de façonnage pour obtenir exactement et sans difficulté la forme conique nécessaire pour leur emboîtage.

Ce procédé, qui paraît propre à abréger la fabrication, consiste à faire des croûtes trapézoïdales, et plus minces à une extrémité qu'à l'autre. En enroulant ces croûtes sur le moule, l'extrémité mince recouvre l'autre extrémité; elle y est soudée par une légère pression, et le tuyau prend de suite la forme d'une portion de cône tronqué très-aigu, dont la base plus large s'emboîte dans le sommet plus étroit de la pièce qui lui est inférieure.

La forme de tuyau se prêtant facilement au façonnage mécanique, nous retrouvons encore ici l'application des machines. Les premières tentatives suivies d'un succès complet, faites à ce sujet, paraissent remonter à 1838; elles sont dues à M. Reichenecker, à Ottwiller (Haut-Rhin) (312).

La machine établie opérait comme une filière ou comme une presse à macaroni. C'est sur ce même principe qu'ont été construites beaucoup de presses destinées, soit en France, soit en Angleterre, à la confection des tuyaux en grès cérame.

Après celle de M. Reichenecker, nous citerons celle de M. Boch-Buchman, à Mettlach, et celle de M. Ziégler, à Voisinlieu, près Beauvais.

Le diamètre des tuyaux qu'on obtient ainsi peut être jusqu'à 3 décimètres, et leur longueur jusqu'à 2 mètres. Elle est ordinairement de 1 mètre 50 centimètres à 1 mètres 70 centimètres.

M. Rodier a fait, dans son usine du département de la Nièvre, des tuyaux de grès qui peuvent supporter une charge de 500 kilogrammes suspendue sur leur milieu, les deux extrémités étant supportées; un tuyau de 75 centimètres, rempli d'eau, peut éprouver une compression de dix atmosphères sans la moindre avarie. Certes ce sont là des qualités qu'il faut savoir apprécier.

Mais c'est surtout dans ces dernières années, en Angleterre d'abord, en France bientôt après, que la fabrication mécanique des tuyaux de terre cuite s'est considérablement développée (309); on a demandé pour l'agriculture des tuyaux dits de *drainage*, assez perméables, à bon compte, en grande quantité, et c'était assurément là le cas d'appliquer les procédés mécaniques : aussi y en a-t-il eu de vingt systèmes différents. Ce n'est pas ici le lieu de les décrire ni de les énumérer tous; nous devons nous borner à dire qu'en général la terre est placée dans une caisse carrée ou dans un cylindre percé par les deux bouts; d'un côté sont des ouvertures au nombre de quatre à huit, et placées sur une même ligne horizontale : ce sont des trous faits dans une plaque circulaire, réguliers, dont le centre est occupée par une espèce de tampon qui forme avec la surface intérieure un espace annulaire par lequel la terre se moule. Un piston s'ajuste à l'autre extrémité pour forcer la terre à s'échapper par les filières; on en a de plusieurs diamètres et de rechange, pour tous les genres de tuyaux qu'on veut obtenir.

Les tuyaux sont de longueur en quelque sorte indéfinie; ils sont reçus sur une toile sans fin; des fils ou des lames les coupent de longueur.

Dans la machine de M. Clayton (343), deux cylindres sont accouplés de telle sorte que, lorsque la pression agit dans un cylindre pour opérer le moulage, l'autre se trouve vide et peut être rempli. Les cylindres sont verticaux, et les tuyaux s'échappent horizontalement.

Dans la machine de M. Calla, le réservoir est cubique, la marche du piston est horizontale; il semble chasser devant lui les tuyaux, qu'on fait ainsi par homme et par jour au nombre de 1,000. Cette machine exige un temps d'arrêt pour le nettoyage et le chargement à nouveau. Celle de M. Whitehead, établie sur le même principe, permet, par un accouplement de deux réservoirs, de recommencer d'un côté quand on a fini de l'autre.

Les machines importées d'Angleterre par M. Thackeray ont été très-employées en France, et maintenant on préfère celles de MM. Calla, Clayton, Exall, Bénoit, Randell et Saunders, Ainslie, Vincent, etc.

La machine de M. Exall est petite, simple, facile à transporter et à manier; on peut la faire arriver au milieu des campagnes, et les pauvres ouvriers pourront ainsi, pendant l'hiver, occuper avec profit leurs trop longues soirées.

C'est par l'emploi de ces machines qu'on est parvenu, ce qui eût été regardé comme impossible il y a vingt ans, à vendre, en France, les 1,000 tuyaux de 25 millimètres de diamètre intérieur et d'environ 28 à 33 centimètres de longueur à raison de 21 à 25 francs, et ceux de 10 centimètres à raison de 75 francs.

Les frais de cuisson sont peu considérables; on cuit à la houille et dans des fours pouvant contenir 25,000 tuyaux.

La liste des documents permettra de compléter cet aperçu, que nous craindrions d'allonger davantage.

OBJETS EN TERRE CUITE DE DIVERSES FORMES.

La facilité qu'a le potier de terre de donner à l'argile toute espèce de forme, l'inaltérabilité, sous l'influence de la majeure partie des agents employés dans les arts, des silicates alumineux cuits à une température élevée, la possibilité de produire à volonté toute sorte de texture dans les objets en terre cuite, depuis le grain le plus serré jusqu'à la texture la plus lâche, ont fait pénétrer dans un grand nombre d'industries les ustensiles en terre cuite; on faisait en terre, depuis fort longtemps, toute espèce de creusets; dans ces derniers temps on a remplacé la fonte par la poterie dans la confection des cornues destinées à la distillation de la houille pour la fabrication du gaz d'éclairage.

Le raffinage du sucre demandait des récipients solides, résistants, à bas prix. Cette fabrication, confiée depuis longtemps aux potiers de terre, avait créé, dans certaines localités de la France, une industrie assez importante; elle s'est, comme celle qui précède, notablement améliorée. Dans quelques années elle aura complétement disparu.

CREUSETS.

On sait que les creusets de terre doivent satisfaire à des conditions bien différentes, suivant l'usage auquel on les destine. La France n'a plus rien à envier dorénavant aux autres nations, sous le rapport des creusets qu'elle fabrique : les creusets de Hésse, qui avaient une si grande réputation, se font maintenant en France; et les grandes dimensions des glaces de Cirey et de Saint-Gobain, la perfection des cristaux de Baccarat, de Saint-Louis, de Clichy, etc., prouvent qu'on sait faire chez nous d'excellents pots de verrerie ou de cristallerie.

Pour les usages de la chimie et de la métallurgie, nous n'avons qu'à citer les noms de nos fabricants Deyeux, Pinon, Tesson, Beaufay, etc., etc., pour prouver que nous sommes en mesure de satisfaire à toutes les commandes. Les creusets de Beaufay jouissaient déjà, vers 1817, d'une réputation bien méritée; la composition de la terre et les moyens de fabrication assuraient, dès cette époque, une qualité supérieure.

Antérieurement à 1821, en Angleterre, M. Cameron, de Glasgow (345), avait décrit la fabrication des creusets comme avantageusement simplifiée par le procédé de coulage. M. Bréant avait proposé cette méthode pour la confection économique des cornues, des tuyaux, etc.

En Belgique, il paraît qu'on les obtient surtout, nous a-t-on dit, dans l'usine de M. Poncelet, pour distiller le zinc, en ébauchant des masses cylindriques pleines, qu'on tournasse en dehors et qu'on taraude en dedans.

Les qualités des creusets pour fondre soit le verre soit les métaux, ne dépendent pas entièrement de la nature chimique de la terre qui les compose. Nous savons que les procédés pratiques exercent une influence qui peut changer du tout au tout la valeur du produit, et, dans les circonstances que nous venons d'indiquer, on a remarqué qu'une compression convenablement ménagée augmentait la qualité. M. Serizier, 1845 (346), les fait maintenant avec une petite presse à vis qui donne de bons résultats.

MM. Maës et Clémandot, 1851 (348), ont cherché dans le coulage une méthode simple et facile d'obtenir des pots de verrerie. Mais nous craignons bien que cette méthode, avantageuse pour des creusets de petite grandeur, ne conduise à des mécomptes dans son application au façonnage des pièces de dimensions plus grandes, confectionnées avec des terres que des raisons d'économie et certaines conditions techniques empêchent de broyer suffisamment.

Parmi les creusets étrangers de bonne qualité, ceux de Hesse, assez bien fabriqués et cuits en grès, ont conservé la réputation qu'ils avaient acpuise depuis longtemps.

CORNUES POUR LE GAZ.

L'idée de faire en terre cuite les cornues pour distiller la houille dans la préparation du gaz d'éclairage paraît être originaire d'Angleterre; le document le plus ancien que nous connaissions qui puisse établir le premier exemple de la substitution de la poterie à la fonte, dans le cas en question, est une patente anglaise accordée le 13 novembre 1832, à M. Th. Spinney, de Cheltenham (Glocester) (349). Depuis cette époque, M. Crafton, en Angleterre (351), et MM. Pawells et Dubochet, en France, ont employé ces ustensiles (350). M. Carville, 1849 (352), en a fait d'excellente qualité.

FORMES À SUCRE.

Les premiers procédés employés pour la fabrication des formes à sucre furent ceux en usage dans la confection des autres poteries. En 1817, le procédé du moulage fut appliqué dans des conditions nouvelles par M. Tourasse (353); un noyau plein est placé sur le tour; on comprime la terre mise en masse sur le sommet du cône, jusqu'à ce qu'en s'étalant, elle vienne reposer sur une bague de plâtre placée sur la girette enveloppant la base du noyau; cet anneau rend facile et le démoulage et le transport au séchoir. L'emploi du même moule avec la même bague a été, plus tard, modifié par M. Heiligenstein, à Paris, 1823 (354); on ébauche d'abord, et la forme ébauchée, molle encore, est apportée sur le noyau pour être terminée. C'est une espèce de *moulage à la housse.*

En 1841, de nouveaux perfectionnements ont été proposés pour la fabrication de ces ustensiles, en Angleterre, par M. Morley, à Birmingham (355); mais aujourd'hui les formes en métal paraissent devoir remplacer les formes de terre cuite. Quelle que soit la matière dont on les forme, MM. Derosne et Cail, en 1847 (356), ont proposé d'ajouter au sommet du cône un appendice, dans le but de présenter en dehors du pain, tel que le commerce le désire, une partie supplémentaire dans laquelle la coloration se concentre et qu'on détache facilement en conservant au sucre, avec une forme intacte, une blancheur régulière.

Citons les fabrications importantes en ce genre, de M. Gaspard Gilbert, à Orléans, et de M. Martin, à Marseille.

PLASTIQUE.

Quoique les arts céramiques, chez les anciens, soient restés dans l'enfance pendant tant de siècles, il est remarquable que la plastique y ait été poussée beaucoup plus loin que chez les peuples modernes, et, selon nous, il est au moins aussi singulier qu'on n'ait cherché que dans ces dernières années à reproduire ou même a imiter les produits de l'antiquité qui sont parvenus jusqu'à nous. Nous ne rappellerons pas ici cette multitude de corniches, d'entablements, de mausolées et de tombes en terre cuite que, du temps de Pline, comme de notre époque, on regarde comme des modèles de goût et d'exécution.

Nous n'avons pas à nous occuper non plus de la plastique

dans ses rapports avec l'art pur, quoiqu'on y revienne avec ardeur; ce sujet nous éloignerait trop de notre but. Nous n'avons à la considérer que dans ses applications à l'industrie et dans l'extension qu'elle peut prendre. Un beau spécimen d'architecture plastique fut offert en 1802 : les frères Trabucci avaient exécuté, pour l'Exposition d'alors, une copie du monument de Lysicrate, à Athènes. C'est cette pièce, remarquable comme exécution, qu'on voit encore dans le parc de Saint-Cloud, sous la désignation de *lanterne de Démosthène*. Nous passerons de cette époque à celle plus récente de 1832, pour signaler la plus remarquable des pièces de plastique moderne qu'on puisse citer : c'est la copie du Christ au tombeau, du château de Biron, faite par MM. Virebent, de Toulouse (Dordogne). L'exemple qu'ils ont donné est imité dans plusieurs établissements; ne pouvant les nommer tous, nous citerons :

MM. Demont, pour ses statues monumentales;
Garnaud, Renneberg, Gossin, etc., qui, par leurs efforts, doivent, un jour, jeter un vif éclat sur la plastique moderne.

EMPLOIS DIVERS.

Nous indiquerons sommairement enfin quelques usages nouveaux auxquels on a voulu destiner la terre cuite. Plusieurs de ces projets ont été mis en oubli; ils peuvent être repris : ce ne serait pas la première fois qu'une idée, venue avant son heure, renaîtrait vivace et lucrative.

Nous citerons par ordre de date :

1° Des tableaux en terre cuite par le moyen d'une contre-estampille, destinés aux inscriptions des rues, au numérotage des maisons, par M. Ollivier, 1802 (357);

2° Des pierres factices propres à la lithographie, par MM. Guillaud et Laprevote, à Lyon (Rhône), 1818 (359);

3° Des fontaines épuratoires en terre cuite, de forme carrée, par M. Maréchal, 1821 (360);

4° Des caractères d'imprimerie en terre cuite, par M. Gillard-Louis, à Paris, 1829 (361);

5° Des veilleuses en matière plastique, par M. Jeunet, à Paris, 1838 (363);

6° Des pierres lithographiques factices, par M. Behreng, à Berlin, 1839 (365);

7° Des lettres, des figures et ornements en relief, par M. Miles Berry, à Londres, 1840 (366);

8° Des pierres factices à aiguiser, par MM. Neppel fils et Neppel Guérin, 1840 (367);

9° Des meules artificielles, par M. Malbec, à Vaugirard, 1845 (370);

10° Des pierres ponces artificielles, par M. Hardtmuth, à Vienne, 1845 (371);

11° Des porte-rails en lithocéramique, par MM. Pilot et Bouvert, 1846 (372);

12° Des pavés en terre cuite, par MM. Prosser, 1843 (376 *c*); Polonceau, 1841 (376 *b*); Bouvert, 1850 (376 *a*); et Smallwood, à Hampstead, 1845 (376 *d*);

13° Des caractères typographiques, par M. Naudot, à Paris, 1846 (373);

14° Des échalas en terre cuite, par M. Desaint, 1850 (375);

Des mosaïques de diverses couleurs, de formes variées, à des époques différentes et par un grand nombre d'inventeurs, etc.

CUISSON DES BRIQUES.

La cuisson des briques au moyen de la houille comme combustible, si rapide, d'une si grande économie, employée dans l'Angleterre, dans la Flandre, dans la Hollande, devait être peu perfectionnée; on sait avec quelle habileté, avec quelle adresse les *mains de briqueteurs* arrivent a cuire un massif d'environ 90 mètres cubes, formés de 4 à 500 mille petits prismes de terre friable, espacés entre eux pour donner issue aux gaz combustibles. L'expérience est le seul guide à consulter, et les perfectionnements auxquels elle conduit ne sont pas décrits par ceux qui les obtiennent.

La méthode dite des *fours en champs*, ou *in clamps* en anglais, n'est pas la seule qui soit employée pour cuire les briques au moyen de la houille; on les a cuites encore et on les cuit même aujourd'hui dans des fours fermés, dont la forme a varié considérablement, à peu près suivant le caprice du fabricant. Aussi, toutes les fois qu'on s'est servi de fours fermés, quelle que soit la nature des combustibles, on a trouvé dans les appareils de cuisson les dispositions les plus différentes. En général, ces constructions, coûteuses par elles-mêmes, ne s'appliquent guère qu'à la confection des briques réfractaires, dont la valeur permet de couvrir les frais plus considérables de cuisson entraînés par des appareils fermés.

On trouverait parmi ces appareils tantôt des fours cylindriques ou rectangulaires, tantôt des fours à alandiers, tantôt enfin des fours à un seul ou plusieurs étages. Nous ne pouvons citer tous les différents systèmes qui ont été proposés. Nous en indiquerons quelques-uns, mais sans les décrire :

Ceux proposés par M. Bonnet, d'Apt (192), et M. Feilner, de Berlin;

Ceux de M. Singer, de Paris, 1805 (191), cuisant à la tourbe;

Ceux de M. Maréchal, de Beauvais, 1813 (193);

Ceux de MM. Delminique et Laurençon, à Eybens (Isère), 1834 (199);

Le four cylindrique de M. Bonnet (Antoine), à Paris, 1840 (202);

Le four mobile de MM. Capgras et Chanon, à Bordeaux, 1843 (205);

Enfin, celui de M. Champion, à Jouars-Pontchartrain (Seine-et-Oise), 1846 (206);

La tourbe, qui est employée principalement en Hollande pour cuire les briques, était proposée chez nous, dès 1805, pour cuire ces mêmes matériaux; plusieurs fabricants en font usage aujourd'hui.

Quant à l'anthracite, la première trace de l'usage qu'on en a fait pour la cuisson des briques paraît remonter à 1839, en France au moins; elle est due à MM. Delminique et Laurençon (201). Ils cuisaient alors 130,000 briques avec 65[fr] de combustible. La cuisson des briques, commencée au bois dans les parties inférieures, se terminait, dans le haut du four, avec l'anthracite mêlée avec la matière à cuire, comme on l'eût fait s'il se fût agit de cuire avec la houille.

FABRICATION DES POTERIES.

PERFECTIONNEMENTS
APPORTÉS DANS LA FABRICATION ET LA DÉCORATION DES POTERIES.

Les motifs qui nous ont fait réunir dans un même chapitre les améliorations apportées dans la fabrication des poteries ont été développés plus haut : nous ne pensons pas avoir à y revenir; nous nous bornerons donc à rappeler que nous suivrons, pour faire cet aperçu, l'ordre des opérations successives, et, pour exposer les améliorations qui concernent une même opération, l'ordre chronologique.

EXTRACTION, LAVAGE DES TERRES, BROYAGE DES PÂTES, ETC.

La première opération du potier consiste dans l'extraction des terres. Nous avons déjà parlé de la machine construite par M. Favreau (1); c'est la seule qui ait été proposée pour cet usage.

Pulvériser la terre argileuse avant de la délayer dans l'eau, telle est la deuxième opération qui précède tout lavage. On pourra voir dans les documents réunis à la fin de ce rapport les diverses dispositions prises pour briser les matières argileuses; en dehors des machines proposées dans la fabrication des briques, et qui peuvent s'appliquer avec assez d'avantage aux pâtes des poteries grossières, nous citerons les cylindres broyeurs, les appareils à noix, et tous les systèmes remplissant le même rôle qu'on peut utiliser dans d'autres industries.

Il serait beaucoup trop long d'énumérer ici tous les différents systèmes proposés ou réalisés pour obtenir le broyage des matières employées dans les arts céramiques. Les bocards, les pilons, les moulins de toutes sortes ont été mis en usage; et, parmi ces derniers, nous citerons comme appareils donnant des résultats avantageux :

Les moulins de M. Boch-Buchmann, de Mettlach, près Luxembourg;

Les moulins de *Sèvres*, établis en 1832, par M. Hall, d'après le système des moulins à poudre de Sheerness, vers l'embouchure de la Tamise;

Ceux de M. Alfred Singer, de Wauxhall, près Londres.

Nous rappellerons les machines à broyer de M. Smith, à Stourbridge, formées par deux prismes tournant horizontalement sur leur axe comme les cylindres d'un laminoir;

Celles de M. de Caen, à Arboras, près de Lyon, qui opèrent un véritable laminage.

Le broyage proprement dit est terminé dans des moulins formés de deux meules; on trouve dans les dispositions et les rapports de ces meules des variations considérables : elles sont ovales, comme à Paris, à Meissen, ou cylindriques à échancrure, comme à Sèvres; tantôt l'arbre qui fait tourner vient d'en haut, tantôt il vient d'en bas. Pour terminer, nous dirons que M. Alluaud, de Limoges, 1826 (390), M. Minton, 1827 (391), et M. Parent, de Limoges, 1847 (396), ont porté leur attention sur le broyage comme sur une opération délicate.

On termine ordinairement aujourd'hui le broyage des matières dans les moulins à blocs dits à l'américaine; c'est ainsi que le mélange et le malaxage de la pâte faite, c'est-à-dire composée de tous les éléments qui doivent la former, sont obtenus généralement dans cette espèce de moulins, empruntés au traitement des minerais d'argent par amalgamation; des blocs de pierre, ou traînés ou poussés sur une aire circulaire, suivent un mouvement de rotation et mélangent en même temps qu'ils continuent de broyer. C'est en Angleterre qu'on en a fait usage dour la première fois; ils ont de là pénétré dans l'industrie européenne : on les trouve usités chez M. Boch, à Sept-Fontaines, à *Sèvres*, etc.

RAFFERMISSEMENT DES PÂTES.

La dessiccation ou le raffermissement des pâtes se fait à l'air libre, dans des coques de plâtre, ou dans des fours chauffés d'après la méthode anglaise; cette opération, très-importante dans les manufactures qui ont une fabrication importante, a, en France surtout, été l'objet de procédés nouveaux qui ont donné des résultats intéressants. Le premier, publié par MM. Grouvelle et Honoré, 1833 (397), consiste à raffermir la pâte amenée par décantation de l'eau surnageante à cet état de bouillie qu'on nomme barbotine; on la met dans des sacs de toile forte à tissu très-serré qu'on laisse égoutter, et qu'on soumet ensuite à l'action puissante d'une presse mue par un moyen mécanique quelconque. Ce moyen a été mis en pratique à Sèvres, à Chantilly, à Saint-Gaudens, à Bordeaux, etc. La dépense en sacs, considérable d'abord, a diminué beaucoup depuis que, d'après l'avis de M. Johnston, de Bordeaux, on a pris la précaution de tremper les sacs dans l'huile bouillante avant de s'en servir.

Un second principe de raffermissage des pâtes est fondé sur une véritable filtration, dont la force et l'activité sont puissamment accrues par la pression atmosphérique. M. Talabot, 1834 (398), fit établir chez M. Alluaud, de Limoges, un appareil fonctionnant avec régularité; et M. Decaen, à Grigny, 1846 (401), en a fait construire un autre sur le même principe. En général, tous ces appareils ne diffèrent que par les moyens de faire le vide au-dessous des caisses perméables qui contiennent la pâte à raffermir. Sous le rapport du mode d'agir, ils se rapprochent du raffermissement dans les coques, que MM. Blanc-Boullay et Peigné-Delacourt, 1838 (399), ont voulu rendre plus efficace, en plaçant les coques sur des escarbilles ou des graviers, de manière à obtenir une filtration continue. Cette méthode nous rappelle divers essais faits à

Sevres en 1843, et qui consistaient à recevoir la pâte à raffermir dans une toile en forme de caisse reposant sur des massifs en plâtre sec et très-épais; la filtration n'était pas assez puissante.

FAÇONNAGE.

L'art de façonner des pièces avec de la pâte plastique repose sur trois méthodes différentes; la première consiste à donner la forme sans le secours d'aucun outil, c'est le modelage; la seconde a reçu le nom de tournage; la main étant fixe, la terre se façonne sur le tour à l'aide d'un mouvement circulaire qui entraîne toute la pâte et la force, en passant entre les doigts du tourneur, à revêtir une forme de révolution. Dans ce cas, on peut dire que le moule et la pièce sont engendrés simultanément dans le mouvement rotatoire qui entraîne toute la masse.

Le troisième enfin consiste à façonner la pièce au moyen de supports de forme déterminée. Ces supports s'appellent *moules:* de là le nom de moulage appliqué partout à ce dernier mode de façonnage.

MODELAGE.

On comprend de suite que le premier procédé ne pouvait être amélioré que dans l'application nouvelle qu'on en pouvait faire; l'intelligence de l'artiste, l'habileté de l'ouvrier, qui interviennent ici d'une manière si directe, s'opposent à ce qu'on puisse le regarder comme une méthode technique; les progrès que le modeleur peut faire appartiennent à l'homme; ils ne se transmettent pas.

Mais le modelage à la main a permis d'ajouter aux porcelaines une grande valeur artistique. Indiquons ici, pour résumer ce qui est relatif au modelage, l'idée pratiquée de tout temps par les Chinois, réalisée par MM. Dodé et Frin, à Paris, 1820 (406). On applique au pinceau la pâte ordinaire bien broyée sur la pièce en cru, on met en relief couche par couche, et l'on répare en opérant une véritable sculpture. Il ne paraît pas, toutefois, que des résultats bien saillants aient été, dès cette époque, obtenus par les inventeurs. Depuis 1848, la Manufacture de Sèvres a fait avec cette méthode des pièces importantes. Celles ornées de reliefs, véritable sculpture, se détachant sur un fond céladon, pourront marquer un jour comme l'un des plus beaux spécimens des beaux-arts appliqués à l'industrie.

Terminons en mentionnant la vogue bien méritée qu'ont obtenue de tout temps les pièces réticulées, sorte de modelage obtenu par enlevée; les zarfs qu'on a faits à Sèvres, dans ces dix dernières années, resteront toujours comme des chefs-d'œuvre de délicatesse et de pureté.

TOURNAGE.

Quant au tournage, si anciennement connu, pratiqué avec tant d'habileté sur presque toute la terre depuis les temps les plus reculés, on ne pouvait espérer d'autres perfectionnements que ceux inhérents à l'établissement du tour lui-même. Mais, si le tournage, comme application isolée, n'avait pas à gagner même depuis quarante ans, nous trouvons, au contraire, que, par son union avec le procédé qui suit, il a procuré des moyens mixtes très-expéditifs et très-efficaces : de là les diverses sortes de *moulage à la housse,* diverses méthodes de *calibrer, etc.*

MOULAGE.

Le moulage s'exécute tantôt avec de la pâte sèche, tantôt avec de la pâte molle, tantôt enfin avec de la pâte complétement liquide : c'est dans ce dernier cas que le procédé reçoit le nom de *coulage;* à chacun de ces différents états de la pâte correspondent des travaux dont nous dirons deux mots.

Le moulage sur pâte sèche est appliqué de la manière la plus heureuse à la fabrication des boutons en pâte feldspathique : on a vu, d'après ce que nous avons déjà dit et des travaux de M. Bapterosses (546 et 547) et de l'application de la mécanique au façonnage des briques, ce que l'on pouvait attendre de ce mode de façonnage dans la fabrication des objets analogues à des boutons de petite dimension, de la forme de lentilles. Mais, soumises à de fortes compressions, les pâtes molles, par l'eau qu'elles contiennent, sont sujettes à gauchir; on a pensé qu'en opérant sur des poussières rendues simplement agglutinatives par un peu de lait ou d'huile, toute altération dans la forme deviendrait impossible.

Déjà, en 1809, M. Potter avait fait par le moulage à la presse, et avec succès, un grand nombre de boutons d'habit en porcelaine; il avait pu croire qu'il obtiendrait la même réussite avec des pièces plus grandes. En 1816, M. Matelin, à Orléans, en partant de procédés appliqués à la fabrication des briques, avait conçu le même espoir, comme aussi M. Julien, en 1834 (408); et, depuis 1837, M. Matelin avait essayé la fabrication par compression dans des moules de métal en l'appliquant aux objets que, dans le commerce, on désigne sous le nom de *petits-creux*, c'est-à-dire pots à pommade, soucoupes, etc.; mais le succès n'a pas été complet, lorsque surtout il s'agissait d'assiettes ou de petits plats confectionnés en pâte à porcelaine.

A la même époque à peu près, 1838, la même idée était la base des expériences de M. Delpech, à Cahors (411); nous ne pensons pas que les résultats obtenus aient été différents de ceux obtenus par M. Matelin, soit à Sèvres, soit à Orléans.

C'est que, lorsqu'il s'agit de grandes pièces, que la pâte soit sèche ou humide, il est indispensable que les points de la pièce soient tous soumis à la même pression; or dans une compression violente obtenue par le choc d'un balancier, il n'en est et ne peut en être ainsi; rien n'équivaut à la pression intelligente et raisonnée que le mouleur qui connaît son art modère ou augmente suivant la partie du modèle qu'il doit reproduire.

Le moulage par la simple pression des mains ou des doigts restera donc peut-être longtemps le seul moulage applicable au façonnage de bon nombre d'objets de poterie, et c'est en raison de cette circonstance qu'il est devenu, sous les diverses formes qu'il peut affecter, l'objet, dans quelques cas, de plusieurs innovations, dans d'autres, d'une application nouvelle à des pâtes pour le façonnage desquelles on ne croyait pas pouvoir l'employer.

Nous citerons, comme une application très-ingénieuse du moulage à la main, le molettage et le guillochage, appliqué par M. Nast, 1810 (402), à la décoration de très-jolies pièces de porcelaine, soit en cru, soit sur dégourdi, soit même sur pièces cuites. Jusqu'alors on n'avait pas mis en pratique, pour les porcelaines, le procédé du guillochage, tel qu'il est employé par MM. Bougon et Chalot, à Chantilly, 1815 (403) : c'est une combinaison du moulage et du tournage; le moule est engendré par la révolution de la rosette, et la pièce, au lieu d'être fixe, comme dans le cas qui précède, présente chacun de ses points à la lame ou à la molette qui restent stationnaires, suivant le cas; la même opération finit, guilloche et molette.

Le tour ovale proposé par M. Baudet fils, à Fleurines, 1817 (404), et les différents modes de calibrage appliqués soit aux formes rondes, soit aux formes ovales, sont pratiqués dans différentes manufactures, à Vienne (Autriche) avant 1812, à Sèvres, à Chantilly. Il est résulté du calibrage, surtout pour les pièces de porcelaine, un avantage immense. On peut, pour s'en convaincre, comparer les assiettes de Sèvres antérieures à 1834 avec celles qui sont fabriquées aujourd'hui.

Nous devons bien aussi faire ressortir tout ce que peuvent offrir d'original et de délicat, principalement au point de vue technique, ces vases, ces plateaux, ces coupes *dites de Henri II*, sortis de notre Manufacture impériale, moulés par incrustations et cuites pâte et décoration, le tout en une seule fois.

COULAGE.

L'idée du façonnage des pâtes céramiques par coulage est assez ancienne et remonte à plus de soixante ans; elle paraît avoir été mise en pratique vers la même époque pour la porcelaine tendre dans la manufacture de Tournay, et, pour la porcelaine dure, vers 1790, par un nommé Tendelle, dans la fabrique de M. Locré, rue Fontaine-au-Roi. Le Musée céramique possède, depuis 1819, deux pièces faites par coulage dans la fabrique de M. Morel, à la Villette. Nous croyons que c'est la Manufacture de Sèvres qui a donné le plus d'extension à ce procédé, et qui l'a pratiqué de la manière la plus remarquable. On doit à M. Régnier, chef des fours et pâtes à la manufacture de Sèvres jusqu'en 1848, presque tous les perfectionnements qu'on en a tirés. C'est vers 1814 qu'on a commencé l'application du coulage ou façonnage des plaques à peindre, des tubes, des cornues, qu'on ne fait plus autrement; on l'a perfectionné vers 1822 en cherchant à faire des bustes de moyenne grandeur; enfin, on a fait par ce procédé, vers 1831, des plaques de $1^{m},33$ sur 1 mètre de large, et, depuis 1848, des vases de $0^{m},92$ de hauteur, puis des coupes de $0^{m},83$ de diamètre. En 1836, on faisait par coulage chez M. Davenport, à Burslem, une grande quantité de pièces de petites dimensions. En 1837, M. Burguin, à Lurcy-Lévy (410), cherchait à rendre le façonnage par cette méthode plus facile et plus économique, en ajoutant à la barbotine de l'acide chlorhydrique, précaution inutile pour des pâtes suffisamment broyées, nuisible lorsqu'il entre des carbonates dans leur composition.

Enfin, la Manufacture de Sèvres a complété ses études sur le coulage par l'application de cette méthode aux engobes colorés. En coulant une première couche de pâte de couleur, une deuxième de pâte blanche, on obtient d'un seul coup des pièces mises en fond, qui n'exigent qu'un seul feu. En variant la coloration des pâtes et en mettant trois couches successives de nuances différentes, on a fait, au moyen d'incisions et de grattages, des dessins agréables et harmonieux, 1849.

ENCASTAGE.

Comme il n'y avait aucune difficulté pour encaster les poteries mates ramollissables ou non, l'encastage de ces produits n'a pu devenir l'objet d'aucune amélioration; l'encastage, au contraire, des faïences fines, celui des porcelaines dures et des porcelaines tendres, a préoccupé plusieurs fabricants. Sous le nom d'encastage *à bâte et contre-bâte*, MM. Rousse et Pétry, 1837 (417), ont décrit une forme de cazettes permettant d'isoler la pièce du lut qui réunit les étuis; et, presque à la même époque, l'encastage à cul de lampe, inventé vers 1800 par un figuriste du nom d'Allard, était modifié d'une manière heureuse par M. Régnier, de Sèvres, 1839 (418), que nous avons déjà nommé. Cet encastage perfectionné, qu'on nomme *encastage double* ou *encastage Régnier*, du nom de son inventeur, a l'avantage d'économiser beaucoup plus de place qu'aucun autre encastage et de diminuer considérablement les défauts qu'on appelle *grains*. Nous avons vu pratiquer à Creil, tout récemment, un système bien simple, dit *en lanterne*, applicable à la cuisson des porcelaines tendres et des faïences fines : il facilite le placement des pernettes et donne une grande économie.

FOURS.

Les appareils pour la cuisson des poteries ont reçu de grands perfectionnements dans leurs formes et dans la nature des combustibles employés à les chauffer; sous le premier rapport, les améliorations notables ont plutôt porté sur l'espèce de fours qu'on nomme en céramique *fours à alandiers*. Ces fours, qui paraissent avoir été construits en France pour la première fois vers 1769, par P. Guettard, à la manufacture de Sèvres, à l'époque où l'on commençait à fabriquer la porcelaine dure, n'avaient, à l'origine, ni second laboratoire ni seconde voûte. Avant d'arriver à la forme qu'ils ont maintenant, ils ont été successivement modifiés de 1810 à 1836 dans leurs détails et dans leurs dimensions; plusieurs fabricants français ont contribué simultanément à ces modifications; nous citerons : MM. Dihl et Guérard, Alluaud, de Limoges; Dartes et divers fabricants de Paris; enfin, la Manufacture de Sèvres.

En Allemagne, on préfère des fours à laboratoires surbaissés; en France, et à Limoges plus particulièrement, on adopte, au contraire, des laboratoires élevés.

C'est par Wedgwood notamment que les fours à alandiers

furent introduits en Angleterre, dans le Staffordshire, pour cuire la faïence fine; vers 1810, l'usage s'en répandit dans toute l'Europe pour la cuisson de poteries très-différentes.

Dans la fabrication des poteries, le combustible entre pour une très-forte part dans le prix de revient. La cuisson n'est pas continue; on laisse refroidir après chaque cuisson, et on perd ainsi la chaleur accumulée dans les parties supérieures. Plusieurs fabricants ont eu l'idée d'utiliser cette chaleur mise pour ainsi dire en réserve, soit pour cuire des poteries plus tendres n'exigeant pas une température aussi élevée que celle qui règne dans le laboratoire inférieur du four, soit pour cuire des poteries semblables aux premières, au moyen du calorique développé dans des alandiers spéciaux. Dès 1805 et 1806, M. Bonnet, d'Apt (Vaucluse) (420), établissait, d'après ce principe, le premier four composé à plusieurs laboratoires et foyers superposés qui ait été construit et employé.

En 1822, M. le marquis Ginori, dans sa manufacture de Doccia, près Florence, construisait un four à quatre étages superposés pour cuire des poteries de nature différente. Quand la poterie inférieure était cuite, on cessait le feu dans l'étage correspondant et on le continuait dans les alandiers de l'étage au-dessus.

Des fours analogues, sinon semblables, ont été construits dans des manufactures de produits différents; nous citerons :

Le four de M. Huart de Nothomb, à Longwy (431);

Le four de M. Boch-Buchmann, à Luxembourg;

Le four de M. Guignet, 1822 (422), à Giey, destiné principalement à la cuisson de la porcelaine;

Le four rectangulaire de M. Feilner, à Berlin, pour cuire les pièces de poterie et de faïence commune;

Le four de M. Albrecht, à Berlin, pour cuire la faïence;

Enfin, le four de Sèvres à deux étages superposés destinés tous deux à la cuisson de la porcelaine dure, 1842.

COMBUSTIBLES.

En même temps que des modifications dans la forme des

fours permettaient d'étudier les meilleures conditions pour diminuer le prix de la cuisson, des efforts étaient faits pour remplacer par des combustibles moins chers le bois primitivement employé. Dès 1804 (419), un brevet garantissait à M. Revol, de Lyon, la cuisson de la faïence stannifère avec le combustible minéral, problème difficile qui devait, quarante ans plus tard, donner à M. Mony, de Bourg-la-Reine, 1846 (435), une économie de 50 p. 0/0 sur la dépense en combustible aux portes mêmes de Paris.

Le combustible minéral, très-répandu dans le Royaume-Uni, servait depuis longtemps à la cuisson de la faïence fine. Les premiers établissements qui furent fondés en France, presque complétement copiés sur les principes admis en Angleterre, firent usage des mêmes procédés et des mêmes modes de cuisson. Cependant, quelques modifications doivent être citées, et nous indiquerons, parmi les plus importantes, l'emploi des alandiers auxiliaires appliqués pour la première fois à Creil par M. Saint-Cricq-Cazeaux, 1823 (423).

La collection des brevets pris en France contient la figure d'un four adopté par M. Decaen, à Grigny, 1834 (426), pour cuire les poteries à la houille, même la porcelaine; on y trouve aussi la description d'un four employé dans la fabrique de Longwy, par M. Huart de Nothomb, 1839 (431).

En Angleterre, la cuisson des poteries avait attiré de même l'attention des fabricants, et les patentes accordées à MM. Bourne, 1823 (446), Venable et Turncliff, 1841 (447), Ridgway, 1842 (448), J. Simpson et Leddon, 1845 (449), J. Maddock, 1846 (450), A. V. Newton, 1847 (451) et J. Bourne, 1847 (452), assuraient à ces manufacturiers le bénéfice de certaines dispositions particulières.

La cuisson économique de la porcelaine dure à l'aide de la houille paraît avoir été tentée pour la première fois en France, à Lille, vers 1785; on a cuit ainsi pendant douze à quinze mois, mais il ne semble pas qu'il en soit résulté de procédé pratique.

L'emploi du combustible fossile fut repris, en 1816, par

MM. Haidinger, dans leur manufacture d'Ellbogen, près Carlsbad; ils employaient un lignite brun-noir, compacte, très-dense, dont l'usage a complétement remplacé celui du bois depuis 1837 ou 1840, dans des fours cylindriques à sept alandiers.

Quelque temps avant 1844, M. Kühn, directeur de la manufacture royale de Saxe, avait introduit, pour cuire la porcelaine dure, l'emploi d'un charbon fossile, composé d'un mélange de charbon de terre et de lignite, dans la proportion d'une partie de houille sur trois de lignite.

C'est vers 1846 que la cuisson de la porcelaine dure, à l'aide de la houille pure, fut définitivement établie en France dans la fabrique de Noirlac, par MM. Vital-Roux et Merkens.

Les avantages de ce procédé de cuisson économique ont été constatés par l'usage continu qu'on en a fait dans la Manufacture de Sèvres. Le simple exposé de la question suffit pour en faire apprécier l'importance.

Si l'on compare seulement les pouvoirs calorifiques du bois et de la houille (436), on trouve que 120 stères de bois, pesant ensemble 42,000 kilogrammes, ont été remplacés par 16,500 kilogr. de houille; 1 kilogr. de bois, dont le pouvoir est de 3,000 unités, a été remplacé par $0^k,39$ de houille, dont le pouvoir calorifique, à raison de 7,000 unités par kilogramme ne dépasse pas 2,730 unités.

L'économie sur le nombre de calories dépensées serait donc, dans cette circonstance, d'environ 10 pour 100, abstraction faite des prix relatifs des deux combustibles.

La diminution sur le prix de revient de la porcelaine résultant de l'emploi de la houille doit varier, on le conçoit, avec la position des manufactures : on admet en moyenne que la valeur du bois consommé pour cuire les pièces de porcelaine le plus ordinairement employées, les assiettes, par exemple, représente les 30 pour 100 du prix de revient; la réduction due à l'emploi de la houille serait d'environ 16 pour 100. L'adoption générale de ce procédé doit amener, comme conséquence forcée, le déplacement de la fabrication de cette poterie; il faut, en effet, au moins sept à huit parties de houille pour cuire une partie de porcelaine. On conçoit, d'après cela, qu'il serait beaucoup plus économique de transporter les pâtes toutes préparées vers les mines de houille, que de faire arriver la houille près des carrières de kaolin.

La cuisson à la houille, donnant de la fumée pendant la combustion, exerce sur les fonds de couleur dits *de grand feu*, une influence tantôt nuisible et tantôt favorable. Les fonds bleus ne prennent aucun glacé, ils sortent noirs et altérés; on a remarqué que les fonds céladon, au contraire, cuisaient avec une nuance et une teinte beaucoup plus agréables; le vert de chrome, dit *vert au grand feu* se comporte de même.

La possibilité de cuire la porcelaine dure au moyen des *flammes combinées* du bois et de la houille, procédé proposé par M. E. Chevandier, 1851 (444), doit permettre de donner économiquement à l'atmosphère des fours à porcelaine une composition telle, qu'on y puisse cuire avec succès et à volonté les couleurs qui exigent, pour être complètes, soit une atmosphère réductive, soit une atmosphère oxydante.

Les gaz qui, par leur combustion, peuvent produire une température élevée, sont susceptibles d'être employés à la cuisson des poteries; plusieurs tentatives ont été faites dans ce sens. Un fait positif que nous pouvons faire connaître est relatif à la cuisson de la porcelaine dure au moyen du gaz extrait de la tourbe; des résultats satisfaisants étaient obtenus dans cette voie par M. Renard, à Saint-Gond, près Étoges (Marne), 1847 (438), et, vers la même époque, MM. Desbrulais et Ollivier, à Pont-Rousseau, 1847 (437), puis, quelques mois plus tard, M. Huard de Nothomb, se laissaient séduire par l'idée d'un combustible brûlant sans laisser de cendres, devant donner vraisemblablement économie de combustible, cuisson plus égale, altération moins grande des cazettes et de la chemise du four, enfin réduction notable dans les prix de l'encastage. C'est pour atteindre ce but bien complexe que M. Huart de Nothomb (brevet du 25 septembre 1847) utilise les gaz des hauts fourneaux, et que MM. Desbrulais et Ollivier disposent un four à porcelaine chauffé par des gaz qui s'échappent des fours à coke, et enfin que M. Michelet, de Grigny (443), cherche à cuire au moyen du gaz et de l'air chaud.

Nous terminerons ici la liste des essais propres à économiser le combustible, qui entre, ainsi que nous l'avons dit, pour une si forte part dans le prix de revient des poteries et surtout dans le prix de revient des porcelaines.

Passons aux moyens proposés pour augmenter la valeur des objets fabriqués.

POLISSAGE.

On sait que les pièces de poterie, dont la pâte est ramollissable sous l'influence de la température nécessaire pour la cuire, exigent, pour être maintenues dans leur forme, l'emploi de supports, de cerces, de points d'appui, qui doivent être dépouillés de glaçure, lorsque cette glaçure et la pâte cuisent en même temps. Un grand progrès, particulièrement pour la porcelaine dure, fut réalisé le jour où l'on eut l'idée de polir, comme le fait le lapidaire, à l'aide du tour, les parties nécessairement sans brillant; on l'appliqua même pour enlever les *grains*, qui sont la cause d'une grande partie des rebuts. M. Brongniart paraît être le premier qui, vers 1806, ait introduit en France le polissage des grains des pieds des pièces de porcelaine dure; en Allemagne, cette opération était bien pratiquée dès 1798, mais il semble que ce soit à M. Bougon (454), anciennement propriétaire de la manufacture de Chantilly, qu'on doive le premier établissement de tours à polir bien montés, marchant avec une grande rapidité, mus par un puissant moteur.

L'art du polissage est aujourd'hui pratiqué presque partout; il l'est à Paris avec une grande adresse; il comprend des opérations assez distinctes, savoir : l'enlèvement des grains, le polissage des pieds, des bords et de toutes les parties qui n'ont pas reçu de couverte; ensuite le sciage et le perçage de la porcelaine. Nous citerons, comme ayant pratiqué ces opérations avec une grande habileté, MM. Boquet, à la

Manufacture de Sèvres; Bessin, quai aux Fleurs, à Paris, et Langry, impasse de la Pompe, également à Paris.

On a cherché, dans d'autres méthodes, le moyen de donner aux pieds des assiettes, des vases, etc., le poli flatteur que donne la couverte : les uns, comme M. Denuelle, 1840 (453), et comme plus tard M. Hébert, 1846 (455), ont émaillé les parties, en faisant porter au four les pièces à cuire sur une bague cachée sous le fond; les autres ont couvert les parties dépourvues de glaçure d'un émail plus fusible, dont ils développaient le brillant par une cuisson de moufle. Pendant longtemps, à la Manufacture de Sèvres, on a mis sous le dessous des pièces à fond plat, dans la gorge des tasses, pots à l'eau, etc., une couche d'émail blanc qu'on cuisait au feu de moufle et qu'on nommait *blanc de gorge*.

DÉCORATION DES POTERIES.

Pendant qu'en Angleterre on cherchait à rendre la faïence plus dure et plus résistante, on ne négligeait rien pour lui donner en même temps plus d'éclat et de richesse; la qualité des couleurs s'améliorait, leurs nuances devenaient plus variées, plus vives, et les procédés mécaniques à l'aide desquels on les appliquait, se perfectionnaient de jour en jour.

En France, la décadence de la faïence commune ne présentait aucune ressource aux décorateurs qui dirigeaient tous leurs efforts vers la porcelaine dure, en cherchant à lui appliquer les moyens anglais. Au nombre de ceux-ci, les procédés d'impression attribués par M. Shaw à Sadler et Green pour l'application sur glaçure, à John Turner de Cangley (Salop) pour la coloration bleue sur porcelaine tendre et sur faïence, les procédés d'impression, qui, vers 1808 (462), avaient été pratiqués sur une assez grande échelle, se plaçaient au premier rang; mais c'est surtout dans la période de 1816 à 1822 que les essais d'importation en France d'une faïence fine, analogue aux cailloutages anglais, font prendre aux procédés de décoration par voie d'impression un essor considérable. En 1809, M. Neppel, à Paris (463), applique à la décoration de la porcelaine sous couverte, l'impression en couleur. M. Méry, à Choisy-le-Roi, en 1814 (464), en étend l'emploi sur toute espèce de poterie. MM. Paillard frères, également de Choisy-le-Roi, en 1818 (465), améliorent ce procédé prompt et économique dans plus d'un détail. A la même époque, M. Legros, d'Anizy (466), propose de remplacer l'impression par la gravure à la façon de la taille-douce par l'impression lithographique.

En 1822, M. Saint-Amans (469), que nous citerons encore, faisait connaître dans tous ses détails la fabrication et la décoration de la faïence fine anglaise; dans un brevet d'importation, dans des additions qu'il y a jointes les années suivantes, enfin dans les brevets de perfectionnement qu'il a pris ensuite, il développe la construction des moufles, les méthodes d'imprimer en bleu sous couverte (blue printing), les appareils propres à engober (blow-box), les procédés employés pour imprimer avec la gélatine (black printing), un outil propre à faire des marbrures sur cru (serpenting box), des perfectionnements dans la préparation de l'oxyde de cobalt, la mise en couverte directement sur l'impression, etc.

Vers la même époque, M. Honoré, de Paris (468), appliquait les procédés lithographiques au décor de la porcelaine; antérieurement (1818), M. Gonord, à Paris (Seine) (467), par un ingénieux tour de main, augmentait ou diminuait au gré de ses désirs les épreuves qu'une gravure en creux d'une dimension déterminée pouvait lui procurer; et enfin MM. Decaen frères, 1837 (470), obtenaient une décoration perfectionnée des poteries par le procédé de l'impression polychrome, au moyen de planches gravées en relief. Puis M. Saint-Amand, 1843 (471), proposait de remplacer par l'application des procédés de la presse typographique et de la gravure en relief sur bois, pierres lithographiques et clichés, l'usage en pratique de la gravure en creux.

Pendant qu'en France on s'occupait à tirer parti des procédés anglais et qu'on cherchait à les répandre, on travaillait, en Angleterre, à les perfectionner, et les noms de Warburton,

1810 (476), de J. Potts, 1831 (477), d'Embrey, 1835 (478), de W. Potts, 1835 (479), de Wood, 1839 (480), de Hullmandel, 1845 (481), de Ridgway, 1847 (483), de Pratt, 1847 (485), et de Baddeley, 1850 (486), témoignent assez des efforts qu'on faisait de l'autre côté du détroit pour populariser les cailloutages et les porcelaines tendres à décors sous couverte.

En Allemagne et en France, la porcelaine dure était à l'ordre du jour et l'on songeait plutôt encore à améliorer les assortiments de couleurs, que les procédés de les appliquer. Lors de la paix générale, l'art de fabriquer les couleurs propres à la décoration des porcelaines dures avait atteint déjà, dans les manufactures royales de l'Allemagne, un haut degré de perfection. En 1806, la manufacture de Vienne avait préparé pour la Manufacture de Sèvres un assortiment très-complet de belles et bonnes couleurs pour peindre, bien résistantes et bien glacées; en 1838 et 1842, elle renouvela cet assortiment, en le rendant, sous les inspirations de M. Leitner, plus complet et plus riche, preuve des nouveaux progrès que la science du chimiste avait fait faire, au grand avantage de l'art.

Mais, en France surtout, on a donné les plus grands soins à la préparation des couleurs vitrifiables.

A la tête de cette fabrication s'était placée et maintenue la Manufacture de *Sèvres*, qui a de tout temps trouvé dans ses propres ressources les moyens de reproduire avec une scrupuleuse vérité les chefs-d'œuvre du Musée du Louvre. Et c'est avec une vive satisfaction, que nous avons vu l'Angleterre elle-même, le lendemain de l'Exposition universelle, en fondant son école de Marlborough-House, demander comme une faveur d'obtenir de Sèvres un assortiment de ses couleurs.

En dehors de la manufacture, s'inspirant des besoins d'une grande artiste, Mme Jacotot, dont le nom est universellement connu, M. Pannetier, artiste aussi, joignait à des connaissances profondes dans l'art lui-même, des notions étendues de chimie pratique.

A Paris, Mortelèque, auquel la supériorité de ses produits

avait assuré des débouchés dans l'Europe entière; Desfossés, autrefois préparateur des couleurs à la Manufacture de Sèvres; Colville, qu'une médaille de seconde classe a récompensé de ses efforts, tous continuaient la réputation dignement acquise des couleurs vitrifiables préparées en France et suivaient la voie tracée d'abord par les travaux de Dihl, puis par ceux de Bourgeois.

Quelques nouveautés doivent être signalées :

Le bleu d'outremer préparé par Mortelèque en imitation du beau bleu préparé pour la première fois par la manufacture de Vienne, 1806 (Musée céramique) ;

Le bleu turquoise pour porcelaine dure, qui, comme couleur de fond, a le plus grand éclat et rappelle l'ancien bleu turquoise des porcelaines de Sèvres, couleur que les Anglais appellent *french green* (vert français), encore de Mortelèque;

Le vert de prés et le vert bleuâtre, tous deux préparés par Pau, de Paris, d'une manière tout à fait remarquable;

Les rouges de M. Pannetier ;

Le jaune pour chair trouvé en 1819 par M. J. F. Robert, artiste paysagiste de la Manufacture de Sèvres ;

Le gris de platine préparé pour la première fois par la Manufacture de Sèvres.

Nous citerons, comme venant d'Allemagne :

Le jaune et le noir d'urane préparés par Leitner, de Vienne;

Les verts de chrome de toutes nuances préparés par la manufacture de Meissen ;

Le bleu d'outremer découvert par la manufacture impériale d'Autriche.

En Angleterre, on fait aujourd'hui quelques couleurs vitrifiables qui se distinguent surtout par leur bon marché. L'une des plus remarquables est le carmin, qui joint au mérite d'un prix très-modéré celui non moins apprécié des peintres de fleurs, d'être d'une grande fraîcheur et d'un très-beau glacé. Citons enfin, comme une innovation curieuse partie d'Angleterre, la préparation de la couleur généralement connue sous le nom de *pink colour,* matière remarquable par sa composition chimique, qui donne sous couverte, sur faïence, des impressions d'un rose très-agréable et très-économique. C'est en 1836 (488) qu'un habile chimiste de la manufacture de Sèvres, M. Malaguti, appliquant à l'industrie la science la plus pure, faisait connaître la nature singulière de cette substance et donnait les moyens de la reproduire.

Les couleurs de Vienne, toutes celles d'Allemagne en général, sont moins fusibles et cependant plus glacées que les couleurs fabriquées en France; on les cuit à une température plus élevée. On trouve dans la composition spéciale des couleurs tendres une plus grande facilité pour la peinture d'art; on a pu rendre en France cette fusibilité convenable pour peindre, comme on peint la poterie, le cristal lui-même, ce composé si facilement ramollissable, qu'il est le fondant dont se servent la plupart des verriers pour confectionner les couleurs qu'ils appliquent sur le verre. C'est à M. J. F. Robert, ancien peintre paysagiste à la Manufacture de Sèvres, inventeur des laques qui portent son nom, qu'on doit la création de la palette du peintre sur cristal, si perfectionnée qu'elle rivalise avec celle du peintre sur porcelaine : il a doté la France d'une industrie nouvelle, qui fait à notre commerce, sur les marchés étrangers, le plus grand honneur.

Mais les couleurs dures, si brillantes par leur glacé, qu'on nomme couleurs de *grand feu* n'étaient pas négligées.

Le vert de chrome au grand feu, préparé pour la première fois par M. Brongniart, vers 1804, était amélioré et recevait, vers 1812, une richesse inouïe jusqu'alors. En 1822, M. Honoré (487), augmentait de quelques nuances ces couleurs, très-peu nombreuses à cause de la température nécessaire pour les cuire, et donnait le moyen de les obtenir économiquement; vers 1831, MM. Bunel et Paul Noualhier, à Sèvres, obtenaient des résultats analogues de la mise en pratique des fonds colorés placés immédiatement par immersion sur la porcelaine dégourdie. En 1837, M. Halot, de Paris (491), établissait d'un seul coup par engobage des colorations variées avec réserve sous couverte, à l'aide de procédés qu'il devait amener à l'état de progrès que l'Exposition de Londres nous a mis sous les yeux. Plus tard, vers 1838, MM. Discry et Talmours, à Paris, ajoutaient au nombre de ces couleurs; en 1846, MM. Fouques et Arnoux, de Toulouse, déposaient au Musée de Sèvres une collection riche et complète de fonds au grand feu, datant de 1844, posés par des méthodes analogues.

Une découverte toute française, qui fit grande sensation lors de son apparition, fut celle des couleurs dures de moufle dites de *demi-grand feu* qui date de 1839; elle est due à M. Francisque Rousseau : on sait que ces couleurs brillantes et glacées peuvent recevoir la dorure et les autres métaux comme les couleurs de grand feu. Les couleurs de moufle ordinaires obligent, pour présenter le même effet décoratif, à des réserves ou à des grattages coûteux.

Il n'y a pas jusqu'à la décoration par l'or, par le platine et par l'argent, qui n'ait été l'objet de quelques recherches.

Les lustres burgos et autres, d'un effet si brillant sur les cailloutages anglais, sont reproduits sur nos faïences et leur application étendue à la porcelaine dure. Déjà, vers 1806, la dorure en relief était très-bien exécutée sur la porcelaine de Vienne; elle a été perfectionnée. On doit à M. Leitner d'avoir pu faire l'emploi sur cette même poterie du platine métallique avec un brillant et une solidité remarquables; mais, au point de vue commercial, ces produits coûteux ne peuvent être employés, et la dorure n'offre jamais cette condition de durée si remarquable dans les dorures de Sèvres. En 1845, M. Rousseau (498) cherche à lui donner plus de solidité en l'appliquant sur une couche de platine.

En 1846, M. Grenon (499) obtient le même résultat au moyen de deux couches superposées, la première cuite à un feu très-développé.

L'argent, que son altérabilité sous l'influence de l'hydrogène sulfuré rendait d'un emploi restreint, reçoit une application plus étendue par les procédés de M. Rousseau (498). On l'amalgame avec l'or en le couchant sur un aplat de ce dernier métal; depuis 1844 on l'applique sur des pièces richement dorées, qui prennent, par l'alliance des deux métaux, ou brunis ou mats et brunis à l'effet, une originalité très-grande.

Nous avons dit plus haut l'heureuse application de l'argent mat sur le biscuit de porcelaine que M. Gille (502) avait mis à l'Exposition de Londres.

Mais, si l'on cherche à donner de la solidité, de la résistance, à l'or, à l'argent, au platine, comme le luxe s'étend tous les jours et pénètre partout, il faut aussi des décorations à bas prix. En 1836, l'or de Meissen, l'*or léger*, prend une vogue extrême, car il est d'une grande économie; un brevet d'importation, pris en 1850 (501), permet d'étendre ce métal précieux sur quantité d'articles de Paris dont les débouchés s'accroissent.

Mentionnons encore, pour terminer les méthodes d'ornementation de la porcelaine, l'application des émaux sur paillons, par M. Rousseau, ainsi que celle plus moderne encore des pierreries et des métaux ciselés, par M. Marceaux (500). Ces procédés de décoration donnent aux pièces sur lesquelles on les emploie une coquetterie qui rappelle quelques-unes des jolies pièces de Sèvres. En Angleterre, ce genre d'ornementation est devenu, dans ces dernières années, l'objet d'une assez grande vogue.

OBJETS DIVERS.

Plusieurs faits de quelque importance n'ont pu trouver place dans l'exposé qui précède : on a publié de nombreuses modifications aux compositions des pâtes; un ouvrage de technologie seul peut les indiquer; néanmoins, il y aurait quelque injustice à passer sous silence plusieurs observations intéressantes au point de vue tant industriel que scientifique. En première ligne il faut citer les travaux de M. Barral sur les faïences à glaçure stannifère et les produits de M. Pichenot, 1840 (525 et 535); puis les terres cuites de M. Lambert, de Rouen, 1837 (524), les terres rouges de M. Siry, de Toulouse, 1821 (523); les faïences d'Avisseau, celles de Landais, tous les deux de Tours.

Des changements apportés dans la composition des pâtes ont souvent amené l'amélioration notable de la poterie, et quelquefois il en est résulté, dans certaines conditions, un produit en quelque sorte nouveau. L'emploi de kaolins particuliers a donné des produits de qualités particulières: les porcelaines de Bayeux, estimées des chimistes; les compositions de Beauvais, 1850 (536); les porcelaines de M. Barré-Russin, à Orchamps (Jura).

On a modifié la composition des pâtes de la porcelaine dure de diverses manières, tantôt pour imiter le marbre statuaire, tantôt pour obtenir une poterie plus économique en diminuant l'élément argileux. On a trouvé dans la première voie les pâtes de M. Kühn, celles de Nymphenbourg; on a découvert de même la belle matière qu'on nomme *parian* en Angleterre, *paros* chez nous, que presque tous les potiers du Staffordshire reproduisent en quantités considérables, et que la manufacture de Creil a reproduite depuis l'Exposition de 1851.

En augmentant le dosage du feldspath, on rend fragiles et cassantes, trop vitreuses en un mot, des poteries d'usage auxquelles on enlève une grande qualité.

Des kaolins colorés naturellement ont fourni des poteries nouvelles : c'est ainsi que se sont produites, en 1847 (528), les poteries roses de M. Lecoq.

L'introduction de la terre à porcelaine dans des poteries de jardinage a permis d'atteindre une finesse de pâte assez séduisante pour donner une grande vogue aux produits de M. Follet.

On a trouvé des avantages analogues dans l'emploi de certaines matières pour les glaçures. On sait, depuis le commencement de ce siècle, que le borax et l'acide borique communiquent des qualités précieuses aux vernis dans lesquels ils entrent : une fusion brillante, une grande dureté, un accord parfait avec la pâte rendue plus dure et plus sonore.

Les glaçures au plomb, bien altérables, et par cela même bien dangereuses, ont été repoussées, et si, dans tous les pays, elles n'ont pas disparu, c'est que l'habitude et la pauvreté des habitants militaient pour elles; de louables efforts ont été faits; un jour ou l'autre, nous les verrons couronnés de succès.

Plusieurs idées neuves ont amené, pour la porcelaine, de nouvelles applications. La lithophanie, née en Allemagne, fille d'un Français, M. de Bourgoing, 1827 (528), a pris, dans la manufacture de Berlin, le caractère des objets d'art, et le principe qui leur a donné naissance, modifié, en France encore, par M. du Tremblay, 1843 (539), a fait créer en faveur de la manufacture de Rubelles une intéressante industrie, celle des *émaux ombrants*.

On a pu voir à Londres les poteries de M. Lecoq, des porcelaines lithophaniques et des faïences de Rubelles.

On sait enfin comment la fabrication des boutons en pâte céramique s'est transformée sous l'influence de M. Bapterosses 1846 (546 et 547); cette industrie, d'origine étrangère (544), est aujourd'hui toute française. Les transactions auxquelles elle donne lieu maintenant ne s'exercent plus en Angleterre que sur des produits exportés par nous.

APERÇU SUR L'AVENIR DES ARTS CÉRAMIQUES.

L'exposé que nous venons de présenter comme l'expression des progrès réalisés pendant ces quarante dernières années dans la fabrication des poteries, permet de se faire une idée de ce qu'étaient les différentes industries qui s'y rapportent vers 1810 et de ce qu'elles sont aujourd'hui. On a pu remarquer que toute l'action utile pour améliorer les produits céramiques doit être partagée, pendant cette période, entre trois puissances : l'Angleterre, la France et les pays allemands.

Nous ne parlerons ici que des pays européens; nous ne voudrions rien dire, dans le tableau que nous venons de tracer, des progrès réalisés en Chine et au Japon, ces pays où, depuis des temps immémoriaux, on fabrique avec une grande habileté la poterie la plus perfectionnée, la porcelaine dont ils furent le berceau. Nous croyons qu'on nous accordera que nulle part la transformation des produits et leur amélioration n'ont été plus profondes qu'en France; un dernier coup d'œil rétrospectif sur les années qui nous séparent de l'époque de 1810 nous en fournira la preuve évidente. Cette circonstance ne nous paraît pas tenir à ce que nous avons pu suivre avec plus de facilité chez nous que partout ailleurs la marche des arts céramiques; elle s'explique très-simplement par l'état de médiocrité dans lequel nos terres de pipe, la seule poterie à la portée de la majeure partie des consommateurs, étaient restées stationnaires, tandis qu'en Angleterre, depuis les travaux de Wedgwood, cette fabrication s'était transformée d'une manière complète en des cailloutages de qualités très-remarquables. Quant à l'Allemagne proprement dite, la fabrication de la porcelaine dure était beaucoup plus répandue, même à l'usage des masses, que dans tout autre pays, et l'on ne s'était pas encore préoccupé de la fabrication des faïences fines qui devaient être bientôt fabriquées dans les provinces rhénanes.

Les progrès réalisés en France dans la fabrication des poteries fines à pâte opaque tirent presque tous leur origine d'Angleterre. Introduite d'abord sur les bords du Rhin, cette fabrication avait pénétré chez nous; les terres de pipe françaises, fabriquées pour la première fois par Potter vers l'époque de la paix d'Amérique, sortirent, d'assez bonne qualité d'abord, des fabriques de Montereau, dirigées par un Anglais du nom de Hall; les fabriques de Paris, de Choisy-le-Roi, de Chantilly et de Creil, puis de Valentine, négligèrent leurs produits; la pâte devint de moins en moins cuite, pour épargner le combustible, et la glaçure de plus en plus fusible et tendre; ces éléments défectueux ne constituèrent bientôt plus qu'une poterie honteusement médiocre, sale et d'un très-mauvais usage. Une seule manufacture, celle de Sarreguemines, conserva la bonne qualité de ses produits, et, par conséquent, sa réputation.

Dans ces circonstances, vers 1824, se placent les publications de M. de Saint-Amans sur les produits anglais recueillis et examinés par lui pendant plusieurs voyages en Angleterre. D'après M. Brongniart, les premiers essais datent, d'une manière authentique, de 1824, 1827, 1829, 1830. A cette époque, les établissements de Creil, de Montereau, de Choisy-le-Roi, de Toulouse, d'Arboras, de Bordeaux et de Longwy, ou n'existaient pas ou n'avaient rien produit d'analogue à ce que nous nommons improprement en France *porcelaine opaque*. C'est donc aux idées répandues par M. de Saint-Amans et aux premières notions publiées par lui, qu'il est juste d'attribuer l'élan que prit, dans notre pays, la fabrication de ces poteries. Nous pouvons, dans nos expositions, en suivre le développement pour ainsi dire pas à pas, et les voir si mauvaises en 1829, si médiocres encore en 1834, meilleures en 1839, devenir, dès 1844, presque irréprochables sous le rapport des qualités ou extérieures ou intérieures.

Mais, si l'idée, pour ainsi dire, théorique appartient à M. de Saint-Amans, c'est à la fabrique de Montereau, puis bientôt après à celle de Creil, qu'on doit la réalisation pratique de l'idée, c'est-à-dire la véritable introduction industrielle de la poterie dite en France porcelaine opaque.

L'introduction en France de cette poterie doit être aussi considérée comme l'un des résultats les plus heureux de l'influence salutaire de la Société d'encouragement pour l'industrie nationale; par ses publications, par ses médailles, par ses prix, elle a fixé l'attention des fabricants, et nous lui devions cet éloge qu'on la voit toujours, en vigie dévouée, prête à signaler tout danger qui menacerait nos manufactures.

Aujourd'hui, la fabrication des cailloutages, qui a toujours été mise en pratique dans des établissements considérables, est exercée dans plusieurs centres importants; et c'est à cette circonstance, nous devons le constater, que sont dues la rapidité des progrès et la persévérance avec laquelle le succès a été poursuivi. La difficulté des transports, le bas prix de ces produits a forcé chaque producteur à se placer dans un centre bien éloigné, de manière à se mettre à la portée des consommateurs sans avoir à redouter une concurrence ruineuse ou par trop menaçante. Nous verrons plus loin combien est différente, sous ce rapport, l'organisation anglaise.

Grâce à ces précautions, la plupart de nos fabriques de cailloutages, assurées du placement de leurs produits, montées avec des capitaux suffisants, débarrassées d'une rivalité qui n'aurait d'autre effet que d'amener sans nécessité des baisses de prix malencontreuses, sont dans un état assez prospère.

Les conditions d'existence des manufactures de porcelaine dure sont bien différentes ; la fabrication de cette dernière poterie n'a reposé, jusqu'à présent, que sur des capitaux restreints disséminés dans plus de quarante fabriques, qui, pour la plupart, n'ont eu qu'une existence éphémère, et qui passent de main en main. La cuisson de la porcelaine à la houille, lorsque toutes les conditions de réussite auront été bien étudiées, doit permettre un jour ou l'autre, et ce jour n'est peut-être pas bien éloigné, de grouper autour des mines de houille les manufactures de porcelaine. Le déplacement progressif des fabriques et la concentration inévitable de la fabrication dans de grands établissements changeront radicalement, sans doute, les conditions d'existence de ces manufactures; et vraisemblablement alors des recherches plus suivies, des directions de plus en plus intelligentes, ajouteront encore aux mérites déjà si grands de la fabrication de la porcelaine française.

La Manufacture de Sèvres, dont le nom se trouve lié, comme on a pu le voir, à tous les progrès réalisés dans la fabrication des poteries, servirait de type à ces établissements, tout en poursuivant son but d'utilité générale; car, principalement au point de vue de l'application des beaux-arts à l'industrie, elle conserve sa raison d'être; fidèle à sa haute mission, elle pratiquera les saines doctrines de l'art, servant de guide au goût public, ne se laissant jamais égarer par lui, et supérieure, de l'aveu même de leurs représentants, aux manufactures que les puissances étrangères peuvent lui opposer, elle demeurera, pour les fabricants français, une école essentiellement utile par ses productions, par son musée, par son enseignement public:

Par ses productions qui, sortant de plus en plus du nombre des objets de curiosité, circulant au milieu des masses, répandant de bons modèles, excitent l'émulation du producteur et rendent plus exigeants vis-à-vis de lui les consommateurs plus éclairés ;

Par son musée céramique, exposition universelle et permanente ouverte à tous, que l'Angleterre imite en ce moment dans Marlborough-House.

Le Musée français de Sèvres a pu s'enrichir, chaque année, grâce à la munificence de l'État et de la liste civile; il s'enrichit aussi par les présents des cours étrangères et des savants voyageurs. Dès à présent, il forme une collection que rien ne saurait égaler, dans les plus grands États du monde civilisé.

Le nouvel enseignement technique commencé si brillamment au Conservatoire des arts et métiers par M. Ebelmen, et si prématurément interrompu, sera, nous l'espérons, repris un jour, au grand avantage de tous les arts céramiques.

Il ne faut pas penser que les services que Sèvres rend au commerce soient simplement la conséquence forcée de la subvention qu'elle reçoit, et qu'elle ne puisse être utile qu'à la condition d'être onéreuse. Des établissements comme ceux dont nous parlons peuvent certainement recueillir des bénéfices, et la masse de nos produits y gagnerait en qualité comme en beauté. Croit-on que les grands établissements, comme Saint-Gobain, Cirey, Baccarat et Saint-Louis, en pleine prospérité, ne font pas, de temps à autre, quand le moment l'exige, des sacrifices considérables pour ajouter quelque chose à leur réputation? Et qui oserait dire que ces sacrifices momentanés ne sont pas profitables en retour aux établissements assez sages pour se les imposer? Les exemples que nous citons, l'art de faire la glace, celui de fabriquer le cristal, si brillants dans l'exposition française, prouvent ce que peut, en France, une forte organisation commerciale : on ne fait bien qu'en faisant beaucoup, et, pour faire plus, il faut faire mieux. Rien ne permet de supposer que la fabrication de la porcelaine, appuyée sur des capitaux considérables réunis dans des mains habiles, doive avoir une existence éphémère, et ne puisse espérer un avenir aussi prospère, aussi brillant, aussi certain, que celui des manufactures que nous venons de nommer.

Dans les conditions présentes, la fabrication des poteries donne lieu presque partout à un commerce considérable; le travail de statistique générale commencé dans toute l'étendue de la France permettra, dans quelques années, d'établir exactement la situation de toutes les industries qui sont exercées sur son sol. Les seules données un peu positives qu'on possède aujourd'hui concernent notre commerce d'exportation et d'importation. D'après ces données, le poids des produits exportés, depuis 1827, aurait augmenté dans des proportions considérables, car ils seraient entre eux, pour 1827, 1840, et 1850, comme les nombres 1,000, 1,595 et 4,166.

Malgré cette proportion croissante, que l'Angleterre elle-même ne peut offrir, l'Angleterre occupe le premier rang quant à l'importance commerciale de la fabrication céramique: en 1850, d'après le relevé fait officiellement par l'Administration anglaise, son exportation a porté sur 75,939,818 pièces de poteries de toutes sortes (earthenwares of all sorts), représentant une valeur de 25 millions. L'Amérique, la Suède, la Norwége, l'Italie, les villes anséatiques, la Toscane, et, dans l'intérieur des terres, l'Autriche, ont offert aux produits des fabriques anglaises des débouchés assez considérables pour que l'exportation, qui n'était, en 1832, que de 11,474,125 fr., dépasse cette année le chiffre que nous venons de donner.

La fabrication se trouve à peu près circonscrite dans la même localité, dans une partie du Staffordshire que, pour cette raison, l'on appelle *Poteries*. On compte dans cet arrondissement, sur une étendue d'environ un myriamètre, 144 fabriques de cailloutages, grès cérames, porcelaine tendre, occupant plus de 60,000 individus de tout sexe et de tout âge.

La ville principale est Burslem; les autres lieux qui sont les plus remarquables par leurs manufactures de poteries sont, en allant du nord au sud, Goldenhill, Longport, Newport, Stanley, Cobridge-Shelton, Stoke-upon-Trent, et enfin, jusqu'à l'extrémité méridionale, le village récent d'Etruria, fondé par Wedgwood en 1770.

Plusieurs cours d'eau, le canal du grand Tronc, le canal de Newcastle, traversent ce canton et mènent au pied même des fabriques les bateaux qui déchargent les matériaux et chargent les poteries fabriquées.

Certes, de tels éléments de succès doivent assurer pour longtemps un avenir prospère.

Nous avons vu ce qu'étaient les poteries destinées aux usages domestiques il y a moins de cent ans; nous avons dit que la faïence commune avait en partie disparu devant les terres de pipe, et celles-ci devant les cailloutages anglais. Que deviendra cette fabrication? Nous croyons probable que, dans un avenir qui n'est peut-être pas éloigné, les cailloutages, à leur tour, perdront de leur importance devant les porcelaines dures, la seule poterie par excellence pour les objets de service.

Même en France, l'existence des manufactures de faïence fine pourrait être menacée par toute crise commerciale entravant l'entrée de l'acide borique. L'introduction de cet acide et celle du borax dans les glaçures des faïences fut l'une des causes principales de l'amélioration de ces poteries, et si, contre notre attente, l'appel fait par la Société d'encouragement ne pouvait être entendu, si, d'une part, on trouvait impossible de se passer d'acide boracique, si, d'autre part, on n'arrivait pas à se créer d'autres sources capables de suppléer à celles de Toscane, l'intérêt des consommateurs pourrait demander une mesure qui conduirait à leur ruine plusieurs de nos fabriques aujourd'hui florissantes.

Quoi qu'il doive advenir, nous engagerions les fabricants, s'ils nous consultaient à cet égard, à diriger tous les efforts vers l'amélioration de la porcelaine dure. La question de bon goût dans la forme et dans la décoration assure à leurs productions une préférence marquée; qu'ils cherchent à la conserver et qu'ils se préoccupent dès aujourd'hui de la lutte que leurs produits auront peut-être à soutenir plus tard sur les marchés étrangers; qu'ils n'oublient pas que d'autres pays que les nôtres possèdent à la fois de grandes richesses en combustibles minéraux et tous les matériaux propres à la fabrication de la porcelaine dure.

Sous le rapport de l'économie, de la main-d'œuvre, du bon marché des matières premières, les événements qui se préparent à la Chine sont peut-être de nature à donner aux porcelaines leur plus grande extension, en rendant libre un pays qui, convenablement exploité, peut conquérir et conserver le monopole de la fabrication.

En Europe, d'ailleurs, de nombreux gîtes de kaolins sont exploitables, et quantité d'argiles blanches et légèrement ferrugineuses associées à des roches granitiques suffisamment fondantes peuvent donner à bas prix des porcelaines communes d'un usage supérieur à toutes les autres poteries opaques.

Quant aux porcelaines tendres, réservées pour longtemps encore exclusivement aux objets de décoration, elles ne peuvent guère espérer un développement industriel considérable; elles peuvent, d'ailleurs, avoir à lutter un jour, à cause de leurs prix élevés, avec les faïences, qu'un façonnage facile et peu coûteux doit ramener avantageusement à leur point de départ, l'ameublement et la décoration monumentale. Ces dernières pourront alors apparaître avec des qualités nouvelles qu'elles n'eussent probablement jamais possédées, si, par leur destination dernière, elles n'étaient devenues d'un usage domestique.

LISTE DES RÉCOMPENSES

DÉCERNÉES PAR LE JURY INTERNATIONAL.

La première exposition universelle qu'il y ait jamais eu, l'Exposition de Londres, doit marquer dans les fastes de l'industrie humaine. Les jugements portés par les jurés internationaux doivent donc rester comme l'expression fidèle et calme du résultat du concours ouvert à tous. Le travail qui précède nous paraîtrait donc incomplet, s'il n'était terminé par la liste des récompenses telle que la commission royale d'Angleterre l'a proclamée.

XXVe CLASSE.

NATIONS.	NOM DE L'EXPOSANT.	OBJETS RÉCOMPENSÉS.
	MÉDAILLES DE CONSEIL.	
Royaume-Uni..	H. Minton et Cie	Nouvelle application; beauté du dessin.
France	Manufacture de Sèvres	Art élevé.
	MÉDAILLES DE PRIX.	
Royaume-Uni..	S. Alcock et Cie	Porcelaine tendre anglaise
France	J. F. Bapterosses	Boutons. (Approb. spéciale.)
Portugal	Basto, Pinto et Cie	Porcelaine.
Bavière	Manufacture royale de Bavière	*Idem.*
Prusse	Manufacture royale de Berlin	*Idem.*
France	M. de Bettignies	*Idem.* (Approb. spéciale.)
Royaume-Uni..	T. et R. Boote	Vases de parian.
Idem	J. Bourne	Grès cérame.
Idem	W. R. Copeland, M. P. Alderman	Porcelaine statuaire très-remarquable.
Danemark	Manufacture royale de Copenhague	Porcelaine.
Royaume-Uni..	T. Dimmock	Cailloutages.
Idem	J. Finch	Baignoires.
Autriche	Fischer, Moritz	Porcelaine.
France	J. M. Gille	*Idem.*
Royaume-Uni.	S. Green et Cie	Vases à l'usage des chimistes
France	Jouhanneaud et Dubois	Porcelaine.
Indes	Poterie de Madras	Terre cuite.
France	M. Mansard	Grès cérame.
Royaume-Uni..	T. J. et J. Mayer	Cailloutages.
Idem	Meigh fils et Cie	*Idem.*
Idem	John Ridgway et Cie	*Idem.*
Idem	J. Rose et Cie	Porcelaine tendre anglaise.
Saxe	Manufacture royale de Saxe	Porcelaine.
Russie	Manufacture impériale de Saint-Pétersbourg.	*Idem.*
Prusse	Strahl Otto	Cailloutages.
France	Le baron du Tremblay	Émaux ombrants.
Autriche	Manufacture impériale de Vienne	Porcelaine.
Prusse	Villeroy et Boch	Grès.
Royaume-Uni..	T. Wedgwood et fils	Cailloutages.

NATIONS.	NOM DE L'EXPOSANT.	OBJETS RÉCOMPENSÉS.
	MENTIONS HONORABLES.	
France.......	Alluaud aîné..........................	Porcelaine.
Prusse........	C. E. et F. Arnoldi....................	*Idem.*
France.......	C. Avisseau...........................	Faïence de Palissy.
Royaume-Uni..	J. Bell et Cie..........................	Cailloutages.
Idem.........	E. Challinor..........................	*Idem.*
Idem.........	Chamberlain et Cie.....................	Porcelaine.
Turquie......	Manufacture de Constantinople..........	*Idem.*
Royaume-Uni..	J. Edwards et fils.....................	Vases.
Autriche......	C. Fischer............................	Porcelaine.
France.......	Gorsas et Périer.......................	*Idem.*
Royaume-Uni..	G. Grainger et Cie.....................	*Idem.*
Autriche......	Haidinger frères.......................	*Idem.*
France.......	E. Honoré............................	*Idem.*
Royaume-Uni..	W. S. Kennedy........................	Lettres de porcelaine.
Idem.........	Keys et Mountford.....................	Parian.
Idem.........	J. Lee...............................	Lettres.
Idem.........	Marsh-James..........................	Bustes et vases.
Prusse........	Veuve J. G. H. Mattschass et fils........	Cailloutages.
France.......	H. J. Nast...........................	Porcelaine.
Idem.........	Petit-Jacob...........................	*Idem.*
Royaume-Uni..	F. et R. Pratt et Cie....................	Cailloutages.
Idem.........	Sharpe frères et Cie....................	Terre du Derby.
Idem.........	W. Southorn et Cie.....................	Pipes à fumer.
Prusse........	Tielsch Carl et Cie....................	Porcelaine.
Royaume-Uni..	G. Wood.............................	Vases de jardins.
Suisse........	Ziégler-Pellis.........................	Terre cuite.

On voit par ce relevé que la France, malgré d'assez nombreuses absences, s'est trouvée dignement représentée dans l'industrie céramique; elle compte parmi les récompenses : 1 grande médaille de première classe, 2 médailles de deuxième classe avec mention spéciale, 4 médailles de deuxième classe, 6 mentions honorables.

Pour l'Angleterre, le succès a été plus complet : 1 grande médaille de première classe, 12 médailles de deuxième classe, 13 mentions honorables.

Que nos fabricants ne voient dans ce résultat qu'un motif

d'émulation; surtout qu'ils ne redoutent point la comparaison, soit par crainte, soit par modestie; qu'ils répondent *tous* à l'appel qui leur sera fait pour 1855, et, chez eux, ils seront les premiers, comme l'Angleterre, chez elle, s'est montrée la première.

DOCUMENTS

RELATIFS AUX TRAVAUX CONCERNANT LA CÉRAMIQUE.

BRIQUES, TUILES, CARREAUX, TUYAUX, ETC.

FRANCE.

1° PRÉPARATION DES TERRES.

1. — Machine propre à l'extraction des terres argileuses destinées à la confection des poteries, par *Favreau*, à Ivry, près Paris. (Brev. d'inv. t. XXIII, p. 195; 27 janvier 1825.)

2. — Broyeur propre à la fabrication des briques, mortiers, etc., par M. *Guéroult*, à Passy. (Brev. d'inv. t. LV, p. 372; 5 décembre 1839.)

3. — Travail de l'argile dans la fabrication de la tuile, par M. *Champion*, à Pontchartrain (Seine-et-Oise). (Brev. d'inv. 2ᵉ série, t. V, p. 172; 23 juillet 1845.)

2° COMPOSITION DES PÂTES.

4. — Fabrication des briques avec le schiste. (Brongniart, Traité des arts céramiques, 2ᵉ édition, t. I, p. 321.)

5. — Introduction de l'anthracite dans la composition des briques, par M. *William Meade*. (Brongniart, *loc. cit.*)

6. — Fabrication des briques réfractaires avec un mélange de schiste, de silex cuit et de sable blanc, par M. *Landrieu fils et Cⁱᵉ*, à Anzin. (Brev. d'inv. t. XXIV, p. 146; 13 juillet 1826.)

7. — Fabrication des briques en terre ferme, par MM. *Conrad et Adhémar*, à Paris. (Brev. d'inv. t. XXXVII, p. 78; 10 novembre 1827.)

8. — Briques et tuiles dites *hydrostères*, et ornements d'architecture en matière qui durcit dans l'eau et résiste à la gelée, par M. *Guéroult*, à Paris. (Brev. d'inv. t. XXX, p. 89; 15 juin 1830.)

9. — Application de la terre de Férisy, près Melun, à la fabrication de la brique et des tuiles, par M. *Everat*, à Paris. (Brev. d'inv. t. XLIX, p. 376; 25 mai 1840.)

10. — Briques, par M. *Oriol*, à Saint-Vallier (Drôme). (Brev. d'inv. 2e série, t. IV, p. 203; 2 juillet 1845.)

11. — Briques réfractaires, par M. *Polonceau*, à Cramans (Jura). (Brev. d'inv. 2e série, t. V, p. 125; 3 septembre 1845.)

12. — Composition de briques et creusets réfractaires, par MM. *Farge Guigne et Durieux*; 5 mai 1849.

13. — Brique réfractaire dite infusible, par M. *Bret*, à Marseille (Bouches-du-Rhône); 1er mars 1850.

3° FORMES DE BRIQUES, TUILES, ETC.

14. — Mitres et faîtières économiques à la française, par M. *Fougerolles*, à Paris. (Brev. d'inv. t. VI, p. 138; 31 janvier 1806.)

15. — Tuiles et briques de forme nouvelle, par M. *Chaumette*. (Brev. d'inv. t. X, p. 84; 9 février 1813.)

16. — Tuiles et faîtières de formes et dimensions particulières, dites *tuiles à coulisses*, par M. *Lorgnier*, à Boulogne-sur-Mer (Pas-de-Calais). (Brev. d'inv. t. XVI, p. 155; 27 avril 1813.)

17. — Pavé mosaïque, par M. *Baudry* jeune, à Bourth, près Verneuil (Eure). (Brev. d'inv. t. II, p. 262; 9 août 1814.)

18. — Tuiles à double coulisse, dites *pannes*, par M. *Lemaître*, à Marquise (Pas-de-Calais). (Brev. d'inv. t. XVIII, p. 121; 10 juillet 1819.)

19. — Nouvelle mitre en terre cuite, par M. *Chedebois*, à Paris. (Brev. d'inv. t. XIX, p. 276; 4 mai 1820.)

20. — Briques dites *mallons*, par M. *Bounin* fils, à Roquevaire (Bouches-du-Rhône). (Brev. d'inv. t. XVIII, p. 153; 9 septembre 1824.)

21. — Briques de forme et de dimensions particulières, propres à la construction des cheminées, ventouses, etc., par M. *Gourlier*, à Paris. (Brev. d'inv. t. XX, p. 99; 19 mai 1825.)

22. — Briques de forme nouvelle, dites *briques à enclaves*, par M. *Leblanc-Paroissien*, à Tours (Indre-et-Loire). (Brev. d'inv. t. XXXI, p. 111; 8 juillet 1825.)

23. — Tuiles de nouvelles formes, à retroussis et agrafes, pour toute espèce de couverture, par M. *Courtois*, à Paris. (Brev. d'inv. t. XLII, p. 406; 4 août 1825.)

24. — Briques et mitres de nouvelles formes, propres à la construction des cheminées, s'enclavant les unes dans les autres, par M. *Courtois*, à Montfort (Seine-et-Oise). (Brev. d'inv. t. XX, p. 197; 18 août 1825.)

25. — Briques et tuiles à coulisses, de forme variée, s'adaptant à toute espèce de couverture, par M. *Lorgnier*, à Boulogne-sur-Mer. (Brev. d'inv. t. XLII, p. 408; 31 août 1825.)

26. — Tuiles nouvelles pour couvertures de bâtiments, faîtières, arêtiers, œils-de-bœuf, etc., par M. *Ronard*, couvreur à Paris. (Brev. d'inv. t. XXI, p. 169; 3 mars 1826.)

27. — Tuiles à rebords et rainures, par M. *Berthaut*, capitaine en retraite à Paris. (Brev. d'inv. t. XXII, p. 142; 4 août 1826.)

28. — Nouveaux modèles pour briques de construction, par M. *Landrieu* fils, à Anzin (Nord). (Brev. d'inv. t. XXIV, p. 146; 13 juillet 1827.)

29. — Tuiles de formes nouvelles, par M. *Cotto*, dit *Cotte*, à Paris. (Brev. d'inv. t. XXXVIII, p. 159; 14 août 1828.)

30. — Tuyaux de construction de cheminées de forme et de dimension variables, par M. *Gourlier*, à Paris. (Brev. d'inv. t. LVI, p. 436; 30 juin 1830.)

31. — Nouveaux matériaux de construction moulés, par M. *Paul Descroizilles*, à Paris. (Brev. d'inv. t. XLVIII, p. 481; 30 janvier 1833.)

32. — Briques dites *briques dévoyées*, pour cheminées, conduits et tuyaux divers, par M. *Courtois*, à Issy, près Paris. (Brev. d'inv. t. LV, p. 374; 12 décembre 1834.)

33. — Nouvelle espèce de tuiles dites *économiques*, permettant de diminuer le nombre des tuiles employées dans une couverture ordinaire, par M. *Dimoff*, à Thionville. (Brev. d'inv. t. LXXIII, p. 277; 22 septembre 1835.)

34. — Briques de forme perfectionnée, par M. *Pierre Giraud*, à Saint-Étienne. (Brevet d'inv. t. LXIV, p. 352; 22 octobre 1836.)

35. — Carreau mosaïque, par MM. *Fellot* et *Fériaud*, à Lugny (Saône-et-Loire). (Brev. d'inv. t. LXIV, p. 353; 26 octobre 1836.)

36. — Nouvelle pierre à bâtir nommée *pierre cérame*, par M. *Lesueur*, à Paris. (Brev. d'inv. t. XLIV, p. 55; 8 mai 1838.)

37. — Terres cuites pour constructions, améliorations au système

Gourlier, par M. *Courtat*, à Paris. (Brev. d'inv. t. XLIV, p. 254; 21 août 1838.)

38. — Construction des murs en terre cuite, quelle que soit leur épaisseur, par M. *Fonrouge*, à Paris. (Brev. d'inv. t. XLIV, p. 280; 22 novembre 1838.)

39. — Matériaux nouveaux pour constructions, par M. *Lefranc*, à Neuilly (Seine). (Brev. d'inv. t. XLVII, p. 12; 6 août 1839.)

40. — Mitre de cheminée empêchant la fumée, par M. *Mohrenberg*, de Berlin. (Brev. d'inv. t. LVI, p. 360; 28 janvier 1840.)

41. — Briques creuses pour cloisons, par MM. *Mothereau* et *Ledreux*, à Paris. (Brev. d'inv. t. LVIII, p. 292; 31 août 1840.)

42. — Briques de différentes formes, destinées à donner aux murs, sans liaison de mortier, une plus grande solidité, par MM. *de Castro* et *Salazar*, à Paris. (Brev. d'inv. t. LII, p. 146; 12 septembre 1840.)

43. — Tuiles en terre cuite, par M. *Klein*, à Saint-Vit (Doubs). (Brev. d'inv. t. LXXIV, p. 466; 30 septembre 1840.)

44. — Tuiles en terre cuite, par M. *Ruffat*, à Limoux (Aude). (Brev. d'inv. t. LXXV, p. 490; 23 octobre 1840.)

45. — Tuiles à coulisses pour couvertures, par M. *Mamelin*, à Boulogne-sur-Mer. (Brev. d'inv. t. LII, p. 513; 12 novembre 1841.)

46. — Tuiles économiques, par MM. *Desvignes* et *Raison*, à Épinac (Saône-et-Loire). (Brev. d'inv. t. LXXVII, p. 507; 4 mars 1842.)

47. — Tuiles de grès vernissées ou non vernissées, par M. *Chibon*, à Paris. (Brev. d'inv. t. LXVI, p. 457; 19 octobre 1842.)

48. — Tuiles perfectionnées, par MM. *Robelin* et *Huguenotte*, à Chazot (Doubs). (Brev. d'inv. t. LXVII, p. 136; 2 mars 1843.)

49. — Tuiles à carreler en terre cuite, par MM. *Creusfont* et *Chary*, à Morlet (Saône-et-Loire). (Brev. d'inv. t. LXII, p. 443; 24 mars 1843.)

50. — Nouveau système de tuyaux de cheminée destinés à être employés tant à l'intérieur qu'à l'extérieur des murs, par M. *Fonrouge*, à Paris. (Brev. d'inv. t. LXIX, p. 324; 3 avril 1843.)

51. — Tuiles-ardoises, par M. *Sénélar-Flament*, à Armentières (Nord). (Brev. d'inv. t. LXXI, p. 367; 15 octobre 1844.)

52. — Briques de forme nouvelle, par M. *Totain*, à Paris. (Brev. d'inv. 2ᵉ série, t. I, p. 223; 22 octobre 1844.)

53. — Tuiles économiques, par M. *Robelin*, à Courbahon (Doubs). (Brev. d'inv. 2ᵉ série, t. II, p. 48; 20 novembre 1844.)

54. — Tuiles à recouvrement, par M. *Mar-Martin*, à Bourbonne (Haute-Marne). (Brev. d'inv. 2e série, t. XI, p. 260; 1er mai 1846.)

55. — Tuiles propres aux couvertures de bâtiments, par Mlle *Camus*. (Brev. d'inv. 2e série, t. VII, p. 127; 14 mai 1846.)

56. — Briques applicables aux voûtes, par M. *Videbout*, à Paris. (Brev. d'inv. 2e série, t. IV, p. 193; 9 juin 1846.)

57. — Briques pour constructions de murs à palisser sans attaches et sans treillage, par M. *Berteau*, à Versailles (Seine-et-Oise) (1847).

58. — Nouveau système de couvertures en tuiles, par M. *Castillon*, à Troyes. (Brev. d'inv. 2e série, t. XI, p. 7; 12 février 1847.)

59. — Tuiles nouvelles, par M. *Jolibois*, à Deyviller (Vosges). (Brev. d'inv. 2e série, t. XI, p. 101; 5 mars 1847.)

60. — Genre de tuiles plates, par M. *Gilardoni*, à Altkirch (Haut-Rhin; 7 mai 1847).

61. — Tuiles de formes nouvelles, par M. *Grandjean*, à Goin (Moselle). (Brev. d'inv. 2e série, t. XI, p. 179; 10 mai 1847.)

62. — Genre de tuiles nouvelles, par M. *Millot*, à Troyes; 29 mai 1847.

63. — Tuiles de formes nouvelles, par M. *Milard*, au Ménil-Saint-Père (Aube). (Brev. d'inv. 2e série, t. X, p. 267; 27 mai 1847.)

64. — Tuiles de forme nouvelle, par M. *Gilardoni*, à Altkirch (Haut-Rhin). (Brev. d'inv. 2e série, t. X, p. 271; 29 juin 1847.)

65. — Forme de tuile dite tuile *creuse avec nervure*, par M. *Grandjean*, à Bourdonnay (Meurthe); 17 août 1847.

66. — Tuile dite tuile mécanique de Saint-Dié, par M. *Ferry*, à Saint-Dié (Vosges); 28 septembre 1847.

67. — Tuile économique à rebords, par M. *Fournel*, à Mirecourt (Vosges); 6 octobre 1847.

68. — Tuiles plates pour couverture avec deux rebords, par *Buisson-Lalande*, à Bordeaux; 27 novembre 1847.

69. — Tuiles dites *tuiles embrevées*, par M. *Dubosc*, à Grandvillers (Oise); 19 février 1848.

70. — Tuiles carrées, par M. *Thiébault*, à Remiremont (Vosges); 3 avril 1849.

71. — Tuiles économiques vosgiennes, par MM. *Labourot* et *Michel*, à Monthureux-sur-Saône (Vosges).

72. — Briques dites fibuliennes, par M. *Eymieux*, à la Garde-Adhémar (Drôme); 22 juillet 1850.

73. — Système de tuiles dites *au beau côté dessus*, par M. *Laurent*, à Châtillon-sur-Seine (Côte-d'Or); 29 juillet 1850.

74. — Fabrication de *briques dallées*, par M. *Hérait*, à Paris; 21 septembre 1850.

75. — Briques d'un nouveau système par M. *Amuller*, à Paris; 13 janvier 1851.

76. — Tuiles d'un système particulier, par M. *Gilardoni*, à Altkirch (Haut-Rhin); 21 mars 1851.

77. — Perfectionnements à la brique dite *Rabatel*, par Mme *Rabatel*, à Lyon; 1er juillet 1851.

78. — Nouveau modèle de tuiles, par MM. *Simon* et *Oudot*, à Clerval (Doubs), 18 août 1851.

79. — Système de tuiles perfectionnés, par M. *Robelin*, à Saint-Georges (Doubs); 20 septembre 1851.

4° FAÇONNAGE DES BRIQUES, ETC.

80. — Moyens employés dans la confection des pavés mosaïques, par M. *Baudry* jeune, à Bourth, près Verneuil (Eure). (Brev. d'inv. t. XI, p. 262; 9 août 1814.)

80 *bis*. — Machine à faire les briques, par M. *Hattenberg*. (Bulletin de la Société d'encouragement, t. XII, p. 173; 1807.)

81. — Machine avec laquelle on accélère la formation des moellons, pierres, briques, etc., par M. *Cointeraux*, à Paris. (Brev. d'inv. t. IV, p. 119; 15 mai 1807.)

82. — Machine à faire les briques, par M. *Kinsley*. (Bulletin de la Société d'encouragement, t. XII, p. 177; 1813.)

83. — Machine propre à fabriquer divers objets, tels que carreaux de diverses formes, en terre cuite, coloriés par des oxydes métalliques, par MM. *Denière-Matelin* et *Mariotte*, à Paris. (Brev. d'inv. t. IX, p. 86; 28 mars 1816.)

84. — Machine à briques, par M. *Doolittle*. (Bulletin de la Société d'encouragement, t. XVIII, p. 361; 1819.)

85. — Machines propres à la fabrication des porcelaines, faïences, terres cuites et carreaux de toutes formes, qualités et couleurs, par M. *Leblanc-Paroissien*, à Tours (Indre-et-Loire). (Brev. d'inv. t. XXVI, p. 40; 3 juin 1823.)

86. — Procédés de fabrication des carreaux en terre cuite, par MM. *Roux* et *Vidal*, à Paris. (Brev. d'inv. t. XV, p. 319; 24 juillet 1823.)

87. — Machine à rebattre et fouler les carreaux, par M. *Pignant*. (Brev. d'inv. t. XVII, p. 32 : 25 septembre 1823.)

88. — Fabrication perfectionnée des briques, par M. *Sargent*, à Paris. (Brev. d'inv. t. XXXIX, p. 19 ; 6 août 1824.)

89. — Machine propre à régulariser les carreaux sur leurs pans et à dresser leur surface, par M. *Boquet*, à Sèvres. (Brev. d'inv. t. XX, p. 69 ; 28 avril 1825.)

90. — Machine propre à la fabrication des faïences, porcelaines, terres cuites et carreaux, par M. *Leblanc-Paroissien*, à Tours. (Brev. d'inv. t. XXXI, p. 111 : 8 juillet 1825.)

91. — Machine propre à faire les briques, tuiles et carreaux par compression, par M. *Delamorinière*, à Paris. (Brev. d'inv. t. XXXI, p. 60 ; 21 septembre 1825.)

92. — Machine à faire les briques, par M. *Levasseur-Prévour*, à Paris. (Brev. d'inv. t. XLIV, p. 370 ; 25 mars 1826.)

93. — Machine propre à faire avec économie les briques, tuiles, carreaux, par madame la baronne *Garedell-Geanny*, née *Reddal*, en Angleterre. (Brev. d'inv. t. XXIII, p. 95 ; 16 juin 1826.)

94. — Machine à faire les briques, par M. *Candy*. (Bulletin de la Société d'encouragement, t. XXVI, p. 348 ; 1827.)

95. — Machine à fabriquer les briques à l'aide d'une presse à vis, par M. *George*, à Lyon. (Brev. d'inv. t. XXV, p. 296 ; 13 mars 1828.)

96. — Machine à fabriquer les briques, par MM. *Naudot et Cie*, à Paris. (Brev. d'inv. t. XLIX, p. 481 ; 11 juin 1828.)

97. — Perfectionnements apportés dans la fabrication des briques à l'aide d'une presse formée de la presse à vis et de la presse hydraulique, par M. *Perpigna*, à Paris. (Brev. d'inv. t. XXVIII, p. 194 ; 12 juin 1829.)

98. — Fabrication des objets en terre cuite et briqueterie au moyen de la compression de la terre dans des moules de formes diverses, par MM. *Bosq frères*, *Giraud et Taxil frères*, à Auriol (Bouches-du-Rhône). (Brev. d'inv. t. LIV, p. 339 ; 16 novembre 1829.)

99. — Machine propre à faire des briques, tuiles et carreaux, par M. *Cartereau*, à Sarcelles. (Brev. d'inv. t. XXXI, p. 132 ; 23 avril 1830.)

100. — Machine propre à faire des briques, par MM. *Champion*, *Favre et Janier-Dubry*. (Brev. d'inv. t. XLII, p. 130 ; 25 août 1830.)

101. — Presse à balancier propre à la fabrication des briques, tuiles, carreaux, etc., par M. *Crepet fils*, à Châlons (Saône-et-Loire). (Brev. d'inv. t. XXXII, p. 46 ; 25 novembre 1830.)

102. — Machine propre à faire les briques, par M. *Aubergier*, à Clermont-Ferrand. (Brev. d'inv. t. XXXII, p. 158; 21 mai 1831.)

103. — Machine à profiler les briques en les fabriquant, par MM. *Virebent frères*, à Toulouse. (Brev. d'inv. t. XLIV, p. 378; 18 juin 1831.)

104. — Fabrication de carrelages en mosaïque, par M. *Aubin*, à Paris. (Brev. d'inv. t. XXXIII, p. 105; 16 août 1831.)

105. — Machine à faire les briques, par M. *Terrasson-Fougères*, au Theil (Ardèche). (Brev. d'inv. t. LXIV, p. 214; 31 décembre 1831.)

106. — Machine à fabriquer les briques, par M. *Lucas*, à Rennes. (Brev. d'inv. t. LXV, p. 406; 5 mai 1832.)

107. — Procédés perfectionnés servant à la fabrication des briques, par MM. *Payan et Charnier*, à Gap (Hautes-Alpes). (Brev. d'inv. t. XXXVIII, p. 155; 5 août 1833.)

108. — Machines à faire les briques, par MM. *Legent et Treille*, à Estrées-Saint-Denis (Oise). (Brev. d'inv. t. XL, p. 410; 30 mars 1836.)

109. — Fabrication des briques avec dessins incrustés ou en relief colorés et non colorés, par MM. *Heitschlin et Gilardoni*, à Altkirch (Haut-Rhin). (Brev. d'inv. t. XLV, p. 418; 18 mai 1836.)

110.—Machine à confectionner les briques, carreaux, etc., par MM. *Evrard et Demazures*, à Valenciennes (Nord). (Brev. d'inv. t. LVXIX, p. 494; 15 novembre 1837.)

111. — Machine à fabriquer les briques, par MM. *Danglars et Julienne*, à Rouen. (Brev. d'inv. t. LXVIII, p. 17; 23 juin 1838.)

112. — Machine à faire les briques, par MM. *Rémond et Gaëtan*, à Orléans. (Loiret). (Brev. d'inv. t. XLIII, p. 252; 27 juin 1838.)

113.—Fabrication perfectionnée des *tuiles-ardoises*, par MM. *Chevreuse et Bouvert*, à Metz. (Brev. d'inv. t. LXIX, p. 156; 20 juillet 1838.)

114. — Machine perfectionnée pour mouler les briques, les carreaux et autres produits de ce genre, par M. *Farjon*, à Paris. (Brev. d'inv. t. XLIII, p. 178; 8 août 1838.)

115. — Machine à fabriquer les tuiles et les briques, par M. *Lechaillier*, à Rouen. (Brev. d'inv. t. LI, p. 191; 5 décembre 1838.)

116. — Machine à faire les briques, par MM. *Michotte et Cie*, à Paris. (Brev. d'inv. t. LXXI, p. 459; 6 février 1839.)

117. — Machine à fabriquer les briques, par M. *Carville*, à Paris.

(Brev. d'inv. t. LXXI, p. 459, et Bulletin de la Société d'encouragement, 40° année, p. 153; 30 mars 1839.)

118. — Presse double à fabriquer les briques, carreaux, par M. *Jollat*, à Paris. (Brev. d'inv. t. XLVII, p. 181; 18 juin 1839.)

119. — Machines à faire les briques, par M. *Maigret*, à Paris. (Brev. d'inv. t. XLIX, p. 148; 22 mai 1840.)

120. — Presse propre à la fabrication des briques, tuiles et carreaux, par M. *Rodier*, à Autun (Saône-et-Loire). (Brev. d'inv. t. XLIX, p. 193; 23 juillet 1840.)

121. — Fabrication des briques, tuiles et carreaux comprimés, par M. *Martin F.*, à Besançon. (Brev. d'inv. t. LXXIII, p 453, 9 septembre 1840.)

122. — Machine à fabriquer les briques, par M. *Garret*, à Paris. (Brev. d'inv. t. LII, p. 283; 14 novembre 1840.)

123. — Machine propre à la fabrication des briques par un mouvement circulaire et à compression, par M. *Bourbon*, à Paris. (Brev. d'inv. t. LIII, p. 200; 22 janvier 1841.)

124. — Machine propre à comprimer les carreaux en terre et à les couper suivant la forme qu'on désire leur donner, par M. *Carraine*, à Salernes (Var). (Brev. d'inv. t. LIII, p. 203; 15 février 1841.)

125. — Machine à faire les briques, par M. *Kessels*, de Liége. (Brev. d'inv. t. LIII, p. 41; 8 mars 1841.)

126. — Appareil servant à la fabrication des briques, par M. *Galesloot*, à Liége. (Brev. d'inv. t. LII, p. 439; 28 février 1841.)

127. — Fabrication mécanique des tuiles et des carreaux, par M. *Apparuti*, à Seurre (Côte-d'Or). (Brev. d'inv. t. LXXVII, p. 508; 7 février 1842.)

128. — Machine à faire les briques, par M. *Doguée*, à Liége. (Brev. d'inv. t. LV, p. 187; 29 avril 1842.)

129. — Machine propre à faire les briques, par M. *Burke (Georges)*, de Londres. (Brev. d'inv. t. LXXIX, p. 249; 7 octobre 1842.)

130. — Presse pour fabriquer les briques, par M. *H. Thiérion*, à Amiens. (Brev. d'inv. t. LIV, p. 438; 10 novembre 1842.)

131. — Machine à faire les briques et appareil pour les cuire à four mobile, par MM. *Capgras et Chanon*, à Bordeaux. (Brev. d'inv. t. LIX, p. 39; 21 juin 1843.)

132. — Machine à fabriquer les briques, par M. *Collas*, à Paris. (Brev. d'inv. t. LIX, p. 405; 18 novembre 1843.)

133. — Fabrication des briques et des tuiles perfectionnées, par M. *Dampier*, de Toare (Angleterre). (Brev. d'inv. t. LIX, p. 167; 22 décembre 1843.)

134. — Perfectionnements apportés dans les machines à fabriquer les briques, par M. *Nuglish*, à Paris. (Brev. d'inv. t. LXII, p. 197; 2 septembre 1844.)

135. — Machine à fabriquer les briques, par M. *Julienne*, à Rouen. (Brev. d'inv. t. LXII, p. 114; 5 octobre 1844.)

136. — Machine propre au moulage des briques, par M. *Legros*, à Graville-l'Eure (Seine-Inférieure). (Brev. d'inv. 2e série, t. II, p. 188; 22 novembre 1844.)

137. — Machine à mouler les briques, par M. *Maillet*, à Reims. (Brev. d'inv. 2e série, t. II, p. 58; 22 novembre 1844.)

138. — Machine à mouler les briques, par MM. *Huguenin et Ducommun*, à Mulhouse. (Brev. d'inv. 2e série, t. II, p. 132; 27 décembre 1844.)

139. — Machine à briques et à carreaux, par M. *Bonnet*, d'Apt (Vaucluse). (Brev. d'inv. 2e série, t. III, p. 65; 28 janvier 1845.)

140. — Perfectionnements dans la fabrication des briques, par M. *Darforl*, de Burslem (Angleterre). (Brev. d'inv. 2e série, t. III, p. 234; 12 avril 1845.)

141. — Machine à briques et à tuiles, par M. *Vercia*, à Ornans (Doubs). (Brev. d'inv. 2e série, t. IV, p. 129; 29 avril 1845.)

142. — Machine à briques, par M. *Hartmann*, à Tourcoing (Nord). (Brev. d'inv. 2e série, t. IV, p. 145; 7 mai 1845.)

143. — Machine propre à la fabrication des tuiles, par M. *Champion*, à Pontchartrain (Seine-et-Oise). (Brev. d'inv. 2e série, t. V, p. 15; 26 mai 1845.)

144. — Machine à briques, par M. *Lethuillier*, à Paris. (Brev. d'inv. 2e série, t. VI, p. 45; 9 septembre 1845.)

145. — Machine à briques, par M. *Legros*, à Graville-l'Eure (Seine-Inférieure). (Brev. d'inv. 2e série, t. V, p. 202; 3 novembre 1845.)

146. — Perfectionnements dans les machines à fabriquer les briques, par M. *Bertrand*, à Elbeuf. (Brev. d'inv. 2e série, t. VII, p. 72; 15 janvier 1846.)

147. — Machine à briques, par M. *Fairbanks*, à Londres. (Brev. d'inv. 2e série, t. VII, p. 74; 17 janvier 1846.)

148. — Machine à briques, par M. *Legros*, à la Petite-Villette, près Paris. (Brev. d'inv. 2e série, t. VII, p. 113; 16 février 1846.)

149. — Machine à briques, par MM. *Hantier et Decaens*, au Havre. (Brev. d'inv. 2e série, t. VII, p. 225; 6 avril 1846.)

150. — Machine à briques, par M. *Leteurnier*, à Paris. (Brev. d'inv. 2e série, t. VII, p. 180; 15 juin 1846.)

151. — Machine à briques, par Mlle *Camus*, à Paris. (Brev. d'inv. 2e série, t. VIII, p. 87; 15 juillet 1846.)

152. — Machine à briques, par M. *da Silveira*, à Paris. (Brev. d'inv. 2e série, t. IX, p. 138; 29 septembre 1846.)

153. — Procédés de fabrication de briques, par MM. *Chanou et Chevallier*, à Paris. (Brev. d'inv. 2e série, t. IX, p. 75; 30 septembre 1846.)

154. — Machines à briques et à tuiles, par M. *Gouget*, à Paris. (Brev. d'inv. 2e série, t. IX, p. 123; 9 décembre 1846.)

155. — Perfectionnements dans les machines à briques, par M. *Legros*, à Paris. (Brev. d'inv. 2e série, t. XI, p. 124; 3 mars 1847.)

156. — Procédés pour fabriquer les briques, tuiles, pannes, par M. *Bouquet*, à Mézières (Somme). (13 mars 1847.)

157. — Machine à fabriquer les briques et les tuiles, par M. *d'Artois*, à Paris. (Brev. d'inv. 2e série, t. XI, p. 256; 10 avril 1847.)

158. — Machine à fabriquer la brique, par M. *Simon*, à Deluz (Doubs). (12 avril 1847.)

159. — Machine propre à fabriquer les briques, par M. *Leprince*, à Paris. (20 janvier 1847.)

160. — Perfectionnements dans les machines à mouler les briques et autres objets en terre cuite de toutes formes et de toutes dimensions, par MM. *Testu* et *Triquet*. (17 juin 1847.)

161. — Procédé pour faire les briques à dessins polychromes pour pavages et revêtements, par M. *Thibault*, à Paris. (10 juin 1847.)

162. — Machine propre à rebattre les briques, les tuiles, les carreaux, par M. *Roudier*, à Vaugirard. (18 août 1847.)

163. — Machine à découper les briques par M. *Castinel*, à Marseille. (22 octobre 1847.)

164. — Machine propre à rebattre les briques, carreaux, etc., par MM. *Mottereau* et *Lefebvre*, à la Villette. (18 août 1847.)

165. — Machine propre à faire les briques, par M. *Lambour*, de Bruxelles. (28 octobre 1847.)

166. — Machine propre à fabriquer les pannes à couvrir, par MM. *Carrière* et Cie, à Péronne (Somme). (8 février 1848.)

167. — Système propre à fabriquer la brique ou le carreau, par M. *Chavanne*, à Paris. (28 juillet 1848.)

168. — Machine à pression propre à la fabrication des briques et des carreaux, par MM. *Ligniel* et *Roux*, à Paris. (3 août 1848.)

169. — Fabrication des briques et poteries tubulaires, par M. *Borie*, à Paris. (28 octobre 1848.)

170. — Machines propres à la fabrication des briques dites *tomettes* et *moellons*, par M. *Montagut*, à Eyguières (Bouches-du-Rhône). (6 janvier 1849.)

171. — Machines à briques, par M. *Leblanc*, à Apigné (Ille-et-Vilaine). (10 avril 1849.)

172. — Perfectionnements dans la fabrication des briques et des carreaux, par M. *Hart*, à Paris. (18 mai 1849.)

173. — Application directe de la vapeur à la fabrication des briques, tuiles et carreaux, par MM. *Lloyd* et *Gouin*, à Paris. (17 juillet 1849.)

174. — Fabrication des briques sans cuisson, par M. *Lamy*, à Pont-sur-Yonne (Yonne). (3 septembre 1849.)

175. — Moyens de fabriquer les briques, tuiles, carreaux, etc., par MM. *Goujet* et *Jourdan*, à Paris. (17 décembre 1849.)

176. — Mode nouveau de fabrication des tuiles, par M. *Maître*, à Thieffrain (Aube). (15 avril 1850.)

177. — Perfectionnements apportés dans la fabrication des briques, tuiles, carreaux et autres objets de terre, par M. *Merle*, à Paris. (6 mai 1850.)

178. — Fabrication des ouvrages en terre cuite incrustée en terre de couleur, par MM. *Fichet* et *Boniface*, à Vaise (Rhône). (24 juin 1850.)

179. — Perfectionnements apportés dans la fabrication des briques, tuiles et carreaux, par M. *Mallé*, à Paris. (16 août 1850.)

180. — Machine destinée à presser et tailler les briques et les carreaux d'un seul coup de balancier, par M. *Brochard*, à Bourges. (20 septembre 1850.)

181. — Machine à mouler les briques, par M. *Julienne*, à Paris. (4 novembre 1850.)

182. — Fabrication des objets en terre cuite, tuiles, carreaux, etc., par M. *Benoît aîné*, à Paris. (11 décembre 1850.)

183. — Perfectionnement dans la fabrication des tuiles, par M. *Beadon*, de Londres. (22 mai 1851.)

184. — Nouvelle fabrication de briques, par M. *Dupont*, à Frossay, près Paimbœuf (Loire-Inférieure). (21 juin 1851.)

185. — Système de fabrication des briques, tuiles, etc., par M. *Josson*, d'Anvers (Belgique). (10 juillet 1851.)

186. — Perfectionnements apportés aux machines à fabriquer les briques, tuiles, carreaux et tuyaux, par M. *Saunders*, de Londres. (4 août 1851.)

187. — Presse perfectionnée à l'usage de la fabrication des tuiles, par M. *Beuchon*, de Clerval (Doubs). (23 août 1851.)

188. — Fabrication et cuisson des briques de toutes formes et de toutes dimensions, par M. *Geswein*, de Constadt (royaume de Wurtemberg). (9 septembre 1851.)

189. — Modes de fabriquer des briques en terre de trois espèces différentes, par M. *Oudin Derry*. (26 septembre 1851.)

5° SÉCHOIRS ET CUISSON.

190. — Séchoirs pour les briques, par M. *Jourdain*, de Bercy (Seine). (Brev. d'inv. 2e série, t. VIII, p. 222 ; 5 septembre 1848.)

191. — Four à cuire la brique et la tuile, par M. *Singer*, à Paris. (Brev. d'inv. t. V, p. 156 ; 18 janvier 1805.)

192. — Four à cuire les briques, par M. *Bonnet*, à Apt (Vaucluse). (Brev. d'inv. t. VI, p. 256 ; 18 juillet 1806.)

193. — Four propre à la cuisson des mitres, par M. *Maréchal*, à Saveignies (Oise). (Brev. d'inv. t. XVI, p. 304 ; 24 septembre 1813.)

194. — Four propre à la cuisson des briques, tuiles et carreaux, par M. *Saint-Cricq-Cazeaux*, à Creil (Oise). (Brev. d'inv. t. XXV, p. 66 ; 18 janvier 1823.)

195. — Fours à cuire la brique, chauffés avec de la houille, par MM. *Martin et Dumas*, à Salle (Gard). (Brev. d'inv. t. XV, p. 234 ; 8 février 1823.)

196. — Four à briques, par M. *Perpigna*, à Paris. (Brev. d'inv. t. XXVIII, p. 194 ; 12 juin 1829.)

197. — Four à cuire la brique, par MM. *Guillemard et Philippe*, à Bolbec. (Brev. d'inv. t. XL, p. 448 ; 25 avril 1829.)

198. — Four économique propre à cuire la brique, les tuiles, etc., par M. *Cartereau*, à Sarcelles. (Brev. d'inv. t. XXX, p. 373 ; 27 janvier 1831.)

199. — Four à cuire la brique au moyen de l'anthracite crue, par MM. *Delminique et Laurençon*, à Eybens (Isère). (Brev. d'inv. t. XL, p. 327 ; 5 décembre 1834.)

200. — Four à cuire le plâtre, la chaux, la brique, par M. *Jean* (Benoit), à Paris. (Brev. d'inv. t. XL, p. 133; 9 septembre 1836.)

201. — Cuisson des briques au moyen de l'anthracite, par M. *Delminique*, à Eybens (Isère). (Brev. d'inv. t. LXX, p. 497; 26 septembre 1839.)

202. — Four à briques de forme cylindrique, par M. *Bonnet* (Antoine-Louis), à Paris. (Brev. d'inv. t. LI, p. 235; 4 juin 1840.)

203. — Four servant à cuire la brique et la chaux, par M. *Cabaret*, à Rethel (Ardennes). (Brev. d'inv. t. LVIII, p. 344; 31 août 1840.)

204. — Four à vapeur propre à cuire les briques et autres objets, par M. *Meltzer*, à Paris. (Brev. d'inv. t. LXXVI, p. 468; 10 mai 1841.)

205. — Four mobile pour cuire les briques, par MM. *Capgras et Chanon*, à Bordeaux. (Brev. d'inv. t. LIX, p. 39; 21 juin 1843.)

206. — Four à briques, par M. *Champion*, à Jouars-Pontchartrain (Seine-et-Oise). (Brev. d'inv. 2e série, t. VI, p. 165; 21 mars 1846.)

207. — Cuisson des briques par feu continu et par superposition, par M. *Testu*, à Paris. (15 mars 1847.)

208. — Four mobile à fond mobile, continu et à chaleur concentrée, destiné au séchage et à la cuisson des briques, tuiles, carreaux, par M. *Carville*, etc. (17 mars 1847.)

209. — Système propre à cuire le plâtre, la chaux, la brique, par M. *Breuille*, à Paris. (5 mars 1849.)

210. — Perfectionnements apportés au séchage et à la cuisson des briques, par M. *Boote*, à Londres. (15 décembre 1849.)

ANGLETERRE.

1° COMPOSITION DES PÂTES.

211. — Préparation des matières qui entrent dans la composition des briques, tuiles, etc., par M. *J. Hague*, à Londres. (2 juin 1820.)

212. — Combinaison de matières pour la fabrication des cornues, des briques réfractaires, des creusets, etc., par *Th. Spinney*, à Cheltenham. (11 mai 1833.)

213. — Composition de substances propres à faire des briques, par M. *J. Gibbs*, à Kennington. (Mech. Mag., novembre 1841, p. 366; 29 août 1841.)

214. — Composition de l'argile avec d'autres matières propres à composer une pâte pour des objets variés, par M. *Fontainemoreau*, à Londres. (14 janvier 1843.)

2° FORMES.

215. — Moyen de perfectionner les mitres de cheminées, par M. *Wilcox*, à Bristol (Sommerset). (22 mai 1810.)

216. — Nouvelles mitres de cheminées, par M. *J. Winter*, à Acton (Middlesex). (7 novembre 1820.)

217. — Nouvelle forme de tuiles pour couvertures de bâtiments, par M. *H. W. Drake*, à Cloyton-House (Devon). (25 juillet 1829.)

218. — Nouvelles tuiles, nouveaux carreaux, par MM. *R. Davies* et *R. Wilson*, à Newcastle-upon-Tyne (Durham). (14 septembre 1837.)

219. — Nouvelles briques, par M. *Wye-Williams*, à Liverpool. (31 janvier 1842.)

220. — Nouvelles tuiles, par M. *J. Sealey*, à Bridgewater. (*Repert. of inv.*, mars 1843, p. 163; 3 décembre 1842.)

221. — Tuiles, briques et carreaux de nouvelles formes, par M. *S. Wright*, à Shelton (Stafford). (23 janvier 1844.)

222. — Nouveau genre de briques, de tuiles et de carreaux, tuyaux en terre cuite, par M. *Clayton*, à Londres (Middlesex). (30 mars 1844.)

223. — Tuiles pour assainir la terre, par M. *Ford*, à Londres. (*Civil engeneer's, journ.* avril 1845, p. 119; 30 juillet 1844.)

224. — Briques pour assainir la terre, par MM. *J. Smith* et *Guerdener-Jolly*, à Londres. (29 août 1844.)

225. — Briques pour tuiles, cheminées et conduites, par MM. *Weary Clark* et *J. Reed*, à Hamworthy (Dorset). (12 septembre 1844.)

3° PROCÉDÉS MÉCANIQUES.

226. — Machine propre à faire les briques, par M. *Deyerlein*, à Londres. (22 mars 1810.)

227. — Machine à fabriquer les briques, tuiles et carreaux, par M. *J. Hamilton*, à Dublin (Irlande). (24 et 28 février 1813.)

228. — Fabrication des briques par machine, par M. *J. Shaw*, à Londres (Middlesex). (21 juin 1820.)

229. — Machine pour faire les briques et les sécher à la vapeur, par M. *W. Leathy*. (11 novembre 1824.)

230. — Nouvelle machine pour faire les briques, par MM. *W. Choice* et *R. Gibson*, à Londres. (27 avril 1826.)

231. — Machine à faire les briques, par M. *Cundy*. Traduit par M. Saint-Amans. (Bulletin de la Société d'encouragement, 26ᵉ année, p. 348; 1826.)

232. — Machines et procédés pour fabriquer les briques, par MM. *W. Mencke*, à Peckham (Surrey). (11 août 1828.)

233. — Machine à faire les briques, par M. *Cowderoy*, à Londres. (2 novembre 1829.)

234. — Fabrication des tuiles, briques, carreaux décorés de divers dessins, par M. *S. Wright*, à Summerhill (Northumberland). (26 janvier 1830.)

235. — Machine pour faire les briques, tuiles, carreaux, etc., par M. *R. Stevinson*, à Cobridge (Stafford). (6 mars 1830.)

236. — Machines à faire les briques, par M. *H. Devenoge*, à Londres. (8 mai 1830.)

237. — Machine à faire les briques, par M. *S. R. Backewell*, à Londres. (18 août 1830.)

238. — Nouvelle fabrication de briques, tuiles, carreaux, mitres de cheminées, par M. *J. Chadley*, à Londres. (13 septembre 1830.)

239. — Briques et carreaux applicables aux fours à sécher les grains, par M. *H. Pratt*, à Bilson (Stafford). (11 novembre 1830.)

240. — Fabrication des tuiles, carreaux, etc., par machine, par MM. *J. J. Clarck* et *J. Nash*, à Marketraven (Lincoln). (13 avril 1832.)

241. — Fabrication perfectionnée pour couvrir les édifices et autres usages, par M. *R. Beart*, à Goodmanchester (Huntingdon). (25 mai 1833.)

242. — Machine pour faire les briques, par M. *J. B. Pleney*, à Londres. (22 octobre 1834.)

243. — Machine à faire les briques, par M. *R. Beart*, à Goodmanchester (Huntingdon). (23 décembre 1834.)

244. — Machine à mouler et former les briques, par M. *E. Jones*, de Birmingham (Warwick). (10 août 1835.)

245. — Fabrication de briques, tuiles et carreaux, par M. le marquis de *Tweddale*, à Londres. (9 décembre 1836.)

246. — Machine à faire les briques, par M. *Miles Berry*, à Londres. (27 avril 1837.)

247. — Machine pour faire les briques et autres objets de terre cuite, par M. *R. Roe*, à Everton (York). (17 juin 1837.)

248. — Perfectionnement dans la fabrication des briques, par MM. *Parry* et *Laveleye* à Londres. (25 janvier 1838.)

249. — Machine à faire les briques, tuiles et carreaux, par M. le marquis de *Tweddale*, à Londres. (*Rep. of arts*; avril 1839, p. 193; 1er août 1838.)

250. — Machine propre à préparer l'argile propre à faire les briques, par M. *J. White*, à Londres. (12 novembre 1839.)

251. — Perfectionnements dans la fabrication des briques, etc., par M. *Child*, à Londres. (4 janvier 1841.)

252. — Procédé pour fabriquer les briques, par MM. *R. Cook* et *Cunningham*, à Johnstone, près Glasgow. (*Mech. mag.*; octobre 1841, p. 301.)

253. — Machine pour fabriquer les briques, par M. *J. Gibbs*, à Kennington. (*Mech. mag.*; novembre 1841, p. 366; 29 avril 1841.)

254. — Perfectionnement dans la fabrication des briques, par M. *A. Macnab*, à Paisley. (*Rep. of pat. inv.*; décembre 1841, p. 321.)

255. — Procédé de fabrication des briques, tuiles, etc., par M. *J. Ainslie*, à Redheugh. (2 mai 1841.)

256. — Perfectionnement dans la fabrication des briques, par M. *E. Welch*, à Liverpool. (20 septembre 1841.)

257. — Perfectionnement dans la fabrication des briques, par M. *W. Irving*, à Londres. (*Civil engeneer's journ.*; janvier et février 1842, p. 8 et 61 : 7 décembre 1841.)

258. — Fabrication des briques perfectionnées, par M. *J. Hunt*, à Londres. (31 janvier 1842.)

259. — Fabrication des briques, tuiles, par M. *C. Smith* (17 novembre 1842.)

260. — Fabrication des briques, tuiles et carreaux, par M. *Etheridge*, à Finsbury. (3 décembre 1842.)

261. — Appareil à fabriquer les briques, tuiles et carreaux, par M. *J. Kirby*, à Banbury (Oxford). (*Lond. Journ. of arts*; décembre 1843, p. 330; 26 janvier 1843.)

262. — Perfectionnements dans la fabrication des briques, tuiles et carreaux, par MM. *N. Betts* et *W. Taylor*, à Ashford (Kent). (*Lond. Journ. of arts*, février 1844, p. 31; 8 mars 1843.)

263. — Fabrication des briques employées dans les cheminées,

par M. *Moon*, à Londres. (*Mech. mag.* décembre 1843, p. 431; 25 avril 1843.)

264. — Machine propre à faire les briques et les tuiles, par M. *Th. Forsyth*, à Salford (Lancaster). (*Rep. of pat. inv.* janvier 1844. p. 16; 1er juin 1843.)

265. — Procédé de séchage des tuiles, briques, etc., par M. *Ainslie-Farmer*, à Redgheuh, près Dalkeuth. (30 septembre 1843.)

266. — Fabrication des briques, tuiles, etc., par M. *W. Basford*, à Burslem (Stafford). (20 janvier 1844.)

267. — Machines pour mouler l'argile et les autres matières plastiques, par MM. *Bayley-Denton*, à Londres. (*Rep. of pat. inv.* février 1845, p. 95; 18 avril 1844.)

268. — Machine pour fabriquer et comprimer les briques, tuiles, carreaux, etc., par M. *W. Hodson*, à Kingston-upon-Hull. (*Civil engeneer's journ.* novembre 1844, p. 609; 18 avril 1844.)

269. — Fabrication des briques, tuiles en matière plastique, par M. *H. Holmes*, à Derby. (15 mai 1844.)

270. — Fabrication de briques, tuiles et carreaux, par M. *W. Norby*, à Ipswich. (*Rep. of pat. inv.* mars 1845, p. 150; 24 juin 1844.)

271. — Appareil pour la fabrication des tuiles et des briques, pra M. *Ainslie*, à Redgheuh (Northumberland). (*Rep. of pat. inv.* octobre 1845, p. 231; 15 mars 1845.)

272. — Fabrication des briques et des tuiles, par M. *R. Beart*, à Goodmanchester. (*Rep. of pat. inv.* janvier 1846, p. 14; 24 mai 1845.)

273. — Machines et appareils pour fabriquer les briques et les tuiles, par M. *A. Hall*, à Coxackie (Amérique). (2 octobre 1845.)

274. — Machines pour la fabrication des tuiles et autres objets en terre cuite, par M. *N. Benson*, à Haydon-Bridge (Northumberland). (*Lond. Journ. of arts*, octobre 1846, p. 193; 15 janvier 1846.)

275. — Machine propre à faire des briques, tuiles, carreaux, ornements en terre cuite, etc., par M. *J. Hastings*, au Havre (France). (30 janvier 1846.)

276. — Perfectionnements dans la fabrication des poteries, des briques; machine pour fabriquer les briques, par M. *J. Ainslie*, à Alperton. (31 mars 1846.)

277. — Fabrication perfectionnée des briques, mitres, etc., par

M. *Carter-Stafford-Percy*. (*Lond. Journ. of arts*, mai 1847, p. 264; 2 juin 1846.)

278. — Fabrication des tuiles, briques, carreaux, par M. *Garrett*, à Stoke-upon-Trent (Stafford). (21 juin 1846.)

279. — Fabrication des briques et tuyaux, et autres objets en terre cuite, par MM. *Ransome* et *Crabb-Blair-Warren*. (*Lond. Journ. of arts*, avril 1847, p. 171; 6 juillet 1846.)

280. — Machines propres à faire les briques et autres objets en matière plastique, par M. *A. Fontainemoreau*, à Londres. (3 septembre 1846.)

281. — Fabrication des briques, tuyaux et autres objets analogues, par M. *H. Franklin*, à Marstone-Mortain (Bedford). (*Lond. Journ. of arts*, mai 1847, p. 246; 17 septembre 1846.)

282. — Machine ou appareil pour faire les briques, par M. *J. Farnsworth*, à Sheffield. (8 octobre 1846.)

283. — Machines pour fabriquer les briques et pour les cuire, par M. *Stafford-Percy*, à Manchester. (*Rep. of pat. inv.* janvier 1848, p. 19; 29 avril 1847.)

284. — Fabrication des briques et des pipes, par M. *J. Schertchey*, à Austey (Leicester). (*Mech. mag.* janvier 1849, p. 20; 30 juin 1848.)

285. — Machine à fabriquer les briques et les tuiles, par M. *J. Hart*, à Londres. (*Mech. mag.* mai 1849, p. 430; 2 novembre 1848.)

286. — Machines et appareils pour fabriquer les briques, les tuiles, etc., par MM. *Whaley* et *Ashton-Lightoller*, à Chorley (Lancaster). (*Mech. mag.* novembre 1849, p. 449; 3 mai 1849.)

287. — Fabrication de tuiles, carreaux, etc., par M. *Bernett-Burton*, à Londres. (*Civil engeneer's journ.* janvier 1850, p. 12; 7 juin 1849.)

288. — Préparation de l'argile et fabrication des briques, par M. *N. Morris*, à Londres. (*Rep. of pat. inv.* juin 1850, p. 358; 2 novembre 1849.)

289. — Perfectionnements dans la fabrication des briques, des tuiles, par M. *Grimsley*, à Oxford. (10 décembre 1849.)

290. — Nouveau système de la fabrication des briques, tuiles et carreaux, par M. *H. Roberts*, à Londres. (*Journ. of arts*, juillet 1850, p. 389; 15 décembre 1849.)

291. — Perfectionnements des machines propres à faire les briques, les tuiles et autres objets, par M. *H. Dorning*, à Kersley.

près Bolton (Lancaster). (*Mech. mag.;* juillet 1850, p. 18; 3 janvier 1850.)

292. — Perfectionnement des machines à fabriquer les briques, par M. *Gilbert-Elliot*, à Blisworth (Northampton). (*Lond. Journ. of arts*, juin 1850, p. 317; 27 avril 1850.)

293. — Fabrication des briques, tuiles, etc., par M. *R. Beart*, à Godmanchester. (*Arch and engeneer's journ.;* mai 1851, p. 262; 10 octobre 1850.)

294. — Machine pour fabriquer les briques, les tuiles, etc., par M. *J. Ainslie*, à Sydenham (Kent). (*Mech. mag.;* juin 1851, p. 458; 30 novembre 1850.)

295. — Perfectionnements dans la fabrication des briques, etc., par M. *J. Borie*, à Paris; (*Rep. of pat. inv.;* août 1851, p. 80; 30 novembre 1850.)

296. — Fabrication perfectionnée des briques, des tuiles et autres objets, en matière plastique, par M. *J. Hart*, à Londres. (*Mech. mag.;* septembre 1851, p. 258; 17 mars 1851.)

297. — Perfectionnements dans la fabrication des briques, tuiles, carreaux, etc., par M. *J. Workmann*, à Stamford Hill (Middlesex. (*London, Journ. of arts;* mars 1852, p. 194; 31 juillet 1851.)

298. — Nouvelle machine à fabriquer les briques, par MM. *J. Nasmith*, à Patricoft (Lancastre) et *Herbert-Minton*, à Stoke-upon-Trent (Stafford); (*Mech. mag.;* novembre 1851, p. 377; 26 août 1851.)

299. — Nouvelles machines à fabriquer les briques par M. *Imray*, à Liverpool; (*Mech. mag.;* mars 1852, p. 217; 4 septembre 1851.)

300. — Nouvelles machines pour la fabrication des briques, tuiles, tuyaux, carreaux, etc., par M. *Pimlott Oates*, à Litchfield; (Stafford). (*Mech. mag.;* avril 1852. p. 316; 9 octobre 1851.)

301. — Perfectionnements dans la fabrication des briques, etc., par M. *Adcock*, à Londres. (23 octobre 1851.)

302. — Nouveaux procédés de fabrication des briques, tuiles, carreaux et autres objets en terre cuite, par M. *Beswich*, à Timstall (Stafford). (*Mech. mag.;* mai 1852, p. 379. (6 novembre 1851.)

303. — Machine propre à fabriquer les briques, etc., par M. *Burstall*, à Edgbaston (Warwick). (*Mech. mag.;* juin 1852; p. 476; 1er décembre 1851.)

4° FOURS ET CUISSONS.

304. — Nouvelle construction de fourneaux pour cuire les briques, par M. *W. Rhodes.* (20 novembre 1824.)

305. — Four pour cuire les briques, par M. *J. Gibbs*, à Kennington. (*Mech. mag.*; novembre 1841, p. 366; 29 août 1842.)

306. — Fours pour cuire les briques, par M. *Stafford-Percy.* (*Rep. of pat. inv.*; janvier 1848, p. 19; 29 août 1847.)

307. — Four pour cuire les briques, les tuiles, etc., etc., par M. *W. Swain*, à Pembridge (Hereford). (*London, Journ. of arts*; fév. 1849, p. 30; 18 juillet 1848.)

308. — Four à cuire les briques, par M. *Beswick*, à Timstall (Stafford). (*Mech. mag.*; mai 1852, p. 379; 6 novembre 1851.)

TUYAUX DE CONDUITES.

FRANCE.

309. — Voyage agronomique en Angleterre et en Écosse, par M. *Jourdier*, p. 17; Recherches sur le drainage, par M. *Mangon*; par M. *Barral* (Journal d'agriculture pratique); par M. *Faure.*

310. — Procédés perfectionnés servant à la fabrication des tuyaux dits *bourneaux*, par MM. *Payan* et *Charnier*, à Gap. (Brev. d'inv., t. XXXVIII, p. 155; 5 août 1833.)

311. — Machine pour faire les tuyaux agrafés, par M. *Chenu-Gilles*, à Châlons-sur-Saône. (Brev. d'inv. t. LXVII, p. 480; 5 mai 1838.)

312. — Appareil propre à fabriquer les tuyaux de conduite en terre, par M. *Reichenecker*, à Ottwiller (Haut-Rhin). (Brev. d'inv. t. LXIX, p. 332; 15 juin 1838.)

313. — Fabrication des tuyaux en terre cuite, par M. *Tharaud*, à Limoges (Haute-Vienne). (Brev. d'inv. t. LXIX, p. 476; 8 mars 1839.)

314. — Appareils en terre cuite propres à la conduite des eaux, gaz, etc., par M. *Hugonis*, à Bordeaux. (Brev. d'inv., t. LVII, p. 481; 4 septembre 1840.)

315. — Appareil propre à fabriquer les tuyaux de grès, par M. *Wingerter*, à Ober-Betschdorf (Bas-Rhin). (Brev. d'inv. 2ᵉ série, t. III, p. 14; (15 janvier 1845.)

316. — Tuyaux en terre cuite d'un grand diamètre, par M. *Rei-*

chenecker, à Hartmanswiller (Haut-Rhin. (Brev. d'inv. 2e série, t. VIII, p. 196; 29 août 1846.)

317. — Moyen de fabriquer les tuyaux plastiques propres au drainage des terres, par M. *Thackeray*, à Paris. (10 mai 1849.)

318. — Outils propres à la fabrication des tubes en terre, par M. *Vernu*, à Saint-Symphorien-d'Auxelles (Saône-et-Loire). (2 janvier 1850.)

319. — Machines propres à la fabrication des tuyaux, dites *machines à doubles cylindres verticaux mobiles et à jet continu*, par MM. *Sollier* et *Bayet*, à Marseilles-sur-Vacon (Bouches-du-Rhône). (27 mars 1850.)

320. — Perfectionnement dans le drainage ou égouttage des terres, par M. *Fowler*, à Paris. (26 septembre 1850.)

321. — Genre de tuyaux servant au drainage des terres humides, par M. *Pasquay*, à Paris. (4 novembre 1850.)

322. — Fabrication des tuyaux de drainage, par M. *Benoît aîné*, à Paris. (11 décembre. 1850.)

323. — Procédés de fabrication des tuyaux et autres ouvrages en terre cuite, par MM. *Goumin* et *Laplanche*, à Sadirac (Gironde). (14 novembre 1851.)

ANGLETERRE.

324. — Fabrication des tuyaux en argile, par MM. *W. Busk*, à Epping (Essex), et *R. Harvey*, à Ponsburn-Park (Hereford). (5 décembre 1817.)

325. — Machine pour faire des tuyaux, des tubes de cylindres, par M. *J. Hague*, à Londres. (29 janvier 1822.)

326. — Tuyaux et tuiles pour assainir la terre, par M. *W. Ford*, à Londres. (*Civil engeneer's journ.* avril 1845, p. 119; 30 juillet 1844.)

327. — Tuiles et tuyaux de drainage, par M. *Th. Martin*, à Deptford (Kent). (*Rep. of pat. inv.*; juillet 1848, p. 35; 18 novembre 1847.)

328. — Perfectionnements dans les machines ou appareils pour fabriquer les tuyaux, par M. *R. Prosser*, à Birmingham. (*Mech. mag.* octobre 1840, p. 385; 27 mars 1848.)

329. — Fabrication des tuyaux en poterie, par M. *F. Wishaw*, à Hampstead (Middlesex). (*Rep. of pat. inv.*; novembre 1848, p. 312; 8 mars 1848.)

330. — Fabrication de tuyaux en terre cuite pour drainage, par M. *Weller*, à Capel, près Dorking. (*Rep. of pat. inv.*; janvier 1849, p. 17; 27 mars 1848.)

331. — Machines ou appareils pour fabriquer les tuyaux en poterie, par M. *Th. Spencer*, à Prescott (Lancastre). (*Rep. of pat. inv.*; décembre 1848, p. 373; 10 avril 1848.)

332. — Fabrication des tuyaux, par M. *Roose*, à Dorlaston (Stafford). (*Lond. Journ. of arts*, 10 avril 1848.)

333. — Tuyaux de conduite, par MM. *Walter*, *Winfield* et *Ward*, à Birmingham. (*Lond. Journ. of arts*, avril 1849, p. 181; 14 septembre 1848.)

334. — Nouveau mode de réunion des tronçons de tuyaux en poterie, par M. *W. Roive*, à Londres. (*Mech. mag.*; juillet 1849, p. 42; 11 janvier 1849.)

335. — Fabrication de tuyaux de poterie, par M. *C. Jacob*, à Londres. (*Rep. of. pat. inv.*; octobre 1849, p. 216; 28 février 1849.)

336. — Machine pour couper et façonner les tuyaux en poterie et les tuiles, par M. *W. Wilson*, à Glasgow. (*Rep. of pat. inv.*; février 1850, p. 71; 27 juin 1849.)

337. — Moyen de réunir les tubes en poterie, par M. *W. Mayo*, à Londres. (*Lond. Journ. of arts* septembre 1850, p. 104; 21 février 1850.)

338. — Nouveau système de drainage des terres, par M. *Fowler*, à Melksham (Welts). (*Mech. mag.*; septembre 1850, p. 218; 7 mars 1850.)

339. — Machines et appareils destinés au drainage, par M. *R. Colgreave*, à Eccleston (Chester). (*Lond. Journ. of arts*, avril 1851, p. 268; 22 mai 1850.)

340. — Fabrication des tubes cylindriques ou autres, par M. *J. Hickmann*, à Walsall (Stafford). (*Lond. Jour. of arts*, février 1851, p. 99; 25 mai 1850.)

341. — Tuyaux de drainage, par M. *Pimlott-Oates*, à Lichfield (Stafford). (*Mech. mag.* avril 1852, p. 316; 9 octobre 1851.)

342. — Perfectionnements dans les tuyaux de drainage, par M. *H. Adcock*, à Londres. (23 octobre 1851.)

343. — Perfectionnements dans la fabrication des tubes et tuyaux en matière plastique, par M. *H. Clayton*, à Londres. (*Mech. mag.*; juin 1852, p. 515; 19 décembre 1851.)

CREUSETS.

344. — Nouveau moyen de faire des creusets, par MM. *Briffault et Cie*, à Paris. (Brev. d'inv. t. V, p. 134 ; 23 octobre 1799.)

345. — Application du coulage à la fabrication des creusets, par M. *Cameron*, à Glasgow. (Revue d'Édimbourg, 1821.)

346. — Appareil propre à la fabrication des creusets, par M. *Serizier*, à Saint-Martin-la-Garenne (Seine-Inférieure). (Brev. d'inv. 2e série, t. VII, p. 28; 10 décembre 1845.)

347. — Creusets de verrerie, par M. *Loup*, à Rive-de-Gier (Loire). (Brev. d'inv. 2e série, t. II, p. 259; 7 avril 1847.)

348. — Fabrication des creusets par le moyen du coulage, par MM. *Maes et Clémandot*, à Clichy (Seine). (14 mars 1851.)

CORNUES POUR LE GAZ.

349. — Cornues de terre propres à la fabrication du gaz, par M. *Robert Spinney et Winsor*, de Londres, à Paris. (Brev. d'inv. t. XXXII, p. 255; 4 novembre 1833.)

350. — Cornues pour le gaz d'éclairage, par MM. *Pauwels et Dubochet*. (Bulletin, 40e année, p. 239, 1841.)

351. — Cornues pour la distillation de la houille, par M. *Crafton*. (Bulletin de la Société d'encouragement, 40e année, p. 424, 1841.)

352. — Cornues, par M. *Carville*, à Alais (Gard). (12 novembre 1849.)

FORMES A SUCRE.

353. — Pour une nouvelle manière de tourner et de mouler les formes à sucre, par M. *Tourasse*, à Paris. (Brev. d'inv. t. IX, p. 214; 30 septembre 1817.)

354. — Formes à sucre, par M. *Heiligenstein*, à Paris. (Brev. d'inv. t. XVII, p. 79; 31 octobre 1823.)

355. — Perfectionnement dans la fabrication des formes à sucre et des couvercles de plats, par M. *A. Morley*, à Birmingham. (*Mech. mag.* 6 novembre 1841, p. 399; mai 1841.)

356. — Perfectionnements apportés dans les dispositions des formes à sucre, par MM. *Derosne et Cail*, à Paris. (Brev. d'inv. 2e série, t. XI, p. 279; 17 mai 1847.)

OBJETS ET EMPLOIS DIVERS.

357. — Inscriptions des rues, par M. *Ollivier*, à Paris. (Brev. d'inv. t. VII, p. 13; 12 janvier 1802.)

358. — Fabrication des mosaïques modernes en terre cuite de diverses couleurs, par M. *Pérez*, à Paris. (Brev. d'inv. t. VII, p. 128; 29 septembre 1812.)

359. — Pierre factice propre à la lithographie, par MM. *Gaillaud et Laprevote*, à Lyon (Rhône). (Brev. d'inv. t. X, p. 117; 30 mars 1818.)

360. — Fontaine épuratoire en terre cuite, par M. *Maréchal*, à Saveignies (Oise). (Brev. d'inv. t. XIII, p. 207; 12 juillet 1821.)

361. — Caractères d'imprimerie en terre cuite, par M. *Gillard (Louis)*, à Paris. (Brev. d'inv. t. XXVI, p. 278; 10 novembre 1829.)

362. — Emploi de la presse hydraulique pour faire les pierres factices de toute nature, par MM. *Javal et Cie*, à Paris. (Brev. d'inv. t. XLIII, p. 458; 16 décembre 1830.)

363. — Veilleuses en matière plastique, par M. *Jeunet*, à Paris. (Brev. d'inv. t. LXIX, p. 128; 14 juillet 1838.)

364. — Pierres factices appliquées à la sculpture, par M. *Moreau*, à Paris. (Brev. d'inv. t. XLVII, p. 6; 27 mars 1839.)

365. — Pierre lithographique factice, par M. *Behreng*, de Berlin. (Brev. d'inv. t. LXVI, p. 332; 7 juin 1839.)

366. — Lettres, figures, ornements en terre cuite, par M. *Miles-Berry*, à Londres. (Brev. d'inv. t. LXXII, p. 470; 18 juin 1840.)

367. — Pierres factices à aiguiser, par MM. *Neppel fils et Neppel-Guérin*. (Brev. d'inv. t. LXXIV, p. 316; 8 octobre 1840.)

368. — Mosaïques et incrustations, par M. *Pierre Monot*, à Dijon. (Brev. d'inv. t. LXIII, p. 352; 10 mars 1842.)

369. — Compositions imitant le marbre, par M. *Garnaud*, à Paris. (Brev. d'inv. 2e série, t. IV, p. 84; 28 mai 1845.)

370. — Meules artificielles, par M. *Malbec*, à Vaugirard. (Brev. d'inv. 2e série, t. V, p. 71; 17 juillet 1845.)

371. — Pierre ponce artificielle, par M. *Hardtmuth*, à Vienne. (Brev. d'inv. 2e série, t. V, p. 122; 16 septembre 1845.)

372. — Rails en lithocéramique, par MM. *Pilot et Bouvert*, à Nancy. (Brev. d'inv. 2e série, t. VIII, p. 135; 12 juin 1846.)

373. — Caractères typographiques en argile, par M. *Naudot*, à Paris. (Brev. d'inv. 2e série, t. VIII, p. 23; 27 juillet 1846.)

374. — Cornues pour la distillation du phosphore, par M. *Fou-*

ché-Lepelletier. (Brev. d'inv. 2ᵉ série, t. IX, p. 125; 21 décembre 1846.)

375. — Échalas, par M. *Desaint.* (Bulletin, 49ᵉ année, p. 135, 1850.)

376. — *a.* Pavés de terre cuite, par M. *Bouvert* (Bulletin, 49ᵉ année, p. 622); — *b.* par M. *Polonceau* (*ibid.* 40ᵉ année, p. 387); — *c.* par M. *Prosser* (*ibid.* 42ᵉ année, p. 217); — *d.* par M. *Smalwood* (*ibid.* 43ᵉ année, p. 86).

FABRICATION DES POTERIES.

LAVAGE, BROYAGE, MALAXAGE.

377. — Moulin propre à mélanger les argiles, par M. *Saint-Amans,* à Passy. (Brev. d'inv. t. XVI, p. 35; 27 septembre 1822.)

378. — Machine à préparer les terres pour faire de la poterie, par M. *Leblanc-Paroissien,* à Tours. (Brev. d'inv. t. XXVI, p. 40; 3 juin 1823.)

379. — Appareil pour mélanger les terres, par M. *Delamorinière.* (Brev. d'inv. t. XXXI, p. 60; 21 septembre 1825.)

380. — Machine propre au lavage et au mélange des terres, par M. *George,* à Lyon. (Brev. d'inv. t. XXVIII, p. 72; 28 avril 1829.)

381. — Machine propre à pétrir les matières argileuses, par M. *David,* à Paris. (Brev. d'inv. t. XXIX, p. 176; 30 juin 1830.)

382. — Procédé pour la préparation des pâtes céramiques, par MM. *Blanc-Boullay et Peigné.* (Brev. d'inv. t. LXVIII, p. 98; 7 juillet 1838.)

383. — Préparation des matières employées pour la fabrication des poteries et de la porcelaine, par M. *G. H. Fondrinier,* à Hanley (Stafford). (23 juillet 1846.)

384. — Machine propre à mélanger les substances, par M. *Smith,* à Paris. (Brev. d'inv. 2ᵉ série, t. IX, p. 79; 4 décembre 1846.)

385. — Machine à peser et mélanger les matières plastiques, par M. *Abraham,* à Amiens. (17 avril 1849.)

386. — Méthode de préparer les matières plastiques, par M. *Goodfellow,* à Tunstall (Stafford). (*Mech. mag.*; décembre 1849, p. 525, 530; 24 mai 1849.)

BROYAGE.

387. — Bocard ou machine à pulvériser les matières compactes,

par M. *Vachier*, à Aix (Bouches-du-Rhône). (Brev. d'inv. t. XIII, p. 309; 6 septembre 1821.)

388. — Marteau pour repiquer les meules, par M. *Leblanc-Paroissien*. (Brev. d'inv. t. XXXI, p. 111; 8 juillet 1825.)

389. — Machine propre à écraser, cribler et tamiser le ciment, par M. *Mondini*, à Paris. (Brev. d'inv. t. XXI, p. 45; 13 octobre 1825.)

390. — Moulins à broyer la couverte de la porcelaine; par M. *Alluaud*, à Limoges. (Brev. d'inv. t. XXXV, p. 49; 20 octobre 1826.)

391. — Moulins à broyer, par M. *Minton*, publiés par M. *Saint-Amans*. (Bulletin, 26e année, p. 346; 1827.)

392. — Machine à rhabiller les meules; par MM. *Leisteuschneider et Noirot*, à la Margelle (Côte-d'Or). (Brev. d'inv. t. LXXV, p. 111; 22 octobre 1840.)

393. — Mécanisme pour repiquer les meules, par M. *Ligniel*, à Caen. (Brev. d'inv. t. LXXIX, p. 224; 9 novembre 1842.)

394. — Cylindres à broyer la terre, par M. *Declerc-Dupuy*. (Brev. d'inv. 2e série, t. V, p. 231; 11 octobre 1845.)

395. — Machine à broyer, par M. *Herman*. (Brev. d'inv. 2e série, t. IX, p. 199; 24 octobre 1846.)

396. — Moulin à porcelaine, par M. *Parent*, à Limoges. (Brev. d'inv. 2e série, t. XI, p. 189; 29 mars 1847.)

RAFFERMISSEMENT DES PÂTES.

397. — Procédé mécanique de séchage des pâtes, par MM. *Grouvelle et Honoré*, à Paris. (Brev. d'inv. t. XXXVIII, p. 432; 4 juillet 1833.)

398. — Appareil propre à la dessiccation des terres à poteries, par MM. *Talabot* frères, à Paris. (Brev. d'inv. t. LIV, p. 259; 24 septembre 1834.)

399. — Procédé de préparation des pâtes céramiques, par MM. *Blanc-Boullay et Peigné*. (Brev. d'inv. t. LXVIII, p. 98; 7 juillet 1838.)

400. — Dessiccation des terres à poteries, par M. *Vieillard*, à Bordeaux. (Brev. d'inv. t. LXV, p. 400; 19 juillet 1842.)

401. — Appareil à dessécher les pâtes, par M. *Decaen*, à Grigny. (Brev. d'inv. 2e série, t. VIII, p. 195; 3 septembre 1846.)

PROCÉDÉS DE FAÇONNAGE.

FRANCE.

402. — Procédé propre à faire des moulures en relief, par M. *Nast*, à Paris. (Brev. d'inv. t. XIV, p. 213; 13 mai 1810.)

403. — Procédé propre à guillocher la porcelaine, par MM. *Bougon et Chalot*, à Chantilly. (Brev. d'inv. t. VIII, p. 244; 16 décembre 1815.)

404. — Tour ovale appliqué au guillochage et au tournage de la porcelaine, par M. *Baudet fils*, à Fleurines. (Brev. d'inv. t. X, p. 18; 26 février 1817.)

405. — Procédés destinés à la fabrication des vases en porcelaine tendre de toutes grandeurs, par M. *de Bettignies*, à Saint-Amand (Nord). (Brev. d'inv. t. XVI, p. 276; 31 juillet 1818.)

406. — Moyen de faire des bas reliefs en porcelaine, par MM. *Dodé et Frin*, à Paris. (Brev. d'inv. t. XVII, p. 188; 18 janvier 1820.)

407. — Substitution des moules de terre cuite aux moules de plâtre, par M. *Saint-Amans*. (Bulletin, 28e année, 1829.)

408. — Moyen pour faire à sec la porcelaine avec des moules en métal, par M. *Jullien*. (Brev. d'inv. t. XXXIII, p. 258; 3 février 1834.)

409. — Fabrication de la poterie par compression, par Mme *Matelin*, à Paris. (Brev. d'inv. t. LXXVII, p. 355; 20 janvier 1837.)

410. — Préparation de la terre à porcelaine pour la rendre propre à être coulée, par M. *Burguin*, à Lurcy-Lévy (Allier). (Brev. d'inv. t. LXV, p. 256; 1er novembre 1837.)

411. — Presse propre à la confection des objets en pâte de porcelaine, par M. *Delpech*, à Cahors. (Brev. d'inv. t. XLIII, p. 269; 14 août 1838.)

412. — Produit par le moulage de la terre dite *grès kaolin*, par MM. *Maugé et Delor*, à Lyon. (21 mai 1850.)

413. — Procédé de moulage, par M. *Bouët*, à Paris. (11 juillet 1850.)

ANGLETERRE.

414. — Machine pour mouler les matières plastiques, par M. *C. Hancock*, à Brompton. (*Mech. Mag.*; février 1849, p. 116; 29 juillet 1848.)

415. — Appareil pour mouler les matières plastiques, par

M. *J. Hunt*, à Stratford (Essex). (*Mech. Mag.*; décembre 1850, p. 518; 20 juin 1850.)

416. — Perfectionnements dans le moulage des objets plastiques, par M. *J. Connop*, à Londres. (*Mech. and engeneer's journ.*; janvier 1851, p. 76; 10 juillet 1850.)

ENCASTAGE.

417. — Procédés d'encastage de la porcelaine, par MM. *Rousse et Pétry*, à Paris. (Brev. d'inv. t. XLVIII, p. 111; 26 décembre 1837.)

418. — Procédés nouveaux d'encastage applicables à la porcelaine, par M. *Regnier*. (Bulletin de la société d'encouragement 38e année, p. 308; 1839.)

FOURS, CUISSONS, COMBUSTIBLES.

FRANCE.

419. — Four propre à cuire la faïence avec le charbon de terre, par M. *Berol* neveu, de Lyon. (Brev. d'inv. t. III, p. 61; 31 juillet 1804.)

420. — Four propre à cuire la faïence avec économie de main d'œuvre et de combustible, par M. *Bonnet*, d'Apt. (Brev. d'inv. t. VI, p. 256; 18 juillet 1806.)

421. — Four à fritte et à cuire la porcelaine tendre, par M. *Bettignies*. (Brev. d'inv. t. XVI, p. 276; 31 juillet 1818.)

422. — Nouveau four à porcelaine, par M. *Guignet*, à Giey (Haute-Marne). (Brev. d'inv. t. XXXVI, p. 55; 16 août 1822.)

423. — Procédés de cuisson dans des fours cylindriques avec l'addition de foyers auxiliaires, par M. *Saint-Cricq-Cazeaux*. (Brev. d'inv. t. XXV, p. 66; 18 janvier 1823.)

424. — Four à poteries et formes à sucre, par M. *Heiligenstein*, à Ivry. (Brev. d'inv. t. XXVII, p. 185; 16 janvier 1829.)

425. — Four à cuire les faïences, par M. *Cartereau*, à Sarcelles. (Brev. d'inv. t. XXX, p. 373; 27 janvier 1831.)

426. — Four destiné à cuire toute espèce de produits, four marchant à la houille, par M. *Decaen*, à Grigny. (Brev. d'inv. t. XXXVIII, p. 413; 6 mai 1834.)

427. — Fours aérothermes, par MM. *Lemare* et *Jametel*, à Paris. (Brev. d'inv. t. LIV, p. 251; 26 septembre 1834.)

428. — Fourneaux perfectionnés, par M. *Lefroy*, à Paris. (Brev. d'inv. t. XL, p. 329; 29 octobre 1834.)

429. — Four à cuire la faïence au moyen du charbon de terre, par M. *Nicolas*, à Lyon. (Brev. d'inv. t. LXIII, p. 144; 15 décembre 1836.)

430. — Four à cuire les faïences stannifères, par MM. *Tourasse* et *Pacotte*, à Paris. (Brev. d'inv. t. LXXVII, p. 237; 20 mars 1838.)

431. — Four à faïence fine, par M. *Huart de Nothomb*. (Brev. d'inv. t. LIII, p. 303; 26 juin 1839.)

432. — Système de ventilation à froid et à air chaud, applicable aux fours à verreries et aux fours à poteries, par M. *Fontenay*, à Plain-de-Walsch. (Brev. d'inv. t. LXXI, page 1; 18 juillet 1839.)

433. — Four multiple, par M. *Ferand*, à Angers. (Brev. d'inv. t. LXXIII, p. 471; 15 janvier 1840.)

434. — Four à l'usage des arts céramiques, par M. *Bonnet*, d'Apt. (Brev. d'inv. 2e série, t. V, p. 53; 26 juin 1845.)

435. — Perfectionnement aux fours à faïence, par MM. *Laurin* et *Mony*, à Bourg-la-Reine. (Brev. d'inv. 2e série, t. VII, p. 108; 16 août 1846.)

436. — Four à porcelaine chauffé à la houille, par MM. *Vital-Roux* et *Merkens*, à Noirlac (Cher); et Bulletin, 46e année, p. 380. (Brev. d'inv. 2e série, t. IX, p. 114; 5 septembre 1846.)

437. — Fours à porcelaine chauffés par des fours à coke, par MM. *Desbrulais* et *Ollivier*, à Pont-Rousseau (Loire-Inférieure). (Brev. d'inv. 2e série, t. X, p. 170.); 9 janvier 1847.)

438. — Cuisson de la porcelaine par les gaz de la tourbe, par M. *Renard*, de Saint-Gond. (Bulletin de la Société d'encouragement, 46e année, p. 161, 1847.)

439. — Four à porcelaine : cuisson dans le même four et simultanément, par le même feu, de la porcelaine dure et des porcelaines tendres, des porcelaines opaques, des grès, des terres de pipe et des faïences de toute nature, par M. *Vieillard*, à Bordeaux. (Brev. d'inv. 2e série, t. X, p. 97; 26 mars 1847.)

440. — Four chauffé à la houille et servant à cuire des objets en porcelaine, principalement des boutons, par M. *Baptcrosses*, à Paris. (10 mai 1847.)

441. — Nouveau mode de cuisson de la porcelaine, par M. *Merkens*, à Paris. (18 janvier 1850.)

442. — Système de four à porcelaine, faïence, etc., par M. *Barbe*, à Foecy (Cher). (4 novembre 1850.)

443. — Système de cuisson au gaz et à l'air chaud dans tous les fours à poteries, par M. *Michelet*, à Grigny. (22 novembre 1850.)

444. — Méthode de cuisson dite par les flammes combinées du bois et de la houille, applicable aux fours de verreries et de poteries, par M. *E. Chevandier*, à Cirey (Meurthe). (13 juin 1851.)

445. — Procédé propre à la cuisson de la porcelaine à la houille, par MM. *Ronsse* et comp., à Paris. (26 juillet 1851.)

ANGLETERRE.

446. — Nouvelle construction des fours à cuire la poterie, dans laquelle la chaleur est réglée à volonté et la fumée dégagée, par M. *J. Bourne*, à Derby. (22 novembre 1823.)

447. — Construction de fours à porcelaine et à poterie, par MM. *Venable* et *Turncliff*, à Burslem (Stafford). (*Mech. mag.*; février 1842, p. 112; 20 novembre 1841.)

448. — Moyen de conduire et de diriger la chaleur dans les fours à porcelaine et à poterie, par M. *W. Ridgway*, à Worthwood. (18 août 1842.)

449. — Construction des fours à porcelaine et des alandiers, par MM. *J. Simpson* et *J. Leddon*, à Burslem (Stafford). (*Lond. Journ. of arts*; janvier 1846, p. 405; 24 mai 1845.)

450. — Méthode de construction des fours à cuire la poterie et la porcelaine, par M. *J. Maddock*, à Burslem (Stafford). (*Lond. Journ. of arts*; février 1847, p. 33, 25 février 1846.)

451. — Four pour cuire la porcelaine et les autres poteries, par M. *A. V. Newton*, à Londres. (*London, Journ. of arts*, avril 1848, p. 168; 29 juillet 1847.)

452. — Fours pour cuire la porcelaine et la poterie, par M. *J. Bourne*, à Derby. (*Rep. of Pat. inv.* mars 1848, p. 177; 4 août 1847.)

POLISSAGE ET ÉMAILLAGE DES PIEDS.

453. — Moyen pour obtenir toute espèce de pièces de porcelaine dure à pieds émaillés et pièces couvertes à bords émaillés, par M. D. *Denuelle*, à Paris. (Brev. d'inv. t. XLIX, p. 70; 17 août 1840.)

454. — Polissage appliqué aux objets de porcelaine, par M. *Bougon*. (Brongniart, *Traité des arts céramiques*, 2° édit., t. II, p. 346.)

455. — Moyen de conserver l'émail sous les pieds des pièces de porcelaine, par M. *Hébert*, à Rouen. (Brev. d'inv. 2e série, t. VI, p. 71 ; 12 mars 1846.)

DÉCORATION DES POTERIES.

BROYAGE ET PYROMÈTRES MÉTALLIQUES.

456. — Machine pour broyer les couleurs, par M. *Lemoine*, à Paris. (Brev. d'inv. t. XXIV, p. 160; 3 août 1822.)

457. — Pyromètre métallique, composé de deux métaux de dilatation différente, propre à apprécier les hautes températures, par MM. *Sorel et Artus*, à Alençon (Orne). (Brev. d'inv. t. XXIII, p. 323; 18 mai 1827.)

458. — Décoration des poteries, par M. *L'Hôte*, à Paris. (16 mai 1851.)

459. — Procédés de peinture sur porcelaine, verre, cristaux, etc., etc., par lesquels on peut ménager à volonté du blanc sur le fond même, et en vue du dessin qu'on veut reproduire, par MM. *Ernie et Couderc*, à Paris. (31 mai 1851.)

IMPRESSION ET DÉCOR, FAÇON ANGLAISE.

FRANCE.

460. — Méthode d'imprimer des dessins sur poterie, par MM. *Potter*, père et fils. (Brev. d'inv. t. IV, p. 188; 21 décembre 1802.)

461. — Moyen d'appliquer sur toute faïence ordinaire des dessins qui produisent des herborisations, par M. *Stevenson*, à Paris. (Brev. d'inv. t. IV, p. 13; 27 juin 1806.)

462. — Impression de toutes sortes de dessins sur faïence, terre de pipe, etc., etc., par MM. *Stone, Legros d'Anizy et Coquerel.* (Brev. d'inv. t. VII, p. 197; 26 février 1808.)

463. — Moyen de peindre ou imprimer la porcelaine sous couverte, par M. *Neppel*, à Paris. (Brev. d'inv. t. VIII, p. 73; 10 mars 1809.)

464. — Impression sous couverte sur toute espèce de poterie, par M. *Méry*, à Choisy-le-Roi. (Brev. d'inv. t. VIII, p. 75; 25 novembre 1814.)

465. — Impression sous couverte sur faïence, façon anglaise, par MM. *Paillard* frères, à Choisy-le-Roi. (Brev. d'inv. t. X, p. 110; 30 mars 1818.)

466. — Procédés d'impression sur faïence à l'aide de pierres lithographiques, par M. *Legros d'Anizy*. (Brev. d'inv. t. VII, p. 202; 30 mars 1818.)

467. — Procédés à l'aide desquels on imprime sur porcelaine, poteries, etc., etc., par épreuves et contre-épreuves, des empreintes tirées de planches gravées à l'ordinaire, dont on augmente ou diminue à volonté les dimensions du premier type ou de l'original, en conservant toute la pureté du premier dessin, par M. *Gonord*, à Paris. (Brev. d'inv. t. XXIV, p. 95; 25 juillet 1818.)

468. — Application de la lithographie au décor de la porcelaine, par M. *Honoré*, à Paris. (Brev. d'inv. t. XIV, p. 304; 31 janvier 1822.)

469. — Procédés propres à la fabrication de la poterie anglaise, avec des matériaux tirés du sol français, par M. *Boudon de Saint-Amans*, à Passy. (Brev. d'inv. 2e série, t. XVI, p. 1; 27 septembre 1822.)

470. — Décoration perfectionnée des faïences fines, par M. *Decaen*, à Grigny. (Brev. d'inv. t. LXIV, p. 432; 22 juillet 1837.)

471. — Application des procédés de la presse typographique et de la gravure en relief à la décoration des poteries, par M. *de Saint-Amans*. (Bulletin, 46e année, p. 626 et 629; 1844.)

472. — Production de l'oxyde de cobalt, par M. *Willard*, à Strasbourg. (Brev. d'inv. 2e série, t. VI, p. 5; 22 décembre 1845.)

473. — Procédés d'impression sur porcelaine et sur autres poteries, par M. *Roussel*, à Paris. (7 septembre 1850.)

474. — Perfectionnements dans la décoration de tous objets en porcelaine et autres matières plastiques, par MM. *Lebeuf-Milliet et Cie*, à Creil. (18 janvier 1851.)

475. — Application et reproduction d'impression de peintures sur porcelaine tendre et dure de toute espèce, et sous couverte ainsi que sur toute poterie en général, par M. *Percheron*, à Paris. (7 mai 1851.)

ANGLETERRE.

476. — Nouveau moyen de décorer la porcelaine avec l'argent, le platine, l'or, etc., etc., par *M. Warburton*, à Cobridge (Stafford). (13 février 1810.)

477. — Nouveau moyen d'obtenir des empreintes de gravures de diverses couleurs, et de les transporter sur la faïence, la porcelaine et le verre, par M. *J. Potts*, à Derby. (17 septembre 1831.)

478. — Procédé pour décorer les porcelaines, les grès, les faïences, par M. *Embrey*, à Stoke-upon-Trent (Stafford). 14 avril 1835.)

479. — Moyen de transporter les ornements de plusieurs couleurs sur le verre, la porcelaine, la faïence, par M. *W. Potts*, à Burslem (Stafford). (3 décembre 1835.)

480. — Procédé propre à appliquer les fonds de couleur sur la porcelaine et les poteries, afin de pouvoir peindre dessus des fleurs et des ornements d'une manière prompte et économique, par M. *J. Wood*, à Burslem (Stafford). (16 décembre 1839.)

481. — Moyen de produire des dessins sur la porcelaine, par M. *C. J. Hullmandel*, à Londres. (*London, Journ. of arts*, janvier 1846, p. 398; 22 mai 1845.)

482. — Impression de dessins sur porcelaine, par M. *G. H. Fondrinier*, à Hanley (Stafford). (23 juillet 1846.)

483. — Boîtes à pâte et autres vases de porcelaine, par M. *J. Ridgway*, à Cauldon Place. (*London, Journ. of arts*, juillet 1848, p. 324; 21 octobre 1847.)

484. — Procédé pour orner et décorer la porcelaine et les poteries, par M. *Th. Walker*, à Hanley (Stafford). (20 novembre 1847.)

485. — Impressions de dessins sur porcelaine, par M. *E. Pratt*, à Fenton (Stafford). (31 décembre 1847.)

486. — Perfectionnements dans la fabrication des poteries décorées, par M. *H. Baddeley*, à Shelton (Stafford.) (*Lond. Journ. of arts*, août 1851, p. 148.) (17 octobre 1851.)

COULEURS ET PROCÉDÉS DE POSAGE.

487. — Moyens d'obtenir au grand feu certaines couleurs nouvelles sur porcelaine dure, par M. *Honoré*, à Paris. (Brev. d'inv. t. XIV, p. 303; 31 janvier 1822.)

488. — Recherches sur le *pink colour*, par M. *Malaguti*. (Annales de chimie et de physique, 2e série, t. LXI. p. 433; 25 avril 1836.)

489. — Couleurs vitrifiables applicables au décor de la gobeleterie, par M. *de Fontenay*, à Paris. (Brev. d'inv. t. LXXVI, p. 166; 19 août 1836.)

490. — Décoration des cristaux dans lesquels il entre du plomb, par M. *J. F. Robert*, à Sèvres. (Brev. d'inv. t. XLIV, p. 272; 6 mars 1838.)

491. — Fabrication et coloration de la porcelaine émaillée,

par M. *Halot*, à Paris. (Brev. d'inv. t. LXVII, p. 309; 13 juin 1838.)

492. — Couleurs pour porcelaine. (Brongniart, *Traité des arts céramiques*, 2e édition, t. II, p. 507; 1844.)

APPLICATION DES MÉTAUX, ÉMAUX, PIERRERIES, ETC., SUR LES POTERIES.

493. — Application des couvertes métalliques couleur d'or, d'argent, d'acier, sur porcelaine, etc. par MM. *Marquis de Paroy* et *Guédet*, à Paris. (Brev. d'inv. t. XVI. p. 264; 17 juillet 1818.)

494. — Procédés propres à purifier l'argent et à l'appliquer sur porcelaine, par M. *Parcheminier*, à Paris. (Brev. d'inv. t. XV, p. 199; 21 décembre 1822.)

495. — Emploi des ornements en pierreries appliqués aux meubles, etc., par M. *Goupil*, à Paris. (Brev. d'inv. t. XLVIII, p. 460; 20 mars 1838.)

496. — Incrustation dans les meubles de porcelaine, cristaux, etc., par M. *Guilbert-Danelle*, à Paris. (Brev. d'inv. t. XLVI, p. 328; 26 août 1839.)

497. — Émail applicable sur verre et sur porcelaine, par MM. *André et Baudy*, à Paris. (Brev. d'inv. t. LXXVII, p. 490. 4 mars 1842.)

498. — Application du métal à la décoration de la porcelaine, par M. *A. Rousseau*, à Paris. (Brev. d'inv. 2e série, t. I, p. 100; 12 octobre 1844.)

499. — Dorure sur porcelaine, par M. *Grenon*. (Brev. d'inv. 2e série, t. VII, p. 109; 30 avril 1846.)

500. — Application des pierreries, etc., sur les porcelaines, par M. *Marceaux*, à Paris. (Brev. d'inv. 2e série, t. IX, p. 4; 17 octobre 1846.)

501. — Dorure à l'or léger, par MM. *Dutertre* frères, à Paris. (12 décembre 1850.)

502. — Argenture sur biscuit, par M. *Gille*, à Paris. (15 avril 1850.)

503. — Application de l'or sur porcelaine, par M. *J. Petit*, à Paris. (22 janvier 1851.)

AMÉLIORATION DES POTERIES ANGLAISES.

504. — Perfectionnements dans la fabrication des poteries anglaises, par M. *Mason*. (23 juillet 1810.)

505. — Fabrication d'une porcelaine transparente ou opaque, nommée *lithophanique*, par M. *A. G. Jones*, à Londres. (13 mars 1828.)

506. — Nouvelle fabrication de la porcelaine, par MM. *W. G. Turner et H. Minton*, à Stoke-upon-Trent. (*Repert. of Pat. inv.*; juin 1840, p. 317; 22 juin 1839.)

507. — Fabrication de la porcelaine pour pavage et mosaïque, par MM. *A. Singer et H. Pether*, à Londres. (23 août 1839.)

508. — Machines et appareils pour fabriquer la porcelaine, par M. *H. Trewkitt*, à Newcastle-on-Tyne. (4 décembre 1839.)

509. — Préparation des moules de porcelaine et de poteries, au moyen de laquelle ils sont rendus plus solides, par M. *J. Ridgway*, à Cauldon-Place (Stafford). (*Mech. Mag.*; avril 1840, p. 225; 11 janvier 1840.)

510. — Perfectionnements dans la fabrication des porcelaines et des poteries, par M. *J. Ridgway et Watt*, à Cauldon-Place. (21 janvier 1840.)

511. — Fabrication de la porcelaine, de la faïence et des poteries de toute espèce, par M. *W. Brown*, à Glasgow. (3 juin 1843.)

512. — Fabrication de la porcelaine et des objets en mosaïque, par M. *Boote*, à Burslem (Stafford). (*Engeneer's journ.* mai 1844, p. 154; 5 octobre 1843.)

513. — Fabrication de la porcelaine et autres objets analogues, par M. *Wall*, à Manchester. (5 octobre 1843.)

514. — Fabrication des produits céramiques, émaux et pâtes vitrifiées, par MM. *H. Skinner et G. Walley*, à Stockton-upon-Tees (Durham). (20 novembre 1845.)

515. — Perfectionnements dans la fabrication des poteries, par M. *Wentworth-Buller*, à Londres. (*Lond. Journ. of arts*, août 1850, p. 17; 3 mai 1849.)

516. — Perfectionnement des poteries et de la porcelaine, par M. *Hodge*, à Saint-Austell (Cornouailles). (*Mech. mag.*; juin 1852, p. 467; 2 octobre 1851.)

OBJETS DIVERS.

CÉRAMIQUE EN GÉNÉRAL, PÂTES ET GLAÇURES.

517. — Terres imitant les poteries anglaises, par M. *Ollivier*, à Paris. (Brev. d'inv. t. I, p. 129; 27 juillet 1791.)

518. — Pâte rouge non émaillée, propre à fabriquer toute espèce de vases, par MM. *Utzschneider* et comp. à Sarreguemines (Moselle). (Brev. d'inv. t. III, p. 33; 14 février 1804.)

519. — Pâte avec laquelle on fait des bordures, médaillons et figures en relief, etc., par M. *Nast*, à Paris. (Brev. d'inv. t. XIV, p. 216; 13 mai 1810.)

520. — Nouvelle pâte propre à faire de la porcelaine, et pour la manière de faire un émail propre à cette porcelaine, par M. *Desprets* fils. (Brev. d'inv. t. VII, p. 80; 28 avril 1812.)

521. — Pâte pour fabriquer en grande dimension les vases de porcelaine tendre, par M. *H. de Bettignies*, à Saint-Amand-les-Eaux (Nord). (Brev. d'inv. t. XVI, p. 276; 31 juillet 1818.)

522. — Nouvel émail à porcelaine, par MM. *Cerfveil* et *Baruchweil*, à Paris. (Brev. d'inv. t. II, p. 328; 28 juin 1820.)

523. — Procédés propres à faire la faïence à l'instar de celle d'Albisola, par M. *Siry* cadet, à Toulouse (Haute-Garonne). (Brev. d'inv. t. XXXII, p. 239; 8 septembre 1821.)

524. — Fabrication de terre cuite, par M. *Amédée Lambert*, à Rouen. (Brev. d'inv. t. LXIV, p. 431; 22 juillet 1837.)

525. — Faïences émaillées ingerçables, par MM. *Pichenot* et Cie à Paris. (Brev. d'inv. t. LXXII, p. 433; 25 mai 1840.)

526. — Têtes à poupées en porcelaine, par M. *J. Petit*. (Brev. d'inv. t. LXII, p. 489; 1er juin 1843.)

527. — Pâte à porcelaine, par M. *Burguin*, à Crécy (Cher). (Brev. d'inv. 2e série, t. IX, p. 148; 25 janvier 1847.)

528. — Application du kaolin rose, par M. *Lecoq*, à Clermont-Ferrand. (Brev. d'inv. 2e série, t. X, p. 96; 23 mars 1847.)

529. — Machine propre à la fabrication des objets et vases en terre dite *céramique Chevalier*, par M. *Chevalier*, à Bordeaux. (26 octobre 1848.)

530. — Procédés propres à la fabrication de la poterie, par M. *Heiligenstein*. (31 octobre 1848.)

531. — Moyen de fabriquer la faïence blanche à l'épreuve du feu, par M. *Viel de Saint-Julien*, à Varages, près Brignolles (Var). (19 mars 1849.)

532. — Perfectionnements apportés dans la fabrication des porcelaines et cristaux, par M. *J. Petit*, à Fontainebleau. (3 avril 1849.)

533. — Fabrication de faïence et de porcelaine, par MM. *Smith* et *Skinner*, à Paris. (26 avril 1849.)

534. — Perfectionnements dans la cuisson et la fixation des ornements sous couverte, par M. *Boote*, de Londres. (15 décembre 1849.)

535. — Fabrication des baignoires, bassins, réservoirs pour corps liquides, mous ou solides, en plusieurs pièces, au moyen de la faïence ingerçable ou non, par Mme veuve *Pichenot*. (6 juillet 1850.)

536. — Composition de terre propre à la poterie pour vases chimiques ou autres, par M. *Hutan*, à Beauvais. (24 décembre 1850.)

537. — Application à la vitrification de l'émail de la faïence du fourneau servant à vitrifier l'émail de la terre de pipe, par M. *Niel de Saint-Julien*, à Varages (Var). (11 août 1851.)

LITHOPHANIE ET ÉMAUX OMBRANTS.

538. — Pâte de porcelaine lithophane, par M. *de Bourgoing*. (Brev. d'inv. t. XLVI, p. 133; 12 janvier 1827.)

539. — Émail ombrant, par M. *du Tremblay*. (Bulletin de la Société d'encouragement, 42e année, p. 337, 443, 449, 471 et 473; 1843.)

DENTS EN PÂTE DE PORCELAINE.

540. — Fabrication des dents et râteliers en pâte minérale incorruptible, par M. *Dubois de Chemant*. (Brev. d'inv. t. I, p. 165; 6 septembre 1791.)

541. — Fabrication des dents minérales artificielles, par M. *Picard*, à Paris. (Brev. d'inv. t. XL, p. 420; 23 juillet 1836.)

542. — Perfectionnement dans la fabrication des dents factices, par M. *Perrin*, à Paris. (Brev. d'inv. t. XLIV, p. 334; 11 juillet 1838.)

543. — Fabrication des dents artificielles, par M. *Nelson*, à Paris. (Brev. d'inv. t. LIV, p. 124; 12 novembre 1841.)

BOUTONS EN PÂTE CÉRAMIQUE ET AUTRES OBJETS.

544. — Fabrication des boutons applicable aux anneaux en pâte de porcelaine, etc., etc., par M. *R. Prosser*, de Birmingham. (*Mech. mag.*; décembre 1840, p. 592; 17 juin 1840.)

545. — Fabrication des boutons en pâte de porcelaine, par M. *Chamberlin*, à New-York. (Brev. d'inv. t. LXII, p. 119; 15 octobre 1844.)

546. — Machine à frapper les boutons de porcelaine, par M. *Bapterosses*, à Paris. (Brev. d'inv. 2e série, t. VIII, p. 258; 14 mai 1846.)

547. — Four chauffé à la houille et servant à cuire les objets en porcelaine, principalement les boutons, par M. *Bapterosses*, à Paris. (10 mai 1847.)

TABLE DES MATIÈRES.

www.ingramcontent.com/pod-product-compliance
Ingram Content Group UK Ltd.
Pitfield, Milton Keynes, MK11 3LW, UK
UKHW020543180726
13838UKWH00001B/11